Breisig
Personal

Online-Training inklusive

Lernstoff interaktiv einüben – Lernfortschritt überprüfen.

Als Käufer dieses Buches haben Sie kostenlos Zugang zum Online-Training – der ideale Weg, um den Lernstoff des Buches zu üben und zu vertiefen.

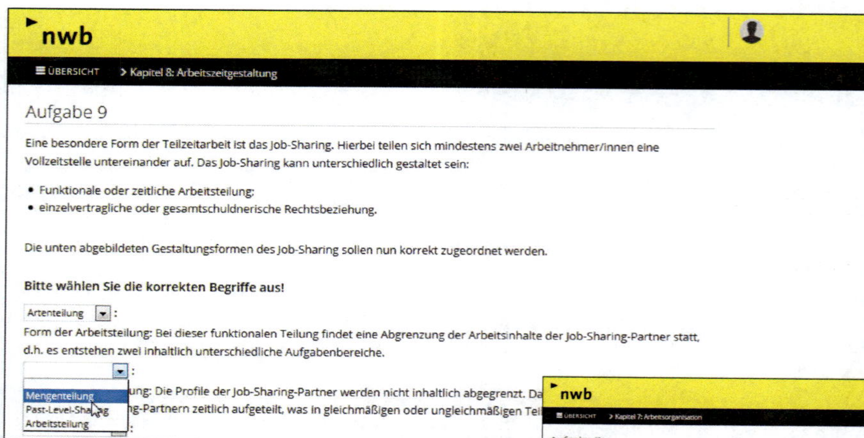

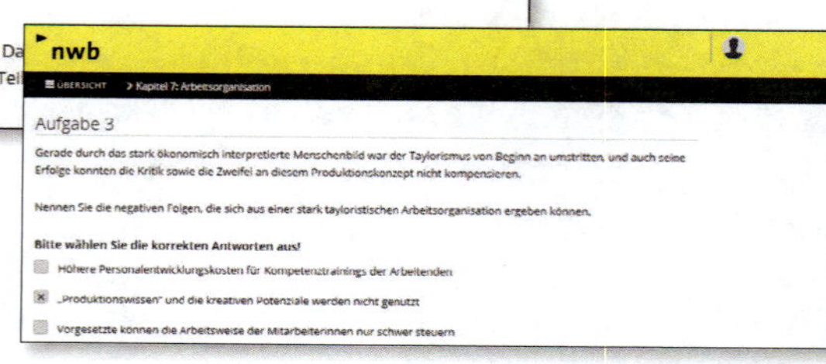

Lückentexte, Multiple Choice etc.

Schalten Sie jetzt Ihr Online-Training frei!

1. Rufen Sie die Seite **www.nwb.de/go/freischalten** auf.
2. Geben Sie den eingedruckten Freischaltcode ein und folgen Sie dem Anmeldedialog.

Ihr Freischaltcode: RDMXPXSSVTYXFOCYZEJAN

Breisig, Personal

3. Produkt starten. Fertig!

P.S.: Nach dem Freischalten erreichen Sie das Online-Training über **www.nwb.de** (Anmeldung mit Benutzernamen und Kennwort).

www.nwb.de

NWB Studium Betriebswirtschaft

Personal

Grundlagen und Handlungsfelder aus arbeitspolitischer Perspektive

- Planung, Beschaffung und Auswahl
- Führung, Beurteilung und Entwicklung
- Arbeitsorganisation und Arbeitszeitgestaltung

Von
Prof. Dr. Thomas Breisig
unter Mitarbeit von Mareike Michel

2., vollständig überarbeitete und erweiterte Auflage

nwb STUDIUM

Kein Produkt ist so gut, dass es nicht noch verbessert werden könnte. Ihre Meinung ist uns wichtig! Was gefällt Ihnen gut? Was können wir in Ihren Augen noch verbessern? Bitte verwenden Sie für Ihr Feedback einfach unser Online-Formular auf:

www.nwb.de/go/feedback_bwl

Als kleines Dankeschön verlosen wir unter allen Teilnehmern einmal pro Quartal ein Buchgeschenk.

ISBN 978-3-482-**54342**-5

2., vollständig überarbeitete und erweiterte Auflage 2016

Satz: Griebsch & Rochol Druck GmbH, Hamm
Druck: Stückle Druck und Verlag, Ettenheim

VORWORT

Die Veränderungen der Arbeitswelt, von der Digitalisierung – der Globalisierung, dem Wertewandel bis hin zum demographischen Wandel – bedingen weitreichende Veränderungen im Personalwesen. Dem haben wir mit einer Überarbeitung der 2005 erschienenen Erstauflage dieses Buchs Rechnung zu tragen.

Als Lehr- bzw. Handbuch konzipiert, richtet sich auch die Neuauflage an Bachelor- und Masterstudierende betriebs-, wirtschafts- und sozialwissenschaftlicher Studiengänge. Unter dem Titel „Human Resource Management" (HRM) baut unsere gemeinsame Lehrveranstaltung an der Carl von Ossietzky Universität Oldenburg in weiten Teilen auf diesem Lehrbuch auf. Es dient darüber hinaus – so jedenfalls unsere Hoffnung – als Grundlage zur Auseinandersetzung mit tieferergehenden personalwirtschaftlichen Theorien und praktischen Fragestellungen in aufbauenden Modulen und wissenschaftlichen Analysen. Ebenso erhalten auch Praktiker/innen Einblicke in die Ursachen personalwirtschaftlicher Problemstellungen sowie Impulse für den Umgang mit den vielfältigen Herausforderungen. Unverändert steht dabei im Unterschied zu den anderen Lehrbüchern dieses Fachgebiets eine arbeitspolitische Perspektive im Mittelpunkt.

In der nunmehr vorliegenden zweiten Auflage ist Mareike Michel, wissenschaftliche Mitarbeiterin am Lehrstuhl für Organisation und Personal und Co-Dozentin im Modul „HRM", als mitarbeitende Autorin eingetreten. Themen des Wertewandels (Kap. 4.2), der Arbeitszeitgestaltung (Kap. 8) und der Personalentwicklung (Kap. 11) sind dadurch neu hinzugekommen bzw. gemeinsam überarbeitet worden. Eine wesentliche Veränderung der zweiten zur vorherigen Auflage besteht in der vollständig neuen Einbindung des Themas „Arbeitszeitgestaltung". Flexibilisierungs- und Individualisierungserfordernisse der Märkte, der Betriebe und der Mitarbeiter/innen machen eine effiziente, leistungsorientierte und flexible Gestaltung der Arbeitszeit unumgänglich. Das Kapitel 8 zur Arbeitszeit trägt den Entwicklungen des letzten Jahrzehnts Rechnung und geht dabei vor allem auch den arbeitswissenschaftlichen und arbeitspolitischen Bedingungen einer angemessenen Arbeitszeitgestaltung auf den Grund.

Wir hoffen, dass die zweite Auflage einen besonderen Mehrwert durch die Einbindung des umfänglichen Online-Trainings erhält, durch das besonders wesentliche Inhalte des Lehrbuchs nach- und aufgearbeitet werden können.

Herzlicher Dank gilt vor allem den engagierten Mitarbeiter/innen am Lehrstuhl, die in vielfältiger Weise das Zustandekommen dieses Werks unterstützt haben. Besonderen Dank möchten wir unserer studentischen Mitarbeiterin Saskia Kraft für ihre umfängliche Mitwirkung bei der Erstellung des Online-Trainings aussprechen.

Oldenburg, im Juli 2016

Mareike Michel
Thomas Breisig

INHALTSVERZEICHNIS

ABBILDUNGSVERZEICHNIS

ABKÜRZUNGSVERZEICHNIS

A

ABR	Gerichtliches Registerzeichen (Rechtsbeschwerde)
Abs.	Absatz
AC	Assessment Center
AP	Arbeitsrechtliche Praxis
ArbG	Arbeitsgericht
ArbGeb	Arbeitgeber
ArbN	Arbeitnehmer
ArbZG	Arbeitszeitgesetz
Art.	Artikel
AT	Außertarifliche (Angestellte)
Aufl.	Auflage
AZ	Aktenzeichen
AZR	Gerichtliches Registerzeichen (Revisionen)

B

BAG	Bundesarbeitsgericht
BBiG	Berufsbildungsgesetz
BeschFG	Beschäftigungsförderungsgesetz
BetrVG	Betriebsverfassungsgesetz
BGB	Bürgerliches Gesetzbuch
BR	Betriebsrat
BSC	Balanced Scorecard
BV	Betriebsvereinbarung

C

CBT	Computer Based Training

D

d. h.	das heißt
Diss.	Dissertation

E

E	Electronic
et alii	et alii
EUR	Euro

F

f./ff.	folgende

G

GewO	Gewerbeordnung
GG	Grundgesetz
ggf.	gegebenenfalls

H

HRM	Human Resource Management
Hrsg.	Herausgeber
hrsg.	herausgegeben

I

IAQ	Institut Arbeit und Qualifikation
i. d. R.	in der Regel
IFAA	Institut für Angewandte Arbeitswissenschaft
i. H.v.	in Höhe von
i. S. d.	im Sinne der/des
ISF	Institut für Sozialwissenschaftliche Forschung
i. S.v.	im Sinne von
IT	Informationstechnik
IuKT	Informations- und Kommunikationstechniken
i.V. m.	in Verbindung mit

J

JArbSchG	Jugendarbeitsschutzgesetz

K

Kap.	Kapitel
KAPOVAZ	Kapazitätsorientierte variable Arbeitszeit
KMU	Kleine und mittlere Unternehmen
KSchG	Kündigungsschutzgesetz

L

LadSchlG	Ladenschlussgesetz
LAG	Landesarbeitsgericht
LRTV	Lohnrahmentarifvertrag

M

MA	Mitarbeiter/in
MBO/MbO	Management by objectives
M. M.	Mareike Michel
MTM	Methods of Time Measurement
MTV	Manteltarifvertrag
MuSchG	Mutterschutzgesetz

O

o. J.	ohne Jahr
o. O.	ohne Ort
o. V.	ohne Verfasser

P

PC	Personal Computer
PE	Personalentwicklung

R

REFA	Reichsverband für Arbeitsstudien
RKW	Rationalisierungskuratorium der Deutschen Wirtschaft
RN	Randnummer

S

S.	Seite/Satz
sog.	sogenannte/r/s
Sp.	Spalte

T

T. B.	Thomas Breisig
TaBV	Gerichtliches Registerzeichen (Beschwerdesachen)
TE	Zeit je Einheit (im Akkord)
TU	Technische Universität
TVG	Tarifvertragsgesetz
TzBfG	Teilzeitbefristungsgesetz

U

u.	und
u. a.	und andere/unter anderem

V

vgl.	vergleiche
v. H.	vom Hundert

W

WBT	Web Based Training
WSI	Wirtschafts- und Sozialwissenschaftliches Institut (des DGB)

Z

Z.	Ziffer
z. B.	zum Beispiel
zit.	zitiert

1. Einführung

(von Thomas Breisig)

„Unsere Mitarbeiter/innen sind unser wichtigstes und wertvollstes Kapital" – Dieser Satz taucht nicht nur regelmäßig in Sonntagsreden auf, er verweist vielmehr auch auf den Umstand, dass trotz massiver Substitutionswirkungen neuer Technologien und Verlagerungsdrucks im internationalen Standortwettbewerb jede moderne Volkswirtschaft auf den Einsatz möglichst hoch qualifizierten Personals in ihren Betrieben angewiesen ist und auf lange Sicht bleiben wird. Durch den in Deutschland und manch anderem Land viel diskutierten demographischen Wandel wird seine Rolle künftig vielleicht sogar noch stärker in den Mittelpunkt der Betrachtung rücken (vgl. *Deller et al.* 2008; *Preißing* 2014).

Das Erkenntnisobjekt des Personalwesens als wissenschaftlicher Teildisziplin der Betriebswirtschaftslehre rankt sich um die Frage, wie das Leistungsverhalten des arbeitenden Menschen in wirtschaftlichen Organisationen erklärbar, je nach inhaltlich-methodologischer Ausrichtung auch prognostizierbar und steuerbar gemacht werden kann. Dabei ist die Rolle des Menschen im ökonomischen Zusammenhang keineswegs so eindeutig, wie es in der oft gehörten und mit einem positiven Klang unterlegten These von den Mitarbeiter/innen als dem wertvollsten Kapital zum Ausdruck kommt. Dies macht z. B. *Neuberger* (1990) deutlich, wenn er einen Aufsatz provokant mit dem Wortspiel überschreibt: „Der Mensch ist Mittelpunkt. Der Mensch ist Mittel. Punkt."

Damit verweist er auf den Umstand, dass das Personal in einem Unternehmen zunächst „nur" einen Produktionsfaktor darstellt, an den ökonomische Kriterien anzulegen sind und der dann eingesetzt wird, wenn zu erwarten ist, dass der von ihm ausgehende Leistungsbeitrag den dafür erforderlichen Aufwand übersteigt. Dabei spielen natürlich auch Substitutionsüberlegungen eine Rolle: Sind Menschen durch Maschinen zu ersetzen? Sind – etwa angesichts geringerer Personalkosten – Standortverlagerungen angezeigt?

Insofern ist ohne Frage auch der Personaleinsatz bis auf Weiteres dem ökonomischen „Geld-Regime" unterworfen. Trotzdem unterscheidet sich der „Faktor Arbeit" kategorial von anderen Produktionsfaktoren darin, dass er untrennbar an den lebendigen Menschen gekoppelt ist. Das macht ihn schwer berechenbar, vielleicht auch (insbesondere in Ländern mit starken Gewerkschaften) teuer, zugleich aber auch attraktiv: Er verfügt über große Fähigkeiten, Kreativität, Phantasie und eine von Maschinen nicht gekannte Flexibilität.

Das Personalwesen gewinnt nun seine besondere Brisanz und Konfliktträchtigkeit, evtl. auch seine Widersprüchlichkeit aus dem Umstand, dass es sich mit der Erklärung und ggf. Steuerung des menschlichen Arbeitsverhaltens unter ökonomischen Verwertungsgesichtspunkten beschäftigt, jedoch stets vor dem Hintergrund, dass die Potenziale dieses am Markt eingekauften Faktors an lebendigen Menschen „kleben".

Das Lehrbuch soll den Lernenden vor dem Hintergrund dieser Besonderheiten einen Einblick in den Bestand an theoretischen und praktischen Erkenntnissen zum Personalwesen vermitteln. Dieser Einblick kann aufgrund der großen Stofffülle, die sich rund um die Wissenschaft über den Einsatz des arbeitenden Menschen in betrieblichen Zusammenhängen aufgetürmt hat, nur recht begrenzt und oberflächlich bleiben.

Das Werk besteht aus zwei großen Teilen:

Im ersten großen Teil, der die Kap. 2 bis 4 umfasst, geht es vor allem um die begrifflich-theoretischen Grundlagen des Faches und um die wichtigsten Rahmenbedingungen, denen das Personalwesen unterliegt.

Im zweiten großen Teil (Kap. 5 bis 13) beschäftigen wir uns mit den einzelnen Handlungsfeldern des Personalwesens. Diese zweite Komponente folgt einer gewissen Input-Throughput-Output-Logik: Das Unternehmen muss den Einsatz von Personal, wie den von anderen Faktoren, zunächst planen (Personalplanung). Alsdann wird Personal gesucht und ausgewählt (Personalbeschaffung und -auswahl), im Unternehmen in vielfältiger Weise eingesetzt, gesteuert und entwickelt (Arbeitsorganisation, Arbeitszeitgestaltung, Personalführung, Personalbeurteilung, Personalentwicklung, Entlohnung) und schließlich wieder freigestellt (Personalfreisetzung oder -abbau).

Der erste Teil behandelt zunächst den Gegenstand und die Erkenntnisinteressen des Personalwesens (Kap. 2). Dabei wird, ausgehend von den Vorstellungen Gutenbergs, gezeigt, warum für diese Teildisziplin die klassische betriebswirtschaftliche Methodik an ihre Grenzen stößt.

Es folgt ein Überblick über relevante Theorieansätze im modernen Personalwesen, wobei auch ein besonderes Augenmerk auf deren Vielfältigkeit gelegt wird (Kap. 3).

Nachdem zu Beginn der Entfaltung des Personalwesens als eigenständige Teildisziplin innerhalb der Betriebswirtschaftslehre etwa seit den 1960er Jahren die „verhaltenswissenschaftliche Öffnung" zum Programm erhoben wurde (Kap. 3.1), hat die „Personalökonomie" in der letzten Zeit auf die damit verbundenen Probleme aufmerksam gemacht. Diese Richtung steht für eine (Wieder-)Umorientierung des Fachgebiets auf ökonomische Kategorien unter Einbeziehung tragender Erklärungsmuster der „Neuen Institutionellen Ökonomie" (Kap. 3.2). Ein demgegenüber sozialwissenschaftlich fundiertes Grundverständnis des Fachgebiets in Gestalt des arbeitspolitischen Ansatzes betont die Konflikthaftigkeit von Arbeitsbeziehungen (Kap. 3.3).

Der aus den USA stammende „praktisch-strategische" Ansatz des „Human Resource Management" hat das Personalwesen in den letzten zwei Jahrzehnten ebenfalls stark geprägt (Kap. 3.4).

Da der Einsatz des "Faktors" Arbeit enorm von Kontextbedingungen beeinflusst wird, befasst sich ein weiteres grundlegendes Kapitel des Lehrbuchs mit den Rahmenbedingungen des Personalwesens (Kap. 4).

Mit dem fünften Kapitel über die Personalplanung beginnen die Abschnitte über die diversen personalpolitischen Handlungsfelder. Sofern die Planung einen Bedarf ergeben hat, folgt daraus das Problem der Personalbeschaffung und -auswahl (Kap. 6). Neben den Beschaffungsquellen und den Auswahlmethoden beschäftigt sich dieses Kapitel insbesondere mit dem Assessment Center als aktuelles Auswahlverfahren.

Der Personaleinsatz im Rahmen der betrieblichen Arbeitsorganisation ist Gegenstand des anschließenden siebten Kapitels. Des Weiteren hat der Personaleinsatz entscheidend mit Fragen der Arbeitszeitgestaltung und der Personalführung zu tun, die in Kap. 8 und 9 behandelt werden. In Kapitel 8 wird insbes. das Erfordernis der Arbeitszeitflexibilisierung in den Blick genommen und darauf aufbauend Gestaltungsmöglichkeiten und -grenzen der Arbeitszeit analysiert. Im anschließenden Kapitel 9 konzentrieren wir uns vor allem auf die Thematik der Führungsstile und das aktuelle Konzept des Führens mit Zielen.

Nicht zuletzt der populäre Ansatz des „Human Resource Management“ betont die hohe praktische Bedeutung des Instruments der Personalbeurteilung, dem sich alsdann Kap. 10 zuwendet.

Die Personalentwicklung ist im Rahmen moderner Managementkonzepte eine besonders wichtige Funktion des Personalwesens. Kap. 11 befasst sich dabei vor allem mit Kompetenzforderungen an die Mitarbeiter/innen und nimmt den Prozess der Personalentwicklung sowie damit verbundene Maßnahmen in den Blick.

Die Entlohnung ist die Gegenleistung des Arbeitgebers für den Einsatz der Arbeitskraft der Beschäftigten. Dieses klassische Gebiet des Personalwesens wird in Kap. 12 näher behandelt.

Schließlich endet jedes Arbeitsverhältnis irgendwann (spätestens mit Eintritt in den Ruhestand), sodass auch die Freisetzung von Personal zu den zentralen personalpolitischen Handlungsfeldern gehört (Kap. 13).

2. Gegenstand und Grundlagen

(von Thomas Breisig)

2.1 Gutenberg als Ausgangspunkt

Das Erkenntnisobjekt des Personalwesens als wissenschaftliche Teildisziplin der Betriebswirtschaftslehre besteht im Kern darin, das Leistungsverhalten des arbeitenden Menschen in wirtschaftlichen Organisationen zu erklären und – sofern auch ein anwendungsorientierter Bezug gesehen wird – es prognostizierbar und steuerbar zu machen. Die Erstellung und marktliche Verwertung von Sachgütern und Dienstleistungen ist zumindest in absehbarer Zeit ohne produktive Beteiligung menschlicher Arbeitskraft nicht vorstellbar. Versuche in den 1980er Jahren, technische Anlagen in der Automobilproduktion im größeren Stil weitgehend frei von steuernden und bedienenden Eingriffen des Menschen zu gestalten, sind gescheitert (die seinerzeit berühmte „Halle 54" bei Volkswagen). Es fehlt auch in der heutigen Zeit nicht an Versuchen, menschliche Arbeit zurückzudrängen. Die sich enorm beschleunigende Digitalisierung der Arbeit („Industrie 4.0" und andere visionäre Konzepte) erreicht voraussichtlich bald ein völlig neues Niveau der Produktionsautomatisierung und lässt erhebliche Substitutionseffekte von Arbeit durch Technik erwarten, vor allem im Bereich einfacher Tätigkeiten. Selbst ein Teil der qualifizierteren Arbeiten muss vermutlich der technischen Selbststeuerung weichen (*Hirsch-Kreinsen* 2014). Gleichwohl hat man auch in der Vergangenheit immer wieder trotz hehrer Visionen die Erfahrung gemacht, dass es wegen der hohen Komplexität und der ganz grundsätzlichen Grenzen technischer Lösungen (vgl. *Breisig* 1988) einen Bedarf an kompetenter und qualifizierter menschlicher Zuarbeit gibt. Im Dienstleistungssektor sind der vollständigen Technisierung z. B. aufgrund von Beratungsaufgaben von Mensch zu Mensch ohnehin Grenzen gesetzt (*Baethge* 2001), sodass die Wirtschaft auch in absehbarer Zeit auf intelligente menschliche Arbeit angewiesen sein wird.

Damit steht auch das personalwirtschaftliche „Problem" weiter auf der Agenda, welches dann akut ist, wenn zur Deckung des Bedarfs an menschlicher Arbeit Mitarbeiter/innen in den Dienst einer Organisation gestellt werden.

Sozusagen der Ausgangspunkt des „modernen" Personalwesens – vielleicht auch der Hintergrund, an dem es sich abarbeitet und von dem es seine Existenzberechtigung herleitet – ist der Ansatz von Gutenberg, der bekanntlich die Betriebswirtschaftslehre der Nachkriegszeit geprägt hat. Er war es, der zunächst für die Verortung des arbeitenden Menschen im Theoriegebäude der Betriebswirtschaftslehre die Akzente gesetzt hat, was in diesem Kapitel näher erläutert werden soll.

2.1.1 Produktionsfaktorenmodell

Das Personal wird traditionell als Produktionsfaktor verstanden, dessen Einsatz der Erreichung der Unternehmensziele dienen soll:

„Zweifellos kommt dem arbeitenden Menschen eine zentrale Stellung im Betrieb zu. Aber vom Standpunkt der Betriebswirtschaftslehre ist er nicht Zweck, sondern Mittel, einer der Faktoren, die zur Realisierung der mit dem Betriebsprozess erstrebten praktischen Zielsetzungen eingesetzt werden" (*Wöhe/Döring* 2002, S. 32).

Diese Perspektive geht entscheidend auf das bekannte Modell der „Produktionsfaktoren" nach *Gutenberg* (1963) zurück. Aus einer rigoros betriebswirtschaftlichen Perspektive ist danach der Betrieb zu konzeptualisieren als eine Kombination von Produktionsfaktoren: Unternehmer setzen zur Erreichung des Betriebszweckes Faktoren ein, und die zentrale unternehmerische Leistung besteht darin, diese derart miteinander zu verbinden, dass der Zweck bestmöglich erreicht wird.

Gutenberg unterscheidet in seinem Modell der zu kombinierenden Faktoren zwischen den „Elementarfaktoren" und dem „dispositiven Faktor".

Als **Elementfaktoren** fungieren bei Gutenberg

- Werkstoffe, d. h. jene Materialien, „die als Ausgangs- und Grundstoffe für die Herstellung von Erzeugnissen zu dienen bestimmt sind",
- Betriebsmittel als der technische Apparat, dessen „sich ein Unternehmen bedient, um Sachgüter herzustellen oder Dienstleistungen bereitzustellen",
- Objektbezogenen Arbeit, also diejenigen Tätigkeiten, „die unmittelbar mit der Leistungsverwertung und mit finanziellen Aufgaben in Zusammenhang stehen, ohne dispositiv-anordnender Natur zu sein".

Von den Elementfaktoren grundsätzlich abzuheben ist der **dispositive Faktor**:

- Dies ist vor allem die Geschäftsleitung, deren Hauptfunktion darin besteht, „die drei Elementfaktoren zu einer produktiven Kombination zu vereinigen".
- Dafür bedient sie sich der Hilfsmittel der Planung und Organisation. Die Geschäftsleitung wird als originärer, Planung und Organisation als davon abgeleiteter, derivativer dispositiver Faktor bezeichnet.

ABB. 1: Gutenbergs Produktionsfaktorenkonzept (nach *Gutenberg* 1963, S. 1 ff.)

Produktionsfaktoren nach Gutenberg			
Menschliche Arbeit		Betriebsmittel	Werkstoffe/Material
Dispositive Arbeit	Objektbezogene (ausführende) Arbeit	► Grundstücke ► Gebäude ► Maschinen ► Werkzeuge ► ...	► Rohstoffe ► Hilfsstoffe ► Betriebsstoffe ► Bezogene Teile (Vorprodukte) ► ...
Dispositiver Faktor	Elementarfaktoren		

In diesem Konzept wird also eine strikte Trennung von gestaltender und anweisender Arbeitstätigkeit auf der einen Seite und von ausführender Arbeit auf der anderen Seite vorgenommen, deren Funktion sich darin erschöpft, Anweisungen des „dispositiven Faktors" entgegenzunehmen und sie entsprechend bei der „direkten" Erzeugung von Gütern und Dienstleistungen umzusetzen. Diese Trennung ist im Gutenbergschen Ansatz systemimmanent notwendig. Erst durch die Trennung in dispositive und ausführende Arbeit kann – wie von Gutenberg intendiert – verdeutlicht werden, dass nach Maßgabe einer sog. „Produktionsfunktion" zwischen Produktionsfaktoreneinsatz und Produktionsergebnis eine funktionale Abhängigkeit besteht. Nur die ausführende Arbeit geht dabei in die Produktionsfunktion ein (vgl. *Oechsler* 2006, S. 12). Die Produktionsfunktion wiederum ist nicht naturgegeben, sondern wird durch Entscheidungen von Menschen bestimmt.

Die objektbezogene, ausführende Arbeit wird quasi den materiellen Produktionsfaktoren (Werkstoffen, Betriebsmittel) gleichgestellt. Menschliche Arbeit ist in diesem Modell reduziert auf vorhersehbare, maschinenhafte Reaktionen, die der dispositive Faktor vorplant. Es wird eine „Entindividualisierung und Funktionalisierung" vorgenommen (*Ridder* 1999, S. 35).

Entsprechend simpel sind bei Gutenberg die Bestimmungsfaktoren für menschliche Arbeitsleistung:

- Als **objektive Einflüsse** gelten solche der Arbeitsbedingungen (z. B. Anordnung der Maschinen, Arbeitsmethode).
- Als **subjektive Einflüsse** sieht er die Leistungsfähigkeit und die Leistungsbereitschaft der arbeitenden Menschen. Bei der Leistungsfähigkeit geht es vor allem um die Qualifikation, die vornehmlich als Problem der Eignungsauswahl betrachtet wird. Mit der Einstellung einer/eines Arbeitnehmerin/s gelten die Qualifikationen als kaum veränderliches Datum.
- Der **Lohnanreiz** kann die Leistungsbereitschaft beeinflussen.

ABB. 2: Bestimmungsfaktoren menschlicher Arbeitsleistung bei *Gutenberg* (1963, S. 11 ff.)

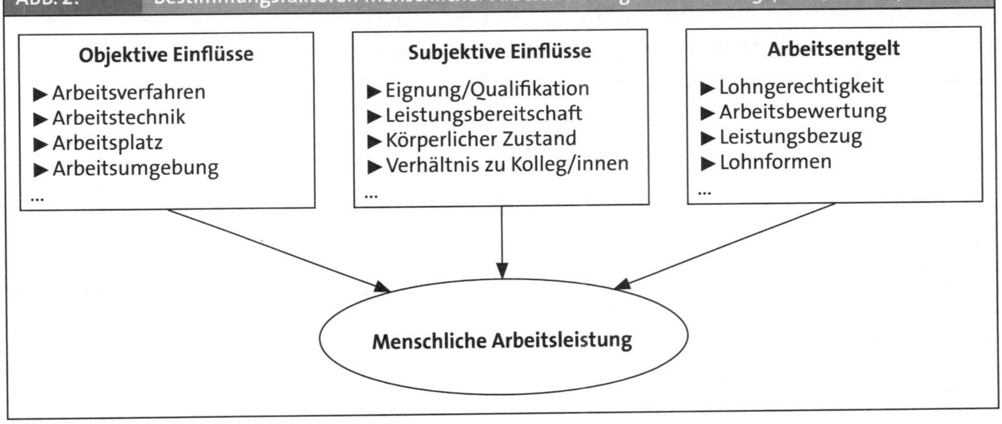

2.1.2 Kritik des Gutenberg-Ansatzes

Gutenberg war aufgrund dieses „Zwei-Klassen-Modells" der menschlichen Arbeit seit den 1970er Jahren aus der Warte der entscheidungs- und systemtheoretischen Betriebswirtschaftslehre härtester, z. T. ungerechtfertigter Kritik ausgesetzt, wobei ihm mitunter fälschlicherweise Unmenschlichkeit und völlige Ignoranz menschlicher Probleme vorgeworfen wurden. Dabei hatte er sehr wohl einen klaren Blick für Interessengegensätze, Mitbestimmungsprobleme, „Arbeitsverfremdung", Monotonie usw.

Dass er diese Phänomene (wie „Arbeitsverfremdung") zwar anspricht (*Gutenberg* 1963, S. 20 f.), letztlich aber nicht in seinem Theoriegebäude verarbeitet, liegt einzig und allein an seiner strikten methodologischen Ausrichtung. Sein Erkenntnisinteresse besteht darin, **Produktivitätsbezie-**

hungen aufzuzeigen und technologisch verfügbar zu machen, d. h. funktionale Abhängigkeiten des Outputs eines Unternehmens vom Einsatz der Elementarfaktoren aufzuzeigen. Dazu bedient er sich der Methodik der mikroökonomischen Theorie (die vorher – mit Ausnahme *Riegers* – innerhalb der Betriebswirtschaftslehre recht verpönt war). Dadurch gerät sein Ansatz sehr theoretisch und idealtypisch. Es wird **bewusst von realen Verhältnissen abstrahiert**. Stattdessen analysiert er Möglichkeiten, wie vorgefundene Strukturen i. S. d. Rationalprinzips verbessert und an sich ändernde Konstellationen optimal angepasst werden können.

Gutenberg ist es damit gelungen, ein in sich geschlossenes Aussagensystem vorzulegen. „Schwierigkeiten" verursachende Faktoren (wie z. B. menschliches Verhalten, nicht-monetäre Ziele, politische Momente) werden ausgeklammert. Menschliche Arbeit wird in seinem Ansatz eingeschränkt auf die ökonomisch-technische Dimension. Nicht der leibhaftige Mensch ist Begriffsgegenstand, sondern seine Arbeitsleistung i. S. d. physikalischen Leistungsbegriffs bzw. i. S. e. Systemerfordernisses.

Er muss also – aufgrund seiner gewählten Methodologie – den Arbeitenden das Mensch-Sein, ihre Subjektivität absprechen. Andernfalls „stimmt" sein ganzer Ansatz nicht.

Der „Preis" dieses methodologischen Vorgehens ist jedoch hoch. Er besteht u. a. darin, dass Gutenberg das Verhalten der „Träger objektbezogener Arbeit", d. h. der Mitarbeiter/innen, offenbar nur unvollständig beschreibt. Viele empirisch feststellbare Probleme aus Bereichen wie Organisation und Management, Marketing, Führung und Personalwesen können nicht systematisch in seinen Ansatz integriert werden. Dies soll im Folgenden näher verdeutlicht werden.

2.2 Verfügbarkeitsprobleme über Personal und deren Folgen

Ein Unternehmer ist zunächst nicht an dem Menschen interessiert, sondern er fragt – strikt von der Ebene der von Gutenberg bzw. vom marktwirtschaftlichen Konzept geprägten Systemlogik her gedacht – immer nur einen Ausschnitt vom „Mensch-Sein" ab. Der Produktionsarbeiter soll seine Maschine korrekt, qualitätsbewusst und schnell bedienen; die Justiziarin fachlich richtig und effizient die rechtlichen Belange des Unternehmens wahrnehmen.

Das Problem des Unternehmers i. S. d. Nutzung des Menschen als Produktionsfaktor, den er sich vom Arbeitsmarkt „einkauft", ist die **Verfügbarkeit (Disponibilität) über Personal** (*Kossbiel* 1991, S. 340 f.). Zunächst soll gezeigt werden, dass es eine vielleicht überzogene Form der (für Theoriebildung erforderlichen) Komplexitätsreduktion ist, die Verfügbarkeit einfach zu unterstellen.

2.2.1 Die personale Gebundenheit des „Faktors Arbeit"

Offensichtlich gestaltet sich die Herbeiführung der Verfügbarkeit über den „Faktor Arbeit" in der Wirklichkeit aber längst nicht so unproblematisch, wie es nach dem Gutenberg-Konzept den Anschein hat. Zum Beleg sei ein Text aus der Wirtschaftspresse zum Thema Sabotage im Betrieb zitiert:

LITERATUR

Betriebssabotage (o.V. 1995)

„Im Weihnachtsstollen der Großbäckerei Rugenberger in Moers tauchen Metallspäne auf. In der König-Brauerei in Duisburg knallen ganze Paletten Bier von angeschnittenen Transportbändern auf den Boden. Der Kondomhersteller London International GmbH in Mönchengladbach ruft alle ‚Just 4 Fun'-Verhüterli zurück, weil sie Löcher aufweisen. Ein entlassener Mitarbeiter drohte der Reiss Kälte GmbH in Dortmund mit Bomben – kurz darauf brennt einer Lagerhalle. Geschätzter Schaden: 50 Millionen Mark. [...]

Allein 1993 ermittelte das BKA 495-mal wegen der Zerstörung wichtiger Arbeitsmittel, untersuchte 137 Fälle von Computersabotage und musste etwa 24.000 Brandstiftungen nachgehen. [...]

Auch Manager rächen sich. Sie ignorieren die Leistung anderer, halten Informationen zurück, unterschlagen Verbesserungsvorschläge, delegieren dieselben Aufgaben an mehrere Personen oder überlasten bewusst die Mitarbeiter.

Weniger subtil sind die Methoden, mit denen an der Basis Luft abgelassen wird: Da werden Reinigungsmittel in Kaffeemaschinen gekippt, Stempeluhren mit Sekundenkleber lahm gelegt oder kurzerhand alle wichtigen Kabel durchtrennt. [...]

Vor allem spektakulär Geschädigte wie der Chemiekonzern Hoechst [heute Sanofi-Aventis, Anm. T. B.] wehren sich vehement gegen Vermutungen über vorsätzlich und kriminell bekundete Kritik am Führungsstil. Also werden hartnäckig Pannen beschworen und ganze Störfallserien zum Unfall deklariert. Auch Norbert Burchardt, ein Sprecher der Mercedes-Benz AG in Stuttgart, will von Sabotage wenig wissen: „Ob Fahrlässigkeit oder Verschulden, es ist schwer, Pannen konkreten Personen zuzurechnen."

Nur Gerüchte hat er schon gehört: Limousinen sollen mit totem Fisch in der Lüftungsanlage vom Band gelaufen sein, oder eine Hand voll Schrauben fanden angeblich den Weg ins Innere eines neuen Motors."

Führt man sich diese – zugegebenermaßen besonders drastischen – Beispiele vor Augen, wird schnell klar, dass das Verhalten der Träger objektbezogener Arbeit im Gutenbergschen Ansatz nur z.T. angemessen beschrieben wird. Zunächst stellt dies auch kein Problem dar, weil in jeder Theorie Vereinfachungen und Komplexitätsreduktionen aus methodologischen Gründen unverzichtbar sind. Sie verlieren aber dann ihre Kraft, wenn sie die Wirklichkeit mehr konterkarieren als erklären. Und genau diese Frage ist hier aufzuwerfen. Offensichtlich sind die aus methodischen Gründen ausgeklammerten Einflüsse von solcher Tragweite, dass sie **der angestrebten Optimalität geradewegs zuwiderlaufen**. Von daher ist zu bezweifeln, dass es sich bei der „produktivitätsorientierten Personaltheorie" Gutenbergs um ein angemessenes Theoriegebäude für die Erklärung menschlicher Arbeit in betriebswirtschaftlichem Zusammenhang handelt. Menschliche Arbeit ist grundsätzlich Ausdruck der Individualität und Subjektivität der Person, die sie leistet. Sie ist nicht auf maschinenhafte Reaktionen der Träger der objektbezogenen Arbeit zu reduzieren. Es gibt Betriebsmittel und auch Werkstoffe, nicht aber die „Arbeit an sich", sondern nur Menschen, die ihre Arbeitskraft zur Verfügung stellen:

„Kein Arbeitgeber, kein Manager hat einen direkten, planbaren Zugang zur Arbeitsleistung; allein der Arbeitende selbst ist über sein Arbeitsvermögen verfügungsfähig" (*Türk* 1990, S. 57). Und: „Auch wenn man nur Arbeitskräfte ruft, so kommen doch Menschen" (*Neuberger* 1990, S. 7).

Insofern besteht ein kategorialer Unterschied zu den anderen Elementarfaktoren. Man spricht von der **„personalen Gebundenheit des Faktors Arbeit"**. Und diese Tatsache, dass die Arbeit untrennbar mit diesem Menschen als überaus sperrigem, oft eigenwilligem Wesen verknüpft ist (vgl. z. B. *Schimank* 1986; *Schmitt/Werth* 1998, S. 3), bereitet im betriebswirtschaftlichen Verwertungszusammenhang Probleme, die m. E. nicht aus einer adäquaten theoretischen Fundierung ausgeklammert werden dürfen.

2.2.2 Primäre und sekundäre Verhaltenssteuerung

Ganz im Sinne Gutenbergs ist es zunächst erforderlich, menschliche Subjektivität im Betriebsablauf zu kanalisieren, sie – überspitzt ausgedrückt – einzupferchen. Nur wenn es eine Koordination, eine in irgendeiner Form systematische Steuerung der Aktivitäten des „Faktors Arbeit" gibt, besteht eine Chance auf Erreichung eines Betriebszweckes (bzw. eines betrieblichen Zielsystems). Diese Ebene der Aktivitätslenkung, die Sache des „dispositiven Faktors" ist, will ich hier als die **„primäre Verhaltenssteuerung"** bezeichnen: Die Beschäftigten sollen den Vorgesetzten gehorchen (Direktionsrecht), sich dem Takt der Maschine anpassen, frühmorgens rechtzeitig zur Arbeit erscheinen, Pläne befolgen usw. Subjektive Freiheit und Vielfalt wird eingeschränkt, mit den Produktionszielen in Widerspruch stehende Interessen und Wünsche werden übergangen bzw. mit Ausgleichszahlungen abgegolten, real existierende Kenntnisse und Fähigkeiten werden nur im eng gesteckten Rahmen abgefordert (z. B. an einem Fließband).

Das Management bedient sich zum Zwecke der „primären Verhaltenssteuerung" folgender Techniken:

- Mittels **Zieldefinitionen** werden ausgehend von den obersten Unternehmenszielen für die einzelnen Bereiche, Gruppen und ggf. sogar Arbeitsplätze Vorgaben hergeleitet, die von den entsprechenden Mitarbeiter/innen bzw. Gruppen zu erreichen sind. Am deutlichsten wird diese Steuerung durch Ziele vermutlich im Außendienst vieler Unternehmen, wenn die dortigen Beschäftigten fast nur über vorgegebene Größen (z. B. Umsatzziele, Neukundenakquisition) gelenkt und ihre Leistungen an der Zielerreichung gemessen werden.
- Von **Maschinensystemen** (Produktionsanlagen, IT) geht ebenfalls eine intensive Steuerungswirkung aus. Technisierung bedeutet die Überführung einer Problembearbeitung in eine spezifische Sequenz von Schritten unter Nutzung dazu geeigneter maschineller Anlagen. Schon *Taylors* Ansatz (1912) war darauf ausgerichtet, die sog. „Faustregeln" von den Arbeitenden transparent zu machen und sie umzuformen in möglichst intensiv technisierte, standardisierte Prozeduren. Dadurch werden Intuition, Geschicklichkeit, Erfahrung, Kreativität der Beschäftigten mehr oder minder stark ersetzt und verdrängt.
- **Organisation** (in Form von strukturellen Regelungen) erfüllt eine analoge Funktion. Durch Vorgabe eines Systems der Arbeitsteilung und der vertikalen Gliederung (Hierarchie), ferner von Verfahrensrichtlinien (z. B. Programmen, Plänen) und anderer Regelungen (z. B. Schichtpläne) soll das Verhalten der Organisationsmitglieder nach Maßgabe der Zielerreichung ge-

steuert und koordiniert werden. *Gutenberg* (1963, S. 169) charakterisiert die Betriebsorganisation als Durchführung einer „geplanten Ordnung".

- **Personalführung** soll schließlich die Lücken ausfüllen, die über die bisher angeführten technisch-organisatorischen Steuerungsebenen auf der personalen und arbeitsalltäglichen Ebene übrig bleiben. Gestützt auf das Direktionsrecht geht es dabei um die stark kommunikativ geprägte Verhaltensbeeinflussung durch die Vorgesetzten gegenüber den formal unterstellten Mitarbeiter/innen (insbes. mittels Anweisungen).
- **Anreizsysteme** schließlich sind im Gutenbergschen Sinne die Gegenleistung für die Unterwerfung unter die „Fabrikdisziplin". Sie werden im Konzept der primären Verhaltenssteuerung materiell interpretiert (als Entgelte; im erweiterten Sinne als Gratifikationen, Sozialleistungen oder auch Statussymbole). „Die Ergiebigkeit menschlicher Arbeit im Betriebe ist [...] auch von dem Entgelt (abhängig), das der Arbeitende für sich vergütet erhält" (*Gutenberg* 1963, S. 34).

In Säulenform kann man die erörterten Techniken der primären Verhaltenssteuerung wie folgt darstellen:

ABB. 3: Techniken der primären Verhaltenssteuerung

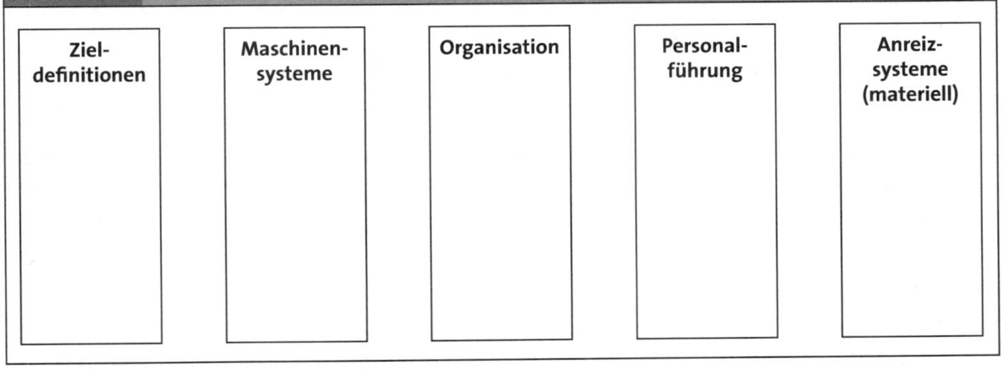

Der Einsatz der „primären Verhaltenssteuerung" erklärt sich zunächst aus dem Konkretisierungserfordernis der Leistungsbeiträge der Träger lebendiger Arbeit. Mittels der lenkenden Wirkung dieser in ihrer Natur so unterschiedlichen Techniken soll der „Faktor Arbeit", der untrennbar mit dem arbeitenden Menschen verbunden ist, so eingebracht werden, dass er bestmöglich auf die Realisierung der Unternehmensziele, z. B. i. S. e. effektiven Produktion, ausgerichtet ist.

Im Gegensatz zu materiellen Produktionsfaktoren (z. B. Betriebsmittel, Werkstoffe) reagiert der Mensch jedoch nicht (nur) schematisch auf bestimmte Stimuli, sondern er ist aufgrund seiner Hirnkonstitution und der Existenz eines Bewusstseins in der Lage, seine Aktivitäten argumentativ vorzubereiten, also im Vorfeld über sein Handeln nachzudenken. Über dieses Bewusstsein bringt der Mensch auch das in den Arbeitsprozess ein, was die Soziologie gerne als **„Subjektivität"** bezeichnet: seinen je spezifischen Schatz an Kenntnissen, Fähigkeiten, Einstellungen, Denkweisen, Neigungen, Interessen, Emotionen usw. Daher muss das Handeln keineswegs immer so ausgeprägt sein, wie es der „Fabrikplan" vorsieht.

Das Management hat insofern auf der Ebene der „primären" Einbringung und Einbindung menschlicher Arbeit in den Produktionsprozess **zwei große Probleme**.

Das erste, das in dem obigen Sabotage-Beispiel drastisch zum Ausdruck kam, besteht darin, dass sich die menschliche Subjektivität nicht so ohne Weiteres bändigen lässt. Die Menschen, die viel mehr sind als Arbeitskräfte, versuchen, sich gegen das Einpferchen, gegen Identitätsbedrohungen (z. B. durch ihre Vorgesetzten) zu wehren. Man richtet sich ein, schafft sich Freiräume, „macht das Beste daraus". Dadurch wird die bedrohte Identität wieder ein Stück stabilisiert. Dass solche Zugriffsgrenzen bestehen, belegt eine Fülle von empirisch beobachtbaren „Praktiken der Identitätsbehauptung in Arbeitsorganisationen" (*Schimank* 1981), von denen die oben geschilderten Sabotageakte nur die spektakulärsten sind.

Alltägliche **Widerstandsformen**, in denen dies zum Ausdruck kommt, sind etwa:

- widerspenstiges Verhalten, „Insubordination" gegen Vorgesetzte,
- Ausnutzen von Schwächen und Lücken des technischen Systems,
- Ungenauigkeiten/Verstöße bei der Verfolgung formaler Regeln,
- fehlende Aufmerksamkeit, Tagträumen, Bummelei,
- Behinderung der Arbeit anderer,
- Krank„feiern",
- Ausflippen, zeitweiliges Verrücktspielen,
- „Stimmungsmache" in der Belegschaft,
- Schikanieren von Kolleg/innen und – noch schlimmer – Kund/innen,
- bis hin zur Fluktuation, zum Verlassen des Unternehmens.

Selbst wenn es komplett und nachhaltig möglich wäre – und darin liegt das zweite Problem des Managements –, der menschlichen Subjektivität durch Anweisungen, Arbeitszeitregime, strikte Einordnung in einen Produktionsablauf usw. Zügel anzulegen, wäre dies paradoxerweise der Erreichung der Unternehmensziele abträglich.

Viele empirische Organisationsanalysen haben gezeigt, dass sich die Ordnung von sozialen Systemen keineswegs nur als Resultat von Technikanwendung, Anweisungen und formaler Organisation, sondern sich auch aus intelligenten und zielgerichteten Formen der Selbst-Organisation der Beschäftigten ergibt. Wenn die Arbeitenden stur nur das tun, was der offizielle „Fabrikplan" von ihnen verlangt, bricht die Produktion in kürzester Zeit zusammen (vgl. z. B. *Schreyögg/Noss* 1994, S. 23). Nicht umsonst ist der „Dienst nach Vorschrift" neben dem Streik eine der schärfsten Waffen in Arbeitskämpfen.

Die formale Verhaltenssteuerung durch das Management hinterlässt stets Funktionslücken, die nur durch „positive" Einbringung menschlicher Subjektivität geschlossen werden können. Insofern ist der Mensch – im Gegensatz zu Maschinen, die nur das können, was in sie „hineinprogrammiert" worden ist – ein sehr attraktiver „Produktionsfaktor", gerade aufgrund seiner „spontanen, uneinklagbaren und unprogrammierbaren Zutaten" (*Neuberger* 1990, S. 7).

Daher ist die leistungsorientierte Einfügung des „Faktors Arbeit" in den Produktionsprozess von Gütern und Diensten nicht möglich ohne ein Mindestmaß an **Pflege** des subjektiven Moments der Arbeitskräfte. Das bedeutet zugleich, dass ein partielles Eingehen auf Interessen und Bedürfnisse der Arbeitnehmer/innen unverzichtbar ist: Sie müssen durch geeignete Strategien und Instrumente zur Leistung motiviert werden (über den Lohnanreiz hinaus) und sich möglichst intensiv mit dem Unternehmen und ihrem Arbeitsplatz identifizieren. Es geht darum, eine innere und durchaus auch emotionale Einbindung der Beschäftigten herbeizuführen und ihre kreativen Fähigkeiten zu stimulieren. Vieles spricht dafür, dass Unternehmen, denen dies effizient und nachhaltig gelingt, erhebliche Wettbewerbsvorteile gegenüber der Konkurrenz aufweisen. Das Verständnis von menschlicher Arbeit als „Elementarfaktor" wird dieser Funktion nicht gerecht.

Die primäre Verhaltenssteuerung muss daher flankiert werden durch eine Ebene **sekundärer Verhaltenssteuerung**. Sie arbeitet mit positiven, förderungsorientierten Mechanismen und läuft gewissermaßen „quer" zu den Säulen der primären Verhaltenssteuerung:

ABB. 4: Primäre und sekundäre Verhaltenssteuerung

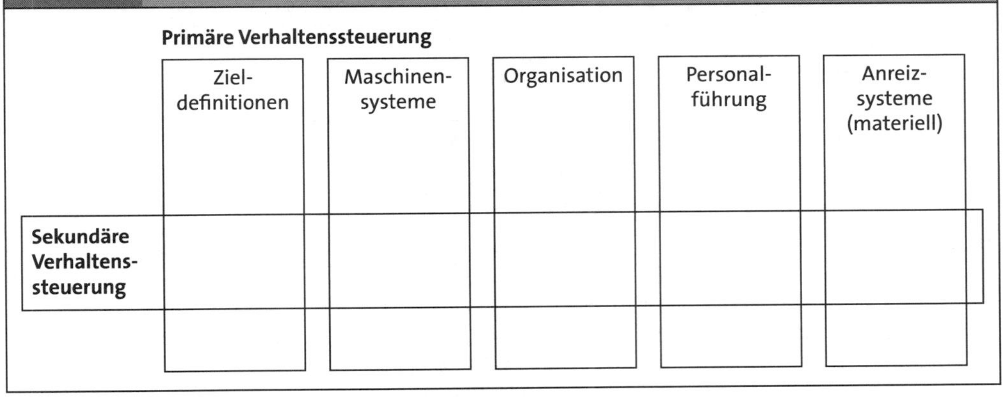

Wie die sprichwörtlichen zwei Seiten der Medaille ist die menschliche Subjektivität zugleich eine **Stabilitätsbedrohung** wie auch eine **Existenzvoraussetzung** der Organisation (*Schimank* 1986). Die primäre Verhaltenssteuerung ist Ausfluss des Moments der Stabilitätsbedrohung und besorgt das Unterdrücken der Subjektivität, etwa durch hohe Termin- und Mengenvorgaben, Richtwerte, Planzeiten, Antreiben, Druck ausüben, strenge Kontrolle, Dequalifizierung durch Technikeinsatz usw. *Krell/Ortmann* (1984) haben dafür den Begriff der „negativen Ökonomie" geprägt.

Wegen der gleichzeitigen Eigenschaft menschlicher Subjektivität als Funktionsvoraussetzung für erfolgreiches Wirtschaften reicht aber die „primäre Verhaltenssteuerung" nicht aus. In diesem Sinne ist das Management angewiesen auf die „positive" Aktivierung der menschlichen Subjektivität. Daher erscheint die leistungsorientierte Einfügung des arbeitenden Menschen in den Produktionsprozess von Gütern und Diensten nicht möglich ohne ein Mindestmaß an Pflege des subjektiven Moments eben jenes „Faktors Arbeit". Das heißt zugleich: partielles Eingehen auf Interessen, Bedürfnisse oder Wünsche der Arbeitnehmer/innen.

Auf dieser Ebene anzustreben ist eine intensive Motivation zur Leistung (über den bloßen Lohnanreiz hinaus) und die Identifikation mit dem Unternehmen (und der Wirtschaftsordnung).

In ähnlichem Sinne benutzen *Krell/Ortmann* (1984) zur Umschreibung dieser Sphäre den Begriff der „positiven Ökonomie". Die sekundäre Verhaltenssteuerung legt eine „vergemeinschaftende" Lesart von Personalpolitik nahe (*Krell* 1994): innere Einbindung der Beschäftigten, Schaffung von Akzeptanz (insbes. der primären Verhaltenssteuerung), Mobilisierung der kreativen Fähigkeiten der Beschäftigten, Sinngebung, Emotionalität, Zugeständnisse an die Herrschafts- und Weisungsunterworfenen.

Das Verhältnis zwischen den beiden Ebenen (oder Maßnahmenbündel) erscheint zunächst ausgesprochen widersprüchlich, ja antagonistisch:

ABB. 5: Widersprüchlichkeiten zwischen primärer und sekundärer Verhaltenssteuerung

	Primäre Verhaltenssteuerung	**Sekundäre Verhaltenssteuerung**
Vorantreibende Akteure	Spezialisten aus Abteilungen wie Arbeitsgestaltung oder Organisation. Beruf: Ingenieur/innen. „Die Nachfolger Taylors" (*Braverman* 1977)	Spezialisten aus Abteilungen wie Personal oder Betriebspsychologie. Beruf: häufig Psycholog/innen oder Soziolog/innen. „Die Nachfolger Münsterbergs oder Mayos" (*Braverman* 1977)
Menschenbild	Homo oeconomicus	Homo psychologiucus
Organisationsbild (nach *Bleicher* 1982)	Misstrauensorganisation	Vertrauensorganisation
Zwischenmenschliche Beziehungen	Isolierungstendenzen; zunehmende Verdrängung von Mensch-Mensch- durch Mensch-Maschine-Beziehungen	Betonung von zwischenmenschlichen Beziehungen, Teamarbeit
Tätigkeitsinhalte	Tendenzielle Sinnreduktion im Zuge des „technozentrischen Entwicklungspfads" (*Brödner* 1986)	Betonung sinnvoller Tätigkeiten
Handlungsspielraum	Tendenzielle Einschränkung bezüglich Arbeitstempo, Arbeitseinteilung und Zeiteinteilung, Extremfall: „Knöpfchendrücken"	Tendenzielle Erweiterung
Kontrolle	Tendenzielle Verdichtung von Leistungskontrollen	Propagierung von „Selbstkontrolle"

Obwohl in ihren Ausprägungen so grundverschieden, ja geradezu widersprüchlich, sind beide Ebenen aber von der Funktion her komplementär. Sie sollen jede auf ihre Art die Leistung der Mitarbeiter/innen sicherstellen, ohne die Herrschaftsansprüche des Managements in Frage zu stellen.

Unter den Bedingungen marktwirtschaftlich-kapitalistischen Wirtschaftens ist davon auszugehen, dass das Mischungsverhältnis in gewisser Weise dem ökonomischen Prinzip gehorcht: Je nach Erfordernis oder je nach den Umfeldbedingungen gibt es so viel sekundäre Verhaltenssteuerung wie nötig, soviel primäre wie möglich.

Allerdings lässt sich dies nicht verallgemeinern. In jeder Epoche sind spezifische Unternehmenskulturen und -politiken zu verzeichnen, die deutlich stärker auf die sekundäre Ebene setzen als andere.

2.3 Folgerungen für das Personalwesen

2.3.1 Wesentliche Merkmale des Fachgebiets

Wenn das Erkenntnisobjekt des Personalwesens – wie eingangs erwähnt – das Leistungsverhalten des arbeitenden Menschen ist, so können wir nunmehr als Präzisierung des Gegenstandsbereichs hinzufügen, dass diese Disziplin ihre besondere Brisanz aufgrund des Spannungsfeldes zwischen dem Streben nach Einsatz von Arbeit i. S. e. Produktionsfaktors und den Besonderheiten gewinnt, die sich aus der „personalen Gebundenheit“ des Faktors Arbeit ergeben.

Letztlich besteht die Kernaufgabe des Personalwesens in der Bereitstellung und im zielorientierten Einsatz von lebendiger Arbeit in erwerbswirtschaftlichen Organisationen (bzw. in vielen Organisationen) in all ihren Facetten und Umweltbezügen. Seine Besonderheit, die es von jedem anderen betrieblichen Funktionsbereich kategorial unterscheidet, gewinnt das Personalwesen daraus, dass es sich mit dem „Produktionsfaktor Personal“ gerade unter dem Aspekt beschäftigt, dass dahinter Personen stecken, ohne dass das eine auf das andere reduziert werden könnte.

Als wichtigste **Konsequenzen** ergeben sich daraus für diese Disziplin die folgenden Punkte:

1. Das mikroökonomisch orientierte Instrumentarium der „produktivitätsorientierten Personaltheorie“ Gutenbergs wird den Merkmalen lebendiger Arbeit und deren Problematik nicht bzw. nur teilweise gerecht. Dies gilt auch im Hinblick auf die von Gutenberg an sich angestrebte „optimale Ergiebigkeit“ des Faktoreinsatzes. Vor allem dann, wenn sich Betriebswirtschaftslehre als **angewandte Wissenschaft** mit Gestaltungsauftrag begreift, müssen wirklichkeitsnähere Verhaltensannahmen und Menschenbilder zugrunde gelegt werden.

2. Das Personalwesen ist **verhaltensorientiert** zu konzipieren. Die Bestimmungsgründe und Ausdrucksformen menschlicher Arbeit sind äußerst vielgestaltig. Eine Chance, sie angemessen erklären und erfassen zu können, besteht nur, wenn verhaltenstheoretische Konzepte, etwa aus der Sozialpsychologie und aus der Soziologie, einbezogen werden.

3. Das Personalwesen als Disziplin vom Umgang mit der lebendigen Arbeit in betriebswirtschaftlichem Zusammenhang trägt ein **paradoxes Moment** in sich. Es muss beide Seiten der menschlichen Subjektivität i. S. d. primären und sekundären Verhaltenssteuerung bedienen, oder besser: austarieren. Es muss Menschen in Personal „transformieren“, d. h. es nach Maßgabe des Produktionsfaktoren-Modells einkaufen, verwerten, formen, lenken, „entsorgen“ – und das alles möglichst sicher, bequem und billig. Es muss aber auch dem Umstand Rechnung tragen, dass Subjektivität eine wertvolle Ressource zum Schließen der – empirisch immer größer werdenden – Funktionslücken des Produktionsfaktoren-Modells darstellt. Das Personalwesen muss insoweit auch verstärkt die kreativ-originären Problemlösungsbeiträge der arbeitenden Menschen mobilisieren helfen, die vom „eingepassten“ und eher passiven Personal nicht zu erwarten sind. Es muss aus zu Personal transformierten Menschen wieder Persönlichkeiten entwickeln, d. h. ihnen Entfaltungsmöglichkeiten, Handlungs- und Entscheidungsspielräume zuerkennen (vgl. auch *Rieckmann* 1990, S. 17). Aus diesen beiden Grundansprüchen resultiert ein erhebliches Widerspruchspotenzial, ein oft auch in der realen Personalpolitik spürbares Hin- und Herschwenken zwischen „Vertrauensorganisation“ und „Misstrauensorganisation“, zwischen dem Bild des selbständigen, verantwortungsbewussten, über wertvolle Fähigkeiten verfügenden Menschen und dem Drang zur Steuerung und Kontrolle der ablaufenden Prozesse.

4. Das Personalwesen ist sehr **konfliktträchtig**. Damit ist nicht nur der eben erläuterte immanente Konflikt bezüglich des Umgangs mit Subjektivität gemeint. Mit dem Gegenstandsfeld „lebendige Arbeit“ (oder: „arbeitende Menschen“) ist auch gleichsam ein interpersonelles oder intergruppenbezogenes Konfliktfeld eröffnet. Aus Sicht der Arbeitenden geht es nicht nur um die ökonomische Nutzung von Arbeitsvermögen. Sie bringen als Subjekte ihre Inte-

ressen, Ziele, Motive und Erwartungen ein, mit denen das Personalwesen unweigerlich „konfrontiert“ ist und mit denen es – z. B. im Zusammenhang mit der Mitbestimmung der Arbeitnehmer/innen – umzugehen hat.

2.3.2 Vielfältigkeit der Bezeichnungen

In der inzwischen zu einem stattlichen Fundus herangewachsenen Fachliteratur finden sich die unterschiedlichsten Bezeichnungen, die zur Umschreibung dieses Gebiets benutzt werden: Personalwesen, Personalwirtschaft, Personalmanagement, Personalpolitik, z. T. auch Personalführung und Personalverwaltung.

Eher modern (nicht nur, weil es sich um einen „Anglizismus“ handelt) ist die Bezeichnung als **„Human Resource Management“ (HRM)** oder der deutsche Übersetzungsversuch „Management der Humanressourcen“ o. Ä. (vgl. Kap. 3.4). „Personalökonomie“ ist eine gängige Bezeichnung unter Wissenschaftler/innen, die sich von verhaltenswissenschaftlich inspirierten Richtungen abgrenzen und für eine pointiert ökonomische Lesart des Fachgebiets eintreten wollen (vgl. Kap. 3.2).

Gängige englischsprachige Begriffe neben HRM sind etwa Personnel Administration, Personnel oder Personnel Management.

Während einige Autor/innen die Verwendung des einen oder anderen Begriffs aus diesem Spektrum nicht weiter kommentieren, begründen andere dies relativ ausführlich und bringen damit i. d. R. beabsichtigte Akzentuierungen zum Ausdruck.

So wird die Verwendung des Begriffs **„Personalwirtschaft“** vielfach damit begründet, dass es sich hierbei um ein Teilgebiet der Betriebswirtschaftslehre handelt. Der wirtschaftliche Charakter des Personaleinsatzes soll betont werden (*Drumm* 2000). Bei einigen mag zudem bei der Entscheidung für diesen Begriff die Festlegung auf einen Adressaten für die entwickelten (Gestaltungs-)Aussagen mitschwingen: die Unternehmensleitung bzw. Entscheider, denen vor dem Hintergrund ihrer Zielsetzungen Methoden zur Entscheidungsrationalisierung an die Hand gegeben werden sollen.

Scholz (2014a, 2014b) oder auch *Berthel* (1997) sowie *Klimecki/Gmür* (2001) bevorzugen den Begriff **„Personalmanagement“**. *Scholz* z. B. begründet das mit der erheblich gestiegenen Bedeutung des Personalwesens und stellt zudem fest (2014a, S. 3 f.), dass sich dieser „durchgesetzt“ habe. Das Personalmanagement sei zentraler Erfolgsfaktor und Teil des allgemeinen Managementprozesses.

Dabei ist nicht zu übersehen, dass diese Begriffsverwendung konzeptionell eng verquickt ist mit dem Ansatz des HRM, der die „Humanressourcen“ als bedeutenden Wettbewerbsfaktor sieht und ein integratives Gesamtkonzept für den Personalbereich abzugeben beansprucht, der eng mit der Entwicklung und Umsetzung der Unternehmensstrategie verbunden ist (vgl. *Weber* 1992, Sp. 1827 f.).

Dem klassischen Begriff **„Personalwesen“**, der noch in den 1970er Jahren für die wohl meisten Lehrbücher verwendet wurde (vgl. *Potthoff* 1974; *Bisani* 1976; *Wächter* 1979), wird demgegenüber heute ein etwas „angestaubtes“ Image nachgesagt (vgl. schon *Wächter* 1992a, S. 316). Dabei hat auch dieser Terminus seine Gründe und Vorzüge, etwa weil er am ehesten die „Öffnung zur Interdisziplinarität zulässt“ (*Weber* 1992, Sp. 1827) oder mit dem Wortteil „-wesen“ allgemein Assoziationen i. S. v. „pflegen, sorgsam umgehen, schützen, erhalten“ (*Wächter* 1992a, S. 316) verbunden werden.

Neuberger (1997a, S. 8), bekanntlich immer für eine nonkonformistische Erklärung gut, findet hingegen Gefallen am Begriff Personalwesen und begründet dies unter Bezugnahme auf eine über 70seitige Interpretation des deutschen Begriffs „Wesen“ durch die Gebrüder Grimm mit seiner Weite, die die Subsumierung aller anderen „Kandidaten“ erlaube und somit am ehesten den Facettenreichtum dieser Disziplin zum Ausdruck bringe.

Sieht man von einer Aufsatzsammlung von *Martin/Nienhüser* (1998) ab, hat es nach meinem Überblick seit dem Erscheinen des Werkes von *Eckardstein/Schnellinger* (in 3. Aufl. 1978) kein Lehrbuch mehr gegeben, das den Titel „Betriebliche Personalpolitik“ trägt. Sie verstehen diesen Leitbegriff wie folgt:

„Betriebliche Personalpolitik beinhaltet diejenigen Ziel- und Mittelentscheidungen, die auf die wechselseitigen Beziehungen zwischen Entscheidungsträgern und Belegschaft, zwischen den Mitarbeitern untereinander und zwischen den Mitarbeitern und ihrer Arbeit gerichtet sind“ (*ebenda*, S. 2).

Obwohl ich in keiner Weise den Wert der anderen, schon in der bevorzugten Begrifflichkeit zum Ausdruck kommenden Perspektiven auf die Disziplin „Personal“ verkennen möchte, hege ich aus konzeptionellen Gründen die größte Sympathie für den Begriff der Personalpolitik. Dies wird aber an anderer Stelle noch intensiver zu erörtern sein (vgl. Kap. 3.3).

3. Theoretische Fundierung des Personalwesens

(von Thomas Breisig)

„Das Personalmanagement bewegt sich inmitten einer zerklüfteten Wissenslandschaft'" (*Weber* 2004, Sp. 1917).

Aufgrund des spezifischen Erkenntnisgegenstandes des Personalwesens ist die theoretische Fundierung dieser Disziplin ein generelles Problem. Bewährte Theorien, die gehobenen Ansprüchen genügen, liegen nicht vor (vgl. dazu *Drumm* 1993; *Martin/Nienhüser* 1998). Vermutlich sind sie wegen der Eigenarten des Personalwesens ohnehin Utopie. Die theoretischen Lücken werden im Personalwesen vielfach durch Erfahrungsregeln, Empfehlungen, Plausibilitätsüberlegungen oder erkannte Muster zu schließen versucht.

Nach *Drumm* (1993) ist ein zentraler Grund für diesen allgemeinen Zustand die Komplexität. Die Probleme im Gegenstandsbereich des Fachgebiets sind so vielschichtig, dass sie nur, wenn überhaupt, interdisziplinär zu bewältigen sind. Und umfassende, anspruchsvolle Theorien über ökonomische, soziale, psychologische, rechtliche und weitere Aspekte des Personaleinsatzes erreichen einen so hohen Schwierigkeitsgrad, dass sie nicht mehr und erst recht nicht von der/dem Einzelforscher/in zu bewältigen sind. Außerdem verweist *Drumm* auf den ständigen Druck des Beratungsbedarfs aus der Praxis, der nach raschen Antworten verlangt und auf die solide theoretische Fundierung weniger Wert legt.

Jedenfalls ist die Fachliteratur charakterisiert durch einen wilden **„Theorie-Dschungel"**, der an Einzelphänomenen (z. B. Motivationstheorien, arbeitswissenschaftliche Theorien) orientiert ist und/oder aus „Importen" aus verhaltens- oder arbeitswissenschaftlichen Nachbardisziplinen verschiedenster Provenienz besteht. Die Situation ähnelt einem Flickenteppich; eine geschlossene Personaltheorie ist nirgends in Sicht.

ABB. 6:	Beispiele für im Personalwesen eingesetzte Theorieansätze
Ingenieurwissenschaftliche Ansätze	Scientific Management (*Taylor*)
Arbeitswissenschaftliche Ansätze	Handlungsregulationstheorie (*Hacker, Volpert*)
Soziologische Ansätze	► Human Relations (*Mayo*) ► Mikropolitik (*Burns*)
Psychologische Ansätze	insbes. Motivationstheorien: ► *Maslow* ► *Herzberg* ► Erwartungs-Valenz-Theorien (*Vroom*) ► Führungstheorien (*Fiedler*) ► Lerntheorien (*Bandura*)
Ökonomische Ansätze	► Transaktionskosten-Ansatz (*Williamson*) ► Prinzipal-Agent-Ansatz (*Jensen/Meckling*) ► Produktionsfaktoren-Ansatz (*Gutenberg*) ► Humankapitaltheorie (*Becker*)
Arbeitsmarkttheoretische Ansätze	Interne Arbeitsmärkte (*Doeringer/Piore*)

In diesem Lehrbuch fehlt der Raum für eine eingehende Beschäftigung mit der theoretischen Fundierung des Personalwesens (vgl. zu einem Problemaufriss *Weber* 2004). Dennoch soll der Versuch unternommen werden, anhand von drei wichtigen Feldern des besagten Flickenteppichs einen – wenn auch begrenzten – Eindruck zu vermitteln.

3.1 „Der" verhaltenstheoretische Ansatz

Das Personalwesen als betriebswirtschaftliche Teildisziplin hat sich – wie gezeigt – erst richtig entfaltet, als sich die Grenzen der Gutenbergschen Theorie in ihrer Anwendung auf den „Produktionsfaktor Arbeit" immer deutlicher abzeichneten. Die **„Verhaltenswissenschaftliche Öffnung"** in der Post-Gutenberg-Ära ist daher zunächst geradezu zum Programm für das gesamte Personalwesen geworden (vgl. z. B. *Wächter* 1979).

Allerdings sind Bezeichnungen wie der „verhaltenstheoretische Ansatz" nicht viel mehr als eine Sammelkategorie für unterschiedlichste Bezüge, deren Gemeinsamkeit sich darin zu erschöpfen scheint, dass es um die Erklärung und Prognose menschlichen Verhaltens im Unternehmen geht und ihre Urheberschaft zumindest z.T. in den Nachbardisziplinen Psychologie und Soziologie zu verorten ist (vgl. *Klimecki/Gmür* 2001, S. 33). Insofern fällt es ausgesprochen schwer, *den* verhaltenstheoretischen Ansatz im Personalwesen zu isolieren, um nicht zu sagen: Es gibt ihn nicht!

So führt z. B. *Wächter* (1979, S. 65 ff.) als Quellen der „verhaltenswissenschaftlichen Öffnung" in der Nach-Gutenberg-Ära die folgenden Punkte an:

- die sog. Verhaltenswissenschaftliche Entscheidungstheorie (inkl. der „Anreiz-Beitrags-Theorie"),
- den Human-Relations-Ansatz,
- Teile der Systemtheorie.

Dem sind in der Zwischenzeit selbstredend noch eine Reihe weiterer Ansätze zugewachsen, insbes. aus dem Bereich der Soziologie. Hinzu kommen wie in einem Patchwork verschiedene Einzeltheorien, etwa zu Fragen der Motivation, der Gruppendynamik, des Lernens, der Kommunikation oder der (Personal-)Führung.

So folgerichtig und naheliegend die Hinwendung zur Verhaltenswissenschaft aufgrund der offenkundigen Erklärungsgrenzen der Gutenberg-Lehre gewesen ist, so muss man aus heutiger Sicht einräumen, dass es bislang nicht gelungen ist, die verschiedenen Verzweigungen und „Bruchstücke" zu einer Art integrierter verhaltenswissenschaftlicher Grundtheorie des Personalwesens zu verdichten.

Vertreter/innen einer strikt-ökonomischen Ausrichtung des Personalwesens bzw. der Betriebswirtschaftslehre allgemein nehmen dies allerdings zum Anlass für einen reichlich platten Dilettantismusvorwurf (allen voran *Schneider* 1987, S. 188 ff.), anstatt die Größe des Problems einzubeziehen und die nicht zu übersehenden weiterführenden Teilerkenntnisse in irgendeiner Form zu würdigen.[1]

1 Vgl. zu der in der Betriebswirtschaftslehre immer wieder hochkochenden Kontroverse zwischen Protagonisten eines ökonomischen und eines verhaltenswissenschaftlichen Basiskonzepts *Deters* (1992) speziell im Personalwesen *Weibler* (1996) sowie *Alewell* (1996).

Gerade im Unterschied zur Denkrichtung einer strikten (Re-)Ökonomisierung steht für die Vertreter/innen eines verhaltenswissenschaftlich offenen Personalwesens oft ein zu lösendes Praxisproblem im Vordergrund (z. B. die Motivationswirkung von Entgeltsystemen, Auswahl von Personal für einen Auslandseinsatz).

In Deutschland hat sich vor allem *Schanz* (1997, S. 154 ff.) darum bemüht, einen wissenschaftsprogrammatisch fundierten Ansatz eines verhaltenstheoretischen Personalwesens zu präsentieren. Demnach sind aus diesem Blickwinkel betrachtet die folgenden Aspekte grundlegend:

1. Die Überzeugung, dass das soziale Geschehen gesetzmäßigen Abläufen folgt

Diese Gesetzmäßigkeiten sind – ähnlich den Naturgesetzen – mit geeigneten Methoden zu formulieren und zu überprüfen.

2. Methodologischer Individualismus

Solche Gesetzmäßigkeiten sind vorzugsweise im Bereich individuellen Verhaltens anzutreffen. Individuen werden als „logische Atome“ gesehen: soziale Prozesse – so die Grundannahme – lassen sich mit Hilfe von Gesetzmäßigkeiten über individuelles Verhalten erklären. Diese Analysemethode entspricht (mikro-)ökonomischer Tradition; sie ist aber im verhaltenstheoretischen Verständnis interdisziplinär ausgelegt, d. h. sie bedient sich geeigneter „Importe“ aus den verhaltenswissenschaftlichen Nachbardisziplinen.

3. Theoretische Leitvorstellung: individuelle Nutzenorientierung bzw. Streben nach individueller Bedürfnisbefriedigung

Grundlegend für den verhaltenstheoretischen Ansatz ist die Abkehr vom homo oeconomicus Menschenbild der klassischen Ökonomie. Statt dessen wird auf vielfältige Motivations- und Bedürfnistheorien zurückgegriffen, die vor allem in der Sozialpsychologie entwickelt wurden.

4. Das Unternehmen als Gratifikations-Reservoir

Das Unternehmen wird nicht mehr i. S. v. Gutenberg als Ort der optimalen Kombination von Produktionsfaktoren, sondern als Reservoir für die Bedürfnisbefriedigung aller beteiligten Individuen und damit als eine Gratifikationsquelle betrachtet. Strukturelle (organisatorische) Regelungen gelten als „Gratifikationsmuster“: Sie legen fest, was Individuen in ihrer Eigenschaft als Organisationsmitglieder als Belohnung bzw. Bestrafung empfinden können.

Schanz als engagierter „Vorantreiber“ der verhaltenswissenschaftlichen Sichtweise in der Betriebswirtschaftslehre hat viel beigetragen zur Erschließung von sozialpsychologischen Wissens- und Theoriebeständen. Dennoch ist dieser Versuch einer programmatischen Verklammerung wichtiger Elemente einer verhaltenswissenschaftlichen Orientierung der Betriebswirtschaftslehre nicht überzeugend. Kaum überwindbare Probleme bereitet in seiner Vorstellung allein das Erforschen von Gesetzmäßigkeiten zum menschlichen Verhalten. Man kann danach suchen, aber man wird sie nicht finden, da Menschen aufgrund ihrer Fähigkeit zum reflektierend-strategischen Handeln stets in der Lage sind, das Gefüge scheinbar feststehender Gesetzmäßigkeiten zum Einsturz zu bringen (vgl. schon weiter oben Kap. 2.2.2). Denn menschliches Verhalten ergibt sich aus der Person und ihrer „Subjektivität“, aber auch aus den jeweils herrschenden Umweltbedingungen (*Weibler* 1996, S. 652; vgl. auch mit einer Differenzierung menschlicher Aktivität in „Verhalten“ und „Handeln“ *Steinmann* 1978).

Auch der methodologische Individualismus ist insgesamt nicht tragfähig, da er im Personalwesen fraglos relevante Gruppenphänomene nicht angemessen erklären kann. Mit Recht macht *Reber* (2004) wiederholt darauf aufmerksam, dass das Verhalten immer auch von Kontextbedingungen und damit besonders intensiv vom organisatorischen Rahmen beeinflusst wird. In der Organisationspsychologie beschäftigt sich aufgrund dessen ein einflussreicher und für das Personalwesen ergiebiger Zweig seit längerem mit dem „Verhalten in Organisationen" – nomen est omen![2]

Richtig an der Kritik der verhaltenswissenschaftlichen Orientierung ist sicherlich, dass der bisherige Fundus an „importierter" Erkenntnis des noch jungen Fachgebiets bescheiden und partiell (vielleicht auch punktuell) ist. Dies hat ihr ja schon vor Jahrzehnten den recht populistisch formulierten Vorwurf von *Wunderer/Mittmann* (1983) eingetragen, sie friste bislang lediglich ein „Jäger- und Sammlerdasein". Möglicherweise ist sie auch nicht viel mehr als eine theoriearme **„Kunstlehre"** (vgl. entsprechende Quellen anführend *Weibler* 1996, S. 650). Aber war es nicht immerhin *Schmalenbach* (1911/12) als geachteter „Gründervater" der deutschsprachigen Betriebswirtschaftslehre höchstselbst, der diese Wissenschaft insgesamt als „Kunstlehre" verortet sehen wollte?

Jedenfalls hatte *Schmalenbach* wie auch viele Vertreter/innen des verhaltenswissenschaftlich ausgerichteten Spektrums des Personalwesens ein entspanntes Verhältnis zur betrieblichen Praxis.

Klimecki/Gmür (2001, S. 38) liegen m. E. richtig, wenn sie den Streit um das „richtige" Basiskonzept des Personalwesens auch als eine Frage nach der Befürwortung einer rein theoretisch ausgerichteten oder eher angewandten Wissenschaft interpretieren.

„Die in der Personalwirtschaftslehre zu behandelnden Probleme entstehen [...] primär im Praxiszusammenhang. Dieser ist generell zu denken und verlangt einen Verzicht auf vereinfachende Menschen- und Organisationsbilder. Ansonsten kann eine angewandte Wissenschaft realiter nicht betrieben werden" (*Weibler* 1996, S. 654). Und: „Eine Bezugnahme auf abstrakte Nutzenkategorien wird [...] für konkretes Handeln in den Unternehmungen nicht ausreichen. Man muss sicherlich ebenso wissen, wie Qualifikationen erworben werden und wovon dies abhängt, ob Individuen überhaupt und wenn ja wie zu motivieren sind und wie Innovationsbereitschaft entwickelt und personalpolitisch gefördert werden kann" (*ebenda*, S. 656).

So einleuchtend die Gründe für eine Abkehr von der Personaltheorie Gutenbergscher Prägung auch sind: die verhaltenswissenschaftliche Orientierung ist nicht viel mehr als ein äußerst grobes Programm, unter dessen Dach vieles möglich ist. Der referierte Bündelungsversuch von Schanz ist m. E. keine treffende Integrationsleistung, da er tragende Komponenten des „Verhaltens in Organisationen" ausklammert und mit der Suche nach immer und überall gültigen Gesetzmäßigkeiten menschlichen Verhaltens einen aussichtslosen „Kampf gegen Windmühlen" führt.

Insofern bleibt nicht viel übrig bei einem Versuch, das wirklich Gemeinsame der Arbeiten eines sich der verhaltenswissenschaftlichen Öffnung verpflichteten Personalwesens herauszustellen. Dabei dürfte allenfalls herauskommen:

---

2 Vgl. z. B. *von Rosenstiel* (2000); *Nerdinger* (2002); *Martin* (2003); *Robbins* (2003).

- die Orientierung an einem breiteren Menschenbild jenseits des „homo oeconomicus", das auch soziale und politische Beweggründe des Verhaltens in Betracht zieht,
- die unterstützende Suche nach Erklärungen für empirisch relevantes Verhalten in Nachbardisziplinen der Betriebswirtschaftslehre und
- eine starke Tendenz zu einer anwendungsorientierten Perspektive jenseits der Programmatik einer „reinen Wissenschaft".

Dieser ernüchternde Befund der Unspezifität wird das „verhaltenswissenschaftliche Basiskonzept" auch weiterhin massiv angreifbar machen. Das hat man davon, wenn man mit Rücksicht auf die Praxis und reale Verhaltenszusammenhänge Komplexität und Vielfalt zum Programm macht.

Aus diesem Grunde reicht es nach meinem Dafürhalten nicht aus, sich bloß auf ein „verhaltenswissenschaftlich offenes" Personalwesen zu berufen. Vielmehr muss jede/r Forscher/in ihr/sein spezielles Verhaltensmodell, das sie/er den Analysen als Leitparadigma zugrunde legen will, näher erläutern und transparent machen. Dies erfolgt hier weiter unten, indem ich ein spezifisch **arbeitspolitisches Verständnis** des Personalwesens zu entwickeln versuche (vgl. Kap. 3.3).

3.2 Der personalökonomische Ansatz

3.2.1 Grundverständnis

Wir haben eingangs erfahren, dass das Personalwesen „disziplinengeschichtlich" aus der Abgrenzung von Gutenbergs Faktorenansatz entstanden ist. Seine Sichtweise des „Produktionsfaktors Arbeit" anhand der mikroökonomischen Theorie i.V.m. ingenieurwissenschaftlichem Gedankengut im Sinne Taylors reichte nicht mehr aus, um die sich um eben jenen Faktor drehenden Probleme in der Praxis zu beherrschen bzw. zu erklären.

Daraufhin hat sich, wie soeben dargelegt, ein interdisziplinäres (d. h. verhaltenstheoretisch untermauertes) und implizit an einer funktionalistischen Systemperspektive (vgl. dazu *Metz* 1995, S. 15 ff.) orientiertes Gepräge herausgebildet, das manchmal als eine Art „Rezeptbuch für Personalabteilungen" verspottet wird.

Vor dem Hintergrund dieser Entstehungsgeschichte ist es m. E. nicht besonders verwunderlicher, dass *Wunderer/Mittmann* (1983) in einer Analyse der zentralen Lehrbücher zwischen 1972 und 1982 zu dem vielzitierten Befund gekommen sind: „10 Jahre Personalwirtschaftslehren – von Ökonomie nur Spurenelemente."[3]

Diese Schlagzeile wird von einigen Fachvertreter/innen seit geraumer Zeit als Aufhänger für die Forderung nach einer **Re-ökonomisierung** des Personalwesens benutzt. So beklagt z. B. *Sadowski* (1991, S. 130 f.) früh einen eklatanten Mangel an ökonomischer Begrifflichkeit in der personalwirtschaftlichen Literatur und fordert:

„Die Theorie der Personalwirtschaft ist nicht als Arbeitsbuch für die Personalabteilung zu entwerfen, voller Verfahren, Techniken, Checklisten und Schaubilder, sondern zunächst als Theorie

3 Zu bedenken sei hier allerdings, dass sich die Thesen *Rolf Wunderers* nicht durch eine rigorose Engführung des Grundverständnisses des Faches Betriebswirtschaftslehre auszeichnen.

von Beschaffungsentscheidungen unter Marktbedingungen, anders ausgedrückt: als Teil der allgemeinen Betriebswirtschaftslehre im Sinne Gutenbergs."

Später taucht auch ein neuer Name für das Kind auf: **Personalökonomie oder -ökonomik** (vgl. *Backes-Gellner* 1993; *Alewell* 1996; *Wolff/Lazear* 2001; *Sadowski* 2002; *Backes-Gellner/Schmidtke* 2004; *Dilger* 2011). Demnach soll das Personalwesen nicht mehr verhaltenswissenschaftlich, sondern ökonomisch ausgerichtet sein. Entsprechend soll ihm auch kein interdisziplinäres, sondern ein disziplinäres, eng an ökonomischen Kategorien orientiertes Verständnis zugrunde gelegt werden. Das Personalwesen soll kein „Rezeptbuch" mit vielen Heuristiken und Instrumenten sein, auch keine angewandte Wissenschaft, deren Probleme von der Praxis definiert werden. Damit gibt sie sich im Prinzip als eine „reine" Wissenschaft zu erkennen: „Sie ist keine Kunstlehre, die eine Vielzahl von Instrumenten an die Hand gibt, und keine angewandte Wissenschaft, deren Probleme von der Praxis definiert werden" (*Backes-Gellner* 1993).

Die ökonomische Personal-Theorie versteht sich zunächst als ein Sprachsystem, das logische Implikationen sichtbar machen will. Verdichtet zu Modellen sollen darüber hinaus die miteinander verbundenen Elemente auch zu empirisch gehaltvollen und überprüfbaren Aussagen führen. Erst durch disziplinäre Vereinfachungen sei Erkenntnisfortschritt möglich: Vermutungen über die Realität („kühne Entwürfe") würden fassbar und kommunizierbar.

Ein Beispiel für einen solchen „kühnen Entwurf" ist die Rückorientierung auf das Menschenbild verfügungsrechtlicher Analysen, das mit dem Akronym „REMM" umschrieben wird.

MERKE

Menschenbild neuerer verfügungsrechtlich/personalökonomischer Analysen:

- REMM – ein naher Verwandter des „homo oeconomicus"
- „Man is Resourceful, he 'reasons' about the consequences of changes in his environment and his own behavior; he is an Evaluator, he has preferences, and finally he is a Maximiser, he acts so as to achieve the highest level of good as he perceives it."[4]

Die Vertreter/innen der Personalökonomie wollen aber nicht mit der „vulgären, naiven" Mikroökonomie verwechselt werden. Sie suchen vielmehr Anleihen in den angelsächsisch geprägten Ansätzen der sog. „Neuen Institutionellen Ökonomie" in all ihren Spielarten, und zwar:

- der Prinzipal-Agenten-Theorie,
- der Transaktionskosten-Ökonomie Williamsons,
- der ökonomischen Analyse des Rechts bzw. des Vertrags,
- der Humankapitaltheorie,
- der Verhandlungs- und Spieltheorie und
- der Arbeitsmarkttheorie.

4 Vgl. *Meckling* (1976).

Mit dieser Hinwendung werden in der Tat problematische Prämissen der Mikroökonomie i. S. e. materiell verengten Nutzenbegriffs, der vollkommenen Information der Marktteilnehmer/innen oder der Verkennung institutioneller Einflüsse aufgegeben, zumindest aber relativiert. Zudem wird es dadurch möglich, auch die Einflüsse rechtlicher, tarifvertraglicher und sonstiger „normstiftender Regelungen" (*Backes-Gellner/Schmidtke* 2004, Sp. 920) in die Analysen einzubeziehen.

3.2.2 Denkfiguren im personalökonomischen Ansatz

Im personalökonomischen Ansatz wird regelmäßig eine ganze Reihe von „Denkfiguren" verwendet, von denen ich im Folgenden einen kleinen Eindruck vermitteln möchte.

3.2.2.1 Personal als Investitionsgut

Ein wichtiger Unterschied zur klassischen Mikroökonomie besteht z. B. darin, dass Arbeit als ein Produktionsfaktor betrachtet wird, in den gleichsam wie in technische Anlagen „investiert" werden kann („Investition in Humankapital")[5]. Typisch für derartige Investitionen ist, dass der Akteur zunächst Nutzeneinbußen erfährt, dies aber angesichts der unsicheren Zukunft bewusst in Kauf nimmt, um zu einem späteren Zeitpunkt eine Rente (im Falle des „Humankapitals" eine Kooperationsrente) einzustreichen.

Die Personalökonomie betont ausdrücklich, dass zwischen Investitionskosten und laufenden Kosten des Faktors Arbeit zu trennen ist (in der Mikroökonomie blieben Qualifikationsfragen auch hinsichtlich kostenbezogener Implikationen unberücksichtigt). Investitionen in Qualifikation haben einen Ertragswert, was insbes. von *Gary S. Becker* (1976) im Rahmen seiner „Humankapitaltheorie" betont wird. Humankapitalinvestitionen können also auf lange Sicht die Produktivität steigern; bei den Arbeitnehmer/innen schlägt sich dies in höheren Löhnen nieder.[6]

Formales Ziel der Humankapitaltheorie ist es, in einer „Humanvermögensrechnung" („Human Resource Accounting") Personalaufwendungen und -erträge gegenüberzustellen.

Humankapitalinvestitionen können danach unterschieden werden, ob in generelle, in allen Unternehmen am Arbeitsmarkt aktivierbare oder in (betriebs-)spezifische Ausbildung investiert wird. Im Fall einer generellen Ausbildung kann die Arbeitnehmerin/der Arbeitnehmer überall einen Lohnsatz i. H. d. durch Ausbildung verbesserten Grenzwertprodukts der Arbeit fordern. Das betriebliche Interesse müsste indes stärker an der betriebsspezifischen Qualifikation orientiert sein. *Sadowski* (1980) hat aber schon früh gezeigt, dass sich etwa die allgemein gehaltene duale Berufsausbildung am Beispiel Deutschland aufgrund von Reputations- und Rekrutierbarkeitseffekten am Arbeitsmarkt „lohnen" kann.

5 Vgl. dazu recht ausführlich und gut verständlich *Backes-Gellner/Lazear/Wolff et al.* (2001, S. 1 ff.); *Sadowski* (2002, S. 53 ff.).

6 Die sog. „Effizienzlohntheorie" versucht zu erklären, warum die Löhne nicht wie in den mikroökonomischen Vorhersagen ihre markträumende Funktion erfüllen. Dies wird u. a. mit dem Interesse der Arbeitgeber in Verbindung gebracht, mit der betrieblichen Entgeltgestaltung auf eine höhere Leistungsabgabe hinzuwirken (Motivationsfunktion) (vgl. dazu im Überblick *Weiss* 1991; *Franz* 1994, S. 296 ff.).

3.2.2.2 Arbeitsvertrag als Dauerschuldverhältnis/Transaktionskosten

Arbeitsverhältnisse weisen eine Vielzahl von Besonderheiten auf, die den Arbeitsmarkt vom Produktmarkt und den Arbeitsvertrag vom Kaufvertrag maßgeblich unterscheiden. Diesem Umstand widmet auch die Personalökonomie ihren Raum.

Unternehmerische Beschäftigungspolitik ist demnach nur z.T. durch Marktgesetze zu erklären. Viele Arbeitsbedingungen werden nicht über das Regulativ des Preises bzw. der „exit"-Option der Arbeitnehmer/innen reguliert (vgl. *Hirschman* 1970), sondern durch kollektive Verhandlungen bzw. staatlichen Eingriffe (vgl. *Sadowski* 1991, S. 131).

Entsprechend sind Arbeitsverträge von grundlegend anderer Natur als die meisten anderen Verträge (*Sadowski* 2002, S. 72 ff.). Während der Arbeitsvertrag eines Tagelöhners wenige Schwierigkeiten aufwirft, wird das Problem der Spezifizierung von Leistung und Gegenleistung mit Zunahme der beabsichtigten Beschäftigungsdauer immer gravierender. So kann z. B. die Bereitschaft der Arbeitnehmer/innen in längerfristig ausgelegten Beschäftigungsverhältnissen, komplexere, „intelligente" Arbeitsleistungen zu erbringen, Entscheidungen i. S. d. Unternehmens zu treffen, sich fortbilden zu lassen usw. nicht oder zumindest nur sehr schwer vertraglich geregelt oder erzwungen werden. *Sadowski* (1988, S. 225) geht davon aus, dass „erquickliche Beschäftigungsverhältnisse zumindest rechtlich nicht erzwingbare motivationale Voraussetzungen haben". Man benötigt insofern für längerfristig ausgelegte Arbeitsbeziehungen ein „relational contracting".

Die Vertragsbedingungen vollständig zu spezifizieren, ist kaum denkbar wegen:

- bestehender Informationsprobleme („asymmetrische Informationsverteilung"),
- mangelnder Prognostizierbarkeit der späteren Entwicklungsmöglichkeiten (und der daraus resultierenden hohen Unsicherheit) und
- der damit zusammenhängenden Notwendigkeit der Flexibilität der Arbeitsbeziehungen.

Die Einstellung, Einarbeitung und Qualifizierung der Mitarbeiter/innen bei längerfristig ausgerichteten Beschäftigungsverhältnissen erzeugt Beschäftigungsfixkosten, die auf beiden Seiten ein prinzipielles Interesse an einer langfristigen Bindung erzeugen. Daraus resultiert eine hohe Bedeutung „impliziter" Vereinbarungen in Ergänzung zu expliziten Arbeitsverträgen. Darunter sind nach *Hardes* (1989) nicht-explizit-vertragliche Verhaltensgewohnheiten bzw. soziale Normen zu verstehen, die durch ökonomische Anreize oder Sanktionen eine Verhaltenskoordination der Akteure (Arbeitgeber – Arbeitnehmer/in) bewirken.

Es ist in Arbeitsverhältnissen aufgrund der Komplexität und der Veränderlichkeit von Ereignissen nicht möglich oder zumindest zu kostenintensiv, alle relevanten Vertragsgegenstände auf klare, beobachtbare und rechtlich durchsetzbare Normen zu beziehen (vgl. auch *Föhr/Lenz* 1992, S. 126 ff.). Wollte man dies dennoch umsetzen, wären die **Transaktionskosten** außerordentlich hoch. Bei den Transaktionskosten handelt es sich um die Kosten der Information und Kommunikation, die für Vereinbarung und Kontrolle eines ökonomischen Leistungsaustauschs zwischen Parteien entstehen (vgl. auch *Alewell/Hackert* 1998).

ABB. 7:	Transaktionskosten im Personalwesen (nach *Wiegran* 1993)	
Kostenart	**Definition**	**Beispiele**
Anbahnungskosten	Kosten der Informationssuche über geeignete Vertragspartner	► Kontaktaufnahme durch Stellenanzeigen ► Informationsveranstaltungen an Universitäten ► Personalmarketing
Vereinbarungskosten	Kosten der Vertragsverhandlung und -vereinbarung	► Vorstellungsgespräche ► Assessment Center ► Schwierige Verhandlungen mit Top Managern
Abwicklungskosten	Kosten der Konkretisierung des Arbeitsvertrags	► Ständige Kommunikation über die Aufgabenerfüllung, da der Arbeitsvertrag unvollständig ist
Kontrollkosten	Kosten der Kontrolle der vereinbarten Leistung	► Anwesenheitskontrolle ► Arbeitszeiterfassung ► Leistungsüberprüfung
Anpassungskosten	Kosten der Vertragsänderung	► Aufwendungen für Gespräche über Gehalts- oder Positionsänderungen ► Zielvereinbarungen ► Kosten wegen Arbeitskämpfen

Beim „relational contracting“ (oder dem Eingehen „impliziter Vereinbarungen“; vgl. auch *Franz* 1994, S. 293 ff.; *Backes-Gellner et al.* 2001, S. 88) stellt sich die Frage, wie in solchen Fällen die Absicherung der gewollten Offenheit funktioniert. Die ökonomische Theorie kennt insbesondere drei solcher **Mechanismen**:

1. die glaubwürdige Zusicherung der Vertragspartner, den anderen nicht auszubeuten (aber: opportunistisches Verhalten kann sich immer wieder lohnen),
2. der Aufbau von Reputation (kann jedoch nur auf lange Sicht hin wirken),
3. vor allem aber die Regelung der Verteilung von Eigentumsrechten.

Letzterer Aspekt stellt darauf ab, dass die Arbeitnehmer/innen über den Arbeitsvertrag dem Arbeitgeber die Entscheidungsrechte über die Verwendung der Arbeitskraft überlassen (mittels des sog. „Direktionsrechts“). Daraus resultiert jedoch keine absolutistische Herrschaftsquelle, sondern es ist zu berücksichtigen, dass – in längerfristigen Beziehungen – die Interessen der Arbeitnehmer/innen nicht übermäßig verletzt werden. Die konkreten Entscheidungen, die im Rahmen des Direktionsrechts getroffen werden, müssen als billig und angemessen empfunden und von den „Herrschaftsunterworfenen“ akzeptiert werden (*Föhr/Lenz* 1992, S. 127 f.). Andernfalls droht die Gefahr, dass in Humankapital getätigte Investitionen aufgrund von Abwanderung verloren gehen.

Die aus diesem Problem resultierenden organisatorischen Lösungen bzw. Personal- und Beschäftigungspolitiken wurden von Ökonom/innen wie auch von Industrie- und Betriebssoziologen/innen unter dem Stichwort „interne Arbeitsmärkte“ umfassend konzipiert und empirisch analysiert.

3.2.2.3 Interne Arbeitsmärkte

Eine klassische industriesoziologische Charakterisierung von internen Arbeitsmärkten nach *Doeringer/Piore* (1971) lautet wie folgt:

LITERATUR

Interner Arbeitsmarkt (nach *Doeringer/Piore* 1971)

„Ein interner Arbeitsmarkt ist eine administrative Einheit (ein Betrieb), in dem Entlohnung und Allokation des „Faktors Arbeit" durch endogene Mechanismen und Prozeduren (z. B. Langfristigkeit von Beschäftigungsverhältnissen zwecks „Investition in Humankapital"; interner Aufstieg vor Führungskräfte-Rekrutierung vom externen Arbeitsmarkt) reguliert werden. Interne Arbeitsmärkte sind vom externen Arbeitsmarkt weitgehend abgekoppelt."

Betriebsinterne Teilarbeitsmärkte müssen nach empirischen Befunden in vielen Volkswirtschaften nicht als Ausnahme, sondern als Regelprinzip realer Arbeitsmärkte aufgefasst werden (*Hardes* 1989; *Hohn* 1989; *Kock* 1994).

Aufgrund der gezeigten Gegebenheiten ist es i. d. R. unzweckmäßig, in Arbeitsverhältnissen konkretes Verhalten vorzugeben bzw. juristisch exakt zu normieren. Arbeitsbeziehungen sind in diesem Kontext geprägt von strategischen Interdependenzen im Verhalten der beteiligten Akteure. In der klassischen Mikroökonomie sind diese Interdependenzen durch die Annahme der Unabhängigkeit der Akteure schlicht wegdefiniert worden.

Die angesprochenen Interdependenzen werden in der Personalökonomie oft durch das analytische Konzept der **Kooperationsrente** und eine vereinfachte Version des spieltheoretischen Gefangenendilemmas veranschaulicht. Zwecks Vereinfachung werden zwei Akteure (Arbeitgeber – Arbeitnehmer/in) mit je zwei Handlungsalternativen angenommen:

ABB. 8: Nicht-kooperative und kooperative Strategie aus Sicht von Arbeitgebern und Arbeitnehmer/innen

	Nicht-kooperative Strategie nach den jeweils kurzfristigen Eigeninteressen der Akteure	**Kooperative Strategie nach längerfristigen Interessen**
Aus der Sicht des Arbeitgebers	Strategie intensiver Kontrollen der Arbeitnehmer/innen und ihrer Arbeitsergebnisse bei möglichst geringen Lohnkosten und wenig attraktiven Arbeitsbedingungen	Vertrauensvolle Strategie minimaler Leistungs- und Produktkontrollen mit günstigen Arbeits- und Entlohnungsbedingungen
Aus der Sicht der Arbeitnehmer/innen	Möglichst geringe Leistungsintensität, ein geringes Arbeitstempo und ein nachlässiges Qualitätsverhalten; der eigene subjektive Leistungsaufwand wird möglichst minimal gehalten	Strategie möglichst hoher Leistungsintensität und zuverlässigen, loyalen Handelns im Arbeitsverhältnis

In dem spieltheoretischen Modell ist nun jede Handlung der Akteure – in Abhängigkeit von den Handlungen der Gegenpartei – mit hypothetischen Auszahlungen (Ergebnissen) verbunden. Die angenommenen Auszahlungen beruhen auf Präferenzvermutungen bei den Akteuren:

ABB. 9: Dilemma-Situation in Arbeitsbeziehungen (nach *Hardes* 1989, S. 543)

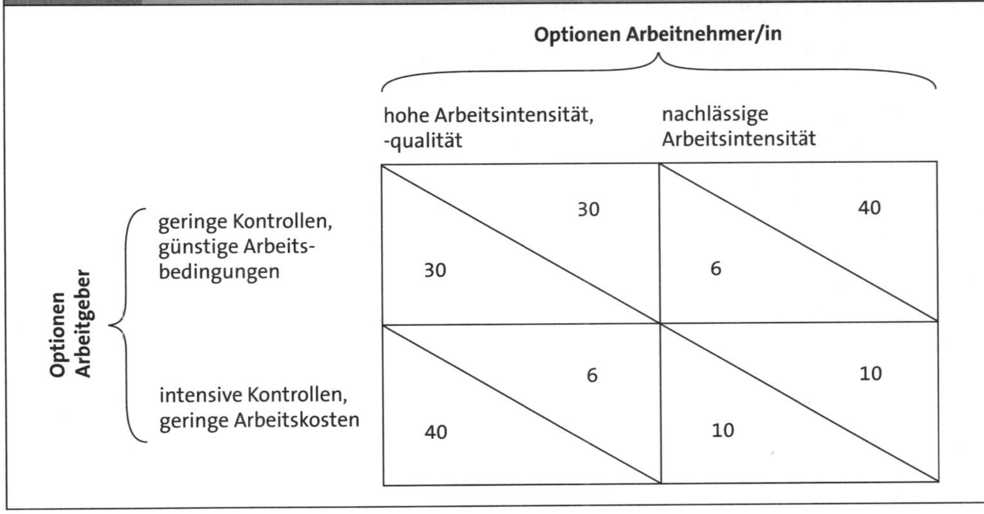

Weitere Annahmen in diesem „Spiel" lauten:

- Die mit der Strategiewahl verbundenen Auszahlungen (Einkommensskalen) sind den Akteuren bekannt.
- Die jeweilige Strategiewahl erfolgt simultan und unabhängig voneinander.
- Das Spiel wird mehrmals durchgeführt (in einem „offenen Zeithorizont").

Dabei ist der offene Zeithorizont, die intendierte Längerfristigkeit in den Arbeitsbeziehungen, eine besonders wichtige Voraussetzung. Würde das Spiel nur einmal gespielt, passierte Folgendes:

ABB. 10: Vertrauensspiel in der kurzfristigen (Kontrakt-)Situation (modifiziert nach *Föhr/Lenz* 1992, S. 133; *Sadowski* 2002, S. 238)

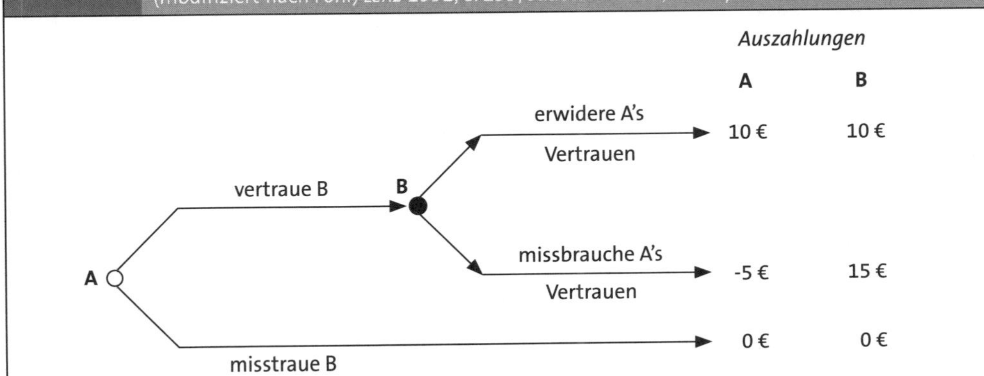

Angenommen, A müsse sich zuerst entscheiden. Wenn A dem B misstraut, bekommen beide nichts. Wenn A aber B vertraut, hat B die Wahl, das Vertrauen von A zu erwidern oder es zu missbrauchen. B bekommt im ersten Fall 15 Euro und A verliert 5 Euro. B wird dann aufgrund seines Rationalitätskalküls die 15 Euro dankend einnehmen und A den Verlust zumuten. Wird dieses Spiel also einmal gespielt, wird A, die Reaktion des B antizipierend, diesem nicht trauen. A wird als rational handelnder Spieler nicht den Vertrauensvorschuss aufbringen.

Übertragen auf die Vier-Felder-Matrix in Abb. 9 heißt das, dass es in der kurzfristigen Kontraktsituation wahrscheinlich zur Lösung des unteren rechten Feldes kommt. Denn kurzfristig wird jede Seite – gerade unter Unsicherheitsbedingungen – der eigennützigen, nicht kooperativen Strategie zuneigen. Diese Neigung wird auch in der Neuen Institutionellen Ökonomie als „shirking", „moral hazard" oder schlicht „opportunistisches Verhalten" bezeichnet. In der beiderseitigen nicht-kooperativen Lösung stellt sich ein stabiles Gleichgewicht bei kurzfristigen Arbeitsbeziehungen ein.

Gänzlich anders verhält es sich in dem Modell der Vier-Felder-Matrix unter der Annahme des mehrmaligen Spielens. Für beide Akteure ist die Nicht-Kooperation auszahlungsmaximal. Wählen jedoch beide Seiten diese Option, so fallen auch die Auszahlungen für beide Seiten geringer aus als im Falle einer Kooperation. „Wenn sich die Vertragsparteien [...] wiederholt gegenüberstehen, dann kann der zunächst betrogene Vertragspartner A das Verhalten des B unter Umständen bestrafen, etwa durch die Verweigerung mit B, gerade dann, wenn der Tausch für B vorteilhaft ist. Die aus der Wiederholung entstehenden Sanktionsmöglichkeiten werden rationale Spieler schon zu Beginn des Spieles berücksichtigen" (*Sadowski* 2002, S. 239). Die Lösung des Dilemmas (nach *Axelrod* 1984) ist die „Wie du mir, so ich dir"-Regel. Diese fordert von einem Akteur, zunächst die Kooperationsstrategie zu wählen, und dann immer diejenige Strategie, die der andere Beteiligte wählt. Über diese spieltheoretische Modellierung wird in der Personalökonomie entgegen mikroökonomischer und verfügungsrechtlicher Positionen (vgl. z. B. *Wenger* 1986) die Entwicklung reziproker Beziehungen als lohnende Option erklärbar. Damit wird sozusagen der mathematische Existenzbeweis für kooperative Gleichgewichte erbracht (*Föhr/Lenz* 1992, S. 132).

In Bezug auf die meisten Arbeitsverhältnisse ist das nichtkooperative Gleichgewicht nicht pareto-optimal. Unter der Bedingung längerfristiger Arbeitsbeziehungen ermöglichen beiderseitige kooperative Verhaltensoptionen Ergebnis- und Einkommensverbesserungen („Kooperationsrenten"): „Alle neueren Theorien des Arbeitsverhältnisses [...] gehen davon aus, dass ceteris paribus langfristige Arbeitsverhältnisse dann im Interesse von Arbeitgebern und Arbeitnehmer sind, wenn die für beide Parteien mit einem Arbeitsplatzwechsel verbundenen Kosten hoch sind und wenn solche Kontinuität angesichts ungewisser Produktmärkte und Technologien Vorhersehbarkeit und Flexibilität zumindest für einen Teil der betrieblichen Probleme schaffen kann und so eine Personalplanung ermöglicht. Beide Bedingungen sind wohl oft gegeben" (*Sadowski* 1989, S. 81).

Die Beschäftigten verzichten auf einen Wechsel, weil sie in den Aufbau von zumindest teilweise betriebsspezifischem Humankapital investiert haben. Sie vertrauen darauf, dass der Arbeitgeber selbst bei rückläufiger Geschäftslage keine Entlassungen ausspricht. Die impliziten Kontrakte können auch als „Versicherungskomponente" für die/den risikoaversen Beschäftigte/n angesehen werden, auf eine lange Beschäftigungsdauer mit verstetigtem Arbeitseinkommen zu setzen (*Franz* 1994, S. 293).

Auch der Arbeitgeber ist an der längerfristigen Nutzung von aufgebautem Humankapital interessiert und verzichtet auf mögliche Lohnsenkungen oder gar Kündigungen. Stattdessen sucht er Phasen konjunktureller Schwäche mit Lagerproduktion, Einstellungsstopp und weiteren Strategien zu vermeiden. Da sich das Verhalten jeder Seite am erwarteten Verhalten der Gegenseite orientiert und die Erwartungen auf subjektiven Erfahrungen in der Vergangenheit beruhen, ist durch das Erleben einer gerechten, fairen Kooperation der Gegenpartei ein Prozess der Vertrauensbildung zu beiderseitigem Nutzen möglich. Zur Verdeutlichung sei nochmals *Sadowski* (1989, S. 82) zitiert:

„Voreiligkeit [des Arbeitgebers, Anm. T. B.] kostet ebenso wie Rücksichtslosigkeit gegenüber Gepflogenheiten und Gerechtigkeitsvorstellungen der Belegschaft Glaubwürdigkeit. Verlässlichkeit und Vertrauen aber sind denknotwendige Voraussetzungen für langfristige Arbeitsverträge, deren Vollzug in vieler Hinsicht unspezifisch und unjustiziabel bleiben muss. Betriebliche Personalpolitik ist nicht einfach ein Reflex von Marktbedingungen [...]."

Ergo können implizite Vereinbarungen i. S. v. erfahrungsgestütztem Vertrauen starke ökonomische Anreize zugunsten stetigen Verhaltens bilden. Die entsprechende „Botschaft" lautet, dass organisations-ökonomisch effiziente Lösungen nicht immer vordergründig kostenminimierend sein dürfen. Vielmehr müssen sie immer auch das Problem der sozialen Akzeptanz einer Beschäftigungsstrategie lösen. Nach der Terminologie *Sadowskis* haben „akzeptierte", auf Vertrauen fußende organisatorische Strukturen und Beschäftigungsmuster einen Ertragswert. Sie bilden – in Analogie zum Humankapital – ein „Organisationskapital". Darunter sind freiwillige („implizite") Vereinbarungen und Regeln zu verstehen, die auf Berechenbarkeit und Zuverlässigkeit in den Arbeitsbeziehungen gerichtet sind, die der Beilegung von Konflikten, der Verteilung von Informationen und der Förderung von Kooperation dienen (*Sadowski* 1991).

Damit wird auch klar, dass es sich bei „mitarbeiterorientierten" Personalpolitiken tendenziell nicht um selbstlose Wohltaten des fürsorglichen Unternehmers handelt, sondern dass sie langfristigen Investitionscharakter aufweisen. Im Unterschied zu Sachinvestitionen wird Organisationskapital jedoch nicht durch klar bestimmbare und abgrenzbare Anlageentscheidungen gebildet, sondern im Alltag aufgebaut – und auch schnell wieder verspielt. Ein „interner Arbeitsmarkt" ist also einerseits als ein Personalallokationssystem zu verstehen, zugleich aber auch als ein System der politischen Auseinandersetzung zwischen Organisationsteilnehmer/innen.

An **zentralen Merkmalen „interner Arbeitsmärkte"** lassen sich die folgenden anführen:

- Es handelt sich um ein relativ abgeschlossenes System mit dem Hauptmerkmal der Langfristigkeit der Beschäftigungsverhältnisse und impliziter Vereinbarungen zwischen den Akteuren.
- Der interne Arbeitsmarkt ist weitgehend entkoppelt vom äußeren Arbeitsmarkt mit Ausnahme der Rekrutierung neuer (tendenziell junger) Mitarbeiter/innen auf typische Einstiegsarbeitsplätze („ports of entry").
- Er ist rigide nach außen, aber flexibel nach innen; er schafft Flexibilität bei unsicheren Produktionserwartungen infolge Wettbewerbsintensivierung und -internationalisierung.

Weitere häufig wahrnehmbare Kennzeichen ergeben sich aus der folgenden Auflistung:

- Langfristigkeit der Arbeitsverhältnisse (insbes. infolge von Humankapitalinvestitionen als irreversible Fixkosten mit langfristiger Amortisation),
- Betonung betriebsspezifischer Fähigkeiten,
- Betonung der Qualifizierung an betrieblichen Arbeitsplätzen („on the job"; starker betriebsspezifischer Fokus),

- aufwendige Selektionsmechanismen (das Personal wird sehr genau ausgesucht; muss als „entwickelbar“ und integer gelten),
- oft bevorzugte Einstellung der Kinder von Mitarbeiter/innen („Mikis“) und guter Kund/innen („Kukis“) als sog. „erweiterter interner Arbeitsmarkt“,
- Aufstieg im Rahmen von „Karriereleitern“ intern vor extern nach Seniorität und Leistung,
- Einsatz loyalitäts- und motivationsfördernder Techniken.

Die Etablierung interner Arbeitsmärkte als beschäftigungspolitische Strategie weist, wie in der gezeigten Variante des „Gefangenendilemmas“ deutlich wurde, Vorteile für beide Seiten auf („Kooperationsrenten“). Für den **Arbeitgeber** ermöglichen sie relativ risikolose Humankapitalinvestitionen und (z. B. aufgrund der Vertrautheit der Arbeitnehmer/innen mit den Produktionsabläufen) eine hohe Flexibilität und damit eine schnelle Anpassung an Marktveränderungen. Die Stimulierung von Loyalität und Kooperationsbereitschaft entlastet von der Möglichkeit des „shirking“. Zudem lässt diese Form der Beschäftigungspolitik ein relativ hohes Konsenspotenzial mit der kollektiven Interessenvertretung der Arbeitnehmer/innen erwarten, etwa wenn Personalmanagement und Betriebsräte als Agenten von betriebsinternen Teilarbeitsmärkten handeln (vgl. *Hardes* 1989, S. 546). Für die in den internen Arbeitsmarkt integrierten **Arbeitnehmer/innen** bedeutet er in erster Linie eine relativ hohe Beschäftigungssicherheit. Diese ist natürlich nicht absolut. Die Investition des Arbeitgebers in Humankapital bewahrt sie vor schnellen Kündigungen im Konjunkturabschwung. Entlassungen sind nur als „ultima ratio“ zu denken, wenn in einer schweren und nachhaltigen Krisensituation kein anderer Ausweg in Sicht ist (vgl. auch Kap. 13.1). Zudem sichert die Position im internen Arbeitsmarkt relativ hohe und vor allem verstetigte Löhne (vgl. *Franz* 1994, S. 294 ff.). Die Beschäftigten erhalten über die betriebliche Lohnpolitik Anteile an langfristigen Renditepositionen der Unternehmen.

Jedoch ist bekanntlich nicht alles Gold, was glänzt. Die gezeigten Vorteile der impliziten Vereinbarungen müssen sich beide Parteien auch mit einigen **Nachteilen** erkaufen. Für den Arbeitgeber ist hier zunächst anzuführen, dass er auf die Ausnutzung der Konkurrenzmechanismen und Disziplinierungsfunktion des externen Arbeitsmarktes weitgehend verzichtet. Dies führt i. d. R. zu nicht unerheblich höheren Lohnkosten. Die Kostenträchtigkeit wird insbes. in „leichteren“ Krisensituationen deutlich, wenn das Unternehmen zur Absicherung des Humankapitals unter hohem Aufwand Überbrückungsleistungen erbringen muss. Kündigungen in Krisensituationen sind zumeist nur unter Zahlung hoher Abfindungen (etwa im Rahmen von Sozialplänen) möglich. Außerdem ermöglicht der interne Arbeitsmarkt intensivere kollektive Organisationsmöglichkeiten der Beschäftigten, was tendenziell zu stärkeren Interessenvertretungen führt. Dies wird jedoch dadurch relativiert, dass sie dazu neigen, selbst zu Agenten des internen Arbeitsmarktes zu werden und von militanten Konfliktstilen abzusehen.

Die im internen Arbeitsmarkt häufig eingesetzten Vergütungsregelungen nach Seniorität führen leicht zu Motivationsverlusten bei jüngeren Beschäftigten.

Die Arbeitnehmer/innen, die in den „Genuss“ interner Arbeitsmarktstrukturen kommen, ziehen daraus sicher überwiegend ihre Vorteile. Probleme bekommen sie indes dann, wenn sie – besonders im fortgeschrittenen Alter – bei stark betriebsspezifisch geprägten Investitionen in ihr Humankapital dennoch in einer schweren Krise freigesetzt und sich am „echten“ Arbeitsmarkt neu orientieren müssen, denn: „Betriebsspezifische Qualifikationen [...] besitzen einen Marktwert von Null; ihre Verwertbarkeit beschränkt sich auf den Ursprungsort der betrieblichen Qualifizierung" (*Hardes* 1989, S. 545).

Personalökonomisch betrachtet verzichtet die- bzw. derjenige, die/der sich auf den internen Arbeitsmarkt einlässt, auf die freie Entscheidung über die Verwendung ihres/seines Arbeitsangebots am Arbeitsmarkt – mit allen damit verbundenen „Risiken und Nebenwirkungen."

Besonders problematisch ist jedoch die Situation derjenigen Arbeitnehmer/innen, die erst gar nicht in den internen Arbeitsmarkt hineinkommen. Die gezeigten Funktionsmechanismen führen zu einer Tendenz zur Einbeziehung von Menschen vorzugsweise von jüngerem Lebensalter und hoher Qualifikation und zu einer tendenziellen **Schließung** des internen gegenüber dem externen Arbeitsmarkt: „Da implizite Zusagen auf langfristige Beschäftigungsverhältnisse nicht kostenlos sind, werden Arbeitgeber sie zurückhaltend ‚aussprechen'. [...] Je schwieriger Entlassungen sind, umso überlegter werden Einstellungen vorgenommen. Auftragsspitzen werden eher durch Überstunden oder Lohnaufträge erledigt. Betriebsangehörige haben einen nennenswerten Wettbewerbsvorteil vor Betriebsfremden" (*Sadowski* 1989, S. 82).

Diese Tendenz zur sozialen Schließung führt für die Außenstehenden zu hohen Hürden, um in Beschäftigung zu gelangen. Insofern liegt es nahe, eine gewisse Parallelität zwischen dem gezeigten beschäftigungspolitischen Muster und der starken Persistenz von Arbeitslosigkeit mit scheinbar unaufhaltsam zunehmender Steigerungsdynamik zu ziehen. Es entsteht ein „Insider-Outsider-Problem" (vgl. *Franz* 1994, S. 288 f.).

Schon seit mindestens zwei Jahrzehnten zeigen empirische Befunde auf der gesamtgesellschaftlichen Ebene eine Segmentationsfolge des Arbeitsmarktes auf. Eine besonders populär gewordene Studie ist die der Industriesoziologen *Kern* und *Schumann* (1984), in der von einer Spaltung in „Rationalisierungsgewinner und -verlierer" mit der Konsequenz einer „Zweidrittel-Gesellschaft" die Rede ist: Das Gros der Erwerbsfähigen „sitzt" auf attraktiven Arbeitsplätzen mit relativ hohen Löhnen und guten Arbeitsbedingungen; die „Outsider" verharren indes in Arbeitslosigkeit – ohne große Chancen und Perspektiven, in längerfristige Beschäftigung zu gelangen.

3.2.3 Kritische Würdigung der „Personalökonomie"

Die aufgezeigten Ansätze zu kritisieren, indem man sie in die Ecke einer völlig absurden mikroökonomischen Betrachtung des „Faktors Arbeit" stellt, führt in die Irre. Zweifellos ist die genuin mikroökonomische Betrachtung bei den meisten Protagonisten dieser Richtung überwunden, und es dürfte völlig unstrittig sein, dass die „Reökonomisierungs-Offensive" der letzten Jahre Bewegung in das Personalwesen als wissenschaftliche Teil-Disziplin der Betriebswirtschaftslehre gebracht hat.

Sie ist auf jeden Fall enorm bereichernd, liefert neue, in der verhaltenswissenschaftlich orientierten Richtung stark vernachlässigte Einsichten und eine ganze Reihe von weiterführenden und plausiblen Interpretationen. Zumindest einzelne Facetten, insbes. das z. T. auf soziologische Ursprünge zurückzuführende Konzept interner Arbeitsmärkte, ermöglichen eine recht konsequente Einordnung aktueller Entwicklungen, etwa i. S. d. „Human Resource Management"-Ansatzes.

Insofern wäre es töricht, der Personalökonomie ihr hohes Erklärungspotenzial abzusprechen. Sie hilft, empirisch beobachtbares Verhalten betrieblicher Akteure schlüssig zu machen (z. B. betriebliche Beschäftigungspolitiken). Während etwa die „linken", industriesoziologisch inspirierten Ansätze zu einer Überbetonung des betrieblichen Konfliktes verleitet haben, haben die Personalökonom/innen mit dem Konzept der Kooperationsrente ein bemerkenswertes Gegengewicht zur bisherigen Vernachlässigung des Phänomens der Zusammenarbeit der Akteure zum gegenseitigen langfristigen Nutzen beigesteuert.

Aktuelle Ausprägungsformen personalwirtschaftlicher Instrumente (z. B. die Anwendung von Assessment Centern in der Personalauswahl) oder konzeptioneller Schwerpunkte (z. B. Stärkung extrafunktionaler, sozialer Qualifikationen in der Personalentwicklung) lassen sich mit personalökonomischen Kategorien treffend interpretieren. Auch empirisch erweist sich eine Anzahl der postulierten Hypothesen als überraschend gut bewährt; so lassen sich z. B. in den USA in bestimmten Branchen signifikante Zusammenhänge zwischen der Höhe der sektoralen Entgelte und den sektoralen Renditegrößen aufzeigen (vgl. *Hardes* 1989, S. 546).

Ihre Attraktivität gegenüber den klassischen Theorievorstellungen des Personalwesens besteht ferner darin, dass es sich bei ihnen (wie schon bei Gutenberg) um einen relativ geschlossenen theoretischen Ansatz handelt. In diesem Punkt ist die Personalökonomie ohne Frage dem diffusen verhaltenswissenschaftlichen „Konzept" (vgl. Kap. 3.1) um Längen voraus (so auch *Dilger* 2011). Dies hängt natürlich mit der erheblich stärkeren Reduktion von Verhaltensannahmen zusammen, was nicht nur Komplexitätsvereinfachung, sondern auch Geschlossenheit und Stringenz fördert.

Allerdings halte ich es für abwegig, das Personalwesen, auch als Teildisziplin der Betriebswirtschaftslehre, nunmehr rein über die Programmatik der Personalökonomie zu definieren.

Die „Personalökonom/innen" berufen sich regelmäßig darauf, dass sie das Personalwesen – wieder (!) – anschlussfähig machen wollen für die Allgemeine Betriebswirtschaftslehre im Geiste Gutenbergs. Damit begeben sie sich auch zwangsläufig erneut auf den Pfad rigoroser Vereinfachungen und der Verkennung der Besonderheiten, die den sog. „Faktor Arbeit" grundsätzlich von anderen Faktoren abhebt. Alles schon gehabt: „Der Mensch ist Mittel!" (*Backes-Gellner* 1993).

Mich erinnert die Situation ein wenig an die Metapher von dem Geist, den man aus der Flasche gelassen hat und den – zumindest einige – nun wieder zurück verfrachten wollen (mit einem besonders dicken Korken darauf). Der Geist ist die verhaltenswissenschaftlich ausgerichtete Lesart des Fachgebiets, der – noch dazu in einer Epoche genereller gesellschaftlicher Emanzipation – entwichen ist und zu unbotmäßigen Verirrungen geführt hat, die als „Jäger-und-Sammler"-Programmatik und interdisziplinäre Verfremdung der ökonomischen Fachgrundlagen verunglimpft werden. Selbstredend wird nicht die Existenzberechtigung anderer Perspektiven auf Personal in Frage gestellt, diese bekommen aber quasi einen Platzverweis vom Feld der Betriebswirtschaftslehre erteilt. Dies sei die Angelegenheit anderer disziplinärer Zugänge wie „Arbeits- oder auch Personalpsychologie, eine(r) entsprechende(n) Soziologie, Arbeitsrecht usw.", deren Erklärungsbeiträge komplementär seien: „Der Personalökonom kann von der Arbeitspsychologin lernen und umgekehrt" (*Dilger* 2011, S. 6).

Hier drängt sich durchaus noch einmal die Frage auf, die bereits zu Beginn dieses Buches erörtert wurde: Warum hat das Ganze denn innerhalb der Betriebswirtschaftslehre überhaupt so stattgefunden? Warum musste sich das Personalwesen mit der (zunächst klar dominierenden) verhaltenswissenschaftlichen Orientierung erst in Abgrenzung von Gutenberg so entwickeln, wenn man doch mit einer etwas verfeinerten und erweiterten ökonomisch-disziplinären Programmatik auskommt?

Weibler (1996, S. 655) hat Recht, wenn er offensichtlich verwundert und irritiert von den Omnipotenzphantasien mancher Vertreter/innen dieser Richtung anmerkt:

„Wäre dem so [dass Arbeitskräfte fest kalkulierbare und steuerbare Faktoren sind, Anm. T. B.], würde sich eine separate Personalwirtschaftslehre erübrigen und die verbleibenden Aufgaben könnten dem Planungs- und Produktionsbereich überantwortet werden."

Eben genau so, wie das Personal in Gutenbergs Produktionsfaktoren-Modell eingepasst ist (vgl. Kap. 2.1.1). Die Gründe, warum das Gutenbergsche Konzept nicht ausreicht, um die sich um den „Faktor" Mensch drehenden Problematiken sachgerecht zu erfassen (vgl. Kap. 2.1.2), bestehen doch ohne Frage weiter – vielleicht sogar in noch stärkerer Intensität. Daran ändern auch die zweifellos hilfreichen Denkfiguren aus der Humankapitaltheorie und aus dem Dunstkreis der Neuen Institutionellen Ökonomie nichts.

Es ist aufgrund der rigorosen Methodik eben nicht möglich, für bestimmte personal-„politische" Praxisprobleme personalökonomische Antworten zu finden. Angesichts dessen muss man sich schon auf das Postulat der „reinen Wissenschaft" zurückziehen, deren Erkenntnisinteresse nicht von der Praxis zu definieren ist (vgl. *Backes-Gellner* 1993), um nicht in die Defensive zu geraten. Und den Verweis auf die „Segnungen" einer wieder schärferen disziplinären Schneidung kann man zur Kenntnis nehmen; überzeugt sein muss man davon nicht. Ein Rückzugsverhalten in disziplinäre Schneckenhäuser mit der Ergänzung, dass man komplementär kooperieren könnte, muss keineswegs die problembezogene interdisziplinäre Forschung befördern. Vielmehr können gerade dafür neue, überwunden geglaubte Barrieren aufgebaut werden.

Allerdings scheinen sich Vertreter/innen der Personalökonomik durchaus darüber im Klaren sein, dass die z.T. offen erklärte Praxisdistanz zugleich eine Schwachstelle ist. So trägt z. B. das Lehrbuch von *Backes-Gellner et al.* (2001) den Untertitel: „Fortgeschrittene Anwendungen für das Management". *Backes-Gellner/Schmidtke* (2004, Sp. 926) betonen sogar, dass „sich aus den theoretischen Erkenntnissen Implikationen für das praktische Handeln im Personalmanagement ableiten (lassen), so dass personalökonomische Befunde eine zunehmende Praxisrelevanz gewinnen [...]" Und nicht ohne mitschwingenden Stolz ergänzen sie: „[...] was sich schon heute ansatzweise an der gestiegenen Rezeption in Personalpraktikerzeitschriften erkennen lässt."

Die Übertragbarkeit dieser Aussagen auf die Praxis sollte wahrlich nicht überschätzt werden. Der Reduktionismus und die weitgehende Geschlossenheit der Modelle ermöglichen ohne Frage eine methodisch saubere Auseinandersetzung mit abstrakten, begrenzten und durch die Verwendung von Modellprämissen „zurechtgefeilten" Problemen. Aber welchen Wert haben diese Arbeiten tatsächlich für die Praktikerin/den Praktiker?

Vor allem das, was an dem ursprünglichen Fachzuschnitt des Personalwesens kritisiert wird, nämlich dass man sich im Sinne Schmalenbachscher Kunstlehre weit auf Fragen der Gestaltung personalpolitischer Instrumente „herabbegeben" hat, ist unter Heranziehung personalökonomischer Grundlagenarbeiten schlicht kaum denkbar. Dies will ich an einem einzigen Beispiel erläutern: der leistungsbezogenen Vergütung.

Selbstredend kann man „personalökonomisch" trefflich herleiten, dass es „nicht unmittelbar verständlich (ist), warum Arbeitsentgelte nicht im Allgemeinen leistungsabhängig gemacht werden" (*Sadowski* 2002, S. 93).

Und es lassen sich auch anschauliche „Prinzipal-Agenten-Modelle" um diverse Fragen im Zusammenhang mit Vergütungskonzepten (z. B. bei „schlecht beobachtbarem Arbeitsinput" oder bei „schlecht messbarem Arbeitsergebnis") entwickeln. Die daraus zu gewinnende Erkenntnis beschränkt sich jedoch allenfalls darauf, wie das optimale Verhältnis etwa von Fixum und Provision bei einer/einem Außendienstmitarbeiter/in beschaffen ist und welche vertraglichen Regelungen sich daraufhin anbieten.

Aber selbst dann muss ich wissen, ob die Mitarbeiterin/der Mitarbeiter risikogeneigt, risikoneutral oder risikoavers ist (Woher weiß ich das?). Und sie/er darf nicht bereit sein, sich unterhalb eines bestimmten Mindestnutzens überhaupt auf einen Vertrag einzulassen (Ist das so – und wenn nicht, was dann?).

Ferner betrachte ich ein einzelnes Vertragsverhältnis (methodologischer Individualismus) und nicht etwa ein Entlohnungssystem in einem organisatorischen Kontext (mit z. T. einheitlichen Gestaltungsaspekten über verschiedene Mitarbeiter/innen hinweg: Stichwort Entlohnungsgerechtigkeit, Transparenz).

Ich unterstelle zudem, dass ich als Arbeitgeber bei der Gestaltung der Entlohnungsbedingungen neben der/dem Vertragspartner/in der einzige Akteur bin. Gegenüber „Fremdakteuren" wie Gesetzgeber, Gewerkschaften oder Betriebsräten sind diese Modelle blind bzw. es müssten unter solchen Einflussbedingungen neue entwickelt werden, wobei diese dann aber aus methodischen Gründen wiederum andere wichtige Gestaltungsaspekte ausklammern müssten.

Um es auf den Punkt zu bringen: Es besteht ein erheblicher und kaum zu behebender Widerspruch zwischen den modellimmanenten Reduktionen und der realen betrieblichen Gestaltungssituation.[7]

Sich auf Gestaltungssituationen einzulassen, geht zwingend einher mit einer hohen Komplexität, die sich m. E. nur um den Preis der daraus resultierenden Praxisferne „wegreduzieren" lässt. Der Preis des Sich-Einlassens besteht – das will ich an dieser Stelle nicht verhehlen – in der Notwendigkeit einer interdisziplinären Arbeit und in der Betreibung einer „Kunstlehre", bei deren Extrakt es sich bestenfalls um mehr oder weniger bewährte „Mustererkennungen" handelt.

Ergo: Der so proklamatorisch verkündete Praxisbezug der Personalökonomie ist mit Vorsicht zu genießen. *Sadowski* übrigens ist sich, ohne es deutlich zu sagen, wohl durchaus der geringen **praktischen Erklärungskraft** der Prinzipal-Agenten-Modelle bewusst. Daher vergisst er auch nicht, in seinem Lehrbuch die Frage zu behandeln, warum „Akkordentlohnung" in Deutschland (und nicht nur dort) „relativ selten" ist. Bei der Beantwortung bezieht er viele – wirklich praxisrelevante – Überlegungen mit ein, die selbst vor dem höchst „verhaltenswissenschaftlichen" Konstrukt der „intrinsischen Motivation" nicht Halt machen (*Sadowski* 2002, S. 107 ff.).

7 Vgl. dazu auch *Wächter* (2003, S. 354), der von einer stark personalökonomisch geprägten Tagung seinen Eindruck zum Besten gibt, dass „man zuweilen den Eindruck gewinnt, dass die Methodik dominiert und auf relativ uninteressante Themen angewandt wird".

Gerade dieses Lehrbuch von *Sadowski* (2002) weist meines Erachtens den Weg in die richtige Richtung i. S. e. produktiven und toleranten Nebeneinanders. Wie noch ausführlich zu zeigen sein wird (vgl. Kap. 3.5), ist m. E. die parallele Existenz verhaltenswissenschaftlicher und ökonomischer Ansätze – und zwar auch innerhalb der Betriebswirtschaftslehre – legitimer Ausdruck der Vielfalt des Problemfeldes „Personalwesen" (so wohl auch *Backes-Gellner* 1993 sowie *Ridder* 1996, S. 333 ff.). Dazu passt schließlich auch, dass *Süß* (2004) aufgezeigt hat, dass zwischen den beiden Richtungen zwar deutliche Unterschiede (z. B. in den Verhaltensannahmen) bestehen, es aber übertrieben wäre, von einer Unvereinbarkeit zu sprechen. Er fordert als Quintessenz aus seiner Analyse, den „konstruierten" Gegensatz zu überwinden (*ebenda*, S. 240).

3.3 Arbeitspolitischer Ansatz: Personalwesen als Personalpolitik

Eine weitere, in den letzten Jahren durch die Geländegewinne der Personalökonomie in den Hintergrund gedrängte Forschungs- und Theorierichtung ist das **arbeitspolitische** Verständnis der Disziplin.[8] Durch die Fokussierung des Politikbegriffs und die damit einhergehende Hinwendung zu politologischen und soziologischen Kategorien wird deutlich, dass man diese Richtung durchaus als Variante eines verhaltenswissenschaftlich orientierten Personalwesens (so wohl auch *Süß* 2004, S. 237 f.) interpretieren kann.

3.3.1 Ausgangsüberlegungen und Politikbegriff

Mit einer arbeitspolitischen Perspektive wird besonders hervorgehoben, dass es sich bei Arbeitsverhältnissen um durch und durch konfliktbeladene Beziehungen zwischen Menschen (nicht: Produktionsfaktoren) handelt (*Kuhlmann* 2013). Diese Konflikthaftigkeit ist erklärungsbedürftig, indem vorzugsweise die Handlungsbedingungen der beteiligten Akteure analysiert werden.

Im Unterschied zu diversen anderen Ansätzen, die dazu neigen, Konflikte weitgehend aus der Analyse auszuklammern, zu verkürzen oder gar einen Werte- und Interessenkonsens der Organisationsmitglieder zu unterstellen, wird in den arbeitspolitischen Konzepten das Unternehmen als Ort („Arena") interessegeleiteter Konfliktaustragungen und Aushandlungen mit wechselnden Pakten zwischen den beteiligten Personen(gruppen) („Akteuren") mit jeweils nur temporären Problemlösungen auf verschiedenen Ebenen (Makro-, Meso-, Mikroebene) gedeutet.

In einem relativ einfach gehaltenen Drei-Stufen-Modell von Aktivitäts- bzw. Referenzebenen können die folgenden Analyseeinheiten voneinander abgegrenzt werden:

ABB. 11: Referenzebenen arbeitspolitischer Ansätze (nach *Müller-Jentsch* 1997)

Ebene	Gegenstand
Makroebene	Übergeordnetes System der „industriellen Beziehungen"[9]
Mesoebene	Unternehmen, insbes. seine organisationalen Strukturen, Regeln, Normen und Standards sowie deren Konstituierung
Mikroebene	Arbeitsalltägliche Auseinandersetzung der Akteure mit diesen Strukturen, Regeln usw.

8 *Nienhüser* (2004) spricht in etwa gleichbedeutend von den „politikorientierte(n) Ansätze(n) des Personalmanagements".

9 Vgl. *Müller-Jentsch* 1997 und Kap. 4.3.1.

Es ist naheliegend, dass sich zwischen den Ebenen in erheblichem Maße komplexe Interdependenzen und Wechselwirkungen abspielen, deren Erfassung in einer integrativen Perspektive bislang noch eher zu den Defiziten der arbeitspolitischen Ansätze gehört.

Zwar werden stets verschiedene Politik-Ebenen betrachtet, im Mittelpunkt steht jedoch die Analyseeinheit „Unternehmen", die im Rahmen marktwirtschaftlicher Systeme als zentraler Bestimmungsfaktor für Bedürfnisbefriedigung und Ressourcenallokation gilt.

In einzelwirtschaftlicher Perspektive sind in arbeitspolitischen Prozessen die folgenden vier **Transformationsprobleme** zu bewältigen:

LITERATUR

Transformationsprobleme nach *Metz* (1993, S. 552, in Anlehnung an *Naschold* 1985, S. 46 ff.)

„(1) das Problem der Transformation von Geld- in Sachkapital i. V. m. Entscheidungen über die optimale Vermögensstruktur;

(2) das Problem der Transformation von monetären Investitionsentscheidungen in reale Produktionsmittel i. V. m. grundlegenden Entscheidungen über die Gestaltung der Arbeitsorganisation;

(3) das Problem der Transformation von Arbeitsvermögen in tatsächlich verausgabte Arbeitskraft;

(4) das Problem der Transformation der durch diese drei Prozesse konstituierten Beziehungen und Praktiken des gesellschaftlichen Arbeits- und Produktionsprozesses."

Ausgangspunkt für die Funktionalisierung dieser Richtung für das Personalwesen sind vor allem die Nummern 2 und 3 in der Typologie von *Naschold*, insbes. die Nummer 3, die Transformation des am Arbeitsmarkt eingekauften „unspezifischen Arbeitsvermögens" in tatsächliche Arbeit (vgl. *Thompson/Smith* 2010; *Minssen* 2013b sowie schon Kap. 2.2.1).

Die Verwendung des Politik-Begriffs in Zusammenhang mit diesen Transformationsproblemen impliziert, dass es hier um das interaktive Ausfüllen von Spielräumen („Ungewissheitszonen") geht (*Crozier/Friedberg* 1979). Es bestehen Gestaltungsmöglichkeiten im Rahmen der Transformation von Arbeitsvermögen in reale Arbeit, über deren Ausfüllung sich die maßgeblichen Akteure zumindest nicht grundsätzlich einig sind. „Politisch" ist dann die soziale Situation, in der die Akteure ihre Interessen innerhalb dieser Spielräume durch Machtanwendung durchzusetzen versuchen (*Nienhüser* 2004, Sp. 1672).

Eine besonders prominente Rolle spielt in den arbeitspolitischen Ansätzen das Konzept der **Mikropolitik**[10] (*Küpper/Ortmann* 1992; *Minssen* 2013a). Dieses fokussiert in Bezug auf die Analyse-Einheit Unternehmen (in der Sphäre von Meso- und Mikroebene) die ständigen Versuche der Akteure, ihre Interessen durch individuelle Taktiken, Strategien und Spiele innerhalb der Lücken, Unklarheiten und Widersprüche der formalen und informalen Ordnung („Sozialverfassung"; vgl. unten Kap. 3.3.1) durchzusetzen (*Neuberger* 1990b, S. 292). Obwohl es typisch mikropolitische

10 Vgl. an grundlegender Literatur z. B. *Burns* (1961); *Ortmann et al.* (1990); *Neuberger* (1995); *Küpper/Felsch* (2000).

Aktivitäten selbstredend auf allen Politikfeldern und -ebenen gibt, so steht doch ein Untersuchungsgebiet im Mittelpunkt des Interesses, nämlich die Ebene der einzelnen Arbeitnehmer/innen bzw. der Arbeitsgruppen oder -bereiche, in der sich Mikropolitik sozusagen arbeitsalltäglich abspielt.

Tragende Parameter für mikropolitische Analysen wie Akteure, Ungewissheitszonen, Macht, Konflikt, Koalition werden an anderer Stelle erörtert, sodass hier einige ergänzende Hinweise genügen. Mikropolitik „wirkt unerkannt am besten" („Rumpelstilzcheneffekt"); sie kann daher nicht immer direkt beobachtet, sondern muss erschlossen werden (*Neuberger* 1990b, S. 264). Dabei wird der Blick (auch) auf latente Absichten der Akteure und verborgene Funktionen von Handlungen gelenkt.

Mikropolitik ist zugleich eine Stabilitätsbedrohung wie auch eine Existenzvoraussetzung der betrieblichen Ordnung (vgl. *Schimank* 1981 und 1986 sowie die grundlegenden Ausführungen in Kap. 2.2.1 und 2.2.2). Diese ist als entlastendes und Orientierung und Handlungssicherheit spendendes Zwischenergebnis der betrieblichen Konfliktaustragung permanent mikropolitisch bedroht. Gleichwohl ist dieses Bedrohungspotenzial – in gewissen, schwer zu definierenden Grenzen – funktional, sichert es doch der besagten Ordnung („Sozialverfassung") Anpassung und Innovation in ihrer hochkomplexen Korrespondenz zu personellen und kontextuellen Faktoren. Mikropolitik „dynamisiert und irritiert zugleich"; sie „aktualisiert und unterminiert" (*Neuberger* 1990b, S. 266 f., 273 und 276 f.).

Die Benutzung des Politik-Begriffs hat im Personalwesen Tradition. Schon *Eckardstein/Schnellinger* (1978) haben ihr in den 1970er Jahren des letzten Jahrhunderts viel beachtetes Lehrbuch „Betriebliche Personalpolitik" genannt. Allerdings hat deren Politikverständnis eine andere Ausrichtung. Sie grenzen sich von einer Einteilung ab, die meines Wissens bereits *Potthoff* (1966) eingeführt hat: Personalpolitik wird neben Personalführung und Personalverwaltung als Teil (!) des Personalwesens angesehen und betrachtet „das allein der Unternehmensleitung vorbehaltene Treffen von Grundsatzentscheidungen (Ziel- und Mittelentscheidungen, die den Bereich der menschlichen Arbeit betreffen [...]" (*Eckardstein/Schnellinger* 1978, S. 1). Insbes. wird die Differenzierung von Personalpolitik und -führung als unzweckmäßig kritisiert und vorgeschlagen, Personalpolitik auf „diejenigen Ziel- und Mittelentscheidungen (zu beziehen), die auf die wechselseitigen Beziehungen zwischen Entscheidungsträgern und Belegschaft, zwischen den Mitarbeitern untereinander und zwischen den Mitarbeitern und ihrer Arbeit gerichtet sind" (*ebenda*, S. 2).

Der zentrale Unterschied zu der hier vertretenen Auffassung liegt in der recht strikten „Entscheidungsorientierung", die bei *Eckardstein/Schnellinger* aus der Managementsicht gedacht ist. In der modernen Arbeitspolitik ist so gesehen jeder Akteur für seinen Einflussbereich im Rahmen der „Ungewissheitszone" Entscheidungsträger. Dem hier zugrunde gelegten Begriffsverständnis kommen aus der gleichen Ära schon eher die Werke von *Marr/Stitzel* (1979) sowie *Wächter* (1979) nahe. Während *Marr/Stitzel* das Personalwesen aus einer pointiert „konfliktorientierten" Perspektive beleuchteten, differenziert *Wächter* (1979, S. 91) den Politikbegriff nach Maßgabe der englischen Begriffe „policy" und „politics".

„Politics" stellt ab auf den „Prozess des Aushandelns über kontroverse Maßnahmen" vor dem Hintergrund divergierender Interessen der Akteure (*Wächter* 1979, S. 91); „policy" umreißt das Ergebnis dieses Prozesses (besser: der Prozesse) „in Form konkreter Personalpolitik" (*Scholl* 1998,

S. 195). Beides hängt eng zusammen: Durch die konfliktgeladenen Prozesse (die man im weitesten Sinne als „Aushandlung“ denken kann; „politics“) „kommen [...] die Grundtatbestände des Personalbereichs zustande (policy bzw. policies), z. B. der Anteil an Auszubildenden, die Rate der Höhergruppierungen oder Abgruppierungen, der Umfang und die Verteilung innerbetrieblicher und außerbetrieblicher Fortbildungsmaßnahmen, der Inhalt und die Umsetzung von Führungsrichtlinien, der Stellenwert und Ausbaubestand der Personalplanung, das Verhältnis zu den Arbeitnehmervertretern usw.“ (*Scholl* 1998, S. 195).

Von daher haben Vertreter/innen der Disziplin Personalwesen immer schon arbeitspolitische Kategorien einbezogen, sie aber bislang kaum zu einem umfassenderen Analyserahmen weitergeführt.

3.3.2 Grundzüge eines arbeitspolitischen Bezugsrahmens

In einem stark vereinfachten Bezugsrahmen kann man die arbeitspolitische Perspektive des Personalwesens wie folgt umreißen:

ABB. 12: Grundzüge eines arbeitspolitischen Bezugsrahmens des Personalwesens

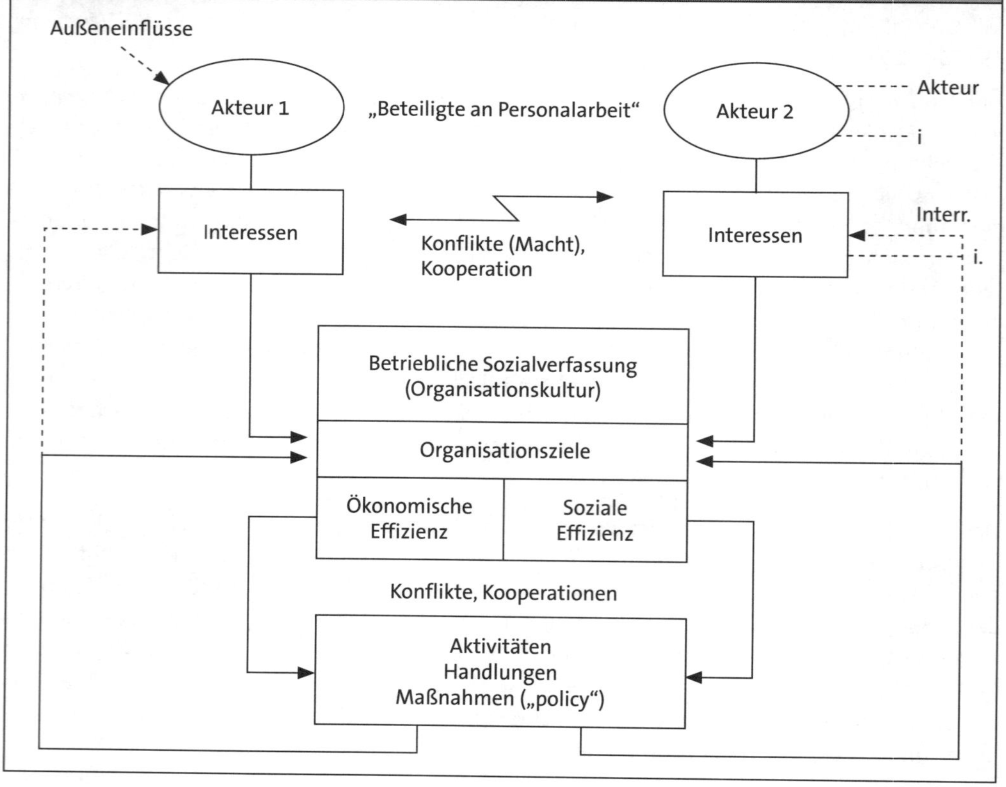

3.3.2.1 Akteure

Betriebliche Handlungskonstellationen werden konstituiert durch Handlungen von Akteuren. **Akteure** treten (z. B. im Unterschied zum „Agenten") als handlungsprägende Individuen oder Gruppen in Erscheinung. Sie haben die Möglichkeit der Ausübung einer nennenswerten Einflussnahme auf die in Rede stehenden Prozesse („politics"). Sie müssen in der arbeitsvertraglichen Ungewissheitszone gewisse Bereiche kontrollieren (vgl. *Minssen* 1991, S. 56 f.; 2013a, S. 336).

Politische Akteure handeln in einem bestimmten Sinne zweckrational, wenngleich den Unterstellungen „rationaler" Organisationsgestaltung nach dem zentralistischen Willen des „Organisationsherren", die für eine Reihe von anderen Theorieansätzen typisch sind, eine klare Absage erteilt wird. Nicht rationale organisatorische Problemlösung im Sinne technischer Optimierung, sondern Konflikt, Verhandlung, Interessendurchsetzung oder auch Interessenausgleich sowie Kooperation sind die Analyseschemata der politikorientierten Konzepte.

Akteure in diesem Sinne sind:

- das Management als Träger des arbeitgeberseitigen Direktionsrechts,
- der Betriebsrat in seiner Funktion als Organ der Betriebsverfassung (vgl. Kap. 4.3.2), aber auch
- einzelne Personen oder Gruppen von Belegschaftsangehörigen, die etwa in ihrem Arbeitsbereich strategisch wichtige Zonen kontrollieren.

Gerade dieser Einfluss von Einzelpersonen oder Gruppen wird im „klassischen" Personalwesen, aber auch in der Organisationstheorie sowie in der Arbeits- und Industriesoziologie oft vernachlässigt.

Ein sehr anschauliches Beispiel zur Demonstration des Akteursstatus „einfacher" Belegschaftsangehöriger ist das Leistungsverhalten von Akkordarbeiter/innen. Das Arbeiten unter Akkordbedingungen wird nämlich bei Weitem nicht nur geprägt vom unternehmerischen Direktionsrecht sowie der Mitbestimmung von Tarifparteien bzw. des Betriebsrats (etwa bei Festlegung der Akkordsätze). Die Empirie zeigt, dass der Umfang der Arbeitsverausgabung im Akkord viel entschiedener und z. T. abweichend von formellen Normen auf der untersten Ebene durch die Arbeiter/innen selbst und deren unmittelbare Vorgesetzte (Meister/innen) reguliert wird. Es bilden sich Normen heraus, die die Führungskraft verpflichten, den Arbeiter/innen einen bestimmten zeitlichen Spielraum in den Vorgabezeiten zu belassen – und diesen vor den übergeordneten Stellen geheim zu halten.

Wird diese Norm von den Vorgesetzten beachtet, sind die Arbeiter/innen im Bedarfsfall zu besonders zügiger und reibungsloser Arbeit und gelegentlich (z. B. bei Termindruck) auch zu nicht vorgesehenen Arbeitsleistungen bereit[11] (vgl. *Baldamus* 1960, S. 19 f. mit weiteren Nachweisen; *Burawoy* 1979). Andere klassische Studien demonstrieren eindrucksvoll die Bedeutung informeller Spiele der Arbeitenden bei hochgradig monotoner Fließbandarbeit (vgl. *Roy* 1954 und 1959).

11 Vgl. dazu z. B. *Dombois* (1980) sowie *Rosenbaum* (1982, S. 404 f.).

Zu den Indeterminiertheiten politischer Prozesse gehört auch die Frage: Wer sind überhaupt die relevanten Akteure? Bisher Unbeteiligte können sich plötzlich und unerwartet in die bestehenden Beziehungen einschalten (vgl. auch *Neuberger* 1990b, S. 266). Ungewiss sind damit auch die thematisierten Probleme. Je nach den beteiligten Akteuren und ihren subjektiven „Logiken" werden die aufgeworfenen Probleme (z. B. bei anstehenden Modernisierungsmaßnahmen) höchst unterschiedlich ausfallen (vgl. *Pries* 1991, S. 259 f.).

3.3.2.2 Interessen

Dass das Handeln der Akteure „interessegeleitet" ist, geht einem leicht über die Lippen. Dahinter verbirgt sich aber eine durchaus prekäre sozialwissenschaftliche Begrifflichkeit (vgl. im Überblick *Münnich* 2011). Für den hier relevanten Kontext kann man mit *Gerum* (1978, S. 111) unter Interesse das Bestreben eines Akteurs (oder einer Gruppe) verstehen, auf die Realisierung oder das Fortbestehen solcher Situationen hinzuwirken, die – unmittelbar oder mittelbar – zu dessen Bedürfnisbefriedigung geeignet sind. Interessen sind stark handlungsleitend. *Coleman* (1990) vergleicht sie für den Bereich sozialer Interaktionen mit den Grundkräften der Physik. Sie sind die Impulse im Bestreben, Kontrolle über Objekte oder Ereignisse zu gewinnen (vgl. auch *Bourdieu* 1983).

Zu unterscheiden ist zwischen individuellen, d. h. sehr partikular ausgeprägten (Eigen-)Interessen eines Akteurs, und kollektiven Interessen, die auf ganze Akteursgruppen (z. B. die Arbeitnehmer/innen) bezogen sind.

In der politischen Ökonomie wird häufig das Bild von der „objektiven" Interessenlage aufgrund grundsätzlicher gesellschaftlicher Strukturen beschworen. Objektive Strukturbedingungen bilden die Ausgangsbasis von Interessenzuschreibungen (*Münnich* 2011, S. 375), etwa für die Beschäftigten respektive die Arbeitgeber. Die Interessen des Arbeitgebers orientieren sich in diesem Sinne zunächst an folgenden Situationen:

- Erzielung eines Gewinns aus dem wirtschaftlichen Prozess („gewinnmaximale Kombination der Produktionsfaktoren"),
- Streben nach Aufrechterhaltung der Möglichkeiten zur Gewinnaneignung (Kontrolle, Herrschaftssicherung, Erhaltung des Direktionsrechts; vgl. dazu *Braverman* 1977; *Edwards* 1979),
- ein möglichst freier, vor allem von staatlicher, aber auch von Arbeitnehmerseite weitgehend ungehinderter und wenig regulierter Zugang zu Ressourcen und Märkten sowie deren flexibler Nutzung.

Für Arbeitnehmer/innen ist demgegenüber typisch, dass sie zur Sicherung ihrer sozialen und wirtschaftlichen Existenz auf Lohnarbeit angewiesen sind und dabei vielen Zwängen unterliegen. Diese sind eine Folge der gesellschaftlichen Rahmenbedingungen, des Privateigentums an Produktionsmitteln und des daraus abgeleiteten Direktionsrechts der Arbeitgeber, wobei diese Rahmenbedingungen nicht nur die Arbeitssituation der/des Beschäftigten beeinflussen, sondern auch ihre/seine Interessen (vgl. z. B. Projektgruppe im WSI 1974; *Schröder* 1978).

Objektive Interessen der Beschäftigten sind demnach die folgenden:

► **Das Beschäftigungsinteresse (Arbeitsplatzsicherheit)**

Die Projektgruppe WSI (1974) differenziert dabei zwischen der absoluten Sicherheit des Arbeitsplatzes und der Sicherheit des Arbeitsplatzes in veränderter Form (relative Arbeitsplatzsicherheit). Die absolute Arbeitsplatzsicherheit kann für entwickelte Industriegesellschaften keine Rolle spielen. Arbeitsmobilität gäbe es dann nämlich nur in Form von Inter-Generationen-Mobilität. Die relative Arbeitsplatzsicherheit verweist auf die hohe Bedeutung der Aus- und Weiterbildung bei sich ständig wandelnden Aufgabenanforderungen.

► **Das Einkommensinteresse**

Trotz sozialstaatlicher Absicherung der notwendigsten Lebensgrundlagen muss die Arbeitsplatzsicherheit als Grundvoraussetzung zur Realisierung dieses Interesses gelten. Auf der Grundlage eines gesicherten Arbeitsplatzes soll ein ebenso gesichertes Einkommen erzielt und nach Möglichkeit im Zeitablauf durch Qualifikationserweiterung, „Beförderung“, aber auch ggf. durch Senioritätsregeln in der Vergütungssystematik und alljährliche Steigerungen (z. B. im Wege von Tarifverhandlungen) erhöht werden.

► **Das Qualifizierungsinteresse**

Die Arbeitnehmer/innen sind daran interessiert, vorhandene Qualifikationen in der Arbeit anwenden und weiterentwickeln zu können und eine entsprechende soziale und finanzielle Anerkennung zu erhalten. Dabei kann zwischen fachlicher und „extrafunktionaler“ (sozialer) Qualifikation unterschieden werden. Zieht man den seit Jahren zu beobachtenden Zusammenhang zwischen geringer Qualifikation und Arbeitslosigkeit ins Kalkül, muss auch auf die potenziellen Auswirkungen der Qualifizierung auf das Beschäftigungs- und Einkommensinteresse hingewiesen werden.

► **Das Interesse an angemessener Arbeitsgestaltung**

Dieses Interesse stellt ab auf sinnvolle und abwechslungsreiche Tätigkeiten, auf Entfaltungsmöglichkeiten und Chancen zur Persönlichkeitsentwicklung in der Arbeit. Es ergibt sich überwiegend aus der mangelnden Berücksichtigung der Interessen der Arbeitnehmer/innen im Rahmen der traditionellen – tayloristischen – Arbeitsgestaltung und -organisation (vgl. Kap. 7.2). Die sozialen Chancen und die Lebenssituation der/des Einzelnen wird entscheidend von den Arbeitsbedingungen bestimmt. Entfaltungsmöglichkeiten in der Freizeit sind oft nicht losgelöst von den Arbeitsverhältnissen zu sehen.

► **Das Interesse an der Aufrechterhaltung der eigenen Gesundheit**

Da den Arbeitnehmer/innen zumeist weitere Einkommensquellen (außerhalb der Lohnarbeit) fehlen, ist die Aufrechterhaltung ihrer Gesundheit und damit ihrer Arbeitsfähigkeit eine elementare Voraussetzung, um auch zukünftig die Sicherung ihres Lebensunterhaltes zu gewährleisten. Daher müssen aufgrund dieses Interesses die Arbeitsbedingungen möglichst so gestaltet sein, dass Überlastung, vorzeitiger Verschleiß und krankmachende Faktoren (z. B. in den Umgebungsbedingungen) vermieden werden.

Soweit könnte man eine Liste „objektiver“ Interessen der Arbeitnehmer/innen konstruieren. Je nach Gusto lassen sich noch andere Aspekte hinzufügen, wie z. B. das Interesse an Anerkennung und angenehmen zwischenmenschlichen Beziehungen, das Interesse am Schutz der nicht selten gefährdeten Persönlichkeit im Betrieb und selbstredend ein Interesse an der Mitwirkung bei betrieblichen Entscheidungen, etwa bei der Gestaltung der Arbeitsbedingungen und des technisch-organisatorischen Wandels. Je nach Akteur können sich weitere Interessen auch durchaus darauf beziehen, gute Arbeit zu leisten oder auch sich mit dem Betrieb und Produkt zu identifizieren.

Obwohl die Kenntnis über potenzielle Interessenlagen bei der Analyse arbeitspolitischer Prozesse unverzichtbar ist, ist die Verwendung dieser Kategorie alles andere als unproblematisch. So bestehen z. B. **Konfliktsituationen** nicht nur zwischen den Interessen verschiedener Akteure (z. B. hohe Löhne für Mitarbeiter/innen bedeuten hohe Kosten für den Arbeitgeber), sondern oft auch bei einem einzigen Akteur zwischen den Interessenarten. *Braverman* (1977) z. B. hat gezeigt, dass seitens der Arbeitgeber durchaus nicht immer die Arbeitsgestaltungsformen umgesetzt werden, die die höchste ökonomische Effizienz versprechen, da diese mitunter mit dem Kontroll- und Herrschaftsinteresse konfligieren.

Auch auf Seiten der Beschäftigten leuchtet ein, dass z. B. das Beschäftigungs- mit dem Einkommensinteresse in Konflikt treten kann (etwa bei Inkaufnahme einer Lohnreduzierung zur Rettung von Arbeitsplätzen). Das Einkommensinteresse lässt sich nicht ohne Weiteres mit dem Anspruch auf langfristigen Erhalt der Arbeitskraft (z. B. in Bereichen mit belastenden Bedingungen, aber hohen Löhnen) in Einklang bringen. Und inhaltsreichere Arbeit bedeutet bekanntlich oft Leistungsverdichtung.

Subjektive Interessen decken sich des Weiteren mit den objektiven, aber nicht ausschließlich. So kann z. B. ein „Gastarbeiter" durchaus ohne Rücksicht auf seine Gesundheit für begrenzte Zeit ein hohes Arbeitstempo umsetzen, da er in zwei Jahren die Rückkehr in die Heimat plant.

Ein weiterer Aspekt besteht in der individuellen Problematik: Verbesserungen für Einzelne können anderen zum Nachteil gereichen (interpersonelle Konflikte). Beispiele sind die Konkurrenz um die Weiterbeschäftigung bei anstehenden konjunkturell bedingten Arbeitsplatzverlusten oder das „Rennen" um eine Beförderung bei geringen Aufstiegsmöglichkeiten.

Weitere Probleme im Umgang mit der Interessen-Kategorie sind die folgenden:

- Interessen sind dynamisch und im Zeitablauf wandelbar.
- Akteure sind sich über ihre Interessen nicht immer im Klaren (vgl. z. B. Phänomen der „resignativen Arbeitszufriedenheit").
- In einer ebenenübergreifenden Perspektive sind etwa die Interessen eines Einzel-Arbeitgebers nicht unbedingt im Einklang mit denen eines Arbeitgeberverbandes.
- Bekanntlich neigen Institutionen (z. B. Betriebsräte) zur Entwicklung eigener Interessen, sodass die Interessen der gewählten Repräsentanz nicht unbedingt identisch sind mit denen der „Basis".

3.3.2.3 Konflikte

Divergierende Interessen von Akteuren führen unweigerlich zu Konfliktsituationen. „Nach einem verbreiteten Verständnis ist Politik gleichzusetzen mit Konflikt, Kampf um die Macht, um Herrschaftsbefugnisse und Privilegien" (*Freudenberg* 1969, S. 7).

Die sozialwissenschaftliche Grundlagenliteratur enthält vielfältige Versuche, verschiedene Arten des Konflikts voneinander abzugrenzen (vgl. im Überblick *Ley/Meyhöfer* 2014). Sehr häufig werden intraindividuelle und interindividuelle Konflikte unterschieden. Intraindividuelle Konflikte werden oft in der Betriebswirtschaftslehre in Gestalt von Ziel- oder Entscheidungskonflikten eben der „Entscheider" thematisiert: „Konflikte entstehen also, wenn ein Individuum oder eine Gruppe auf ein Entscheidungsproblem stößt" (*March/Simon* 1976, S. 107).

Es ist wohl nicht übertrieben zu behaupten, dass mit der präskriptiven wie auch mit der verhaltenswissenschaftlichen Entscheidungstheorie, die mit sehr unterschiedlichen Methoden arbeiten, dafür aber in ihrem Kern recht homogenen Intentionen verschrieben sind, zwei dominante Zweige der neuzeitlichen Betriebswirtschaftslehre häufig unausgesprochen auf dem Phänomen des intraindividuellen (Entscheider-)Konflikts aufbauen: Das Individuum wird mit mehreren Methoden und/oder Richtungen des Handelns konfrontiert und muss zwischen diesen Optionen wählen.

Die arbeitspolitisch interessanteren interindividuellen Konflikte können z. B. mit *Marr/Stitzel* (1979, S. 91) anhand einer Systematik differenziert werden, die an den beteiligten Personen bzw. Parteien ansetzt:

- Konflikte zwischen Individuen (z. B. bei Konkurrenz um Aufstiegspositionen),
- Konflikte zwischen Individuen und Gruppen (z. B. Auseinandersetzung zwischen einem Vorgesetzten und seinen Mitarbeiter/innen),
- Konflikte zwischen Gruppen (z. B. zwei rivalisierende Gruppen, Betriebsrat und Unternehmensleitung oder auch zwischen Angehörigen mikropolitischer Pakte, ohne dass man sie nach formalen Kriterien einer homogenen (Interessen-)Gruppe zuordnen kann).

In der Literatur wird mitunter auch ein soziales Konfliktfeld zwischen Individuum und Organisation konstruiert. Vor allem der Organisationspsychologe *Argyris* (1957) hat sich mit den Konflikten befasst, die sich aus Diskrepanzen organisationaler Ziele und Anforderungen und individueller Bedürfnisse ergeben. Diese Kategorie, die insbes. auf mikropolitische Auseinandersetzungen mit der Formalstruktur abstellt, liegt quer zu der oben erfolgten Unterscheidung, kann sie sich doch zwischen Individuen, Individuen und Gruppen und zwischen Gruppen manifestieren, wobei jeweils eine Partei z. B. qua Amt die Ziele und Strukturen der Organisation personifiziert.

Interessant ist ferner die Frage, ob Konflikte „funktional" oder störend und ineffizient sind. „Hinter den unterschiedlichen Verhaltensalternativen stehen divergierende ‚Konfliktphilosophien'. Eine konfliktvermeidungsorientierte Philosophie geht davon aus, dass Konflikte tendenziell schädlich (disfunktional) sind, während eine konfliktfördernde Philosophie die Konflikte tendenziell als nützlich betrachtet" (*Marr/Stitzel* 1979, S. 97). Diese Äußerung bezieht sich nicht nur auf diverse empirisch beobachtbare Praktiken im Umgang mit Konflikten, sie spiegelt auch die unterschiedlichen Positionen sozialwissenschaftlicher Theorieansätze wider, die den Konflikt als Störung und Stabilitätsbedrohung oder – und das ist das andere Extrem – als unentbehrliche Funktionsvoraussetzung für den überlebenswichtigen Wandel in einer dynamischen Umwelt betrachten.

Die zuerst genannte Richtung kommt nicht nur implizit im bekannten Human-Relations-Ansatz (vgl. dazu für viele *Wächter* 1979, S. 66 ff.) und seinen Weiterentwicklungen, sondern ganz zentral auch im soziologischen Erkenntnisprogramm des Strukturfunktionalismus zum Tragen, wie es insbes. von *Talcott Parsons* vertreten wird. In diesem Konzept werden wesentliche Strukturanalogien zwischen dem lebenden Organismus und einer Gesellschaft postuliert, wobei bestimmten Mechanismen bzw. Subsystemen die Funktion der Herbeiführung eines selbstregulativen Gleichgewichts zukommt. Strukturbildung ermöglicht Funktionserfüllung, und der Konflikt gilt als gleichgewichtsbedrohende pathologische Abnormität, als zerstörende, systemzerreißende Kraft, die Spannungen auslöst und die Anpassungsfähigkeit des Systems unterminiert. Daher seien Konflikteliminations- oder zumindest -vermeidungstechniken anzustreben (vgl. rezipierend *Schanz* 1979, S. 75 f.; *Oechsler* 1979, S. 20).

Coser (1972, S. 101 ff.) nimmt im Rahmen des strukturfunktionalistischen Paradigmas bereits eine ambivalente Position ein, indem er in Grenzen die existenzsichernde Funktion des Konflikts anerkennt. Wenn der Konflikt den Widerstand gegen Neuerungen „angreift und aus dem Weg räumt, dann kann er dazu beitragen, dass das System nicht in der todbringenden Routine der Gewöhnung erstickt [...]".

Die zweite Position – Konflikt als unentbehrliche wandlungsinduzierende Funktionsvoraussetzung organisationaler Systeme – wird z. B. von *Dahrendorf* vertreten, der die Regelung der Konflikte fordert, sodass „ihre schöpferische Kraft in den Dienst einer allmählichen Entwicklung sozialer Strukturen gestellt" werden kann (*Dahrendorf* 1972, S. 41). In analogem Sinn hat *Dewey* bereits 1930 etwas pathetischer formuliert:

„Der Konflikt ist der Entzünder des Denkens. Er reizt uns zu Beobachtung und Erinnerung. Er spornt zur Erfindung an. Er erweckt uns aus der dumpfen Passivität und lässt uns wachen und planen [...]. Für Gedankenflug und Erfindergeist ist der Konflikt eine Bedingung sine qua non."

Die These von der Funktionalität des Konflikts wird schließlich von der klassisch-kontingenztheoretischen Studie von *Lawrence/Lorsch* (1967) gestützt, wonach in (im betriebswirtschaftlichen Sinne) erfolgreichen Organisationen in dynamischer Umwelt signifikant häufiger die „Philosophie" (*Marr/Stitzel*) der Tolerierung und Austragung von Konflikten nachzuweisen war, während die herrschenden Akteure in weniger erfolgreichen Organisationen bestrebt waren, Konflikte herunterzuspielen und zu „glätten" („smoothing").

Gleichwohl wird man die Frage nach der Funktionalität respektive Dysfunktionalität (für wen überhaupt?) nicht nach einer Seite hin und letztendlich nur im Einzelfall beantworten können. Trotz der Innovationskraft und, um einmal die Perspektive zu wechseln, trotz der erleichternden Wirkungen der Konfliktartikulation etwa für die/den abhängig Beschäftigte/n lassen sich etliche organisationale Konflikte mit dysfunktionalen oder gar zerstörerischen Folgen denken und empirisch nachweisen. Dazu gehören „tätliche Auseinandersetzungen am Montageband" (*Braun* 1979, S. 92) ebenso wie paralysierende Konflikte zwischen Top-Management-Vertretern oder zwischen zwei Betriebsratsfraktionen im Kampf um die Macht.

Ohne diesen Umstand direkt anzusprechen, machen *Marr/Stitzel* deutlich, dass die Funktionalität des Konflikts letzten Endes ein Politikum ist. Nicht der Konflikt selbst ist nämlich funktional bzw. dysfunktional, sondern das, was die Akteure mit ihren jeweiligen Handlungen und Koalitionen daraus machen. Was sich für eine Partei positiv auswirkt, kann für die andere nachteilig sein; ein kurzfristiger Erfolg in einer Konfliktepisode kann sich z. B. aufgrund von Gegenreaktionen auf lange Sicht hin als Pyrrhussieg erweisen.

Konfliktverläufe erfüllen in hohem Maße das Merkmal der Prozesshaftigkeit mit (oft) ungewissem Ausgang und Folgewirkungen. Niemals laufen sie isoliert, sondern immer abhängig von den Verhältnissen zwischen den beteiligten Personen und Parteien sowie der inner- und außerorganisatorischen Umwelt ab. Strukturen spielen ebenso eine Rolle wie die involvierten Akteure mit ihren individuellen Kognitionen und Empfindungen. Der Konflikt wird auch maßgeblich geprägt „by the history of the relationships between the various parties involved" (*Bouwen/Salipante* 1990).

Organisationale Bedingungen und Situationen enthalten in aller Regel dauerhaft von den Beschäftigten als unbefriedigend erlebte bzw. empfundene Komponenten (vgl. *Thomson/Murray* 1976, S. 19). Viele dieser konfliktären Empfindungen schwelen lange, ohne dass es zu Aktualisierungsformen kommt. Gleichwohl ist auch der latente Konflikt ein „echter" Konflikt (*Marr/Stitzel* 1979, S. 93), der Konflikt also damit mehr als das beobachtbare Konfliktverhalten.

Der Begriff des latenten Konflikts umschreibt jenen inneren Spannungszustand, der sichtbaren Austragungsformen vorausgeht. Die folgenden Erwägungen oder Wahrnehmungen des betreffenden Individuums bzw. der Partei kommen als Beweggrund dafür in Frage, dass ein empfundener Konflikt (vorläufig noch) nicht die Schwelle der Aktualisierung überschreitet (vgl. unvollständig auch *Marr/Stitzel* 1979, S. 93):

- Das Konfliktpotenzial bzw. der -anlass wird (noch) nicht wahrgenommen.
- Der Gegenstand wird nicht als so wichtig angesehen, dass sich ein offenes Konfliktverhalten lohnen würde.
- Die/der Betreffende befürchtet, dass sie/er selbst oder andere bei Äußerung des Konflikts Benachteiligungen erleiden. Aufgrund der Antizipation negativer Ergebnisse (z. B. schlechte Beurteilung) wird die Konfliktaustragung vermieden (vgl. auch *Krüger* 1972, S. 104).
- Aufgrund von Persönlichkeitsmerkmalen und/oder äußeren Umständen sieht sich die/der Betreffende außerstande, den Konflikt auszutragen.
- Der Konflikt wird nicht artikuliert, weil ein „stillschweigender Interessenausgleich" besteht, der auf wechselseitiger Toleranz beruht (sog. „friedliche Koexistenz"; vgl. *Krüger* 1972, S. 102 f.). Er bewegt sich im derzeit „pazifizierten" Sektor der innerbetrieblichen Konfliktarena (*Trinczek* 1989, S. 449).

Ändern sich die Rahmenbedingungen (z. B. die Machtverhältnisse) oder kommen weitere Konfliktanlässe hinzu, kann sich aus dem latenten Konflikt ein manifester Konflikt entwickeln, der sich aufgrund des Aufstauungseffektes in besonders heftigen Aktualisierungsformen äußern kann. Sofern nicht eine mit entsprechenden Macht- und Herrschaftspotenzialen ausgestattete Partei (z. B. die Unternehmensleitung) den Konflikt „abwürgt" und ihre Interessen einseitig durchsetzt (sog. „Konfliktunterdrückung")[12] kommt es zu Formen manifesten Konfliktverhaltens.

Eine Form der beobachtbaren Konfliktaktualisierung ist zunächst die Konfliktumleitung oder -verschiebung. Bei diesem von *Coser* (1965, S. 57 ff.) als „unechter (re-directed) Konflikt" bezeichneten Typ richten sich die Konfliktenergien nicht auf den Gegenstand bzw. die Partei, die/der den eigentlichen Anlass gibt, sondern sie treffen eher zufällig gewählte Ersatzsubjekte oder -objekte (vgl. auch *Oechsler* 1979, S. 67). Umleitungen sind zumeist Vermeidungsreaktionen gegenüber dem eigentlichen Konfliktgegner, weil man sich nicht mächtig genug fühlt (*Marr/Stitzel* 1979, S. 94).

Viele individuelle Verhaltensformen, die als Indikatoren mikropolitischer Auseinandersetzungen mit den Formalstrukturen herausgestellt werden (z. B. Ausnutzen von Schwächen des tech-

12 Eine solche Unterdrückung ist nur begrenzt möglich, da sie die inneren Spannungszustände kaum beseitigen kann, sondern im Regelfall sogar noch verstärken wird.

nischen Systems, Informationsverzerrungen, Behinderung der Arbeit anderer, Schikanieren von Kunden und Klienten, Sabotage usw.; vgl. vor allem *Schimank* 1981 sowie Kap. 2.2.2), können konflikttheoretisch als Verschiebung gedeutet werden. Erlebte Identitätsbedrohungen werden nicht an der Wurzel sondern dadurch bekämpft, dass man sich einrichtet, sich durch partielle Abweichungen von der Arbeitsrolle Freiräume verschafft und ganz woanders „Dampf ablässt". Vorzugsweise können Subjekte, auf die sich die anderswo erzeugte Konfliktenergie richtet, auch innerbetriebliche Außenseiter(-gruppen) und Sündenböcke oder „Außenfeinde" sein (*Königswieser* 1987, Sp. 1241 f.). Es finden auch Umleitungen von der Arbeits- in die sonstige Lebenswelt statt, etwa beim sprichwörtlichen Familienvater, der in der Firma nach oben buckelt und zu Hause nach unten tritt. Eine extreme Form von Konfliktverschiebung ist die „exit"-Option (vgl. *Hirschman* 1970), das Verlassen der Organisation.

Anstatt zu Umleitungen kann es auch zu einer (einigermaßen) stringenten Austragung des Konflikts kommen. Der „echte (directed) Konflikt" (*Coser* 1965) richtet sich unmittelbar gegen das spannungs- und frustrationsverursachende Subjekt bzw. Objekt.

ABB. 13: Idealtypische Differenzierung verschiedener Formen des Konfliktverhaltens, speziell der Konfliktaustragung

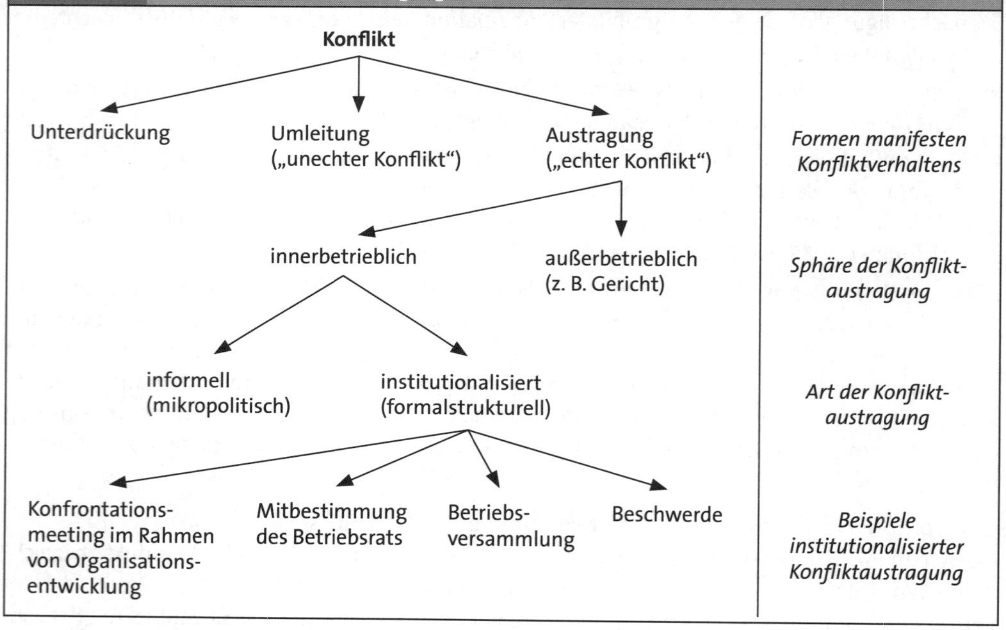

Man kann zunächst zwischen außer- und innerbetrieblicher Konfliktaustragung unterscheiden. Außerbetrieblich werden Meinungsverschiedenheiten betrieblicher Parteien insbes. vor Gerichten ausgetragen,[13] worauf ich hier jedoch nicht ausführlicher eingehen kann.[14] Weitere außer-

13 Vgl. dazu das international vergleichende Werk von *Aaron* (1971) und darin besonders für die Bundesrepublik den Beitrag von *Ramm* (1971).

14 *Sadowski* (1988, S. 235) zufolge handelt es sich bei arbeitsgerichtlich erledigten (Individual-)Klagen in Deutschland ohnehin um eine „eher seltene Beschwerdeform". Häufiger sind hingegen arbeitsgerichtliche Auseinandersetzungen zwischen Betriebsräten und Unternehmensleitungen.

betriebliche Konfliktlösungsinstanzen sind z. B. die „arbitrators" in den anglo-amerikanischen Ländern (vgl. z. B. *Begin/Beal* 1989, S. 460 ff.; *Flanagan et al.* 1989, S. 530 ff.). Hier könnte man bzgl. der Bundesrepublik Deutschland ggf. auch die betriebsverfassungsrechtliche Instanz der Einigungsstelle einordnen, da sie aus einer gleichen Anzahl von Beisitzern der Arbeitgeber- und der Belegschaftsseite sowie einer/einem neutralen – externen – Vorsitzenden besteht. Aufgrund der mit der außerbetrieblichen Konfliktlösung verbundenen Mühen und Kosten wird dieser Weg wohl i. d. R. erst begangen, wenn die innerbetrieblichen Bewältigungsversuche gescheitert sind.

Im Hinblick auf die innerbetriebliche Konfliktaustragung sind idealtypisch zwei Dimensionen zu unterscheiden:

- Bei der **informellen Austragung** (vgl. auch *Luhmann* 1964, S. 244 ff. sowie *Oechsler* 1979, S. 56) wird der Konflikt unmittelbar ohne Inanspruchnahme formalisierter betrieblicher Lösungsmechanismen zwischen den Parteien „mikropolitisch" ausgefochten. Die Methoden, derer sich dabei bedient wird, reichen von der konstruktiven Diskussion der Beteiligten über den Konfliktgegenstand bis hin zu sozial-reduktiven Kampfesformen wie Rufmord, Entmachtung, das „Zufügen" von Blamagen, Abwertungen, die Verweigerung von Beförderungen u. Ä. (vgl. auch *Königswieser* 1987, Sp. 1242). Aktuell findet in der betrieblichen Praxis Mobbing in diesem Zusammenhang besondere Beachtung (vgl. z. B. *Esser/Wolmerath* 2001; *Neuberger* 1999).
- Die **institutionalisierte Austragung** erfolgt anhand von formalstrukturellen Konfliktverlaufsregeln, die regelmäßig Bestandteil betrieblicher Sozialverfassungen sind (vgl. unten Kap. 3.3.2.5). Diese machen den Konflikt im Unterschied zur Konfliktunterdrückung möglich und legitim, lenken und regulieren ihn aber in vorstrukturierte(n) Bahnen, um ein Ausufern, eine kontraproduktive Eskalation zu verhindern. Konfliktverlaufsregeln legen mehr oder minder detailliert fest, wer als Konfliktpartei in Erscheinung treten kann (z. B. Betriebsrat, Beschwerdeführer), um welche Gegenstände es gehen darf und nach welchen Kriterien und anhand welcher Mechanismen die Konflikte gelöst bzw. vorläufig beigelegt werden (vgl. auch *Marr/Stitzel* 1979, S. 95; *Oechsler* 1979, S. 91). Sie können spezifisch-innerbetrieblich (z. B. Konfrontationsmeeting im Rahmen eines Organisationsentwicklungs-Konzepts, betriebliche Beschwerdeverfahren) festgelegt sein oder aus externen Rahmenbedingungen erwachsen (z. B. Betriebsversammlung, Mitbestimmung des Betriebsrats).

Dabei ist jedoch hervorzuheben, dass die Unterscheidung von informeller und institutionalisierter Konfliktaustragung statisch-idealtypischer Natur ist. Die Inanspruchnahme von offiziellen Konfliktverlaufsregeln kann rein mikropolitisch-taktischen Kalkülen entspringen, z. B. mit dem Ziel, das Verfahren selbst zu konterkarieren. Umgekehrt finden auch im „Normalfall" im Rahmen der Verlaufsregeln mikropolitische Konfliktaustragungen statt.

Arbeitspolitisch höchst interessant ist schließlich die Frage, wie Konflikte – wenigstens vorläufig – beendet werden. Theoretisch können in Anlehnung an *Boulding* (1962, S. 305 f.) die folgenden Typen von Ergebnissen unterschieden werden:

- „avoidance", d. h. Isolation bzw. Trennung der Kontrahenten,
- „conquest", d. h. Vernichtung oder Unterwerfung einer Partei durch die andere,
- „procedural resolutions", d. h. die „Bearbeitung" des Konflikts im Rahmen eines institutionalisierten Verfahrens.

Die Beendigung durch Trennung der Konfliktgegner dürfte in betrieblichen Sphären zwar die Ausnahme sein, existiert aber gleichwohl in Form von Entlassung der/des Beschäftigten durch den Arbeitgeber bzw. durch arbeitnehmerseitiges Verlassen der Organisation (Fluktuation).

Auch die „conquest"-Kategorie *Bouldings*, die in der älteren betriebswirtschaftlichen Konfliktliteratur meist unter den Terminus des „Gewinn-Verlust-Machtkampfes" subsumiert wird (vgl. z. B. *Krüger* 1972, S. 93 f.; *Marr/Stitzel* 1979, S. 93), findet in einem Unternehmen als Form der vorläufigen Beendigung Anwendung, ist vielleicht sogar an der Tagesordnung, etwa wenn man sich *Krügers* (1972, S. 93) Beispiel des „widerwillige(n) Unterordnen eines Untergebenen unter den Befehl eines Vorgesetzten" vergegenwärtigt.

Bei den „procedural resolutions" unterscheidet *Boulding* (1962) drei Varianten:

- „reconciliation", d. h. die Einigung durch Suche nach neuen Lösungen oder die Änderung von Wert- und Zielvorstellungen,
- „compromise", d. h. das Aushandeln eines Kompromisses mit Zugeständnissen beider Seiten,
- „awards", d. h. die Anerkennung einer Schiedsrichter-Entscheidung.

Die Einigung der Parteien oder mit anderen Worten das Finden eines Konsens kann Folge der Suche nach neuen Alternativen zu den Konfliktmeinungen sein, die im Gegensatz zu den bisher bestehenden die Wünsche aller Beteiligten befriedigen. In diesem Zusammenhang wird Konsensentscheidungen eine wichtige personalpolitische Anpassungsfunktion bescheinigt, „weil sie zu neuen, funktionaleren Strukturen führen und auch die Problem- und Konfliktlösungsfähigkeit erhöhen" (*Königswieser* 1987, Sp. 1244).

Einigung kann ferner durch die Veränderung von Wert- und Zielvorstellungen durch eine oder beide Parteien erfolgen. Diese Variante liegt der Denkfigur des „herrschaftsfreien Diskurses" von *Habermas* zugrunde. Schließlich lässt sich in vielen Fällen Einigung auch durch die kommunikative Auflösung von Missverständnissen herbeiführen.

Von der Einigung mitunter nur schwer zu unterscheiden ist der Kompromiss (vgl. *Krüger* 1972, S. 101 sowie besonders ausführlich *Bopp-Schmehl* 1977, S. 17 ff.). Beide stehen am Ende von Verhandlungen, die Gültigkeit einer Kompromisslösung setzt eine mehr oder minder feste „Einigung" der Parteien eben über ihre Anerkennung voraus. Der prinzipielle Unterschied zwischen diesen beiden Beendigungsformen besteht darin, dass die Einigung auf ein „Problemlösen", der Kompromiss auf ein „Teilen des Streitwertes" mit beiderseitigen Konzessionen hinausläuft (*Krüger* 1972, S. 99 ff.).

Krüger verweist ferner darauf, dass kompromisshafte Lösungen in Abhängigkeit von ihrer Akzeptanz durch die Parteien meist besonders episodisch und brüchig sind:

„Dass mit einer geringen Kompromissakzeptanz ein Unzufriedenheitsbereich entsteht, der bereits die Basis zukünftiger Konflikte sein kann, liegt auf der Hand. Jede der beteiligten Parteien muss ihre Ansprüche reduzieren. Dies geschieht nicht völlig freiwillig, sondern es kommt eher zu einem Zurückdrängen als zu einem Aufgeben von Interessen.

[...] Es entsteht also ein latentes Unzufriedenheitspotential, das bei sich ändernden Konstellationen jederzeit aufbrechen und zu einem manifesten Konflikt führen kann, der dann u. U. schärfer als zuvor verläuft. Kompromiss bedeutet insofern nichts anderes als latenter Konflikt, dessen muss man sich bewusst sein" (*Krüger* 1972, S. 102).

Bleibt noch die „awards"-Kategorie, die Konfliktbeendigung durch ein Drittparteien-Urteil, näher zu erläutern (vgl. auch *Krüger* 1972, S. 102). Vor allem im Anschluss an ergebnislose Bewältigungsversuche durch die Beteiligten selbst besteht die Möglichkeit der verbindlichen Regelung durch eine/n neutrale/n Dritte/n. Die Initiative dazu kann von den Parteien selbst oder von außen (etwa aufgrund einer gesetzlichen Norm) ausgehen. Häufig erwachsen (Neben-)Konflikte aus der Frage, ob ein Schiedsrichter eingesetzt wird bzw. wer als solcher fungieren soll. Das „Urteil" des inner- oder außerbetrieblichen Schiedsrichters kann alle möglichen Ergebnisse zeitigen: Es kann ebenso auf einen Kompromiss zwischen den konfligierenden Interessen hinauslaufen wie auf eine Gewinn-Verlust-Lösung, bei der die Position einer Partei gänzlich verworfen wird. Selbst eine Form der Trennung („avoidance") liegt im Bereich des Möglichen, z. B. wenn eine Arbeitsrichterin die Entlassung eines Beschäftigten in einem Kündigungsschutzprozess bestätigt.

3.3.2.4 Macht

Inwieweit sich die Akteure vor dem Hintergrund ihrer Interessen in den betrieblichen Konfliktsituationen durchsetzen, ist in hohem Maße von ihrer Macht abhängig (vgl. z. B. *Sandner/Meyer* 2004). Dabei wird davon ausgegangen, dass auch die rein ausführend Tätigen ohne formale Anweisungsbefugnisse über **Machtressourcen** verfügen, die sich aus selbst in tayloristischen Arbeitsformen gegenwärtigen, weil produktionsnotwendigen Dispositionsspielräumen ergeben (vgl. z. B. *Roy* 1954; 1959; *Kuhn* 1961; *Minssen* 1991, S. 53). Sie kontrollieren z. B. Arbeitsintensitäten, die Aufmerksamkeit im Produktionsprozess, Produktqualitäten, den Verbrauch von Rohstoffen und Energie oder die Behandlung von Maschinen und Werkzeugen.

Zur arbeitspolitischen Deutung des Machtphänomens haben *Crozier/Friedberg* (1979; vgl. auch als jüngere Quelle Friedberg 1988) wichtige Erkenntnisse beigesteuert. Die Macht, in Weberscher Tradition zu definieren als „die Fähigkeit von jemandem, bei anderen Verhalten zu erzeugen, die sie ohne sein Zutun nicht angenommen hätten" (*Friedberg* 1988, S. 41), darf nicht nur als Attribut eines Akteurs verstanden werden, sondern im politischen Sinne als Beziehung zwischen zwei oder mehreren Individuen oder Gruppen. Machtbeziehungen sind gegenseitig – jede Partei bringt Ressourcen ein; die Kontrahenten benötigen einander zur Realisierung ihrer Interessen (*Neuberger* 1990b, S. 265) –, aber i. d. R. asymmetrisch. Sie sind ein „Kräfteverhältnis, aus dem einer immer mehr als die anderen herausholen kann, in dem aber keiner den anderen völlig ausgeliefert ist" (*Friedberg* 1988, S. 42).

Die Macht einer Person über eine andere erscheint dabei insbes. von zwei Parametern abhängig: dem Grad der Unberechenbarkeit und der Bedeutung des Verhaltens für die/den andere/n. Das heißt: je größer der Handlungsspielraum, die Autonomie der Person in Beziehung zur anderen und je weniger messbar die Qualität der Leistung, desto größer ist auch ihre Macht. Über diese Macht verfügt sie aber nur dann, wenn ihre Handlungsmöglichkeiten dazu beitragen können, ein für die/den andere/n wichtiges Bedürfnis zu befriedigen oder Problem zu lösen.

Die Akteure sind im Rahmen von dauerhaften Machtbeziehungen durch Alleingänge oder temporäre Koalitionen darauf bedacht, ihren eigenen Spielraum zu sichern bzw. zu erweitern und den der/des Gegenspielerin/s zu begrenzen. Die strategisch-taktierende Konfliktaustragung ist ein elementares Instrument in diesem Spiel um die Macht. Die Macht ist am größten, wenn sie/er für die Lösung eines für die/den andere/n wichtigen Problems auf absehbare Zeit unersetzbar ist. Allerdings besteht selbst in scheinbaren Monopolsituationen ein gewisser Zwang für das mächtige Individuum, auf die Erwartungen der/des anderen in Grenzen einzugehen und damit die Beziehung aufrechtzuerhalten.

Prozesse der Konfliktaustragung im Rahmen von Machtbeziehungen sind schwer zu kalkulieren. Zu den verhaltenswirksamen Größen zählen zunächst Primär-Erwartungen wie z. B.

- Gewinne bzw. Verluste für einen selbst und wichtige andere,
- erwartbare Selbstbestätigung,
- antizipierte Auf- bzw. Abwertung durch wichtige andere (*Titscher/Königswieser* 1987, Sp. 1235).

Darüber hinaus spielen Erwartungs-Erwartungen eine zentrale Rolle. Man stellt in Rechnung, dass die/der andere Reflexionen über die eigenen Interessen, Absichten und Situationsinterpretationen anstellt, was man selbst aber wiederum in den Verhaltensweisen berücksichtigen kann – „und so weiter ad infinitum" (*Neuberger* 1990b, S. 263).

Des Weiteren gehört zu den elementaren Denkfiguren arbeitspolitischer Perspektiven, dass Macht und Durchsetzungskraft nicht nur als Beziehung zwischen individuellen und souveränen Akteuren verstanden wird:

„Jemand hat Gewinn und Einfluss [...] aufgrund der sozialen Netze und Strukturen, in denen er verankert ist. Als individuelles Subjekt ist er bedeutungslos; es kommt allein darauf an, wie viel soziale Unterstützung er notfalls mobilisieren kann" (*Neuberger* 1990b, S. 263).

Organisationale Strukturen und Prozesse sind somit das Desiderat temporärer und personell wechselnder **Pakte oder Koalitionen** zwischen den interagierenden Gruppen und Individuen. Erst dadurch gewinnen individuelle Akteure Handlungsfähigkeit. Sie entstehen durch formale oder informale Absprachen, häufig aber auch „nur" durch Interessenkongruenzen und -konvergenzen, die wie von einer „invisible hand" geleitet an einem Strang ziehen. Solche Pakte sind

- personell wechselnd,
- meist auf ein bestimmtes Problem bezogen,
- temporär und vor allem
- fragil.

Mit „Koalitionen" sind nicht gemeint homogene, monolithisch strukturierte Blöcke von Kollektiv-Akteuren (z. B. Management vs. Betriebsrat).

3.3.2.5 Sozialverfassung

Es stellt sich ferner die Frage: Ist die jeweilige Handlungskonstellation wirklich völlig beliebig und offen? Bei der Fokussierung der politischen Handlungen von Akteuren im Rahmen von organisationalen Gestaltungsprozessen läuft man Gefahr, einen regellosen Kampf aller gegen alle zu postulieren, bei dem sich die Stärksten und/oder Gerissensten durchsetzen. Diese Perspektive bliebe jedoch unbefriedigend, denn: „Zum einen rollen derartige Mikroanalysen eine (nahezu unbegrenzbare!) Situationskomplexität auf, die nicht nur jede Prozessanalyse zu einem räumlichen und zeitlichen Einzelfall geraten lässt. Zum anderen bleibt die Frage offen, wie bei solchen Prozessfolgen die doch recht stabile Leistungsabgabe der Systeme, wie sie in unserer Wirtschaft beobachtbar ist, erklärt werden kann. Es geht tendenziell der übergeordnete Rahmen, die Stellung und Bedeutung objektiver Restriktionen verloren" (*Schreyögg* 1985, S. 62).

Zur Umschreibung der Ordnung, auf deren Hintergrund sich interessegeleitetes (mikro-)politisches Handeln vollzieht, verwenden Industriesoziolog/innen wie *Hildebrandt/Seltz* (1989) den Begriff der „betrieblichen Sozialverfassung" (vgl. auch *Hildebrandt* 1991). Sie verstehen darunter das „Gesamtensemble der wichtigsten, betrieblich gestalteten oder im Betrieb wirksamen Normen und Regeln, die die Arbeitseinstellung und das Arbeitsverhalten der Beschäftigten beeinflussen" (*Hildebrandt/Seltz* 1989, S. 34).

Schon geraume Zeit vorher hat mit analoger Intention *Anselm Strauss* (1978; vgl. auch *Strauss et al.* 1983) sein Konzept von der „negotiated order" entwickelt.[15] *Strauss* hat bei Erhebungen in amerikanischen Psychiatriekliniken festgestellt, dass nur wenige offizielle, strukturell verfestigte Regeln für das Funktionieren des Klinikalltags existieren. Stattdessen ergebe sich durch „tacit agreements", „understandings" oder „arrangements" eine verhaltensregulierende soziale Ordnung, an deren Entwicklung das gesamte Klinikpersonal (von Ärzt/innen über Psycholog/innen bis hin zu den Krankenpfleger/innen) wie auch die Patient/innen beteiligt sind. Dabei lassen sich bestimmte Muster solcher „house rules", die jeweils nur von temporärem Bestand sind, erkennen.

Unter einer „negotiated order" versteht er „the sum total of the organization's rules and policies, along with whatever agreements, understandings, pacts, contracts, and other working arrangements currently obtained. These include agreements at every level of the organization, of every clique and coalition, and include covert as well as overt agreements"[16].

Schon bei Strauss' Wortwahl wird deutlich, dass dieses Konstrukt der „negotiated order" oder der Sozialverfassung viel mit dem zu tun hat, was in einigen personalwirtschaftlichen Arbeiten als „policy" bezeichnet wird (vgl. Kap. 3.3.1). Die Aushandlungsprozesse zwischen den Akteuren („politics") führen zu zumindest vorläufigen Ergebnissen, die sich in Strukturen, Instrumenten, Maßnahmen, Gepflogenheiten, standardisierten Handlungspraktiken ausdrücken.

Die von den Organisationsmitgliedern bzw. -gruppierungen weitgehend geteilten Standards, die die betriebliche Sozialverfassung ausmachen und neben den Regulativen Geld und Zwang verhaltenssteuernd wirken, haben sich im Laufe der jeweils spezifisch verlaufenden ökonomischen, politischen und sozialen Organisationsgeschichte herausgebildet. Sie sind z.T. formalisiert und strukturell bzw. instrumentell verfestigt („policy"), beruhen andererseits aber auch auf informalen Mechanismen eingespielter Routinen oder stillschweigender Übereinkünfte der Akteure. Die Sozialverfassung spannt für die Handelnden einen mehr oder minder engen Korridor auf, innerhalb dessen – zumindest vorläufig – gemeinsam getragene Modi und Standards wirksam werden. Das schafft „halbwegs gesicherte Rahmenbedingungen" (*Trinczek* 1989, S. 449) und Entlastung für die Akteure.

Aus dieser entlastenden und komplexitätsreduzierenden Funktion der Sozialverfassung resultiert ein konservatives Moment. Die Beteiligten haben ein Interesse an der Regulierung der Austauschbeziehungen, am Erhalt dieser Normalität: „Verletzungen der betrieblichen Normen werden entsprechend feinfühlig registriert" (*Trinczek* 1989, S. 450).

15 Wichtige Hinweise auf diesen interessanten Ansatz verdanke ich Susanne König, die ihre Dissertationsschrift maßgeblich an diesem Konzept ausgerichtet hat (*König* 2004).

16 *Strauss* (1978, S. 6); hier zit. nach *König* (2004, S. 84).

Dennoch sind die Arrangements alles andere als statisch. Sie sind das Produkt früherer Macht- und Kräfteverhältnisse und stehen auf der Ebene mikropolitischer Auseinandersetzungen ständig zur Diskussion und Disposition. Besonders Veränderungen in den Rahmenbedingungen (z. B. ökonomische Situation, personelle Wechsel in Schlüsselpositionen konfligierender Parteien) schlagen meist sogleich und sehr viel unmittelbarer als auf der Makro-Ebene auf die Austauschbeziehungen durch.

In der Praxis zeigt sich das besonders bei einem Eigentümerwechsel des Unternehmens oder beim Einsatz einer/eines neuen Personalchefin/-chefs. Verfestigte Routinen, mit denen die neuen Handlungsträger kaum vertraut sind, werden hinterfragt, andere Hintergründe und Erfahrungen eingebracht, bisherige Arrangements aufgekündigt.

Trotz der erheblichen Spielräume der handelnden Personen, die sich nachgerade in solchen Phasen des Wandels zeigen, darf der kontingente Charakter von Sozialverfassungen nicht in Vergessenheit geraten. Die arbeitspolitische Perspektive ist zwar akteurs- und handlungsorientiert, die Konstituierung der Normen und Regeln der Sozialverfassung erfolgt aber deswegen nicht völlig chaotisch, beliebig und von übergreifenden gesellschaftlichen Strukturierungsprinzipien abgekoppelt. Sie vollzieht sich vielmehr als betriebsspezifisch verlaufender personenabhängiger Prozess in Korrespondenz zu vielfältigen Kontextfaktoren (vgl. *Strauss* 1978, S. 98 f.; *Kochan et al.* 1986; *Türk* 1990, S. 143 und 176). Relevant erscheinen neben dem (Makro-)System der industriellen Beziehungen insbes. aus dem Arbeitsverhältnis erwachsende Asymmetrien in der Definitionsmacht der Sozialverfassung. Aber auch andere Situationsfaktoren wie die ökonomische und marktliche Lage des Unternehmens, Größe, Branche, Produktpalette, Produktionstechnologie, Belegschaftsstrukturen, gewerkschaftliche Organisationsgrade usw. werden als mehr oder minder gewichtige „constraints" wirksam (vgl. auch *Trinczek* 1989, S. 449). Dabei sind jedoch im Unterschied zur Sichtweise der orthodoxen Kontingenztheorie keine starren Determinismen und Kausalitäten in den Beziehungen zwischen Umwelt und Sozialverfassung zu unterstellen.

Ein großes Problem ist die wissenschaftliche Bewältigung der schier unendlichen Vielfalt von Sozialverfassungen im arbeitspolitischen Paradigma. Im Prinzip steht jeder „Fall" nur für sich allein.

Eine theoretisch unbefriedigende, aber unter pragmatischen Gesichtspunkten wohl einzig gangbare Lösung besteht darin, einigermaßen identifizierbare Muster oder Konfigurationen des jeweils interessierenden Phänomens mit relativ konsistenten Merkmalsausprägungen zu Typen zusammenzufassen. Dabei ist in Kauf zu nehmen, dass real existierende Abweichungen, temporäre Umbildungen, Zwischen- und Mischformen nicht eingefangen werden. Auch lassen sich bestenfalls schematische Züge der Beziehungen entlang formaler Linien (z. B. Management vs. Interessenvertretung) auf diese Weise abbilden. Der reale Kosmos der Austauschbeziehungen zwischen und jenseits dieser Linien bleibt außen vor. Typisierungen beruhen ja nachgerade auf einer idealisierenden Transzendierung der Realität, um Einordnungen in systematisierte Sinnzusammenhänge zu ermöglichen.

Derartige Typisierungen haben in der sozialwissenschaftlichen Theoriebildung durchaus Tradition. Es lässt sich ein Bogen schlagen von *Webers* Idealtypus der Bürokratie über *Mintzbergs* (1979) Versuch, verschiedene organisatorische Koordinationsmuster in Konfigurationen nachzuzeichnen bis hin zu *Fox'* (1974) vielzitierter Differenzierung von „high trust"und „low trust"-Organisationen oder neueren Ansätzen, auf statistischem Wege anhand von Cluster-

Analysen bestimmte Konstellationen von Merkmalsausprägungen zu Typen zu verdichten (vgl. z. B. *Arthur* 1992).

In einem Lehrbuch bietet es sich an, signifikante Muster der Konflikthandhabung bzw. der innerorganisatorischen Interaktionsstruktur insgesamt voneinander abzugrenzen und zu Konfigurationen zu komprimieren. Demnach lassen sich die folgenden Typen betrieblicher Sozialverfassungen voneinander unterscheiden (in Anlehnung an *Purcell/Sisson* 1983, S. 113 ff. sowie *Dabrowski et al.* 1989, S. 28 ff.):

- Beim **produktivistischen Typus** gelten soziale Ansprüche der Arbeitnehmer/innen und die Maxime wirtschaftlicher Unternehmensführung als nur schwer versöhnlich. Der Betrieb wird gedeutet als Vertragspartner materieller Reproduktion, nicht aber als Garant psychosozialer und beruflicher Selbstverwirklichung der in ihm arbeitenden Menschen. Techniken der „primären Verhaltenssteuerung" dominieren (vgl. Kap. 2.2.2). Das Management erkennt die Existenzberechtigung einer kollektiven Vertretung der Beschäftigten nicht oder allenfalls aus Einsicht in ihre Unabweisbarkeit an. Die Beziehungen zwischen Management und Interessenvertretung sind durch eher aggressive Konfliktstile geprägt. Vorherrschend ist die formale Exekution und restriktive Auslegung gesetzlicher und vertraglicher Normen.
- Beim **pragmatisch-opportunistischen Typus** handelt es sich um eine Zwischenform. Einerseits besteht ein detailliertes Geflecht von Anspruchs- und Schutzregelungen für die Beschäftigten, das nach bürokratischen Prinzipien verwaltet wird. Andererseits dominiert ein nach technokratischen Grundsätzen organisierter Leistungserstellungsprozess, in dem wenig Rücksicht genommen wird auf sozio-emotionale Bedürfnisse der Beschäftigten und die Ausschöpfung ihrer Kenntnisse und Erfahrungen. Die Interessenvertretung ist anerkannt, wenn auch aus pragmatischen Gründen und entsprechend halbherzig. Die Pflege der Arbeitsbeziehungen wird aber nicht als vorrangiges Problem gesehen: „[...] it is something which is assumed to be unproblematic until events prove otherwise" (*Purcell/Sisson* 1983, S. 115). Die Stile der Konfliktaustragung wechseln je nach einzelfallbezogenem Kalkül.
- Der **„humanzentrierte" Typus** schließlich weist mehr oder minder große Analogien zum Mythos japanischer Unternehmensführung bzw. zu einem Betrieb auf, der stark auf „interne Arbeitsmärkte" als beschäftigungspolitisches Muster setzt (vgl. Kap. 3.2.2.3) und in dem die Ebene der „sekundären Verhaltenssteuerung" eine vergleichsweise große Bedeutung hat. Die „Humanressourcen" werden als zentraler Produktivitätsfaktor interpretiert. Das Management ist dementsprechend um die Pflege des sozialen Klimas bemüht. Interessenkonflikte scheinen durch die Antizipation potenzieller Beschäftigtenbedürfnisse minimiert; entsprechend elaboriert sind die betrieblichen Rekrutierungs-, Auswahl-, Entwicklungs- und Entlohnungstechniken. Tauchen aber manifeste Konflikte auf, wird möglichst nach Alternativen zu den Konfliktpositionen gesucht, um Konsens oder zumindest Kompromisse mit hoher beiderseitiger Akzeptanz zu erzielen. Bezüglich des Gefüges der Arbeitsbeziehungen lassen sich zwei Varianten unterscheiden. Im paternalistischen Konzept versucht das Management, eine kollektive Interessenvertretung durch individualistische, humanressourcen-orientierte Politiken überflüssig zu machen bzw. ihrer potenziellen Formierung präventiv zu begegnen. Im modernistischen Konzept werden Gewerkschaften oder andere Formen der kollektiven Vertretung als stabilisierender Faktor tendenziell akzeptiert. In vielen Bereichen werden gemeinsame Entscheidungen möglichst auf Konsens-, notfalls auf Kompromissbasis angestrebt. Die Konfliktartikulations- und -austragungsstile sind eher integrativ.

Die Regeln, Normen und Standards, die die betriebliche Sozialverfassung ausmachen, können **sowohl formaler als auch informaler Natur** sein. Einer der Unterschiede zwischen arbeitspolitischen und (den meisten) klassischen Organisationsperspektiven besteht darin, dass unter Organisation mehr verstanden wird als die Gesamtheit formaler Strukturen zum Zwecke der Kanalisierung der Aktivitäten der Mitglieder in Richtung auf die verfolgten Ziele. So wird anerkannt, dass sich Sozialverfassungen z.T. auch über „Einverständnishandeln" (*Schmidt* 1986) der Beteiligten konstituieren, „als ob" entsprechende sichtbare Strukturen bzw. Regelungen existierten. Bei den nicht-formalisierten Komponenten handelt es sich um informelle Standards und Normen, die die Formalstruktur sinnvoll ergänzen, aber auch konterkarieren können.

Auf der anderen Seite – und hier gibt es zweifellos eine Schnittmenge in den Erkenntnisgegenständen arbeitspolitischer und klassischer Organisationstheorie – ist die Sozialverfassung zu einem mehr oder minder großen Teil formalisiert und strukturell-prozedural verfestigt. Die Formalstruktur ist der sichtbare und kodifizierte Teil der Sozialverfassung (*Friedberg* 1988, S. 46).

3.3.2.6 Die Sozialverfassung zwischen Konflikt und Kooperation

In den bisherigen Ausführungen wurde deutlich, dass das Ausfechten von Konflikten zwischen Personen oder gruppenspezifischen Subkulturen mit unterschiedlichen Interessen in einer wie auch immer gearteten Korrespondenz zu Kontextfaktoren konstitutiv ist für die betriebliche Sozialverfassung. Man könnte sie auch als eine Art Zwischenstand innerbetrieblicher Konfliktaustragung bezeichnen. Konflikte werden im Rahmen der Sozialverfassung vor allem wegen der davon ausgehenden Entlastungsfunktion zeitweise „stillgelegt", andere werden legitimiert und in ihren Austragungsregeln und potenziellen Verlaufsformen kanalisiert (*Trinczek* 1989, S. 449).

In der Vergangenheit wurde besonders in der (Industrie-)Soziologie die Bedeutung jenes nichtkontroversen Sektors der Sozialverfassung zumindest unterbelichtet. „Linke" industriesoziologische Positionen aus den 1960er und 1970er Jahren, wonach z. B. Kooperationspakte und Absprachen zwischen Betriebsräten und Managementvertretern als „Mauschlertum" abqualifiziert wurden (vgl. auch *Trinczek* 1989, S. 452 f.), verkennen die reale Bedeutung der Kooperationsarrangements bei Fortbestehen der Basiskonflikte. Während in einer großen Zahl betriebswirtschaftlicher Ansätze konfliktnegierende, -verkürzende oder völlige Harmonie suggerierende Analyseschemata zugrunde gelegt werden, dominier(t)en – ebenso einseitig – in soziologischen Konzeptionen Paradigmen wie Antagonismus, Herrschaft oder Kontrolle.

Im Zuge der Rezeption arbeitspolitischer Perspektiven hat sich diesbezüglich ein gewisser Wandel vollzogen. Immer häufiger tauchen Begriffe wie Vertrauen, Motivation, Akzeptanz, Verständigung oder Konsens in den einschlägigen Argumentationsmustern auf (vgl. *Ortmann* 1988a, S. 14 ff. sowie *Minssen* 1990). Hier ist denn auch ein auffälliger Berührungspunkt zu personalökonomischen Arbeiten zu vermerken, für die Analoges gilt (vgl. Kap. 3.2.2.2 f.): „Der entscheidende Aspekt des ‚Arbeitsprozesses' ist nicht seine antagonistische Dimension, sondern seine innere Widersprüchlichkeit – er beinhaltet sowohl Konflikt als auch Kooperation" (*Wood* 1986, S. 75).

Organisationales Handeln bedeutet allenfalls in weitgestecktem Rahmen und empirisch betrachtet in abnehmendem Maße (vgl. *Ortmann* 1988a) einseitige Kontrolle, Aufoktroyierung und Herrschaftsausübung, die aus dem Eigentum an Produktionsmitteln und den daraus abgeleiteten Eigentümer-Rechten resultieren. Nicht nur mit Herrschaft, auch mit Kooperation und Motivation kann Kontrolle über Unsicherheitszonen erreicht werden (vgl. dazu auch die richtungsweisenden Arbeiten von *Burawoy* 1979 und 1985).

Damit wird der Blick nicht nur auf die selbstredend fortbestehenden Interessendivergenzen, sondern auch auf die Sphäre der Konfliktaustragung und (konstruktiven) Konflikthandhabung gerichtet, in der es zu Kompromissen, Konsensen und anderen Lösungsformen kommt (vgl. auch *Hildebrandt/Seltz* 1989, S. 34).

Vermutlich ist es aber überzogen, nun von einem neuen Konsensparadigma zu sprechen. Ob Konsens i. S. v. Übereinstimmung angesichts der Fragilität temporärer Pakte und angesichts des stets drohenden „opportunistischen Verhaltens" tatsächlich von solcher Tragweite ist, erscheint zumindest fraglich. Ich ziehe es vor, anstatt von dem inzwischen gebräuchlichen Begriffspaar „Kontrolle und Konsens" (vgl. z. B. *Minssen* 1990) eher von „Konflikt und Kooperation" zu sprechen.

Jedoch ist dabei nicht zu unterstellen, dass die beiden Größen auf einer Analyseebene angesiedelt sind. Der Konflikt zwischen Akteuren und Gruppen um Einfluss, Ressourcen und Privilegien ist der elementare Parameter, die Kooperation (als Kompromiss oder sogar zeitweiliger Konsens) ein vorläufiges Ergebnis der Konfliktaustragung: „[...] organisations are arenas for conflict in which cooperation occasionally breaks out [...]" (*Salipante/Bouwen* 1990, S. 21).

Von daher ist der Konflikt die theoretische Leitkategorie, die Kooperation hingegen lediglich eine aus pragmatischen Gründen erforderliche temporäre Konfliktbeilegung.

3.3.3 Kritische Würdigung des arbeitspolitischen Ansatzes

Der arbeitspolitische Ansatz ist ein sehr ambitioniertes Programm – sowohl hinsichtlich seines Anspruchs als theoretischer Bezugsrahmen als auch i. S. e. Forschungsprogrammes (vgl. auch *Metz* 1993, S. 553). Als relativ junge Richtung hat er sich sicherlich auch noch nicht abschließend konstituiert. Im Unterschied zur „Personalökonomie" handelt es sich nicht um ein „disziplinäres", sondern um ein wahrhaft breit angelegtes, interdisziplinäres Konzept. Dies ist Stärke wie Schwäche zugleich.

Der arbeitspolitische Ansatz liefert erhellende Einsichten in bestehende Zusammenhänge in ihrer realen Komplexität, ohne willkürlich anmutende disziplinäre Schneidungen und auch ohne (wie etwa durch die „homo oeconomicus"-Annahme) Zerrbilder der Realität einzuführen. Damit macht er vieles, was z. B. in der Personalökonomie außen vor bleibt, aber gleichwohl von höchster praktischer Relevanz ist, fassbar und greifbar. Er bietet ferner nahe liegende Anschlussmöglichkeiten sowohl für diverse andere verhaltenswissenschaftliche Ansätze als auch für den weiten Bereich der „industrial relations"-Forschung.

Mit diesem Realismus halst man sich jedoch zugleich viele Folgeprobleme auf:

- Der definitorische, theoretische und empirische Aufwand ist enorm.
- Es muss sich erst noch erweisen, ob seine zentralen Kategorien – die wir hier skizziert haben – tragfähig genug sind, um die betriebliche Komplexität einzufangen.

- Bislang haben die arbeitspolitischen Ansätze mehr den Status eines heuristischen Programms, das sehr empirieintensiv ist und dessen Erkenntnisfortschritt auch eng mit den empirischen Forschungsresultaten verbunden ist.
- Ein ebenso großes Problem stellt die wissenschaftliche Bewältigung der schier unendlichen Vielfalt von Sozialverfassungen dar (im Prinzip steht jeder „Fall" nur für sich allein), die mit einer konsequent arbeitspolitischen Perspektive verbunden ist. Das Prinzip der „Mustererkennung" mag hier weiterführend sein, es bleiben aber stets Zweifel zurück, ob damit die Empirie wirklich zutreffend und zulässig verdichtet worden ist.
- Ein theoretisch (noch) nicht befriedigend gelöstes Problem politikorientierter Ansätze ist die Beziehung von Prozess und Struktur. Wie schon an anderer Stelle erwähnt, läuft man gerade bei betont „mikropolitischen" Betrachtungen Gefahr, einen regellosen Kampf aller gegen alle zu postulieren und dabei übergeordnete Strukturierungsprinzipien („objektive Restriktionen", vgl. *Schreyögg* 1985, S. 62) zu vernachlässigen. So wie der Gutenbergsche Ansatz den Objektcharakter von Personal überbetont, kann im arbeitspolitischen Paradigma das Gegenteil der Fall sein.

Ergo: Bei der arbeitspolitischen Perspektive handelt es sich um einen extrem vielversprechenden und inhaltlich attraktiven Ansatz gerade für interdisziplinär denkende Fachleute. Er bietet vielfältige Anschlussmöglichkeiten an das breite Spektrum der Verhaltenswissenschaften, ja selbst an die Personalökonomie. Das gleiche gilt für die neueren institutionalistischen Ansätze der Organisationstheorie (vgl. im Überblick *Walgenbach* 1998), bei denen der Begriff der „Legitimation" in den Mittelpunkt gerückt wird. Die Vorstellungen der Akteure über „effiziente" Strukturen (oder auch allgemeiner „policies") seien demnach weniger von zweckrationalen Kalkülen als von allgemeinen gesellschaftlichen Legitimitätsvorstellungen geprägt, die von den Akteuren bedient („adoptiert") werden müssten.

Für die Konzeption des vorliegenden Lehrbuchs spielt der arbeitspolitische Ansatz eine zentrale Rolle, da er mir als eine Art „Fokalkonzept" dient. Darauf wird an späterer Stelle noch näher einzugehen sein (vgl. Kap. 3.5).

3.4 Personalwesen als „Human Resource Management"

Neben der Hinwendung eines Teils der Fachvertreter/innen zur Personalökonomie und der dezenten Öffnung in Richtung auf arbeitspolitische Konzepte hat sich in den letzten ein bis zwei Jahrzehnten noch ein weiterer (nennen wir es) „Bezugsrahmen" Raum verschafft, nämlich die Interpretation des Personalwesens als „Human Resource Management" (HRM). Dabei spielen praktische Entwicklungen, etwa der zunehmende, auch internationale Wettbewerbsdruck, sowie der verstärkte technisch-organisatorische Wandel eine wichtige Rolle als Hintergrundfaktor.

3.4.1 Bezug zur Unternehmensstrategie

In diesem Kontext gewinnt die Ressource Mensch eine zentrale unternehmensstrategische Bedeutung. Gegenüber dem klassischen Verständnis des Personalwesens als mehr reaktives, überwiegend auf Verwaltungsaspekte ausgerichtetes und stark instrumentell geprägtes Fachgebiet sollen die Arbeitnehmer/innen als kritischer Erfolgsfaktor im Rahmen der Unternehmensstrategie betrachtet werden (vgl. z. B. *Staehle* 1988, 1989 und 1994, S. 736 ff.; *Wächter* 1992a; *Oechsler* 2000, S. 20 ff.).

Storey (1995, S. 5) führt aus: „Human resource management is a distinctive approach to employment management which seeks to achieve competitive advantage through the strategic deployment of highly committed and capable workforce, using an integrated array of cultural, structural and personnel techniques.“ Demnach sind die Beschäftigten nicht nur ein Kostenfaktor, sondern in erster Linie ein Leistungsfaktor mit einem hohen Potenzial an Fähigkeiten, Fertigkeiten und kreativen Energien. Sie sollen durch „Personalmanagement“ so gesteuert und entwickelt werden, dass diese traditionell eher vernachlässigten Ressourcen i. S. d. Erreichung der Unternehmensziele bestmöglich zur Entfaltung gebracht werden (vgl. zu dieser Perspektive z. B. die Lehrbücher von *Berthel* 1997, *Oechsler* 2000 oder *Bühner* 1994).

Hintergrund ist der Aufstieg des „strategischen Managements“ sozusagen als übergeordnete betriebliche Funktion, die in der Zwischenzeit der mikroökonomischen Grundausrichtung der Betriebswirtschaftslehre Konkurrenz macht i. S. e. generellen Verständnisses der „Betriebswirtschaftslehre als Managementlehre“ (vgl. z. B. *Wunderer* 1995; *Bleicher* 1995; *Pfriem* 2004, S. 119 ff.).

Veränderte Wettbewerbsbedingungen, Globalisierung, technologische Dynamik, Konjunktureinbrüche, marktliche Veränderungen führen zu einer verstärkten Orientierung der realen Unternehmensaktivitäten an der Frage danach, mit welchen Strategien und Ressourcen das Unternehmen langfristig seine Existenz an den unsicheren Märkten gewährleisten kann. Dabei sollen durch relativ einfache Konzepte (z. B. Portfoliotechnik) Chancen und Risiken identifiziert, abgewogen und in entsprechende Strategien und Planungen umgesetzt werden. In diesen strategischen Konzepten spielt auch das Personal eine zentrale Rolle.

Damit richtet sich das Interesse im Kontext der Strategieentwicklung nicht nur auf Produkte, Märkte, Kapitalausstattung, Technologien usw., sondern auch und insbes. auf die Mitarbeiter/innen. Ihnen wird dabei eine zentrale Rolle, etwa bei der Eroberung neuer Märkte oder beim produktiven Einsatz neuer Technologien zuerkannt. Die Beschaffung und der Einsatz „strategiegerechter Führungskräfte“ gehört zum Standardrepertoire der strategischen Planung. So hat z. B. *Odiorne* (1984) eine häufig verwendete „Personal-Portfolio-Matrix“ entwickelt (*Scholz* 1994, S. 31) deren Achsen mit den Begriffen „Leistung“ und „Potenzial“ bezeichnet sind:

ABB. 14: **Personal-Portfolio** (hier nach *Scholz* 1994)

Zu den „Arbeitstieren" sind demnach die meisten Manager zu rechnen. Sie müssen sich durch Personalentwicklung noch zu „Stars" entwickeln. „Schwierige Mitarbeiter/innen" erfordern besondere Aufmerksamkeit durch klare Leistungsstandards und kurzgetaktetes Feedback. Von den „Flaschen" sollte sich das Unternehmen nach den gängigen Empfehlungen schnellstmöglich trennen.

Gerade auch aufgrund der Erfolge der internationalen Konkurrenz (etwa in Japan) gerät aber auch die „objektbezogene" Arbeit (nach der Gutenbergschen Terminologie) verstärkt in den Bereich strategischer Kalküle. Industriesoziologische Forschungen (etwa *Kern/Schumann* 1984) sowie vor allem die „Lean Production" japanischen Ursprungs (vgl. *Womack/Jones/Roos* 1990), haben gezeigt, dass in der „post-tayloristischen" Ära jegliche verbleibende Arbeitskraft einen veränderten Stellenwert genießt: Beiträge zu Produkt- und Prozessinnovationen, hohe Motivation und Qualifikation, steigende Handlungs- und z.T. sogar Entscheidungsspielräume sollen demnach dazu führen, dass das klassische Verständnis von „ausführendem" Personal mit klar definierten und fremdbestimmten Arbeitsverrichtungen immer mehr obsolet wird.[17]

Vor dem soeben skizzierten Hintergrund soll „strategisches Personalmanagement" im Einzelnen die folgende Bewandtnis haben (vgl. *Ridder* 1994, S. 44):

- **Personalmanagement** ist mehr als das, was eine Personalabteilung tut und auch mehr als die Präsentation einer „tool box", aus der sich die Personalabteilung bedient; es ist vielmehr eine generelle Managementaufgabe.
- Das **Personalwesen** ist eingebettet in übergreifende Fragen des „strategischen Managements" des Unternehmens. Dabei ist die Unternehmensstrategie eine Art „Supra-Ziel", dem sich alle Bereiche unterzuordnen haben.
- Das **Personal** ist nicht primär Kostenfaktor, sondern Leistungsträger und -potenzial („Human Resource Management"; vgl. unten), das durch Personalentwicklung und Motivationstechniken zu fördern ist.

17 *Sperling* (1994) spricht in diesem Kontext von einem Trend zur „Ubiquitarisierung des Managements" (vgl. auch Kap. 11.2.1).

- **Personalplanung** ist keine Folgeplanung, sondern simultanes Planungsterrain zusammen mit den anderen Bereichen.
- Über den **Strategiebegriff** werden Umweltveränderungen systematisch auch in den personalwirtschaftlichen Bereich einbezogen.

3.4.2 Ansätze des HRM

Unter dem weiten Begriff „Human Resource Management“ (HRM) werden verschiedene Konzepte (vgl. *Staehle* 1994, S. 739 ff.) diskutiert, die sich aber im Kern auf zwei Ansätze amerikanischen Ursprungs zurückführen lassen. Dabei handelt es sich um den sog. Michigan-Ansatz sowie um den Harvard-Ansatz.

Im **Michigan-Konzept** ist eine integrative Verknüpfung von Organisationsstruktur, Unternehmensstrategie und dem Management der Humanressourcen vorgesehen, um diese drei Felder i. S. e. „best fit“ zusammenzubringen (*Fombrun et al.* 1984). Ausgehend von der Prärogative der Unternehmensstrategie („Mission and Strategy“) postulieren die Vertreter dieses Ansatzes einen sog. HRM-Zyklus, der sich aus der Personalauswahl, einer Leistungsbeurteilung, einem Anreizsystem sowie einer kontinuierlichen und nachhaltigen Personalentwicklung konstituiert. Dieser Zyklus soll eine strategiegerechte Planung des Personalbedarfs und eine entsprechende Steuerung des Einsatzes der menschlichen Ressourcen ermöglichen.

ABB. 15: Bezugsrahmen des Michigan-Ansatzes des HRM (nach *Tichy et al.* 1982, S. 50)

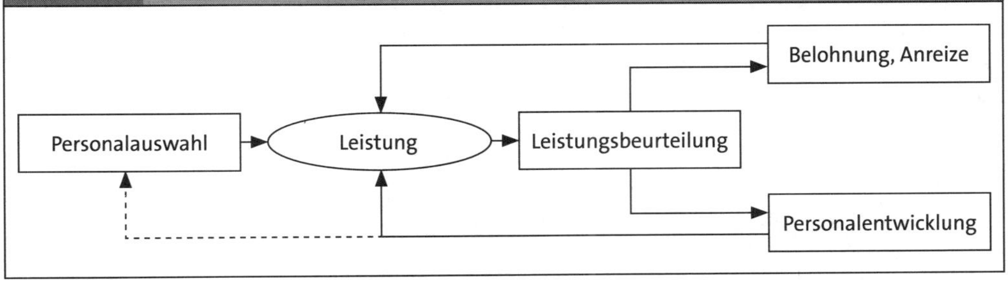

Im **Harvard-Ansatz** wird zusätzlich das Einflusspotenzial von Managemententscheidungen auf die Gestaltung der Organisation sowie der Beziehungen zu den Mitarbeiter/innen thematisiert (*Beer et al.* 1985). In diesem Sinne wird das HRM in der Tradition der weltweit renommierten Harvard Business School als eine elementare Managementaufgabe angesehen. Damit wird die „General-Management-Perspektive“ des HRM betont (*Staehle* 1994, S. 747). Das Management muss die Wirkungen und Entwicklungen aller relevanten Faktoren im organisatorischen Gesamtzusammenhang betrachten und vor allem auch die Führungskräfte auf mittleren und unteren Ebenen anleiten und ermutigen, die Auswirkungen ihrer Entscheidungen und ihres Verhaltens auf die Mitarbeiter/innen zu bedenken und zu berücksichtigen. Die Führungskräfte gelten als die entscheidenden Träger der Personalfunktion, nicht etwa die Personalabteilungen, denen vielmehr eine unterstützende Funktion zukommt.

Die Interessen der „stakeholder“ wie Anteilseigner, Staat, Kommunen, Gewerkschaften usw. sind dabei ebenso einzubeziehen wie situative Einflüsse, etwa von den Märkten, der technologischen Entwicklung, allgemeiner Geschäftsstrategien und andere.

ABB. 16: Bezugsrahmen des Harvard-Ansatzes des HRM (vereinfacht nach *Beer et al.* 1985, S. 17)

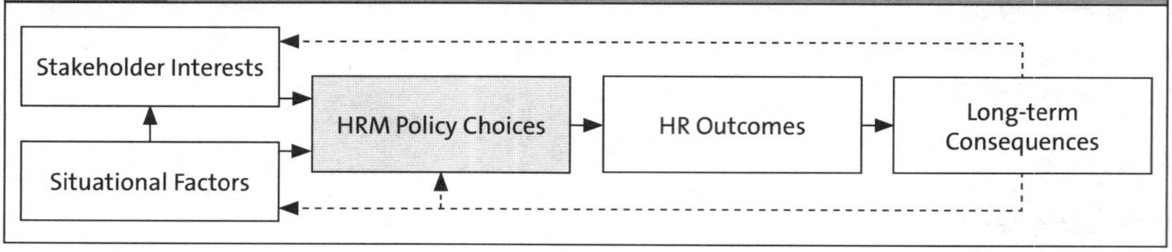

Insofern spielen die Folgewirkungen der Managemententscheidungen auf die folgenden vier Bereiche eine zentrale Rolle:

1. Beteiligung (Partizipation) der Mitarbeiter/innen zur Sicherung ihres Einflusses auf Entscheidungen,
2. zielgerichtete Steuerung der Bewegungen der menschlichen Ressourcen (Personalbeschaffung, Einsatz, Freisetzung),
3. Belohnungssystem (Anreizstrukturen, Entgelt- und Beteiligungssystem),
4. Arbeitsorganisation (insbes. anregende Arbeitsgestaltung).

Durch die bewusste und strategieadäquate Gestaltung und Pflege dieser Felder soll eine möglichst hohe Bindung der Mitarbeiter/innen an „ihr" Unternehmen erreicht werden. Vor allem sollen die Beschäftigten in die Lage versetzt werden, ihre Kenntnisse, Erfahrungen und Ideen einzubringen und sie nach Maßgabe der ständigen Veränderung der Aufgabenzuschnitte anzupassen und weiterzuentwickeln. Die Mitarbeiter/innen werden also im HRM als eine Art „soziales Kapital" betrachtet, in das mit Langzeitwirkung investiert wird.

3.4.3 Die Mitarbeiter/innen als „Intrapreneure"

Ungeachtet von Differenzen je nach dem konkreten HRM-Ansatz wird i. d. R. das „commitment", die Einbindung der Beschäftigten i. S. v. Etablierung von vertrauensvollen Beziehungen, hervorgehoben (vgl. auch *Schreyögg/Oechsler/Wächter* 1995; *Weitbrecht* 1998). Schon von Anfang an war der namensgebende „Eckpunkt" des Ansatzes die Nutzung möglichst aller Anlagen und Qualitäten der Mitarbeiter/innen, was nur durch Förderung ihrer Selbstbestimmung und Selbstkontrolle erreichbar sein soll. Dies macht z. B. *Staehle* in seinen frühen Arbeiten zur Rezeption des HRM-Ansatzes in Deutschland deutlich, in denen er durchgängig eine Art Menschenbild-Typologie nach *Miles* (1975, S. 35) wiedergibt, in der sich das „Human Resources Modell" in diesen Punkten entscheidend von klassischen Menschenbildern abhebt:

ABB. 17: **Menschenbild in drei Managementkonzepten** (leicht modifiziert nach *Staehle* 1989, S. 390)

Traditionelles Modell	Human Relations Modell	Human Resources Modell
	Annahmen	
Die meisten Menschen empfinden Abscheu vor der Arbeit.	Menschen wollen sich als bedeutend und nützlich empfinden.	Menschen wollen zu sinnvollen Zielen beitragen, bei deren Formulierung sie mitgewirkt haben.
Lohn ist wichtiger als die Arbeit selbst.	Menschen benötigen Zuneigung und Anerkennung. Dies ist im Rahmen der Arbeitsmotivation wichtiger als Geld.	Die meisten Menschen können viel kreativere und verantwortungsvollere Aufgaben übernehmen, als es die gegenwärtige Arbeit verlangt.
	Empfehlungen	
Der Manager hat seine Untergebenen eng zu überwachen und zu kontrollieren.	Der Manager sollte jedem Arbeiter ein Gefühl der Nützlichkeit und Wichtigkeit vermitteln.	Der Manager sollte verborgene Anlagen und Qualitäten der Mitarbeiter nutzen.
Er soll Aufgaben in einfache, repetitive, einfach zu lernende Schritte aufteilen.	Er soll seine Mitarbeiter gut informieren, auf ihre Einwände hören.	Er soll eine Atmosphäre schaffen, in der die Mitarbeiter sich voll entfalten können.
Er soll detaillierte Arbeitsanweisungen entwickeln und durchsetzen.	Er soll den Mitarbeitern Gelegenheit zur Selbstkontrolle bieten.	Er soll Mitbestimmung praktizieren und dabei die Fähigkeit zur Selbstbestimmung und Selbstkontrolle entwickeln.
	Erwartungen	
Menschen ertragen die Arbeit, wenn der Lohn stimmt und der Vorgesetzte fair ist.	Informationen und Mitsprache befriedigen die Bedürfnisse nach Anerkennung und Wertschätzung.	Mitbestimmung, Selbstbestimmung und Selbstkontrolle führen zu Produktivitätssteigerungen.
Wenn die Aufgaben einfach genug sind und die Arbeiter eng kontrolliert werden, erreichen sie das Soll.	Die Befriedigung führt zu Zufriedenheit und baut Widerstände gegen die formale Autorität ab.	Als Nebenprodukt kann auch die Zufriedenheit steigen, da die Mitarbeiter all ihre Fähigkeiten nutzen können.

In diesem Sinne wird im HRM-Ansatz immer wieder betont, dass der Mensch ein entscheidender Wettbewerbsfaktor ist, dass engagierte Mitarbeiter/innen der Schlüssel zum wirtschaftlichen Erfolg darstellen. Beschäftigte dürfen nicht länger bloß als zu minimierender Kostenfaktor oder nach tayloristischem Vorbild als mögliche Störgröße betrachtet werden. Vielmehr muss es zu einer elementaren Aufgabe des Managements werden, im Unternehmen alle Kräfte zu mobilisieren, um die schöpferischen Kräfte der Arbeitnehmer/innen zur vollen Blüte zu bringen. Im wachsenden Maße werden Beschäftigte benötigt, die über „innovations- und umsetzungsunterstützende Verhaltensweisen wie Mitdenken, Mitfühlen, Mitentscheiden, Mithandeln und Mitverantworten" verfügen (*Wunderer/Kuhn* 1995, S. 11). Erforderlich sei es, Arbeitnehmer/innen weitreichend am Unternehmensgeschehen, im täglichen Arbeitsalltag ebenso wie bei groß angelegten Veränderungsprozessen, zu beteiligen.

Ausgehend von der meines Wissens ersten Formulierung dieses Gedankens in den USA (*Pinchot* 1985) deklarieren besonders weitreichende Überlegungen die Mitarbeiter/innen in diesem Kontext zu **„Mit-Unternehmern"** oder zu sog. **„Intrapreneuren"**. So lassen sich die Begriffe „Mitunternehmertum" und „unternehmerische Mitarbeiterführung und -entwicklung" z. B. wie folgt definieren:

LITERATUR

Mitunternehmertum und unternehmerische Mitarbeiterführung – Definition (vgl. *Wunderer* 2001, S. 51)

„Unter Mitunternehmertum (synonym: internes Unternehmertum) verstehen wir die aktive und effiziente Unterstützung der Unternehmensstrategie durch problemlösendes, sozialkompetentes und umsetzendes Denken und Handeln einer möglichst großen Anzahl von Mitarbeitern aller Hierarchie- und Funktionsbereiche mit hoher Eigeninitiative und Verantwortung in/mit dafür fördernden Strukturen. Analog dazu werden unternehmerische Mitarbeiterführung und -entwicklung definiert als innovations-, integrations- und umsetzungsgerichtete soziale Beeinflussung, Koordination und Förderung von Organisationsmitgliedern zur Erfüllung gemeinsamer Aufgaben."

Um die Voraussetzungen für das „Intrapreneurship" zu schaffen, sollen korrespondierende organisatorische und sonstige Bedingungen geschaffen werden (vgl. auch *Armbruster/Kieser* 2003, S. 152 f.). Dazu gehört u. a.:

- Die Schaffung dezentraler, teilautonomer Einheiten (z. B. Gruppenarbeit; Organisationsprinzipien nach dem „Profit Center"-Konzept),
- eine intensive Delegation von anspruchsvollen Aufgaben, Kompetenzen und Verantwortung an die einzelnen Beschäftigten bzw. Teams,
- die Förderung interner Märkte als Koordinationsinstrument zwischen den teilautonomen Einheiten.

Die Umsetzung dieses hoch fliegenden Anspruchs bleibt selbstredend in der betrieblichen Wirklichkeit zumeist weit zurück (vgl. zur Kritik für viele *Kuda/Strauß* 2002). Da diese These durchaus auf das gesamte HRM übertragen und aus Platzgründen hier nicht weiter entwickelt werden kann (vgl. aber *Felger/Paul-Kohlhoff* 2004), können wir nunmehr zu einer kritischen Würdigung dieses Ansatzes übergehen.

3.4.4 Kritische Würdigung des HRM

Das HRM erfüllt nicht die strengen Auflagen einer abstrahierenden und selektierenden wissenschaftlichen Theorie. Vielmehr handelt es sich um eine Art **Bezugsrahmen**, der eine in sich stimmige Interpretation einer modernen Lesart von Personalpolitik ermöglichen soll. Im Gegensatz zu manchen Varianten der Personalökonomie soll damit der Anspruch praktischer Bezüge und Erwartungen erfüllt werden. Außerdem werden Anschlussmöglichkeiten an die allgemeine betriebswirtschaftliche Strategie- und Managementtheorie geschaffen.

Gemessen an der ursprünglichen Ausprägung der noch jungen Disziplin Personalwesen hat die verstärkte Rezeption des HRM-Ansatzes zu ihrer Herauslösung aus der isolierten „Zulieferfunktion" für eine Personalabteilung beigetragen und stattdessen den Blick gerichtet auf das Personalwesen als generelle Managementaufgabe (vgl. ähnlich *Wächter* 1992a). Zu den positiven Momenten gehört ferner die Stärkung der Subjektperspektive i. S. d. „sekundären Verhaltenssteuerung" (vgl. Kap. 2.2.2) i. V. m. der Betonung des Menschen als Humanressource und zentrales Erfolgspotenzial. Im Gegensatz zu manch anderem Ansatz bietet er zudem Anknüpfungspunkte zur systematischen Integration von Umweltbezügen.

Jedoch können diese Vorzüge nicht darüber hinwegtäuschen, dass das HRM (mindestens) ebenso große theoretische wie kategoriale Probleme aufweist wie die arbeitspolitischen Ansätze. Es gehört zu den Eigenheiten von „Bezugsrahmen", dass ihre Offenheit zwar wissenschaftlich weiterführend sein kann (i. S. e. Heuristik), sie aber keinen größeren theoretischen Ansprüchen genügen. Von der Geschlossenheit und „Eleganz" personalökonomischer Modellierungen ist er weit entfernt.

Dazu trägt sicher auch bei, dass mit zentralen Begrifflichkeiten z. T. recht freizügig, um nicht zu sagen: höchst unpräzise, umgegangen wird. Ein gutes Beispiel dafür ist der Strategiebegriff, der i. d. R. nur metaphorisch im Raum steht. Oft ist damit nicht viel mehr gemeint als „Ziele". Jedenfalls vermögen die mir bekannten Arbeiten aus diesem Spektrum gerade nicht, die konkrete Verankerung von personalpolitischen Maßnahmen („policies") im Kontext der Unternehmensstrategie zu fundieren. Mit analoger Gedankenführung findet auch *Wächter* (1992a, S. 325) die Vorstellung der stimmigen Einpassung von Personalwesen und Strategie „einigermaßen illusionär." Auch *Staehle* (1994, S. 746) hat Bedenken angemeldet gegenüber dem Bild, dass sich das Personalmanagement als eine Art „abgeleitetes Planungsproblem", ein durch die Strategie mehr oder minder determiniertes Handlungsprogramm angemessen begreifen lässt.

Die Schwäche gegenüber dem arbeitspolitischen Paradigma ist darin zu sehen, dass auch Machtphänomene wenn nicht ignoriert, so doch zumindest vernachlässigt werden. Es reicht meines Erachtens für ein adäquates Verständnis des Fachgebiets nicht aus, Akteurseinflüsse in höchst vager Form als „stakeholder approach" zu konzeptualisieren, ohne sich in die „Niederungen" der Entstehungs- und Umsetzungsanalyse von „policies" zu begeben. Wie die Mitarbeiter/innen als „Intrapreneure" auf das Geschehen in ihrem Arbeitsbereich, erst recht auf die Bereichs- oder Unternehmensstrategie Einfluss nehmen sollen oder können – das wird im Nebel einer pauschal proklamierten Harmonisierung von ökonomischer und sozialer Effizienz verklärt (vgl. zur Ideologiekritik ausführlich *Legge* 1995 sowie für Deutschland *Felger/Paul-Kohlhoff* 2004). Passend zu dieser Kritik lassen sich offenbar seit Längerem erhebliche Differenzen zur Empirie beobachten. *Guest* (1990) bringt HRM nicht ohne Hintersinn mit dem Begriff des „American dream" in Verbindung und stellt verwundert fest: „HRM has become fashionable because it offers attractive solutions to a set of problems. But the evidence suggests either that HRM has not been extensively applied or that where attempts have been made to apply it, it has failed to solve these problems" (*Guest* 1990, S. 390).

3.5 Personalwesen als Eklektizismus

Nach diesem Überblick über die verschiedenen Strömungen ist nicht auszuschließen, dass bei der/dem Leser/in Verwirrung, Konfusion, vielleicht auch Ratlosigkeit entstanden sind. Die dargelegten Ansätze driften gehörig auseinander, das Personalwesen ist ohne jede Übertreibung **multiparadigmatisch**. Diese Feststellung zieht zwei Fragen nach sich: Ist dies überraschend? Und: Ist das gut oder schlecht? Obwohl natürlich immer der Kampf um knappe Ressourcen in der Forschungslandschaft im Raum steht, kann es nicht ernsthaft um einen Verdrängungswettbewerb oder um einen Kampf gehen, bei dem eine der Richtungen das Personalwesen für sich

„erobert". Das Personalwesen hat meines Erachtens angesichts seines Gegenstandsbereichs eine absolute Existenzberechtigung als multiparadigmatische Disziplin. Es rankt sich um die Problematik des Einsatzes des arbeitenden Menschen im ökonomischen Kontext; damit ist die Komplexität inhärent und der „zerrissene" Zustand keine Überraschung. Auch andere Sozialwissenschaften – und dazu rechne ich die Betriebswirtschaftslehre – haben kein deutlich dominantes Paradigma, die Psychologie nicht, und erst recht nicht die Soziologie.

Unzweckmäßig würde die Situation erst dann, wenn die Vielfalt der Auffassungen zu einem dysfunktionalen, fortschrittshemmenden Gegeneinander degeneriert. Niemand sollte aus selbstsüchtigen Motiven oder aus der Überzeugung, das einzig Richtige zu tun oder zu denken, zu einer Verabsolutierung der von ihr/ihm favorisierten Perspektive neigen und den anderen letztlich ihre Existenzberechtigung absprechen. Ich denke, dass es sich trotz so mancher Konfusion und Uneindeutigkeit beim multiparadigmatischen Erscheinungsbild um eine Tugend handelt. Die verschiedenen Konzepte versetzen die Forscher/innen auch in die Lage, sie interessierende empirische Phänomene jeweils mit dem Paradigma zu erfassen, das der Ontologie des Forschungsobjektes bzw. dessen Dimensionen am besten gerecht wird (vgl. analog für die Organisationstheorie *Sydow* 1992, S. 8 f.). Untersucht man etwa die denkbaren Wirkungen alternativer Formen der Vertragsgestaltung auf die Leistung von Arbeitnehmer/innen (bzw. ihre Leistungszurückhaltung), wird man einen anderen Zugang wählen, als wenn die Zusammenhänge zwischen verschiedenen Formen der Arbeitsgestaltung und Entfremdungserscheinungen im Mittelpunkt des Interesses stehen. Um mit Henry *Mintzberg* zu sprechen: In einem derart komplexen Feld wie dem Personalwesen sind Analysen gefordert „with process and content, statics and dynamics, [...] the cognitive and collective, the planned and the learned, the economic and the political". Und: „Following a single paradigm means that many ideas will never be debated" (*Mintzberg* 1990, S. 208 f., hier zit. nach *Sydow* 1992, S. 9 f.).

Klassische Ansätze wie der Taylorismus oder die Gutenbergsche Sicht auf den „Faktor Arbeit" mögen an Erklärungskraft verloren haben. Dennoch fundieren diese Konzepte mit ihrem Fokus auf den Objektcharakter des Personals im Geiste der „primären Verhaltenssteuerung" immer noch maßgebliche Elemente der Arbeits- und Organisationsgestaltung und sind aus dem Theoriebestand nicht wegzudenken. Über den Tellerrand zu schauen ist meines Erachtens im Personalwesen unverzichtbar. Insofern sind auch **verhaltenswissenschaftliche Importe** unterschiedlichster Art und Intensität ebenso unabdingbar. Wie soll man z. B. ein profundes Verständnis von der „Personalbeurteilung" bekommen, ohne dabei wahrnehmungspsychologische Aspekte in die Betrachtung einzubeziehen? Jedoch ist es wegen der realen Komplexität menschlichen Verhaltens vermessen, überzogene Ansprüche an die Güte verhaltenswissenschaftlicher Aussagen zu stellen.

Der beschriebene Defizit-Befund der **Personalökonomie** ist richtig. Fraglos gehen von neueren arbeits- und organisationsökonomischen Denkfiguren (Transaktionskosten, interne Arbeitsmärkte, Humankapitaltheorie usw.) erhellende und vor allem theoretisch weiterführende Impulse aus; sie sind entsprechend zu verarbeiten. Allerdings wende ich mich strikt dagegen, darin nun das unumstößliche neue Leit-Paradigma zu erkennen. Die mit der Personalökonomie verbundenen reduktionistischen Annahmen (insbes. über Präferenzen und menschliches Verhalten) halte ich zumindest dann für zu unzweckmäßig, wenn man das Personalwesen als angewandte Wissenschaft zu verstehen gedenkt.

Das strategiebetonende Konzept des **Human Resource Management** hebt den Ressourcen-Charakter des arbeitenden Menschen hervor, seinen unverzichtbaren, ja immer wichtiger werdenden Leistungsbeitrag in unsicheren Märkten. In diesem Ansatz manifestiert sich eine Aufwertung des Personalwesens gegenüber anderen Funktionen: Es ist keine verwaltungsorientierte Restgröße, sondern es ist integriert in ein ganzheitlich gedachtes unternehmerisches Strategiekonzept. Damit bietet es auch Anschlussmöglichkeiten an Strömungen in der Allgemeinen Betriebswirtschaftslehre i. S. e. umfassenden Managementlehre.

Als Quintessenz dieser Ausführungen geht man wohl nicht fehl in der Annahme, dass das moderne Personalwesen mit Fug und Recht als **„Eklektizismus“** bezeichnet werden kann. In der Philosophie bedeutet dieser Begriff, aus verschiedenen Ansätzen oder Strömungen das jeweils Passende auszuwählen und zu einem Mischkonstrukt zu verbinden. Die Ansätze sind dann weniger als Konkurrenten, sondern als „Lieferanten“ komplementärer Elemente aufzufassen. Sie arbeiten mit unterschiedlichen Kategorien und anderen Prämissen, und vor diesem jeweils spezifischen Hintergrund ist jeder für die Gesamtsicht auf die Dinge wertvoll, weil erkenntnisfördernd.

Allerdings wird es in einer tragfähigen eklektizistischen Perspektive nicht mit einer simplen Verknüpfung i. S. e. konzeptionellen Mixes getan sein, etwa frei nach dem Motto: ein wenig Personalökonomie plus ein Stück verhaltenswissenschaftlichem Input, aufgefrischt mit einem Schuss HRM und Strategietheorie. Man scheitert dann allzu schnell an den unterschiedlichen, ja z.T. sogar widersprüchlichen Prämissen und Erklärungszusammenhängen. Ich habe für mich – meinem Verständnis von Personalwesen entsprechend – die Konsequenz gezogen, dass man eine Richtung zur **Zentralkategorie**, zum konzeptionellen Ausgangspunkt macht und dann immer wieder von dieser Basis ausgehend Seitenblicke riskiert nach geeigneten Einbau- und Anschlussmöglichkeiten, auch im Hinblick auf die Überwindung der Schwächen dieses Zentralansatzes. Und dieser **„Fokal“-Ansatz** ist für meine Belange der arbeitspolitische (vgl. Kap. 3.3).

Personalarbeit ist hochpolitisiert: Kategorien wie Interesse, Konflikt, Verhandlung, Macht, Herrschaft usw., aber auch Kooperation sind meines Erachtens der Schlüssel zur Erschließung der meisten Strukturen und Prozesse in dieser Sphäre. Sie müssen daher im Mittelpunkt der Betrachtung stehen. Das Personalwesen ist geprägt von politischen Handlungen der betrieblichen Akteure, aber auch von exogenen Regulierungen (Staat, Tarifparteien, gesellschaftliches Wertesystem), allerdings ohne dass diese „deterministisch“ wirken. Es verbleiben stets Gestaltungsspielräume für die betrieblichen Akteure, in denen sie selbst Verhaltensmuster entwickeln, Regeln setzen, Strukturen schaffen usw.

Nicht eine „technokratische“ Perspektive, sondern jene Interessendivergenzen, die Verhaltens- und Aushandlungsspielräume sowie sich abzeichnende (vorläufige) Konfliktlösungsmuster im Sinne instrumenteller oder organisatorischer Lösungen stehen daher bei meinem Ansatz im Mittelpunkt der Erkenntnisansprüche. Damit ist auch evident, dass nicht nur ein Akteur und dessen Interessenlage (etwa wie in der Betriebswirtschaftslehre so oft: der Arbeitgeber bzw. das Management) betrachtet werden. Allerdings gibt es im Rahmen eines Lehrbuchs kaum Gelegenheit, genuin arbeitspolitisch geprägte Analysen durchzuführen. Dies muss insbes. konkreten und partiellen empirischen Untersuchungen (z. B. über Personalabbaumaßnahmen, Konsequenzen technologischer Veränderungen, Konflikthandhabung am Arbeitsplatz usw.) bzw. vertiefenden konzeptionell-instrumentellen Einzelbetrachtungen (z. B. über Entlohnungssysteme; vgl. *Breisig* 2003) vorbehalten bleiben. Die sichtbaren Auswirkungen dieser Grundorientierung müssen im vorliegenden Lehrbuch weitgehend darauf beschränkt bleiben, dass bei der Betrachtung der einzelnen personalpolitischen Handlungsfelder in Kap. 5 ff. neben der Vermittlung der relevanten Zusammenhänge und Fakten jeweils auf spezifische arbeitspolitische Sachverhalte (z. B. gängige Interessen der Akteure, häufige Konfliktlinien, Lösungsmuster) eingegangen wird. Wenn man in aggregierter Form Beziehungen zwischen Akteuren oder Gruppen wiederzugeben gedenkt, endet man häufig doch wieder bei schematischen Darstellungen entlang formaler Linien (z. B. Management vs. Betriebsrat), obwohl dies aus einer betont mikropolitischen Perspektive nicht unproblematisch ist. Wichtige Anhaltspunkte für in diesem Sinne generalisierende Thesen über arbeitspolitische Beziehungen ergeben sich stets auch aus der mitbestimmungsrechtlichen Situation, die daher eine prominente Rolle spielt.

4. Rahmenbedingungen des Personalwesens

(von Mareike Michel und Thomas Breisig)

Das Personalwesen in einem Unternehmen ist keineswegs eine rein endogene, nach innen gerichtete Angelegenheit. Vielmehr wird es von zahlreichen Rahmenbedingungen und äußeren Einflüssen tangiert und ist in hohem Maße **kontextabhängig**. Man bewegt sich im Spannungsfeld verschiedenster Einflussbereiche und daraus resultierender Herausforderungen. Stichwortartig seien nur die folgenden Beispiele für solche Einflüsse benannt:

- gesellschaftlicher „Wertewandel" und eine damit ggf. verbundene Änderung der Motivstruktur der Mitarbeiter/innen, insbes. im Rahmen nachwachsender Generationen („Generation Y"),
- wachsende Dynamik und Intensität marktlicher Veränderungen,
- stärkere Kundenorientierung als Unternehmensstrategie mit Auswirkungen auf Fragen der Motivation der Beschäftigten,
- neue Informations- und Kommunikationstechniken (Digitalisierung, Industrie 4.0 usw.) sowie veränderte, insbes. flexiblere Organisationsformen,
- Veränderungen auf den Arbeitsmärkten (z. B. infolge des demographischen Wandels),
- Internationalisierung und Globalisierung (Trend zum „Global-Manager", Arbeiten in internationalen Teams, Einflüsse länderspezifischer Kulturen auf die Personalpolitik) usw.

Einige dieser Herausforderungen wirken sich unmittelbar aufgabenbezogen aus (z. B. wenn das Unternehmen eine Auslandsniederlassung aufbaut). Andere setzen „nur" grobe Rahmenbedingungen, die sich aber gleichwohl direkt und indirekt auf personalpolitische Fragen auswirken (z. B. Werteverschiebungen, Gesetze).

Aus Platzgründen kann hier nur ein kleiner Ausschnitt derartiger Rahmenbedingungen kurz behandelt werden, nämlich:

- der Arbeitsmarkt,
- gesellschaftliche Werte und Wertewandel und
- rechtliche Grundlagen, insbes. die Mitbestimmung.

4.1 Arbeitsmarkt

Dass der Arbeitsmarkt zu den zentralen Einflussgrößen des Personalwesens gehört, sollte eigentlich eine Binsenweisheit sein und sich bereits aus dem Betätigungsfeld dieser Fachrichtung ergeben. Umso überraschender ist bei näherem Hinsehen die verbreitete Unterbelichtung dieses Faktors im Personalwesen. Dies mag aber mit einer gewissen Abneigung vieler (verhaltenswissenschaftlich ausgerichteter) Fachvertreter/innen zusammenhängen, mit „mikroökonomisch belasteten" Konzepten zu operieren, die sich in der Anwendung auf praktische betriebswirtschaftliche Fragen als wenig fruchtbar erwiesen haben.

4.1.1 Arbeitsmarkttheorien

Der Arbeitsmarkt ist zunächst aus der Perspektive der klassischen Ökonomie einer von mehreren Märkten, auf den die Regeln von Angebot und Nachfrage anzuwenden sind (vgl. ausgiebig *Franz* 1994). Arbeit ist aus dieser Perspektive eine Ware, die am Arbeitsmarkt gehandelt wird. Sie wird einerseits nach individuellen Nutzenerwägungen angeboten bzw. veräußert, andererseits nach unternehmerischen Rationalitätskalkülen eingekauft. Der Ausgleichsmechanismus ist der Preis für Arbeit, mithin der Lohn. Der beim Aufeinandertreffen von Angebot und Nachfrage erzielte Preis (Lohn) ist der Gleichgewichtspreis, der den Markt räumt. Die Flexibilität der Löhne sorgt dafür, dass sich Angebot und Nachfrage im Gleichgewichtslohnsatz ausgleichen und dass jeder Arbeitsanbieter einen Nachfrager findet. Dauerhaft unfreiwillige Arbeitslosigkeit gibt es in diesem Modell nicht. Bleiben arbeitslose Anbieter am Markt zurück, führt die „invisible hand" der Marktkräfte zu einem neuen, niedrigeren Gleichgewichtslohnsatz und damit zu Markträumung.

Dieses Modell ist ausgiebig kritisiert worden, u. a. aufgrund

- der Restriktivität und Realitätsferne der Basisprämissen,
- der Betrachtung des Unternehmens als „black box",
- der Vernachlässigung der Auswirkungen von Absatzproblemen,
- der Nichtberücksichtigung des Umstandes, dass am Arbeitsmarkt zwar Arbeitsvermögen gehandelt wird, nicht aber Arbeitskraft; diese muss erst im Unternehmen „erschlossen" werden.

Aufgrund vielfältiger Überformungen ist klar, dass gerade der Arbeitsmarkt in seinen „wirklichen" Funktionsmechanismen mit Hilfe der neoklassischen Modelle nur unzureichend erfasst und verstanden werden kann. Dem haben im Übrigen auch neuere Richtungen innerhalb der ökonomischen Arbeitsmarktforschung durch vielfältige Variierungen bis hin zur Teileinbeziehung verhaltenswissenschaftlicher Konzepte (z. B. „gebundene Rationalität") Rechnung getragen, so z. B.:

- die **Suchtheorien** des Arbeitsangebots, die das Informationsverhalten der Arbeitsanbieter bei Stellensuche und Bewerbung zu rationalisieren versuchen;
- die **Humankapitaltheorien**, welche die Annahmen der Homogenität der Arbeitsanbieter aufgeben, vorrangig nach Ausbildungsmerkmalen differenzieren und so Einkommensunterschiede zu erklären versuchen;
- die **Kontrakttheorien**, die die Besonderheiten der Arbeitsverträge und Risikoerwägungen der Akteure hervorheben;
- die **Effizienzlohntheorien**, welche insbes. die Motivationswirkungen der Löhne – neben ihrer Funktion des Marktausgleichs – herausstellen;
- die **insider-outsider-Ansätze**, welche auf Seiten der Arbeitnehmer/innen zwischen den Interessen und Positionen der Beschäftigten und denen der Arbeitslosen unterscheiden;
- sowie schließlich **segmentationstheoretische Ansätze**, die von spezifischen Trennungen des Arbeitsmarktes in Teilarbeitsmärkte mit unterschiedlichen Arbeitsbedingungen und Steuerungsmechanismen ausgehen (vgl. *Hornberg/Metz* 1993, S. 55 ff.; zu letzteren *Köhler/Weingärtner* 2013).

In diesen neueren Ansätzen liegt – wie schon erwähnt – meines Erachtens ein erhebliches, noch nicht erschlossenes Potenzial für das Personalwesen (vgl. ausführlich Kap. 3.2 zur personalökonomischen Lesart des Fachgebiets). Dies gilt, zumal es nicht nur um die Weiterentwicklung der ökonomischen Theorie geht, sondern auch um die Erschließung von empirischen Phänomenen am Arbeitsmarkt, die allemal als relevante Rahmenbedingungen für das Personalwesen – in der Praxis wie auch als Wissenschaft – von hervorragender Bedeutung sind.

4.1.2 Personalpolitische Implikationen

Selbst wenn man die offenkundige Abneigung vieler verhaltenswissenschaftlich orientierter Fachvertreter/innen gegen ur-ökonomische Begrifflichkeiten und Konzepte hinnimmt, muss die Vernachlässigung der Einflüsse von den „realen“ Arbeitsmärkten verwundern, denn es ist gerade unter praktischen Gesichtspunkten für die Unternehmen von elementarer Bedeutung, rechtzeitig strukturelle Verschiebungen am Arbeitsmarkt zu erkennen und darauf zu reagieren (vgl. z. B. *Scholz* 1994, S. 10 f.). Trotz inzwischen spürbar verringerter, aber noch immer hoher Arbeitslosigkeit gibt es auch für Arbeitgeber erhebliche Arbeitsmarktrisiken (*Scherm* 2004, Sp. 300). In bestimmten Regionen und/oder bei spezifischen Qualifikationen haben Betriebe oft beträchtliche Schwierigkeiten, vakante Positionen mit geeigneten Arbeitskräften zu besetzen. Und gerade im Bereich von kleinen und mittelständischen Unternehmen kann sich die Nichtbesetzung bereits von einigen Schlüsselpositionen schnell zu einer kritischen Phase zuspitzen.

Im Allgemeinen ist alleine der demographische Wandel für die Unternehmen eine zukünftige Herausforderung mit einem nicht zu unterschätzenden Bedrohungspotenzial (vgl. z. B. *Buck et al.* 2002; *Deller et al.* 2008; *Preißing* 2014). Unter Vernachlässigung möglicher wanderungsbedingter Veränderungen oder eines veränderten Erwerbsverhaltens ist nämlich zu erwarten, dass das Arbeitskräfteangebot 2040 um ca. 30 % niedriger liegen wird als heute. Zudem lassen die anhaltend niedrigen Geburtenziffern in qualitativer Hinsicht gerade unter Zugrundelegung sich weiter wandelnder Beschäftigungsstrukturen zugunsten höher qualifizierter Tätigkeiten einen künftigen Mangel an gut ausgebildeten Führungsnachwuchskräften erwarten.

Dies bedeutet zugleich, dass künftig entgegen dem bisherigen Trend zur Frühverrentung ein erheblich größerer Anteil älterer Arbeitnehmer/innen die Beschäftigungsstrukturen prägen werden, sodass die Unternehmen dazu aufgefordert sind, sich verstärkt Gedanken über eine spezielle Personalpolitik für ältere Beschäftigte zu machen (vgl. als Problemaufriss *Behrend* 2002; *Morschhäuser et al.* 2003).

Schon aufgrund solcher Überlegungen sollte es zu den Grundaufgaben unternehmerischer Personalpolitik gehören, allgemeine wie auch spezifische Bewegungen am Arbeitsmarkt (in den für das Unternehmen besonders relevanten Segmenten) genau zu beobachten und Prognosen und Projektionen im Auge zu haben. Allerdings ist dies leichter von der abstrakten Ebene hergeleitet als praktisch umgesetzt, denn es bestätigt sich immer wieder, dass sich Prognosen über Entwicklungen auf dem Arbeitsmarkt schnell als völlig verfehlt erweisen.

In der personalwirtschaftlichen Literatur ergeht z. T. eine entsprechende Aufforderung an die Betriebe, für ihren Bereich eine systematische und nachhaltige betriebliche **Arbeitsmarktforschung** zu betreiben: „Ihr Ziel ist es, gegenwärtige und zukünftige Arbeitskräfteangebots- und Arbeitskräftenachfragepotenziale aufzudecken und die Veränderungen wesentlicher Einflussfaktoren möglichst frühzeitig zu erkennen. Dabei sind nur diejenigen Arbeitskräfte relevant, die auch für die Besetzung von Stellen im Unternehmen in Frage kommen" (*Scherm* 2004, Sp. 302).

Die Vorgehensweise der betrieblichen Arbeitsmarktforschung ist, ähnlich wie bei der Analyse der Absatzmärkte, geprägt von einer zweckmäßigen **Segmentierung** des relevanten Arbeitsmarktes. Dabei wird nach drei Dimensionen gefragt:

1. Welche Qualifikationen werden für welche Stellentypen benötigt (funktionale Dimension)?
2. In welchem geographischen Gebiet kann der Betrieb die Nachfrage nach Arbeitskräften abdecken (regionale Dimension)?
3. Zu welchen Zeitpunkten werden welche Bedarfe auftreten (zeitliche Dimension)?

In einem anderen Sinne ist „Arbeitsmarktpolitik" in eigener Sache natürlich auch für die Beschäftigten von höchstem Stellenwert. Stellt man den erheblichen und sich künftig vermutlich weiter intensivierenden Aufgabenwandel in Rechnung, ist die bleibende Verwertbarkeit ihrer Qualifikationen im internen bzw. am externen Arbeitsmarkt von geradezu schicksalhafter Bedeutung. Dies impliziert ein intensives und sich ständig reaktualisierendes Qualifizierungserfordernis ebenso wie die Beachtung des „Wertes" der eigenen Kompetenzen am Arbeitsmarkt.

4.2 Gesellschaftliche Werte und Wertewandel

4.2.1 Inhaltliche Werteverschiebungen und Individualisierung

Eine weitere wesentliche Einflussgröße der betrieblichen Personalpolitik sind die in der Gesellschaft jeweils vorherrschenden **Werte und Einstellungsmuster** der Menschen, mit denen die Unternehmen nicht nur als Konsument/innen, sondern natürlich auch als Mitarbeiter/innen konfrontiert sind (*Stitzel* 2004). Die Relevanz einer Berücksichtigung von Werten im Personalmanagement ergibt sich daraus, dass das Maß an Identifikation, Loyalität und Motivation der Mitarbeiter/innen und entsprechend die Arbeitsleistung von der Berücksichtigung ihres Wertesystems abhängig ist (*Oechsler/Paul* 2015, S. 132).

MERKE

Unter einem **Wert** versteht man nach der klassisch-soziologischen Definition von *Kluckhohn* (1951) „eine Auffassung vom Wünschenswerten, die explizit oder implizit für einen einzelnen oder eine Gruppe kennzeichnend ist und welche die Auswahl der zugänglichen Weisen, Mittel und Ziele des Handelns beeinflusst". Werte sind also kognitive Präferenzstrukturen (u. a. Bedürfnisse, Interessen, Motive), die für die Menschen als Entscheidungsregeln fungieren und so die Wahrnehmung und das Verhalten steuern (*Huber* 2010, S. 12 f.).

Werte sind hierbei gesamtgesellschaftlich eingebettet, d. h. durch das jeweilige Mikroumfeld (Familie und Freunde) sowie das Makroumfeld (Schule, Gesetze, Kultur) beeinflusst und formen sich über einen längeren Sozialisierungsprozess in diesen Umfeldern, besitzen also eine gewisse zeitliche Stabilität (*Oechsler/Paul* 2015, S. 132). Sie werden durch eine Gruppe von Individuen (soziales System) kollektiv geteilt, wirken als Entscheidungsregeln handlungsleitend, erfahren durch das Individuum jedoch immer auch eine situations- und kontextspezifische Konkretisierung und Präzisierung (*ebenda*).

MERKE

Wertesysteme wandeln sich im Laufe der Zeit aufgrund der Veränderungen der Umfeldbedingungen sowie der individuellen Praxis. Dabei wird seit ca. den 1970er Jahren ein Wandel von der Bedeutung materieller Pflicht- und Akzeptanzwerte wie Disziplin, Ordnungsliebe, Gehorsam, Pünktlichkeit und Fleiß, hin zu postmateriellen Selbstentfaltungswerten, wie Selbstverwirklichung, Autonomie, Selbstständigkeit, Kreativität und Lebensgenuss, konstatiert (*von Rosenstiel/Comelli* 2003, S. 25).

Vor allem ist klar, dass das traditionelle „bürgerliche" Wertesystem mehr oder minder starken Abschwächungstendenzen unterliegt (u. a. *Noelle-Neumann* 1978). Wesentliche wertbezogene Veränderungstendenzen, d. h. Richtungen des Wertewandels, lassen sich wie folgt zusammenfassen (*von Rosenstiel/Comelli* 2003, S. 25):

- „Abwendung von der Arbeit als einer Pflicht,
- Unterstreichung des Wertes der Freizeit,
- Ablehnung von Bindung, Unterordnung und Verpflichtung,
- Betonung des eigenen (hedonistischen) Lebensgenusses,
- Erhöhung der Ansprüche in Bezug auf eigene Selbstverwirklichungschancen,
- Bejahung der Gleichheit und Gleichberechtigung zwischen den Geschlechtern,
- Betonung der eigenen Gesundheit,
- Hochschätzung einer ungefährdeten und bewahrten Natur,
- Skepsis gegenüber den Werten der Industrialisierung wie z. B. Gewinn, Wirtschaftswachstum, technischer Fortschritt".

Verschiebungen in den gesellschaftlichen Wertvorstellungen sind insofern eine besonders relevante Rahmenbedingung für die Personalpolitik.

Der Wandel von materiellen zu postmateriellen Werten hat sich überwiegend bereits in den 1970er Jahren zugetragen. Diese Werteverschiebungen sind in der Zwischenzeit durch eine Vielzahl von weiteren Entwicklungen ausdifferenziert und überformt worden, sodass heute kaum noch ein einheitliches Wertemuster zu erkennen ist. Aus diesem Grunde wird nunmehr eher von **Wertepluralisierung** als von Wertewandel gesprochen. Außerdem führt der schnellere Wandel dazu, „dass manche in der öffentlichen Diskussion herausgestellten Werte eher kurzfristige Moden als stabile Wertmuster sind (z. B. ‚fun-Werte')" (*Stitzel* 2004, S. 1994).

Mit dem Wertewandel – besser: der Wertepluralisierung – einher geht ein deutlicher Trend zur Flexibilisierung der Lebens- und Arbeitsbereiche, der oft als **Individualisierung** bezeichnet wird (vgl. z. B. *Keller-Pfrunder* 1995). Hiermit ist die Berücksichtigung von individuellen Bedürfnissen und unterschiedlichen Wertvorstellungen der Mitarbeiter/innen gemeint (*Huber* 2010, S. 13). Es existiert heute kaum noch ein allgemein akzeptiertes Muster der Selbstdefinition von Männern, Frauen, Alten, Jungen, Arbeitern, Angestellten oder anderer Gruppen. Die klassischen Wert-

Zuschreibungsinstanzen wie Ehe und Familie, Kirche und Bildungsinstitutionen funktionieren längst nicht mehr so reibungslos wie noch vor wenigen Jahrzehnten. So beschreibt z. B. *Beck* (1986) in seinem Werk über globale Risikopotenziale der Industriegesellschaft, dass nicht nur in der Ökologie sondern auch in der Individualisierung als sozialem und persönlichem Problem eine wesentliche Herausforderung der Moderne besteht. Die Menschen werden aus historisch vorgegebenen Sozialformen und -bindungen (insbes. Familie) immer mehr herausgelöst, traditionelle Sicherheiten (z. B. die Berufsausbildung) werden erheblich relativiert oder gar entwertet. Als Beispiele führt *Beck* die – insbes. technologisch bedingten – ständigen Qualifikationsveränderungen an, die zur Folge haben, dass das einmal erworbene Berufswissen keine lebenslange Gültigkeit mehr hat (vgl. auch Kap. 11.2.1). An die Stelle traditioneller Bindungen treten nunmehr die „individuelleren" Zwänge des Arbeitsmarktes, der Fortbildungsnotwendigkeit und der Konsumabhängigkeiten.

4.2.2 Konzepte des Wertewandels

In den westlichen Industriegesellschaften vollzieht sich schon seit Jahrzehnten ein rasanter und z. T. die Richtung betreffend diffuser Wandel der in der Bevölkerung dominanten Wertvorstellungen. Für diese komplizierten Entwicklungen liegen schon seit Längerem theoretische und empirische Erklärungsversuche vor. Die Vielzahl der Erklärungsversuche für die Veränderung der Wertesysteme lässt sich nach *Stengel* (1999, S. 837 ff.) wie folgt zusammenfassen:

- **Betonung der objektiven Strukturen**
  - *Strukturhypothese:* Da das Bewusstsein durch die Interaktion mit den Strukturen des Umfeldes geprägt ist, führen Veränderungen dieser Strukturen (z. B. neue Medien, kürzere Arbeitszeiten) ebenso zu Veränderungen der Werthaltungen.
  - *Nebenwirkungshypothese:* Die Verwirklichung von Zielen führt zu Nebenwirkungen (z. B. Umweltzerstörung, psychosomatische Beschwerden), die – sofern sie im Bewusstsein der Bevölkerung als kritisch wahrgenommen werden – selbst wieder große Bedeutung erhalten, in ihrer Wertigkeit also höher geschätzt und somit zu neuen Zielen (Gesundheit, Umweltschutz etc.) werden.
- **Betonung der psychischen Prozesse**
  - *Sozialisationshypothese:* Die Prägungen und die Sozialisationsprozesse in der frühen Entwicklungsphase (Kindheit) bedingen die spätere Werthaltung. Mangelsituationen in der Kindheit führen beispielsweise im späteren Leben zu einer hohen Bedeutung materieller Werte, Wohlstand hingegen zu einer Dominanz postmaterieller Werte (vgl. *Inglehart* weiter unten).
  - *Wohlstandshypothese:* Hiernach werden Bedürfnisse in eine Rangfolge (Bedürfnispyramide nach Maslow) gestellt. Befriedigte Bedürfnisse (z. B. materielle und berufliche Sicherheit) verlieren, die nächsthöheren Bedürfnisse (z. B. Anerkennung, Selbstverwirklichung) gewinnen an Bedeutung.
  - *Defizitwahrnehmungshypothese:* Das Erreichen von Zielen führt häufig zur Erkenntnis weiterer Mängel, z. B. dass Wohlstand nicht zu Gesundheit und Freundschaft führt. Die erkannten Mängel werden damit zu neuen Zielen.

- **Betonung der Verbreitung von Werthaltungen**
  - *Altersstrukturhypothese:* Wertorientierungen sind altersabhängig, postmaterielle Werte z. B. sind vor allem für junge Menschen relevant. Daher sind in Bevölkerungsstrukturen, in denen ältere Menschen dominieren, materialistische Werte vorherrschend, wohingegen in eher jüngeren Bevölkerungsstrukturen postmaterielle Werte stärkere Relevanz haben.
  - *Bildungshypothese:* Werteorientierungen sind bildungsabhängig. Personen mit hohem Bildungsstand verfolgen eher postmaterielle Werthaltungen, sodass auch mit steigendem Bildungsstand in einer Bevölkerung die Bedeutung dieser Werte zunimmt.
  - *Multiplikatorenhypothese:* Personen mit höherer Bildung (und postmaterieller Werteorientierung, s. o.) befinden sich meist in Positionen mit hohem Einfluss (z. B. Lehrer/innen, Führungskräfte) und haben damit großen Einfluss auf die Prägung anderer Personen.

Damit wird deutlich, dass die Ursachen des und Einflüsse auf den Wertewandel/s kontrovers diskutiert werden. Der amerikanische Politologe *Inglehart* gehört mit seinem Konzept der „Silent Revolution" (1977) zu einem der meistdiskutierten und auch kritisierten Ansätze. Dieses Konzept rankt sich um die These, dass der Mensch vielschichtige Bedürfnisse habe und seine primäre Aufmerksamkeit denjenigen zuwende, die am wenigsten verwirklicht sind (Mangel- oder Knappheitshypothese). Ergänzend nimmt er an, dass die Herausbildung von Werten beim Menschen kein kontinuierlicher Vorgang ist, sondern im Wesentlichen in einer etwa das zweite Lebensjahrzehnt umfassenden Phase der Adoleszenz erfolgt (Sozialisationshypothese). In Kombination beider Hypothesen postuliert er, dass die in historisch beispiellosem Wohlstand aufgewachsene junge Generation nichtmaterielle („postmaterialistische") Werte hoch einschätzt, während ihre Eltern und Großeltern, die in materieller Not und Krieg aufgewachsen sind, sich stärker an materiellen Wertvorstellungen orientieren. *Inglehart* selbst hat seine Theorie schon in den 1970er Jahren in den USA und den EU-Ländern empirisch zu fundieren versucht und sieht sich durch die Ergebnisse bestätigt.

In einem anderen Erklärungsversuch wird davon ausgegangen, dass die postmateriellen Werte nicht neu sind, sondern latent immer vorhanden waren (seit der französischen Revolution), in den früheren Phasen der Entwicklung der Industriegesellschaft aber insbes. durch die ökonomischen Rahmenbedingungen sowie durch die Sozialisationsmechanismen der autoritären Gesellschaft überdeckt bzw. unterdrückt wurden. Die bisher dominanten materiellen Wertvorstellungen seien im Wesentlichen durch (mehr intuitive denn rationale) Einflussnahme der ökonomisch Herrschenden etwa über Lobbyismus in der Kultusbürokratie (Lehrinhalte) oder über die Werbung künstlich und mehr oder weniger planvoll erzeugt worden. Dies reichte aber – historisch gesehen – dann nicht mehr aus, als

- die auf Wachstum ausgerichtete Industriegesellschaft selbiges nicht mehr vorweisen konnte und somit einen großen Teil an legitimatorischer Kraft einbüßte,
- ökologische Probleme („soziale Kosten") zunehmend sichtbar wurden,
- eine deutliche Liberalisierung der Sozialisationsmechanismen erfolgte.

Durch Krise und soziale Kosten werden die materiellen Werte zunehmend der Hinterfragung anheimgestellt und „verlieren den Schleier vermeintlicher Selbstverständlichkeit" (*Hillmann* 1981, S. 172).

Zudem liegen unterschiedliche Vorstellungen darüber vor, in welcher Abhängigkeit die materiellen und die postmateriellen Werte stehen. So geht beispielsweise der deutsche Soziologe *Klages*

(u. a. 1985) in seiner Wertewandelhypothese davon aus, dass diese Wertekategorien multifaktoriell miteinander verbunden sind, d. h. ein Individuum auch in beiden Dimensionen gleichzeitig hohe bzw. niedrige Ausprägungen aufweisen kann (*von Rosenstiel/Comelli* 2003, S. 25 f.; *Stitzel* 2004, S. 1993). Ein/e Mitarbeiter/in kann also z. B. Wert auf Pünktlichkeit legen und Respekt vor hierarchischen Strukturen haben, ebenso aber als wichtig erachten, sich in der Arbeit wiederzufinden und eigene Ideen einzubringen (*Bartscher et al.* 2012, S. 31). Das Konzept von *Inglehart* (1977) hingegen sieht eine Abhängigkeit der Wertekategorien, also sich gegenseitig substituierende Werteverschiebungen (*Stitzel* 2004, S. 1993). Das heißt, dass eine Verringerung der Bedeutung materieller Werte ebenso zu einer Vergrößerung der Bedeutung postmaterieller Werte führt. Dass es sich beim Wertewandel um einen dynamischen Prozess handelt, in welchem sowohl materielle als auch postmaterielle Werte fortwährend eine Rolle spielen, beschreibt *Opaschowski* (2013, S. 632 f.) mit seiner „Renaissance der alten Werte". Demnach steigen traditionelle Pflicht- und Akzeptanzwerte in ihrer Bedeutung wieder an, zugleich verlieren auch die Selbstentfaltungswerte an Bedeutung, bleiben jedoch dominant. Es findet sich laut Opaschowski heutzutage daher ein Wertemix und der neue Werteytpus lässt sich als Hedomat (Hedonistischer Materialist) beschreiben: „Fleißig, leistungsorientiert, spontan und konsumfreudig zugleich". Dies bestärkt die eingangs beschriebenen Ausführungen, die eher von einem Wertepluralismus als von einem Wertewandel ausgehen.

Ohne von einem „Konzept" des Wertewandels sprechen zu wollen, sollen hier aber auch kurz die vielfach diskutierten **generationalen Werteunterschiede** thematisiert werden. „Eine Generation ist eine spezifische Gruppe von Menschen, die durch eine spezifische Alterskohorte definiert und durch ein bestimmbares Werteset charakterisierbar ist: Beides führt zur Ausbildung verschiedener wiedererkennbarer Verhaltensmuster" (*Scholz* 2014a, S. 23f.). Das Werteset und die wiedererkennbaren Verhaltensmuster unterscheiden sich zwischen Generationen aufgrund der unterschiedlichen Umfeldeinflüsse, die in den verschiedenen Lebensphasen für diese Alterskohorte bzw. deren Sozialisation prägend waren (*ebenda*). Zu diesen Umfeldeinflüssen gehören historische und gesellschaftliche Entwicklungen sowie gemeinsam geteilte Erfahrungen (z. B. Kriege, neue Technologien, soziale Bewegungen), ferner vorherrschende Bildungssysteme und Erziehungsstile (*Oechsler/Paul* 2015, S. 135). Entsprechend dieser Einflüsse weisen die Generationen auch unterschiedliche Vorstellungen und Verhaltensweisen bezogen auf die Arbeit auf (vgl. Abb. 18). Besonderes Augenmerk wird meist auf die Generation Y („Why" – nach Bedeutung fragend), ihre Ansprüche an die Arbeit und die sich daraus ergebenen Managementherausforderungen gelegt. Ihr werden Attribute wie Optimismus, Selbstbewusstsein, Leistungs- und Wettbewerbsorientierung, aber auch Überheblichkeit und eine starke Freizeitorientierung zugesprochen (*Regnet* 2014, S. 36). Dabei ist die Gruppierung von Werten nach Generationen nur eingeschränkt aussagekräftig, da sie stark vereinfacht und stereotypisiert (vgl. Kap. 4.2.3). Zudem sind die hier suggerierten Grenzen zwischen den Generationen nicht starr, sondern fließend (*Oechsler/Paul* 2015, S. 135), d. h. eine klare (insbes. jahrgangsbezogene) Abgrenzung von Generationen ist nur theoretisch möglich und erfasst individuelle Bedürfnisse nicht adäquat. Dennoch helfen die idealtypischen Abgrenzungen dabei, Muster und Hintergründe der Werte und des Verhaltens der jeweils zugehörigen Mitglieder einer Generation zu deuten und sich der Diversität von Vorstellungen und Anforderungen an die Arbeit bewusst zu werden.

ABB. 18: Generationstypen und deren Arbeitsverhalten im Vergleich
(in Anlehnung an *Oertel* 2007, S. 27 f.; *Dries et al.* 2008, S. 910; *Bartscher et al.* 2012, S. 32; *Scholz* 2014a, S. 24; *Oechsler/Paul* 2015, S. 135)

Merkmale	Stille Generation	Baby Boomer	Generation X	Generation Y
Geburtsjahrgänge	*ca. 1925-1945*	*ca. 1946-1964*	*ca. 1965-1980*	*ca. 1981-2001*
Historische und gesellschaftliche Entwicklungen (prägende Jugendereignisse)	insbes. ► Zweiter Weltkrieg ► Great Depression/ Weltwirtschaftskrise ► Atombombe ► Koreakrieg	insbes. ► Ökonomischer Aufschwung ► Soziale Veränderung (Frauenbewegung, Bürgerrechtsbewegung, Anti-Vietnam) ► Woodstock ► Mondlandung	insbes. ► Soziale Instabilität (hohe Scheidungsraten) ► Umweltkrisen/ -fragen ► Kalter Krieg	insbes. ► 11. September 2001 ► PISA-Schock ► Überwachung und Facebook ► Peristroika/ Berliner Mauerfall
Allgemeine Werte	u. a. ► Konformismus ► Reife ► Pflichtbewusstsein ► Sparsamkeit	u. a. ► Idealismus ► Kreativität ► Toleranz ► Freiheit ► Selbstverwirklichung	u. a. ► Individualismus ► Skeptizismus ► Flexibilität ► Kontrolle ► Spaß	u. a. ► Kollektivismus ► Positives Weltbild ► Moralismus ► Vertrauen ► Bürgersinn
Arbeitsbezogene/s Werte/Verhalten: Positiv konnotiert	u. a. ► gehorsam ► verlässlich ► gründlich ► loyal ► sparsam ► hart arbeitend ► Durchhaltevermögen ► hierarchietreu	u. a. ► serviceorientiert ► sehr ehrgeizig und leistungsbereit ► beziehungsfähig ► möchte gefallen ► gute Teamspieler ► innovativ	u. a. ► flexibel ► technisch versiert ► unabhängig ► unbeeindruckt von Autoritätspersonen ► kreativ ► balanceorientiert	u. a. ► gemeinschaftlich aktiv ► optimistisch ► selbstbewusst ► hartnäckig ► heldenhaft ► multitaskingfähig ► technologisch fit ► leidenschaftlich ► lern- und arbeitsbereit
Arbeitsbezogene/s Werte/Verhalten: Negativ konnotiert	u. a. ► Probleme im Umgang mit Mehrdeutigkeit und Veränderungen ► systemkonform ► konfliktscheu	u. a. ► Arbeitssucht ► nicht kostenorientiert ► konfliktscheu ► Prozess geht z. T. vor Ergebnis ► kritikempfindlich ► vorurteilsbeladen ► egozentrisch ► materialistisch	u. a. ► ungeduldig ► wenig soziale Fähigkeiten ► unerfahren ► desillusioniert/ zynisch ► ärgerlich ► illoyal	u. a. ► anleitungs-, struktur- und überwachungsbedürftig ► unerfahren, insbes. in schwierigen Personaldingen ► illoyal ► freizeitorientiert ► überheblich

Der Wertewandel ist ein äußerst komplexes Phänomen und durch vereinfachte Erklärungsmuster bzw. -hypothesen, die zumal ineinandergreifen, in seiner Vielfalt nicht zu erfassen. Für das Personalwesen ist auch im Grunde nur die Tatsache wesentlich, dass es schon seit geraumer Zeit gravierende und in ihrem Ausmaß und ihrer Geschwindigkeit bisher historisch einmalige Wandlungstendenzen gibt und dass sie von zahllosen Managementvertretern registriert und als potenzielle Problemquelle qualifiziert werden.

4.2.3 Personalpolitische Implikationen

Für das Personalwesen bedeutet die Wertepluralisierung und Individualisierung eine große Herausforderung, auf die es angemessen reagieren muss. Die Mehrzahl der bürgerlichen und materiellen Werte war/ist bestens geeignet, die Menschen zu vorbildlichen Mitarbeiter/innen in autoritär-hierarchischen Organisationen zu machen (*Bosetzky/Heinrich* 1980, S. 75). Zudem sind sie „weitgehend auf die ‚Bedürfnisse' der Kapitalverwertung und auf die Funktionsmechanismen einer quasi-automatisch wachsenden Wirtschaft zugeschnitten [...]" (*Hillmann* 1981, S. 74). Die demgegenüber insbes. in den jüngeren Generationen zunehmenden postmateriellen Werte werden zumindest z. T. als Gefahr für die Realisierung der Unternehmensinteressen aufgefasst, weil es durch die Konfrontation von Trägern der „neuen" Werte und betrieblichen Realitäten (autoritär-hierarchische Strukturen, tayloristische Arbeitsorganisation) zu Diskrepanzen zwischen den Wertvorstellungen und den Wertbefriedigungschancen bei der Arbeit kommt.

Es ist im Zuge des Wertewandels eine wachsende **Diskrepanz** zwischen dem Zuschnitt der veränderten Werte bei vielen Individuen und den Wertbefriedigungschancen in der Arbeitswelt entstanden mit der wahrscheinlichen Folge gravierender Identifikations- und Motivationsprobleme. So sind, um nur ein Beispiel herauszugreifen, heute immer mehr Menschen an interessanten und abwechslungsreicheren Aufgaben interessiert, worauf sie schon bei der Bewerbung achten. Eine „Werteorientierte Personalarbeit" (vgl. *Bihl* 1995; *Fachhochschule des Mittelstands* 2010) muss in diesem Zusammenhang darauf achten, dass das Unternehmen diesen Erwartungen und Bedürfnissen gerecht wird. So müssen z. B. den Mitarbeiter/innen genügend Handlungs- und Entscheidungsspielräume und eine als „gerecht" empfundene Entlohnung gewährt werden (vgl. Kap. 12). Dadurch steigt die Motivation der Mitarbeiter/innen, was wiederum die Leistung positiv beeinflussen kann (vgl. Kap. 8.2.3.1). Auch bei der Personalauswahl ist es von Bedeutung, dass die neuen Mitarbeiter/innen zum Wertesystem des Unternehmens bzw. der Abteilung passen (vgl. *Scholz* 2014a, S. 25; vgl. Kap. 6), aber auch, dass entsprechende Angebote vom Unternehmen gemacht werden, die eine (Außen-)Wahrnehmung als attraktiver Arbeitgeber fördern.

Mit einer werteorientierten Personalpolitik eng verknüpft ist das Problem der Individualisierung (vgl. *Drumm* 1989; *Keller-Pfrunder* 1985). Die relativ homogenen Orientierungsmuster, die in der Vergangenheit oft eine recht einheitliche, kompakte Personalpolitik erlaubt haben, lösen sich in einer immer stärker werdenden **Heterogenität** der Erwartungen und Bedürfnislagen der Mitarbeiter/innen auf. Das Personalwesen ist jedoch, etwa in der Entlohnung oder der Arbeitszeit, immer schon eine Domäne kollektiver Regelungen, wenn man so will: „gleichmacherischer" Problemlösungen gewesen. Dies ist nicht zuletzt durch den arbeitsrechtlichen Gleichbehandlungsgrundsatz gefördert worden.

Mit der zurückgehenden Konformität des „Personals“ muss auch im Personalwesen Raum für individuelle Angebote und Problemlösungen geschaffen werden. Beispiele sind etwa:

- flexiblere Arbeitszeiten (vgl. Kap. 8), wie z. B. die Gleitzeit oder das Sabbatical,
- variable Vergütungssysteme (vgl. Kap 12), auch das sog. Cafeteria-Prinzip bei Sozialleistungen,
- eine individuelle Personalentwicklung, die auch auf die Entwicklungsbedürfnisse der Beschäftigten zugeschnitten ist (vgl. Kap. 11).

In der letzten Zeit haben sich in diesem Zusammenhang unter Stichworten wie „Diversity Management“ oder „Managing Diversity“ verstärkt Überlegungen im Personalwesen Raum verschafft, die die Verschiedenheit zur Tugend machen wollen. Je nach individueller oder gruppenspezifischer Stärke und im Einklang mit entsprechenden Wertorientierungen sollen die speziellen Orientierungen und Kompetenzen in einem adäquaten Personaleinsatz ihre Entsprechung finden (vgl. z. B. *Thomas* 2001; *Krell* 2001).

MERKE

Es ist fraglich, ob eine Individualisierung dadurch erfolgreich wird, dass sie sich auf kollektive Wertesysteme unterschiedlicher Generationen stützt. Zwar „erscheint das Generationenkonzept als Mittel zur Komplexitätsreduktion hilfreich, da es generationenspezifische Erklärungsmuster erklären hilft“, es besteht jedoch die praktische Notwendigkeit, dass „es nicht um eine permanente, unreflektierte Übernahme aktueller gesellschaftlicher Strömungen geht, [d. h.] eine unternehmensspezifische Integration von allgemeinen Wertesystemen und Unternehmenskultur anzustreben [ist]“ (*Scholz* 2014a, S. 24 f.).

Die Grenzen einer generationalen Betrachtungsweise sehen *Biemann/Weckmüller* (2013, S. 47) vor allem auch in Wahrnehmungsverzerrungen und Stereotypendenken bei der Beurteilung von Generationen, die insbes. bei Personalpraktikern zu beobachten seien. Dabei weichen die stereotypischen Einstellungszuschreibungen durch die Unternehmen häufig von der Selbstwahrnehmung der Mitarbeiter/innen ab, wie auch die Studie von *Kienbaum Communications* (2015) zeigt. Mitarbeiter/innen unterschiedlicher Generationen schätzen demnach ihre Persönlichkeiten ähnlich ein, wohingegen die Unternehmen große Unterschiede zwischen den Generationen annehmen.

MERKE

Darüber hinaus erweist sich eine zu starke Fokussierung auf generationale Unterschiede und deren Bedeutung für das Personalmanagement auch als zu einseitig. *Biemann/Weckmüller* (2013, S. 47) verweisen hier bezugnehmend auf ihre Studien auf die Bedeutung weiterer Effekte wie Trend und Alter, welche gemeinsam mit den generationalen Effekten die Vorstellungen und das Verhalten von Menschen prägen.

Dabei sind schließlich „die Unterschiede in den Einstellungen und Werthaltungen der Generationen X und Y […] gering im Vergleich zur Bedeutung von Trend- und Alterseffekten“

(*Biemann/Weckmüller* 2013, S. 49, vgl. Abb. 19). Als Beispiel führen sie die häufig vorgebrachte Wechselneigung bzw. geringe Loyalität von Mitgliedern der Generation Y sowie die sich daraus ergebenden Schwierigkeiten der Personalbindung an. Sie verweisen in diesem Zusammenhang darauf, dass die Wechselneigung insbes. ein Phänomen des Alters sei, d. h. dass diese mit zunehmenden Alter abnimmt und somit auch Mitglieder der Generation Y eine stärkere Bindung an ihren Arbeitsplatz aufweisen. Dieser Alterseffekt ist insbes. mit den sich verändernden privaten Lebensphasen und Rahmenbedingungen verbunden, beispielsweise festen Partnerschaften, der Geburt von Kindern und der Bindung an einen Wohnort. Als weiteres Beispiel führen *Biemann/Weckmüller* die geringer werdende Bedeutung von Printmedien im Rahmen der Personalrekrutierung auf. Diese sei jedoch nicht primär durch Generationseffekte, sondern durch die technologischen Veränderungen und den Bedeutungszuwachs des Internet zu erklären. Insgesamt plädieren sie daher dafür, das Personalmanagement lebensphasenorientiert und nicht generationenorientiert zu gestalten, wenn Alterseffekte sich in bestimmten Kontexten als bedeutsamer erweisen als Generationseffekte.

ABB. 19: Vermischung von Effekten bei der Beurteilung der Generation Y (nach *Oechsler/Paul* 2015, S. 137)

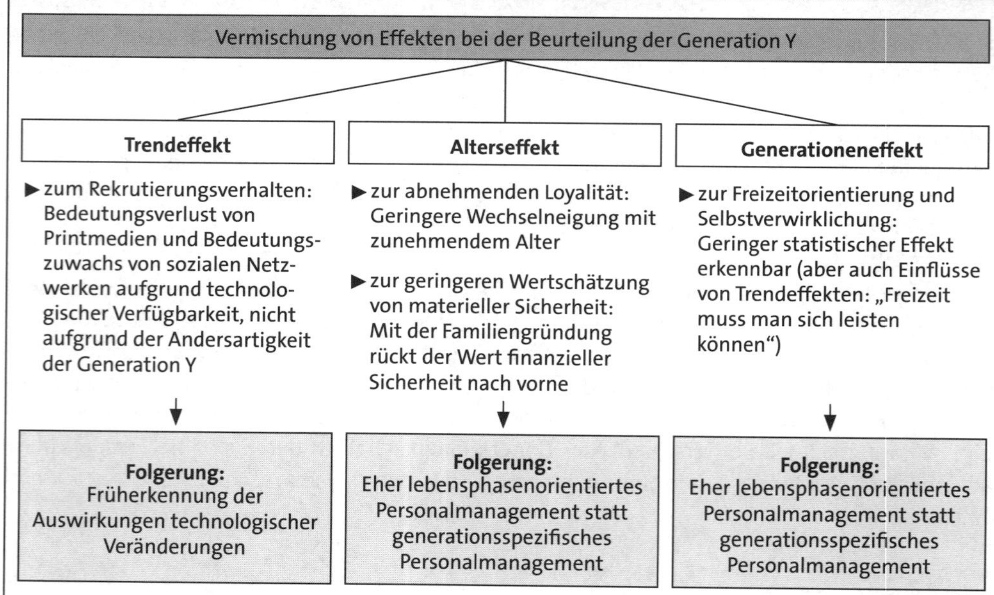

Für das Personalmanagement ist die Lebensphasenorientierung ein erfolgsversprechender Ansatz, um die unterschiedlichen Bedürfnisse der Mitarbeiter/innen zu erkennen und diese in der Arbeitsgestaltung zu berücksichtigen. Hierbei geht es jedoch nicht darum, lediglich Altersphasen zu definieren und zu berücksichtigen, sondern die damit verbundenen Ereignisse, Vorstellungen und Bedürfnisse zu erkennen. Eine Lebensphasenorientierung ist komplex, da nicht lediglich die privaten, sondern auch die betrieblichen und beruflichen Lebensphasen der Mitarbeiter/innen zu berücksichtigen sind (vgl. Abb. 20). Der **private und familiäre Lebensphasenbereich** beinhaltet diejenigen Ereignisse, Rahmenbedingungen und entsprechend Bedürfnisse, die außerhalb der Arbeit das Leben der Mitarbeiter/innen prägen. „Denn Beschäftigte geben ihre persönlichen Belange nicht ‚an der Werkspforte' ab, sondern tragen sie in ihr Erwerbsleben hinein" (*Rump/Eilers* 2013, S. 142; vgl. Kap. 2.2.1). Hierzu gehören z. B. die Geburt und Erziehung von Kindern oder auch die Pflege von Angehörigen. Das Personalmanagement kann hier beispielsweise durch eine Reduzierung der Stunden (Teilzeit) oder eine Flexibilisierung der Arbeitszeit (z. B. Vertrauensarbeitszeit) und des Arbeitsortes (z. B. Home Office) ansetzen. Der **berufliche Lebensphasenbereich** betrachtet die gesamte berufliche Laufbahn einer/s Mitarbeiterin/s, vom Einstieg in das Berufsleben und den ersten Karriereschritten (frühe Karrierephase) über die mittlere Karrierephase, in welcher sowohl Berufsalltag, Beförderungen als auch Umorientierungen stattfinden, bis hin zur späten Karrierephase und dem darauf folgenden Eintritt in den Ruhestand (*Berthel/Becker* 2013, S. 493 ff.). Der **betriebliche Lebensphasenbereich** ähnelt dem beruflichen, bezieht sich jedoch auf die Dauer der Arbeit in einem Unternehmen. Zunächst durchläuft die/der Mitarbeiter/in eine Phase der Einführung, d. h. sie/er lernt im Rahmen eines Sozialisierungsprozesses die Organisation und Kultur des Unternehmens kennen und knüpft Beziehungen zu Unternehmensmitgliedern (*Graf* 2001, S. 27). Dies gilt für jede/n Mitarbeiter/in, die/der neu in einen Betrieb oder eine Abteilung eintritt, unabhängig von der beruflichen Lebensphase. Hiernach steigert sich die Leistung der/des Mitarbeiterin/s (Phase des Wachstums) bis hin zu einem Leistungs- und Karriereplateau (Phase der Reife) (*ebenda*, S. 27 f.). Die Phase der Sättigung beschreibt mögliche Leistungsabnahmen aufgrund der geringer werdenden Passung der persönlichen Fähigkeiten zu den Anforderungen der Arbeitsaufgaben (*Stock-Homburg* 2013, S. 208). Das Personalmanagement kann die beruflichen und betrieblichen Phasen insbes. durch Maßnahmen der Personalentwicklung (z. B. Umschulungen, Weiterbildungen, Programme für Nachwuchsführungskräfte) als auch Veränderungen der Arbeitsstrukturierung (z. B. Job Enlargement und Job Enrichment) positiv beeinflussen, sodass negative Effekte der Reife- und Sättigungsphase als auch ein möglicher Austritt vermieden werden (*ebenda*; vgl. Kap. 7.3 und 11.3.2.3).

Die Abb. 20 zeigt idealtypische Lebensphasen, wobei „die Wirklichkeit wesentlich komplexer und bunter aussehen kann. [...] Die Vielzahl an möglichen Ereignissen lässt sich selten auf eine bestimmte Phase reduzieren. Ebenso kann die Dauer bestimmter Phasen unterschiedlich lang sein [...]" (*Meissner/Stockfisch* 2012, S. 17 f.). Auch können sie sich „wiederholen und erfolgen nicht zwangsläufig chronologisch. Zudem müssen nicht alle Phasen durchlaufen werden" (*Rump/Eilers* 2013, S. 142). Diese Phasen greifen immer ineinander, d. h. sie sind ganzheitlich und integrativ bei der Planung von Konzepten und Maßnahmen zu berücksichtigen (*ebenda*, S. 140).

MERKE

Eine isolierte Betrachtung der Lebensphasenbereiche kann dazu führen, dass Maßnahmen entwickelt, angeboten und umgesetzt werden, die aufgrund der fehlenden Erfüllung der Bedürfnisse in den anderen Lebensphasenbereichen nicht oder nur eingeschränkt erfolgreich sind.

Eine Elternschaft kann z. B. auch den Wunsch einer Weiterbildung mit sich bringen (*Rump/Eilers* 2013, S. 142) und ist nicht zwangsläufig mit dem Bedürfnis einer Reduzierung des Umfanges an Arbeitsstunden verbunden. Das lebensphasenorientierte Personalmanagement ist daher durch ein hohes Maß an Individualisierung gekennzeichnet (*ebenda*, S. 141).

ABB. 20: **Verschiedene Lebensphasen als Einflussfaktoren auf das Personalmanagement** (in Anlehnung an *Schein* 1978, S. 36; *Graf* 2001, S. 27 ff.; *Berthel/Becker* 2013, S. 493; *Rump/Eilers* 2013, S. 143; *Stock-Homburg* 2013, S. 208 f.)

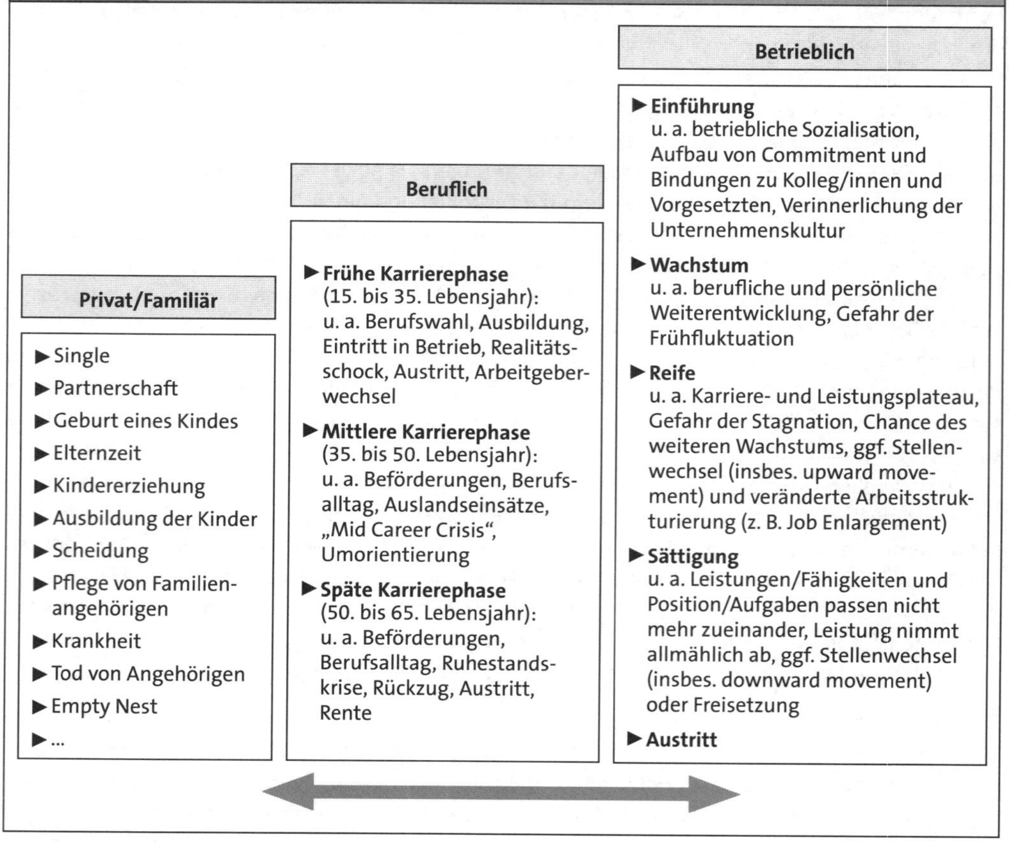

Abschließend bleibt zu berücksichtigen, dass das Personalwesen von seinem Wesen her immer ein anti-individualistisches Moment behalten wird, sodass es keine schrankenlose Individualisierung geben kann. Die potenziellen Grenzen der Individualisierung sind vor allem in den folgenden Aspekten zu sehen:

- Sie verstößt gegen den Gleichbehandlungsgrundsatz.
- Sie würde zu einer unübersehbaren Zahl von Einzelregelungen und damit zu einer Verschlechterung von Entscheidungsprozessen führen.
- Sie trägt eine Tendenz zur Überforderung der Vorgesetzten in sich.
- Sie behindert gemeinschaftliches Handeln unter Zeitdruck.
- Sie führt zu einer beträchtlichen Erhöhung des Koordinationsaufwands (vgl. zu diesen Überlegungen auch *Drumm* 1989, zudem „Flexibilisierungsfallen“ in Kap. 8.4.1).

4.3 Industrielle Beziehungen, Mitbestimmung, Arbeitsrecht

Die Bedeutung der Industriellen Beziehungen und speziell der Mitbestimmung für das Personalwesen in Deutschland kann gar nicht hoch genug eingeschätzt werden. Es gibt kaum einen Bereich i. S.v. „policies“, in dem nicht Instrumente oder Maßnahmen insbes. von den gewählten Betriebsräten aufs Intensivste beeinflusst werden oder zumindest nach Maßgabe der rechtlichen Bestimmungen zu beeinflussen wären.

4.3.1 Das System der Industriellen Beziehungen

Systeme der „Industriellen Beziehungen“ (synonym: „Arbeitgeber-Arbeitnehmer-Beziehungen“; vgl. *Oechsler* 2004) regeln länderspezifisch die Ausgestaltung der zentralen Arbeits- und Beschäftigungsbedingungen im Spannungsfeld der Interessen von Arbeitgebern und Beschäftigten bzw. von deren Interessenvertretungen (*Müller-Jentsch* 2013).

Das deutsche System der Arbeitsbeziehungen ist vor allem durch die folgenden drei Aspekte charakterisiert:

1. relativ starke **Verrechtlichung** der Arbeitsbeziehungen,
2. arbeitnehmerseitige – zumindest formale – **Dualität** von betrieblicher und gewerkschaftlicher Interessenvertretung,
3. vergleichsweise hoher Stellenwert des **sozialen Konsenses** (konflikttheoretisch genauer: des Kompromisses).

Die Verhältnisse in der BRD gelten im internationalen Vergleich oft als der Prototyp verrechtlichter betrieblicher Arbeits- und Sozialbeziehungen. Die Gestaltung der Austauschbedingungen zwischen Management und Arbeitnehmer/innen ist nicht überwiegend ihrer autonomen Regelungsmacht überlassen, sondern wird in starkem Maße per Gesetz und Rechtsprechung geregelt (vgl. für viele *Erd* 1978, S. 16 ff.; *Keller* 1991, S. 251; *Eberwein* 1992, S. 497).

Die gesetzlichen Regelungen, die zumeist auf Verfahrens- und Austragungsformen, aber teilweise auch auf Inhalte bezogen sind, legen ein bestimmtes, nach Gegenstandsbereichen abgestuftes Recht der Interessenvertretung der Arbeitnehmer/innen fest, strategisch relevante Entscheidungen auf Unternehmens- und Betriebsebene zu beeinflussen. So gesehen erfahren die vor allem in den anglo-amerikanischen Ländern weitgehend unangetasteten „management prerogatives“ auf gesetzlichem Wege eine gewisse Einschränkung.

Gleichwohl sind die Gesetze (insbes. das Betriebsverfassungsgesetz; BetrVG) als Verfahrensangebote zu sehen, von denen in der Praxis in verschiedener Weise Gebrauch gemacht wird, d. h. es existieren im Detail stark unterschiedliche Partizipationsgepflogenheiten (vgl. dazu insbes. die Untersuchungen von *Kotthoff* 1981 und 1994). Allerdings ist die faktische Kraft des Normativen, die gerade von den Regelungen des BetrVG auf die realen Austauschbeziehungen ausstrahlt, als hoch zu veranschlagen. So hat z. B. eine wenn auch schon ältere empirische Untersuchung von *Knuth* (1982) über abgeschlossene Betriebsvereinbarungen in 432 Betrieben mit mehr als 200 Beschäftigten ergeben, dass sich 80 % der Kontrakte auf Tatbestände beziehen, die der erzwingbaren Mitbestimmung des Betriebsrats unterliegen.[18]

Die Ebene der Betriebsverfassung und damit die Tätigkeit der Betriebsräte ist das Herzstück der Mitbestimmung der Arbeitnehmer/innen in Deutschland (vgl. unten). Die Mitbestimmung in Aufsichtsräten und z. T. auch Vorständen von Kapitalgesellschaften nach den Mitbestimmungsgesetzen konzentriert zwar – gerade auch im Ausland – ein hohes Maß an Aufmerksamkeit auf sich; sie wird hinsichtlich ihrer Bedeutung und Wirksamkeit aber oftmals überschätzt.

Betriebsräte sind in Betrieben mit mindestens fünf Beschäftigten zu bilden und alle vier Jahre zu wählen. Jedoch erfolgt ihre Einrichtung nicht automatisch, sondern ist an bestimmte Antrags- und Wahlmodalitäten gebunden, so dass vor allem viele kleinere und mittlere Betriebe trotz Erfüllung der Größenvoraussetzung betriebsratlos sind.

Nach *Däubler* (1976) ist der Handlungsrahmen des Betriebsrats mit den Begriffen Vertrauen, Frieden und Diskretion zu umschreiben:

- Die Betriebsrats-Aktivitäten haben gem. § 2 BetrVG dem Grundsatz der **„vertrauensvollen Zusammenarbeit“** zu genügen. Die Betriebsräte sind aufgrund dieser Generalklausel gehalten, eine tendenziell kooperative Interessenvertretungspolitik zu betreiben und von militanten Konfliktaustragungsstilen und -praktiken Abstand zu nehmen.
- Die betriebliche Interessenvertretung ist an eine absolute **Friedenspflicht** gebunden. Gemäß § 74 Abs. 2 Satz 1 und 2 BetrVG sind „Maßnahmen des Arbeitskampfes zwischen Arbeitgeber und Betriebsrat [...] unzulässig. [...] Arbeitgeber und Betriebsrat haben Betätigungen zu unterlassen, durch die der Arbeitsablauf oder der Frieden des Betriebs beeinträchtigt werden“. Auch parteipolitische Aktivitäten sind den Betriebsräten untersagt (§ 74 Abs. 2 Satz 3 BetrVG).
- Der Betriebsrat unterliegt gem. § 79 Abs. 1 BetrVG der **Schweigepflicht** bei Betriebs- oder Geschäftsgeheimnissen, die ihm als Betriebsrat bekannt geworden und vom Arbeitgeber als geheimhaltungsbedürftig bezeichnet worden sind.

Das Vertretungssystem in Deutschland ist arbeitsteilig organisiert. Im Betrieb agieren die formal gewerkschaftsunabhängigen Betriebsräte unter Verzicht auf die Möglichkeit von Arbeitskämpfen. Das Gros der Arbeits- und Beschäftigungsbedingungen wird demgegenüber auf überbetrieblicher, d. h. sektoraler und regionaler Ebene im Rahmen von Tarifverträgen reguliert (vgl. ausführlich *Müller-Jentsch* 1986, S. 158 ff.). Es gehört zu den wichtigsten Aufgaben der Betriebsräte, im Betrieb die Anwendung und Einhaltung der geltenden tariflichen Regelungen zu überwachen.

Aus der dualen Struktur resultiert ein prekäres Verhältnis von Betriebsrat und Gewerkschaften. Die Gewerkschaftsbewegung hat sie von sich aus nicht angestrebt (vgl. auch *Hohn* 1988, S. 91 f.). Von gewerkschaftlicher Seite wird verschiedentlich Kritik an (den) Betriebsräten i. S. d. Syndikalismus-These geübt: Die Interessenvertretungen betrieben eine zu enge Kooperation mit dem betrieblichen Management zulasten der überbetrieblichen Solidarität mit anderen Arbeitnehmer/innen bzw. Gewerkschaftsmitgliedern (vgl. darauf bezugnehmend *Sadowski* 1985).

18 Insbesondere Entlohnung, Arbeitszeit, Urlaub; vgl. bezugnehmend auf diese Untersuchung auch *Sadowski* (1985, S. 243 f.).

Die vordergründige Dualität betrieblicher und gewerkschaftlicher Interessenvertretung relativiert sich bei genauerer Betrachtung jedoch, wenn man ins Kalkül zieht, dass ca. zwei Drittel der Betriebsräte gewerkschaftlich organisiert sind[19] und in der Wahrnehmung der Beschäftigten kaum ein Unterschied zwischen Betriebsrat und Gewerkschaft gemacht wird. Längst hat sich zwischen beiden Institutionen eine interdependente Beziehung eingespielt. Die Betriebsräte brauchen die Gewerkschaft als infrastrukturelle Ausgangsbasis ihrer Arbeit, von der sie z. B. Schulungs- und Beratungsangebote in Anspruch nehmen. Die Gewerkschaften, die mit aller Macht auf die Besetzung von Betriebsratspositionen mit „ihren" Leuten hinwirken, benötigen die Betriebsräte zur Umsetzung ihrer Politik sowie zur Mitgliederwerbung und -rekrutierung (vgl. auch *Keller* 1991, S. 252).

Wenngleich es diesbezüglich nach der Jahrtausendwende auch Anzeichen für eine Aufkündigung bislang geltender gemeinsam geteilter Überzeugungen auf Seiten einiger Arbeitgeber und entsprechender Kräfte im parlamentarisch-politischen Raum gab und gibt, gilt die Mitbestimmung der Arbeitnehmer/innen als anerkannter gesellschaftlicher Stabilisierungsfaktor, der gerade in der Zeit nach dem Zweiten Weltkrieg zur Entfaltung eines hohen Maßes an ökonomischer Prosperität beigetragen hat. Die industriellen Beziehungen der BRD werden beschrieben als ein Typ kooperativer Konfliktverarbeitung mit Kompromisscharakter und Neigung zum Interessenausgleich, was ein hohes Stabilitäts- und Flexibilitätspotenzial selbst unter restriktiven politischen und ökonomischen Bedingungen gewährleistet.[20] Durch die Betonung von Kommunikation und Kooperation auch bei prinzipiell unterschiedlicher Interessenlage und im Vorfeld (in der Planungsphase) von Entscheidungen unterscheidet sich die deutsche Mitbestimmung grundsätzlich z. B. vom amerikanischen System des „collective bargaining", in dem die Vorrechte des Managements unangetastet bleiben. Dem deutschen System liegt eine deutlich unterschiedliche Definition der Management- bzw. Vertretungsfunktionen zugrunde, wenngleich die unternehmerische Disposition über die Gestaltung der Arbeits- und Produktionsprozesse sowie bei rein wirtschaftlichen Fragen formal-rechtlich unangetastet ist:

„Indem die Betriebsleitungen auf eine stärkere Berücksichtigung der Belegschaftsinteressen verpflichtet wurden, haben umgekehrt die Arbeitnehmervertretungen Teilfunktionen des Managements übernommen" (*Hohn* 1988, S. 98).[21]

„Die Erwerbung der Argumentationskompetenz ist [...] die Rollenanforderung an den Betriebsrat, was weit reichende Konsequenzen für seine Arbeitsweise, seine persönliche Verhaltensprägung und sein Verhältnis zur Belegschaft hat. Der Betriebsleitung argumentativ gewachsen zu sein bedeutet tendenziell im Verhaltensstil wie sie zu sein" (*Kotthoff* 1985, S. 71).

Gleichwohl ist die betriebliche Interessenvertretung wegen ihrer „betriebssyndikalistischen" Integration nicht als „zahnloser Tiger" zu missdeuten. Sie kann, wenn es darauf ankommt, im Konfliktfalle durchaus gewichtige Machtpotenziale zur Durchsetzung der Belegschaftsinteressen mobilisieren. Das gilt jedenfalls für einige Betriebsratspolitiken gem. der Typologie von *Kott-*

19 Vgl. die Untersuchungsergebnisse des Instituts der Deutschen Wirtschaft der letzten Betriebsratswahlen im Jahr 2014: http://iwkowln.de/infodienste/gewerkschaftsspiegel/beitrag/betriebsratswahlen-2014-gewerkschaften-bleiben-wichtiger-faktor-210809 (letzter Abruf 23. 2. 2016).

20 Vgl. z. B. *Kotthoff* (1985, S. 69 ff.); *Keller* (1991, S. 250); *Wächter/Stengelhofen* (1992, S. 22 f.); *Oechsler* (2004, Sp. 53 f.).

21 Jedoch wirft diese Rollendefinition eine Reihe von Folgeproblemen auf, deren gravierendstes der Effekt der sozialen Abschließung betriebsinterner Teilarbeitsmärkte sein dürfte. Dieses Phänomen wird vor allem von *Hohn* (1988) ausführlich behandelt; hier fehlt der Raum, um näher darauf einzugehen.

hoff (1981 und 1985). Jedoch „schwingen“ diese Machtpotenziale überwiegend in den „Argumentationskämpfen“ (*Böhle* 1985) mit dem Management mit, ohne dass sie im Regelfall aktiviert werden (müssen). Die Herleitung einer Position der Einflusslosigkeit aus der Dominanz des kooperativen Stils der Konfliktaustragung wäre zumindest im Kontext des deutschen Systems der industriellen Beziehungen ein Fehlschluss, denn es ist vielfach gerade die nicht eingesetzte Macht, die sehr wirksam ist (vgl. auch *Wächter* 1983, S. 96).

Dabei ist es eine grobe Missdeutung, die Einflusssphäre des Betriebsrats nach rein rechtlichen Kriterien zu bemessen (vgl. dazu konkret unten). Es ist, wie gezeigt, ein Spezifikum des deutschen Systems der industriellen Beziehungen, dass der Handlungsrahmen der (zumindest starken und professionalisierten) betrieblichen Interessenvertretungen geradezu an ein „Co-Management“ heranreicht (*Rehder* 2006). Der Betriebsrat ist durch seine weit reichenden Einflussmöglichkeiten in der Lage, in ziemlich allen Feldern der Unternehmenspolitik zumindest mitzureden. In konkreten Konfliktfällen mit dem Arbeitgeber macht die Fähigkeit, diverseste betriebsverfassungsrechtliche Normen zu einem Netz von Handhaben und Einflussgrundlagen zu verknüpfen, eine wesentliche Komponente des Betriebsrats-„Handwerks“ aus. Das hat z. B. *Schardt* (1985) am Beispiel der – eigentlich weitgehend mitbestimmungsfreien – IT-Anwendung beschrieben. Auch sollte man die Reichweite der „weichen“ Mitwirkungsrechte der Betriebsräte wie Information und Konsultation nicht unterschätzen. Selbst wenn der letzte Nachdruck in der Aktivierung von Machtpotenzialen in Gestalt der Mitbestimmung fehlen sollte, das Management muss den Betriebsrat zumindest „einbinden“ und sich vor der Umsetzung von Entscheidungen auf Diskussionen einlassen. Er kann in jedem Falle, wenn er den gerade aktuellen Gegenstandsbereich für wichtig hält, etwa durch Mobilisierung der Belegschaft oder Verknüpfung von Verhandlungsfeldern Staub aufwirbeln.

4.3.2 Mitbestimmung nach Betriebsverfassungsgesetz

Wie gezeigt ist die Mitbestimmung des Betriebsrats von herausragender Bedeutung als Rahmenbedingung des Personalwesens. Das Betriebsverfassungsgesetz (BetrVG) als das grundlegende Regelwerk weist dem Betriebsrat relativ konkrete Mitbestimmungsrechte in einer Reihe von Angelegenheiten zu. Die Intensität der Rechte ist abgestuft; man kann zwischen Informations-, Anhörungs- und Beratungs-, Widerspruchs- und erzwingbaren Mitbestimmungsrechten unterscheiden.

Die Beteiligungsrechte des Betriebsrats sind besonders weitreichend in sog. **sozialen Angelegenheiten**, bei denen es um die Regelung diverser personalpolitisch höchst relevanter Fragen geht (Kernnorm ist der § 87 BetrVG). Zu den sozialen Angelegenheiten gehören z. B. Fragen der Ordnung des Betriebs (etwa Rauchverbote), des Verhaltens der Arbeitnehmer/innen im Betrieb, der Gestaltung der Lage von Arbeitszeiten und Pausen, ferner Fragen der Entgeltgestaltung (soweit nicht abschließend in einem Tarifvertrag geregelt), der Gestaltung von Sozialeinrichtungen, Angelegenheiten der Arbeitssicherheit und des Gesundheitsschutzes sowie (seit der Gesetzesreform 2001) Grundsätze von Gruppenarbeit im Betrieb.

In **personellen Angelegenheiten** muss zwischen allgemeinen personellen Angelegenheiten (z. B. Personalplanung, interne Ausschreibung von Arbeitsplätzen, Beurteilungsgrundsätze, Auswahlrichtlinien, Maßnahmen der betrieblichen Berufsbildung) und personellen Einzelmaßnahmen

(Einstellung, Ein- und Umgruppierung, Versetzung, Kündigung) differenziert werden. Auch in diesem Bereich verfügt der Betriebsrat über weitreichende Einflussmöglichkeiten.

Diese sind jedoch schwächer ausgeprägt in sog. **wirtschaftlichen Angelegenheiten** (Entscheidungen, die die Wirtschafts-, Finanz-, Produktions- und Absatzlage des Betriebs betreffen). Hier hat der Betriebsrat lediglich Informations- und Beratungsrechte. Jedoch kann er bei sog. „Betriebsänderungen", von denen wesentliche Nachteile für die Beschäftigten zu erwarten sind (z. B. Teilstilllegungen), einen Sozialplan zum Ausgleich oder zur Milderung dieser Nachteile durchsetzen (vgl. ausführlicher Kap. 13.3).

Das wichtigste Instrument zur Ausübung der Mitbestimmung ist der Abschluss von **Betriebsvereinbarungen** im Anschluss an entsprechende Verhandlungsprozesse. Die Betriebsvereinbarung gehört zweifelsohne zu den wesentlichsten Werkzeugen der Betriebsrats-Arbeit.[22] Sie ist im „Kernbereich der betrieblichen Mitbestimmung [...] die wohl wichtigste Ausübungsform von Beteiligungsrechten" (*Eichhorn et al.* 1995, S. 15). Nach der klassischen Definition von *Hueck/* Nipperdey handelt es sich bei einer Betriebsvereinbarung um Folgendes: „Die Betriebsvereinbarung ist ein schriftlicher, privatrechtlicher Vertrag, der für einen Betrieb zwischen dem Arbeitgeber und dem Betriebsrat im Rahmen seines Aufgabenbereichs für die von ihm repräsentierte Belegschaft zur Festsetzung von Rechtsformen über den Inhalt, den Abschluss oder die Beendigung von Arbeitsverhältnissen oder über betriebliche oder betriebsverfassungsrechtliche Fragen geschlossen wird."[23]

Betriebsvereinbarungen gelten unmittelbar und zwingend für bestehende Arbeitsverhältnisse, ohne dass es einer diesbezüglichen Zustimmung der einzelnen Arbeitnehmer/innen bedarf. Sie wirken in ihrem Geltungsbereich wie ein Gesetz und sind im Wesentlichen in § 77 BetrVG geregelt. Demnach ist nicht nur Schriftlichkeit zwingend; das Dokument ist auch von beiden Seiten zu unterzeichnen, es sei denn, die Vereinbarung beruht auf einem Spruch der Einigungsstelle (vgl. unten).

Ferner enthält § 77 Abs. 3 BetrVG einen ausdrücklichen Tarifvorbehalt:

„Arbeitsentgelte und sonstige Arbeitsbedingungen, die durch Tarifvertrag geregelt sind oder üblicherweise geregelt werden, können nicht Gegenstand einer Betriebsvereinbarung sein. Dies gilt nicht, wenn ein Tarifvertrag den Abschluss ergänzender Betriebsvereinbarungen ausdrücklich zulässt."

Einen analoger Tarif- und Gesetzesvorbehalt enthält § 87 Abs. 1 Satz 1 BetrVG, sodass Betriebsvereinbarungen nur dann abgeschlossen werden können, wenn weder ein Gesetz noch ein Tarifvertrag im entsprechenden Regelungstatbestand zwingende Normen enthält. Bei dispositiven, d. h. durch einzelbetriebliche Vereinbarung abänderbaren Normen gilt dieser Vorbehalt jedoch nicht (*Eichhorn et al.* 1995, S. 21).

Gegenstand von Betriebsvereinbarungen können ansonsten alle kollektiv regelbaren Fragen der Arbeitsbedingungen sein, wobei aber zwischen erzwingbaren und freiwilligen Betriebsvereinbarungen zu unterscheiden ist. Erzwingbar ist eine Betriebsvereinbarung dann, wenn die fehlende Einigung der Parteien durch Einigungsstellen-Spruch ersetzt werden kann. Das ist insbes. bei

22 Vgl. zu Betriebsvereinbarungen allgemein *Friedrichs/Pauckstadt* (1982); *Wessmann* (1987); *Eichhorn et al.* (1995); *Oberthür/Seitz* (2014).

23 Vgl. *Hueck/Nipperdey* (1970, S. 1256), hier zit. nach *Wessmann* (1987, S. 17 f.).

dem Regelungskatalog des § 87 Abs. 1, aber auch bei einigen anderen Sachverhalten der Fall (z. B. Beurteilungsgrundsätze nach § 94 Abs. 2; Maßnahmen der betrieblichen Berufsbildung nach § 98).

Freiwillige Betriebsvereinbarungen in solchen Fragen, die nicht der erzwingbaren Mitbestimmung unterliegen, sind demgegenüber in § 88 BetrVG angesprochen.[24] Freiwillige Vereinbarungen unterliegen derselben zwingenden Wirkung wie erzwingbare, allerdings mit einer wichtigen Einschränkung: Sie wirken bei Kündigung durch eine Partei nicht nach. Das ist bei einigungsstellenfähigen Vereinbarungen anders. Nach deren „Wegkündigung" soll kein regelungsfreier Raum entstehen. Daher gelten sie so lange nach, „bis sie durch eine andere Abmachung ersetzt werden" (§ 77 Abs. 6 BetrVG).

Die **Einigungsstelle** ist schließlich eine weitere wichtige Institution im Rahmen der Betriebsverfassung. Sie dient als Entscheidungsorgan zur Beilegung von Meinungsverschiedenheiten, wenn sich die Parteien in einer mitbestimmungspflichtigen Angelegenheit nicht einig geworden sind. Sie besteht aus einer gleichen Anzahl von Beisitzer/innen der beiden Parteien und einer/einem neutralen Vorsitzenden (zumeist ein/e Arbeitsrichter/in). Der Spruch der Einigungsstelle ersetzt in diesen Fällen die Einigung zwischen Arbeitgeber und Betriebsrat.

4.3.3 Sonstige arbeitsrechtliche Rahmenbedingungen

Maßnahmen und Entscheidungen im Rahmen des Personalwesens sind des Weiteren maßgeblich von vielen anderen rechtlichen Rahmenbedingungen geprägt. Einige sehen sogar in der Entwicklung des Arbeitsrechts die wesentliche Triebfeder für die Herausbildung dieser Teildisziplin der Betriebswirtschaftslehre. Das Arbeitsrecht umfasst jene Rechtsnormen, die sich mit weisungsabhängiger Arbeit und den zu ihrer Organisation geschaffenen Einrichtungen beschäftigen. Dabei handelt es sich teils um privatrechtliche und teils um öffentlich-rechtliche Vorschriften.

Üblicherweise wird unterschieden zwischen dem Individual-Arbeitsrecht und dem Kollektiv-Arbeitsrecht. Das Individual-Arbeitsrecht regelt die die/den einzelne/n Arbeitnehmer/in betreffenden juristischen Sachverhalte. Dabei geht es zum einen um das Recht des Arbeitsverhältnisses (die arbeitsvertraglichen Beziehungen betreffend; z. B. Rechte und Pflichten der Parteien, Direktionsrecht des Arbeitgebers). Zum anderen gehört der weite Bereich von Arbeitsschutzrechten (z. B. Vorschriften zur Verhütung von Betriebsunfällen und Berufskrankheiten, Arbeitsschutzregelungen für bestimmte Gruppen wie Frauen, Jugendliche, Schwerbehinderte, Heimarbeiter/innen; Kündigungsschutzrecht, Arbeitszeit- und Urlaubsgesetze usw.) zum Individual-Arbeitsrecht.

Das kollektive Arbeitsrecht betrifft die Arbeitnehmer/innen als Mitglied einer Kollektiv-Organisation (Gewerkschaft) bzw. als Teil einer Belegschaft, die von einer kollektiven betrieblichen Interessenvertretung (Betriebsrat oder Personalrat, Arbeitnehmervertretung im Aufsichtsrat) re-

24 Diese Norm enthält die nicht erschöpfende Aufzählung folgender Möglichkeiten: Maßnahmen zur Verhütung von Arbeitsunfällen und Gesundheitsschädigungen, Maßnahmen des betrieblichen Umweltschutzes, die Errichtung von bestimmten Sozialeinrichtungen, Maßnahmen zur Förderung der Vermögensbildung, Maßnahmen zur Integration ausländischer Beschäftigung und zur Bekämpfung von Fremdenfeindlichkeit und Rassismus im Betrieb.

präsentiert wird. Wichtige Bereiche des Kollektiv-Arbeitsrechts sind das Betriebsverfassungsrecht (vgl. oben) und das Personalvertretungsrecht (im öffentlichen Dienst), die verschiedenen Mitbestimmungsrechte zur Regelung der Vertretung von Arbeitnehmerinteressen in den Aufsichtsräten von Kapitalgesellschaften sowie schließlich das Tarifvertrags- und Arbeitskampfrecht.

4.3.4 Personalpolitische Implikationen

Die arbeitsrechtlichen Bezüge sind aus dem Personalwesen praktisch wie theoretisch nicht wegzudenken. Profunde Qualifikationen in diesem Feld sind z. B. für im Personalbereich tätige Mitarbeiter/innen unabdingbar. Der hohe Stellenwert arbeitsrechtlicher Rahmenbedingungen zeigt sich z. B. auch daran, dass ein wichtiges Lehrbuch, nämlich das von *Walter A. Oechsler* (2000), diesen Bezugspunkt i. V. m. Elementen des HRM-Ansatzes als konzeptionelle Grundorientierung einsetzt.

Aufgrund seiner umfassenden Mitbestimmungsrechte in sozialen und personellen Angelegenheiten ist vor allem der Betriebsrat für das betriebliche Personalwesen eine kaum zu umgehende Macht. Ungeachtet der nennenswerten Differenzen in Professionalität, Verankerung in der Belegschaft, personellen Gegebenheiten und anderen Einflussfaktoren ist er – arbeitspolitisch interpretiert – ein gewichtiger Akteur, der im großen Stil Ungewissheitszonen zu kontrollieren vermag. Für *Wächter* (1992b, Sp. 2206 f.) ist er daher zu Recht ein „Träger der Personalarbeit". Dies ergibt sich auch aus der ihm durch den Gesetzgeber zugeschriebenen Funktion einer „Vermittlungsinstanz zwischen den Arbeitnehmerinteressen und den Betriebsbelangen" (*Wächter* 1983). Diesen „intermediären Charakter" hat bereits *Fürstenberg* (1958) in seiner klassischen soziologischen Analyse der Betriebsratsfunktion herausgearbeitet: „Bei der Errichtung eines Betriebsrats handelt es sich um den Versuch, soziale Spannungen und Friktionen im betrieblichen Leistungsvollzug dadurch abzuschwächen, dass die Weisungsbefugnis der Betriebsführung eingeschränkt wird und dass die im Fall von Auseinandersetzungen direkt im Konflikt stehenden Partner durch eine vermittelnde Zwischeninstanz getrennt werden. Der Konflikt wird auf einer übergeordneten Ebene institutionalisiert" (*Fürstenberg* 1958, S. 419).

So gesehen ist der Betriebsrat viel mehr als eine bloße Interessenvertretung der Arbeitnehmer/innen, etwa i. S. e. betriebsinternen „pressure group". Es ist seine Aufgabe, viele der diffusen Interessen- und Konfliktlagen aus der Belegschaft an sich zu ziehen, zu bündeln und in Form von verhandlungsfähigen Paketen an den Arbeitgeber heranzutragen. Dabei werden schon in erheblichem Ausmaß Vorklärungen und Austarierungen jener Interessen vorgenommen. Aus diesem Grunde ist der Betriebsrat betriebsverfassungsrechtlich auch nach einem strengen Repräsentationsmodell angelegt. Abgesehen von der Wahl haben die Mitarbeiter/innen als „Basis" kaum Möglichkeiten, auf die Betriebsratstätigkeit Einfluss zu nehmen.[25] Es gibt weder ein „imperatives Mandat" noch ist der Betriebsrat an Beschlüsse von Betriebsversammlungen (die rechtlich möglich sind) gebunden.

25 Ungeachtet dieser rechtlich sehr begrenzten Einflussmöglichkeiten achten viele Betriebsräte in ihrer praktischen Arbeit durchaus darauf, die „Basis" intensiv zu informieren und in Positionsfindungen einzubeziehen.

Nach vorliegenden Befunden handelt es sich beim Betriebsrat auch aus der Perspektive des betrieblichen Managements um einen weitgehend akzeptierten Partner zur betrieblichen Konfliktregulierung. Nach einer Erhebung von *Eberwein/Tholen* (1990) finden nur 4 % der befragten Arbeitgebervertreter den Betriebsrat als „überflüssig oder schädlich." Selbst prominente Vertreter des arbeitgebernahen „Instituts der Deutschen Wirtschaft" kommen zu dem Schluss, dass Managementvertreter/innen im Betriebsrat eine „betriebliche Führungskraft", ein „Mitentscheidungsorgan" und sogar einen „wichtigen Produktionsfaktor" erkennen (*Niedenhoff* 1994, S. 19).

Man kann mit diesen Befunden wohl kaum deutlicher machen, wie zentral die Rolle der Mitbestimmung für das betriebliche Personalwesen ist. Der Betriebsrat – seine Existenz vorausgesetzt[26] – konzentriert ein großes Maß an Aufmerksamkeit bzw. Aktivität des betrieblichen Personalmanagements auf sich.

Drumm (2000, S. 57) plädiert daher für ein grundlegendes „Mitbestimmungsmanagement" i. S. e. „vorausschauende(n) Gestaltung von Mitbestimmungsprozessen". Diesen Begriff will er zu Recht so verstanden wissen, „dass Mitbestimmungsmanagement nicht gegen, sondern mit Betriebsrat [...] betrieben werden muss" (*ebenda*).

Aufgrund der skizzierten rechtlichen Rahmenbedingungen und der intermediären Funktion des Betriebsrats liegt es häufig im ureigensten Interesse des Managements und aller anderen Beteiligten, personalpolitische Lösungen i. S. v. „policies" mit der Belegschaftsvertretung zu verhandeln und möglichst im Konsens einzuführen.[27] Gerade bei instrumentellen Lösungen (z. B. Einführung von Gruppenarbeit) ist andernfalls auch die „positive Motivation" der Beschäftigten, die für ein solches Vorhaben unverzichtbar ist, gefährdet – und damit auch die zugrunde liegenden Investitionen in beträchtlicher Höhe. Daher müssen die Betriebsräte gegenüber dem „verständigen Arbeitgeber" oft gar nicht erst die (komplizierte) Frage nach den rechtlichen Grundlagen etwa für die Implementation bestimmter Maßnahmen aufwerfen. In der Praxis ist es eben häufig und in den wohl meisten personalpolitisch relevanten Fragen so, wie es ein Rechtsanwalt den Arbeitgebern in Sachen Gruppenarbeit empfiehlt: „Das Ergebnis wird [...] am Ende lauten: Ohne den Betriebsrat geht nichts" (*Neef* 1993, S. 7).

4.4 Anwendung und Einführung neuer Techniken

Schließlich hat das Personalwesen auch in erheblichem Maße mit Problemen und Potenzialen zu tun, die sich aus der Einführung und Anwendung von Betriebsmitteln, speziell im Rahmen der Implementation und Betreibung neuer Techniken ergeben.

26 Es existiert kein Gründungszwang für Betriebsräte. Es gibt sogar empirische Evidenz dafür, dass die oft sog. „mitbestimmungsfreien Zonen" in der Praxis größer geworden sind. Immerhin werden ca. 60 % der Beschäftigten in der privaten Wirtschaft weder von einem Betriebsrat noch von Vertreter/innen im Aufsichtsrat repräsentiert (*Hassel/Kluge* 1999). Bei dieser Ziffer ist jedoch in Rechnung zu stellen, dass es eine ganz deutliche Größenabhängigkeit gibt. Im Großbetrieb wie auch im „großen mittelständischen" Unternehmen ist die Existenz des Betriebsrats Standard.

27 Vgl. dazu am Beispiel Entlohnungssysteme *Eckardstein* (1997); vgl. auch für die Personalauswahl die Dissertationsschrift von *König* (2004).

4.4.1 Technologische Entwicklung

Immer schon war die menschliche Arbeit in entscheidender Weise von der Anwendung der jeweils verfügbaren technischen „Hilfs"-Mittel geprägt (*Pfeifer* 2013). Schon *Adam Smith* ging davon aus, dass durch die Forcierung der innerbetrieblichen Arbeitsteilung nicht nur die Produktivität erhöht, sondern auch die Erfindung von technischen Lösungen beflügelt würde. Seine Ansätze wurden von *Taylor* und *Ford* aufgegriffen und perfektioniert (vgl. Kap. 7.2). Bis heute zeugt ein ausgeprägtes Ingenieurs-Wesen von der Dominanz dieses traditionellen „technozentrischen Entwicklungspfades" (*Brödner* 1986) der menschlichen Arbeit.

Erst in jüngerer Zeit scheint sich ein zumindest partielles Ende dieser Tradition anzubahnen, das mit Veränderungen der marktlichen Bedingungen, aber auch mit neuen technologischen Möglichkeiten i.V.m. effizienteren und flexibleren Formen des Personaleinsatzes zusammenhängt. Die neuen Informations- und Kommunikationstechniken (IuKT) und ihre möglichst effektive Kombination mit dem „Faktor Arbeit" gelten als Schlüsselgröße im nationalen und internationalen Wettbewerb und erfreuen sich entsprechender Aufmerksamkeit. Sie stehen auch im Zentrum politischer Perspektiven und Kontroversen, da sie in entscheidendem Maße die Arbeitsbedingungen der Beschäftigten im Betrieb und die Lebensbedingungen der Bürger/innen in der Gesellschaft beeinflussen.

Die tayloristisch-fordistische Ära ist wesentlich durch die mechanische Verkettung von Maschinenreihen, Transferstraßen und Sondermaschinen mit weitestgehender Arbeitsteilung zwischen den Einzelelementen geprägt worden. Es handelt(e) sich um relativ starre Einzweck-Systeme, die aufgrund des hohen zeitlichen und technischen Aufwandes bei der Einrichtung und Umrüstung der Maschinen an die Produktion hoher und uniformer Stückzahlen gebunden sind, um wirtschaftlich eingesetzt werden zu können. In der klassischen Fertigungswirtschaft besteht ein Dilemma zwischen (hoher) Produktivität und Flexibilität: Effektive Produktion unter einem hohen Automatisierungsgrad ist gleichbedeutend mit einem Verzicht auf Flexibilität – und umgekehrt.

Demgegenüber beruht das Potenzial der ersten Generationen von IuKT auf der mikroelektronischen Verknüpfung von System-Teilen. Statt von der Mechanik werden Bewegungen von der Elektronik im Rahmen weitgehend integrierter Systeme gesteuert, was mit einer erheblichen Senkung der (Um-)Rüstzeiten, der Durchlaufzeiten und der Lagerbestände einhergeht. Als IuKT werden alle technischen Einrichtungen und Hilfsmittel, also Geräte, Dateien, Programme usw. bezeichnet, mit denen Daten erfasst, gespeichert und verarbeitet werden können (Informationstechnik) oder die Daten auch zwischen einzelnen IT-Anlagen übertragen (Kommunikationstechnik).

Die ersten elektronischen Rechner wurden bereits in den 1940er Jahren, u.a. von dem Deutschen Konrad Zuse entwickelt. Sie enthielten etwa 18.000 Elektronenröhren und 500.000 Lötverbindungen und erreichten damit nicht einmal das Niveau eines heute erhältlichen Taschenrechners. Ihre Leistungsfähigkeit wurde erst durch die Entwicklung wesentlich kleinerer und billigerer Schaltelemente, zunächst der Transistoren und dann der Mikrochips, um ein Vielfaches erhöht. In der industriellen Fertigung wurden schon relativ früh (1950er Jahre) Rechner als Steuerungsinstrument von Maschinen eingesetzt. Darstellung und Bewegung eines zu bearbeitenden Werkstückes erfolgte im Rahmen von Koordinaten, die in Lochkarten und später in Lochstreifen abgespeichert wurden. Die Koordinatenwerte werden auf elektronischem Wege in entsprechende Bewegungen der Maschine, auf der die zu bearbeitenden Werkstücke befestigt sind, übersetzt („Numerisch gesteuerte" Maschinen). Durch die numerische Steuerung wurde es möglich, einen einmal einprogrammierten Bearbeitungsvorgang an einem Werkstück beliebig lange auf Datenträger abzuspeichern und immer wieder abzurufen. Auf diese Weise konnte die Automatisierung im Gegensatz zu den mechanisch gesteuerten Systemen auch für kleinere Serien, ja sogar für die Einmal-Fertigung gewährleistet werden.

Insbesondere durch die Entwicklung von Mikrorechnern und deren Vernetzung wurden zudem neue Anwendungsfelder erschlossen, die zuvor von größeren technisch-organisatorischen Rationalisierungsprozessen verschont geblieben waren. Dabei handelte es sich zunächst um die kaufmännischen Bereiche eines Unternehmens, in denen eine Vielzahl von Daten über längere Zeit gespeichert und immer wieder um neue Informationen ergänzt werden mussten (Buchhaltung, Finanzwesen, Einkauf, Verkauf, Lohn- und Gehaltsabrechnung). In der Folgezeit wurde der gesamte Büro- und Verwaltungsbereich von den IuKT erfasst. Und damit selbstredend auch der ganze Dienstleistungsbereich: Banken, Versicherungen, Handelsunternehmen. Im „Dunstkreis" dieser Entwicklung sind schließlich auch eine Vielzahl neuer Unternehmen entstanden, die sich vor allem mit der Entwicklung von Software-Lösungen beschäftigen.

Mit dem Internet hat sich seit den 1990er Jahren ein grundlegend neues Medium herausgebildet, das inzwischen alle Lebensbereiche und natürlich auch die betrieblich-technologische Entwicklung nachhaltig prägt. Lassen wir zu dieser Etappe der Technologieentfaltung einen Fachkollegen zu Wort kommen:

„Computernetze mit ihrer explosiven Eigendynamik wurden zu zentralen Nervensystemen der Weltwirtschaft. Das Internet verbindet weltweit unterschiedlichste Computer, die Nutzerzahlen steigen stetig. [...] Der HTML-Standard stellt sicher, dass multimediale Darstellungen von jedem beliebigen Empfangsgerät richtig interpretiert werden. Ursprünglich galt der Internetgedanke lediglich für die externe Kommunikation, gilt aber jetzt als Intranet auch intraorganisatorisch: Die Möglichkeiten reichen von der Publikation zentraler Dokumente über den Zugang zu Informationsdatenbanken bis zu einem systematischen internen Personalmarketing" (*Scholz* 2000, S. 8).

Mit Begriffen wie „Industrie 4.0" wird, zumindest als Vision, zur Mitte des zweiten Jahrzehnts im noch jungen Jahrtausend nicht weniger als eine vierte industrielle Revolution proklamiert, weil nicht mehr nur die virtuelle Computerwelt, sondern auch die „Welt der Dinge" intelligent miteinander vernetzt werden. Dezentrale Systemkomponenten kommunizieren miteinander und betreiben kontinuierliche „Selbstoptimierung".

Auch Arbeit und Beschäftigung ändern sich in der digitalisierten Welt fundamental, ohne dass hier auch nur annähernd ein Überblick der sich entwickelnden Wandlungen gegeben werden könnte. Daher sollen hier zwei Beispiele genügen:

- Arbeitspakete werden im Netz ausgeschrieben, und „Selbständige" in der „Crowd" können sich dafür bewerben. Es liegt auf der Hand, dass unter diesen Bedingungen die Interessen der übermächtigen Auftragsanbieter stark dominieren. Mit hoher Wahrscheinlichkeit investieren Interessent/innen ihre Arbeit umsonst; der Anbieter kann bei diesem „Crowdworking" die Bedingungen quasi diktieren (vgl. z. B. *Klebe/Neugebauer* 2014).
- Die Arbeit in den Unternehmen wird zunehmend mobil. Schon am Ende des ersten Jahrzehnts des 21. Jahrhunderts hat jede/r fünfte Beschäftigte mobile Arbeit verrichtet (*Ruppen-*

thal/Lück 2009). Dieser Anteil wird rasant zunehmen. Von mobiler Arbeit wird gesprochen, wenn Beschäftigte mindestens zehn Stunden pro Woche an einem anderen Ort fern des Betriebsgeländes und der eigenen Wohnung tätig sind und dabei moderne Techniken der Datenübertragung nutzen (*Kesselring/Vogl* 2010, S. 65). Besonders intensiv findet mobile Arbeit statt, wenn die Mitarbeiter/innen direkt beim Kunden arbeiten. Bei mobiler Arbeit sind die klassischen betrieblichen Steuerungsmechanismen nicht anwendbar. Statt Anwesenheit, Weisungsbeziehungen und direkter Kontrolle zählt das Arbeitsergebnis, für das mittels Aufträgen, Zielvorgaben oder Zielvereinbarungen einzuhaltende Standards gesetzt werden. Dies macht es möglich, dass überall gearbeitet werden kann, nicht nur im Betrieb, sondern auch zu Hause, im Hotel, im Zug, vor allem dort, wo man Zugang zum Netz hat. Arbeit ist zunehmend entgrenzt.

4.4.2 IuKT aus Sicht von Arbeitgebern und Beschäftigten

Die Abschätzung und Prognose der Folgen des Einsatzes von IuKT für die betroffenen Menschen beschäftigt schon seit geraumer Zeit die Praxis ebenso wie Wissenschaft und Politik, ohne dass hier ein hinreichender Aufriss dieser Problematik erfolgen kann.

Aus der Perspektive der Arbeitgeber erscheint der Sachverhalt zunächst relativ einfach. Die IuKT werden eingesetzt in der Erwartung einer Steigerung der wirtschaftlichen Effizienz, wobei die diesbezüglichen Potenziale der IuKT wohl noch längst nicht ausgereizt sind. Das Wirtschaftlichkeitskriterium umfasst neben dem Aspekt der unmittelbaren Senkung der Produktionskosten und der Prozesskontrolle auch mittelbare Komponenten wie die Erhöhung der Anpassungsfähigkeit an die sich ständig wandelnden Marktverhältnisse (Flexibilisierung), die Verbesserung der nationalen und internationalen Wettbewerbsfähigkeit oder die Verfügbarkeit und Wiederverwendbarkeit von Maschinen und Anlagen. Im Zusammenhang mit der Inter- und Intranet-Entwicklung hat man sich zuletzt verstärkt mit der Möglichkeit eines systematischen **Wissensmanagements** beschäftigt (vgl. z. B. *Probst/Gibbert/Raub* 2004).

Erhebungen haben aber gezeigt, dass die Wirtschaftlichkeit nicht immer oder nicht nur der ausschlaggebende Faktor für Entscheidungen über die Einführung von IuKT ist, zumal sich fundierte Kosten-Nutzen-Analysen oft nur schwer erbringen lassen. Auch Motive wie Prestigedenken oder die Befürchtung, andernfalls den Anschluss an die Entwicklung zu verlieren, spielen in vielen Fällen eine prominente Rolle (vgl. z. B. *Ortmann et al.* 1990). Es kommt hinzu, dass Macht- und Herrschaftsaspekte kaum von der IuKT-Anwendung zu trennen sind. Häufig enthalten sie hervorragende und bislang nicht gekannte Möglichkeiten einer verstärkten Kontrolle und Überwachung der Arbeitnehmer/innen (vgl. bereits *Manske* 1991).

Ferner wurde in empirischen Erhebungen ein bestimmtes Muster der Anwendung und Gestaltung von IuKT identifiziert, das ebenfalls die undifferenzierte Behauptung der Implementation auf der Basis fundierter wirtschaftlicher Reflexionen relativiert. Demnach werden IuKT vorzugsweise zunächst für die Bereiche bzw. Probleme gesucht, in denen von wichtigen Akteuren eine ausgesprochene Engpasssituation gesehen wird. Bewähren sie sich, so wird nach weiteren sinnvollen Möglichkeiten ihrer Anwendung gesucht. Entgegen einem oft gehörten Klischee brechen neue IuKT somit zumeist nicht „revolutionär“ über die Betriebe herein. Vielmehr werden sie zunächst als Hilfsmittel zur Beseitigung von Engpässen in eng definierten Funktionsbereichen und im Rahmen der etablierten betrieblichen Strukturen eingesetzt. Engpasstypen und damit verbundene Motive können sein:

- Erweiterungsmotive (z. B. bei Personalengpässen),
- Ersatz- und Rationalisierungsmotive (z. B. aufgrund gestiegener Fertigungskosten),
- Konkurrenzdruckmotive,
- Experimentiermotive.

Die Anwendungsraten der IuKT weisen einen mit der Größe der Unternehmen deutlich ansteigenden Verlauf auf. Betriebe, welche bereits in einem Funktionsbereich neue IuKT übernommen haben, zeigen eine höhere Neigung zur Implementation auch in anderen Bereichen.

Die trotz steigendem Wettbewerbsdruck nicht selten zu beobachtende und zunächst überraschende Zurückhaltung vieler Unternehmen bei der Anwendung von IuKT ist darauf zurückzuführen, dass ihre Einführung mit erheblichen finanziellen und technisch-organisatorischen Problemen verbunden ist. Der Investitionsaufwand ist trotz der beständigen Verbilligung der Mikroelektronik enorm, die Amortisation der Kosten dauert entsprechend lange. Alte Produktionsanlagen können kaum „flächendeckend" verschrottet oder veräußert und durch neue ersetzt werden. Außer bei Neugründungen „auf der grünen Wiese" ist im Regelfall nur eine allmähliche Integration von Innovationen in den technisch-organisatorischen Status quo möglich. Die Mitarbeiter/innen müssen umdenken und umlernen, was ebenfalls mit erheblichen Aufwendungen an Zeit und Geld verbunden ist.

Indes nimmt der Rationalisierungsdruck infolge gewachsener nationaler und internationaler Konkurrenz stetig zu. Die Wettbewerbsfähigkeit der Unternehmen scheint auf vielen Märkten eng mit der Fähigkeit und Bereitschaft verknüpft zu sein, neue oder abgewandelte Produkte auf technisch modernsten Anlagen kostengünstig und in qualitativ hochwertiger Weise herzustellen.

Wie schon gerade angedeutet, spielen auch die Arbeitnehmer/innen und ihre Interessenvertretung in den Prozessen der Einführung und Gestaltung neuer IuKT eine oft vernachlässigte, wenn auch in verallgemeinernder Form schwer zu beschreibende Rolle. In früheren industriesoziologischen Visionen über die Folgen der Einführung neuer IuKT wurde zumeist die Position eines Technik-Determinismus zugrunde gelegt, wonach die Auswirkungen für Berufsqualifikationen, Zahl der Arbeitsplätze, Arbeitsbedingungen und Kontrolle feststehen und inhaltlich die tayloristischen Traditionen fortsetzen und sogar verstärken (*Kern/Schumann* 1970). Unter anderem wurden folgende negative Folgewirkungen für die Arbeitnehmer/innen postuliert:

- Immer umfassendere Substitution des Menschen mit der Konsequenz der Reduktion von Arbeitsplätzen und der Steigerung von Arbeitslosigkeit,
- weitere Verarmung von Arbeits- und Qualifikationsinhalten,
- Steigerung unternehmerischer Kontrollmöglichkeiten,
- verstärkte soziale Isolierung an den verbliebenen Arbeitsplätzen.

Entgegen der Annahme des Technikdeterminismus und der Polarisierung von Qualifikationsinhalten (mit deutlichem Übergewicht einer Verarmung für die Masse der Arbeitnehmer/innen) wurde – interessanterweise maßgeblich von den selben Autoren (*Kern/Schumann* 1984) – auf der Basis umfangreicher und über längere Zeiträume erfolgter Untersuchungen in den 1980er und 1990er Jahren ein fundamentaler Wandel postuliert („Neue Produktionskonzepte"). Beobachtbare Technikwirkungen sind nicht allein durch das Eigenschaftsprofil der IuKT vorbestimmt, sondern Ausdruck von speziellen betrieblichen Rahmenbedingungen bzw. Verhaltensweisen der involvierten Akteure. Die Einführung und Nutzung neuer IuKT ist i. d. R. mit sozialen Prozessen in der Organisation verknüpft, die einen offenen und politischen Charakter haben. Ungewisse Situationen, deren Komplexität nicht mehr durch bisherige Organisationsregeln und selbst entwickelte Annahmen absorbiert werden kann, erfordern Verhandlungen zwischen inner- und ggf. auch außerbetrieblichen Akteuren.

Inhaltlich wird diesen Erhebungen zufolge die lebendige Arbeit immer weniger in tayloristischer Tradition als potenzielle Schranke der Produktion betrachtet. Zwischenzeitlich aufgetretenen Visionen der menschenleeren Fabrik wird die Praktikabilität und ökonomische Sinnhaftigkeit abgesprochen. Der Mensch muss in den „Neuen Produktionskonzepten" nicht durch restriktive Arbeitsgestaltung zum bloßen Bediener degradiert werden. Im Gegenteil habe sich gezeigt, dass die weitestgehende Komprimierung lebendiger Arbeit im Rahmen der klassischen technozentrischen Rationalisierungskonzepte die Kapitalverwertung eher behindert, weil die Produktivitätspotenziale des „Faktors Arbeit" verschüttet werden. Zu erwarten sei daher eher eine Überwindung des Taylorismus im Zuge der Anwendung neuer, flexibler IuKT durch einen stärker ganzheitlich ausgerichteten Aufgabenzuschnitt, höhere Qualifikation und ein Gewinn an fachlicher Souveränität, z. B. in der industriellen Produktion auf Seiten der Facharbeiter/innen. Diese Bestrebungen würden flankiert von einem veränderten Bild des Managements von den Arbeitenden: Es sieht sie weniger als Systemgegner und Verweigerer denn als kompromissfähige Interessenwahrnehmer mit Einsichtsfähigkeit und Betriebsverbundenheit.

Nach der sehr populär gewordenen Studie von *Kern/Schumann* (1984) profitiert jedoch nur ein Teil der Facharbeiter/innen, nämlich die „Rationalisierungsgewinner", von den „Neuen Produktionskonzepten". Zum Gewinner prädestiniert erscheinen junge deutsche Facharbeiter/innen mit Karriereorientierung, die zur (ständig zu reaktualisierenden) Aneignung der technologisch-physikalisch-chemischen Grundlagen der modernen Produktionsprozesse fähig und bereit sind.

Zwar hat das Postulat von den „Neuen Produktionskonzepten" auch vielfältige Kritik erfahren, wobei auch auf erweiterte Risiken für die Beschäftigten hingewiesen wird. Trotz dieser unveränderten oder sogar erhöhten Risiken für die Arbeitnehmer/innen bleibt die Offenheit und Gestaltbarkeit realer Rationalisierungsverläufe eine Chance, ihre Interessen in die Verhandlungs- und Gestaltungsprozesse einzubringen.

4.4.3 Personalpolitische Implikationen

Im Zuge dieser hier nur sehr grob skizzierten Entwicklungen ist eine eigenständige Zielgröße des „Personalmanagements" i. S. e. flankierenden Förderung des technologischen Wandels und des effizienteren Umgangs mit den daraus resultierenden personellen Problembereichen entstanden (vgl. dazu *Marr* 1986; *Oechsler* 1990; *Meiser et al.* 1991; *Gerpott* 2004). Dabei geht es vor allem darum, mit Widerständen gegen Technikeinführung umzugehen, Akzeptanz zu gewährleisten und ggf. die Kenntnisse und Gestaltungswünsche der Mitarbeiter/innen in die Konzipierung technischer Anlagen einzubeziehen. Es bedarf aber auch einer „frühzeitige(n) Kopplung von technischer Systementwicklung und Personalbeschaffung sowie Personalentwicklung" (*Scholz* 1994, S. 17).

Schon die Studie von *Walton/Susman* (1987) hat gezeigt, dass technikintensive Fertigungsprozesse eine sorgfältige Auswahl des Personals sowie hohe Investitionen in die Personalentwicklung erfordern.[28] Aber auch darüber hinaus sind z. T. fundamentale Veränderungen in allen möglichen Handlungsfeldern des Personalwesens mit der Einführung und Nutzung von IuKT verbunden. So bedarf es in der Personalplanung eher des Prinzips der präventiven Gestaltung statt der oft üblichen reaktiven Anpassung. Zur Personalbedarfsdeckung empfiehlt sich eine längerfristig angelegte Potenzialplanung, bei der z. B. antizipativ die entsprechenden Aus- und Weiterbildungsbedarfe eruiert und entsprechende Maßnahmen eingeleitet werden. Oft genug erfolgt nur eine reaktive Potenzialanpassung simultan mit technischen Veränderungen, die dann scheitern oder zumindest mit unnötig hohen Anlaufhürden zu kämpfen haben. Zu beachten sind hier auch die häufig im Raum stehenden Substitutionseffekte von neuen Techniken, deren personalpolitische Folgen durch Um- und Versetzungen und vorausschauende Strategien der Reduktion der Personaldecke ohne das Erfordernis betriebsbedingter Kündigungen erheblich abgemildert werden können.

Stellt man ferner in Rechnung, dass technische Anlagen nicht selten ein beträchtliches Investitionsvolumen erfordern und insofern möglichst intensiv auszulasten sind, werden die Folgewirkungen auch für den Aspekt der Arbeitszeitgestaltung deutlich. Flexible Arbeitszeitmodelle können dafür Sorge tragen, dass Maschinenlaufzeiten rund um die Uhr möglich werden.

Weitere Implikationen, auf die wir hier nicht näher eingehen, betreffen besonders die Arbeitsgestaltung und auch die Personalführung (vgl. *Scholz* 1994, S. 16; *Gerpott* 2004, Sp. 1886). Außerdem ist hervorzuheben, dass sich das Personalwesen als betriebliche Funktion selbst im sicherlich wachsenden Ausmaß neuer Techniken bedient. Während die politisch höchst brisanten IT-gestützten Personalinformationssysteme schon fast ein „alter Hut" sind, gehen vor allem die neuen IuKT mit z. T. recht einschneidenden Veränderungen in der Ausfüllung zentraler personalpolitischer Handlungsfelder einher. Schon macht das Schlagwort von einer „Virtualisierung der Personalarbeit" (*Scholz* 2004) die Runde. Als Beispiele seien hier nur das „E-Cruiting" im Rahmen der Personalbeschaffung (vgl. Kap. 6.2.3) sowie das „E-Learning" (vgl. Kap. 11.3.2.4) angeführt.

28 Hier angeführt nach *Scholz* (1994, S. 17 f.).

5. Personalplanung als personalpolitisches Handlungsfeld

(von Thomas Breisig)

Nach diesem Überblick der verschiedenen Rahmenbedingungen, denen personalpolitisches Handeln stets ausgesetzt ist, geht es in den restlichen Kapiteln dieses Lehrbuches darum, die verschiedenen **Aktivitätsbereiche** zu vertiefen, in denen die relevanten Akteure um Einfluss nach Maßgabe ihrer Interessen ringen. Dabei folgen wir in der klassischen funktionalistischen Betrachtungsweise des Personalwesens (vgl. *Metz* 1993) einer gewissen „Input-Throughput-Output"-Systematik. Zunächst muss Personal am Arbeitsmarkt beschafft und ausgewählt werden. Anschließend wird es im Unternehmen bzw. im Betriebsablauf eingesetzt und schließlich wieder an das Umsystem abgegeben. Ein erstes wesentliches Handlungsfeld des Personalwesens ist jedoch im Vorfeld dieser Bereiche die Planung der Beschaffung, des Einsatzes und des Abbaus der menschlichen Ressourcen.

Das Erfordernis der Planung personeller Maßnahmen dürfte eigentlich nicht zu bestreiten sein. Zu offenkundig ist die Tatsache, dass Fehlentwicklungen und unangenehmen sowie kostspieligen ad hoc-Maßnahmen durch eine möglichst treffsichere Planung vorgebeugt werden kann. Als Beispiele muss man nur auf kurzfristig angesetzte Maßnahmen zum Belegschaftsabbau oder auch – im umgekehrten Sinne – auf die Jagd nach qualifizierten Arbeitskräften in leergefegten Segmenten des Arbeitsmarktes verweisen. Wenn die oftmals in den Raum gestellte These zutrifft, dass das „Humankapital", die menschlichen Ressourcen, ein zentraler Wettbewerbsfaktor sind, dann ist es nur folgerichtig, in der Bereitstellung und dem Einsatz dieser Ressource ein gravierendes betriebswirtschaftliches Planungsproblem zu sehen (*Drumm* 2000, S. 221; *Scholz* 2014a, S. 94).[29]

5.1 Grundlagen der Personalplanung

Planungsproblemen in allen möglichen Teilbereichen und -funktionen wird in der Betriebswirtschaftslehre seit jeher ein hohes Maß an Aufmerksamkeit zuteil. Begriffe wie Absatz-, Akquisitions-, Kosten-, Beschaffungs-, Bilanz-, Finanzierungs- oder Investitionsplanung sind in den diversen Teildisziplinen wie auch in der Allgemeinen Betriebswirtschaftslehre gängig und von zentralem Stellenwert. Die Personalplanung fügt sich in diese Reihe nahtlos ein. In der noch jungen Disziplin „Personalwesen" (in den 1960er und 1970er Jahren) gehörte sie zu den intensiv behandelten Bereichen (vgl. etwa *Potthoff* 1974, S. 136 ff.; *Wächter* 1970 und 1974). Mittlerweile haben ihr jedoch andere Felder wie z. B. Personalentwicklung oder Personalführung den Rang abgelaufen.

Unter Planung wird in der Betriebswirtschaftslehre i. d. R. eine Entscheidung verstanden, „welche vor Beginn jenes Zeitabschnittes getroffen wird, an dessen Datenkonstellation es sich anzupassen gilt (Antizipationsentscheidung). Planung ist demnach der systematische Entscheidungsprozeß zur Auswahl zukünftiger Handlungsmöglichkeiten. Pläne sind demgegenüber die festgehaltenen Endergebnisse dieses Prozesses, d. h. die Dokumentation der in der Planung erar-

29 Vgl. ausführlich zur Personalplanung das Lehrbuch von *Mag* (1998).

beiteten Zielgrößen und der für ihre Erreichung notwendigen Aktionen" (*Delfmann* 1989, Sp. 1370 f.).

Planung ist gleichbedeutend mit einer Projektion gewollten Tuns in die (unsichere) Zukunft und gilt insofern als Ausdruck ökonomischen Rationalverhaltens. Bei der **Personalplanung** geht es darum, im Bereich des Einsatzes menschlicher Arbeitskraft zur Erstellung von Gütern und Dienstleistungen künftige Entwicklungen vorwegzunehmen und damit „vernünftige" personalpolitische Maßnahmen aus dem potenziellen Alternativenspektrum auswählbar zu machen. Risiken sollen bestenfalls ausgeschaltet, zumindest jedoch klein gehalten werden.

Es handelt sich bei der Personalplanung um die gedankliche Antizipation zum Planungszeitpunkt darüber:

- wie viel Personal mit welcher Qualifikation in der Zukunft bis zu einem bestimmten Planungshorizont gebraucht wird,
- über welches Personal man zu einer bestimmten (beliebigen) Zeit zwischen Planungszeitpunkt und Planungshorizont verfügt bzw. welche Art von Personal man bevorzugt,
- wann und wie man benötigtes Personal beschafft,
- wie vorhandenes oder zu beschaffendes Personal qualifiziert wird,
- ob und welche Mitarbeiter/innen zur Verfügung gestellt werden müssen oder ob es Verwendungsalternativen gibt,
- auf welchen Stellen und in welchem Bereich (welches) Personal eingesetzt werden soll.

Hinsichtlich der **Planungshorizonte** lässt sich idealtypisch zwischen einer kurzfristigen (1 Monat bis 1 Jahr), mittelfristigen (1 Jahr bis 5 Jahre) und langfristigen Personalplanung differenzieren.

Die Personalplanung erstreckt sich dabei auf verschiedene **Dimensionen**, wie etwa die folgenden:

- quantitative Dimension: vor allem festgemacht an der Zahl der Beschäftigten,
- qualitative Dimension: betrifft die Qualifikation der Mitarbeiter/innen,
- zeitliche Dimension: bezieht sich auf die zeitgerechte Abfolge und Steuerung der zu planenden Aktivitäten und
- lokale bzw. regionale Dimension: relevant für Unternehmen mit mehreren Betriebsstätten an unterschiedlichen Orten.

Ökonomisch leitet sich die Notwendigkeit der Personalplanung (nicht nur) im „Hochlohnland" Deutschland von der Kostspieligkeit und Knappheit dieses Einsatz-„Faktors" ab. Personal steht nicht automatisch zu irgendeinem Zeitpunkt in einer bestimmten Zahl und noch dazu in der gerade benötigten Qualifikation zur Verfügung. Dieser knappe „Faktor" muss durch das und für das Unternehmen bereitgestellt werden. Dies erfolgt durch Fortbeschäftigung vorhandener Arbeitskräfte, durch Beschaffung vom internen bzw. externen Arbeitsmarkt und/oder durch Aus- und Weiterbildung vorhandenen Personals.

Obwohl in der Sache beträchtlich schwieriger, steigt der Planungsbedarf unter turbulenten Umweltbedingungen, insbes. starken Nachfrageschwankungen, erheblich an. Als problematisch erweist sich für die unternehmerische Personalpolitik in diesem Kontext, dass die Nutzbarkeit der menschlichen Arbeitskraft im Gegensatz zu mancherlei Ausprägung des Faktors Kapital Einschränkungen aufweist. Vor allem arbeitsrechtliche Bestimmungen wie der Kündigungsschutz oder die Sozialplanpflichtigkeit von Personalabbaumaßnahmen, sofern sie einen größeren Umfang annehmen, machen die Ressource Arbeitskraft zu einem Faktor mit nicht unbeträchtlicher **Kostenremanenz**.

Aber auch unter weniger turbulenten Handlungsbedingungen gibt es Planungserfordernisse: Personal scheidet aus dem Erwerbsleben aus, verlässt das Unternehmen (Fluktuation), wird versetzt, kommt von der Ableistung des (freiwilligen) Wehrdienstes zurück, weibliche Beschäftigte werden schwanger usw. Insoweit hat jedes Unternehmen, jede Organisation, die zumindest in einem größeren Umfang Menschen beschäftigt, einen sich ständig reaktualisierenden Personalplanungsbedarf.

Eine sachlich tragfähige Personalplanung kann für das Unternehmen und die Beschäftigten folgende Leistungen erbringen:

LITERATUR

Leistungen einer tragfähigen Personalplanung (nach *RKW* 1990, S. I-12)

- *„Planung kann die Abläufe und Entscheidungen im personellen Bereich durchsichtiger machen und damit zur Versachlichung der Personalpolitik beitragen.*
- *Die gesetzliche Verpflichtung, den Betriebsrat über die Personalplanung zu informieren und die sich daraus ergebenden Maßnahmen mit ihm zu beraten, kann die Personalplanung zu einem Instrument rationaler Konfliktlösung im Betrieb machen.*
- *Personalplanung kann dazu beitragen, die Entwicklung eines Unternehmens auch im Bereich des Personals zu verstetigen und Schwankungen, Einbrüche, Fehlschläge usw. zu vermeiden.*
- *Maßnahmen, die für die Mitarbeiter mit Härten verbunden sind, können durch Personalplanung in ihren Konsequenzen entschärft werden, d. h. auftretende Härten können durch rechtzeitig ergriffene Maßnahmen gemildert oder ausgeglichen werden.“*

5.2 Personalplanung als abgeleitete Planung

Bei der Personalplanung handelt es sich keineswegs um eine isolierte und autonome Planungsebene. Sie ist unmittelbar verknüpft mit anderen Planungsbereichen wie der Absatz-, Produktions-, Investitions-, Beschaffungs- oder Finanzplanung des Unternehmens. Insbesondere die Absatz- und die Produktionsplanung beeinflussen die Personalplanung, weil sie sich in quantitativer und qualitativer Hinsicht unmittelbar auf die erforderlichen Personalbestände auswirken. Die Finanzplanung setzt dafür jedoch oft Restriktionen, führt sogar ggf. zu einer Revision der Absatz- und Produktionsplanung und/oder zu Substitutionsentscheidungen (z. B. Einsatz von Technik statt menschlicher Arbeit). Ein enger Zusammenhang mit der Investitionsplanung liegt auf der Hand. Erweiterungsinvestitionen erhöhen i. d. R. den quantitativen, oft auch den qualitativen Personalbedarf. Bei Rationalisierungsinvestitionen ist zumeist das Gegenteil der Fall.

ABB. 21: Zusammenhänge zwischen den Planungsfeldern

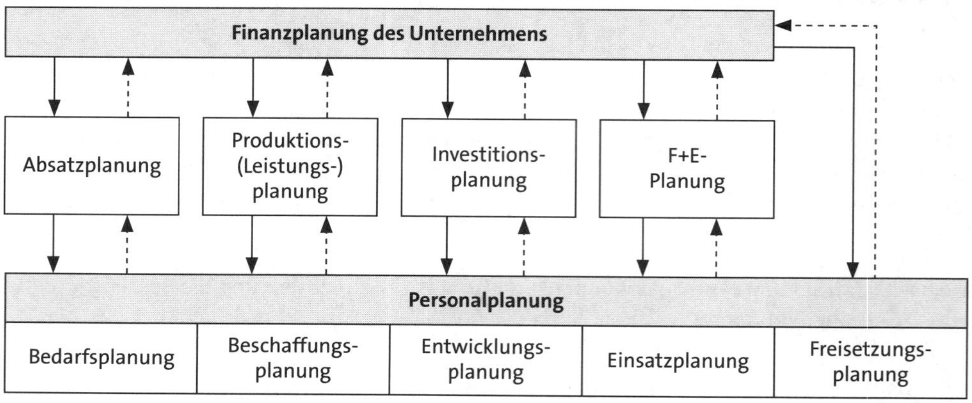

Idealtypischerweise handelt es sich bei der Beziehung zwischen diesen Feldern um ein reziprokes Beeinflussungsverhältnis, etwa zwischen der Personalplanung und der Absatz-, Leistungs- und Beschaffungsplanung (in Abb. 21 mit gestrichelten Pfeilen ausgedrückt). Demnach wäre die Personalplanung nicht nur abgeleitete Planung, sondern würde sich ihrerseits auch auf die anderen Planungen auswirken. Beispiele dafür wären etwa:

- In der Absatzplanung werden Ziele gesetzt, die mit der bestehenden Personaldecke nicht zu erfüllen sind. Aufstockungen sind aber wegen der Festlegungen im Rahmen des Finanzplanes nicht möglich, sodass die Absatzplanungen nach unten revidiert werden müssen.
- Die Absatz- bzw. Produktionsplanung verlangt nach einer Personalaufstockung, die aber zumindest in der benötigten Qualifikation vom Arbeitsmarkt nicht befriedigt werden kann.
- Die Belegschaft verfügt über qualifikatorische Stärken, die bislang noch nicht umfassend ausgeschöpft werden. Dies führt zu einer Erweiterung des Produktionsprogramms und damit zu einer Veränderung der Leistungsplanung.
- Im Zuge der Investitionsplanung werden Festlegungen getroffen, die mit den Prinzipien menschengerechter Arbeitsgestaltung nicht vereinbar sind. Die Investitionsplanung wird daher entsprechend abgeändert.

Die Annahme eines reziproken Verhältnisses ist für die Praxis jedoch oft nur ein Wunschtraum oder graue Theorie. Sofern überhaupt eine systematische Personalplanungexistiert, ist sie gegenüber den anderen Planungsbereichen absolut nachrangig gestellt – von wenigen Ausnahmen evtl. abgesehen. Eine solche Ausnahme ist die **Integrierte Investitions- und Personalplanung** bei Audi, die in der Literatur mehrfach von *Oechsler* (z. B. 2000, S. 177 ff.) beschrieben worden ist:

Bei der Einführung eines neuen Fahrzeugmodells beschäftigen sich die zuständigen Managementstellen zunächst in einem mehrjährigen Prozess mit der technischen Detailkonzipierung, dem Design und der Investitionsplanung für die Produktion des Automobils. Sobald produktionstechnische Details feststehen, wird der Betriebsrat darüber informiert und – ca. zwei Jahre vor Produktionsstart – in die weiteren Planungsprozesse einbezogen. Als wichtigstes Analyseinstrument fungiert ein strukturierter Fragebogen, der den Führungskräften der betroffenen Bereiche vorgelegt wird. Mit seiner Hilfe sollen mögliche Auswirkungen auf das Personal frühzeitig identifiziert werden, sodass sich entsprechende Gegenmaßnahmen ableiten lassen:

LITERATUR

Fragebogen im Rahmen der integrierten Investitions- und Personalplanung bei Audi (modifiziert nach *Oechsler* 2000, S. 179)

- *Wird das neue Produktionsverfahren in Ihrem Bereich zu einem Personalmehr- oder -minderbedarf führen?*
- *Verändern sich Arbeitsbedingungen oder die Gestaltung von Arbeitsplätzen?*
- *Entstehen veränderte Arbeitsfunktionen und Tätigkeitsbilder?*
- *Welche Informations- und Weiterbildungsmaßnahmen sind erforderlich?*
- *Sind Auswirkungen auf die Eingruppierung der Beschäftigten zu erwarten?*
- *Wie viele Mitarbeiter/innen sind durch die geplante Veränderung betroffen?*
- *Werden Sozialeinrichtungen beeinflusst?*

Nach diesen Abklärungsprozessen hat das Unternehmen immerhin zwei bis drei Jahre Zeit, um die notwendigen Anpassungsmaßnahmen zu ergreifen und die Veränderungen vorzubereiten. Dies erfolgt i. d. R. durch Weiterbildung bzw. Umsetzung von Mitarbeiter/innen, die anderswo abgezogen werden können. In wirtschaftlicher Hinsicht trägt dieses Konzept dazu bei, dass die Produktion des neuen Modells nach dem Startschuss gleich mit einer vergleichsweise hohen Kapazitätsauslastung betrieben werden kann.

5.3 Funktionsbereiche der Personalplanung

Die Personalplanung wird nach funktional-inhaltlichen Gesichtspunkten üblicherweise in die folgenden Teilplanungen unterteilt:

- Personalbedarfsplanung,
- Personalbeschaffungsplanung,
- Personalabbauplanung,
- Personaleinsatzplanung,
- Personalentwicklungsplanung.

Ein heikles und stets starken Bewegungen unterliegendes Planungsfeld ist zudem die Personalkostenplanung, auf die hier aus Platzgründen jedoch nicht näher eingegangen wird.

Die übrigen Teilbereiche der Personalplanung sollen im Folgenden jeweils kurz erläutert werden.

5.3.1 Personalbedarfsplanung

Die Personalbedarfsplanung bildet den Ausgangspunkt und das Kernstück dieser Funktionsbereiche. Sie liefert die grundlegenden Informationen für die übrigen Teilplanungen. Mit der Personalbedarfsplanung wird die künftig benötigte Personaldecke prognostiziert: Wie viele Mitarbeiter/innen werden wann, wo und mit welchen Qualifikationen benötigt? Dabei sind die folgenden Größen zu ermitteln:

- Gesamtbedarf für künftige Planzeitpunkte (t_x),
- vorhandener Personalbestand zum Zeitpunkt der Planerstellung (t_o),
- voraussehbare Veränderungen des Personalbestandes bis zum Planungshorizont (t_o bis t_x).

Von diesen Größen ist der Personalbestand (t_o) anhand der Personalstatistik am leichtesten zu ermitteln. Bei den Personalbewegungen im Zeitraum t_o bis t_x wird es schon schwieriger. Bei dieser Größe müssen bereits fest einzukalkulierende Zugänge berücksichtigt werden, die auch ohne Beschaffungsmaßnahmen zu erwarten sind wie etwa

- zu übernehmende Auszubildende nach Beendigung der Lehre,
- Rückkehrer vom Wehrdienst oder aus der Elternzeit,
- ggf. Eintritt bereits vertraglich eingestellter Mitarbeiter/innen.

Die Abschätzung der Abgänge erfordert vor allem Prognosen über die Zahl der Beschäftigten, die

- die Altersgrenze erreichen und in den Ruhestand wechseln,
- ausscheiden (infolge von Berufsunfähigkeit) oder gar versterben,
- von sich aus das Arbeitsverhältnis kündigen (Fluktuation).

Als besonderes Planungsproblem erweist sich aber zusehends eine zuverlässige Prognose des Gesamtpersonalbedarfs zu einem künftigen Planungszeitpunkt (t_x). Vor allem auf mittelfristige oder lange Sicht verschärft sich das Problem, weil angesichts der ökonomischen Turbulenzen (Globalisierung, Standortwettbewerb usw.), der Auswirkungen neuer Techniken, der Unwägbarkeiten auf den Absatzmärkten, der Entwicklungstendenzen bei der Arbeitszeit, der scheinbar zeitlosen Fusions- und Kooperationswellen, der Möglichkeiten der Personalkosteneinsparung durch Outsourcing, Leiharbeit usw. eine treffsichere Antizipation der kommenden Entwicklungen erschwert wird.

Ungeachtet dieser Schwierigkeiten lautet das „Grundschema" der Personalbedarfsplanung wie folgt:

ABB. 22: Grundschema der Personalbedarfsplanung

Gesamt(brutto)personalbedarf	(t_x)
- Personalbestand	(t_0)
+ Personalabgänge	($t_0 - t_x$)
- Personalzugänge	($t_0 - t_x$)
= Nettobedarf (t_x) bzw. Personalüberschuss (t_x)	

Bei der Personalbedarfsplanung spielt die Differenzierung von Netto- und Bruttopersonalbedarf eine große Rolle. Dies geht aus der nachstehend dargestellten Schrittfolge der Personalbedarfsplanung hervor (vgl. *Oechsler* 2000, S. 170):

ABB. 23: Schrittfolge der Personalbedarfsplanung (nach *Oechsler* 2000, S. 171)

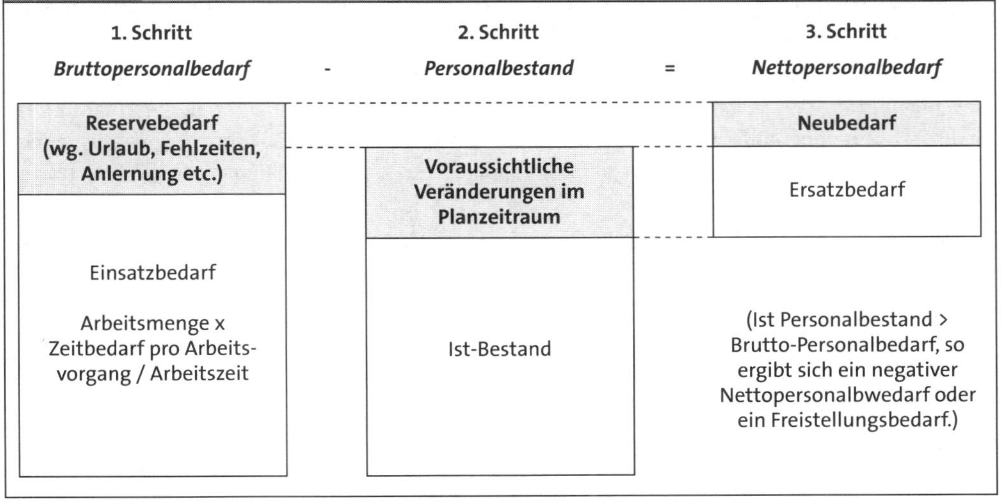

- **1. Schritt:** Bei der Festlegung des Bruttopersonalbedarfs wird der gesamte Personalbedarf (z. T. auch ausgedrückt als Arbeitszeitbedarf) zu einem bestimmten Planungszeitpunkt ermittelt. Dabei wird zwischen Einsatz- und Reservebedarf unterschieden. Der Einsatzbedarf bezieht sich unmittelbar auf die Realisierung der Leistungserstellung; der Reservebedarf stellt in Rechnung, dass es unvermeidlicher Weise zu Ausfällen kommen wird, etwa infolge von Fehlzeiten, Urlaub, Anlernzeiten usw.
- **2. Schritt:** Im zweiten Schritt wird der vermutliche Personalbestand zum Planungszeitpunkt ermittelt, wobei die zwischenzeitlichen Veränderungen (z. B. infolge von Fluktuation, Übergang in den Ruhestand usw., aber auch durch schon sichere oder evtl. Zugänge; siehe oben) möglichst exakt abgeschätzt werden müssen.
- **3. Schritt:** Der dritte Schritt besteht schließlich aus einer Gegenüberstellung von Bruttopersonalbedarf und Personalbestand im Planungszeitpunkt. Bei dem sich daraus ergebenden Nettopersonalbedarf lässt sich ggf. nochmals zwischen einem Ersatzbedarf, der durch die Abgänge verursacht wird, und einem gänzlich neuen Personalbedarf unterscheiden, der entstanden ist, um die vorgesehenen Leistungs- bzw. Absatzmengen im Planungszeitpunkt realisieren zu können. Ist jedoch der Bruttopersonalbedarf kleiner als der künftige Personalbestand, so entsteht ein „negativer" Personalbedarf, also ein Freisetzungsbedarf.

Eine weitere zentrale Frage zur Personalbedarfsplanung ist die nach den Methoden, die in den Unternehmen eingesetzt werden (können), um die entsprechenden Größen zu ermitteln. Dabei gibt es aufgrund der Komplexität dieser Planungsaufgabe keine einfache Verfahrensweise, mit der sich die entsprechenden Größen in das oben abgebildete Grundschema der Personalbedarfsplanung einsetzen lassen. Dies hängt auch stark von den Gegebenheiten der Branche, von organisatorischen Aspekten und von vielen anderen Einflussfaktoren ab. Auch unternehmenspolitische Fragestellungen spielen eine zentrale Rolle. So haben z. B. in den frühen 1990er Jahren, als das Managementkonzept der „schlanken Produktion" populär war, Substitutionsentscheidungen des Managements (Personalabbau durch verstärkten Technikeinsatz, Arbeitsintensivierung usw.) massiv die Personalplanung bestimmt.

In der Regel wird ein Methoden-Mix zum Einsatz kommen, mit dem sich das Grundkonzept der Personalbedarfsplanung speisen lässt. Zu unterscheiden ist dabei zwischen intuitiven, arbeitswissenschaftlichen und mathematischen Verfahren:

- Die **intuitiven Methoden**, die in der Praxis weit dominieren dürften, bestehen z. B. aus Schätzverfahren oder aus der Stellenplan- oder Arbeitsplatzmethode. Die Bedarfsplanung reduziert sich dabei auf eine Fortschreibung der Stellenpläne in die Zukunft, indem alle verfügbaren Daten und Informationen über Veränderungen der Personalausstattung einbezogen werden.
- **Arbeitswissenschaftliche Verfahren** lassen sich zu Zwecken der Personalplanung vor allem im Rahmen der industriellen Produktion einsetzen. So können über die bekannten REFA-Verfahren der Arbeitsanalyse, insbes. über die genaueren, aber aufwendigen „Methods of Time Measurement" (MTM) Zeit- und Bewegungsstudien durchgeführt werden. Dadurch lassen sich Zeitwerte für bestimmte notwendige Tätigkeiten ermitteln, die zu Gesamtarbeitszeit-Volumina hochgerechnet werden können.
- Typisch für die **mathematischen Verfahren** ist die Anwendung statistischer Methoden zur Ermittlung des Bruttopersonalbedarfs in einem bestimmten Planungszeitpunkt. So werden z. B. bei den Kennzahlenmethoden Zusammenhänge zwischen einer Kennziffer und dem Personalbedarf hergestellt. Beispiele sind die Umsätze, die Verkaufsfläche in einem Handelsunternehmen, zu produzierende Stückzahlen usw. Die Kennzahlenmethode erwächst aus dem bestehenden oder vermuteten Zusammenhang zwischen den entsprechenden Größen und dem Personalbedarf. Ihre Relevanz wird i. d. R. aus Erfahrungen aus der Vergangenheit abgeleitet. Die Methoden sind entsprechend stark branchen- und betriebsspezifisch ausgeprägt.

5.3.2 Personalbeschaffungsplanung

Ergibt sich aus der Bedarfsplanung ein Personalbedarf, so folgt daraus das Erfordernis von Personalbeschaffungsmaßnahmen und deren planerischer Fundierung. Insoweit ist die **Personalbeschaffungsplanung** ein weiterer zentraler Funktionsbereich der Personalplanung. Sie soll Auskunft darüber geben, wie der ermittelte Bedarf an Arbeitskräften zu decken ist. Genauer gesagt hat sie dafür Sorge zu tragen, dass die benötigte Zahl an Mitarbeiter/innen mit den für die jeweiligen Aufgaben erforderlichen Fähigkeiten zum richtigen Zeitpunkt und am gewünschten Ort verfügbar ist. Daher müssen in diese Teilplanung die Beschaffungsmärkte, die Zeitpunkte der Beschaffung, die Dauer des Bedarfs, die Zahl und die Qualifikation der benötigten Kräfte einbezogen werden. Sie hat umso genauer zu sein, je kürzer der Planungszeitraum ist.

Ein besonderes Augenmerk wird dabei auf die **Beschaffungsmärkte** und die Möglichkeiten ihrer Erschließung gelegt. Grundsätzlich wird zwischen dem **innerbetrieblichen (internen) Arbeitsmarkt** und dem **außerbetrieblichen (externen) Arbeitsmarkt** unterschieden. Beim internen Markt wird aus den eigenen Reihen in Form von Veränderung bestehender Arbeitsverhältnisse (i. d. R. Versetzung) rekrutiert, beim externen Markt werden von außen Kräfte neu eingestellt, entweder durch Abschluss neuer Arbeitsverträge oder von Arbeitnehmerüberlassungsverträgen (Personal-Leasing).

Zu beachten ist dabei, ob personalpolitische Grundsatzentscheidungen für Beschaffungsmaßnahmen vorliegen. Häufig wird z. B. sogar über Betriebsvereinbarungen abgesichert, dass bei der Stellenbesetzung internen Kräften der Vorzug vor externen zu geben ist (vgl. dazu auch die personalökonomische Betrachtung des „internen Arbeitsmarktes"; Kap. 3.2.2.3). Auch die vorrangige Berücksichtigung besonderer Gruppen des Arbeitsmarktes (z. B. Frauen im Rahmen von Gleichstellungspolitiken) kann in dem Zusammenhang eine Rolle spielen. Zumindest werden solche Grundsätze oft als Ausdruck einer strategischen Personal(beschaffungs)planung angesehen.

Prognosen über die Ergiebigkeit und Erreichbarkeit der unterschiedlichen Beschaffungsquellen soll die **betriebliche Arbeitsmarktforschung** liefern. Dabei geht es um die frühzeitige Abklärung der Angebots- und Nachfragepotenziale auf dem externen sowie auf dem internen Arbeitsmarkt (vgl. dazu Kap. 4.1.2). In der überwiegenden Zahl der Fälle dürfte diese „Forschung" jedoch höchstens in einer Sammlung von Erfahrungen in den Köpfen der Personalverantwortlichen bestehen.

Die allgemeine Situation auf dem Arbeitsmarkt ist natürlich je nach Konjunkturlage, demographischer Entwicklung und anderer Aspekte variabel. In Zeiten der Überbeschäftigung (1960er und Anfang der 1970er Jahre) konnte Personal nur über das Abwerben aus anderen Betrieben oder das Erschließen von Reservepotenzialen (z. B. Rekrutierung ausländischer Beschäftigter) beschafft werden. Ob die deutsche Volkswirtschaft nach den langen Jahren beständig steigender Arbeitslosigkeit und trotz der Beschäftigungsfortschritte in den letzten Jahren wieder annähernd in die Sphären der Vollbeschäftigung wird vordringen können, steht in den Sternen. Derartige globale Betrachtungen täuschen jedoch darüber hinweg, dass die Unternehmen häufig auch in Zeiten der Unterbeschäftigung Probleme haben, ihren Personalbedarf vom Arbeitsmarkt in Form von Arbeitskräften mit spezifischen Qualifikationen zu decken. Bestes Beispiel sind die zahlreichen Stellen im Informationstechnologie-Bereich, die mangels Arbeitskräfteangebot oft schwer zu besetzen sind.

Eine große Rolle wird bei der Beschaffungsplanung auch die **Dauer des Bedarfs** spielen. Handelt es sich um eine dauerhaft erforderliche Besetzung, wird man i. d. R. auf interne Versetzungen bzw. Neueinstellungen vom externen Arbeitsmarkt zurückgreifen. Bei zeitlich begrenzten Bedarfen liegen jedoch in betriebswirtschaftlicher Hinsicht „flexiblere" Mechanismen wie Personalleasing, die Einbeziehung von Fremdfirmen oder gar nur die Anordnung von Überstunden nahe.

5.3.3 Personalabbauplanung

Immer noch ist in einer großen Zahl von Fällen der Nettobedarf in der Personalbedarfsplanung negativ, sodass sich die Betriebe dem Problem der Personalabbauplanung zuwenden müssen.

Dabei ist zunächst wichtig, den Gründen für die Existenz des Personalüberschusses nachzugehen. Es sind möglichst exakt die Teilbereiche des Unternehmens bzw. die Mitarbeiter/innen-Gruppen zu identifizieren, bei denen eine Personalüberdeckung besteht. Auf dieser Basis kann dann die Abbauplanung in zwei Schritten einsetzen:

Personalabbau ist von Natur aus eine unternehmens- und gesellschaftspolitisch hochbrisante Aktivität, sodass es eine Vielzahl ethischer, aber auch kostenbezogener Gründe gibt, in enger

Kooperation mit dem Betriebsrat zunächst **freisetzungshemmende Maßnahmen** zu erwägen. Dabei sind z. B. die folgenden Aspekte ins Auge zu fassen:

- Abbau von Überstunden,
- interne Umsetzungen (ggf. sogar im Konzernverbund),
- Kurzarbeit,
- Nutzung der natürlichen Fluktuation durch vorläufiges Nicht-Wiederbesetzen freiwerdender Stellen (Einstellungsstopp),
- Arbeitszeitverkürzung wie z. B. die vor etwa 15 Jahren bekannt gewordene Vier-Tage-Woche bei Volkswagen unter Inkaufnahme von Einkommensreduktionen.

Diese freisetzungshemmenden Maßnahmen werden häufig als „sozialverträgliche" Personalabbaumaßnahmen bezeichnet – aus individueller Perspektive sicherlich mit Recht. In volkswirtschaftlicher Hinsicht hat dieser Begriff jedoch seine Tücken, da man der Bilanz auf dem Gesamtarbeitsmarkt als Resultante vieler einzelbetrieblicher Personalabbaupläne nicht unbedingt einen Zustand der Sozialverträglichkeit bescheinigen kann.

Ist es trotz großen Erfindungsgeistes und Kompromissfähigkeit nicht gelungen oder nicht möglich, die Personalreduktion im Planungszeitraum über freisetzungshemmende Maßnahmen zu bewerkstelligen, so ist als zweiter Schritt – als ultima ratio, d. h. als letztmögliche Maßnahme, um das wirtschaftliche Überleben des Unternehmens zu gewährleisten – die Planung von direkten Personalabbaumaßnahmen angezeigt. Damit beschäftigen wir uns an anderer Stelle dieses Buches noch ausführlicher (vgl. Kap. 13.2.2).

Hier sei nur gesagt, dass auch Kündigungen von Arbeitnehmer/innen durch vernünftige und möglichst frühe Planung gemildert werden können – so z. B. durch eine frühzeitige Information, ggf. verlängerte Kündigungsfristen, Unterstützung bei der Suche nach einer neuen Stelle, Zahlung von Übergangsgeldern u. ä.

5.3.4 Personalentwicklungsplanung

Die Personalbeschaffung vom internen Arbeitsmarkt ist i. d. R. eng verknüpft mit einem weiteren Feld der Personalplanung, nämlich der Personalentwicklungsplanung. Auf diese enge Verknüpfung weist in der personalwirtschaftlichen Literatur vor allem *Drumm* hin:

LITERATUR

Verknüpfung von Personalbeschaffung und Personalplanung (nach *Drumm*, 2000, S. 365)

„Personalausbildung und Personalentwicklung sind Personalbeschaffung in anderer Form. Die Unternehmung rekrutiert nicht bereits fertig ausgeformte Fähigkeitspotentiale durch Beschaffung von außen oder innen, sondern sie baut die benötigten Fähigkeitspotentiale selbst auf."

In diesem Sinne sind Qualifizierungsmaßnahmen häufig als Investitionen in das Humankapital des Unternehmens zu interpretieren, die in erster Linie der Personalbeschaffung verschrieben sind.[30] Dieser Gesichtspunkt gewinnt natürlich besondere Bedeutung für die Betriebe in Zeiten bzw. in Sektoren mit knappem Arbeitskräfteangebot, jedoch nicht ausschließlich.

Bei der Personalentwicklungsplanung muss vorweggenommen werden, welche Kenntnisse, Fähigkeiten und Fertigkeiten fachlicher wie sozialer Art im Planungszeitraum erforderlich sind, damit das Personal den künftigen Anforderungen (aufgrund technisch-organisatorischer oder sonstiger Veränderungen) gerecht werden kann. Oft ist auch zu klären, welche Mitarbeiter/innen in den Genuss der entsprechenden Maßnahmen kommen. Eine wichtige Rolle spielen ferner die persönlichen Entwicklungszielsetzungen der Beschäftigten, von denen der Erfolg der z. T. sehr aufwändigen und kostenträchtigen Maßnahmen nicht zuletzt abhängt. Daher müssen bei der Entwicklungsplanung auch die Wünsche und Vorstellungen der Mitarbeiter/innen intensiv eingebracht werden.

Es ist hier nicht der Raum, ausführlich auf den Begriff und die Problematik von Personalentwicklung einzugehen (vgl. dazu Kap. 11). An dieser Stelle soll eine grobe Differenzierung nach Ausbildung und Weiterbildung genügen.

Bei der Planung der betrieblichen **Berufsausbildung** geht es um den quantitativen und qualitativen Bedarf an Ausbildungsverhältnissen i. S. d. Berufsbildungsgesetzes. Dabei müssen sich die Unternehmen an den Gegebenheiten des deutschen Systems der Berufsausbildung (das sog. „duale System") orientieren, welches eine Zweiteilung folgender Art vorsieht:

- Die allgemeinbildende, eher theoretisch geprägte Ausbildung erfolgt in der Berufsschule in Teilzeitunterricht.
- Die berufspraktische Ausbildung hingegen erfolgt vor Ort in den Betrieben.

Die Unternehmen sind nicht völlig frei in der Wahl der angebotenen Ausbildungsinhalte. Sie müssen sich an den Ausbildungs-Berufsbildern orientieren, die auf der Grundlage des Berufsbildungsgesetzes vom Gesetzgeber und den Sozialparteien entwickelt worden sind. Dennoch bleiben gerade auf der betrieblichen Ebene Spielräume für Variationen und Anpassungen der Ausbildungsinhalte (z. B. an neuere technologische Entwicklungen).

Bei der Planung der **Weiterbildung** steht die Ermittlung der Personalentwicklungs-Bedarfe und ggf. ein oft unterschätztes Auswahlproblem im Vordergrund. In der Regel versucht man die Entwicklungsbedarfe anhand eines Lückenkonzepts zu erfassen: Anforderungsprofile bestehender oder künftiger Arbeitsplätze werden mit den Qualifikationsprofilen der die Stelle aktuell besetzenden oder künftig zur Stellenbesetzung vorgesehenen Mitarbeiter/innen kontrastiert. Weitere Fragen, die bei der Planung der Weiterbildung zu berücksichtigen sind, beziehen sich etwa auf

- die Bestimmung der Zielgruppen bzw. Zielpersonen,
- das Setzen von Lernzielen,
- die Festlegung der Lerninhalte,
- die Festlegung der Maßnahmen und Methoden (ggf. getrennt),
- die Festlegung der Bereiche bzw. Lernorte,
- die Wahl der einzusetzenden Medien,

30 Vgl. dazu die personalökonomischen Ausführungen, insbes. zur Humankapitaltheorie.

- die Wahl der einzusetzenden Lehrkräfte / Trainer/innen / sonstigen Personen,
- die „Lernorganisation" i. S.v. zeitlichem Beginn, Ablauf usw. von Veranstaltungen,
- die Erfolgskontrolle (pädagogisch und ökonomisch).

5.3.5 Personaleinsatzplanung

Der Erfolg betrieblicher Leistungserstellungsprozesse hängt maßgeblich von einer gelungenen Personaleinsatzplanung ab. Ohne Frage spiegelt sich eines der Grundanliegen des gesamten Personalwesens in der Formel „Die richtige Frau/der richtige Mann zur richtigen Zeit am richtigen Ort!" wieder, in der zugleich die hohe Bedeutung der Einsatzplanung zum Ausdruck kommt.

Dieser Planungsbereich weist im Einzelnen die folgenden Dimensionen auf:

- Gestaltung der Aufgabeninhalte der Stellen (in enger Verbindung mit der Organisations-Planung) und damit der Arbeitsinhalte der Mitarbeiter/innen;
- planerische Zuordnung der einzelnen Mitarbeiter/innen zu den unterschiedlichen Arbeitsplätzen bzw. Aufgabeninhalten (dies schließt auch Regelungen zur Stellvertretung und ggf. zum Arbeitsplatzwechsel ein, etwa i. S. e. Job Rotation);
- Gestaltung der Einsatzfolge der Beschäftigten in Bezug auf die kommenden Tage, Wochen und/oder Jahre (Arbeitszeit-Dimension). Dazu gehört beispielsweise die Aufstellung von Schichtplänen, Bereitschaftsdiensten, Einsatzplänen für Springer, Teilzeit- oder Aushilfskräfte, Dispositionen über den Einsatz von Arbeitskräften bei zeitlich schwankendem Arbeitsanfall (die berühmt-berüchtigte KAPOVAZ – Kapazitätsorientierte variable Arbeitszeit) usw.

Während sich die Beschaffungs- und auch die Entwicklungsplanung an größeren Gruppen von Beschäftigten – oft ohne genaue personelle Zuordnung – orientiert, geht es bei der Einsatzplanung um die konkrete Zuordnung von Menschen und Arbeitsplätzen sowie -zeiten. Eine zentrale Rolle spielt in der Einsatzplanung die Koordination von stellenbezogenen Anforderungsprofilen und den Qualifikationen, Erfahrungen und Fertigkeiten von Mitarbeiter/innen. Allerdings kann es dabei nicht nur um eine möglichst weitgehende Entsprechung von Stelle und Mensch gehen. Auch soziale und individuelle Aspekte sind stets bei der Einsatzplanung zu berücksichtigen (etwa in Bezug auf Arbeitszeiten). Die Schwierigkeiten der Einsatzplanung wachsen mit zunehmender Intensität von konjunkturellen und/oder saisonalen Beschäftigungsschwankungen und deren Berechenbarkeit. Davon abgesehen wirken sich auch technisch-organisatorische Veränderungen auf die Einsatzplanung aus.

Schließlich gehört zu diesem Bereich auch die Beförderungsplanung. Nachfolgen oder der Wechsel auf andere, vorzugsweise hierarchisch höhergestellte Positionen gelingt besser auf der Grundlage solider, mindestens mittelfristiger Planung und entsprechender Qualifikationsmaßnahmen.

5.4 Empirie und Praxis

Die hier vorgestellten Planungsaktivitäten in den diversen Feldern entstammen in der Art ihrer Präsentation einem derivativen Muster: Aus der Unterstellung von Rationalverhalten werden unternehmerische Planungserfordernisse abgeleitet, die auf den Personalbereich „durchschlagen". Eine wichtige Frage lautet jedoch: Handelt es sich bei diesem Idealtypus eines Planungsansatzes um ein Zerrbild, das mit der Wirklichkeit nicht viel gemein hat? Oder wirken sich die vorgebrachten Argumente, die eigentlich die Erforderlichkeit einer Personalplanung nach sich ziehen müssten, auch in der Empirie so aus, dass es umfassende Personalplanungen wie selbstverständlich in Unternehmen aller Bereiche und Branchen wie auch aller Größenklassen gibt?

Lange Zeit wusste man über die Verbreitung der Personalplanung in der Praxis nur sehr wenig. Eine Untersuchung der Deutschen Gesellschaft für Personalführung (DGFP) in den 1970er Jahren hat dann aber erstmals Hinweise auf praktische Defizite ergeben. Von 20 deutschen Großunternehmen, die im Hinblick auf die Existenz einer Personalplanung näher untersucht wurden, konnten nur wenige eine integrierte und umfassende Personalplanung vorweisen (vgl. *RKW* 1990, S. I-16).

Im Auftrag des Bundesministeriums für Arbeit und Sozialordnung hat dann das Institut für Sozialwissenschaftliche Forschung (ISF) in den 1970er und 1980er Jahren im produzierenden Gewerbe zwei Forschungsprojekte durchgeführt, in denen Unternehmen im breiteren Stil nach ihrer Praxis der Personalplanung gefragt wurden (vgl. zur jüngeren Untersuchung *Semlinger* 1989). Beide Studien ergaben recht klare Befunde:

- Die Personalplanung ist gegenüber der Investitions-, Produktions- und Absatzplanung klar nachrangiger Natur. Sofern es schriftliche, ausführliche Planungen gibt, so am ehesten in diesen Bereichen.
- Die Existenz schriftlicher Personalplanungen ist stark größenabhängig: Während sie für Großunternehmen weitgehend selbstverständlich sind, bestehen im Bereich mittelständischer und vor allem kleiner Unternehmen gravierende Lücken.

Nähere Auskunft über die Befunde der neueren ISF-Studie gibt die folgende Übersicht:

ABB. 24: Verbreitung schriftlicher Unternehmenspläne (mit Personalplanung) in Unternehmen des produzierenden Gewerbes in Prozent (nach *Semlinger* 1989)

	Beschäftigungsgrößenklassen						
Basis (N=)	20-49	50-99	100-199	200-499	500-999	1000+	insges.
ungewichtet	197	199	270	333	174	187	1.360
Investitionsplanung	35,1	49,1	63,7	81,0	89,7	92,7	48,5
Produktionsplanung	26,4	38,4	57,5	75,0	80,3	87,7	40,0
Absatzplanung	34,1	35,7	56,3	68,8	77,3	84,7	42,5
Forschungsplanung	10,7	10,5	25,1	40,7	51,8	69,4	17,4
Personalplanung	16,9	27,2	45,4	63,1	76,8	87,3	29,9
davon differenziert nach:							
Beschäftigungsgruppen	55,7	58,9	66,9	70,4	62,0	74,2	62,8
Zeiträumen	33,9	14,9	16,9	19,3	23,6	39,1	23,5

Eine überraschende Tatsache ist, dass ein relativ kurzer Planungshorizont (vier bis zwölf Monate) oder gar das Unterlassen einer fundierten Personalplanung recht verbreitet sind. Dies führt *Sadowski* (2002, S. 230) auf die hohe Unsicherheit infolge von raschen Markt- und Technologieveränderungen zurück.

5.5 Arbeitspolitische Aspekte der Personalplanung

Wie kaum ein anderes Handlungsfeld steht die Personalplanung im Spannungsfeld der Interessen des Arbeitgebers und der Arbeitnehmer/innen. Sie stellt auf der einen Seite ein Instrument dar, mit dessen Hilfe die Unternehmen eine möglichst zielführende Personalausstattung nach wirtschaftlichen Kriterien anstreben. Andererseits geht es in der Personalplanung entscheidend um Arbeitsplätze, Entwicklungschancen und Karrieremöglichkeiten, womit naturgemäß zentrale Interessenfelder der Arbeitnehmer/innen angesprochen sind. Salopp könnte man auch sagen: Bei der Personalplanung geht es „ans Eingemachte".

In der personalwirtschaftlichen Literatur wird die Personalplanung daher überwiegend als ein „Instrument des Interessenausgleichs" konzipiert, das die divergierenden Interessenlagen zum Ausgleich zu bringen hat (vgl. etwa *RKW* 1990, S. I-12 f.). So erhebt etwa *Gaugler* (1989, Sp. 1351) den folgenden Anspruch: „[...] die Objekte der Personalplanung (sind) Subjekte, deren Eigenwert und Eigenart auch im betrieblichen Leistungsprozess und seiner planerischen Gestaltung zu respektieren sind".

Dieser Anspruch ist i. S. e. arbeitspolitischen Perspektive auch wünschenswert und funktional, weil drohenden Konfliktlagen bei frühzeitiger Kenntnis der Sachverhalte und mit vorausschauenden Reaktionen die Brisanz und Schärfe genommen werden kann. Frühzeitige und inhaltlich treffende Prognosen über Konfliktpotenziale erleichtern die Identifikation von für alle Beteiligten akzeptablen Lösungen. Gleichwohl ändert dies nichts an der Tatsache, dass die Personalplanung trotz dieser proklamierten Dualität sogar ein extrem konfliktäres Handlungsfeld ist, weil hier i. d. R. schwer versöhnliche unternehmerische Grundanliegen (z. B. nach Kostensenkung durch Personalabbau) und elementare Interessen der Arbeitnehmer/innen (z. B. nach Arbeitsplatzsicherheit und Einkommen) aufeinanderprallen.

Daher werden mitunter auch Vorbehalte von Betriebs- bzw. Personalräten und Gewerkschaften gegenüber der Personalplanung laut (nach *Bosch/Kohl* 1995, S. 23):

- Durch die mit diesem Mittel eher planbare Flexibilisierung der Arbeit (durch Leiharbeit, Werkverträge, befristete Beschäftigung) steigen die Beschäftigungsrisiken.
- Die Arbeitsbelastung wächst durch eine zu knappe Personalbedarfsplanung.
- Eignungstests, Beurteilungen, betriebliche Qualifizierungs- und andere Personalentwicklungsmaßnahmen dienen vor allem der Auswahl der Leistungsstärkeren und dem Herausdrängen der Leistungsschwächeren.
- Die Transparenz betrieblicher Vorgänge erhöht sich durch Personalplanung. Für die Beschäftigten vorteilhafte Abmachungen mit unteren Vorgesetzten sind nicht mehr möglich, da deren Entscheidungsspielräume eingeschränkt werden.
- Eine Formalisierung der Personalplanung zerstört oft günstigere informelle Regelungen.

Wie nahezu jede betriebswirtschaftliche Teilplanung steht selbstredend auch die Personalplanung unter der Zielrichtung **ökonomischer Optimierungskalküle**. Das Kernanliegen ist, die Verfügbarkeit des „Faktors Arbeit" nach wirtschaftlichen Kriterien planbar zu machen und den prognostizierten Erfordernissen anzupassen. Es geht darum, den Bedarf des Unternehmens an Mitarbeiter/innen

- in der benötigten Anzahl,
- mit den erforderlichen Qualifikationen,

- zum richtigen Zeitpunkt und
- am richtigen Ort

vorwegzunehmen und damit die jeweiligen Anpassungsmaßnahmen (z. B. Personalabbau, Neueinstellung, Qualifizierung) möglichst stringent aus den Planungen ableiten zu können.

Im Rahmen der Personaleinsatzplanung soll gewährleistet sein, dass die Mitarbeiter/innen kontinuierlich und zielführend ihr Arbeitsvermögen in die Leistungserstellungsprozesse einbringen. Dabei steht oft die Überlegung im Vordergrund, dass die Anforderungen der Arbeitsplätze und der Eignungen und Qualifikationen der Mitarbeiter/innen in einem möglichst ausgewogenen Verhältnis zueinander stehen. Eine „Unterqualifikation" führt zu Leistungsbeeinträchtigungen, weil die Mitarbeiter/innen den Stellenanforderungen nicht gewachsen sind. Aber auch der umgekehrte Fall der „Überqualifikation" ist nach ökonomischen Kriterien problematisch, weil menschliche Ressourcen überschüssig eingesetzt und ggf. an anderer Stelle sinnvoller verwendet werden können. Zudem drohen leistungsbeeinträchtigende Motivations- und Identifikationsdefizite seitens der betreffenden Mitarbeiter/innen.

Wirtschaftlich besonders problematisch wird der Fall der „Überqualifikation" dann, wenn sich die Entlohnung nicht (nur) nach den Stellenanforderungen, sondern (auch) nach der Qualifikation bemisst. Dies war z. B. bei dem Unternehmen Vögele gegeben, welches in den 1980er Jahren durch einen Firmentarifvertrag mit stark qualifikationsorientierten Vergütungselementen („pay for knowledge") Aufsehen erregt hatte und wegen der Unvereinbarkeit dieses Konzepts mit der Linie des Arbeitgeberverbandes aus diesem ausgeschlossen wurde (vgl. z. B. *Tondorf* 1994, S. 73 ff.).

Zeigen sich bei der Kontrastierung von Stellenanforderungen und realen Qualifikations- bzw. Kompetenzprofilen Defizite seitens der Mitarbeiterin/des Mitarbeiters, sind diese durch geeignete Maßnahmen der Personalentwicklung möglichst zu schließen.

Ökonomische Potenziale der Personalplanung liegen ferner in der präventiven Kostenvermeidung begründet. So kann der Betrieb beispielsweise auf der Basis guter Planungsdaten Stellenbesetzungen aus den eigenen Reihen arrangieren und die entsprechenden Mitarbeiter/innen frühzeitig darauf vorbereiten. Dies spart zum einen Kosten der Personalbeschaffung, zum anderen ist die Nutzung interner Arbeitsmärkte auch unter motivatorischen Gesichtspunkten vorteilhaft (vgl. Kap. 3.2.2.3).

Ein weiteres Beispiel ist die Möglichkeit der Umgehung hoher Sozialplankosten. Ein „reaktiver" Personalabbau – etwa aufgrund einer ungünstigen Absatzsituation – löst in erheblichem Maße finanzielle Verpflichtungen des Unternehmens aus. Dadurch werden ggf. Mittel gebunden, die anderweitig für existenzsichernde Investitionen eingesetzt werden könnten. Zudem sind die entsprechenden Verhandlungen mit dem Betriebsrat (Sozialpläne sind „einigungsstellenfähig") oft langwierig und kräftezehrend (vgl. *Drumm* 2000, S. 309 sowie Kap. 13.3 in diesem Buch). Wenn aufgrund der Personalplanung absehbar ist, dass zum Zeitpunkt x der Bedarf an Beschäftigten weitaus niedriger liegt, können frühzeitig „weiche" Personalabbaumaßnahmen initiiert und kostenträchtige Sozialpläne bei Entlassungen im größeren Stil vermieden, zumindest aber in ihrem Volumen erheblich reduziert werden. Auch die besagte Regelung zur Vier-Tage-Woche bei Volkswagen war bekanntlich durch diesen Umstand mit begründet.

Die elementaren Interessen der Beschäftigten an einer sinnhaften Personalplanung wurden bereits angedeutet: „Massenentlassungen, Leistungsverdichtungen und mangelnde Perspektiven im Unternehmen seien stellvertretend als gravierende negativen Konsequenzen einer fehlenden bzw. unzulänglichen Planung genannt" (*Fischer/Reihsner* 2002, S. 18).

Allerdings geht es aus Beschäftigtensicht nicht um die Planung per se, sondern in hohem Maße um deren inhaltliche Ausrichtung. Geht es dem Arbeitgeber nur um die wirtschaftlich möglichst günstige Verwertung der Arbeitskraft, ist aus Sicht der Mitarbeiter/innen nicht viel gewonnen. Vielfach beruhen die oben erwähnten Vorbehalte von Belegschaftsvertretungen auf solchen Erfahrungen. Daher ist entscheidend, inwieweit die Personalplanung aus Belegschaftssicht auch **sozialen Kriterien** genügt. Dabei ist nach *Fischer/Reihsner* (2002, S. 18) die Frage danach zu stellen, inwieweit die Personalplanung

„dazu beiträgt,

- Beschäftigung zu sichern,
- bei einem unabwendbaren Personalabbau soziale Härten zu vermeiden oder wenigstens abzumildern,
- den Arbeitnehmern ein sicheres, anforderungs- und leistungsgerechtes Entgelt zu garantieren,
- bei den zwingend erforderlichen technisch-organisatorischen Umwälzungen in den Betrieben auch soziale Gesichtspunkte zu berücksichtigen,
- menschengerechte Arbeitsbedingungen zu schaffen,
- gesundheitsbeeinträchtigende Belastungen abzubauen,
- den Weiterbildungsinteressen der Arbeitnehmer entgegenzukommen,
- berufliche Aufstiegsperspektiven zu eröffnen,
- DV-gestützte Leistungs- und Verhaltenskontrollen zu begrenzen bzw. auszuschließen und
- besondere Arbeitnehmergruppen wie ältere, behinderte und jüngere Arbeitnehmer zu schützen".

Die Verortung der Personalplanung inmitten des Spannungsfeldes zwischen Arbeitgeber- und Belegschaftsinteressen zeigt sich auch daran, dass mit ihr eine Vielzahl von **betriebsverfassungsrechtlichen Mitbestimmungsnormen** verknüpft ist.

Kernnorm ist dabei zunächst der § 92 BetrVG, der folgenden Wortlaut hat:

HINWEIS

§ 92 BetrVG

(1) *Der Arbeitgeber hat den Betriebsrat über die Personalplanung, insbes. über den gegenwärtigen und künftigen Personalbedarf sowie über die sich daraus ergebenden personellen Maßnahmen der Berufsbildung anhand von Unterlagen rechtzeitig und umfassend zu unterrichten. Er hat mit dem Betriebsrat über Art und Umfang der erforderlichen Maßnahmen und über die Vermeidung von Härten zu beraten.*

(2) *Der Betriebsrat kann dem Arbeitgeber Vorschläge für die Einführung einer Personalplanung und ihre Durchführung machen.*

(3) Die Abs. 1 und 2 gelten entsprechend für Maßnahmen im Sinne des § 80 Abs. 1. Nr. 2a und 2b,[31] *insbes. für die Aufstellung und Durchführung von Maßnahmen zur Förderung der Gleichstellung von Männern und Frauen.*

Der § 92 BetrVG umfasst somit ein Unterrichtungs- und Beratungsrecht des Betriebsrats sowie ein Vorschlagsrecht im Hinblick auf die Personalplanung des Arbeitgebers (vgl. auch König 2003, S. 64). Eine Mitbestimmung bzw. das Erfordernis einer Zustimmung des Betriebsrats sieht diese Bestimmung nicht vor. Der Grund dafür ist insbes. darin zu sehen, dass nach der Gesetzeskonzeption „wirtschaftliche Angelegenheiten", bei denen es um ökonomische Investitionen des Arbeitgebers geht, mitbestimmungsfrei sein sollen. Insofern kann dem Betriebsrat kein Mitbestimmungsrecht z. B. darüber zukommen, wie hoch der Personalbedarf des Unternehmens in Zukunft zu sein hat.

Die Existenz einer (verschriftlichten) Personalplanung ist eine wichtige Voraussetzung dafür, dass diese Norm tatsächlich greift. Andernfalls bleibt dem Betriebsrat höchstens de jure die Möglichkeit, ihre Einführung gem. Abs. 2 vorzuschlagen. Dem muss der Arbeitgeber aber nicht folgen.

Dennoch sollten die Einflussmöglichkeiten des Betriebsrats in Sachen Personalplanung nicht unterschätzt werden. Darauf weist schon *Drumm* (1992, Sp. 1767) hin, wenn er sagt: „Nahezu die gesamte Personalplanung ist heute in der Bundesrepublik mitbestimmt"; er nimmt aber kurz darauf eine wichtige Differenzierung vor: „Lediglich die Wahl der Personalplanungsmethoden ist mitbestimmungsfrei, nicht aber die Verwendung ihrer Ergebnisse" (*ebenda*, Sp. 1768).

Demnach kann die Interessenvertretung intensivere Mitwirkungsrechte u. a. geltend machen bei (innerbetrieblichen) Ausschreibungen (§ 93 BetrVG), Personalfragebogen, Musterarbeitsverträgen und Beurteilungsgrundsätzen (§ 94), Auswahlrichtlinien (§ 95), betrieblicher Berufsbildung und einigen anderen (vgl. dazu prägnant *Fischer/Reihsner* 2002, S. 117 ff. sowie *König* 2003, S. 64 ff.).[32]

Zu bedenken ist auch, dass die Personalplanung zwangsläufig in **personelle Einzelmaßnahmen** einmündet, bei denen der Betriebsrat wiederum eine relativ starke Position hat.

Schon aufgrund der weitreichenden Einwirkungsmöglichkeiten der Interessenvertretung liegt es nahe, die Personalplanung auch nach Kriterien der „sozialen Effizienz" auszurichten. Es kommt darauf an, die planungsrelevanten Interessen der Beschäftigten frühzeitig zu erkennen und mit den ökonomischen Aspekten zu koordinieren. Sicher ist dabei ein Ausgleich nicht immer möglich; aber selbst bei einem erkennbaren Personalüberhang macht es eine frühzeitige, solide, die Akteure einbeziehende Planung leichter, das Konfliktpotenzial zu kanalisieren und beherrschbar zu machen, indem akzeptierte Lösungen gefunden werden.

---

31 Danach hat der Betriebsrat laut § 80 Abs. 1 u. a. die Aufgabe, „die Durchsetzung der tatsächlichen Gleichstellung von Frauen und Männern, insbesondere bei der Einstellung, Beschäftigung, Aus-, Fort- und Weiterbildung und dem beruflichen Aufstieg, zu fördern" (2a) und „die Vereinbarkeit von Familie und Erwerbstätigkeit zu fördern" (2b).

32 Vgl. als besonders ausführliche ältere Publikation *Mohr* (1977).

6. Personalbeschaffung und -auswahl

(von Thomas Breisig)

Im Kapitel zur Personalplanung wurde u. a. herausgestellt: Ergibt sich aus der Bedarfsplanung ein Personalbedarf, so müssen die Akteure zu **Personalbeschaffungsmaßnahmen** greifen. Diesem Handlungsfeld wenden wir uns im Folgenden zu. Bei der Personalbeschaffung im engeren Sinne geht es darum, dem Unternehmen das – idealtypischerweise im Rahmen der Bedarfsplanung ermittelte – benötigte Personal in quantitativer und qualitativer Hinsicht zur Verfügung zu stellen. Dabei kann der Betrieb im Prinzip das benötigte Personal aus zwei Quellen beschaffen: vom internen sowie vom externen Arbeitsmarkt.

6.1 Innerbetriebliche versus externe Personalbeschaffung

6.1.1 Innerbetriebliche Personalbeschaffung

Viele personalpolitische Erörterungen der Beschaffungsproblematik enthalten eine explizite oder implizite Überlegenheitsvermutung der internen Lösung, d. h. der Beschaffung vom betriebsinternen Arbeitsmarkt (vgl. dazu auch Kap. 3.2.2.3). Tatsächlich existiert eine Reihe von Überlegungen, die für die interne Beschaffung sprechen:

- Die Transaktionskosten der Beschaffung sind i. d. R. geringer. Dies gilt insbes. für die Suchkosten, da die Fähigkeiten, Fertigkeiten und Potenziale der Kandidat/innen aufgrund der Beschäftigung im Unternehmen zumindest besser bekannt sind als bei Externen.
- Die Mitarbeiter/innen weisen betriebsspezifische Qualifikationen auf, in die bereits in der Vergangenheit investiert wurde. Externe lösen demgegenüber zusätzliche Investitionserfordernisse aus.
- Die Internen kennen und „praktizieren" bereits das im Unternehmen gelebte System von Werten, Regeln und Normen. Entsprechend werden auch die Einarbeitungskosten geringer sein.

Außerdem erhöht die Existenz von internen Aufstiegs- und Veränderungsmöglichkeiten die Motivation der Belegschaft und trägt offenbar auch zu einer höheren Bindung (Identifikation) bei. Voraussetzung dafür ist jedoch, dass die Mitarbeiter/innen die Beschäftigung in dem Unternehmen als attraktiv empfinden und es eine gewisse Bewegung im internen Stellengefüge gibt, also interessante Positionen von Zeit zu Zeit vakant und damit besetzbar werden. Andernfalls werden solche Motivations- und Bindungswirkungen kaum zum Tragen kommen können.

Diesen Vorzügen der internen Beschaffung stehen jedoch auch einige Probleme gegenüber:

- Die Beschränkung auf den internen Kreis reduziert die Auswahlmöglichkeiten in oft erheblichem Maße.
- Bei der Fokussierung interner Beschaffung entsteht ein System, das zur Verkrustung und inneren Schließung neigt. Hierbei droht „Betriebsblindheit", und evtl. dringend benötigtes Know-how kann von außen nicht importiert werden.

Problematisch können sich auch auf der mikropolitischen Ebene wirksam werdende Aspekte auswirken:

- Bewerber/innen haben aufgrund ihrer Bekanntheit etwas zu verlieren und fürchten negative Reaktionen ihrer jetzigen Vorgesetzten und – im Falle der Ablehnung ihrer internen Bewerbung – eine Blamage.
- Die Vorgesetzten empfinden die Tatsache der Bewerbung einer „ihrer" Mitarbeiter/innen auf eine andere Stelle als Affront und versuchen ggf. zu Blockadestrategien zu greifen.

Das nachfolgende Schaubild vermittelt nochmals einen Überblick zentraler Vor- bzw. Nachteile der beiden Beschaffungsarten:

ABB. 25: Vor- bzw. Nachteile interner bzw. externer Personalbeschaffung (hier nach *Becker* 1999, S. 271)

Interne Personalbeschaffung	Externe Personalbeschaffung
Vorteile	
► Erhöhung von Aufstiegsmöglichkeiten ► Geringe Beschaffungskosten ► Betriebskenntnis ► Kennen des Mitarbeiters, Kenntnis seiner Leistungsfähigkeit ► Einhaltung des betrieblichen Entgeltniveaus ► Schnellere Besetzungsmöglichkeiten ► Anfangsstellungen für Nachwuchs werden frei ► Transparente Personalpolitik	► Breite der Auswahlmöglichkeiten ► Neue Impulse für den Betrieb ► Externe bringen Kenntnisse anderer Betriebe mit und werden leichter anerkannt ► Einstellung löst Personalbedarf direkt
Nachteile	
► Weniger Auswahlmöglichkeiten ► Mögliche Betriebsblindheit ► Enttäuschung bei Kollegen; ggf. auch Spannungen/Rivalitäten ► Zu starke kollegiale Bindungen „um des lieben Friedens willen" ► Nachlassende Mitarbeiteraktivität wegen Beförderungsautomatik, man verlässt sich auf Nachfolge ► Versetzung löst Bedarf quantitativ nicht; qualitativ oft nur in Verbindung mit Fortbildung und bei vertikaler Beförderung mit Führungsschulung	► Höhere Beschaffungskosten ► Hohe externe Einstellungsquote wirkt fluktuationsfördernd ► Negative Auswirkungen auf Betriebsklima ► Höheres Kündigungsrisiko durch Probezeit ► Keine Betriebskenntnis ► Stellenbesetzung zeitaufwendiger ► Der „vor die Nase gesetzte" neue Mensch muss erst Spannungen abbauen (Kräfteverlust für den Betrieb) ► Blockieren von Aufstiegsmöglichkeiten ► Höhere Gehaltsvorstellungen als bei innerbetrieblicher Aufstiegsbesetzung

Die formalen Grundlagen der Beschaffung vom internen Markt sind zum einen Maßnahmen der Personalentwicklung, zum anderen ein System der internen Mobilitätsförderung und Karriereplanung. Personalentwicklung schafft häufig erst die benötigten Qualifikationen für die Übernahme einer höherrangigen und/oder fachlich anspruchsvolleren Position (vgl. dazu ausführlich *Drumm* 2000, S. 322 ff.). Systeme der Laufbahn- und Karriereplanung mit integrierten Potenzialeinschätzungen liefern die informatorische Basis für interne Beschaffungsmaßnahmen.

6.1.2 Externe Personalbeschaffung

Sind die innerbetrieblichen Möglichkeiten zur Deckung des vorhandenen Personalbedarfs ausgeschöpft oder ist von vornherein eine externe Stellenbesetzung vorgesehen, wird das Unternehmen zum Zwecke der Personalbeschaffung auf dem Arbeitsmarkt Ausschau halten. Das sich dabei anbietende Vorgehen hängt von vielen Faktoren ab, so u. a. von

- der allgemeinen Arbeitsmarkt-Situation,
- der Art und Bedeutung der zu besetzenden Position,
- der für den Arbeitsplatz benötigten Qualifikation der potenziellen Bewerberin/des Bewerbers.

Um den Bedarf vom externen Arbeitsmarkt zu bedienen, stehen dem Unternehmen eine ganze Reihe von alternativ oder parallel zu erschließenden Quellen zur Verfügung. Diese sollen im Folgenden behandelt werden..

6.2 Wege der externen Personalbeschaffung

Wie soeben dargestellt, stehen dem Unternehmen für die Rekrutierung vom externen Arbeitsmarkt mehrere alternativ oder parallel zu beschreitende Wege offen, nämlich die Beschaffung über den institutionalisierten Arbeitsmarkt (Agentur für Arbeit), die Beschaffung über Stellenanzeigen, die Beschaffung über das Internet, die Beschaffung über Personalleasing, der Einsatz von Personalberater/innen („Headhunter“), die Beschaffung durch Personalmarketing sowie „passive“ Beschaffungswege. Bei der konkreten Beschaffungsentscheidung und der Wahl des Beschaffungsweges spielt die Art der in Rede stehende Position sowie die aktuelle Situation auf dem Arbeitsmarkt eine prominente Rolle (vgl. *Fröhlich/Holländer* 2004; *Wimmer* 2004).

6.2.1 Beschaffung über den institutionalisierten Arbeitsmarkt

Der „institutionalisierte Arbeitsmarkt“, d. h. die „Bundesagentur für Arbeit“ (früher: „Bundesanstalt für Arbeit“) und ihre Einrichtungen auf regionaler und örtlicher Ebene (früher: Arbeitsämter) werden vor allem bei Un- und Angelernten eingeschaltet, mitunter aber auch für kaufmännische und technische Fachkräfte.

Die Vorteile dieser Beschaffungsquelle sind vor allem zu sehen in

- der fachgerechten Beratung durch die Experten/innen der „Agentur für Arbeit“ auf lokaler oder regionaler Ebene,
- der Durchführung einer positions- bzw. berufsbezogenen Vorauswahl der potenziellen Kandidaten und
- der geringen Kostenträchtigkeit dieser Beschaffungsquelle.

Dem steht jedoch als Nachteil gegenüber, dass bei einer bestehenden Arbeitskräfteknappheit in Teilbereichen des Arbeitsmarktes die Agenturen oft nicht in der Lage sind, offene Stellen in Unternehmen durch Vermittlung geeigneter Arbeitskräfte zu versorgen. Dies gilt vor allem für Stellen, für die nur höher qualifiziertes Personal in Frage kommt. Die Arbeitsagenturen leiden, nicht zuletzt „dank" einiger Skandale und ihrer Reputation als bürokratisches „Monstrum", unter einigen Imageproblemen.

Seit 1994 ist es auch Privaten nach einer entsprechenden Genehmigung durch die Bundesagentur für Arbeit gestattet, Arbeitssuchende an Unternehmen mit Stellenvakanzen zu vermitteln. Bislang spielen private Vermittler jedoch wenn überhaupt nur für höher qualifizierte Kräfte eine Rolle.

6.2.2 Beschaffung über Stellenanzeigen

Das „Schalten" von Stellenanzeigen in einem geeigneten Medium ist eine weitere häufig genutzte Methode der externen Personalbeschaffung. Erfahrungsgemäß ist dieser Weg für kaufmännische Fachkräfte und Akademiker/innen der am häufigsten gewählte.

Stellenanzeigen können offen oder chiffriert sein. Dabei ist die offene Form mit der Benennung des Firmennamens des Inserenten der Regelfall. Nur in Ausnahmefällen gibt es Gründe für chiffrierte Annoncen, so z. B.

- die (vorläufige) Umgehung von Konflikten, weil der inserierte Arbeitsplatz noch besetzt ist,
- die Tatsache, dass die Konkurrenz keine Kenntnis von hinter der Stellenausschreibung stehenden Aktivitäten wie Investitionen, Kapazitätserweiterungen oder ähnliches nehmen kann.

Der große Nachteil chiffrierter Anzeigen liegt in ihrem mangelhaften Informationsgehalt, der qualifizierte und potenziell geeignete Stellensuchende u. U. von einer Bewerbung abhält. Nicht zuletzt spielt hier die Befürchtung, sich möglicherweise beim eigenen aktuellen Arbeitgeber zu bewerben, eine Rolle. Um diese Gefahr aus Sicht der Bewerber/innen zu umgehen, können bei chiffrierten Anzeigen Personalberater/innen eingeschaltet werden. Die Bewerber/innen können angeben, an welche evtl. hinter der Anzeige stehenden Arbeitgeber die Bewerbung nicht weiterzuleiten ist (Sperrvermerke).

Von besonderer Bedeutung beim „Schalten" von Stellenanzeigen ist die zielgruppengerechte Medienauswahl. Dies hängt natürlich auch von dem zur Verfügung stehenden Budget ab. Gleichwohl sind aber auch Überlegungen im Hinblick auf die Erreichbarkeit von Zielgruppen relevant. Prinzipiell bieten sich an:

- regionale Tageszeitungen,
- überregionale Tageszeitungen (z. B. Süddeutsche Zeitung, Frankfurter Allgemeine Zeitung) und
- Fachzeitschriften.

Mit der regionalen Tageszeitung erreicht man i. d. R. „nur" Bewerber/innen mit einer geringen Bereitschaft, den jetzigen Lebens- und Wohnbereich zu verlassen. Eine geringere Mobilität kann vor allem bei Personen unterstellt werden, die sich für niedrigere oder mittlere Positionen interessieren.

Qualifiziertere und tendenziell mobilere Bewerber/innen werden insbes. mit überregionalen Tageszeitungen erreicht (z. B. hochrangige Führungspositionen, Spezialist/innen-Stellen, Einstiegspositionen für Hochschulabsolvent/innen).

Fachzeitschriften als Medium für Stellenanzeigen bieten gegenüber der Tageszeitung neben den i. d. R. geringeren Kosten den Vorzug, dass sich eine Annonce zielgruppengenau platzieren lässt (z. B. für Ingenieur/innen oder Anwält/innen) und dass sie aufgrund der i. d. R. monatlichen Erscheinungsfrequenz eine höhere Wirkungsdauer aufweist.

6.2.3 Electronic Recruiting

Bei der klassischen Beschaffung durch Stellenanzeigen werden im Kern Print-Medien wie Tageszeitungen genutzt. Die schon an anderer Stelle behandelte Tendenz zu immer ausgefeilteren IuKT (Digitalisierung) hat jedoch die Praxis der Personalbeschaffung in der letzten Zeit besonders intensiv beeinflusst (*Scholz* 2014b, S. 156 ff.) – bis hin zu der These, dass zur Beschaffung nur noch das Internet genutzt wird. Insofern gewinnt das Begriffskonstrukt e-cruiting oder e-recruiting (von „electronic recruiting") immer mehr an Bedeutung (vgl. etwa *Ritter* 2010).

Dabei standen zunächst zwei Möglichkeiten im Vordergrund:

- das Einfügen aktueller Stellenangebote auf der Homepage des Unternehmens,
- das Unterbringen von Stellenanzeigen bei sog. „Jobbörsen" (z. B. Job Pilot), die sowohl von Stellenanbietern als auch von Stellensuchenden in Anspruch genommen werden.

Parallel gibt es Initiativen, Teile des Rekrutierungsprozesses elektronisch zu steuern, indem die Datenerfassung und -aufbereitung durch meist sog. Bewerbermanagementsysteme erfolgt. Über Tests oder virtuelle Assessment Center können sogar Vorauswahlen getroffen werden (vgl. *Scholz* 2014b, S. 156; *Hesse/Schrader* 2012, S. 134).

Seit der gesellschaftlichen Verbreitung von „social media" wie Facebook, Twitter, YouTube, aber auch von berufsbezogenen Netzwerken wie Xing, LinkedIn und vielen anderen wird das e-cruiting durch die Einbeziehung dieser Medien wesentlich erweitert (vgl. z. B. *Hesse* 2012; *Rehm* 2014). Dies kann durch direkte Ansprache interessant erscheinender Kandidat/innen erfolgen („active sourcing") oder durch die Verbreitung von Stellenausschreibungen über die Plattformen.

Nach der annähernd repräsentativen Erhebung durch die Beratungsfirma „Institute for Competitive Recruiting" (*Recruiting Report* 2014) dominieren die Stellenanzeigen in Jobbörsen als Rekrutierungskanal (36 % der Einstellungsfälle) vor den Stellenanzeigen auf den eigenen Karriereseiten (16 %) und der Nutzung der social media, insbes. der Business-Netzwerke (10 %) (*ICR* 2014, S. 43).

Vor allem die folgenden Gründe sprechen für das electronic recruiting:

- Kostenersparnis (z. B. Anzeigen in Jobbörsen sind erheblich billiger als in einer überregionalen Tageszeitung),
- Verfügbarkeit und Erreichbarkeit durch das Netz (rund um die Uhr, hohe Aktualität),
- Einfache Informationsbeschaffung,
- Integrierte Interaktionsmöglichkeit (da ein direkter Kontakt zwischen Unternehmen und Bewerber/in herstellbar ist),
- Positiver Imageeffekt (Zeichen für Innovationsfreude bzw. Arbeitgeberattraktivität).

Allerdings kann es auch Gründe dafür geben, das electronic recruiting nicht oder nur in Grenzen zur Personalbeschaffung zu betreiben. Gerade in kleineren und mittleren Unternehmen mag es (noch) an der technischen Ausstattung und Kompetenz in der Personalabteilung oder in anderen zuständigen Unternehmensbereichen fehlen. Im Laufe der Zeit dürfte dieses Problem jedoch an Relevanz verlieren. Gravierender ist vielmehr der folgende Umstand: Aufgrund der einfachen Durchführbarkeit und der geringen Hemmschwelle werden Unternehmen bisweilen mit einer kaum zu bewältigenden Masse elektronischer Bewerbungen konfrontiert, ohne dass dies durch Qualifikation oder Kompetenz der Bewerber/innen gerechtfertigt wäre.

Bislang ist aber nicht zu erkennen, dass das Internet und die sozialen Medien die konventionellen Quellen für das „Schalten" von Anzeigen über Stellenvakanzen verdrängen. Vielmehr scheinen viele Unternehmen zweigleisig – konventionell und elektronisch – vorzugehen (*Rehm* 2014).

6.2.4 Beschaffung über Personalleasing

Eine Möglichkeit insbes. zur kurzfristigen und temporären externen Personalbeschaffung bildet das Personalleasing (auch „Zeitarbeit", „Leiharbeit" oder „Arbeitnehmerüberlassung" genannt). Im Rahmen des Personalleasings werden Dritten (Entleihern bzw. Auftraggebern) von Verleihfirmen (Leasing- oder Zeitarbeitsfirmen) Arbeitnehmer/innen (Leiharbeitnehmer/innen) für eine bestimmte Zeit zur Erstellung von Arbeitsleistungen gegen Entgelt überlassen (vgl. ausführlich *Gutmann/Kilian* 2013).

Damit tritt beim Personalleasing die Verleihfirma (Zeitarbeitsfirma) als eigentlicher Arbeitgeber auf und übernimmt sämtliche Arbeitgeberpflichten. Die Leiharbeitnehmer/innen sind i. d. R. unbefristet bei der Zeitarbeitsfirma eingestellt (Ausnahmen regelt das Teilzeit- und Befristungsgesetz). Die Rechtsbeziehungen zwischen der Zeitarbeitsfirma, dem entleihenden Unternehmen und der/dem Leiharbeitnehmer/in gehen aus dem folgenden Schaubild hervor:

ABB. 26: Rechtsbeziehungen der Parteien beim Personalleasing

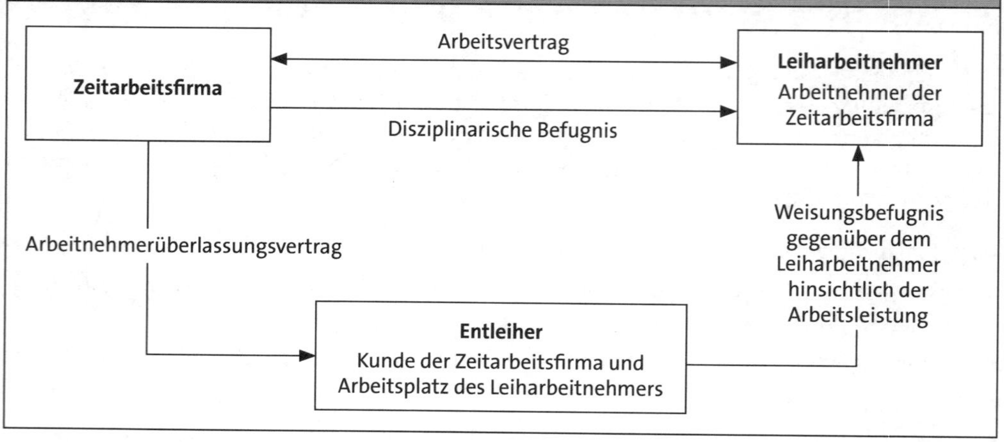

Zwischen der Verleihfirma und der/dem Zeitarbeitnehmer/in besteht ein Dienstvertrag, wonach der Verleihfirma die allgemeinen Arbeitgeberpflichten obliegen und sich die/der Zeitarbeitnehmer/in bei den Auftraggebern zur Erbringung der geforderten Arbeitsleistung verpflichtet. Zwischen der Zeitarbeitsfirma und dem Auftraggeber wird ein Arbeitnehmerüberlassungsvertrag abgeschlossen. Der Auftraggeber entrichtet an die Verleihfirma ein vertraglich vereinbartes Honorar. Die/der Zeitarbeitnehmer/in erhält von der Verleihfirma das Entgelt.

Der zwischen der Verleihfirma und der/dem Zeitarbeitnehmer/in abgeschlossene Dienstvertrag begründet aufgrund der allgemeinen Arbeitgeberpflichten ein **Direktionsrecht** der Verleihfirma. Der Auftraggeber erhält jedoch als Bestandteil des Arbeitnehmerüberlassungsvertrags die Befugnis, der/dem Arbeitnehmer/in aufgabenbezogene Weisungen zu erteilen (Anleitungsrecht im Einzelfall). Die zentralen ökonomischen Zwecke des Personalleasing sind zu sehen in

- der Kompensation kurz- und mittelfristiger Personalengpässe,
- der weitgehenden Entbehrlichkeit von Personalbeschaffungs- und Personalverwaltungskosten,
- der Verringerung des Risikos von Fehleinstellungen.

Die Leiharbeit ist aufgrund der ihr innewohnenden Eigenschaft, bislang arbeitslose Arbeitnehmer/innen – auch solche aus Problemgruppen des Arbeitsmarktes – wieder an Erwerbsarbeit heranführen zu können, auch in einigen Kreisen mit großen arbeitsmarktpolitischen Erwartungen verbunden. Dem stehen jedoch auch Probleme gegenüber, die aus Sicht der „betroffenen" Arbeitnehmer/innen akut werden können wie:

- niedrigeres Entgelt,
- Einsatz in besonders anstrengenden oder unangenehmen Aufgaben, die den Festeingestellten nicht „zugemutet" werden sollen.

6.2.5 Einsatz von Personalberater/innen („Headhunter")

Das „Outsourcing" von klassischen Funktionen der Personalarbeit ist in vielen Unternehmen zu einem zentralen Thema geworden (vgl. *Eggert/Lüerßen* 2008). Neben der Weiterbildung ist dabei die Beschaffung (Vorauswahl) durch spezialisierte Personalberatungsunternehmen ein empirisch wichtiges Handlungsfeld (vgl. z. B. *Alewell/Hauff* 2008). Die Personalberatungen übernehmen – passiv und/oder aktiv – mehr oder weniger große Teile des Beschaffungsprozesses insbes. bei Fach- und Führungskräften gegen Honorar (vgl. für viele *Hillebrecht* 2014). Dieses ist häufig am Bruttojahresgehalt der jeweiligen Position orientiert.

Beim „headhunting" (in gleichem oder ähnlichem Sinne auch „direct search" oder „executive search" genannt) wird eine passende, häufig sogar namentlich vorher feststehende Person gewünscht und angesprochen. Dabei wird zumeist versucht, diese durch nachhaltige „Überzeugungsarbeit" aus ihrem evtl. bestehenden Arbeitsverhältnis zu lösen.

Das Schwergewicht der Tätigkeit der/des Personalberaterin/s darf jedoch nicht auf der Arbeitsvermittlung liegen – anderenfalls handelt es sich um eine/n private/n Arbeitsvermittler/in (siehe oben). Vielmehr muss sie/er auch das suchende Unternehmen beraten und mit anderen Aktivitäten unterstützen, wie z. B. durch das Erstellen von Anforderungsprofilen oder Stellenbeschreibungen sowie die Beratung bei der Ausgestaltung der arbeitsvertraglichen Detailregelungen.

Der Einsatz von Personalberater/innen gilt als zwar teure, aber sehr effiziente Methode der Personalbeschaffung (vgl. etwa *Drumm* 2000, S. 328).

6.2.6 Beschaffung durch Personalmarketing, Employer Branding

Spätestens seit den 1990er Jahren ist das Thema Personalmarketing ein fester Bestandteil der Fachliteratur, die sich mit Fragen der Personalbeschaffung auseinandersetzt (vgl. z. B. *Strutz* 1989; *Rastetter* 1996). Dem liegt der allgemeine Marketinggedanke zugrunde, wonach die Orientierung des Handelns an den Bedürfnissen der Kund/innen im Mittelpunkt stehen soll. Dies gilt vor allem in Bezug auf Marktsegmente mit bestehenden oder sich abzeichnenden Engpasssituationen.

Auf das Problem der Personalbeschaffung übertragen steht dabei die frühzeitige Anwerbung qualifizierter Kräfte durch Aufnahme und Pflege von Kontakten zu Schulen und Universitäten im Vordergrund (daher auch der häufig verwendete Begriff „Hochschulmarketing"). Das Herzstück des Personalmarketing besteht in der Erschließung des externen Arbeitsmarktes durch den Auf- und Ausbau eines positiven Images des Unternehmens in den besonders beschaffungsrelevanten Arbeitsmarktsegmenten. Dazu präsentieren sich die Unternehmen z. B. auf entsprechenden Veranstaltungen in den Hochschulen, auf Messen o. Ä.

Außerdem werden im Wege des Personalmarketing folgende Maßnahmen eingesetzt:

- Vergabe von „Ferienjobs",
- Vergabe von Stipendien,
- umfangreiches Angebot an Praktika für Studierende,
- Vergabe von unternehmensinternen Abschlussarbeiten,
- Betriebsbesichtigungen,
- Kooperation mit Studierenden-Vereinigungen (z. B. AIESEC, MarketTeam o. Ä.).

Mit Hilfe dieser Aktivitäten soll Kontakt zu „High Potentials" hergestellt und aufrechterhalten werden. Bei potenziellen Nachwuchskräften soll der Wunsch geweckt werden, ein Beschäftigungsverhältnis mit dem Unternehmen einzugehen.

Der bereits im Personalmarketing verankerte Grundgedanke hat in den letzten Jahren im Zuge der überwiegend demographisch bedingten Rekrutierungsprobleme bei Fach- und Führungskräften nochmals erheblich an Schub gewonnen. Im Mittelpunkt steht dabei das Konzept „Employer Branding" (vgl. *Buckesfeld* 2012; *Stotz/Wedel-Klein* 2013). Genauso wie bei Produkten soll sich das Unternehmen am Arbeitsmarkt und insbes. mit Blick auf die begehrten High Potentials als guter, attraktiver Arbeitgeber positionieren. Es soll dort wie eine Marke für die interessierenden Anbieter qualifizierten Arbeitsvermögens wahrnehmbar sein.

6.2.7 Passive Beschaffungswege

Das Employer Branding beruht gewissermaßen auf einem passiven Effekt: Ein positives Unternehmensimage soll qualifizierte Kräfte dazu animieren, sich für eine Stelle in diesem Unternehmen zu bewerben. Möglicherweise veranlasst es auch Interessent/innen zu sog. Blind- oder Initiativbewerbungen.

Vor allem große Unternehmen erhalten häufig eine Vielzahl derartiger Bewerbungen, ohne dass sie eine Position ausgeschrieben hätten (*Lemmer* 2010). Gerade in der ökonomischen Krise setzen Stellensuchende verstärkt auf Eigeninitiative. Solche „Blindbewerbungen" werden insbes. von zwei Gruppen eingereicht:

- Hochschulabsolvent/innen kurz vor oder unmittelbar nach Beendigung der Hochschulausbildung,
- 35- bis 45-jährige Berufserfahrene aus Angst vor Stellenabbau in ihrem jetzigen Unternehmen.

Bei großen Konzernen gehen auf diese Art und Weise bis zu 25.000 Bewerbungen pro Jahr ein. Unternehmen wie IBM, BMW oder BASF besetzen offene Stellen häufiger durch solche „Blindbewerbungen". Interessante Bewerber/innen werden in eine Kartei übernommen oder an Fachabteilungen oder ausgelagerte Betriebsteile weitervermittelt.

Im Kontext des „electronic recruiting" lassen sich die Potenziale dieser Beschaffungsquelle gezielt fördern. So bieten z. B. soziale Medien wie auch Jobbörsen Stellensuchenden die Möglichkeit, ihr Profil in einer Art Lebenslaufdatenbank zu hinterlegen. Auch Unternehmen selbst bieten diese Option teilweise auf ihrer Homepage an. Aktuelle Erhebungen zeigen, dass potenzielle Bewerber/innen davon rege Gebrauch machen (*Weitzel et al. 2015)*.

Der Vorteil dieser passiven Beschaffungstechnik liegt insbes. darin, dass die zuständigen Stellen mehr Zeit und Ruhe für die Sondierung der Bewerbungen haben. Auf eine Ausschreibung in einer überregionalen Tageszeitung erhalten Unternehmen nicht selten tausende Bewerbungen, die in einem begrenzten Zeitraum kaum adäquat bearbeitet werden können.

6.3 Personalauswahl

Wenn das Unternehmen im Zuge der Personalbeschaffung ungeachtet der konkreten Quelle eine Gruppe von potenziellen Kandidat/innen zu einer Bewerbung auf die vakante Position veranlasst hat, schließt sich ein weiteres gravierendes personalpolitisches Problem an, nämlich das der Personalauswahl (vgl. auch *Kompa* 1989; *Schuler* 2000; *Schmitt/Werth* 1998; *König* 2003; *Furtmüller/Zdravkovic* 2015).

6.3.1 Grundsätze und Probleme der Personalauswahl

Das Auswahlproblem stellt sich, sobald auf eine vakante Position mehrere relevante Bewerber/innen ihr Interesse an der Stelle durch eine qualifizierte Bewerbung bekundet haben. Im Rahmen der Personalauswahl versucht man nun, auf der Basis des Anforderungsprofils der Stelle und mittels möglichst aussagekräftiger Verfahren den (oder die) am besten geeigneten Bewerber/innen ausfindig zu machen.

Für eine möglichst sachgerechte Personalauswahl gelten vor allem die folgenden drei Grundsätze:

1. Die Auswahl macht keinerlei Sinn ohne Kenntnis der Anforderungen des jeweils zu besetzenden Arbeitsplatzes. Von daher müssen vor dem Einsatz eines geeigneten Verfahrens die Anforderungen der Position in fachlicher, sozialer und methodischer Hinsicht transparent gemacht werden. Oft werden in diesem Zusammenhang **Anforderungsprofile** angewandt.
2. Das Vorgehen bei der Bewerber/innen-Auswahl (und der Aufwand) müssen in einem angemessenen Verhältnis zu den Anforderungen der zu besetzenden Stelle stehen. Dies bedeutet vor allem, dass mit wachsenden Qualifikationsanforderungen auch die Anforderungen an den **Auswahlprozess** steigen.
3. Dementsprechend sollen möglichst angemessene, zu sachgerechten Ergebnissen führende Verfahren zum Einsatz kommen, die geeignet sind, durch **Standardisierung** eine Vergleichbarkeit der Bewerber/innen herzustellen und subjektive Einflüsse der auswählenden Personen zu relativieren. Allerdings ist die oft beschworene „Objektivität" von Auswahlverfahren nicht mehr als eine Fiktion, da kein Auswahlprozess ohne Akte menschlicher (und damit subjektiver) Bewertung auskommt.

Dabei steht die Personalauswahl relativ hilflos dem Problem gegenüber, dass nur der arbeitende Mensch über seine Arbeitskraft verfügungsfähig ist (vgl. Kap. 2.2). Selbst wenn es gelänge, die/den „Besten" aus einer Masse von Bewerber/innen zu identifizieren – spätere „Störungen" im Prozess der Transformation in konkrete Arbeit lassen sich schwerlich voraussehen. Es gibt eben keine Garantie, „daß ein Mitarbeiter kreativ, sozial kompetent, kooperationsfähig, loyal und motiviert seine Arbeit tut [...]. Die Organisation, vertreten durch den Auswähler, soll sich ‚rational' für etwas entscheiden, wovon sie systematisch nicht wissen kann, was sich dahinter verbirgt" (*Schmitt/Werth* 1998, S. 3).

Der oft zitierte Grundsatz von der „Bestenauswahl" erscheint vor diesem Hintergrund zweifelhaft.[33] Denn es kommt nicht (nur) darauf an, z. B. die fachlichen Topkräfte in den eigenen Reihen zu wissen. Vielmehr müssen später im betrieblichen Umfeld und in der Kooperation mit anderen die Leistungsbeiträge „stimmen".

Jedenfalls versucht das Personalmanagement im Bereich Personalauswahl, diesem Problem durch Anlehnung an die klassische betriebspsychologische Eignungsdiagnostik (früher: „Psychotechnik") zu entfliehen. Diese hat sich im Grunde seit ihren Anfängen zu Beginn des 20. Jahrhunderts gewissermaßen einer „Teil-Rationalität" verschrieben, die u. a. in den oben schon genannten drei Grundsätzen zum Ausdruck kommt (vgl. dazu speziell *Kieser* 1997, insbes. S. 106 ff.). Paradigmatisch wird von einer „Fit-Formel" zwischen Anforderungen der Stelle und Eignung der Person ausgegangen:

Aufgabe der Personalauswahl ist es, „die Anforderungen der zu besetzenden Stelle mit den Fähigkeiten der Bewerber abzugleichen und den am besten geeigneten Mitarbeiter zu identifizieren" (*Scholz* 2014b, S. 164).

33 *Furtmüller/Zdravkovic* (2015, S. 288) berichten von dem „Shitstorm", der über den österreichischen Fußballnationaltrainer Hickersberger hereinbrach, nachdem er seine Devise verkündet hatte, für die Europameisterschaft 2008 im eigenen Land „nicht die besten, sondern die richtigen Fußballer ins Team ein(zu)berufen". Dabei ist dieser Grundsatz alles andere als abwegig. Wer sich für diesen Sport interessiert, der weiß, dass gerade die Top-Stars sich nicht immer einfach in eine Kollektivraison integrieren lassen. Der DFB warb im November 2014 nach dem Gewinn der Weltmeisterschaft in Brasilien und mit Blick auf die kommende EM in Frankreich mit einem (ihm allerdings fälschlicherweise zugeschriebenen) Twitter-Zitat von Steven Gerrard: „Brazil have Neymar. Argentina have Messi. Portugal have Ronaldo. Germany have a team!"

Dabei wird i. d. R. ein Prozess abgearbeitet, der schematisch wie folgt aussieht:

ABB. 27: Ablaufdiagramm eines typischen Personalauswahlprozesses (nach *Scholz* 2014b, S. 166)

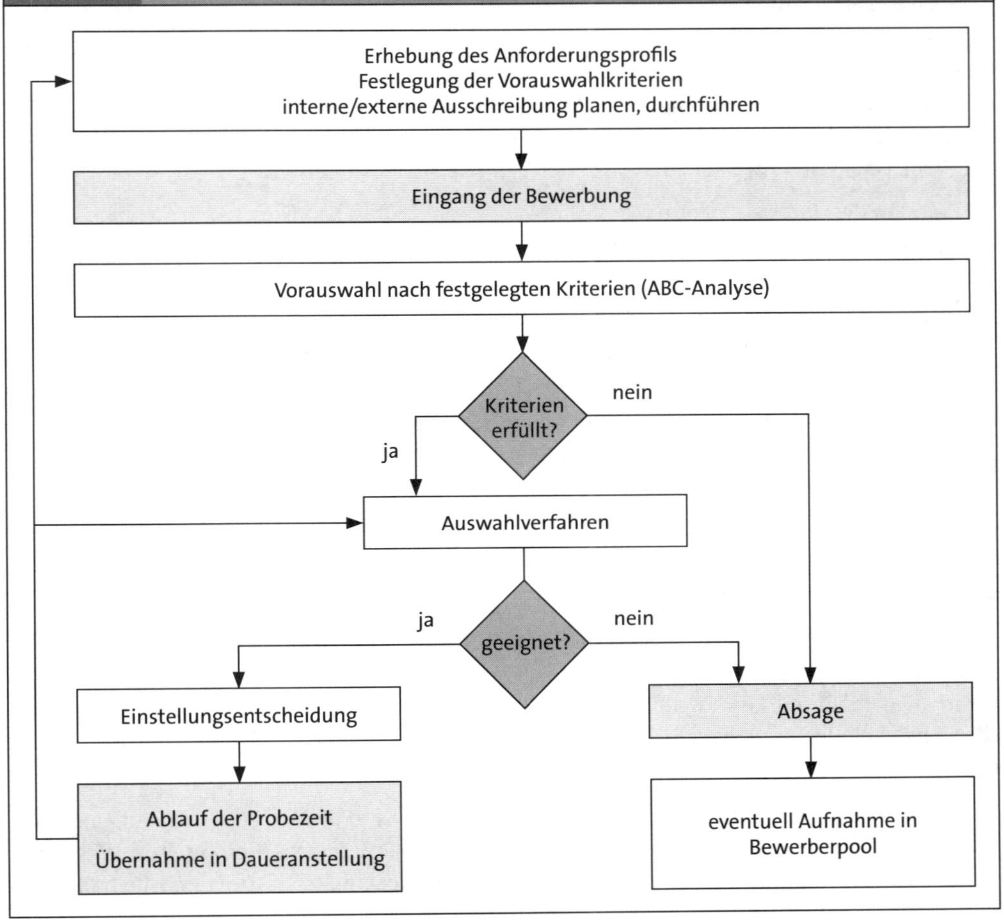

Mit diesem Prinzip des systematischen, auf instrumentelle Anwendungen gestützten Abgleichs von Anforderungen der Stelle und Eignungsmerkmalen der Personen anhand möglichst „wissenschaftlicher" Verfahren wird in der Personalauswahl ein zumindest annähernd rationales, analytisches Vorgehen angestrebt, das aber letztlich aufgrund vieler Unwägbarkeiten eher als Rationalitäts-Mythos klassifiziert werden muss (vgl. *Kieser* 1997; *Laske/Weiskopf* 1996). Zudem kommen stets Erfahrungswissen und Intuition der Personalentscheider zum Tragen; eine „Eins zu eins"-Umsetzung eignungsdiagnostischer Befunde ist in der Praxis wohl eher selten vorzufinden (vgl. dazu *Kleebaur* 2007; *Apelojg* 2010).

6.3.2 Analyse und Bewertung der Bewerbungsunterlagen

Um eine wie oben geschilderte Personalauswahl umzusetzen, stehen der Praxis eine Reihe von Verfahren zur Verfügung, die teils alternativ, teils ergänzend eingesetzt werden.

Bekanntlich sind im Rahmen eines Bewerbungsverfahrens die üblichen Unterlagen wie Anschreiben, Lebenslauf und beruflicher Werdegang, Zeugnisse und ggf. weitere Dokumente von den Bewerber/innen einzureichen (Eingang der Bewerbung). Ein obligatorischer Schritt des Auswahlprozesses ist die gezielte Analyse und Bewertung dieser Unterlagen (vgl. *Schuler* 1995, S. 130 ff.). Dabei sind vor allem die folgenden vier Aspekte einzubeziehen:

1. Wie sind die Unterlagen formal gestaltet?
2. Sind sie vollständig?
3. Wie ist die stilistische Gestaltung?
4. Und natürlich: Welche Auskünfte geben die inhaltlichen Angaben (z. B. bisheriger beruflicher Werdegang) über eine mögliche Eignung für die Position?

Besonders brisant ist in diesem Zusammenhang immer wieder die Analyse von Zeugnissen, speziell von Arbeitszeugnissen (vgl. *Wank* 2004). In die Zeugnisanalyse einzubeziehen sind Kriterien wie

- Dauer und Inhalt der bisherigen Tätigkeiten,
- Leistung und Verhalten,
- ggf. der Grund für das Ausscheiden.

Der heikelste, zugleich aber wichtigste Aspekt ist die Erfassung von Aussagen über Leistungen und Verhaltensweisen. Die Problematik liegt darin begründet, dass der bisherige Arbeitgeber wahrheitsgemäße Auskünfte geben muss, das Zeugnis gleichwohl jedoch nach höchstrichterlichen Entscheidungen wohlwollend zu formulieren ist, um der/dem Arbeitnehmer/in das weitere Fortkommen nicht zu erschweren.

Aufgrund dieser zwiespältigen Situation hat sich eine Praxis indirekter Zeugnisaussagen entwickelt, wobei aus typischen Formulierungen, besonderen Betonungen oder aus dem Weglassen eigentlich wichtiger, für die bisherige Stelle prägender Aspekte auf Leistung und Verhalten geschlossen werden muss.

Ergebnis der Analyse der eingereichten Unterlagen der Bewerber/innen ist eine Vorauswahl.[34] In der Praxis läuft diese oft auf eine ABC-Kategorisierung hinaus (*Scholz* 2014b, S. 167):

- A-Kandidat/innen werden zu einem vertiefenden Auswahlverfahren eingeladen (z. B. Assessment Center).
- Bei B-Kandidat/innen bestehen entweder Unsicherheiten (sodass vor evtl. Einladung weitere Klärungsprozesse erfolgen), oder die Bewerber/innen scheinen nicht für die in Rede stehende, wohl aber für eine andere Position im Betrieb interessant (mit der Folge der Aufnahme in eine Bewerberkartei o. ä.).
- C-Kandidat/innen erscheinen ungeeignet und erhalten eine Absage.

34 Zu den bei der Vorauswahl zur Geltung kommenden Kriterien und Mechanismen vgl. die empirischen Befunde bei *Schmitt/Werth* (1998, S. 21 ff.).

6.3.3 Vorstellungsgespräch

Kandidat/innen, die nach Prüfung der Bewerbungsunterlagen als interessant und potenziell geeignet erscheinen, werden häufig in einer zweiten Stufe des Auswahlprozesses zu einem Vorstellungsgespräch eingeladen (auch Einstellungsgespräch, Bewerbungsinterview oder ähnlich benannt) (vgl. *Kompa* 1989, S. 159 ff.; *Furtmüller/Zdravkovic* 2015, S. 304 ff.; zur empirischen Verbreitung vgl. *Schuler et al.* 2007). In vielen Fällen finden zudem im Rahmen ganzer Interviewstaffeln wiederholte Treffen statt, insbes. bei der Auswahl für höher qualifizierte Positionen (*Schmitt/Werth* 1998, S. 26).

Die Gestaltung solcher Gespräche ist in der Praxis sehr unterschiedlich. Das Spektrum reicht von völlig offenen, sehr spontanen und kaum strukturierten Unterredungen bis hin zu voll standardisierten Varianten, in denen de facto ein Fragebogen „abgearbeitet" wird. Die meisten Interviews wird man zutreffend als „halb standardisiert" charakterisieren können.

Der Arbeitgeber will sich im Gespräch einen persönlichen Eindruck von der/dem Bewerber/in verschaffen, ggf. in den Unterlagen fehlende oder unklare Informationen einholen, weitere und vertiefende Erkenntnisse über die Eignung im Hinblick auf die Anforderungen der Stelle gewinnen und die Erwartungen und Ziele der Person herausfinden (z. B. in Bezug auf das Gehalt).

Im Vorstellungsgespräch kommt am ehesten der zweiseitige Charakter der Bewerbungssituation zum Tragen. Auch die Bewerberin/der Bewerber hat die Möglichkeit, weitere Informationen über die vakante Position, den Arbeitsbereich, das Unternehmen und die von ihm geforderten Leistungen einzuholen, um für sich entscheiden zu können, ein evtl. Arbeitsplatzangebot anzunehmen oder die Bewerbung zurückzuziehen.

Empirische Befunde weisen jedoch auf strukturelle Asymmetrien hin, die allein durch die Zahl der arbeitgeberseitigen Interviewer/innen entstehen (oft bis zu vier, vgl. *Schmitt/Werth* 1998, S. 30 f.).

6.3.4 Eignungstests

Viele Unternehmen bedienen sich ferner psychologisch-diagnostischer Methoden, um die passende Bewerberin/den Bewerber ausfindig zu machen (*Kompa* 1989, S. 119 ff.; *Schuler* 2000; *Scherm/Süß* 2010, S. 56 ff.; zur historischen Entwicklung des Einsatzes von Testverfahren vgl. *Kieser* 1997). Die Eignungsdiagnostik als Teildisziplin der Psychologie hat eine ganze Reihe von standardisierten Tests hervorgebracht, anhand derer Eignungsmerkmale, Verhaltensweisen und sogar Persönlichkeitseigenschaften über standardisierte Untersuchungen ermittelt werden sollen. Dabei lassen sich drei Grundformen unterscheiden:

1. **Leistungstests:** stellen, wie der Name schon vermuten lässt, auf die Analyse von Leistungsmerkmalen ab, wie z. B. handwerkliches Geschick, Reaktionsgeschwindigkeit oder Rechengewandtheit.
2. **Intelligenztests:** dienen der Messung der intellektuellen und analytischen Fähigkeiten der Bewerber/innen.
3. **Persönlichkeitstests:** erfassen Charaktermerkmale wie z. B. die Durchsetzungsfähigkeit oder die emotionale Stabilität.

Ein Beispiel für einen Intelligenztest ist der J. C. Raven-Test. Dabei handelt es sich um ein sprachfreies Verfahren zur Erhebung der Fähigkeiten der Testpersonen zum logisch-analytischen Denken. Die Aufgaben, die sowohl individuell als auch in der Gruppe bearbeitet werden können, bestehen aus matrizenartig angeordneten Mustern, aus denen ein kleines Element herausgeschnitten ist. Die Testpersonen müssen dann ohne Zeitbegrenzung aus einer Auswahl von darunter abgebildeten, unterschiedlichen Stücken das richtige, zum Gesamtmuster passende Stück identifizieren.

Ein Beispiel für einen globalen Persönlichkeitstest ist der **16-Persönlichkeits-Faktoren-Test** (kurz: 16-PF-Test). Dieser Test unternimmt den Versuch, mittels eines umfangreichen Fragebogens die Persönlichkeit von Bewerber/innen durch 16 konträre Persönlichkeitsmerkmale zu erfassen. Diese Merkmale lauten in der klassischen Version u. a.:

- Sachinteresse versus Kontaktinteresse,
- Konkretes Denkvermögen versus Abstraktes Denkvermögen,
- Emotionale Stabilität versus Emotionale Labilität,
- Soziale Anpassung versus Dominanzstreben,
- Besonnenheit versus Begeisterungsvermögen,
- Flexibilität versus Pflichtbewusstsein.

Gerade an derartigen Persönlichkeitstests wird auch heftige Kritik geübt. Dabei geht es neben der Testphilosophie (d. h. den Annahmen, die den Tests zugrunde liegen) und der kritischen Diskussion der Validität (Was hat der Test mit der Eignung bzw. Arbeitsausführung zu tun?) vor allem um ethische und arbeitsrechtliche Fragen. Das Wesen gerade vieler Persönlichkeitstests ist es, die/den Bewerber/in zur Entäußerung ihrer/seiner persönlichen Einstellungen, Wertvorstellungen, Motivationen, des Temperamentes und anderer Persönlichkeitsmerkmale anzuregen und die Untersuchungsergebnisse in „Psychogrammen" zusammenzufassen. Dabei stellt sich die Frage, ob der Arbeitgeber dazu angesichts des Schutzes der Würde des Menschen im Grundgesetz überhaupt eine rechtliche und moralische Befugnis hat.

Es kann im Allgemeinen nicht bestritten werden, dass der Arbeitgeber im Zuge des Abschlusses oder der Anbahnung von (Arbeits-)Verträgen ein Interesse an der – im weitesten Sinne – Erfassung von Merkmalen der Persönlichkeit der Kandidat/innen hat. Das ergibt sich aus dem Grundsatz der Vertragsfreiheit und der damit einhergehenden Freiheit der Informationsbeschaffung. Der Arbeitgeber möchte sich ein genaues Bild von Bewerber/innen machen, um seine Personalentscheidungen abzusichern und sich vor materiellem Schaden zu schützen. Daher steht dem individuellen Persönlichkeitsrecht ein gewisses Interesse des Arbeitgebers an der Erfassung und Erforschung persönlichkeitsbezogener Kriterien gegenüber, das – ebenso wie das Persönlichkeitsrecht – grundsätzlich rechtlich anerkannt ist. Soweit dies aus der herrschenden juristischen Meinung bzw. der Rechtsprechung rekapituliert werden kann, lassen sich folgende Grenzziehungen für die Güter- und Interessenabwägung skizzieren:

- Der **Intim- bzw. Geheimbereich** ist generell tabu; eine Abwägung findet erst gar nicht statt. Die Betroffenen müssen an den entsprechenden Aspekten aber ein offenkundiges persönliches Geheimhaltungsinteresse haben. So wird es generell unzulässig sein, etwa nach einer Neigung zu Depressivität, Hysterie oder nach Zuständen oder „Qualitäten" des Familienlebens zu forschen. Davon gibt es wenige Ausnahmen (z. B. Auswahl von Pilot/innen).

- **Charakterbild und Privatsphäre** sind weniger geschützt und zudem oft schwer vom Intim- bzw. Geheimbereich abzugrenzen. Aber auch in diese Sphäre darf der Arbeitgeber nicht bedenkenlos vordringen. Er muss ein aus dem konkreten Arbeitsplatz (bzw. der Zielebene) unmittelbar resultierendes Interesse geltend machen können, um in die Privatsphäre, zu der auch wesentliche Teile des „Charakterbildes" gerechnet werden, vordringen zu dürfen.
- Der **„Eingriff" in die Privatsphäre** muss einen engen Zweckbezug aufweisen und sich streng nach dem Prinzip der Verhältnismäßigkeit richten. Dies wird u. a. deswegen gefordert, weil die Beurteilung eine psychisch belastende Situation für die Betroffenen darstellt (vgl. dazu vertiefend *Berger* 1993).

Der Arbeitgeber darf aufgrund dieser Situation nur auf diejenigen Merkmale und Eigenschaften abstellen, die für den zu besetzenden Arbeitsplatz bzw. für die Zielebene unmittelbar, direkt und erkennbar von Bedeutung sind. Ein undifferenzierter „Blindflug durch die Seele" von Bewerber/innen ist in jedem Falle rechtlich problematisch.

6.3.5 Graphologische Gutachten

Überraschend viele Arbeitgeber (besonders auch in Nachbarländern) setzen nach wie vor auf die Schriftbildanalyse (graphologische Gutachten) durch beauftragte Expert/innen, um damit Erkenntnisse über die Eignung von Bewerber/innen für vakante Positionen zu gewinnen. Die der Graphologie zugrundeliegende „Theorie" ist, dass die Handschrift Ausdruck individueller psychischer Dispositionen ist.

Gegenstand des Gutachtens ist i. d. R. eine Gesamtbeurteilung der Persönlichkeit der Bewerberin/des Bewerbers, insbes. ihre/seine Einstellung zur Arbeit sowie psychische Leistungsvoraussetzungen wie Dynamik, Kontaktbereitschaft, Durchsetzungsvermögen, Belastbarkeit, Teamfähigkeit usw.

Wissenschaftlich ist die Graphologie mehr als umstritten. Die meisten seriösen Fachvertreter/innen halten sie als Instrument der Personalauswahl für ungeeignet. Entsprechend wird sie in Deutschland heute wohl nur noch selten eingesetzt (vgl. *Schuler et al.* 2007).

6.4 Das Assessment Center als elaboriertes Auswahlverfahren

Zu den besonders verbreiteten, aufwendigen und als sachgerecht geltenden Auswahlverfahren gehört seit geraumer Zeit das sog. „Assessment Center" (AC). Im Rahmen einer längerfristig orientierten Personalpolitik haben immer mehr Unternehmen höhere Ansprüche an die Gültigkeit und Zuverlässigkeit der betrieblichen Auswahlinstrumente entwickelt. Entsprechend ist die Bereitschaft des Managements gestiegen, viel Zeit und Geld in immer ausgefeiltere und aufwendigere Verfahren zu investieren. Das gilt für die Rekrutierung von außen, insbes. der Hochschulabsolvent/innen, aber auch für die Identifizierung des potenziellen Führungskräftenachwuchses aus den eigenen Reihen. Das AC, manchmal auch „Förderseminar", „Auswahlseminar" oder ähnlich genannt, steht in diesem Zusammenhang in vorderster Reihe.

Wegen der großen praktischen Bedeutung (*Schuler et al.* 2007) und dem nicht selten mit ihm in Verbindung gebrachten Nimbus von Objektivität und Unfehlbarkeit wird das AC hier intensiver behandelt als die anderen Auswahlverfahren und zudem einer ausführlicheren kritischen Würdigung unterzogen.

6.4.1 Merkmale des Assessment Center

Das AC gehört heute zu den am meisten praktizierten Auswahlverfahren für höher qualifizierte Positionen (vgl. für viele *Obermann* 1992; *Schuler* 2000, S. 118 ff.; *Sarges* 2001). Aus der folgenden Aufzählung gehen einige zentrale Merkmale des AC hervor:

- Es handelt sich um ein- bis viertägige Veranstaltungen mit einer standardisierten Folge von Aktivitäten, in denen mehrere (meist sechs bis zwölf) betriebsinterne oder externe Kandidat/innen gleichzeitig ihr Potenzial für Führungs- oder Führungsnachwuchspositionen unter Beweis stellen sollen.
- Ausgangspunkt ist ein Anforderungskatalog für die zu besetzende Stelle bzw. bei AC's zur Identifikation der internen Führungspotenzialträger für die Zielebenen (z. B. untere, mittlere, obere Führungskräfte-Ebene, Filialleitung in einer Bank).
- Diese Anforderungen werden „übersetzt" in beobachtbare Merkmale, die sich in AC-Übungen mehrfach erfassen lassen.
- Neben den Kandidat/innen, die die Übungen zu absolvieren haben, treten als weitere Akteure Moderator/innen, die die Veranstaltung steuern und strukturieren, sowie die Beobachter/innen in Erscheinung, denen die eigentliche Bewertungsaufgabe obliegt. Beobachter/innen sind zumeist Führungskräfte des Unternehmens, bisweilen auch interne oder externe „Profis" (Psycholog/innen, z. B. von einer Beratungsfirma).
- Nach Abschluss der Übungen werden die Ergebnisse der Beobachter/innen gemeinsam ausgewertet, diskutiert und zu einer gemeinsamen Beurteilung der einzelnen Kandidat/innen verdichtet (sog. Beobachter-Konferenz).
- Die Ergebnisse werden in einem Gutachten schriftlich festgehalten und in einem „Feedback-Gespräch" an die einzelnen Kandidat/innen zurückgekoppelt.

6.4.2 Grundprinzipien

Beim AC handelt es sich im Kern um ein gruppenorientiertes Instrument, das seine Erkenntniskraft vor allem aus simulierten Situationsübungen ziehen soll, die für die jeweilige Position als typisch erachtet werden. Das Verfahren läuft nach dem **Mehrfachprinzip** ab. Mehrere Teilnehmer/innen werden von mehreren Beobachter/innen bei verschiedenen Übungen beobachtet und bewertet, wobei die jeweiligen Formen aufgrund ihres einzel- oder gruppenspezifischen Charakters ein umfassendes Untersuchungsfeld bieten. Dabei geht man von folgenden Grundannahmen aus, die mit Hilfe des Mehrfachprinzips bestätigt werden sollen:

1. Die Aufgabenvielfalt und der Einsatz mehrerer Beobachter/innen sollen gültige und treffende Ergebnisse liefern. Zum Teil wird auch von „objektiven" Resultaten gesprochen.
2. Die unterschiedlichen Übungen mit ihren verschiedenen Anforderungskriterien erfordern vielfältige Verhaltensweisen. Dies gibt den Teilnehmer/innen die Möglichkeit, sich umfassend darzustellen, und vermittelt insoweit den Eindruck gleicher Chancen für alle.

3. Jede/r Teilnehmer/in erhält im Rahmen eines möglichst zeitnahen Feedback-Gesprächs eine fundierte Analyse ihrer/seiner Stärken und Schwächen.
4. Mit Hilfe des AC kann grundsätzlich die Eignung von Kandidat/innen sowie der (nicht-fachliche) Qualifizierungsbedarf von Mitarbeiter/innen ermittelt werden.
5. Die Teilnahme von Führungskräften aus dem Unternehmen als Beobachter/in sensibilisiert diese für Verhaltens-, Beurteilungs- und Unternehmenskultur-Probleme. Über die Reflexion ihrer Tätigkeit im AC bieten sich eigene Lern- und Entwicklungschancen insbes. i. S. e. Steigerung der sozialen Kompetenz.

Die wichtigsten im AC eingesetzten Übungstypen gehen aus der folgenden Übersicht hervor:

- **Postkorbübung**, bei der die Testperson in einer simulierten Stresssituation ihren Postkorb abarbeiten und Entscheidungen zu den einzelnen Vorfällen treffen muss,
- **Vortragsübungen** zu Fachthemen,
- **Simulierte Gesprächssituationen** in Rollenspielen mit vorbereiteten Partner/innen (z. B. Eröffnung einer schwachen Beurteilung, Führen eines Mitarbeitergesprächs, Telefonat mit schwierigem Kunden, Verkaufsgespräch für ein fast unverkäufliches Produkt),
- **Gruppendiskussionen**, oft über gesellschaftspolitisch oder betriebsintern brisante Themen (z. B. Umgang mit Flüchtlingen, Einführung einer Frauenquote bei Beförderungen),
- **Gruppendynamische Übungen** (z. B. Nasa-Spiel: Gruppe muss in einer simulierten Situation eine Liste von Gegenständen per Konsenslösung in eine Reihenfolge bringen),
- **Selbst- und Fremdeinschätzungs-Übungen** (die Kandidat/innen müssen nach Abschluss des AC sich selbst und die anderen z. B. in eine Rangfolge bringen oder nach einer vorgegebenen Skala bewerten).

6.4.3 Einschätzung

Das AC wird üblicherweise in der wissenschaftlichen Literatur wie auch von vielen Praktiker/innen in den höchsten Tönen gelobt. Dennoch sind auch einige kritische Anmerkungen zu diesem Verfahren vorzubringen (vgl. die Kritik systematisierend und diskutierend *Sarges* 2001; *Schuler* 2007). Gemäß der verbreiteten Position in der Fachliteratur ermöglicht das AC sachgerechte und zuverlässige Potenzialeinschätzungen und Auswahlentscheidungen. Einige Vertreter/innen der Fachrichtung bezeichnen das AC als das „objektivste" Auswahlverfahren – sofern es derlei überhaupt geben kann. Aufgrund dessen sei es anderen Beurteilungs- und Auswahltechniken wie z. B. der groben Einschätzung durch Vorgesetzte, Analyse von Bewerbungsunterlagen, graphologischen Gutachten, Vorstellungsinterviews usw. weit überlegen.

Dabei wird oft eine quasi naturwissenschaftliche Vorgehensweise propagiert. Man glaubt (oder macht zumindest glauben), man könne mit Hilfe feststehender Übungsfolgen und zugehöriger AC-Regeln den komplizierten Prozess der Beurteilung von Menschen über Menschen (auch wenn er auf Beobachtungen beruht) in analytische Einzeldimensionen und prozessuale Vor-, Zwischen- und Nach(bereitungs)stufen zerlegen und ihn damit von dieser ungewünschten, als Hindernis einer sachgerechten Auswahl empfundenen menschlichen Subjektivität befreien.

Bei genauerer Betrachtung sind jedoch einige methodische Aspekte vorzubringen, die zu einer Verwerfung der Objektivitätsthese und zu einer Zurückschraubung technokratisch-personalwirtschaftlicher Anwendungserwartungen führen müssen.

- Problematisch ist oft die „Übersetzung" von Arbeitsplatzanforderungen in Personeneigenschaften. Begriffe, mit denen Arbeitsplätze definiert werden, befinden sich nicht notwendigerweise im Einklang mit Eigenschaften, mit denen man Personen beschreibt. Die zur Erstellung von Anforderungsprofilen üblicherweise benutzten arbeitsanalytischen Verfahren (z. B. Führungskräftebefragung) sind zudem recht oberflächlich und erlauben bestenfalls sehr grobe, näherungsweise Ergebnisse.
- Auch besteht dabei die Gefahr, dass die Beurteilungskriterien, etwa wenn man für die Anforderungsanalyse die jetzigen Führungskräfte befragt, der vergangenen, bestenfalls der aktuellen Führungspraxis entstammen. Dieses Vorgehen verleiht dem AC ein konservatives Moment, und es ist zu befürchten, dass die Erfassung der in dynamischen Marktsituationen besonders gefragten innovativen und nonkonformen Verhaltensweisen ausgeschlossen oder zumindest unterbelichtet bleibt.
- Das AC ist nichts anderes als eine fotografische Momentaufnahme; der Schluss auf zukünftiges Verhalten ist zumindest fragwürdig. Tagesform und andere Einflüsse spielen eine wichtige Rolle.
- Die AC-Übungen provozieren häufig „künstliches" Verhalten. Seit der Entdeckung des sog. Hawthorne-Effektes ist in den Sozialwissenschaften bekannt, dass sich Menschen in Situationen, in denen sie von Forscher/innen, Beurteiler/innen oder dergleichen beobachtet werden, anders verhalten als in Alltagssituationen.

Häufig bestimmen Angst und Unsicherheit oder auch übermäßiger Aktivismus das Verhalten. In der AC-Praxis sind „Kooperationssyndrome" ebenso zu beobachten wie „Durchsetzungs- und Aktivitätssyndrome". Bei vielen AC-Übungen ist Show-Talent gefragt. Es spielt eine wichtige Rolle, wie gut sich die Kandidat/innen in den Übungen „verkaufen" können. Zudem können sich die Kandidat/innen gezielt vorbereiten (z. B. durch „Testknacker"), und bei wiederholter AC-Teilnahme wird man zudem erfahrungsbedingte Vorteile haben.

Neben diesen methodischen Grundsatzproblematiken ergeben sich stets gravierende Verfälschungen und Verzerrungen aus Beurteilungseffekten- und -taktiken der Beobachter/innen. Nach allen vorliegenden Erfahrungen bringen die Beobachter/innen stets ihre subjektiven Eignungstheorien ein, die sie sich nicht einfach abtrainieren lassen.

Weitere Beurteilungseffekte ergeben sich aus dem Umstand, dass im AC mehrere Beobachter/innen eine gemeinsame Bewertung vereinbaren müssen. Eine Zusammenfassung subjektiver Einzelbewertungen im Team schafft noch keine Objektivität. Im Gegenteil konnte in Untersuchungen gezeigt werden, dass in diese Teambewertung massive gruppendynamische Effekte mit der Konsequenz von Urteilsverzerrungen hineinwirken. Häufig kommt es in der Gruppe zu Kompromissentscheidungen, die Kandidat/innen „ohne Ecken und Kanten" bevorzugen.

Trotz dieser Kritikpunkte sprechen viele Argumente für die Anwendung des AC. Man darf das Verfahren nur nicht glorifizieren, muss sich seiner Probleme und Grenzen bewusst sein. Personalauswahlprozesse im Unternehmen werden immer in irgendeiner Form stattfinden. Die möglichen Alternativen (Interviews, graphologische Gutachten, Persönlichkeitstests) sind in der

Abwägung bedenklicher und erbringen i.d.R. weniger sachgerechte Ergebnisse. Insofern muss das AC zumindest als Fortschritt i.S.d. Reduktion von Willkür und Zufälligkeit betrachtet werden.

6.5 Personalbeschaffung und -auswahl aus arbeitspolitischer Sicht

Im Zusammenhang mit dem HRM-Ansatz wurde schon dargelegt, dass das Personal im „modernen Management" immer stärker als aktive Ressource mit einem hohen Potenzial an Kenntnissen und Fähigkeiten gesehen und als Erfolgsfaktor des Unternehmens anerkannt wird (vgl. Kap. 3.4). Der arbeitende Mensch als entscheidender Wettbewerbsfaktor muss demnach angemessen ausgewählt, eingesetzt, motiviert und entwickelt werden, sodass er seine Kenntnisse, Fähigkeiten und Potenziale zum Nutzen des Unternehmens einbringen kann.

Insofern werden von den Arbeitskräften immer mehr funktionsübergreifende Qualifikationen verlangt, die allgemein unter dem Begriff der Handlungskompetenz gefasst werden können (vgl. vertiefend Kap. 11.1 und 11.2). Dabei sind neue Wortkonstruktionen entstanden, mit denen in vielfältiger Weise die neuen Anforderungsdimensionen umschrieben werden. Mit dem Kompetenzbegriff werden so unterschiedliche Begriffe wie Sozialkompetenz, Methodenkompetenz, Lernkompetenz, Kommunikationskompetenz verbunden. Fachkompetenz gerät dabei nicht zu einer Nebensächlichkeit, sondern es wird akzeptiert, dass in neuen Arbeitszusammenhängen diese Fähigkeiten erst durch eine umfassende individuelle Kompetenzentwicklung ihren Nutzen entfalten können, anders als in klassisch hierarchischen Strukturen. Der erweiterte Kompetenzbegriff legt seinen Schwerpunkt auf Verhaltens- und Problembewältigungsstrategien.

Dies macht auch gleichzeitig ein Dilemma für Unternehmen deutlich. In globalisierten Märkten werden (bleiben) Mitarbeiter/innen auch (zum) Kostenfaktor, sodass Unternehmen selbst in wirtschaftlich blühenden Zeiten die Senkung von Personalkosten als permanentes Ziel manifestiert haben. Gleichzeitig ist das Personal als „Humanressource" aber auch der zentrale Aktivposten des Wandels und der Entwicklung von Unternehmen. Je austauschbarer Güter und Dienstleistungen werden, umso mehr zeigt sich, dass die Erfolgsfaktoren Qualität, Kosten, Zeit- und Kund/innen-Orientierung abhängig sind von der Art der Aufgabenwahrnehmung durch die Mitarbeiter/innen. Diese werden so zur Quelle der Wertschöpfungsprozesse und gewährleisten, dass der Wandel zum Normalfall werden kann. Umso bedeutender wird für die Unternehmen die Gewinnung der „richtigen", der geeigneten Mitarbeiter/innen und die beständige Förderung und Fortentwicklung ihres Potenzials:

„Der Erfolg einer Unternehmung hängt heute [...] in besonderem Maße von der richtigen Auswahl, Entwicklung und Entlohnung sowie dem richtigen Einsatz und Training der menschlichen Ressourcen ab" (*Staehle* 1989).

Aufgrund dieser im HRM-Ansatz fokussierten Entwicklungen dürften sich die Unternehmen Fehlentscheidungen im Zusammenhang mit Personalbeschaffung, -auswahl und -entwicklung eigentlich immer weniger leisten. Eine systematische und strategische Ausrichtung der Personalarbeit beinhaltet auch, die ökonomische Bedeutung einer falschen Beschaffungsstrategie und erst recht einer Fehlbesetzung nicht nur als Kostenproblem zu behandeln, sondern den Bezug zur Nutzbarmachung der Potenziale der „Humanressourcen" zur Sicherung des Wettbewerbsvorsprungs stärker zu beachten. Die Vorteile, die die Wahl einer „richtigen" Auswahlmethode nach sich ziehen kann, zeigen nicht nur vorliegende Berechnungen.[35] Dennoch kommt es in vielen Unternehmen in letzter Konsequenz nicht zu einer entsprechenden (strategischen) Ausrichtung der Maßnahmen zur Personalauswahl und -entwicklung. So werden gravierende Defizite im Unternehmenserfolg im Zusammenhang mit erfolgten Fehlbesetzungen oft nicht als Wirkung untauglicher diagnostischer Personalauswahl-Methoden angesehen. Doch selbst wenn eine perfekte Diagnostik gelänge, so könnte auch sie aus den bereits genannten Gründen keine gelungene Personalbeschaffung garantieren. Allerdings schüttet man das Kind mit dem Bade aus, wenn man auf eine methodisch elaborierte Eignungsdiagnostik gänzlich verzichten wollte. Denn die Voraussetzungen für „Treffer" sind mit einem „guten" Auswahlverfahren zweifellos besser als bei rein intuitiven, auf das „Bauchgefühl" setzenden Entscheidungen.[36]

Entsprechend dürfte inzwischen das Bewusstsein gestiegen sein, dass von einer „ressourcenorientierten" Beschaffungsstrategie samt zugehöriger Personalauswahl viel abhängt (vgl. auch *König* 2003, S. 21 ff.). Eine Vielzahl von Unternehmen ist heute bereit, entsprechend der These vom „strategischen" Stellenwert der Personalauswahl in elaboriertere Konzepte und Verfahren zu investieren, insbes. im Bereich der Führungs- und Führungsnachwuchskräfte. Aber selbst im gewerblichen Bereich (z. B. bei Neugründungen von Werken der Automobilindustrie) werden heute z. T. sehr aufwändige Beschaffungs- und Auswahlkonzepte praktiziert.

Selbstredend geht es im Rahmen der Personalbeschaffung und -auswahl aber auch um zukünftige berufliche Chancen von Bewerber/innen und Mitarbeiter/innen, um beruflichen Aufstieg und gesellschaftliche Positionierung und damit um die Zuteilung oder Verweigerung von Lebenschancen. Die Auswahlsituation ist für diesen Personenkreis von existenzieller Bedeutung (vgl. auch *Laske/Weiskopf* 1996, S. 297 f.; *Gilliland* 1995). Dies führt zu Forderungen nach sachgerechteren oder gar „objektiven" Personalentscheidungen mit Hilfe „besserer" Modellkonstruktionen, nach Transparenz und Nachvollziehbarkeit der Entscheidungen. Dem berechtigten Misstrauen von Bewerber/innen gegenüber dem guten Willen, der sog. Erfahrung und Menschenkenntnis und den diagnostischen Fähigkeiten von Alleinentscheider/innen (*Gloor* 1993, S. 33) steht jedoch auf der anderen Seite die Befürchtung des „durchleuchteten" und „transparent gemachten", des „gläsernen" Menschen durch die Anwendung „objektivierender" berufsdiagnostischer Verfahren gegenüber, die möglicherweise Persönlichkeitsrechte verletzen (vgl. dazu ausführlich *Breisig/Schulze* 1998, S. 144 ff.).

Hinzu kommen massive Konfliktlagen zwischen den „Profiteuren" interner bzw. externer Personalbeschaffung. Während die Betonung der Beschaffung über den internen Arbeitsmarkt den „Insidern" nutzt, fällt es Außenstehenden umso schwerer, Teil des internen Marktes zu werden (vgl. schon Kap. 3.2.2.3). Die Klärung der Interessenlagen der Beteiligten stellt sich insofern als äußerst schwierig und uneindeutig dar.

Betriebliche Personalentscheidungen werden somit nicht allein durch das Spannungsfeld „Subjektivität" und „Objektivität" geprägt, sondern durch die Allgegenwart interessenpolitischer Mo-

35 Vgl. dazu *Paulus 1997; Laske/Weiskopf* 1996, S. 297.

36 So wird z. B. von einem Verlust der deutschen Wirtschaft i. H. v. 63 Mrd. DM (ca. 32 Mrd. Euro) im Jahr gesprochen, weil nicht die „richtigen Menschen auf die richtigen Stellen" kommen (*Paulus* 1997, S. 141). *Weuster* (2012, S. 6 f.) zieht eine Parallele zwischen der Einstellung einer Sachbearbeiterin (eines Sachbearbeiters) und der Anschaffung einer Maschine zu 60.000 Euro. Dabei ginge i. d. R. der technischen Investition eine ausgeklügelte Prüfung voraus, während bei der Personalauswahl eher intuitiv vorgegangen bzw. auf den Einsatz professioneller Ressourcen und Methoden verzichtet werde.

mente in der Durchsetzung von Rechten, in der Zuweisung von Pflichten und der Wahrnehmung von Stellvertretungsfunktionen durch die betriebliche Interessenvertretung der Arbeitnehmer/innen auf der Basis relativ starker gesetzlicher Bestimmungen: „Personalauswahl ist deshalb ein wichtiges Arbeitsfeld der Akteure der industriellen Beziehungen" (*König* 2004, S. 26).

Ein intensives Informations- und Beratungsrecht über nahezu alle Fragen der Personalbeschaffung und -auswahl ergibt sich für den Betriebsrat aus den Mitwirkungsrechten über die Personalplanung sowie die daraus folgenden personellen Maßnahmen und Maßnahmen der Berufsbildung (nach § 92 BetrVG; vgl. schon Kap. 5.5). Der Arbeitgeber hat den Betriebsrat ausführlich über seine Planungen in Kenntnis zu setzen und mit ihm über Art und Umfang der erforderlichen Maßnahmen und die Vermeidung von Härten zu beraten. Zudem kann der Betriebsrat vom Arbeitgeber ausdrücklich verlangen, dass freie Positionen (zunächst) intern ausgeschrieben werden (vgl. § 93 BetrVG).

„Harte" Mitbestimmungsrechte des Betriebsrats bei Fragen der Personalbeschaffung und -auswahl können sich aus mehreren Normen des BetrVG ergeben. So heißt es zunächst in § 94 Abs. 1 BetrVG: „Personalfragebogen bedürfen der Zustimmung des Betriebsrats. Kommt eine Einigung über ihren Inhalt nicht zustande, so entscheidet die Einigungsstelle. Der Spruch der Einigungsstelle ersetzt die Einigung zwischen Arbeitgeber und Betriebsrat."

Demnach bedürfen Personalfragebogen der Zustimmung der Interessenvertretung, soweit sie Bestandteil eines Auswahlverfahrens sind. Nach der herrschenden juristischen Meinung ist dabei der betriebsverfassungsrechtliche Begriff des Personalfragebogens weit auszulegen. Man hat darunter zu verstehen „formularmäßig gefasste Zusammenstellungen von durch den Bewerber (ArbN)[37] auszufüllenden und zu beantwortenden Fragen, die Aufschluss über die Person, Kenntnisse und Fertigkeiten des Befragten geben sollen. [...] Erfasst werden sowohl Fragebogen für die schon im Betrieb tätigen ArbN als auch Einstellungsfragebogen für Bewerber" (*Fitting et al.* 2002, Rn. 6 zu § 94).[38]

Das Mitbestimmungsrecht bezieht sich nicht nur auf originäre, etwa bei einem Einstellungsgespräch benutzte Fragebogen, sondern ist prinzipiell auch auf andere Verfahren und Techniken zu analogen Zwecksetzungen anzuwenden wie etwa die Durchführung von Interviews oder den Einsatz eines Testverfahrens (*Gennen* 1990, S. 515 f.). Dazu gehören auch solche standardisierten Bewertungsbogen und Fragen („Checklisten"), die zur Bewertung von Arbeitnehmer/innen bzw. Bewerber/innen angewandt werden und nicht von den Betroffenen selbst unmittelbar ausgefüllt bzw. beantwortet werden müssen (*Fitting et al.* 2002, Rn. 12 zu § 94).

Aus der verbreiteten analogen Anwendung des § 94 Abs. 1 BetrVG auf Interviews, psychologische Testverfahren usw. ergibt sich unmittelbar auch ein Bezug zum AC (vgl. *Breisig/Schulze* 1998, S. 156).

Insofern „unterliegt die Frage, welche Tests im Betrieb eingesetzt werden und welche Merkmale bei den Testpersonen untersucht werden, der Mitbestimmung des Betriebsrats nach § 94 Abs. 1 BetrVG" (*Jedzig* 1996, S. 1340).

---

37 ArbN = Arbeitnehmer.

38 „RN" ist die in der juristischen Kommentar-Literatur übliche Abkürzung für „Randnummer".

Nach § 94 Abs. 2 BetrVG hat der Betriebsrat ferner ein Mitbestimmungsrecht bei der **Aufstellung allgemeiner Beurteilungsgrundsätze** (vgl. dazu ausführlich Kap. 9.6). Nach herrschender juristischer Meinung sind unter allgemeinen Beurteilungsgrundsätzen i. S. d. § 94 Abs. 2 alle Regeln, Richtlinien oder Systeme zur fachlichen oder persönlichen Bewertung neu einzustellender Bewerber/innen oder bereits beschäftigter Mitarbeiter/innen zu sehen. Allgemeine Grundsätze sollen eine einheitliche Handhabung gewährleisten. Beurteilungsgegenstand müssen nicht zwingend Leistungs- und Verhaltensmerkmale sein, auch Beurteilungen zur Erfassung der Eignung von Beschäftigten und Bewerber/innen unterliegen dieser Rechtsnorm (vgl. *Jedzig* 1996). Der Mitbestimmungsanspruch wird abgeleitet aus der potenziellen Folgenträchtigkeit von Beurteilungen. Er soll gewährleisten, dass sachgerecht beurteilt wird und die Persönlichkeitssphäre der Beschäftigten bzw. Bewerber/innen vor ungerechtfertigten Zugriffen des Arbeitgebers geschützt bleibt.

§ 95 Abs. 1 BetrVG gewährt dem Betriebsrat ein Mitbestimmungsrecht bei der **Aufstellung von Auswahlrichtlinien**. Dabei handelt es sich um Grundsätze, „die allgemein oder für bestimmte Arten von Tätigkeiten festlegen, welche Voraussetzungen bei der Durchführung von personellen Einzelmaßnahmen vorliegen müssen oder nicht vorliegen dürfen und welche sonstigen Gesichtspunkte bei ihnen im Hinblick auf die Arbeitnehmer weiter zu berücksichtigen sind oder außer Betracht zu bleiben haben“.[39]

Anhand von Auswahlrichtlinien sollen Selektionsentscheidungen transparenter gemacht und an sachgerechte Kriterien gebunden werden. Streitigkeiten zwischen Arbeitgeber und Betriebsrat bzw. einzelnen Arbeitnehmer/innen bezüglich personeller Einzelmaßnahmen sollen reduziert werden (*Mohr* 1977, S. 92; *Hunold* 1993, S. 228). Als Zweck der Mitbestimmung des Betriebsrats wird aber auch anerkannt: „Die Arbeitnehmerschaft hat ein legitimes Interesse daran, dass personelle Einzelmaßnahmen nicht nur im Hinblick auf größtmögliche Effektivität, sondern auch unter Berücksichtigung persönlicher und sozialer Gesichtspunkte erfolgen und als gerecht im Sinn von billig und angemessen empfunden werden können.“[40]

Bei einer „Richtlinie“ handelt es sich um eine interne Festlegung, nach welchen Prinzipien künftig auftauchende Einzelfälle zu behandeln sind. Gegenstand von Auswahlrichtlinien sind sowohl die bei der Auswahl zu beachtenden Kriterien fachlicher, persönlicher und sozialer[41] Art, das Verhältnis der Kriterien zueinander (z. B. Vorrang einzelner Merkmale vor anderen, Gewichtungen im Rahmen eines Punktesystems) als auch die der Auswahl zugrundeliegenden Verfahren (*Berger* 1993, S. 125; *Jedzig* 1996, S. 1341). Das Bundesarbeitsgericht (BAG) hat lediglich in einem Urteil über die (abschlägig entschiedene) Gültigkeit eines Einigungsstellenspruchs festgelegt, dass eine „Richtlinie“ zwar das Auswahlermessen des Arbeitgebers eingrenzen darf, ihm aber ein gewisser Entscheidungsspielraum, etwa zur Berücksichtigung persönlicher oder arbeitsplatzspezifischer Besonderheiten, verbleiben muss:[42]

39 Vgl. *Fitting et al.* 2002, RN 6 zu § 95.

40 Vgl. BAG vom 27. 10. 1992 – 1 ABR 4/92.

41 Soziale Gesichtspunkten sind das Alter und der Gesundheitszustand, darüber hinaus aber auch der Familienstand, die Zahl der Kinder sowie die Dauer der Betriebszugehörigkeit.

42 BAG-Beschluss vom 27. 10. 1992 – 1 ABR 4/92; abgedruckt auch in: Der Betrieb, 1993, S. 885 ff.

„Unter Beachtung dieser Einschränkungen bezieht sich das Mitbestimmungsrecht nach § 95 BetrVG auf die Bestimmung und Gewichtung der Auswahlkriterien nebst den dazugehörigen Verfahrensregelungen“ (*Jedzig* 1996, S. 1341).

Als mitbestimmungsfrei gilt jedoch die bloße Festlegung der Anforderungen und Voraussetzungen eines Arbeitsplatzes – etwa im Rahmen der Erstellung eines Anforderungsprofils –, so lange noch keine Auswahl erfolgt (ist). Die „nackten“ Anforderungsprofile sagen schließlich noch nichts aus über die Kriterien und Grundsätze, nach denen bei der Stellenbesetzung zu verfahren ist. Es handelt sich dann um eine Maßnahme der (qualitativen) Personalplanung, die lediglich die eingeschränkten Beteiligungsrechte gem. § 92 BetrVG nach sich zieht (*Hunold* 1993, S. 228).

In Betrieben mit mehr als 500 Beschäftigten kann der Betriebsrat sogar die Aufstellung von Auswahlrichtlinien ausdrücklich verlangen (Initiativrecht; § 95 Abs. 2 BetrVG).

Fasst man diese Rechte der Interessenvertretung zusammen, so lässt sich insgesamt ein recht weit reichendes Einflusspotenzial für Betriebsräte feststellen. Wir wissen jedoch wenig darüber, wie dieses konkret genutzt wird. Bei *Breisig/Schulze* (1998, S. 229 ff.) findet sich eine Betriebsvereinbarung aus einem Chemieunternehmen, die die Betriebsparteien zur Anwendung eines AC-Verfahrens zur internen Potenzialbeurteilung wie auch zur externen Bewerber/innen-Auswahl abgeschlossen haben. *König* (2004) hat in einer instruktiven empirischen Erhebung gezeigt, dass die Einflüsse der Betriebsräte in Abhängigkeit von allgemeinen Verhandlungsstilen sehr unterschiedlich ausfallen. Während eine Reihe von Betriebsräten sich nur wenig in Beschaffungs- und Auswahlfragen einschalten, schöpfen andere ihre Rechte voll aus und versuchen entsprechend intensiv, die relevanten Prozesse i. S. d. Interessen der Beschäftigten wie auch externer Bewerber/innen zu beeinflussen.

Ein weiteres wichtiges arbeitspolitisches Thema im Zusammenhang mit Fragen der Personalbeschaffung und -auswahl ist die potenzielle Diskriminierung von Bewerber/innen. Ein rechtlicher Meilenstein im Hinblick auf die Zurückdrängung betrieblicher Diskriminierungstatbestände ist das 2006 in Kraft getretene Allgemeine Gleichbehandlungsgesetz (AGG). Das AGG strebt an, „Benachteiligungen aus Gründen der Rasse oder wegen der ethnischen Herkunft, des Geschlechts, der Religion oder Weltanschauung, einer Behinderung, des Alters oder der sexuellen Identität zu verhindern oder zu beseitigen“ (§ 1 AGG).

Im § 2 AGG werden spezielle personalwirtschaftliche Handlungsfelder explizit angesprochen, in denen Benachteiligungen – auch mittelbare – zu verhindern oder zu beseitigen sind:

- Auswahlkriterien, Einstellungsbedingungen, Kriterien für den beruflichen Aufstieg,
- Beschäftigungs- und Arbeitsbedingungen einschließlich Arbeitsentgelt und Entlassungsbedingungen,
- Zugang zu allen Formen und allen Ebenen der Berufsberatung, Berufsbildung und praktischen Berufserfahrung.

Die Konsequenzen im Hinblick auf den Auswahlprozess beginnen bereits bei der Ausschreibung, etwa in der geschlechtsneutralen Formulierung (vgl. detailliert *Tondorf/Jochmann-Döll* 2011). Selbstredend müssen auch die Auswahlverfahren diskriminierungsfrei gestaltet sein, etwa die Übungen im AC oder die Fragen, die im Rahmen des Einstellungsinterviews gestellt werden (vgl. zu potenziellen Auswirkungen auf das Personalmanagement *Ubber* 2007; *Huke/Löw* 2011).

Problematisch ist, dass Verstöße gegen das AGG schwer zu ahnden sind. Benachteiligte Bewerber/innen sind darauf angewiesen, den entsprechenden Nachweis zu führen und auf Entschädigung bzw. Schadenersatz zu klagen (§ 15 AGG). Gleichwohl ist das AGG auch für den Betriebsrat ein wichtiges Thema, denn es gehört zu seinen wichtigsten Aufgaben, auf die Umsetzung der zugunsten der Arbeitnehmer/innen geltenden Gesetze zu achten (§ 80 Abs. 1 Nr. 1 BetrVG).

Ob das AGG tatsächlich zu einer substantiellen Zurückdrängung von Diskriminierungseffekten z. B. im Prozess der Personalbeschaffung geführt hat, harrt zehn Jahre nach Einführung des Gesetzes einer fundierten Analyse. Selbst die Rechtsprechung (insbes. des BAG) kann wohl noch nicht als konsolidiert bezeichnet werden (*Huke/Löw* 2012).

7. Arbeitsorganisation

(von Thomas Breisig)

Im Anschluss an die Auswahl und Beschaffung des Personals kommt es in einem weiteren personalpolitischen Handlungsfeld auf den möglichst zielangemessenen **Einsatz des „Faktors Arbeit"** an. Dabei geht es insbes. um die Zuweisung von Arbeitsaufgaben an die Mitarbeiter/innen. „Angaben zum Personaleinsatz enthalten mehr oder weniger detaillierte Informationen darüber, in welchem Umfang (quantitative Dimension), zu welcher Zeit (temporale Dimension) und an welchem Ort (lokale Dimension) Arbeitskräfte mit welchen Fähigkeiten Stellen/Tätigkeiten mit welchen Anforderungen (qualitative Dimension) übernehmen. Die qualitative Dimension des Personaleinsatzes hat danach einen doppelten Bezug: sie führt die Fähigkeiten von Arbeitskräften und die Anforderungen von Tätigkeiten bzw. Stellen zusammen" (*Kossbiel* 1992, Sp. 1654 f.).

In diesem Zitat wird deutlich, dass es sich beim Personaleinsatz um ein sehr komplexes Thema handelt, dem in diesem Lehrbuch nicht in allen Einzelheiten Rechnung getragen werden kann. So geht es u. a. um den Ort der Arbeitsverrichtung oder in zeitlicher Dimension um Fragen der Arbeitszeitgestaltung. Zunächst wird die Arbeitsorganisation eingehend behandelt.

7.1 Gegenstände der Arbeitsorganisation

Der Begriff „Organisation" ist sehr vielfältig. Man versteht darunter zum einen den äußeren Aufbau eines Unternehmens, der im Aufgaben- und Kompetenzgefüge und in der Verteilung von Weisungsrechten zum Ausdruck kommt. Diese häufig als Aufbauorganisation bezeichnete Struktur wird in der betrieblichen Hierarchie, in der Bildung von Organisationseinheiten bzw. Abteilungen und in graphischer Form in den bekannten Unternehmens-Organigrammen abgebildet (vgl. dazu für viele *Kieser/Walgenbach* 2007; *Bea/Göbel* 2010).

Eine andere Dimension der Organisation bezieht sich demgegenüber nicht auf den äußeren Aufbau, sondern auf den Vollzug und die Koordination der Abläufe im Rahmen der betrieblichen Leistungserstellungsprozesse. Hierbei geht es insbes. um die Strukturierung von Bearbeitungsstationen und -abfolgen (z. B. eines industriell zu fertigenden Produkts, aber auch einer Dienstleistung). Da das Unternehmen i. d. R. eine komplexere Gesamtaufgabe zu bewältigen hat, ist es erforderlich, differenzierte Teilaufgaben auf verschiedene Stellen und damit Mitarbeiter/innen zu verteilen. Bei der mit dieser Problematik betrauten Arbeitsorganisation (in etwa synonym: Arbeitsstrukturierung, Arbeitsgestaltung) geht es vor allem um die Art der Arbeitsteilung sowie um die Abfolge von Arbeitsschritten. Bezugspunkte der Arbeitsgestaltung sind einzelne Stellen oder Gruppen.

Konkret geht es bei der Arbeitsorganisation (hier speziell in der industriellen Fertigung) um folgende **Ansatzpunkte**:

- die Gestaltung des Fertigungs- bzw. Arbeitsprozesses (z. B. Fließ(band)fertigung oder sog. Boxenfertigung),
- die Funktionsverteilung zwischen Menschen und Arbeitsmitteln (z. B. Wahl der Technologie, Art und Grad der Maschinisierung),

- die Aufgabenverteilung zwischen den verschiedenen Menschen im Produktionsablauf (das kollektive Moment der Arbeitsorganisation),
- die Festlegung der Aufgabeninhalte der einzelnen Arbeitnehmer/innen inklusive der Entscheidung, wie hoch die Freiheitsgrade, die Handlungs- und Entscheidungsspielräume der jeweiligen Aufgabenträger sind (das individuelle Moment der Arbeitsorganisation),
- die Festlegung der Umgebungsbedingungen, d. h. die umfeldbezogenen, sog. ergonomischen Gestaltungsentscheidungen (z. B. die klimatischen, akustischen, optischen und sicherheitstechnischen Arbeitsbedingungen).

Die entscheidenden Dimensionen, nach denen die arbeitsorganisatorischen Arrangements getroffen werden, sind dabei die folgenden:

ABB. 28:	Dimensionen arbeitsorganisatorischer Arrangements
Sachlich funktionale Dimension	► Arbeits(ver)teilung ► Festlegung der gesamten sowie einzelnen Aufgaben bzw. Stellenprofile
Zeitliche Dimension	► Abfolgegestaltung ► Koordination der verschiedenen Arbeitsvorgänge und der Aktivitäten der einzelnen Mitarbeiter/innen oder Gruppen ► Fragen der Optimierung von Durchlaufzeiten ► Minimierung von Lagern
Räumliche Dimension	► Zweckmäßige räumliche Anordnung von Verrichtungen ► Minimierung von Arbeitswegen

7.2 Taylorismus als klassisches Leitbild der Arbeitsorganisation

Der Taylorismus ist (zusammen mit dem sog. Fordismus) in der Entwicklung der kapitalistischen Produktion ein Meilenstein bei der Gestaltung der industriellen Arbeit(sorganisation). Der Begriff geht zurück auf den amerikanischen Ingenieur *Frederick Winslow Taylor* (1856-1915), der seinen Ansatz der „wissenschaftlichen Betriebsführung" („scientific management") um die Jahrhundertwende entwickelt hat. Die deutsche Übersetzung seines Standardwerks erschien erstmals 1912 unter dem Titel „Die Grundsätze wissenschaftlicher Betriebsführung". Die Taylorschen Lehren haben bis zum heutigen Tag die Produktionsweisen in Industrie und Verwaltung nachhaltig geprägt, wenngleich sich seit einigen Jahren die ökonomischen und sozialen Krisenerscheinungen mehren, die dieses Konzept mit sich bringt (vgl. schon *Kern/Schumann* 1984; *Manske* 1987).

Die Entwicklung der Taylorschen Lehren im ausgehenden 19. Jahrhundert erfolgte vor dem Hintergrund gravierender sozio-ökonomischer Umwälzungen in den USA. In erster Linie sind in diesem Kontext anzuführen eine rasante Industrialisierung und Verstädterung, ein enormes Anwachsen der Produktion mit einem Trend zur Massenfertigung, das Auftreten großer Massen ungelernter, agrarisch geprägter Arbeitskräfte auf dem Arbeitsmarkt aufgrund mehrerer Einwanderungswellen sowie schwere soziale Unruhen und Arbeitskämpfe, die zu Legitimationskrisen der bis dato bestehenden Formen der Betriebsführung führten (*Spitzley* 1980, S. 23 f.; *Kieser/Kubicek* 1978).

Den Hauptmissstand der zeitgenössischen Produktionsweisen sah Taylor darin, dass die Arbeiter/innen unter den stark handwerklich geprägten Strukturen nicht ihre volle Leistungsfähigkeit entfalteten. Dies führte er zum einen auf „menschliche" Faktoren zurück (wie z. B. die seiner Meinung nach angeborene Neigung des Menschen, nicht mehr zu arbeiten als unbedingt nötig). Zum anderen ging er aber auch von gravierenden organisatorischen Defiziten der handwerklich geprägten Produktionsformen aus. Demnach sei ein wichtiger Grund für das langsame Arbeiten, dass die Unternehmen nach „Faustregeln" arbeiten, d. h. nach traditionell überlieferten Arbeitsmethoden, die nur im günstigsten Fall auf echten Erfahrungswerten beruhen (*Taylor* 1912, S. 14 f.).

Mit seiner Vorstellung von der Verwissenschaftlichung der Betriebsführung kam es ihm darauf an, diese traditionellen, z. T. noch aus vor-industrieller Zeit stammenden „Faustregeln" quasi aus den Köpfen der Arbeiter/innen herauszuziehen und sie in eine nach wissenschaftlichen Methoden ermittelte (optimierte) Menge von genauen Regeln, Verfahren und Anweisungen umzuwandeln, aus denen Zeitersparnisse und große Produktivitätsfortschritte resultieren. Da nach Taylor die Arbeiter/innen selbst zumeist nicht in der Lage sind, die wissenschaftlichen Momente ihrer Arbeit zu verstehen, obliegt es der Betriebsführung, die entsprechenden Methoden zu ermitteln, systematisch aufzubereiten und die Beschäftigten exakt anzuleiten, nach eben diesen Methoden zu arbeiten. Dieses **Programm der wissenschaftlichen Betriebsführung** impliziert

- die Vorstellung, dass es einen wissenschaftlich zu ermittelnden optimalen Weg der Arbeitsorganisation gibt (den sog. „one best way"),
- das „Festprogrammieren" von Arbeitsabläufen, die genaue Fixierung von Art, Ort und Zeit der abgeforderten Leistung, wobei vor allem Zeit- und Bewegungsstudien für die dafür notwendigen Informationen sorgen, die zugleich als Grundlage für eine „objektive" Lohnbestimmung fungieren (als Pensumlohn),
- ein detailliertes, bis ins Kleinste gehendes Vorschreiben der Arbeitstätigkeiten und -methoden gegenüber den Arbeiter/innen,
- eine immer weiter gehende Zerstückelung von Einzelaufgaben in kleinste Segmente und die Zuweisung der Segmente an einzelne Arbeitsplätze, bis im Extremfall nur noch kleinste, immer wiederkehrende Einzeltätigkeiten (ähnlich der Fließbandarbeit) übrig bleiben,
- eine rigide Trennung von Hand- und Kopfarbeit (die Kopfarbeit ist Sache des Managements und der Ingenieure, Konstrukteure usw.; die Tätigkeit der ausführend Arbeitenden hingegen ist auf stures Befolgen der vorgegebenen Arbeitsinhalte und -rhythmen beschränkt, eigenständiges Planen und Disponieren spielen keine Rolle).

Die Trennung von Hand- und Kopfarbeit und seine Vorstellungen von Personalführung müssen in Zusammenhang mit Taylors Menschenbild betrachtet werden. Der arbeitende Mensch gilt darin als eine Art Kraftmaschine, die von außen gesteuert und kontrolliert werden müsse. Nur erreiche der Mensch nicht die Zuverlässigkeit und Leistungsfähigkeit einer Maschine. Er wird insoweit betrachtet als eine potenzielle Schranke der Produktion, eine „Notlösung", für die es noch keine technischen Lösungen gibt oder die noch nicht kostengünstig genug sind. Zudem sieht er den Menschen als tendenziell rational handelnd und rein ökonomisch motiviert („homo oeconomicus"). Taylors Vorstellung über das Wesen der ausführenden Arbeit und den Führungsstil kommt sehr plastisch in einer Unterhaltung zum Ausdruck, in der er selbst einen Roheisenverlader davon überzeugt, die dreifache Menge an Eisen zu verladen, wenn er statt der üblichen 1,15 Dollar pro Tag nunmehr 1,85 Dollar erhält:

„Wenn Sie nun eine erste Kraft sind, dann werden sie morgen genau tun, was dieser Mann *(der Vorgesetzte, Anm. Th. Breisig)* Ihnen sagt, und zwar von morgens bis abends. Wenn er sagt, sie sollen einen Roheisenbarren aufheben und damit weitergehen, dann heben Sie ihn auf und gehen damit weiter. Wenn er sagt, Sie sollen sich niedersetzen und ausruhen, dann setzen Sie sich hin! Das tun Sie ordentlich den ganzen Tag über. Und was noch dazu kommt: keine Widerrede! 'Eine erste Kraft' ist ein Arbeiter, der genau tut, was ihm gesagt wird und nicht widerspricht. Verstehen Sie mich? Wenn dieser Mann zu Ihnen sagt: Gehen Sie!, dann gehen Sie, und wenn er sagt: Setzen Sie sich nieder, dann setzen Sie sich und widersprechen ihm nicht" (*Taylor* 1912, S. 48 f.).

Dieses Originalzitat macht deutlich, dass die Anforderungen an die Mitarbeiter/innen nach dem Taylorismus als recht überschaubar einzustufen sind. Sie sind weitgehend auf bestimmte fachliche Erfahrungen und Fertigkeiten beschränkt. Ein Mitdenken, das kreative Einbringen der schöpferischen Fähigkeiten und Fertigkeiten ist nicht verlangt, oder genauer gesagt für die Führungskräfte und technischen Expert/innen reserviert. Kurzum: Der arbeitende Mensch gilt nicht oder nur stark begrenzt als eine „Humanressource" i. S. d. HRM-Ansatzes.

Deutlich wird zudem sein starker Hang zur Individualarbeit. Phänomenen wie Gruppenarbeit steht er höchst skeptisch gegenüber: „Wenn Arbeiter in Rotten zusammenarbeiten, so sinkt fast durchwegs die Leistungsfähigkeit und der Nutzeffekt des einzelnen auf das Niveau des schlechtesten oder sogar noch tiefer" (*Taylor* 1912, S. 76).

Obwohl diese Position aus heutiger Sicht negativ konnotiert ist, war Taylor deswegen nicht sozial gewissenlos. Seine Lehren stellen einen durchaus konsequenten Reflex auf die sozio-ökonomischen Bedingungen der Zeit ihrer Entstehung dar (siehe oben). Aufgrund seines Menschenbildes hatte er eine entsprechend geprägte Vorstellung von der Realisierung der Interessen der Arbeitnehmer/innen. Die höhere Produktivität durch die Einführung der Methoden einer wissenschaftlichen Betriebsführung sollte beiden Parteien zu Gute kommen: „Das Hauptaugenmerk einer Verwaltung sollte darauf gerichtet sein, gleichzeitig die größte Prosperität des Arbeitgebers und des Arbeitnehmers herbeizuführen und so beider Interessen zu vereinen" (*Taylor* 1912, S. 7).

Obwohl der Taylorismus von Beginn an umstritten war und sich nirgends in seiner Reinform durchzusetzen vermochte, war er viele Jahrzehnte lang im 20. Jahrhundert das dominierende Konzept für die Gestaltung der Arbeit sowie für Richtung und Verlauf der technisch-organisatorischen Rationalisierung. Seine Erfolge brachten im Übrigen nicht nur Produktivitätssteigerungen, sondern – wie von Taylor angestrebt – auch deutliche Lohnerhöhungen mit sich. Die mit ihm einhergehende vermeintliche Objektivierung und Verwissenschaftlichung der Arbeitsprozesse verschaffte ihm auch in Teilen der Gewerkschaften eine gewisse Akzeptanz, trotz der mit dieser Arbeitsform einhergehenden Nachteile für die Arbeitnehmer/innen. Die ökonomischen Erfolge des Taylorismus werden vor allem auf die **Effekte des hohen Spezialisierungsgrades** zurückgeführt:

- kurze Einarbeitungs- und Anlernzeiten,
- geringe Qualifikationsanforderungen,
- dadurch leichte Ersetzbarkeit der Arbeiter/innen,

- durch die Gleichförmigkeit der Arbeit und Routinisierung Entwicklung eines hohen Maßes an Geschicklichkeit der Arbeitenden (ggf. bei geringer Ermüdung),
- weniger Ausschuss und
- eine eindeutige Zuordnung von Verantwortlichkeiten.

7.3 Suche nach flexiblen Formen der Arbeitsorganisation

Jenseits der unbestrittenen Erfolge des Taylorismus wurden von vornherein auch Zweifel und Kritik an diesem Produktionskonzept laut, die im Laufe der Zeit in erheblichen Fluktuations- und Abwesenheitsraten seitens der Arbeitenden sowie in einer mangelnden Flexibilität der so organisierten Arbeitssysteme spürbar zum Ausdruck kamen. Spätestens seit den 1970er Jahren wurde über Visionen eines sich abzeichnenden Endes des Taylorismus diskutiert. Zumindest teilweise werden seitdem auch in der Praxis flexiblere Formen der Arbeitsorganisation eingeführt (vgl. für viele *Sperling* 1994; *Deutschmann* 2002; *Sennett* 2006; *Holtgrewe* 2006).

Als problematisch gilt das reduktionistisch-mechanistische Menschenbild des Taylorismus. Die sinnentleerten, monotonen Tätigkeiten sprechen die Motivationen des arbeitenden Menschen nicht an und lassen kaum Spielräume für die Identifikation mit Arbeit, Produkt und Unternehmen entstehen. Zudem bleiben das „Produktionswissen" und die kreativen Potenziale verschüttet; die infolge der Dequalifizierungstendenzen taylorisierter Arbeit ohnehin unterentwickelten Fähigkeiten und Fertigkeiten werden dem Einzelnen nur in kleinstem Rahmen abverlangt. Als unmittelbare Folge kam es vor allem in den frühen 1970er Jahren zu einer „Revolte gegen das Fließband", die sich in industriellen Fertigungsunternehmen in Fluktuationsraten von bis zu 100 % pro Jahr, ebenso horrenden Abwesenheitsquoten sowie in diversen Spielarten industrieller Sabotageakte zeigte. Diese erste große Krise des tayloristischen Systems führte unmittelbar zu einer gesellschaftlichen Debatte um die „Humanisierung der Arbeit", die jedoch wegen einer zunehmend ungünstigen Arbeitsmarktsituation für die Arbeitnehmer/innen zunächst ohne nachhaltige praktische Wirkung blieb.

Bleibende Schwierigkeiten bereite(te)n jedoch auch andere negative Auswirkungen der tayloristischen Arbeitsorganisation, wie z. B.

- die unvermeidliche Aufblähung eines bürokratischen Verwaltungsapparates infolge der Trennung von Hand- und Kopfarbeit sowie der hohen Kontroll- und Koordinationserfordernisse,
- die geringe Flexibilität eines einmal nach tayloristischen Prinzipien entwickelten und „eingerasteten" Produktionssystems, die schnelle und gezielte Anpassungen an die sich ständig verändernden Marktanforderungen verhindert, oder doch zumindest erschwert,
- gravierende Qualitätsprobleme infolge mangelnder Identifikation der Arbeitenden mit Aufgabe und Produkt sowie der Herauslösung der Qualitätssicherung aus der unmittelbaren Produktion und ihre Verortung als der Fertigung nachgeschalteter Schritt am Ende der Prozesse durch spezialisierte Stellen.

Aufgrund dieser Probleme, die im Zuge der sich ständig intensivierenden nationalen und internationalen Wettbewerbssituation an Bedeutung gewinnen, gilt der Taylorismus heute für viele als Auslaufmodell zugunsten eines post-tayloristischen Entwicklungspfades der Arbeitsorganisation, der durch Requalifizierung der Arbeit, Flexibilisierung und eine Betrachtung des arbeitenden Menschen als „Humanressource" gekennzeichnet ist. Ob und unter welchen Bedingungen (z. B. am Arbeitsmarkt) diese Perspektiven zu einer Überwindung des tayloristischen Leitbildes führen, bleibt jedoch abzuwarten.

Auch wenn es noch zu früh ist, von einem Ende des Taylorismus zu sprechen (vgl. *Springer* 1999), zeichnen sich in der betrieblichen Praxis spätestens seit den 1970er Jahren Bemühungen ab, qualifiziertere, für die Arbeitnehmer/innen anspruchsvollere und vor allem flexiblere Formen der Arbeitsorganisation zu finden und einzusetzen. Die dabei entstandenen Muster der Arbeitsgestaltung sind sehr unterschiedlich und stark von den jeweils herrschenden Bedingungen abhängig. Dennoch wird in der Literatur der Versuch gemacht, sie zu verschiedenen **Einzeltechniken der Arbeitsstrukturierung** zusammenzufassen. Ihnen gemeinsam ist der Versuch, die tayloristische Arbeitsorganisation mit ihrer hohen Monotonie und den simplen, oft auf wenige Handgriffe oder Einzelschritte begrenzten Aufgabenzuschnitt zu überwinden. Die Reichweite der Abkehr von den tayloristischen Gestaltungsprinzipien ist jedoch unterschiedlich hoch:

1. Job Rotation

Unter **Job Rotation** (Arbeitswechsel) versteht man Ansätze, bei denen sich mehrere Arbeiter/innen oder Angestellte bei verschiedenen, vom Niveau her relativ einfachen Ausführungstätigkeiten abwechseln. Dadurch wird eine Reduzierung von einseitigen Belastungen und Monotonie erzielt. Außerdem stehen bei einem funktionierenden Job Rotation für einen Arbeitsplatz mehrere geübte Einzelkräfte zur Verfügung, sodass dieser Ansatz auch ein erhebliches Flexibilisierungspotenzial für den Personaleinsatz beinhaltet.

2. Job Enlargement

Beim **Job Enlargement** (Aufgabenerweiterung) werden demgegenüber nicht mehrere Arbeitende auf verschiedene Tätigkeiten bzw. Arbeitsstationen verteilt, sondern verschiedene, vormals stark zersplitterte und unterschiedlichen Stellen zugeordnete Tätigkeiten werden zusammengefügt und einer Arbeitskraft übertragen. Beim Job Enlargement handelt es sich um eine rein horizontale Erweiterung von Ausführungsaufgaben. Die Einbeziehung planender, dispositiver Tätigkeiten erfolgt in diesem Konzept nicht. In der schon betagteren Fachliteratur wird das folgende, immer noch instruktive Beispiel für ein Job Enlargement aus einem amerikanischen Postversandhaus beschrieben:

LITERATUR

Beispiel für „Job Enlargement" (nach *Steinmann et al.* 1976, S. 28 f.)

„Vor Durchführung des Experiments war die Bearbeitung der Kundenbriefe in kleinste Arbeitsschritte zerlegt. Jeweils eine Angestellte war zuständig für die Erledigung von Beschwerden, eine andere für die Beantwortung von Anfragen, eine dritte für den Briefwechsel über Teilzahlungen usw. Die Korrespondenz für jedes Gebiet wurde mit Hilfe von vorgedruckten Formblättern durchgeführt. Briefe mit Ausnahmecharakter gingen an die Vorgesetzten.

Nach Einführung des Job Enlargement hatte jede Angestellte die gesamte Korrespondenz mit einzelnen Kunden zu führen, z. B. mit allen Kunden, deren Namen mit A beginnt. Nach wie vor war der größte Teil der Briefe durch Formbriefe zu beantworten, insoweit hatte sich an der Arbeit nichts geändert, die Arbeit war nicht weniger durchorganisiert und nicht weniger einförmig. Doch die einzelne Angestellte musste nicht mehr nur einen Arbeitsgang ständig wiederholen, sondern hatte die gesamte Kette der Tätigkeiten, die in einem Postversandhaus im Verkehr mit den Kunden anfallen, zu bewältigen."

---

3. Job Enrichment

Das **Job Enrichment** (Aufgabenan- bzw. -bereicherung) unterscheidet sich in einem wesentlichen Punkt von den beiden erstgenannten. Es werden qualitativ verschiedenartige, also auch z. B. planende und kontrollierende Arbeitselemente zu einer Aufgabe zusammengefügt. Damit wird der Verantwortungs-, Handlungs- und Entscheidungsspielraum der Beschäftigten erweitert. Die/der Arbeitnehmer/in erstellt jetzt also relativ eigenverantwortlich ein bestimmtes Produkt oder Produktteil inklusive der dazugehörigen Ein- und Umstellarbeiten, Instandhaltung, kleinerer Reparaturen der Arbeitsmittel, Materialdisposition und Qualitätskontrolle. Dazu gehört auch eine relative Selbständigkeit bei der Bestimmung des Arbeitsrhythmus (Tempo, Pausen, Arbeitsabfolge). Auch dazu ein kleines Beispiel in Form eines Experiments:

LITERATUR

Beispiel für „Job Enrichment" (nach *Steinmann et al.* 1976, S. 30)

„Ausgangssituation: 12 Arbeiterinnen erstellen ein elektrotechnisches Gerät. Jede Arbeiterin hat nur wenige Handgriffe zu verrichten, die auf der Grundlage von Zeit- und Bewegungsstudien festgelegt wurden. Der Gruppe gehören außerdem ein Produktkontrolleur, ein Packer und ein Vorgesetzter an.

Umgestaltung: Jede Arbeiterin baut ein ganzes Gerät Sie entscheidet selbständig über die Wahl der Arbeitsvollzüge, sie übernimmt die Produktkontrolle, kennzeichnet das Gerät mit ihrem Namen und ist Kontaktpartner für Reklamationen."

---

4. (Teilautonome) Gruppenarbeit

Als höchstentwickelte und anspruchsvollste Stufe der Flexibilisierung der Arbeitsorganisation gilt der Übergang von taylorisierter Einzelarbeit zu **(teilautonomer) Gruppenarbeit** (vgl. dazu ausführlich *Breisig* 1997; *Lay* 2013; *Eggenhofer-Rehart et al.* 2015; *Jöns* 2016). Jedoch gibt es im Zuschnitt der Gruppenarbeit, insbes. in Bezug auf die Reichweite der Gruppenkompetenzen und das Spektrum der einbezogenen Aufgaben, große Unterschiede (vgl. *Kamp/Breisig* 2002, S. 9 ff.). Beim Ideal der teilautonomen Gruppenarbeit befinden die Mitarbeiter/innen – je nach Ausprägungsgrad mehr oder minder selbständig – über Arbeitsplanung, -verteilung, -erledigung und -kontrolle, Materialbereitstellung, Wartung und Instandhaltung, also über das „Wer?", das „Wie?" und das „Womit?" der Produktion im Rahmen der gegebenen technisch-organisatorischen und materiellen Möglichkeiten (Funktionsintegration). Lediglich das „Was?" (Produkt/Produktteil), das „Wie viel?" (Produktionsziele) und/oder das „Bis wann?" (Termin der Fertigstellung) sind vorgegeben bzw. vereinbart. Eine Kopplung an knapp bemessene Fließbandtakte ist zu vermeiden. Die Gruppenmitglieder verfügen über (annähernd) gleich hohe Qualifikationen, was eine weitgehende wechselseitige Ersetzbarkeit sichert. Es geht nicht nur um qualitative und quantitative Arbeitsfeldvergrößerung i. S. d. Job Rotation, Job Enlargement und Job Enrichment, sondern wesentlich um soziale und kommunikative Aspekte des Arbeitens, die sich nur in einem Gruppengefüge umsetzen lassen. Ein so verstandenes Konzept von Gruppenarbeit bedeutet eine wirkliche Abkehr von der tayloristischen Neben- und Nacheinanderschaltung von spezialisierten, hocharbeitsteiligen Einzelfunktionen und gewährleistet eine erhebliche Flexibilisierung der Produktion wie auch des Personaleinsatzes.

7.4 Arbeitspolitische Aspekte der Arbeitsorganisation

Schon die hier nur sehr kurz gehaltenen Ausführungen über die historischen Entwicklungen des Zuschnitts der Industrie- und Dienstleistungsarbeit haben gezeigt, dass es bei der Arbeitsorganisation um konfliktgeladene, für die Interessenlage der Akteure höchst relevante wie brisante Gestaltungsfragen geht.

Die Strukturierungsentscheidungen, die im Rahmen der Arbeitsorganisation anstehen, sollen natürlich in erster Linie nach Aspekten der Wirtschaftlichkeit, der Effizienz, der rationalen Ablaufgestaltung usw. getroffen werden. Konkret geht es z. B. um eine reibungslose Ablaufplanung, kurze Durchlaufzeiten, die Vermeidung von Leer- und Wartezeiten, eine hohe Kapazitätsauslastung, die Minderung von kapitalintensiven Lagerbeständen, die Gewährleistung einer guten Bearbeitungs- und damit Produktqualität, eine hohe Termintreue, kundengerechte Problemlösungen usw.

Entsprechend könnte man die Geschichte der Industrie- und Dienstleistungsarbeit ohne Weiteres als eine solche der technisch-organisatorischen **Rationalisierung** begreifen: Die Anpassung der Strukturen i. V. m. der Einführung und Anwendung neuer Techniken findet i. d. R. häufig statt und geht oft mit gravierenden Veränderungen einher (vgl. auch schon ausführlich Kap. 4.4.2). Insbesondere aufgrund der Aussicht einer größeren Wirtschaftlichkeit sind Arbeitgeber vielfach bereit, immense Summen in die Veränderung der Technik und der Arbeitsgestaltung zu investieren.

Es liegt aber auf der Hand, dass mit den Entscheidungen über die Arbeitsorganisation auch die Bedingungen, unter denen die Arbeitnehmer/innen ihre Arbeitsvollzüge verrichten müssen, maßgeblich geprägt werden.[43] Insoweit ist die Art der Arbeitsorganisation oder -gestaltung nicht nur ausschlaggebend für eine effiziente Produktion, sondern auch für die konkreten Arbeitsbedingungen der Beschäftigten. Daher sind von der jeweils gewählten Art der Arbeitsgestaltung in gravierendem Maße auch die Interessen und Belange der Beschäftigten betroffen. Von ihr hängt z. B. maßgeblich ab, ob die tagtägliche Arbeit als belastend oder weniger belastend, anspruchsvoll und interessant oder stumpfsinnig, hoch rationalisierungsgefährdet oder zukunftsträchtig empfunden wird. Daher kann man die Bedeutung und den Stellenwert der Arbeitsorganisation für die Interessen der Arbeitnehmer/innen gar nicht hoch genug einschätzen. Natürlich sind alle gezeigten Formen, von der taylorisierten Einzelarbeit bis zur teilautonomen Gruppenarbeit, mit ganz unterschiedlichen Risiken und Chancen für die Interessen der Belegschaften verbunden, die noch dazu stark von den jeweiligen betrieblichen Bedingungen geprägt werden. Dennoch wird im Folgenden der Versuch einer prinzipiellen Einschätzung der verschiedenen Varianten unternommen.

43 Diese Problematik wurde bereits relativ ausführlich anhand des Spannungsfeldes der Anwendung neuer Techniken zwischen den Interessen der Arbeitgeber und der Belegschaften thematisiert (vgl. Kap. 4.4.2).

Wie schon weiter oben dargelegt, handelt es sich beim Taylorismus um eine Produktionsweise, die sich vor allem an den ökonomischen Vorteilen einer hochstandardisierten Massenfertigung orientiert. Zwar schafft sie aufgrund der geringen Spielräume für die Arbeitenden Klarheit und Orientierung sowie ein Minimum an Verantwortungserfordernis, ansonsten dominieren aber ohne Frage die negativen Auswirkungen, die schon oben angeklungen sind (Monotonie, hohe Belastung, Desinteresse, hohe Krankheitsraten, Verschüttung des Produktionswissens und der kreativen Fähigkeiten, Dequalifizierung). Aus den Arbeitsmarktstatistiken wissen wir zudem, dass das Risiko der Arbeitslosigkeit bei wenig qualifizierten Beschäftigten erheblich höher ist.

Das Interesse der Arbeitnehmer/innen besteht daher im Prinzip in einer Überwindung der tayloristischen Strukturen. Aufgrund der Flexibilisierungserfordernisse und ihrer Bestrebungen nach Senkung der Personalkosten haben auch die Arbeitgeber in vielen Fällen Interesse an veränderten Zuschnitten der Arbeitsorganisation. Daher gilt zwar nicht generell, aber doch für eine Reihe von Fällen, dass sich das Interesse des Arbeitgebers an Kostensenkung und Produktivitätssteigerung zumindest ein Stück weit mit den Interessen der Beschäftigten an einer Humanisierung ihrer **Arbeitsbedingungen** verbinden lässt.

Dabei versteht man unter der **Humanisierung der Arbeit** (*von Rosenstiel/Weinkamm* 1980) eine Verbesserung der Arbeitsbedingungen durch arbeitsorganisatorische Veränderungen im Hinblick auf die folgenden Ansatzpunkte:

- **Abbau von Belastungen:** Die Arbeitenden müssen von stresserzeugend-eintönigen Aufgaben ebenso entlastet werden wie von solchen, die mit hohen körperlichen und psychischen Anstrengungen und Beeinträchtigungen verbunden sind (z. B. Einflüsse von Hitze, Staub, gesundheitsschädlichen Stoffen; extrem belastende Über-Kopf-Arbeit).
- **Einsicht in Zusammenhänge:** Die Einzelnen müssen ihre Aufgabe, ihren Verantwortungsbereich, die Art der Tätigkeit und ihre Einordnung in die betrieblichen Zusammenhänge genau kennen. Das schafft Identifikation und wirkt dem Gefühl entgegen, ein kleines unbedeutendes Rädchen in einer riesigen, undurchschaubaren Maschinerie zu sein.
- **Autonomie:** Die Arbeitnehmer/innen müssen ein hohes Maß an Eigenständigkeit in der Planung, Erfüllung und Kontrolle ihrer Arbeit besitzen. Der Handlungsspielraum besteht dabei in den Dimensionen Tätigkeits- sowie Entscheidungs- und Kontrollspielraum.
- **Identität der Person:** Die Beschäftigten müssen aufgrund der Art der Arbeitsgestaltung die Möglichkeit haben, ihre Persönlichkeit und ihre Kreativität zu entfalten und weiterzuentwickeln.
- **Qualifikation:** Die Arbeitsorganisation muss den Mitarbeiter/innen Chancen zur Erweiterung ihrer Qualifikationen im Hinblick auf fachliche, aber auch auf soziale und kommunikative Kompetenzen bieten. Die Arbeit muss in diesem Sinne Lern- und Entwicklungsmöglichkeiten enthalten, die den Arbeitnehmer/innen die Gelegenheit geben, an und mit ihren Aufgaben zu wachsen.
- **Soziale Integration:** Arbeit muss die Möglichkeit eines regen Austauschs und einer intensiven Kooperation und Kommunikation mit den anderen Beschäftigten bieten, anstatt die Menschen an monotonen, mit immer gleichen Handgriffen oder Arbeitsschritten zu bedienenden Arbeitsstationen sozial zu isolieren.

- **Bestätigung und Anerkennung:** Den arbeitenden Menschen muss vom Unternehmen bzw. von den Führungskräften eine hohe Wertschätzung ihrer Arbeit und eine ausdrückliche Anerkennung ihrer Leistungen entgegengebracht werden.

Sicherlich birgt jeder Schritt weg vom Taylorismus eine Humanisierungswirkung in sich und stellt insofern aus Sicht der Belegschaft einen Fortschritt dar. Gleichwohl ist ihre Reichweite in Bezug auf die Erweiterung der Handlungs- und Entscheidungsspielräume sowie die übrigen Humanisierungskriterien recht unterschiedlich. Entsprechend verschieden fallen die Auswirkungen auf die Arbeitnehmer/innen aus.

Am kritischsten muss sicherlich das **Job Rotation** als aus Arbeitnehmer/innen-Sicht bescheidenste Form der Flexibilisierung der Arbeitsorganisation eingeschätzt werden. Durch das simple Abwechseln nach wie vor eintöniger Teilaufgaben lassen sich zwar eine Relativierung von Belastungen und eine Steigerung der Einsatzflexibilität erzielen, an der Qualität des Arbeitsinhalts ändert sich jedoch nur wenig. Bei stark taylorisierten Fließbandsystemen ist nicht einmal eine technisch-organisatorische Umstellung und eine Neubewertung der Anforderungen an den einzelnen Arbeitsplätzen erforderlich. Insofern bleibt der (tayloristische) Gesamtprozess unberührt. Schon *Frederick Herzberg* (1968), der für viele mit seiner Theorie über die Motivationskraft der Arbeit selbst als der Wegbereiter der Debatte über die Humanisierung der Arbeit gilt, brachte den Effekt des Job Rotation (und des Job Enlargement) auf die griffige Formel: 0 + 0 = 0! Die rein horizontale Erweiterung der Arbeit erweitere im Grunde lediglich ihre Bedeutungslosigkeit. Das Job Enlargement ist ähnlich kritisch zu bewerten. Auch diese Form bewegt sich innerhalb der tayloristischen Gestaltungsprinzipien. Es handelt sich lediglich um eine Bündelung einzelner wenig anspruchsvoller Arbeitsschritte zu einer Position.

Demgegenüber wird im **Job Enrichment** auf eine vertikale Erweiterung der Handlungsspielräume, also eine Einbeziehung planender und kontrollierender Tätigkeiten in den Arbeitsprozess, gesetzt. Damit ermöglicht es ein Mehr an Selbständigkeit der Arbeitnehmer/innen bei der Arbeitsplanung, -erledigung und -kontrolle, abwechslungsreichere, zur Persönlichkeitsförderung beitragende Arbeitsinhalte, Raum für (zumindest begrenzte) zwischenmenschliche Kommunikation sowie eine umfangreichere Abfrage und Entwicklung von Qualifikationen (fachlicher wie sozialer Art).

Die aus Sicht der Arbeitnehmer/innen höchstentwickelte Stufe der diskutierten Techniken der Arbeitsgestaltung ist jedoch ohne Frage die **teilautonome Gruppenarbeit**. Sie ermöglicht über die Vorteile des Job Enrichment hinaus auch eine tagtägliche Kooperation und Kommunikation mit Kolleg/innen und erweitert aufgrund dieses Funktionsmechanismus tendenziell die Humanisierungswirkungen, die schon im Job Enrichment vorhanden sind.

Auch wenn die anspruchsvolleren Techniken fraglos ein großes Chancenpotential für die Beschäftigten enthalten, darf nicht vergessen werden, dass sie auch mit gewissen Risiken eigener Art einhergehen können. Hier ist vor allem das Problem der **Arbeits- und Leistungsintensivierung** anzuführen („Management by stress"). Während die Beschäftigten bei der tayloristischen Arbeitsgestaltung etwa bei störungsbedingten Unterbrechungen in den Genuss von „toten Zeiten" kommen, ist beim Job Enrichment und erst recht in der Gruppenarbeit immer etwas zu tun (*Pekruhl* 2000). Durch die flexiblere Definition der Arbeitsaufgaben verdichtet sich zweifellos die Leistungsabforderung. Auch geht die Schaffung anregenderer Arbeitsinhalte häufig mit einer Reduktion der Personaldecke einher. Je mehr es gelingt, sog. indirekte Tätigkeiten (z. B. Kontrolltätigkeiten, Materialzulieferung, Reparaturen) im Zuge von Job Enrichment oder Gruppenarbeit den direkt am Produkt tätigen Arbeitskräften zuzuordnen, umso weniger Personal wird insgesamt benötigt.

Auch wenn das Management seinerseits mit Konzepten zur Flexibilisierung der Arbeitsorganisation gewisse Vorteile verbindet (mehr Beweglichkeit und Dynamik, Kosteneinsparungen usw.), ist keineswegs gesichert, dass tatsächlich die anspruchsvolleren und aus Arbeitnehmer/innen-Sicht vielversprechenderen Varianten angestrebt werden. Entsprechend erreichen die „Angebote" des Arbeitgebers oft nur die bescheideneren Formen i. S. e. Job Rotation oder Job Enlargement. Das liegt zum einen daran, dass oft bereits mit diesen Maßnahmen nennenswerte Flexibilisierungserfolge und Kostensenkungen erzielt werden können. Zum anderen schrecken viele Arbeitgeber-Vertreter/innen und Führungskräfte aus Gründen der Herrschafts- und Autoritätssicherung vor der Gewährung von „zu viel" Autonomie an einzelne Mitarbeiter/innen oder Teams zurück. Zudem bleiben sie häufig auf einzelne, besser qualifizierte Beschäftigten(-gruppen) beschränkt. Vielfach lautet die Devise: „So wenig Autonomie wie möglich und so viel wie nötig."

Doch selbstredend verfügen auch die Betriebsräte über Möglichkeiten, sich als Akteur intensiv in die Gestaltungsprozesse von Arbeit und Technik einzuschalten, wofür sie angemessene Regelungen (am besten in einer Betriebsvereinbarung) und ein Handlungskonzept benötigen. Dies wirft die Frage nach evtl. Mitbestimmungsrechten auf. Zunächst sind Organisationsfragen, auch die der Arbeitsorganisation, eine sog. wirtschaftliche Angelegenheit, die dem arbeitgeberseitigen Direktionsrecht unterliegt (vgl. Kap. 4.3.2). Da die Arbeitsgestaltung aber sehr vielschichtig ist, berührt sie häufig zugleich eine ganze Reihe von mitbestimmungspflichtigen Sachverhalten. Die wichtigsten davon werden im Folgenden kurz erörtert.

Nach **§ 87 Abs. 1 Nr. 2 BetrVG** hat der Betriebsrat bei Fragen des Beginns und des Endes der täglichen Arbeitszeit sowie der Pausen und der Verteilung der Arbeitszeit auf die einzelnen Wochentage mitzubestimmen. Sofern die Einführung neuer Formen der Arbeitsorganisation mit jedweder Form von Veränderungen der Arbeitszeit verbunden ist und tarifvertragliche Regelungen dazu nicht existieren bzw. eine Regelung auf betrieblicher Ebene zulassen, greift diese Norm.

Nach **§ 87 Abs. 1 Nr. 10 und 11 BetrVG** hat der Betriebsrat über Entlohnungsgrundsätze mitzubestimmen. Sofern ein Konzept der Arbeitsorganisation – was nicht selten ist – wie auch immer geartete Veränderungen in den Entlohnungsgrundsätzen bedingt und soweit dies nicht abschließend im Wege des Tarifvertrags geregelt ist, hat der Betriebsrat ein erzwingbares Mitbestimmungsrecht bei allen Strukturregelungen der Entlohnung, bei Leistungsentgelten auch über die Höhe der Geldfaktoren. Diese Normen berühren z. B. Prämienregelungen bei Gruppenarbeit oder auch Zuschläge, etwa für die Gruppensprecherfunktion oder Mehr-Maschinen-Bedienung.

Ein herausragender Aspekt der letzten Gesetzesnovellierung (2001) mit ganz offenkundigem Bezug zur Arbeitsorganisation ist die erstmalige Einführung einer Mitbestimmung des Betriebsrats über die **Grundsätze zur Durchführung von Gruppenarbeit (§ 87 Abs. 1 Nr. 13 BetrVG)**. Mitbestimmung bei der „Durchführung" heißt, dass der Arbeitgeber auch weiterhin frei ist in der Frage, ob, in welchen Betriebsteilen, in welchem Umfang und für wie lange Gruppenarbeit eingeführt werden soll oder nicht. Entscheidet sich aber der Arbeitgeber für diesen Weg, hat er zwingend die Mitbestimmung des Betriebsrats bei der Gestaltung zu beachten. Kommt in den Verhandlungen keine Übereinkunft zustande, entscheidet die Einigungsstelle (vgl. dazu ausführlicher *Kamp/Breisig* 2002).

Der Betriebsrat hat ferner nach **§ 91 BetrVG** ein erzwingbares Mitbestimmungsrecht, wenn die Arbeitnehmer/innen durch arbeitsorganisatorische Maßnahmen, die den gesicherten arbeitswissenschaftlichen Erkenntnissen über die menschengerechte Gestaltung der Arbeit offensichtlich widersprechen, in besonderer Weise belastet werden. Er kann aber anhand dieses „korrigierenden" Mitbestimmungsrechtes lediglich angemessene Maßnahmen zur Milderung oder zum Belastungsausgleich verlangen. Außerdem ist die Geltendmachung dieser Norm aufgrund der großen Unbestimmtheit des Begriffs von den „gesicherten arbeitswissenschaftlichen Erkenntnissen" schwierig.

Sofern die arbeitsorganisatorischen Veränderungen mit Versetzungen i. S. d. **§ 95 Abs. 3 BetrVG** verbunden sind (was durchaus vorkommt), muss der Betriebsrat dieser Maßnahme zustimmen. Er kann ihr jedoch nur dann seine Zustimmung versagen, wenn einer der in § 99 Abs. 2 BetrVG vorgesehenen Gründe vorliegt.

Eine Neuerung, die die Einflussmöglichkeiten des Betriebsrats auf Maßnahmen der Arbeitsgestaltung erweitern dürfte, ist ebenfalls erst 2001 mit dem völlig neu hinzugefügten § 97 Abs. 2 BetrVG in das Gesetz gekommen. Dieser hat folgenden Wortlaut:

HINWEIS

§ 97 Abs. 2 BetrVG

„Hat der Arbeitgeber Maßnahmen geplant oder durchgeführt, die dazu führen, dass sich die Tätigkeit der betroffenen Arbeitnehmer ändert und ihre beruflichen Kenntnisse und Fähigkeiten zur Erfüllung ihrer Aufgaben nicht mehr ausreichen, so hat der Betriebsrat bei der Einführung von Maßnahmen der betrieblichen Berufsbildung mitzubestimmen. Kommt eine Einigung nicht zustande, so entscheidet die Einigungsstelle. Der Spruch der Einigungsstelle ersetzt die Einigung zwischen Arbeitgeber und Betriebsrat."

Diese Bestimmung umfasst ein bisher so nicht existierendes Recht des Betriebsrats, unter bestimmten Bedingungen auch die – bislang gänzlich mitbestimmungsfreie – **Einführung von Maßnahmen der Berufsbildung** zu verlangen. Voraussetzung ist, dass der Arbeitgeber „Maßnahmen" durchgeführt hat oder dies plant, die dazu führen, dass die bisherigen Fähigkeiten und Kenntnisse der Mitarbeiter/innen zur Aufgabenbewältigung nicht mehr hinreichen. Solche Maßnahmen können insbes. die folgenden sein: die Einrichtung neuer technischer Anlagen, Arbeitsabläufe oder Arbeitsverfahren, aber ggf. auch Veränderungen der Organisation, der Arbeitsgestaltung, die Einführung neuer Produkte, veränderte gesetzliche Grundlagen und vieles mehr. Der tiefere Sinn dieser Veränderung liegt darin, dass dem Betriebsrat ein Instrument an die Hand gegeben werden soll, um der Gefahr des Arbeitsplatzverlustes infolge technisch-organisatorischer Veränderungen auch pro-aktiv begegnen zu können (nicht nur durch das Widerspruchsrecht nach § 102 Abs. 3 Nr. 4 BetrVG, wenn es schon zu einer Kündigung gekommen ist).

Die **§§ 111 und 112 BetrVG** betreffen die Mitwirkungsrechte des Betriebsrats bei Betriebsänderungen sowie den Abschluss eines Interessenausgleichs bzw. eines Sozialplans, der i.V.m. einer Arbeitnehmer/innen benachteiligenden Betriebsänderung auszuhandeln ist. Der Betriebsrat hat nach §§ 111 und 112 BetrVG jedoch kein umfassendes Mitbestimmungsrecht. § 111 gibt ihm nur die Möglichkeit, mit dem Arbeitgeber über einen Interessenausgleich zu verhandeln, der aber nicht vor der Einigungsstelle durchsetzbar ist. Nach § 112 Abs. 4 kann er auf einen Ausgleich oder eine Milderung der wirtschaftlichen Nachteile für die Betroffenen hinwirken und einen Sozialplan notfalls auch in der Einigungsstelle durchsetzen (vgl. dazu ausführlicher Kap. 13.3). Der Betriebsrat kann nach diesen Normen aber weder Gestaltungsansprüche einklagen noch die Einführung arbeitsorganisatorischer Maßnahmen verlangen.

Zumindest in größeren Unternehmen mit „starkem" Betriebsrat dürfte es aber in den meisten Fällen gar nicht erforderlich sein, die Auseinandersetzung um die Gestaltung und Regelung der Arbeitsorganisation auf der rechtlichen Ebene überhaupt zu führen. Das aufgeschlossene Management sucht besonders in diesem Gestaltungsbereich von Anfang an die Kooperation und den Kompromiss mit dem Betriebsrat.

8. Arbeitszeitgestaltung

(von Mareike Michel)

8.1 Arbeitszeit im Wandel

8.1.1 Anforderungen an die Gestaltung der Arbeitszeit

Die Gestaltung der Arbeitszeit gehört neben der Gestaltung von Arbeitsinhalt, -mitteln, -umgebung und -ort zu den wesentlichen Dimensionen des Personaleinsatzes (*Holtbrügge* 2015, S. 163 ff.). Unter Arbeitszeit wird gem. § 2 Abs. 1 des Arbeitszeitgesetzes (ArbZG) „[...] die Zeit vom Beginn bis zum Ende der Arbeit ohne die Ruhepausen“[44] verstanden. Dabei orientiert sich die Gestaltung der Arbeitszeit an den Bedarfen und Interessen der externen und internen Unternehmensumwelt, welche grob in **Markt, Unternehmen und Mitarbeiter/innen** unterteilt werden kann (vgl. auch Kap. 4). „So kann ein marktbedingter Auftragsrückgang Unternehmen zu einer vorübergehenden Arbeitszeitverkürzung (Kurzarbeit) zwingen, unternehmensinterne Umstrukturierungen können zu flexibleren Teilzeitschichten führen oder lebensphasenspezifische Umstände (Geburt eines Kindes, Wunsch nach Auszeit, Betreuung pflegebedürftiger Familienangehöriger) erfordern eine Verkürzung und Flexibilisierung der bisher starren Arbeitszeit, um die familiären Anforderungen und Wünsche mit der Berufstätigkeit vereinbaren zu können“ (*Kirschten* 2014, S. 201). Diesen Anforderungen werden Arbeitszeitsysteme vor allem dann gerecht, wenn sie über einen gewissen Gestaltungsspielraum (Flexibilität) verfügen. *Hoff* (2015, S. VII) stellt hierzu fest: „Ohne flexible Arbeitszeit kommt heute kaum noch ein Betrieb aus – weil die Anforderungen von Kunden und Mitarbeiter/innen in der Regel anders nicht, oder jedenfalls nicht wirtschaftlich, erfüllt werden können“.

Idealerweise erfüllt ein flexibles Arbeitszeitsystem im Betrieb sowohl die Ziele der Markt- und Kundenorientierung, der Wirtschaftlichkeit als auch der Mitarbeiterorientierung (*Hoff* 2015, S. 2). Die unterschiedlichen **Interessen** der Hauptakteure (Mitarbeiter/in und Betrieb) werden in Abb. 29 in Form der wesentlichen Vor- und Nachteile für beide Seiten dargestellt. Dass die Gestaltung der Arbeitszeit entlang der unterschiedlichen Interessen in der Praxis Herausforderungen mit sich bringt und zu Konflikten führen kann, wird in Kap. 8.4 näher thematisiert.

44 Dabei sind die im weiteren Verlauf von Kap. 8 beschriebenen arbeitsrechtlichen Vorgaben durch weitere Ausnahmen (z. B. nach Branchen, Tätigkeiten oder Altersgrenzen) reguliert, auf welche in diesem Kapitel jedoch nicht genauer eingegangen wird.

ABB. 29: **Wesentliche Interessen und Zielkonflikte bei der Gestaltung flexibler Arbeitszeiten aus Perspektive der Arbeitnehmer/innen und Arbeitgeber** (in Anlehnung an *Kolb* 2010, S. 337 f.; *Berthel/Becker* 2013, S. 553; *Holtbrügge* 2015, S. 181; *Oechsler/Paul* 2015, S. 253 f.)

Perspektive	Vorteile/Chancen	Nachteile/Herausforderungen
Betrieb	► Flexibilität in der Leistungserstellung durch flexibleren Personaleinsatz, insbes. bessere Anpassung an Kapazitätsauslastung ► Optimale Ausnutzung der Betriebsmittel ► Kostensenkung durch Ausdehnung von Betriebszeiten und weniger Überstundenzuschläge und Leerzeiten ► Attraktivität als Arbeitgeber ► Höhere Motivation, Arbeitszufriedenheit der Mitarbeiter/innen, dadurch meist bessere Leistung sowie geringere(r) Unfallhäufigkeit, Absentismus und Fluktuation ► Zunehmendes Selbstverantwortungsbewusstsein der Mitarbeiter/innen ► Sicherung der Arbeitsplätze, insbes. bei der Vermeidung von Kurzarbeit und Entlassungen	► Höherer Verwaltungsaufwand und Kosten z. B. Implementation und Zeiterfassung, auch da kein „one-fits-all"-Modell möglich ist ► Gewährleistung interner und externer Ansprechbarkeit ► Sicherung des reibungslosen Betriebsablaufes, insbes. bei Arbeit mit Maschinen ► Anforderungen an Führungskräfte, erhöhter Führungs- und entsprechend Weiterbildungsaufwand ► Missbrauchsrisiko durch Mitarbeiter/innen ► Schaffung von Konfliktpotenzialen ► Evtl. Wegfall bisher stillschweigend geleisteter Überstunden
Mitarbeiter/innen	► Zeitsouveränität/Autonomiebewusstsein ► Mehr persönliche Freiheit, kein Zwang zur Pünktlichkeit ► Bessere Vereinbarkeit von Beruf und Privatleben (Work-Life-Balance) ► Bessere Anpassung an individuellen Lebens- und Biorhythmus ► Auflockerung des Erwerbscharakters der Arbeit ► Sicherung der Arbeitsplätze, insbes. bei der Vermeidung von Kurzarbeit und Entlassungen ► Ggf. keine/ weniger unbezahlte Überstunden	► Zwang zur Selbstorganisation ► Zunehmende Arbeitsverdichtung und Entgrenzungstendenzen (Verwischen der Grenzen zwischen Arbeits- und Privatleben) sowie Stresszunahme ► Zusätzliche Kontrolle durch u. a. Zeiterfassung ► Ggf. Einkommensverluste, weniger Überstundenzuschläge

Die Möglichkeiten zur Gestaltung der Arbeitszeit sind mannigfaltig. Welche Gestaltungs- und Flexibilisierungsformen sich in einem Unternehmen eignen, hängt neben den Interessen und Zielen der unterschiedlichen Akteure auch von dem jeweils vorherrschenden Aufbau- und Ablaufsystem der Organisation sowie den Merkmalen der jeweiligen Arbeitsaufgabe ab (vgl. Abb. 30). In eher **starr organisierten Unternehmensbereichen** bzw. Unternehmen, in denen vor allem standardisiert, formalisiert, einfach, planbar und wenig kommunikationsintensiv gearbeitet wird, werden eher starre Arbeitszeitsysteme mit geringen Flexibilitätsspielräumen vorzufinden und anwendbar sein (*Schlick et al.* 2010, S. 538). Entsprechend verhält es sich bei **Sofort-**

arbeit, also solcher Arbeit, die exakt zu einem konkreten Zeitpunkt zu erbringen ist und nicht verschoben werden kann, wie es insbes. bei der Schichtarbeit in der Produktion der Fall ist (*Hoff* 2014, S. 726)[45]. Bei stärker **flexiblen Voraussetzungen**, die u. a. durch Komplexität, geringe Formalisierbarkeit, geringe Planbarkeit sowie hohen Informations- und Kommunikationsbedarf gekennzeichnet sind, eignen sich eher flexible, selbstbestimmbare Systeme der Arbeitszeitgestaltung (*Schlick et al.* 2010, S. 539). Hierzu zählt auch die sog. **Terminarbeit**, bei welcher täglicher/s Beginn und Ende der Arbeitszeit variiert werden können, da die Arbeit nur bis zu einem bestimmten Termin (z. B. Berichterstellung bis zur nächsten Woche), jedoch nicht zu einem exakten Zeitpunkt zu erbringen ist (*Hoff* 2014, S. 726). Dabei ist eine Flexibilisierung der Arbeitszeiten in verwaltenden Tätigkeiten prinzipiell leichter als im Produktionsbereich (*Berthel/Becker* 2013, S. 557). Hierbei handelt es sich zwar um idealtypische Unterscheidungen, dennoch wird deutlich, dass der Flexibilisierungsgrad der Arbeitszeit an bestimmte organisatorische Bedingungen geknüpft ist.

ABB. 30: Gegenüberstellung von zwei komplementären Organisationssystemen (nach *Ferreira* 2001, zit. in *Schlick et al.* 2010, S. 538)

45 *Hoff* (2014, S. 726) führt hierzu folgendes Beispiel an: „Soll also beispielsweise eine Verpackungslinie an einem bestimmten Tag von 06:00 bis 23:00 Uhr laufen und sind für deren Betrieb vier Mitarbeiter/-innen erforderlich, *müssen* an diesem Tag genau vier Mitarbeiter/-innen ihre Arbeitszeit um 06:00 Uhr beginnen und vier andere Mitarbeiter/-innen – wegen der in Deutschland geltenden gesetzlichen Tages-Höchstarbeitszeit von 10 Stunden – ihre Arbeit um 23:00 Uhr beenden. Freiheitsgrade bestehen hier „nur" hinsichtlich des Zeitpunktes bzw. der Zeitpunkte des Schichtwechsels bzw. der Schichtwechsel".

8.1.2 Merkmale flexibler Arbeitszeitsysteme

Eine gesetzliche oder allgemein gültige **Definition** der flexiblen Arbeitszeit existiert zwar nicht, allerdings bietet die Gegenüberstellung von starrer und flexibler Arbeitszeitgestaltung eine erste Annäherung. „Während eine starre Arbeitszeitgestaltung durch Uniformität, Gleichzeitigkeit, Pünktlichkeit und Fremdbestimmtheit[46] sowie die Identität von Arbeits- und Betriebszeit gekennzeichnet ist, zeichnet sich eine flexible Arbeitszeitgestaltung durch ein hohes Maß an Beweglichkeit und Reversibilität, die asynchrone Anwesenheit der Mitarbeiter sowie die weitgehende Entkopplung von Arbeits- und Betriebszeit aus" (*Holtbrügge* 2015, S. 186). Arbeitszeitsysteme müssen dabei mindestens die folgenden **Charakteristika** erfüllen, um als flexibel gelten zu können (*Linnenkohl et al.* 2001, S. 15 f.; *Hahn* 2014, S. 2 ff.):

- Fehlen gleichförmiger, ständig identischer Arbeitszeitstrukturen,
- Veränderung der Arbeitszeit in mindestens einer der drei Dimensionen: Dauer, Lage, Verteilung (vgl. Kap. 8.2.2),
- permanente (ständige) Möglichkeit der Veränderung der Arbeitszeit und zwar in mehr oder weniger kurzfristiger Form (Flexibilisierungspotenzial),[47]
- Veränderbarkeit der Arbeitszeit durch Arbeitgeber (Direktion) oder Arbeitnehmer/in (Selbstbestimmung)[48] bzw. durch beide Seiten, in Abhängigkeit davon, wem die Option zu flexibilisieren eingeräumt wird (Dispositionsspielraum/ Verfügungsrechte) (vgl. Kap. 8.4).

In der Literatur finden sich hierzu unterschiedlich strenge Auslegungen, insbes. zum **Flexibilisierungspotenzial** und **Dispositionsspielraum**. Dabei geht es um die Frage, wie veränderbar ein Arbeitszeitsystem sein muss (Flexibilisierungspotenzial) und von wem die Arbeitszeit in welchem Ausmaß gesteuert werden können muss (Dispositionsspielräume), damit von einem flexiblen System gesprochen werden kann. *Berthel/Becker* (2013, S. 551, 554) konstatieren, dass eine „einmalige Anpassung an geänderte betriebsspezifische bzw. mitarbeiterspezifische Interessenlagen [...] keine Arbeitszeitflexibilisierung [darstellt]", da Entscheidungsspielräume fehlen würden. Schichtsysteme sind nach dieser Auffassung prinzipiell als starr zu bezeichnen. *Kolb* (2010, S. 333) teilt diese Meinung: „Die versetzten Arbeitszeiten weichen die einheitliche Zeit für alle zwar auf, innerhalb einer Schicht ändert sich jedoch an den Grundsätzen der starren Arbeitszeit in der Regel wenig". *Linnenkohl et al.* (2001, S. 16, 47) sprechen daher z. B. bei der Schicht- und Mehrarbeit von einem „beschränkten" Flexibilisierungspotenzial bzw. „halboffenen" Systemen und verstehen hierunter Arbeitszeitsysteme, „die zwar Flexibilisierungsoptionen enthalten, aber

46 Nach *Ulich* (2011, S. 610) lassen sich diese Begriffe wie folgt weiter aufschlüsseln: Uniformität als „Einheitlichkeit der Arbeitszeitmuster [...] sowie der Trend zu generellen Lösungen, die individuelle Zeitmuster nicht zulassen"; Gleichzeitigkeit bedeutet, „dass alle Beschäftigten zu gleichen Zeiten arbeiten und auch zur gleichen Zeit frei haben"; Fremdbestimmung „meint die Festlegung von Arbeitszeiten durch überbetriebliche Instanzen wie Tarif- bzw. Gesamtarbeitsverträge oder staatliche Regelungen".

47 *Hahn* (2014, S. 6) definiert Flexibilisierungspotenzial als den „Umfang der Möglichkeit eines Arbeitszeitsystems [...], Arbeitszeit bedarfsgenau zu verändern hinsichtlich ihrer Dauer, ihrer Lage oder ihrer Verteilung". *Hahn* bezieht sich hier mit Bezug auf *Linnenkohl et al.* (2001, S. 16) vornehmlich auf eine quantitative Messung des Flexibilisierungspotenzials durch Berechnung der Differenz zwischen „einem Minimum an absolvierter fester Arbeitszeit eines Arbeitnehmers (oft als Mindestarbeitszeit oder Kernarbeitszeit arbeitsvertraglich vereinbart) [...] und der maximalen Einsetzbarkeit des Arbeitnehmer (z. B. 8 Stunden pro Tag, 48 Stunden pro Woche)". In diesem Kapitel wird zwar der Begriff des Flexibilisierungspotenzials genutzt, jedoch weiter gefasst und zwar als die permanente Veränderbarkeit eines Arbeitszeitmodells in mehr oder weniger kurzfristiger Form.

48 Liegt die Option zur Flexibilisierung bei den Mitarbeiter/innen, wird auch von autonomieorientierter Arbeitszeitgestaltung gesprochen (*Holtbrügge* 2015, S. 186).

nicht permanent veränderbar sind. Das bedeutet, ist von der Option zur Abänderung Gebrauch gemacht worden, dann entfallen weitere Flexibilisierungsmöglichkeiten und das System ‚erstarrt' wieder, d. h. es bleibt fortan fixiert". Diese Sichtweisen bedürfen der Erläuterung, können doch auch einmal eingeführte und sich nicht kontinuierlich anpassende Schichtsysteme Spielräume zur flexiblen Gestaltung der Arbeitszeit bieten. Würde man argumentieren, dass die Mitarbeiter/innen die Schichten regelmäßig wechseln (Wechselschicht Früh-Spät-Nacht), der Betrieb die Schichtanzahl und Lage an die Auftragssituation anpassen kann und Mitarbeiter/innen in Absprache mit Vorgesetzten und Kollegen/innen den individuellen Schichteinsatz verschieben können, lassen sich auch hier gewisse permanente Veränderungsspielräume des Systems durch die Akteure konstatieren. Sicherlich ist die traditionelle Schichtarbeit ein flexibles Arbeitszeitmodell mit geringem Flexibilisierungspotenzial (vgl. Kap. 8.4.1). Dieses kann jedoch erhöht werden, indem beispielsweise Arbeitszeittauschbörsen oder Gleitzeitfenster in die Schichten eingebaut werden (*Berthel/Becker* 2013, S. 554). Deutlich wird nun, dass Arbeitszeitsysteme in ihren einzelnen Ausprägungen unterschiedliche Dispositionsspielräume und Flexibilisierungspotenziale aufweisen.[49]

8.1.3 Entwicklung der Arbeitszeit

Lange Zeit dominierten starre Arbeitszeiten, d. h. die Dauer (i. d. R. acht Stunden), die Lage (i. d. R. zwischen 8.00 und 17.00 Uhr) und die Verteilung der Arbeit (i. d. R. fünf Tage die Woche, montags bis freitags) waren für alle Mitarbeiter/innen gleich (*Kolb* 2010, S. 332). Die hinter der starren Arbeitszeit liegenden Annahmen gründen sich vor allem auf das tayloristische Arbeitsmodell des „one best way" (*ebenda*; vgl. Kap. 7.2). Auch heute noch finden sich starre Arbeitszeitregelungen in Unternehmen, oftmals jedoch aufgrund dringender betrieblicher Erfordernisse, beispielsweise maschinengebundener Arbeitsprozesse oder Servicezeiten im Kundengeschäft (vgl. Kap. 8.1.1).

Die Verbreitung von flexiblen Arbeitszeitsystemen hat in den vergangenen Jahren stark zugenommen (*Oechsler/Paul* 2015, S. 254). *Berthel/Becker* (2013, S. 551) bezeichnen die Arbeitszeitgestaltung daher zu Recht als „jungen Gedanken", in welchem die Zeit nicht mehr vornehmlich als Begrenzungsfaktor ökonomischer Prozesse, sondern als ökonomische Gestaltungsvariante erfasst wird. Vorreiter der flexiblen Arbeitszeitgestaltung war in den 1970er Jahren die Gleitzeit, gefolgt von u. a. der Vertrauensarbeitszeit in den 1990er Jahren (*Hoff* 2014, S. 733, 735). Mit den **Veränderungen der Arbeitszeit** versuchten die Betriebe, den wirtschaftlichen und gesellschaftlichen Entwicklungen, wie z. B. der zunehmenden Internationalisierung und Dienstleistungsorientierung sowie dem Wertewandel, gerecht zu werden (*Berthel/Becker* 2013, S. 551; vgl. Kap. 4). Besonders deutlich werden die Veränderungen durch die Entwicklung des **Verhältnisses von Arbeitszeit und Freizeit**. Angelehnt an historische Ereignisse und den Wertewandel lassen sich vier Zeitzäsuren bestimmen:

49 Dass sich je nach Arbeitszeitmodell insbes. die Dispositionsspielräume der Akteure unterscheiden und dies zu Konflikten führen kann, wird in Kap. 8.4 näher erläutert.

LITERATUR

Vier Zeitzäsuren (nach *Scholz* 2014a, S. 25 f.)

- *„Zunächst dominierte die Arbeitszeit (1950). Nach Kriegsende war der Alltag bestimmt von der 6-Tage-Woche und 15 Tagen Urlaub. Im Mittelpunkt stand das Bemühen, eine eigene Existenz aufzubauen. Freizeit war überwiegend reine Erholungssache.*
- *Danach holte die Freizeit auf (1970). Bei einer 42-Stunden-Woche mit reichlich freien Tagen verlagerte sich der Schwerpunkt der Zeitgestaltung zunehmend in die Freizeit, und so erhielten beispielsweise die Wochenenden Erlebniswert. Wer in der Arbeit viel leistete, konnte sich auch nach der Arbeit viel leisten.*
- *Schließlich überholte die Freizeit die Arbeitszeit (1990). Jetzt hatten die Menschen mehr Stunden zur Verfügung, als sie für den Lebenserwerb aufbrachten. Man arbeitete nicht mehr für die Freizeit, man suchte Spaß in Freizeit und Beruf. Die (verringerte) Arbeitszeit sollte mehr sein als verkaufte Lebenszeit.*
- *Gegenwärtig dominiert ein Verwischen der Grenzen zwischen Freizeit und Arbeitszeit (2010). Die Erwerbsarbeit verliert als zentrale Lebensäußerung des Menschen an Bedeutung, bleibt aber weiterhin Symbol für sinnvolle menschliche Tätigkeit. Ergebnis ist die bewusste Suche nach (freiwilliger) Arbeit, die dann zur sozialen Verpflichtung und damit zur Unfreiwilligkeit wird. Produktivität und Nützlichkeit gilt als oberste Maxime auch für das Freizeitverhalten.“*

Dies verdeutlicht, dass die wirtschaftlichen und gesellschaftlichen Entwicklungen vor allem mit einer **Verkürzung der wöchentlichen Arbeitszeit** verbunden waren. Diese Verkürzung ist dabei sowohl Resultat als auch Einflussfaktor auf die genannten Entwicklungen. Das Institut Arbeit und Qualifikation (IAQ 2015a) hat die Veränderung der Wochenarbeitszeit in Deutschland beginnend ab dem Jahr 1970 nach Vollzeit- und Teilzeitbeschäftigten differenziert aufgeschlüsselt und in Bezug zu weiteren Komponenten der Arbeitszeit (Jahresarbeitszeit, Urlaubstage, Krankenstand etc.) gesetzt (vgl. Abb. 31). Es wird deutlich, dass eine kontinuierliche Verringerung der Wochenarbeitszeit in Vollzeit als auch Teilzeit erfolgte. Die Daten des Statistischen Bundesamtes (2015) zeigen darüber hinaus, dass die durchschnittliche wöchentliche Arbeitszeit in Deutschland im Jahr 2014 knapp unter dem europäischen Mittelwert lag. Hier ist jedoch entsprechend der Daten der European Foundation for the Improvement of Living and Working Conditions (2015, S. 3, 20, 25) eine differenzierte Betrachtung nach durchschnittlicher tarifvertraglich vereinbarter Wochenarbeitszeit (unter europäischem Durchschnitt), durchschnittlicher tatsächlicher Wochenarbeitszeit inklusive Überstunden, Fehltagen etc. (über europäischem Durchschnitt) und durchschnittlicher tarifvertraglich vereinbarter jährlicher Arbeitszeit inklusive Urlaubs- und Feiertagen (unter europäischem Durchschnitt) notwendig.

ABB. 31: Durchschnittliche Arbeitszeit der beschäftigten Arbeitnehmer/innen und ihre Komponenten 1970–2014 (*IAQ* 2015a, S. 1)

	1970	1980	1990	2000	2005	2010	2012	2014
Tarifliche/betriebsübliche Arbeitszeit: Wochenarbeitszeit in Stunden								
► Vollzeit	41,51	40,18	38,49	38,20	38,05	37,93	37,91	38,07
► Teilzeit	20,51	18,45	15,29	13,46	14,29	15,31	15,49	15,89
► alle Beschäftigen	40,18	37,90	34,41	31,47	30,31	29,44	29,38	29,50
Urlaubstage im Jahr	21,9	27,5	31,1	32,2	30,8	30,7	30,08	31,2
Jahresarbeitszeit je Beschäftigten in Stunden	2.007,5	1.894,1	1.705,6	1.571,5	1.525,8	1.490,0	1.466,7	1.470,4
Tatsächliche Arbeitszeit								
Krankenstand								
► in Arbeitsstunden im Jahr	104,1	97,0	78,6	57,6	51,9	55,2	54,5	56,0
► in Arbeitstagen im Jahr	13,0	12,8	11,4	9,1	8,6	9,4	9,3	9,5
Überstunden pro Jahr	159,2	86,7	62,3	47,9	52,8	51,9	50,4	48,9
Jahresarbeitszeit in Stunden								
► Vollzeit	1.938,5	1.767,5	1.662,2	1.664,3	1.662,3	1.663,5	1.655,7	1.667,0
► Teilzeit	989,1	825,3	679,7	579,9	614,8	673,8	679,0	693,4
► alle Beschäftigten (inkl. Nebenjobs)	1.878,7	1.668,5	1.489,2	1.369,5	1.340,5	1.309,7	1.300,0	1.301,6

Die Entwicklung der Arbeitszeit und weiterer damit zusammenhängender Merkmale hat das IAQ (2015b) für Deutschland ausgehend vom Basisjahr 1991 berechnet (vgl. Abb. 32). Es zeigt sich bis zum Jahr 2014 eine durchschnittliche Arbeitszeitverkürzung von 11,7 %. Besonders prägnant ist die Steigerung der **Produktivität** je Erwerbstätigenstunde um 36,2 % bei gleichzeitig sinkender Arbeitszeit je Erwerbstätigem. Dabei ist das Arbeitsvolumen zwar ebenfalls geringfügig gesunken (2,7 %), jedoch weit weniger stark als die Arbeitszeit. Der Zusammenhang zwischen einer Arbeitszeitverkürzung und einer Produktivitätssteigerung ist dabei schon lange bekannt, u. a. durch die Einführung eines Acht- anstatt Neunstundentages bei Ford in den USA nach dem ersten Weltkrieg (ausführlich bei *Schlick et al.* 2010, S. 579 ff.; vgl. Kap. 8.2.3.3). In Deutschland ist die Produktivität pro Arbeitsstunde verglichen mit anderen Ländern sehr hoch, sodass das Argument, Deutschland hätte im Vergleich zu anderen Ländern mit einer höheren Arbeitszeit einen Wettbewerbsnachteil, relativiert wird (*Holtbrügge* 2015, S. 192). Zudem gewinnt „die Flexibilisierung der Arbeitszeit als Möglichkeit zum Abfedern der durch die Arbeitszeitverkürzung verursachten Kosten eine besondere Bedeutung" (*Linnenkohl et al.* 2001, S. 15). Durch sie kann trotz verkürzter Gesamtarbeitszeit eine hohe Produktivität erreicht werden. Zum Erhalt der deutschen Wettbewerbsfähigkeit fordern die Gewerkschaften daher eher eine flexible und autonomieorientierte Gestaltung der Arbeitszeit als eine Veränderung der Arbeitsdauer (*Holtbrügge* 2015, S. 193).

ABB. 32: Entwicklung von Bruttoinlandsprodukt, Arbeitsproduktivität, Erwerbstätigen, Arbeitsvolumen und Arbeitszeit von 1991 – 2014, Indexdarstellung 1991 = 100 (*IAQ* 2015b, S. 1)

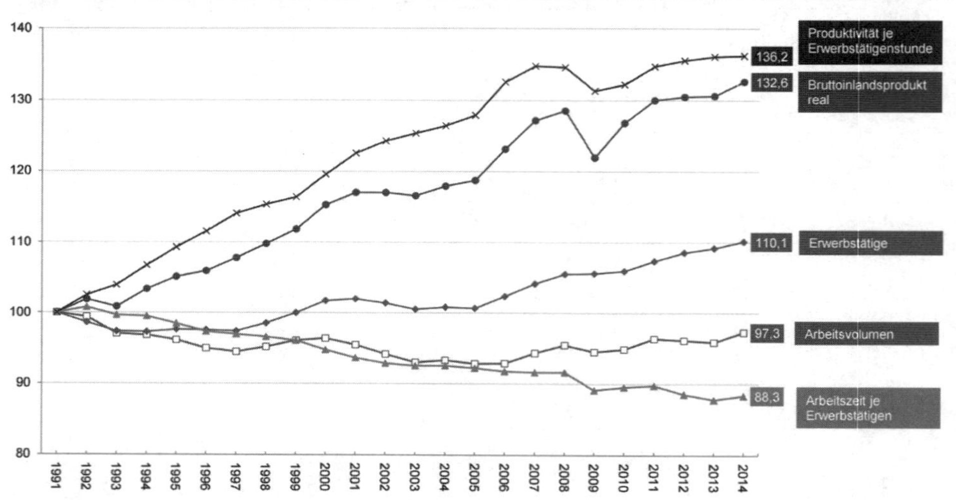

Die in Abb. 31 und 32 dargestellten Entwicklungen der Arbeitszeit zwischen 1960/70 und heute lassen sich durch verschiedene Faktoren erklären:

LITERATUR

Einflüsse auf die Arbeitszeitverkürzung (*Oechsler/Paul* 2015, S. 265)

- *„Die Gewerkschaften konnten eine Reduzierung der Arbeitszeit in fast allen Bereichen durchsetzen [u. a. 35-Stunden-Woche des Leber-Kompromisses 1984, Anm. M. M.],*
- *der Prozess der tariflichen Arbeitszeitverkürzungen ist seit etwa Mitte der 1990er-Jahre zum Stehen gekommen,*
- *der Rückgang in der Folgezeit ist hauptsächlich auf die zunehmende Verbreitung der Teilzeitbeschäftigung zurückzuführen und*
- *die durchschnittliche Stundenzahl innerhalb der Teilzeitarbeitsverhältnisse hat im letzten Jahrzehnt weiter abgenommen."*

8.2 Gestaltungsparameter der Arbeitszeit

8.2.1 Rechtliche Rahmenbedingungen

Den Rahmen zur Gestaltung der Arbeitszeit bilden zunächst einmal gesetzliche und vertragliche Vorgaben. Die rechtlichen Rahmenbedingungen gliedern sich insbes. nach den Gestaltungsdimensionen der Arbeitszeit (Dauer, Lage, Verteilung, vgl. Kap. 8.2.2) und basieren auf den diesbezüglichen arbeitswissenschaftlichen Erkenntnissen zur Leistung und Erholung des menschlichen Körpers (vgl. Kap. 8.2.3). Diese Gestaltungsparameter werden im Anschluss an dieses Kapitel tiefergehende Begründungen der Rechtslage erkennen lassen.

Die Arbeitszeit wird in Deutschland vornehmlich durch das **Arbeitszeitgesetz (ArbZG)** geregelt mit dem Zweck, „die Sicherheit und den Gesundheitsschutz der Arbeitnehmer [...] zu gewährleisten und die Rahmenbedingungen für flexible Arbeitszeiten zu verbessern sowie den Sonntag und die staatlich anerkannten Feiertage als Tage der Arbeitsruhe und der seelischen Erhebung der Arbeitnehmer zu schützen" (§ 1 Abs. 1 und 2 ArbZG). Das ArbZG reguliert die Arbeitszeit vor allem in Bezug auf Höchstgrenzen, Ruhepausen und Ruhezeiten (vgl. Abb. 33).

ABB. 33: **Grundsätze des Arbeitszeitgesetzes** (in Anlehnung an *Oechsler/Paul* 2015, S. 263)

Regelungspunkt	**ArbZG**	**Formen und Definitionen**	**Anmerkung**
Arbeitszeit	§ 2 ArbZG	Beginn und Ende der Arbeitszeit ohne Ruhepausen	Keine Wegezeiten Keine Wasch- und Umkleidezeiten
		Arbeitsbereitschaft Bereitschaftsdienst Rufbereitschaft	Gilt als Arbeitszeit Gilt als Arbeitszeit Gilt als Ruhezeit
Höchstgrenzen	§ 3 ArbZG	8 Stunden werktäglich	Montag bis Samstag
		Verlängerung auf 10 Stunden möglich	Ausgleichszeitraum max. 6 Monate
Ruhepausen	§ 4 ArbZG	Zwischen 0 und 6 Stunden Zwischen 6 und 9 Stunden Ab 9 Stunden Unterteilung in mehrere Zeitabschnitte zulässig Erste Ruhepause	Nicht notwendig Mind. 30 Minuten Mind. 45 Minuten Jeweils mind. 15 Minuten Nach spätestens 6 Stunden
Ruhezeit	§ 5 ArbZG	Nach Beendigung der Arbeit bis zur Wiederaufnahme	Mind. 11 Stunden
		Ausnahmen möglich	Ausgleichszeiträume Branchenspezifisch

Weitere rechtliche Vorgaben zur Arbeitszeitgestaltung sind u. a. im Jugendarbeitsschutzgesetz (§§ 8-21 JArbSchG), dem Mutterschutzgesetz (§§ 7, 8 MuSchG), dem Ladenschlussgesetz (§ 17 LadschlG), der Gewerbeordnung (§ 105 GewO) und dem Kündigungsschutzgesetz (§ 19 KSchG) verankert (*Scholz* 2014a, S. 732). Die gesetzlichen Bestimmungen reichen jedoch nicht aus, um den Interessen der unterschiedlichen Akteure und den Rahmenbedingungen verschiedener Arbeitsplätze oder auch gesamter Branchen gerecht zu werden. Daher erfolgen Konkretisierungen dieser Vorgaben sowie Abweichungen (vgl. § 7 ArbZG) innerhalb von **Arbeitsverträgen, Betriebsvereinbarungen oder Tarifverträgen** (*Oechsler/Paul* 2015, S. 263). Diese vier Regelungsebenen und ihre Rangfolge lassen sich wie folgt darstellen (vgl. Abb. 34)[50]:

50 Ausführliches zu den rechtlichen Wirkungen dieser Ebenen aufeinander siehe *Hahn* (2014, u. a. S. 42 ff.).

ABB. 34: Regelungsebenen der Arbeitszeit (nach *Schlick et al.* 2010, S. 590)

Gesetze/Verordnungen	Gesetzliche Regelungen legen den Rahmen fest, innerhalb dessen die Tarifvertragsparteien Dauer und Verteilungsräume der Arbeitszeit bestimmen können.
Tarifverträge	Tarifvertragsparteien bestimmen im Rahmen der gesetzlichen Vorgaben Dauer und Verteilungsräume der Arbeitszeit.
Betriebsvereinbarungen	Betriebsvereinbarungen legen die konkrete (betriebliche) Lage der Arbeitszeit fest; Umsetzung durch Unternehmensleitung und Betriebs-/Personalrat.
Arbeitsvertrag	Die arbeitszeitlichen Regelungen (z. B. Teilzeit, Vollzeit) im individuellen Arbeitsvertrag müssen in Übereinstimmung mit den übergeordneten Vorgaben sein.

Den Rahmen zur Gestaltung der Arbeitszeit geben die Gesetze und Verordnungen vor, um damit den Arbeits- und Gesundheitsschutz der Arbeitnehmer/innen sicherzustellen. Innerhalb von Tarifverträgen, Betriebsvereinbarungen und Einzelarbeitsverträgen erfolgen auf der Basis des gesetzlichen Rahmens Konkretisierungen zur Dauer, Lage und Verteilung der Arbeitszeit. Es ist insbes. die Lage der Arbeitszeit, welche erst durch Tarifverträge, Betriebsvereinbarungen, Arbeitsverträge oder Weisungen des Arbeitgebers konkretisiert wird. Flächentarifverträge tragen dazu bei, dass „die Dauer und bestimmte Mindestbestimmungen hinsichtlich der Lage und Verteilung der Arbeitszeit aus der Konkurrenz herausgenommen werden, so dass diesbezüglich gleiche Wettbewerbsbedingungen [für die den jeweiligen Branchen des Tarifvertrages angehörenden Unternehmen, Anm. M. M.] entstehen. Konflikte zwischen Unternehmen und Beschäftigten um diese Mindestbedingungen werden zeitweise stillgelegt und weitgehend aus den Unternehmen herausgehalten“ (*Lehndorff* 2006, S. 158). Dabei bieten sich für die Unternehmen jedoch weiterhin Spielräume in der Gestaltung der Arbeitszeit, da die Tarifverträge häufig Möglichkeiten zur Abweichung vorsehen (z. B. Öffnungsklauseln) und zudem auch ein Teil der Beschäftigten (insbes. Führungskräfte) außertariflich angestellt ist (*ebenda*, S. 165). Da die betrieblichen Flexibilisierungserfordernisse im Zweifelsfall stärkeres Gewicht haben als die Individualisierungsbedarfe der Mitarbeiter/innen, ist die **Beteiligung des Betriebsrates** von besonderer Bedeutung (*Scholz* 2014a, S. 732; vgl. Kap. 4.3). Der Betriebsrat hat gem. § 87 Abs. 1 BetrVG ein Mitbestimmungsrecht bei Teilfragen der Gestaltung der Arbeitszeit. Hierbei ist er an Aushandlungen bezogen auf „Beginn und Ende der täglichen Arbeitszeit einschließlich der Pausen sowie Verteilung der Arbeitszeit auf die einzelnen Wochentage“ (§ 87 Abs. 1 Nr. 2) und eine „vorübergehende Verkürzung oder Verlängerung der betriebsüblichen Arbeitszeit“ (§ 87 Abs. 1 Nr. 3) zu beteiligen. Zentrales Element zur betrieblichen Gestaltung der Arbeitszeit unter Mitbestimmung der Betriebsräte sind Betriebsvereinbarungen (vgl. Kap. 4.3.2). Dabei ist die Arbeitszeit in

Deutschland das am stärksten durch Betriebsvereinbarungen regulierte betriebliche Themengebiet (*Maschke/Werner* 2015, S. 4). Die besondere Bedeutung von Aushandlungen im Rahmen der Arbeitszeitgestaltung sowie die Konfliktträchtigkeit zwischen den Ebenen werden in Kap. 8.4 näher thematisiert.

8.2.2 Dimensionen Dauer, Lage und Verteilung

Die Gestaltung von Arbeitszeit und Arbeitszeitmodellen lässt sich grundlegend in den drei Dimensionen Dauer, Lage und Verteilung beschreiben. Die **Dimensionen** weisen eine Vielzahl von Gestaltungsmöglichkeiten auf (vgl. Abb. 35 und 36).

Die **Chronometrie** beschreibt die Dauer (bzw. zeitliches/r Volumen/Umfang) der Arbeitszeit. Hierbei ist insbes. § 3 des ArbZG zu berücksichtigen: „Die werktägliche Arbeitszeit [Montag bis Samstag exkl. Feiertage, Anm. M. M.] der Arbeitnehmer darf acht Stunden nicht überschreiten." Sie darf nur unter Voraussetzung des Ausgleichs über einen bestimmten Zeitraum auf bis zu zehn Stunden verlängert werden. Die konkrete Dauer der Arbeit, u. a. die „regelmäßige Wochenarbeitszeit, Jahresurlaub, Definition von Mehr-, Spät- und Nachtarbeit und entsprechende Zuschläge" (*Oechsler/Paul* 2015, S. 263), wird i. d. R. durch die unter den Gesetzten/Verordnungen liegenden Regelungsebenen näher bestimmt. Eine Flexibilisierung der Arbeitszeit entlang dieser Dimension findet durch eine Verlängerung oder Verringerung der Dauer im Vergleich zu einer normalen Vollzeitbeschäftigung (i. d. R. acht Stunden täglich) statt (*Ebert* 2006, S. 106). Hierzu zählt beispielsweise die Teilzeitarbeit mit weniger als acht Arbeitsstunden pro Tag.

Mit der Dimension der **Chronologie** wird die Gestaltung der Lage (bzw. des Zeitrahmens) der Arbeitszeit beschrieben, z. B. täglich 08.00 bis 16.00 Uhr. Die Lage der Arbeitszeit (Beginn und Ende) ist i. d. R. arbeitsvertraglich oder betrieblich geregelt, jedoch gesetzlich (ArbZG) und meist auch tarifvertraglich nicht näher bestimmt (*Oechsler/Paul* 2015, S. 261, 263). Eine Flexibilisierung der Arbeitszeit entlang dieser Dimension findet dann statt, wenn der Beginn und das Ende der Arbeitszeit im Tagesverlauf variiert werden (*Ebert* 2006, S. 106). Hierzu zählt beispielsweise die Schichtarbeit.

Die **Chronomorphie** ist eine Art Mischform der beiden anderen Dimensionen, denn sie beschreibt die Kombination von Dauer und Lage der Arbeitszeit bezogen auf verschiedene Zeiträume. Sie beschreibt somit die Verteilung der Arbeitszeit. Dabei können als Bezugszeiträume (auch in Kombination) sowohl Tage, Wochen, Monate, Quartale, Jahre oder das gesamte Erwerbsleben eines/r Mitarbeiters/in herangezogen werden (*Berthel/Becker* 2013, S. 551). Eine Flexibilisierung der Arbeitszeit entlang dieser Dimension ergibt sich dann, wenn die Dauer und die Lage der Arbeitszeit über einen bestimmten Zeitraum ungleichmäßig verteilt werden. Beispiele hierfür sind die Arbeit auf Abruf oder auch die flexible Gleitzeit.

ABB. 35: Dimensionen der Arbeitszeit

Charakteristika	**Chronometrie**	**Chronologie**	**Chronomorphie**
Fokus	Dauer, Volumen, Umfang	Lage, Zeitrahmen	Gestaltung, Verteilung
	Wie lange wird gearbeitet?	*Wann wird gearbeitet?*	*Wie wird die Arbeitszeit verteilt?*
Normale Form	i. d. R. 8 Stunden pro Tag	i. d. R. 8 bis 17 Uhr	i. d. R. 5 Tage pro Woche in gleichem Umfang
Abweichende Form (Flexibilisierung)	Ausweitung oder Verringerung der Dauer	Veränderung der Lage der Arbeitszeit	Ungleichmäßige Verteilung der Arbeitszeit auf Tage, Wochen oder Monate
	z. B. 4 Stunden pro Arbeitstag (20 Stunden pro Woche) entsprechend einer 50 %-Beschäftigung	z. B. 22 bis 6 Uhr	z. B. pro Woche zwei Tage à 6 Stunden, 1 Tag à 8 Stunden, 2 Tage frei
Arbeitszeitmodelle	Teilzeit Mehrarbeit Kurzarbeit ...	Schichtarbeit Starre Gleitzeit ...	KOPOVAZ (Arbeit auf Abruf) Job Sharing Flexible Gleitzeit Vertrauensarbeitszeit ...

MERKE

Arbeitszeitmodelle und deren Flexibilisierungsmöglichkeiten lassen sich durch alle drei Dimensionen beschreiben. Eine klare Zuordnung eines Arbeitszeitmodells zu einer der Dimensionen ist nicht immer möglich und häufig auch nicht sinnvoll.

Abb. 35 zeigt eine Zuordnung von ausgewählten Arbeitszeitmodellen zu den einzelnen Dimensionen und verdeutlicht damit, an welcher Flexibilisierungsdimension das jeweilige Modell am stärksten ansetzt. Dass prinzipiell eine Zuordnung zu mehreren Dimensionen möglich ist, wird am Beispiel des Job-Sharings deutlich. Es handelt sich hier um eine Teilzeitbeschäftigung mit reduzierter Gesamtdauer der Arbeit (Chronometrie), welche in Aufteilung zwischen den Job-Sharing Partnern eine ungleichmäßige Verteilung der Arbeit auf die einzelnen Personen mit sich bringen kann (vgl. Kap. 8.3.1). So ist es beispielsweise denkbar, dass die Job-Sharing Partner innerhalb eines Arbeitstages gleichzeitig oder nacheinander arbeiten (Chronologie). Möglich wäre aber auch eine Verteilung, bei der sich die Partner die Wochentage oder sogar ganze Wochen untereinander aufteilen, sodass an einigen Tagen bzw. Wochen abwechselnd in Vollzeit oder gar nicht gearbeitet wird (Chronomorphie). Die Zusammenhänge der Dimensionen zeigen sich in Abb. 36.

ABB. 36: Zusammenhänge und Flexibilisierungsmöglichkeiten der Arbeitszeitdimensionen (nach *Ebert* 2006, S. 108)

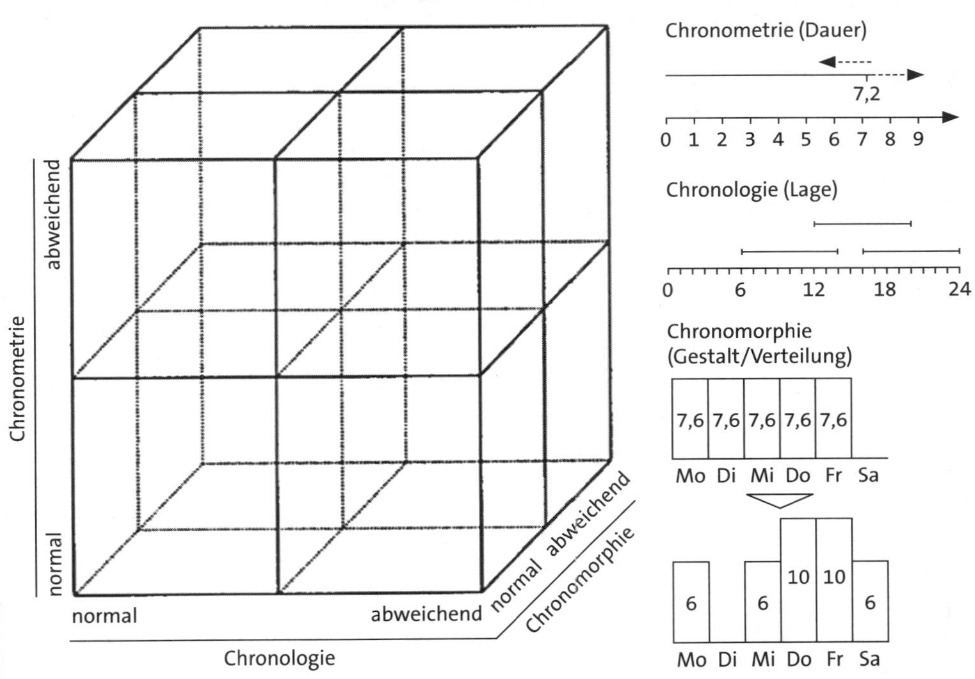

8.2.3 Leistung[51] und Erholung

Die Gestaltung der Arbeitszeit ist nicht loszulösen von den **bio-physischen Rahmenbedingungen** des menschlichen Körpers und den hierzu gewonnenen **arbeitswissenschaftlichen Erkenntnissen**. Daher soll an dieser Stelle ein Einblick in Aspekte von Leistung und Erholung gegeben werden, um damit eine verbreitete Lücke in der personalwirtschaftlichen Literatur mit Bezug zur Arbeitszeit zu schließen.[52] Die folgenden Erkenntnisse verdeutlichen, weshalb Flexibilisierungen der Arbeitszeit teilweise an ihre Grenzen stoßen oder andererseits auch große Potenziale beinhalten. Erst durch das Verständnis von Leistungs- und Erholungsdeterminanten ist eine adäquate Planung, Umsetzung und Koordination von Arbeitszeitmodellen möglich.

51 Im Folgenden werden die Begriffe Arbeitsleistung und Leistung synonym verwendet. Näheres zur Bestimmung bzw. Bestimmungsschwierigkeit des Leistungsbegriffs siehe Kap. 12.3.

52 Eine ausführliche Abhandlung organisationspsychologischer und arbeitsmedizinischer Erkenntnisse ist mit Fokus auf die personalwirtschaftliche Ausrichtung dieses Buches jedoch nicht bezweckt und möglich. Ausführlich hierzu sind Werke der Arbeitswissenschaften (u. a. *Luczak* 1993, *Schmidtke* 1993, *Schlick et al.* 2010, *Ulich* 2011, *Rudow* 2014).

8.2.3.1 Determinanten der Arbeitsleistung

Das Wissen über die **Einflussfaktoren auf die individuelle Arbeitsleistung** ist von besonderer Bedeutung im Personalmanagement, denn das Erkenntnisobjekt des Personalwesens besteht im Kern darin, das Leistungsverhalten des arbeitenden Menschen zu erklären und darauf aufbauend prognostizierbar und steuerbar zu machen (vgl. Kap. 2.1). Erst das Verständnis der physischen, psychischen und sachlichen Einflüsse auf menschliche Arbeitsleistung ermöglicht es Unternehmen, diese gezielt zu beeinflussen und eine möglichst optimale Arbeitsleistung zu fördern. Zwar ist der Leistungsbegriff unspezifisch und die Arbeitsleistung ein kaum zu fassender Gegenstand (vgl. Kap. 12.3), dennoch lassen sich grundlegende Determinanten ausmachen, welche die Leistung maßgeblich beeinflussen.

Eine **Unterteilung der Leistungsdeterminanten** ist entsprechend des Ansatzes von *Schmidtke* (1993, S. 111 f.; vgl. Abb. 37) auf zwei Ebenen gegeben: Den sachlichen und den menschlichen Leistungsvoraussetzungen. Neben den organisatorischen und technischen Vorbedingungen auf der sachlichen Leistungsebene, spielen vor allem die Leistungsfähigkeit und die Leistungsbereitschaft auf der Ebene der menschlichen Voraussetzungen eine wesentliche Rolle. Unter Leistungsfähigkeit wird hier „die Summe der individuellen Faktoren [bezeichnet], die als angeborene Persönlichkeitsmerkmale oder als erworbene Fertigkeiten den Menschen zur Realisierung einer definierten Aufgabe qualifizieren. Die leistungsrelevanten angeborenen Persönlichkeitsmerkmale, die sich auch unter dem Oberbegriff ‚Leistungskapazität' zusammenfassen lassen, ergeben sich im Wesentlichen aus der physischen Konstitution (z. B. Skelettaufbau, Intelligenzniveau und besondere Schwerpunkte der intellektuellen Veranlagung). Erworbene Merkmale drücken sich u. a. in speziellen Fertigkeiten und im Bildungsniveau aus" (*ebenda*). Es ist jedoch von den sachlichen Leistungsvoraussetzungen wie auch der Leistungsbereitschaft abhängig, ob und inwieweit ein Mensch seine Anlagen und Fertigkeiten aktiviert (*ebenda*). Man kann daher bei der Leistungsfähigkeit auch von der theoretisch maximalen Leistungskapazität sprechen (*Lehmann* 1962, S. 80 f.; *Jung* 2011, S. 203). Die Leistungsbereitschaft bestimmt hingegen, inwieweit die theoretisch maximale Leistungskapazität tatsächlich eingesetzt werden kann (physiologische Leistungsbereitschaft: z. B. Tagesrhythmik, Gesundheitszustand, Ermüdung und Erholung) und inwieweit die/der Mitarbeiter/in bereit ist, diese einzusetzen (psychologische Leistungsbereitschaft: z. B. Einsatzbereitschaft, Motivation) (*ebenda*). Insofern hängen die physischen und psychischen Leistungsvoraussetzungen in der Praxis auch immer zusammen und bilden eine psychophysische Einheit (*Kulka* 1980, S. 111).

Die Leistungsfähigkeit ist zwar zunächst einmal eine limitierende Komponente der menschlichen Leistung, welche nur bedingt beeinflussbar ist, sie kann jedoch durch Übung und Training (z. B. Personalentwicklungsmaßnahmen oder Konditionstraining) verbessert bzw. erweitert werden (*Schmidtke* 1993, S. 112). Die Leistungsbereitschaft ist stärker beeinflussbar, z. B. durch motivationale Anreize oder auch die Gestaltung der Arbeit, der Arbeitsabläufe und der Arbeitszeit (Dauer, Lage, Verteilung).

ABB. 37: **Einflussfaktoren auf die Arbeitsleistung/Leistungsdeterminanten**
(in Anlehnung an *Schmidtke* 1993, S. 112, ergänzt um *Jung* 2011, S. 203)

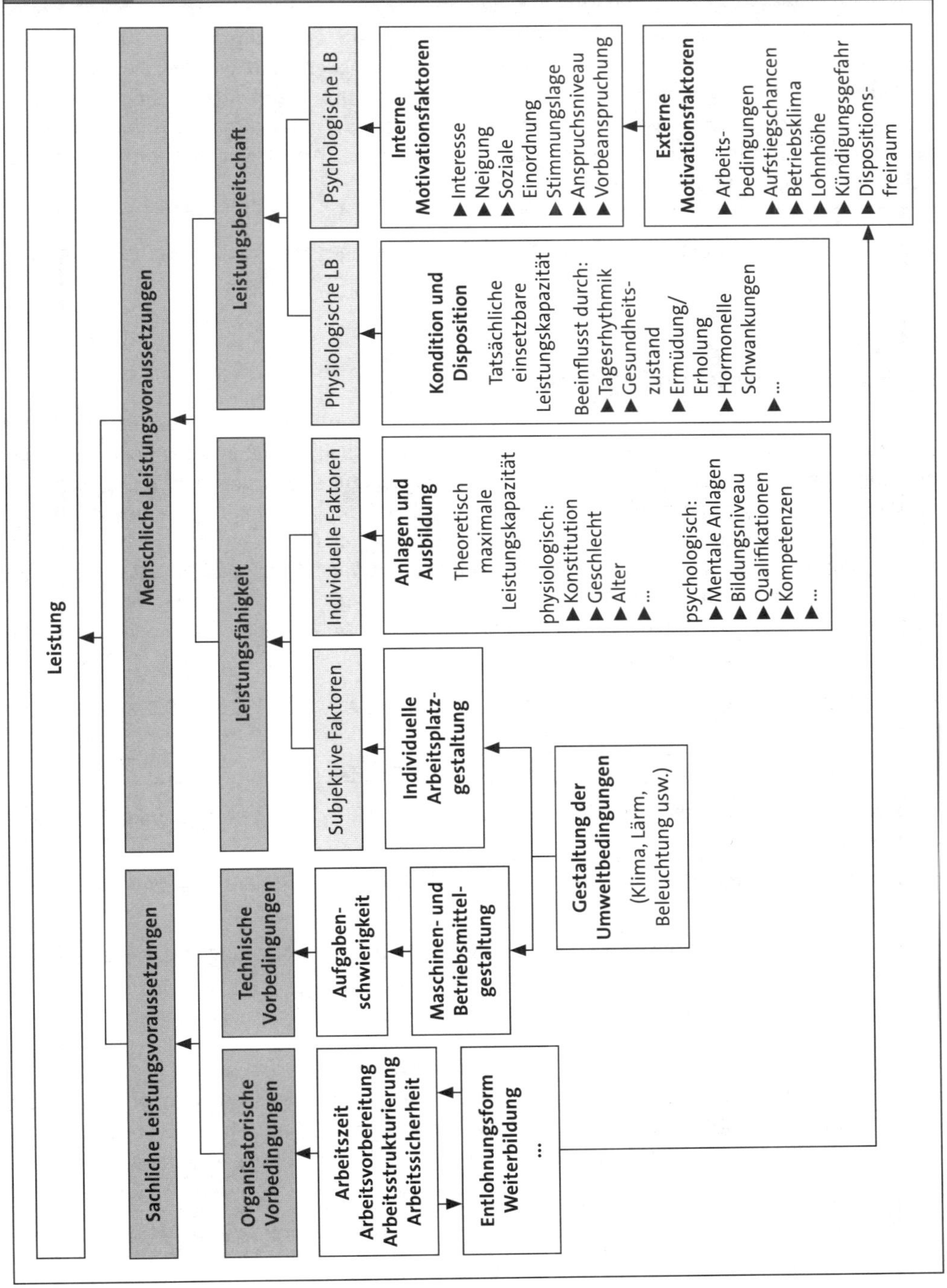

MERKE

Durch die individuelle Verschiedenartigkeit der Leistungsdeterminanten wird auch deutlich, weshalb es nicht *ein* Instrument im Personalmanagement geben kann, welches die Leistung *aller* Mitarbeiter/innen gleichermaßen beeinflusst. Die Gestaltung von Arbeits- und Ruhezeiten muss sich an den individuellen Leistungsdeterminanten der Menschen als auch den jeweiligen betrieblichen Erfordernissen orientieren. Die Gestaltung der Arbeitszeit ist damit immer ein situations-, kontext- und personenabhängiger Prozess.

Dies wird in den folgenden Kapiteln u. a. am Beispiel der Tagesrhythmik und der Pausengestaltung deutlich.

8.2.3.2 Ermüdung und Erholung

Ein weiterer Einflussfaktor auf die Arbeitsleistung ist die **Ermüdung** der/s Mitarbeiterin/s. Um die Arbeitsleistung im Verhältnis zur Dauer und Lage der Arbeit verstehen zu können, muss daher zunächst geklärt werden, wodurch eine ermüdungsbedingte Leistungsminderung entsteht. Im Vorfeld ist die hier behandelte tätigkeitsbedingte Ermüdung von der allgemeinen Müdigkeit abzugrenzen. „Bei Ermüdung eines Organs durch eine (Arbeits-)Tätigkeit spricht man von *Arbeitsermüdung* im Gegensatz zur *Allgemeinermüdung*" (*Landau/Pressel* 2004, S. 213). Letztere stellt sich im Tagesverlauf auch dann ein, wenn keiner Tätigkeit nachgegangen wird und entsteht aufgrund der zur Lebenserhaltung ständig im Körper ablaufenden Stoffwechselprozesse, welche im Wachzustand mehr Energie verbrauchen.

Unter **tätigkeitsbedingter Ermüdung** lässt sich mit Bezug auf *Luczak* (1993, S. 116) Folgendes verstehen:

- „Ermüdung tritt als Folgeerscheinung einer vorhergehenden Beanspruchung auf,
- bewirkt eine reversible [physische und/oder psychische, M. M.] Leistungs- oder Funktionsminderung,
- beeinflusst das organische Zusammenspiel der Funktionen [periphere und/oder zentrale Ermüdung, M. M.],
- verursacht eine Abnahme der Arbeitsfreudigkeit und eine Steigerung des Anstrengungsgefühls und
- kann schließlich zu einer Störung des Funktionsgefüges der Persönlichkeit führen."

Der **Grad der Ermüdung** ist abhängig von der vorangegangenen physischen und psychischen Belastung (Art,[53] Intensität und Verlauf von Arbeitsaufgabe und Arbeitsbedingungen) sowie von den individuellen Leistungsdeterminanten (z. B. Gesundheitszustand) (*Rutenfranz et al.* 1993, S. 590; *Groth* 2013, S. 73). Dabei zeigt die Ermüdung einen exponentiellen Verlauf, d. h., „dass

53 Zu den physischen Belastungsfaktoren zählen beispielsweise Lärm, Zwangshaltung, schweres Heben, Stehen/Laufen, repetitive Arm-/Handbewegungen, zu den psychischen u. a. Komplexität von Aufgaben, hohes Tempo, Unterbrechungen, Problemlösungsanforderungen, Genauigkeit, Konzentration, Gleichzeitigkeit von Aufgaben (*Wirtz* 2010, S. 49).

die Ermüdung nicht linear zunimmt, sondern dass sie desto stärker zunimmt, je länger eine Tätigkeit bei vorhandener Ermüdung fortgeführt wird" (*Ulich* 2011, S. 476). Die Ermüdung ist jedoch nur vorübergehend (reversibel), da sie durch Erholung kompensiert wird. „Zustände der Ermüdung sind also immer auch mit Zuständen der Erholungsbedürftigkeit verbunden" (*ebenda*). **Erholung** ist damit das Gegenstück zur Ermüdung (*Lehmann* 1962, S. 51). „Sie setzt ein, sobald eine Aktivität abgebrochen, reduziert oder durch eine andere ersetzt wird: der Ermüdungsgrad nimmt ab, die Leistungsfähigkeit wieder zu" (*Boutellier* 2010, S. 873). Dabei ist der zeitliche Verlauf der Erholung ebenfalls von der vorangegangenen Belastungshöhe und der Belastungsdauer abhängig (*Schmidtke/Bubb* 1993, S. 119). In diesem Zusammenhang bedarf es einer kurzen Erläuterung des **Belastungs-Beanspruchungs-Konzeptes** und der Bedeutung dieser Begriffe. Belastung, Beanspruchung und ihre möglichen Folgen (Ermüdung) sind entsprechend der Systematik von *Rohmert/Rutenfranz* (1975) voneinander zu trennen: Bei gleicher Tätigkeit ist die physische und/oder psychische Belastung (von außen her auf den Menschen einwirkende Größen und Faktoren) für die Mitarbeiter/innen objektiv gleich, jedoch unterscheiden sich die Beanspruchung[54] und deren Auswirkungen individuell aufgrund der unterschiedlichen Leistungsdeterminanten (z. B. Alter, Gesundheitszustand, Motivation, Arbeitsplatz, Tagesrhythmik), sodass entsprechend auch die Folgen der Ermüdung individuell unterschiedlich ausfallen (*Schönpflug* 1987, S. 133; *Rutenfranz et al.* 1993, S. 577). Beanspruchung und Ermüdung hängen daher in ihrer Intensität voneinander ab und sind individuell unterschiedlich.

Daneben lassen sich auch **ermüdungsähnliche Beanspruchungszustände**, wie z. B. Monotonie, Sättigungs- und Überforderungserscheinungen, charakterisieren, welche allerdings i. d. R. nicht (vollständig) durch Erholung kompensiert werden können, sondern struktureller Änderungen bedürfen, wie beispielsweise Job Rotation oder Stellenwechsel (*Luczak* 1993, S. 117 f.).

Typische **Beanspruchungserscheinungen** sind sowohl physischer, psychischer als auch verhaltensmäßiger Art und können sich sowohl kurzfristig als auch mittel- und langfristig zeigen (*Ulich* 2011, S. 472; vgl. Abb. 38).

54 Die Beanspruchungsunterschiede müssen bei der Gestaltung der Arbeitszeit berücksichtigt werden. Dies wird auf gesetzlicher Ebene beispielsweise bei Jugendlichen durch das Jugendarbeitsschutzgesetz und bei Schwangeren durch das Mutterschutzgesetz deutlich.

ABB. 38: Klassifikation möglicher negativer Beanspruchungen und Beanspruchungsfolgen (in Anlehnung an *Kaufmann et al.* 1982 zit. in *Ulich* 2011, S. 472)

		kurzfristige, aktuelle Reaktionen	mittel- bis langfristige chronische Reaktionen
Physiologisch, somatisch		► erhöhte Herzfrequenz ► Blutdrucksteigerung ► Adrenalinausschüttung („Stresshormon“)	► allgemeine psychosomatische Beschwerden und Erkrankungen mit typischen physiologischen Erscheinungen wie Skelett-, Muskel-, Herz-Kreislauf- und Magen-Darm-Beschwerden sowie Schlafstörungen ► Unzufriedenheit, Resignation, Depression, Burnout-Syndrom
Psychisch (Erleben)		► Anspannung ► Frustration ► Ärger ► Ermüdungs-, Monotonie-, Sättigungsgefühle	
Verhaltensmäßig	individuell	► Leistungsschwankung ► Nachlassen der Konzentration ► Fehler ► schlechte sensomotorische Koordination	► vermehrter Nikotin-, Alkohol-, Tablettenkonsum ► Absentismus/ Fehlzeiten (Krankheitstage)
	sozial	► Konflikte ► Streit ► Aggression gegen andere ► Rückzug (Isolierung) innerhalb und außerhalb der Arbeit	

Langfristig gesehen müssen **Ermüdung und Erholung im Gleichgewicht** zueinander stehen (*Luczak* 1993, S. 116). Ausreichende Erholungsphasen werden jedoch nicht immer eingehalten, beispielsweise aufgrund vorgegebener Maschinenlaufzeiten und -geschwindigkeiten (Fließbandarbeit), motivationaler Anreize (z. B. Prämien oder übertriebenem Ehrgeiz) oder auch leistungsbeeinflussender Pharmaka (*Boutellier* 2010, S. 874). Werden über einen längeren Zeitraum gesehen mehrere Tage mit wenigen Erholungspausen und/oder langer Arbeitsdauer und -belastung gearbeitet, so reicht die Erholung zwischen den Arbeitstagen nicht mehr vollständig aus und es kommt zu einem Aufschaukeln der tätigkeitsbedingten Ermüdung (*Nachreiner* o. J.; vgl. Abb. 38). Das Leistungsniveau sinkt daher ebenso kontinuierlich ab. Die Erholung nach längeren Arbeitsphasen mit einem Ungleichgewicht an Ermüdung und Erholung bedarf unverhältnismäßig langer Zeit (*Luczak* 1993, S. 116). Arbeitsfreie Tage wie das Wochenende müssen dann primär für die Erholung bzw. Regeneration genutzt werden (*Nachreiner* o. J.). Verschärft wird das Aufschaukeln, wenn die Ruhezeiten zwischen den Arbeitstagen (§ 5 ArbZG Abs. 1, mind. 11 Stunden) nicht eingehalten werden oder diese zum Ausgleich der vorangegangenen Belastung und Ermüdung nicht mehr ausreichen. Im extremsten Fall kommt es zu einem Zustand maximaler Ermüdung, der sog. Erschöpfung, welche einen Arbeitsabbruch oder eine vorübergehende Arbeitsunfähigkeit bedingt (*Boutellier* 2010, S. 873 f.). Erholungsdefizite wie auch die Erschöpfung können zu chronischen und akuten gesundheitlichen Schäden führen (*ebenda*), welche die Arbeitsleistung sowohl kurz-, mittel- als auch langfristig negativ beeinflussen.

ABB: 39: Aufschaukeln tätigkeitsbedingter Ermüdung im Laufe einer Arbeitswoche (nach *Nachreiner* o. J.)

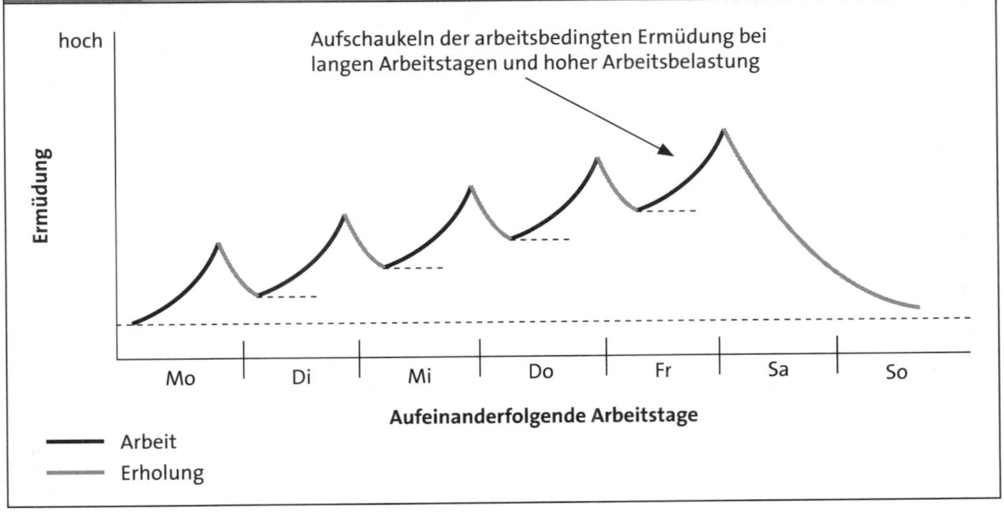

8.2.3.3 Leistung in Abhängigkeit von der Dauer der Arbeit

Die Arbeitsleistung verändert sich abhängig von der Dauer der Arbeit an einem Tag oder über einen längeren Zeitraum. Die Gestaltung der Arbeitsdauer (Chronometrie) muss die Veränderungen der Leistung berücksichtigen, um negative Auswirkungen auf den Menschen (z. B. Erschöpfung) und den Betrieb (z. B. Fehler) zu vermeiden und die leistungsbezogene Produktivität möglichst effizient zu halten. Arbeitswissenschaftliche Erkenntnisse zum Verhältnis von Leistung und Ermüdung führen zu dem in Abb. 40 dargestellten idealtypischen **Verlauf der Leistung in Abhängigkeit von der Arbeitsdauer**. Die Gesamtleistung einer/s Mitarbeiterin/s steigt hierbei zunächst an und verflacht ab ca. der sechsten Arbeitsstunde. Bedingt wird der Leistungsabfall durch die ausgeübte Tätigkeit und dem damit verbundenen exponentiellen Verlauf der Ermüdung (vgl. Kap. 8.2.3.2). Basierend auf diesen Erkenntnissen legt § 3 ArbZG i. S. d. Arbeitsschutzes eine Höchstdauer der täglichen Arbeitszeit von acht Stunden fest.

ABB. 40: Schematische Darstellung der Beziehungen zwischen Arbeitszeit und Leistung (Leistung bei achtstündiger Arbeit = 100 %) (nach *Lehmann* 1962, S. 391)

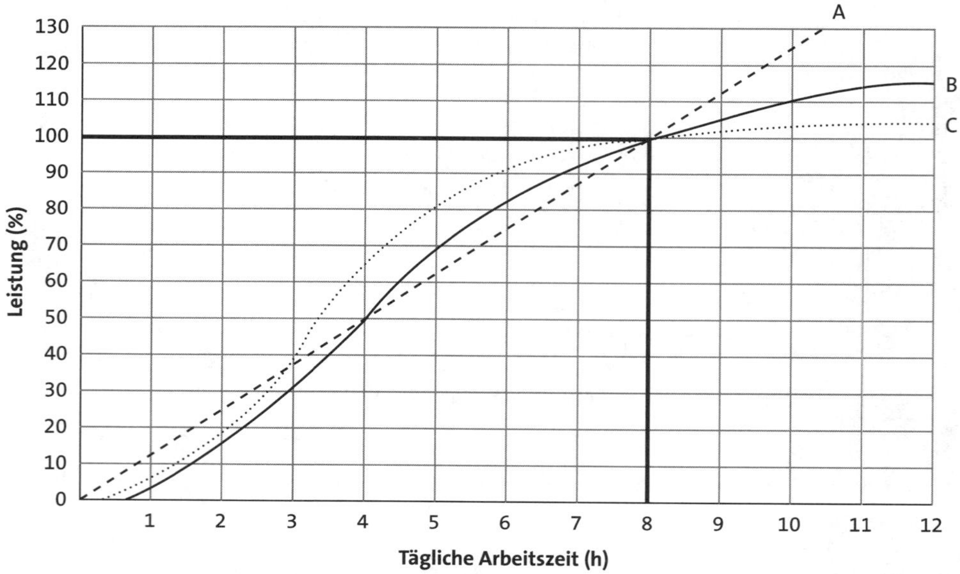

Kurve A = Proportionalität zwischen Arbeitszeit und Leistung
Kurve B = Abhängigkeit der Leistung von der Arbeitszeit bei mäßig anstrendender Arbeit
Kurve C = Abhängigkeit der Leistung von der Arbeitszeit bei hoher körperlicher Belastung; Linien bei 100 % und 8 h ergänzt

Die **Leistung** gliedert sich hierbei in drei Phasen (in Anlehnung an *Lehmann* 1962, S. 392):

1. Einarbeitungsphase:

Bei Arbeitsbeginn wird zunächst Zeit für die Vorbereitung der Arbeit (Umkleide- und Rüstzeit) benötigt. Bei primär geistigen Tätigkeiten kommt auch ein Einfinden/-denken in die Arbeitsaufgabe hinzu, bei körperlich beanspruchenden Arbeiten zudem ein Aufwärmen. Menschen benötigen hierbei je nach individueller Leistungsfähigkeit und -bereitschaft sowie Art der Aufgabe eine gewisse Zeit, um ihre Leistung zu steigern. Dies ist insbes. dann der Fall, wenn die Arbeit nicht von einer Maschine (z. B. bei Fließbandarbeit) bestimmt wird.

2. Leistungsphase:

Hiernach zeigt sich eine Phase, in der die Leistungskurve steiler ansteigt. Das relative Maximum zeigt sie in etwa zwischen der vierten und sechsten Arbeitsstunde. Hiernach verringert sich die Effizienz des Verhältnisses zwischen Arbeitszeit und Leistung im Vergleich zu den vorherigen Stunden.

3. Ermüdungsphase:

Durch die allgemeine sowie die tätigkeitsbedingte Ermüdung, die im Tages- und Arbeitsverlauf zunehmen, aber auch durch persönliche Bedürfnisse kommt es zu einer zunehmenden Leistungsminderung. Die Leistungskurve flacht hierbei ab einer Arbeitsdauer von ca. acht Stunden stark ab – bei körperlich schweren Arbeiten stärker als bei leicht oder mäßig schweren. Das Verhältnis von Leistung und Arbeitszeit wird im Vergleich zu den vorherigen Stunden zunehmend ineffizienter.

Betrachtet man einen **längeren Zeitraum**, z. B. eine gesamte Arbeitswoche, so zeigt sich eine überproportional hohe Abnahme der Durchschnittsleistung und der Arbeitszufriedenheit, sofern die Leistungskapazität an den einzelnen Arbeitstagen (z. B. durch Überstunden) überreizt wurde (*Holtbrügge* 2015, S. 182; vgl. Abb. 39). Neben der relativen Leistungsabnahme kann es sogar zu einer absoluten Leistungsverringerung kommen (*Schlick et al.* 2010, S. 580 f.) und die im vorherigen Kapitel beschriebenen Beanspruchungssymptome können eintreten. *Wirtz et al.* (2009) wiesen in ihren Untersuchungen einen nahezu linearen Anstieg der gesundheitlichen Beschwerdehäufigkeit (Rückenschmerzen, Herzbeschwerden, Schlafstörungen sowie Magenbeschwerden) mit zunehmender wöchentlicher Arbeitszeit nach.

Das Verhältnis der Leistung zur Arbeitszeit unterscheidet sich abgängig von der spezifischen physischen und psychischen Belastung, die durch die Arbeit verursacht wird, sowie den individuellen Leistungsmerkmalen einer/s Mitarbeiterin/s. Zudem muss auch die Erholungswirkung von Pausen berücksichtigt werden. Dennoch zeigen die grundlegenden Erkenntnisse der idealtypischen Kurve wesentliche Rahmenbedingungen für die Gestaltung der täglichen Arbeitszeit auf. Es wird auch deutlich, weshalb reduzierte Wochen- und Tagesarbeitszeiten zu einer relativ höheren Produktivität führen können (vgl. Kap. 8.1.3). In diesem Zusammenhang wird auch vom „Phänomen der Überkompensation von Arbeitszeitverkürzungen durch die Steigerung der Durchschnittsleistung" gesprochen (*Holtbrügge* 2015, S. 182).

8.2.3.4 Leistung in Abhängigkeit von der Lage der Arbeit

Arbeitszeiten außerhalb der Normalarbeitszeit (Wochenend-, Abend- und Nachtarbeit) nehmen immer weiter zu (*Hanglberger* 2011), sodass neben den Auswirkungen der Arbeitsdauer auf die Leistung ebenfalls die Auswirkungen der Lage näher betrachtet werden müssen. Menschen zeigen hinsichtlich ihrer biologischen Funktionen, Verhaltensparameter und Leistungen **Schwankungen innerhalb eines Arbeitstages**, welche als circadiane[55] Rhythmik bezeichnet werden und sich insbes. in Form des Schlaf-Wach-Rhythmus äußern (*Luczak* 1993, S. 66). Abb. 41 stellt diese Schwankungen im Verlauf eines Tages idealtypisch dar. Sie werden bedingt durch zahlreiche Prozesse im menschlichen Körper, die einer Tagesrhythmik unterliegen, so z. B. die Hormonproduktion, die Körpertemperatur und die Herzschlagfrequenz (*Birbaumer/Schmidt* 2010, S. 182; *Schlick et al.* 2010, S. 167). Somit sind die physiologische und psychologische Leistungsbereitschaft und entsprechend die Arbeitsleistung abhängig von der Lage im Tagesverlauf unterschiedlich ausgeprägt. Die Arbeitsleistung bewegt sich hierbei physiologisch gesehen zwischen vier Stufen der Leistungsintensität (*Thews/Vaupel* 2005, S. 314):

- „der automatisierten [unwillkürlichen, Anm. M. M.] Leistungen, die ohne Willensanstrengung ausgeführt werden können,
- der physiologischen Leistungsbereitschaft, die ständigen Willenseinsatz erfordert, [...]

55 Lateinisch „circa" für „ungefähr" und „dies" für „Tag".

- der gewöhnlichen Einsatzreserven, die nur mit stärkerem Willenseinsatz erschlossen werden können [...],
- der autonom geschützten Reserven, die auch mit starkem Willenseinsatz nicht zugänglich sind und nur im Notfall oder durch Doping mobilisiert werden können."

Abb. 41 zeigt, dass die Leistungsbereitschaft zwischen 9.00 und 11.00 Uhr ein Maximum erreicht, danach über die Mittagszeit hin leicht abfällt („Mittagstief") und dann erneut bis zu einem zweiten, geringeren Leistungshoch gegen 18.00 Uhr ansteigt. Hiernach fällt sie ab, bis sie zwischen 2.00 und 4.00 Uhr ein absolutes Minimum erreicht, aus welchem heraus sie bis zum morgendlichen Maximum wieder ansteigt. Entsprechend ist die Durchschnittsleistung während der Nachtschicht am niedrigsten (*Holtbrügge* 2015, S. 184).

ABB. 41: Schema der Leistungsbereiche im Tagesverlauf/physiologische Arbeitskurve (nach *Graf* 1954 zit. in *Schlick et al.* 2010, S. 169)

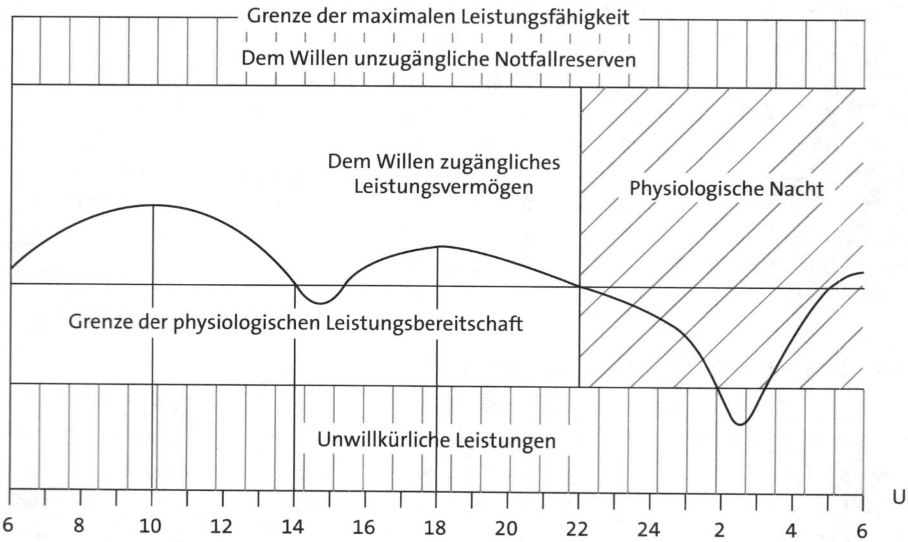

Die Circadianrhythmik wird durch verschiedene Einflüsse bedingt: Äußere **Taktgeber** (z. B. Licht, Temperatur), innere Taktgeber (z. B. Körpertemperatur, Hormonausschüttungen, Herzfrequenz, Stoffwechsel, Zahl der Leukozyten) sowie soziale und kognitive Merkmale (z. B. Kenntnis über die Uhrzeit, Rhythmus der Mitmenschen) (*Luczak* 1993, S. 66 ff.; *Knauth/Hornberger* 1997, S. 27; *Rüdiger* 2004, S. 1023). Dabei zeigen Untersuchungen, dass der Mensch über eine sog. „innere Uhr" verfügt, d. h. auch bei Isolation von äußeren, sozialen und kognitiven Zeitgebern einen stabilen Schlaf-Wach-Zyklus ausbildet, welcher ungefähr der Dauer eines Tages entspricht (*Birbaumer/Schmidt* 2010, S. 182). Geringfügige **Anpassungen und Verschiebungen** sind möglich, z. B. durch den Einsatz von sehr hellem Licht, veränderte Mahlzeitrhythmen oder die Einnahme von Melatonin (*Knauth/Hornberger* 1997, S. 29). Eine vollständige physiologische „Manipulation" des Tagesrhythmus ist jedoch nicht möglich und aus medizinischer Sicht fragwürdig (*ebenda*). Untersuchungen zeigen, dass Anpassungen des individuellen Biorhythmus (z. B. im Rahmen häufiger Arbeit in Nachtschicht) auch dann nur bedingt erfolgen, wenn die Betroffenen das subjektive Gefühl haben, sich an einen veränderten Tagesrhythmus mit der Zeit besser angepasst zu haben (*ebenda*, S. 28). Der Grundrhythmus eines Menschen ist weitestgehend genetisch festgelegt und daher nicht grundlegend veränderbar (*Martin* 1994, S. 192).

Zudem wirkt sich die unterschiedliche Leistungsbereitschaft im Tagesverlauf auch auf die **Fehlerhäufigkeit** und das **Unfallrisiko** aus. Eine der ersten und populärsten Studien in diesem Gebiet wurde von *Bjerner et al.* (1912-1931 zit. in *Knauth* 1983, S. 120) durchgeführt und zeigt, dass die Fehlerhäufigkeit in der Nachtschicht (auch bei geringer tätigkeitsbedingter Ermüdung) im Vergleich zu Schichten am Tag am höchsten liegt.[56] *Hänecke et al.* (1998, S. 47) fanden zudem heraus, dass sich die Steigerung des Unfallrisikos mit zunehmender Arbeitsdauer in Abhängigkeit von der Lage des Arbeitsbeginns unterscheidet und bei Arbeitsbeginn am Abend oder in der Nacht die Unfallhäufigkeit ab der achten Arbeitsstunde vergleichsweise besonders hoch ist. Einige der größten Katastrophen der Menschheit, wie beispielsweise die Atomkraftwerksunfälle von Three Mile Island (1979) und Tschernobyl (1986), das Raumfahrtunglück der Challenger (1986) oder der Tankerunfall der Exxon Valdez (1989), ereigneten sich während der Nachtschicht oder resultierten in Teilen aus der Arbeit bei Nacht (*Knauth/Hornberger* 1997, S. 42). Dies unterstreicht die große Bedeutung der circadianen Rhythmik auf die Arbeitsleistung.

Neben dem idealtypischen Verlauf der Leistungsbereitschaft ist zu berücksichtigen, dass Menschen sich in ihren bio-physischen Merkmalen unterscheiden, also einen individuellen Biorhythmus aufweisen, welcher (zumindest geringfügig) von dem idealtypischen Verlauf abweicht (*Luczak* 1993, S. 66). Die angeborenen tagesrhythmischen Ausprägungen und die daraus entstehenden Unterschiede zwischen Menschen werden durch sog. **Chronotypen** erfasst (*Mehlmann/Roenneberg* 2014, S. 146 f.): „Der Chronotyp ist ein kontinuierliches biologische Merkmal, das sich in der Bevölkerung ähnlich wie die Körpergröße verteilt – von sehr frühen Typen (den „Lerchen") bis zu den extrem späten Chronotypen (den „Eulen") und mit den meisten Menschen zwischen diesen beiden Extremen". Auch wenn der Chronotyp eines Menschen individuell vorbestimmt ist, so zeigen sich leichte Veränderungen in Abhängigkeit vom Lebensalter und den damit verbundenen körperlichen (insbes. hormonellen) Veränderungen (*Roenneberg et al.* 2004, S. R1038). Kinder sind hierbei eher frühe Typen (Lerchen), wohingegen sich im Jugendlichenalter eine Verschiebung hin zu dem späten Typus (Eule) zeigt, welcher sich mit zunehmendem Erwachsenenalter wieder in Richtung Lerche entwickelt (*Mehlmann/Roenneberg* 2014, S. 147).

Aufgrund betrieblicher und privater Rahmenbedingungen (z. B. Kinderbetreuung) ist es nicht jedem Menschen möglich, die Arbeitszeit am individuellen Chronotyp auszurichten. Für Unternehmen ist es in den meisten Fällen auch weder organisatorisch möglich noch ökonomisch sinnvoll, die Arbeitszeit individuell an die jeweiligen Chronotypen der Mitarbeiter/innen anzupassen oder Freiheiten in der Arbeitszeitgestaltung zu gewähren. Die Veränderung der Leistungsbereitschaft im Tagesverlauf sollte jedoch – wo möglich – berücksichtigt werden, um eine möglichst optimale Arbeitsleistung zu fördern. Die Gleitzeit ermöglicht es beispielsweise, sowohl Lerchen als auch Eulen gerecht zu werden, da der Beginn der Arbeit im Rahmen einer Eingleitspanne weitestgehend frei geplant werden kann. Zudem können neben der Gestaltung der

56 Wobei die Unfallhäufigkeit neben der Leistungsbereitschaft vor allem von der Arbeitsgeschwindigkeit und den umgebenden Einflüssen (z. B. Hektik, Verkehr) beeinflusst wird (*Luczak* 1993, S. 70; *Knauth/Hornberger* 1997, S. 44). Studien zeigen unterschiedliche Ergebnisse zur Unfallhäufigkeit in Abhängigkeit von der Tageszeit – teils werden Häufungen während der Nacht, teils am Tage verzeichnet (*Knauth/Hornbeger* 1997, S. 43 f.).

Arbeitszeit weitere Maßnahmen zur Berücksichtigung der circadianen Schwankungen ergriffen werden, beispielsweise eine Reduzierung der Fließbandgeschwindigkeit während der Nachtschicht oder auch nach der Mittagspause (*Martin* 1994, S. 193).

8.3 Gestaltungsformen der Arbeitszeit

8.3.1 Arbeitszeitmodelle

Es sind vielfältige Möglichkeiten der Gestaltung von Arbeitszeit denkbar und in der Praxis zu finden.[57] Das eine ideale Arbeitszeitmodell gibt es dabei nicht. Inwieweit ein Arbeitszeitmodell geeignet ist, hängt von betrieblichen und individuellen Anforderungen ab. Im Folgenden werden nun einige der wesentlichsten Arbeitszeitmodelle vorgestellt.[58] Dies soll jedoch nicht suggerieren, dass sich die Arbeitszeitmodelle in der Praxis immer idealtypisch voneinander trennen ließen. Gerade die Kombination von Arbeitszeitmodellen erhöht die Flexibilität der Arbeitszeit. So lässt sich z. B. Teilzeitarbeit durch die Kombination mit Gleitzeit oder Vertrauensarbeitszeit zusätzlich flexibilisieren.

Schichtarbeit

Im Rahmen der Schichtarbeit wird die Lage der Arbeitszeit (Chronologie) flexibilisiert, d. h. die Betriebszeit wird in verschiedene Zeitabschnitte (Schichten) mit versetzten Anfangszeiten aufgeteilt (*Hahn* 2014, S. 207; *Kirschten* 2014, S. 202). Dabei werden innerhalb der Schichten die gleichen Tätigkeiten an den gleichen Arbeitsplätzen durchgeführt, es wechseln lediglich die Mitarbeiter/innen nach jeder Schicht (*Schlick et al.* 2010, S. 596). Die Gründe sind insbes. betrieblicher Art, z. B. eine optimale Auslastung von Maschinen oder auch ein erhöhter Produktionsbedarf. Darüber hinaus dient die Schichtarbeit auch der Sicherstellung des Gemeinwohls (u. a. Polizei, Krankenhäuser).

Unterschieden werden kann die Schichtarbeit nach folgenden Merkmalen und Variationsformen[59]:

ABB. 42: **Merkmale und Variationen der Schichtarbeit** (vgl. u. a. *Knauth/Hornberger* 1997, S. 11 f., 58 ff.; *Gärtner et al.* 2008, S. 10 ff.; *Haubrock/Ölschlegel-Haubrock* 2009, S. 165 f.)

Anzahl der Schichten	i. d. R. Zwei- oder Dreischichtsystem (Früh-, Spät- und Nachtschicht)
Schichtlänge	Dauer der einzelnen Schicht
Schichtwechselzeiten	Beginn und Ende der Schicht
Anzahl der Schichtbelegschaften	z. B. vier Schichtbelegschaften für ein Dreischichtsystem (Früh-Spät-Nacht-Frei)

57 *Hahn* (2014, S. 2) weist daraufhin, dass es von der Betrachtungsweise abhängt, welche Arbeitszeitmodelle als flexibel eingestuft werden. So würden einige Zählweisen auf zehn, andere auf 200 verschiedene Modelle kommen. Dies sei eben auch davon abhängig, ob bestimmte Flexibilisierungsformen als eigenständige Modelle oder aber lediglich als spezifische Gestaltungsvarianten übergeordneter Modelle eingestuft würden.

58 Als Praxisbeispiel für die konkrete Ausgestaltung flexibler Arbeitszeitmodelle (Altersteilzeit, Verlängerung der Elternzeit, Sabbatical, Teilzeit auf Probe, Umwandlung von Sonderzahlungen) bietet sich u. a. das Beispiel der Victoria Versicherung AG an. Siehe hierzu *Peplinski* (2007).

59 Für Beispiele der verschiedenen Gestaltungsmöglichkeiten von Schichtarbeit und Schichtplänen siehe z. B. *Knauth/Hornberger* (1997) oder auch *Bundesanstalt für Arbeitsschutz und Arbeitsmedizin* (2008).

Rotationsmöglichkeit	► permanente Systeme (Mitarbeiter/in arbeitet immer in derselben Schicht, z. B. Dauerfrühschicht) ► wechselndes/rotierendes System (Mitarbeiter/in wechselt regelmäßig die Schicht)
Rotationsrichtung	Reihenfolge des Schichtwechsels ► vorwärts rollierend (Früh-, Spät-, Nachtschicht) ► rückwärst rollierend (Früh-, Nacht-, Spätschicht)[60]
Rotationsgeschwindigkeit	► kurz (wenige gleiche Schichten nacheinander), ► lang (gleiche Schichten an vielen aufeinander folgenden Tagen)
Rotationslänge/ Schichtzyklus	Anzahl der Tage/Wochen, nach denen der Schichtplan von vorne beginnt
Kontinuität	► vollkontinuierlich (sieben Tage pro Woche, 24 Stunden pro Tag) ► teilkontinuierlich (weniger als sieben Tage pro Woche [Montag bis Freitag und ggf. Samstag], 24 Stunden pro Tag) ► diskontinuierlich (weniger als sieben Tage pro Woche [Montag bis Freitag und ggf. Samstag], ohne Nachtarbeit, d. h. weniger als 24 Stunden pro Tag)[61]

Die Planung von Schichtarbeit gestaltet sich äußerst komplex, da neben den betrieblichen und organisatorischen Belangen (u. a. Urlaubsplanung, Reserveschichten, Instandhaltungstermine der Maschinen, Krankheitsvertretungen, unterschiedliche Wochenarbeitszeiten der Gruppenmitglieder) vor allem auch physiologische, psychologische und soziale Aspekte zu berücksichtigen sind (*Oechsler/Paul* 2015, S. 257). Beispielsweise werden das Aufrechterhalten von sozialen Kontakten und die Teilnahme am Familienleben erschwert, da Ruhe- und Schlafzeiten der Mitarbeiter/innen je nach gearbeiteter Schicht in die aktiven Freizeiten der Mitmenschen fallen und andersherum. Auch die Betreuung von Kindern gestaltet sich schwierig, da Kinderbetreuungseinrichtungen während der Arbeitszeiten der Spät- und Nachtschicht i. d. R. geschlossen sind (*Kirschten* 2014, S. 202). Physiologisch problematisch ist insbes. der Wechsel zwischen den Schichten (rotierendes System), da hier eine Anpassung an sich wechselnde Arbeits-, Entspannungs- und Schlafzeiten notwendig ist (*Schlick et al.* 2010, S. 597). Insgesamt steigt das Krankheitsrisiko bei längerer Arbeit im Schicht- und insbes. Nachtschichtdienst, was sich beispielsweise in Form von Schlafstörungen, Appetitlosigkeit, Magen-Darm-Beschwerden und Herz-Kreislauferkrankungen äußert (*Knauth/Hornbeger* 1997, S. 29 ff.). Daher ist die Arbeitszeit in Nacht- und Schichtarbeit gem. § 6 Abs. 1 ArbZG an arbeitswissenschaftlichen Erkenntnissen über die menschengerechte Gestaltung der Arbeit auszurichten, aus denen sich die folgenden Empfehlungen ableiten lassen (*Knauth/Hornberger* 1997, S. 59 ff.; *Beermann* 2005, S. 12 ff.):

- **Die Anzahl der aufeinanderfolgenden Nachtschichten sollte möglichst gering sein, möglichst nicht mehr als drei,**
  da sich die körperlichen Funktionen auch bei vielen aufeinanderfolgenden Nachtschichten nicht vollständig an die Nachtarbeit anpassen, Schlafdefizite durch verminderte Schlafmenge und -qualität vermieden werden sollen und eine regelmäßige Teilhabe am sozialen Leben gewährleistet sein sollte.

60 In seltenen Fällen auch „chaotisch“: Früh-, Nacht-, Früh-, Spätschicht (*Oechsler/Paul* 2015, S. 256).

61 Pläne, die zwar kontinuierlich sieben Tage die Woche (Montag bis Sonntag) umfassen, jedoch ohne Nachtschicht stattfinden, werden nur sehr selten genutzt (*Gärtner et al.* 2008, S. 12) und sind daher hier nicht berücksichtigt.

- **Nach einer Nachtschichtphase sollten möglichst 24 Stunden arbeitsfreie Zeit folgen,** um die besondere Belastung durch die Nachtarbeit umgehend auszugleichen.
- **Geblockte Wochenendfreizeiten sind besser als einzelne freie Tage am Wochenende,** da der Nutzwert von Freizeit am Wochenende im Vergleich zu Tagen unter der Woche wesentlich höher ist und Schichtarbeiter/innen oftmals versuchen, die sozialen Defizite der Spät- und Nachtschicht am Wochenende auszugleichen, zusätzlich aber auch genügend Erholungszeit einzuplanen ist.
- **Mehrbelastung sollte durch Freizeit ausgeglichen werden,** um ausreichend Erholung und Teilhabe am sozialen Leben zu gewährleisten.
- **Ungünstige Schichtfolgen sollten vermieden werden, z. B. sollten Schichtpläne vorwärts rotieren,** da der Vorwärtswechsel dem Circardianrhythmus eher entspricht und somit sowohl die körperliche Anpassung leichter fällt als auch weniger schichtarbeitsbedingte Beschwerden entstehen.
- **Die Frühschicht sollte nicht zu früh beginnen und es sollten nicht zu viele Frühschichten nacheinander gearbeitet werden,** da die Mitarbeiter/innen am Abend vor der Frühschicht häufig zu spät zu Bett gehen bzw. einschlafen (Schlafdefizite) und auch Anfahrtszeiten etc. berücksichtigt werden sollten.
- **Die Nachtschicht sollte möglichst früh enden,** damit der Tagschlaf nach der Nachtschicht genügend lang ausfällt und die Tagesrhythmik möglichst wenig gestört wird.
- **Zugunsten individueller Einflussnahme sollte auf starre Anfangszeiten verzichtet werden,** um den individuellen Bedürfnissen der Mitarbeiter/innen (z. B. Kinderbetreuung, Anfahrtszeiten) gerecht zu werden.
- **Die Massierung von Arbeitstagen oder täglichen Arbeitsstunden sollte begrenzt sein,** da sich die Beanspruchung und die Ermüdung aufgrund der geringeren Erholungszeiten ansonsten aufschaukeln bzw. entsprechend längere Erholungszeiten notwendig sind.
- **Die Schichtdauer sollte von der Arbeitsschwere abhängig sein, bei ungleichen Schichtlängen sollte die Nachtschicht kürzer sein,** da die Beanspruchung und die Ermüdung vom Ausmaß der physischen und psychischen Belastung einer Tätigkeit abhängig sind und die Nachtschicht aufgrund der starken Abweichung vom Circadianrhythmus besonders belastend wirkt.
- **Schichtpläne sollten vorhersehbar und überschaubar sein, kurzfristige Schichtplanänderungen durch den Arbeitgeber sollten vermieden werden,** damit die Freizeitplanung für die Mitarbeiter/innen und deren soziales Umfeld möglichst einfach und verlässlich ist.

Mehrarbeit und Kurzarbeit

Bei der **Mehrarbeit** leisten Mitarbeiter/innen außerhalb der vertraglich festgelegten Arbeitszeiten oder Arbeitstage Überstunden, welche durch Zuschläge oder Freizeit ausgeglichen werden (*Kirschten* 2014, S. 202). Hierbei sind Auswirkungen der längeren Arbeitszeiten auf die Gesundheit und die Arbeitsleistung zu berücksichtigen (vgl. Kap. 8.2.3.3). Von **Kurzarbeit** wird gesprochen, wenn die regelmäßige Arbeitszeit für einen begrenzten Zeitraum unter Minderung des Entgeltes gekürzt wird (*Huber* 2010, S. 111). Sowohl die Mehrarbeit als auch die Kurzarbeit setzen bei der Dimension der Chronometrie an und ermöglichen es Unternehmen, Auftragsschwankungen durch eine Anpassung der Auslastung ihrer Mitarbeiter/innen auszugleichen, ohne den Bestand an Mitarbeiter/innen quantitativ (durch Kündigungen, Neueinstellungen oder Leiharbeitnehmer/innen) verändern zu müssen.

Kapazitätsorientierte variable Arbeitszeit

Die kapazitätsorientierte variable Arbeitszeit **(KAPOVAZ)** bezeichnet die sog. Arbeit auf Abruf. Hierbei werden Mitarbeiter/innen entsprechend des Arbeitsanfalls variabel und i. d. R. kurzfristig „abgerufen" (*Kolb* 2010, S. 334). Dies bietet sich insbes. bei starken Nachfrage- und somit Auslastungsschwankungen an, wie sie z. B. in der Gastronomie oder dem Einzelhandel zu finden sind (*Holtbrügge* 2015, S. 188). Der Arbeitgeber hat hierbei ein einseitiges Leistungsbestimmungsrecht, d. h. er legt fest, wann die/der Mitarbeiter/in das für den Monat oder das Jahr vereinbarte Arbeitszeitvolumen erbringen muss (*Holtbrügge* 2015, S. 188; *Oechsler/Paul* 2015, S. 258). Gesetzliche Mindestanforderungen regeln diese Arbeit auf Abruf insbes. zum Schutz der Arbeitnehmer/innen. Zum einen ist „eine bestimmte Dauer der wöchentlichen und täglichen Arbeitszeit [festzulegen]", andernfalls gelten eine Dauer von zehn Stunden pro Woche und eine Mindestinanspruchnahme von drei aufeinanderfolgenden Stunden pro Tag als vereinbart (§ 12 Abs. 1 TzBfG). Zum anderen muss die Ankündigung des Abrufs mindestens vier Tagen im Voraus erfolgen (§ 12 Abs. 3 TzBfG).

Vertrauensarbeitszeit

Die Vertrauensarbeitszeit hat in den letzten Jahren an Relevanz zugenommen, da sie dem Gedanken einer leistungsorientierten Arbeitsgestaltung („Leistungskultur") Rechnung trägt und damit eine Abwendung von der dominierenden Zeitorientierung („Zeitkultur") mit sich bringt (*Kolb* 2010, S. 343): „Nicht mehr derjenige, der morgens als Erster kommt und abends als Letzter geht, gilt als vorbildlicher Mitarbeiter, sondern derjenige, der seine Ziele (über)erfüllt. Das macht Sinn, denn (körperliche) Anwesenheit sagt noch nichts darüber aus, was in der Präsenzzeit getan wird, z. B. im Internet surfen, mit Freunden telefonieren, an den letzten Urlaub zurückdenken ...". Bei der Vertrauensarbeitszeit stehen die Arbeitsergebnisse im Vordergrund, so dass Mitarbeiter/innen ihre Leistung an Zielvorgaben, Aufgabenbeschreibungen oder auch Kundenanforderungen orientieren (*Oechsler/Paul* 2015, S. 260 f.). Die Dauer der Arbeitszeit (inkl. täglicher Höchstarbeitszeiten) wird vertraglich festgelegt, jedoch werden keine starren Arbeitszeiten vorgegeben, womit die Arbeitnehmer/innen bei der Lage und der Verteilung der Arbeitszeit frei agieren können (*ebenda*). Daher findet auch keine Arbeitszeiterfassung respektive Kontrolle der Arbeitszeit statt, sodass der/m Arbeitnehmer/in volle Zeitsouveränität zugesprochen wird (*ebenda*). Diese Zeitsouveränität impliziert neben der Freiheit der Arbeitszeitgestaltung auch die Eigenverantwortung dafür, die Arbeitszeit so zu strukturieren, dass die vorgegebene bzw. anfallende Arbeit termingerecht erledigt wird (*ebenda*; vgl. Kap. 8.4.2). Die Vertrauensarbeitszeit ist häufig auch mit einer flexiblen Wahl des Arbeitsortes durch die/den Mitarbeiter/in (räumliche Flexibilität) kombiniert.

Gleitende Arbeitszeit

Bei der gleitenden Arbeitszeit **(Gleitzeit)** ist zwar die regelmäßige Dauer der geschuldeten Arbeitszeit fest vereinbart (*Hahn* 2014, S. 184), jedoch wird den Mitarbeiter/innen ein zeitlicher Rahmen pro Arbeitstag vorgegeben, innerhalb dessen sie den Beginn und das Ende ihrer Arbeit weitestgehend selbst bestimmen können (*Kolb* 2010, S. 334 f.). Die Gleitzeit setzt somit vornehmlich bei der Dimension der Chronologie an. Dabei lassen sich Variationen hinsichtlich der Kernarbeitszeit (mit Anwesenheitspflicht), den Gleitzeitspannen (Ein- und Ausgleiten) sowie dem Übertragungsumfang und -zeitraum des Gleitzeitguthabens ausmachen (*ebenda*; vgl. Abb. 43).

ABB. 43: Gleitzeit mit Kernarbeitszeit (nach *Schlick et al.* 2010, S. 608)

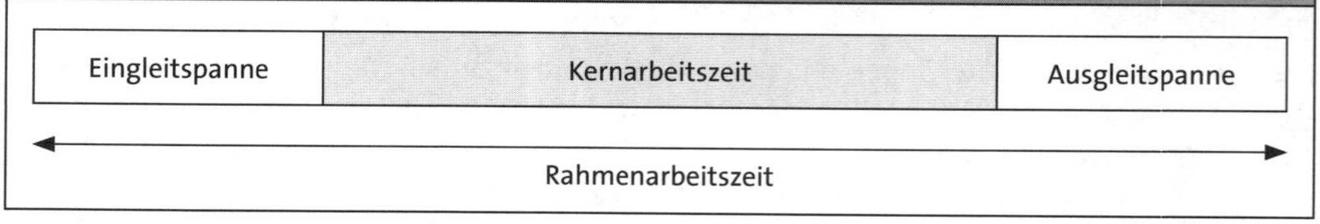

In diesem Rahmen ist die Unterteilung in starre und flexible Gleitzeit eine sinnvolle Differenzierung. Bei der **starren (einfachen) Gleitzeit** können zwar Beginn und Ende der täglichen Arbeitszeit im Rahmen einer festgelegten Spanne frei eingeteilt werden (Chronologie), jedoch ist die Dauer (Chronometrie) der Arbeitszeit pro Tag starr (*Kolb* 2010, S. 335 f.). Im Falle der **flexiblen (qualifizierten) Gleitzeit** kann auch die Dauer der Arbeitszeit pro Tag variiert werden. Im Rahmen der flexiblen Gleitzeit können von den Mitarbeiter/innen demnach Gleitzeitguthaben und -schulden angesammelt werden (*ebenda*). Werden den Mitarbeiter/innen keine Kernarbeitszeiten vorgegeben, so spricht man zudem von **variabler Gleitzeit** (*Hahn* 2014, S. 185).

Bei der gleitenden Arbeitszeit und den damit meist verknüpften Arbeitszeitkonten sind durch die Unternehmen i. d. R. genaue Rahmenbedingungen vorgegeben, welche häufig in Form von Betriebsvereinbarungen festgehalten sind (*Kolb* 2010, S. 336):

- „Geltungsbereich (ganzes Unternehmen oder nur bestimmte Bereiche, z. B. der Verwaltungsbereich; ein- bzw. ausgeschlossene Mitarbeitergruppen, z. B. Auszubildende)
- Grundsatz: Gewährleistung von Anwesenheit während Sprechzeiten
- Art der Gleitzeitregelung (einfache, qualifizierte Gleitzeit, Gleitzeit ohne Kernzeit ...), Kernarbeitszeit und Gleitzeitspanne
- Pausenregelung
- Umfang der zulässigen Übertragung von Gleitzeitguthaben bzw. Gleitzeitschulden in den folgenden Monat; ggf. Verfall bei Überschreitung des Übertragungsrahmens
- Regelung des Gleitzeitabbaus, z. B. nicht mehr als zwei Tage pro Monat
- Hinweis auf die gesetzlich zulässige Höchstarbeitszeit (10 Stunden lt. § 3 ArbZG)
- Dienstliche Abwesenheit, z. B. Dienstreise
- Fehlzeiten, z. B. bei Krankheit, Urlaub
- Art der Zeiterfassung (maschinell durch ein Zeiterfassungssystem oder manuell durch Selbstaufschreibung)
- Umgang mit Zeitguthaben bzw. Zeitschulden bei Beendigung des Arbeitsverhältnisses
- Inkrafttreten und Kündigung der Betriebsvereinbarung".

Arbeitszeitkonten

Flexible Arbeitszeitmodelle, wie die gleitende Arbeitszeit oder auch KAPOVAZ, setzen eine Transparenz und entsprechend Dokumentation der geleisteten Arbeitszeit sowie möglicher Zeitguthaben und -schulden voraus. Zudem ist der Arbeitgeber gem. § 16 Abs. 2 ArbZG dazu verpflichtet, „die über die werktägliche Arbeitszeit des § 1 Satz 1 hinausgehende Arbeitszeit des Arbeitnehmers aufzuzeichnen [...]“. Arbeitszeitkonten ermöglichen es dem Arbeitgeber darüber hinaus, personelle Kapazitäten und Auslastungen zu analysieren und diese Daten beispielsweise zur Personalbeurteilung, zur Vermeidung von Entlassungen bei wirtschaftlichen Krisen oder zur Einsatzplanung bei schwankender Auslastung zu nutzen. Für den/die Mitarbeiter/in kann die Transparenz über geleistete Minus- und Plusstunden zudem zu einer besseren lebensphasenorientierten Arbeitszeitgestaltung beitragen.

Es lassen sich entsprechend Abb. 44 **drei Arten von Arbeitszeitkonten** unterscheiden (*Kolb* 2010, S. 341 f.):

Kurzzeitkonten dienen dem kurzfristigen Ansparen und Ausgleichen von Plus- und Minusstunden, wobei Mehrarbeit durch freie Stunden oder Tage ausgeglichen wird. Bei den Langzeit- und Lebensarbeitszeitkonten handelt es sich um eine Art „Sparbuch“, in welchem die Mitarbeiter/innen Überstunden, Urlaubstage oder auch Lohnbestandteile (z. B. Weihnachtsgeld) ansammeln. Beim **Langzeitkonto** werden diese zu einem späteren Zeitpunkt für längere Auszeiten eingesetzt, in welchen die Vergütung (zumindest teilweise) auf Basis des Guthabens weitergezahlt wird, beim **Lebensarbeitszeitkonto** wird das Guthaben für einen früheren Renteneintritt, die Altersteilzeit oder einen Übertrag in die Altersvorsorge genutzt. Die drei Arten von Konten können auch ineinandergreifen, d. h. dass Guthaben zwischen den Konten transferiert werden kann.

ABB. 44: Unterschiedliche Arten von Arbeitszeitkonten (in Anlehnung an *Kolb* 2010, S. 341 f.; *Oechsler/Paul* 2015, S. 260)

Charakteristika	**Kurzzeitkonten (Gleitzeitkonto)**	**Langzeitkonten**	**Lebensarbeitszeit-konten**
Ansammlungszeitraum	Kurzfristige Ansparung (ca. 1 Monat bis 1 Jahr)	Mehrere Jahre	Gesamtes Erwerbsleben (Jahrzehnte)
Einzahlungswährung	Zeit (Mehrarbeit)	► Zeit (Mehrarbeit, Resturlaub etc.) und ► Geld (Prämien, Weihnachtsgeld etc.)	
Ausgleichszeitpunkt	Zeitnah (z. B. in demselben oder im Folgemonat), da i. d. R. Höchstgrenzen für Guthaben und Schulden vorhanden sind	Mittel- bis langfristig innerhalb des Berufslebens (nach mehreren Jahren)	Am Ende des Berufslebens (kurz vor bzw. bei Renteneintritt)
Währung	Führung in Zeit	Führung in Zeit und/oder Geld	Führung in Geld
Entnahme bzw. Ausgleichszeitraum	Einzelne freie Stunden oder Tage (kürzere Arbeitstage, freie Tage, Urlaubsverlängerung)	Längere Zeiträume am Stück (Monate oder Jahre), in denen nicht oder nur in Teilzeit gearbeitet wird (z. B. Sabbatical für Bildung, Urlaub, soziales Engagement oder Kinderbetreuung)	Längere Zeiträume am Stück (Monate oder Jahre) am Ende des Berufslebens, in denen nicht oder nur in Teilzeit gearbeitet wird (z. B. Altersteilzeit oder vorzeitiger Ruhestand) oder auch Übertrag in Altersvorsorge
Übertragung von Guthaben		Übertrag →	Übertrag →

Teilzeit

Teilzeitarbeit liegt gem. TzBfG dann vor, wenn die „[...] regelmäßige Wochenarbeitszeit kürzer ist als die eines vergleichbaren vollzeitbeschäftigten Arbeitnehmers" (§ 2 Abs. 1 TzBfG). Diese Definition eröffnet, wie *Kolb* (2010, S. 337) zu Recht anmerkt, weite Spielräume in der Auslegung, da nicht nur die typischen Halbtagsstellen (insbes. 50 %), sondern eben auch Formen wie die geringfügige Beschäftigung (Minijob/450€-Job) oder um wenige Stunden reduzierte Vollzeitbeschäftigungen (z. B. 90 %) zu den Teilzeitbeschäftigungen zählen würden. Bei der Teilzeit handelt es sich also zunächst einmal um eine reduzierte Dauer der Arbeitszeit (Chronomorphie). Daneben kann die Ausgestaltung der Chronologie und der Chronomorphie variieren (z. B. in Gleitzeit oder als KAPOVAZ).

Prinzipiell haben alle Beschäftigte einen Anspruch auf eine Reduzierung der vertraglich vereinbarten Arbeitszeit, sofern bestimmte Voraussetzungen gegeben sind (u. a. mindestens sechsmonatiges Arbeitsverhältnis im Betrieb) und keine betrieblichen Gründe gegen die Arbeit in Teilzeit sprechen (§ 8 TzBfG). Somit können rein rechtlich betrachtet auch Angestellte in Führungspositionen einen Anspruch auf Teilzeitarbeit geltend machen, wobei die Praxis zeigt, dass gerade viele Führungskräfte entgegen ihrer Präferenz in Vollzeit arbeiten. Die Studie von *Hipp/Stuth* (2013, S. 119) macht deutlich, dass dies maßgeblich mit betrieblichen Teilzeit- bzw. Anwesenheitskulturen sowie geschlechtsbezogenen Einstellungen und Führungsidealen in einem Land zusammenhängt (vgl. Kap. 8.4.1) und „überraschenderweise das Recht auf einen Teilzeitarbeitsplatz keinen signifikanten Effekt auf die Realisierung einer Arbeitszeitreduzierung [hat]". Darüber hinaus ist eine Benachteiligung von Teilzeitbeschäftigten gegenüber Vollzeitbeschäftigten (z. B. bei Weiterbildungsangeboten) gem. § 4 Abs. 1 TzBfG untersagt. Gleichwohl zeigt sich auch hier, dass Teilzeitarbeit mit einem überwiegend schlechten Image verbunden ist und die Aufstiegschancen und Personalentwicklungsmöglichkeiten von Teilzeitbeschäftigten eingeschränkt sind (*Kolb* 2010, S. 338; *Holtbrügge* 2015, S. 189, 195). Dabei zeigen weitere Studien, dass die höheren Kosten einer Teilzeitbeschäftigung dadurch überkompensiert werden, dass im Vergleich zu Vollzeitbeschäftigten die Produktivität um mindestens 10 % höher liegt und die Anzahl der Fehltage nur halb so hoch aufällt (*Ulich* 2011, S. 619 ff.). Dies spricht für die Entsprechung der Teilzeitwünsche der Mitarbeiter/innen. Die positiven Leistungswirkungen einer Arbeitszeitreduzierung entstehen neben u. a. motivatorischen Effekten insbes. auch aus der relativ besseren Ausnutzung der Leistungskapazität, die bei einer täglichen Arbeitszeit von bis zu ca. sechs Stunden erreicht wird (vgl. Kap. 8.2.3.3).

Job-Sharing

Eine besondere Form der Teilzeitarbeit ist das Job-Sharing. Hierbei teilen sich mindestens zwei Arbeitnehmer/innen eine Vollzeitstelle untereinander auf, es erfolgt also eine Arbeitsplatzteilung. Dies ist insbes. dann von großer Bedeutung, wenn Stellen kontinuierlich besetzt sein müssen (z. B. im Kundengeschäft oder auf Führungsebene), sich jedoch keine Einzelperson zur Vollzeitbesetzung finden lässt oder bisherige Stelleninhaber die Funktion nur noch in Teilzeit ausführen wollen. Somit erfüllt das Job-Sharing auch eine wichtige Funktion der Mitarbeiterbindung und -beschaffung.

Das Job-Sharing lässt sich grundlegend zunächst einmal in die Mengen- und Artenteilung untergliedern (im Folgenden in Anlehnung an *Kirschten* 2014, S. 207f.). Bei der **funktionalen Artenteilung** findet eine Abgrenzung der Arbeitsinhalte der Job-Sharing-Partner/innen statt, d. h. es entstehen zwei inhaltlich unterschiedliche Aufgabenbereiche. Deshalb wird bei dieser Form auch von **uneigentlichem Job-Sharing** gesprochen. Eine besondere Form der funktionalen Teilung ist das **Split-Level-Sharing**. Hierbei verfügen die Job-Sharing-Partner über unterschiedliche Qualifikationen (z. B. Kaufmann/frau und Jurist/in in Personalreferentenposition) und ergänzen so einander bei der Erfüllung der Aufgabe. Es ist auch möglich, dass die Partner sich in ihrem Qualifikationsniveau unterscheiden, sodass Aufgaben entsprechend ihres Anspruches aufgeteilt werden, was vor allem auch bei der Weitergabe von Erfahrungswissen bei einem bevorstehenden Austritt älterer Mitarbeiter/innen von Bedeutung ist. Bei der **zeitlichen Mengenteilung** werden die Profile der Job-Sharing-Partner hingegen nicht inhaltlich abgegrenzt. Das Arbeitspensum wird dann unter den Job-Sharing-Partnern zeitlich aufgeteilt, was – sowohl insgesamt oder auch auf einzelne Tage bezogen – in gleichmäßigen (50:50) oder ungleichmäßigen Teilen (z. B. 60:40) möglich ist. Man spricht hier auch vom **eigentlichen Job-Sharing**. Entsprechend stellt das Job-Sharing hohe Anforderungen an die Planung und Organisation durch den Betrieb und die Job-Sharing-Partner und setzt auch voraus, dass die Partner über ein positives zwischenmenschliches Miteinander verfügen. Die Mengenteilung ist insbes. bei der Teilung auf Führungsebene, dem sog. **Top-Sharing** (*Kuark/Locher* 1999), vorzufinden.

Darüber hinaus kann das Job-Sharing in die Formen des Job-Splitting und des Job-Pairing unterteilt werden (im Folgenden in Anlehnung an *Hahn* 2014, S. 217 ff.). Durch diese Unterteilung wird die Form der Rechtsbeziehung zwischen den Job-Sharing-Partnern und gegenüber dem Arbeitgeber konkretisiert. Beim **Job-Splitting** werden mit jedem Job-Sharing-Partner einzelne, unabhängige Arbeitsverträge geschlossen. Hierbei sind die Partner keine Gesamtschuldner, da das Arbeitsdeputat für jeden der Partner individuell vertraglich geregelt ist und somit nur eine Verpflichtung zur Erbringung der jeweils individuellen Arbeitsschuld besteht. Die Zusammenlegung der Stellen erfolgt dann als sog. Betriebsgruppe. Hierbei greifen die gesetzlichen Rahmenbedingungen des Job-Sharings gem. § 13 TzBfG: „Arbeitgeber und Arbeitnehmer können vereinbaren, dass mehrere Arbeitnehmer sich die Arbeitszeit an einem Arbeitsplatz teilen […].“ Dabei sind die Job-Sharing-Partner nur dann zur gegenseitigen Vertretung verpflichtet, wenn sie dieser im Einzelfall zugestimmt haben, diese im Arbeitsvertrag in dringenden betrieblichen Gründen vorgesehen oder sie im Einzelfall zumutbar ist. Zudem ist ein/e Mitarbeiter/in in Job-Sharing nicht aufgrund des Ausscheidens des anderen Partners kündbar (§ 13 Abs. 1 TzBfG). Beim **Job-Pairing** fungieren die Job-Sharing-Partner hingegen gesamtschuldnerisch, d. h. sie schließen sich als Eigengruppe zusammen (Gesellschaft bürgerlichen Rechts gem. §§ 705 ff. BGB), schließen gemeinsam einen Vertrag mit dem Arbeitgeber und schulden diesem damit eine gemeinsame Arbeitsleistung. Der § 13 TzBfG greift hier deshalb nicht, da sie als Gesamtschuldner untereinander die Erbringung der Arbeitsleistung und etwaige Absprachen zu Vertretungen etc. koordinieren und verantworten müssen.

In Deutschland ist das Job-Sharing neben kulturellen Gründen sicherlich nicht zuletzt auch aufgrund der rechtlichen Grenzen (Vertretungs- und Kündigungsregelungen) weniger weit verbreitet, als in den USA, dem Ursprungsland des Job-Sharing.

Sabbatical

Sabbaticals, sog. Sabbatjahre, lassen sich auch als „Langzeiturlaub" bezeichnen (*Kolb* 2010, S. 334). Es handelt sich hierbei um einen zwischen Arbeitnehmer/in und Arbeitgeber individuell vereinbarten Sonderurlaub („temporäres Aussteigen"), welcher sich i. d. R. auf mehrere Monate, teils jedoch auch mehrere Jahre erstreckt (*ebenda*, S. 334, 339). Arbeitnehmer/innen nutzen diese Zeit meist für längere Reisen, Weiterbildungen, soziales oder auch familiäres Engagement (z. B. Pflege von Angehörigen). Während dieser Zeit bleibt der Arbeitsvertrag bestehen und meist werden auch die Zahlungen (zumindest teilweise) fortgeführt, sofern die/der Mitarbeiter/in zuvor Zeit- und/oder Wertguthaben aufgebaut hat (*Berthel/Becker* 2013, S. 555). Zeitguthaben können die Mitarbeiter/innen durch die Ansparung von Mehrarbeit oder Urlaubstagen aufbauen, Wertguthaben durch die Ansparung von Sonderzahlungen oder Arbeitslohn (*Schlick et al.* 2010, S. 612). Die Ansparung von Arbeitslohn erfolgt meist dadurch, dass der/die Mitarbeiter/in über einen definierten Zeitraum zwar in Vollzeit arbeitet, jedoch nur ein reduziertes Entgelt erhält (*Kirschten* 2014, S. 218 f.). Das restliche Entgelt wird über den Arbeitgeber angespart und während des Sabbaticals, in dem keine Arbeit geleistet wird, ausgezahlt (*ebenda*). Denkbar ist aber auch ein Aussetzen der Lohnzahlungen während des Sabbatjahres, d. h. unbezahlter Sonderurlaub.

8.3.2 Pausengestaltung

Ein wesentliches Gestaltungselement der Arbeitszeit sind die Arbeitspausen. Die Leistung von Mitarbeiter/innen wird insbes. durch ein effektives und effizientes Verhältnis von Arbeit, (der daraus resultierenden) Ermüdung sowie (der dieser entgegenwirkenden) Erholung positiv beeinflusst (vgl. Kap. 8.2.3). Zur Gestaltung eines solchen optimalen Verhältnisses werden Arbeitspausen eingesetzt.[62]

Da die Leistungsfähigkeit im Laufe des Tages durch allgemeine Müdigkeit und tätigkeitsbedingte Ermüdung abnimmt, ist es notwendig, **Arbeitspausen** einzulegen. Pausen sind „Arbeitsunterbrechungen verschiedener Länge [verstanden], die zwischen zwei in einer Arbeitsschicht vorkommenden Tätigkeitszeiten auftreten und der Erholung des Arbeiters dienen sollen" (*Rutenfranz et al.* 1993, S. 590). Durch die Pausen werden zentrale und periphere Ermüdungszustände zumindest teilweise abgebaut **(Abbau)** und es wird weiterer Ermüdung und Ermüdungssymptomen in bedingtem Maße vorgebeugt **(Prophylaxe)** (*Holtbrügge* 2015, S. 185). Des Weiteren kann die Leistung durch Pausen gesteigert werden **(Leistungssteigerung)**, was aus dem weiter unten beschriebenen Phänomen der lohnenden Pausen resultiert (*Knauth/Rutenfranz* 1987, S. 544). Besondere Relevanz haben Pausen zudem bei stark monotoner Arbeit, beispielsweise Kontroll-, Steuerungs- und Überwachungstätigkeiten, da ein ausreichendes **Wachsamkeitsniveau** aufrechterhalten werden muss (*Knauth/Rutenfranz* 1987, S. 544; *Holtbrügge* 2015, S. 185). Dass Pausen neben diesen primär physiologischen noch weitere Funktionen erfüllen (z. B. Motivation, soziale Interaktion), wird in Abb. 45 verdeutlicht.

62 Im Folgenden werden Arbeitspausen nur im Rahmen eines Arbeitstages bzw. einer Arbeitsschicht betrachtet, jedoch nicht die Ruhezeiten zwischen Arbeitstagen. Zur Erholung nach der Arbeit siehe *Rudow* (2014, S. 281 ff.).

ABB. 45:	Wesentliche Funktionen von Pausen (nach *Wegge et al.* 2014, S. 668)
Funktionswert	**Beschreibung**
Entmüdungswert	► Pausen reduzieren die physische und psychische Ermüdung.
Motivationswert	► Pausen gliedern die Arbeitszeit in kürzere Zeitabschnitte, was motivierend wirkt.
Tätigkeitswert	► Das während einer Belastungsphase tätigkeitsbedingt erfolgende Nachlassen der Handlungsbereitschaft kann durch Pausen mit wechselnden Anforderungen ausgeglichen werden (z. B. körperliche Aktivität in der Pause nach einer sitzenden Arbeitsphase mit wiederholenden Aufgaben). ► Selbstorganisierte Pausen bieten die Möglichkeit, die Arbeit mit individuellen Freiheitsgraden anzureichern. ► Pausen können zur Umstellung auf wechselnde Arbeitssituationen genutzt werden. ► Pausen bieten Mitarbeitern bei arbeitsteiliger Gruppenarbeit die Möglichkeit, die Arbeitsschritte zeitlich zu organisieren und abzustimmen. ► Je nach Pauseninhalt kann die/der Mitarbeiter/in von der Arbeit gedanklich abschalten. ► Pausen reduzieren die Unfallrate.
Interaktionswert	► Pausen fördern die Kommunikation und den Informationsaustausch der Mitarbeiter/innen.
Individualwert	► Pausen dienen der Wahrnehmung arbeitsbedingter und persönlicher Bedürfnisse (z. B. Essen, Trinken, private Anrufe). ► Pausen optimieren die psychologische Aktivierung durch einen Tätigkeitsausgleich.

Zunächst einmal lassen sich Pausen nach ihrer **Dauer** differenzieren (*Rudow* 2014, S. 271):

- Kürzest- oder Mikropause (≤ 1 Minute),
- Kurzpause (1-8 Minuten),
- (Ruhe-)Pause (≥ 9 Minuten).

Zudem lassen sich Pausen auch in ihrer **Art** unterscheiden (in Anlehnung an *Grandjean* 1987, S. 190[63]; *Lehmann* 1962, S. 60; *Rutenfranz et al.* 1993, S. 592 f.):

- **Vorgeschriebene/organisierte Pausen (Ruhepausen):** Diese finden im Rahmen der arbeitsrechtlichen, tarifrechtlichen und betrieblichen Vorgaben statt. Das ArbZG sieht in § 4 vor, dass „die Arbeit durch im Voraus feststehende Ruhepausen von mindestens 30 Minuten bei einer Arbeitszeit von mehr als sechs bis zu neun Stunden und 45 Minuten bei einer Arbeitszeit von mehr als neun Stunden insgesamt zu unterbrechen [ist]. Die Ruhepausen nach Satz 1 können in Zeitabschnitte von jeweils mindestens 15 Minuten aufgeteilt werden. Länger als sechs Stunden hintereinander dürfen Arbeitnehmer nicht ohne Ruhepause beschäftigt werden." Durch § 7 Abs. 2 wird festgelegt, „abweichend von § 4 Satz 2 die Gesamtdauer der Ruhepausen in Schichtbetrieben und Verkehrsbetrieben auf Kurzpausen von angemessener Dauer aufzuteilen". Die Mindestlänge und der Zeitpunkt von organisierten Pausen sind vorgegeben und sie werden i. d. R. nicht zur Arbeitszeit gezählt. Die Verteilung der Pausen über einen Arbeitstag ist gesetzlich nicht definiert, kann aber vom Betrieb festgelegt werden oder ist je nach Art der Tätigkeit durch die Mitarbeiter/innen selbst bestimmt.

63 Zit. in *Rudow* 2014, S. 271 f.

- **Spontane/frei gewählte Pausen:** Diese Kurz- und Kürzestpausen werden von den Mitarbeiter/innen eigenständig außerhalb der organisierten Pausen durchgeführt, sofern es ihnen möglich und erlaubt ist[64]. Dabei werden spontane Pausen insbes. dann durchgeführt, wenn es sich um eine besonders belastende Tätigkeit handelt und die tätigkeitsbedingte Ermüdung fortgeschritten ist.
- **Versteckte/kaschierte Pausen:** Versteckte Pausen sind häufig eine Form von spontanen Pausen. In dieser Zeit legt die/der Mitarbeiter/in bewusst oder unbewusst Pausen zur Erholung ein, welche nicht zu den offiziellen Ruhepausen zählen. Hierbei werden die Pausen häufig unter Nebentätigkeiten versteckt, insbes. wenn nicht genau festgelegt ist, ob und wie spontane Pausen eingelegt werden dürfen. Typische Nebentätigkeiten sind Aufräumen, Unterhaltungen, Naseputzen etc. Solche Pausen haben im Gegensatz zu organisierten Pausen jedoch einen geringeren Erholungswert.
- **Arbeitsablaufbedingte Wartezeiten:** Diese entstehen durch betriebliche Störungen und Unterbrechungen, beispielsweise bei Defekten des Fließbandes, dem Ausfall von Rechnern oder beim Warten auf das Eintreffen von Material. Sie zählen nicht zu den Ruhepausen, da sie i. d. R. nicht zur Erholung beitragen, sondern sogar negative Gefühle wie Stress, Frustration und Ärger verursachen können.

Gemäß ständiger Rechtsprechung des Bundesarbeitsgerichtes (BAG) müssen Ruhepausen folgende Anforderungen erfüllen (z. B. BAG, 22. 07. 2003, 1 ABR 28/02):

HINWEIS

Ruhepausen gem. Rechtsprechung

„Ruhepausen im Sinne des Arbeitszeitrechts [sind] Unterbrechungen der Arbeitszeit von bestimmter Dauer, die der Erholung dienen. Es muss sich um im Voraus festliegende Unterbrechungen der Arbeitszeit handeln, in denen der Arbeitnehmer weder Arbeit zu leisten noch sich dafür bereitzuhalten hat. Er muss frei darüber entscheiden können, wo und wie er diese Zeit verbringen will. Entscheidendes Merkmal der Ruhepause ist, dass der Arbeitnehmer von jeder Arbeitsverpflichtung und auch von jeder Verpflichtung, sich zur Arbeit bereitzuhalten, freigestellt ist.“

---

64 Besonders schwierig verhält es sich hier mit den sog. Rauchpausen, wobei die Konflikte zwischen Arbeitgebern und Mitarbeiter/innen durch die Ausweitung des Nichtraucherschutzes verschärft wurden (im Folgenden in Anlehnung an *Kiper* 2011, S. 11 f.). In der Regel werden Rauchpausen nicht zur bezahlten Arbeitszeit gezählt, d. h. ein Ausstempeln für die Zeit der Pause wird vorgeschrieben. Zudem werden diese vom Arbeitgeber oftmals mit der Bedingung verknüpft, dass die Pausen nur dann eingelegt werden dürfen, wenn dadurch der betriebliche Ablauf nicht gestört wird. In einigen Betrieben werden aber auch eine bestimmte Anzahl und Länge von Rauchpausen je Arbeitstag erlaubt. *Kiper* bietet einen Einblick in verschiedene Beispiele der Regulierung von Rauchpausen im Rahmen von Betriebsvereinbarungen. Die Rechtsprechung zeigt, dass ein Verstoß gegen die betrieblichen Vorgaben arbeitsrechtliche Konsequenzen für die/den Mitarbeiter/in bis hin zur fristlosen Kündigung bei wiederholtem und besonders beharrlichem Verhalten mit sich ziehen kann (z. B. Arbeitsgericht [ArbG] Duisburg, Urteil vom 14. 09. 2009, 3 Ca 1336/09). Bei der Regulierung von Rauchpausen sollte jedoch berücksichtigt werden, dass bei Mitarbeiter/innen mit Rauchgewöhnung eine Einschränkung der Möglichkeit des Rauchens zu negativen physischen und psychischen Auswirkungen auf die Arbeitsleistung führen kann. Daraus ergibt sich für die Arbeitgeber ein Interessenskonflikt.

Nun stellt sich die wesentliche Frage, wie die Gesamtpausendauer auf einen Arbeitstag aufgeteilt werden sollte und ob mehrere kurze Pausen während eines Arbeitstages wenigen, dafür aber längeren vorzuziehen sind. Eine klare Antwort hierzu lässt sich – auch wenn einige Lehrbücher dies suggerieren – nicht aussprechen. Die Gründe hierfür werden im Folgenden näher erläutert.

Zunächst einmal sprechen arbeitswissenschaftliche Erkenntnisse dafür, mehrere kurze Pausen während eines Arbeitstages durchzuführen. Maßgeblich für diese Empfehlung sind die degressive Erholungskurve nach *Lehmann* (u. a. 1962) und das Phänomen der lohnenden Pausen nach *Graf* (u. a. 1922). Dabei zeigen mehrere Studien für primär körperliche Tätigkeiten einen **degressiven Verlauf der Erholungskurve** (vgl. Abb. 46), aus welchem sich ableiten lässt, dass die Erholung zu Anfang einer Pause überproportional hoch ist, d. h. wesentlich größer, als im weiteren Pausenverlauf (*Lehmann* 1962, S. 52; *Scholz* 2014a, S. 742). Dies spricht rein theoretisch dafür, bei gleicher Gesamtlänge mehrere kurze Pausen (z. B. vier Pausen à 25 % Pausendauer und je 64 % Erholung) wenigen, dafür aber längeren Pausen (100 % Pausendauer mit 100 % Erholung) vorzuziehen. Jedoch sind die Kurve und das Rechenbeispiel insbes. aufgrund ihrer Vernachlässigung kontextspezifischer Faktoren (z. B. Arbeits- und Pausenumgebung) sowie der Unterschiedlichkeit von Arbeitsbelastungen (physisch und psychisch) kritisch zu betrachten, wie sich im Folgenden zeigen wird. Zunächst werden aber solche Aspekte näher betrachtet, welche für die Präferenz von mehreren kurzen Pausen sprechen.

ABB. 46: **Die degressive Erholungskurve** (nach *Lehmann* 1962, S. 53 zit. in *Scholz* 2014a, S. 742)

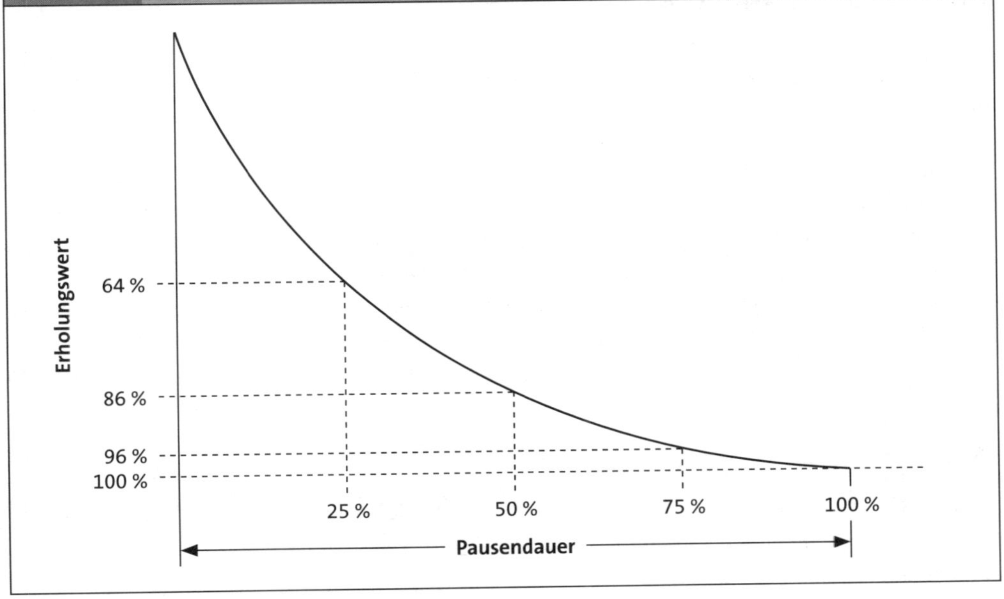

Die Erholungskurve bezieht sich nicht nur auf den Erholungswert einer Pause selbst, sondern will auch der Tatsache gerecht werden, dass die Ermüdung während einer Tätigkeit nicht linear, sondern exponentiell zunimmt (vgl. Kap. 8.2.3.2). Die Erholungswirkung von Pausen ist daher abhängig von der **Länge und Anzahl der vorherigen Arbeitsabschnitte** und der damit einhergegangenen Ermüdung (*Rohmert* 1960 zit. in *Knauth/Rutenfranz* 1987, S. 541). Dies spricht dafür, häufiger und vor allem rechtzeitig Pausen durchzuführen, damit es nicht zu einem unverhältnismäßigen Fortschreiten der Ermüdung kommt (*Ulich* 2011, S. 477; *Rudow* 2014, S. 273). *Schlick et al.* (2010, S. 204) fassen dies wie folgt zusammen: „Der Erholungswert einer Pause steigt mit kürzer werdender Zykluszeit von Belastung und Erholung an. Das heißt, bei kürzerer Zykluszeit ist insgesamt weniger Erholzeit für die gleiche Endermüdung notwendig, bzw. die Zunahme der Ermüdung verlangsamt sich. Andererseits wird deutlich, dass eine starke Ermüdung eine unverhältnismäßig lange Erholung erfordert."

Unterstützt werden die Aussagen der degressiven Erholungskurve von dem Phänomen der **lohnenden Pausen**, welches *Graf* in Experimenten für handzeitbestimmte Tätigkeiten sowie mechanische mentale Leistungen herausgestellt hat (*Rutenfranz et al.* 1993, S. 591). Demzufolge bedeuten Arbeitspausen zwar auch eine Unterbrechung der Arbeit und die Notwendigkeit des erneuten Einarbeitens, der Leistungsausfall wird jedoch durch die höhere Leistungskapazität überkompensiert (*Berthel/Becker* 2013, S. 555). Die höhere Leistungskapazität ergibt sich zum einen aus einer höheren Motivation direkt vor und nach den Pausen sowie aus der physischen und psychischen Erholung (*Lehmann* 1962, S. 66; *Berthel/Becker* 2013, S. 555). Die motivationale Wirkung vergleichen *Knauth/Rutenfranz* (1987, S. 544) mit Phänomenen im Laufsport: „In Analogie zum Sport, bei dem ein Läufer ein extremes Tempo einhält, wenn er eine Kurzstrecke zu laufen hat, im Vergleich zu einem ‚gedrosselten' Tempo bei längeren Strecken, ist bei kurzer Arbeitsdauer bis zur nächsten Pause ein hoher ‚psychologischer Erwartungswert' in Bezug auf die bevorstehende Pause festzustellen".

Da sich diese Grundlagen der Pausengestaltung nur in wenigen Werken zum Personalmanagement wiederfinden und dort die resultierende Schlussfolgerung, es seien prinzipiell mehrere kurze Pausen wenigen längeren vorzuziehen, kaum näher erörtert wird, soll nun analysiert werden, inwieweit diese Annahmen für die Gestaltung von Arbeitspausen leitend sein können. Immerhin wurde bereits durch *Lehmann* (1962, S. 54 f.) eine kurze, jedoch höchst relevante **Einschränkung** formuliert: „Bei der Entscheidung, welche Pausenverteilung in einem praktischen Fall als zweckmäßig anzusehen ist, wird es sich wesentlich darum handeln, die Grenzen der Gültigkeit dieses Grundprinzips der Überlegenheit der kürzeren Pausen festzustellen und die Gesichtspunkte kennenzulernen, die ihm je nach der im einzelnen gegebenen Arbeitssituation entgegenstehen". Diese Gesichtspunkte ergeben sich zum einen aus den individuellen sachlichen und menschlichen Leistungsvoraussetzungen (vgl. Abb. 37), zum anderen aus den betrieblichen Erfordernissen (z. B. Maschinenlaufzeiten).

MERKE

Es ist nicht möglich, eine pauschale Aussage darüber zu treffen, ob mehrere kurze Pausen oder wenige lange Pausen vorteilhafter sind.

Darüber hinaus sind die oben genannten Erkenntnisse zur Erholungswirkung von Pausen nur eingeschränkt verwertbar. Zum einen beziehen sie sich vornehmlich auf **körperliche Tätigkeiten**. „Für Arbeiten mit geistiger (mentaler) Belastung liegen aufgrund der Vielzahl möglicher Belastungs- und Beanspruchungsformen, deren Superpositionseffekte und vor allem des Einflusses der Motivation keine einheitlichen Erkenntnisse vor" (*Luczak* 1993, S. 122). Die zuvor benannten Ermüdungs- und Erholungswirkungen wurden primär auf Basis physiologischer Beanspruchungserscheinungen (z. B. Arbeitspulsfrequenz) gemessen. Daneben erfüllen Pausen jedoch weitere **Funktionen** (vgl. Abb. 45) und besitzen u. a. einen Interaktions- und Individualwert. Weitere stimmungsaufhellende Effekte ergeben sich z. B. aus visuellen oder emotionalen Reizen (Lesen, Unterhalten, Bewegung, Frischluft, Tageslicht etc.). Diese Funktionen und Effekte sind häufig nicht präzise messbar und unterliegen vor allem der subjektiven Bewertung der/des jeweiligen Mitarbeiters/in. Die primär physiologische Messung von Erholung führt dazu, dass die messbar größere Erholungswirkung von Pausen bei deren Beginn überbewertet wird. Dass direkt nach dem Belastungsende ein großer physiologischer Erholungseffekt vorliegt, also die Symptome der Beanspruchung (z. B. Herzfrequenz) rasch und stark gen Normalniveau absinken, ist physiologisch gesehen verständlich. Ist ein sich dem Normalniveau nähernder physiologischer Zustand erreicht, nimmt die physiologische Erholung im weiteren Verlauf deshalb auch nicht mehr so stark zu. Hieraus sollte jedoch nicht pauschal auf einen weniger wertvollen (insbes. psychischen) Erholungszuwachs in der Folgezeit der Pause geschlossen werden.

MERKE

Physiologische Mittelwerte der Ermüdung und Erholung können zwar als Orientierung zur Pausengestaltung genutzt werden, es sind in jedem Fall aber die kontextspezifischen und individuellen Faktoren von Belastung, Beanspruchung und Erholung zu berücksichtigen, da diese in Wechselwirkung miteinander stehen und die Arbeitsleistung beeinflussen (vgl. Kapitel 8.2.3).

Auch wenn in Abb. 47 keine allumfassende Darstellung der Faktoren erfolgt, so wird doch deutlich, dass nicht nur die Art der Tätigkeit (physische und psychische Belastung), die Länge der vorangegangenen Arbeitsabschnitte sowie die Länge der Pause selbst die Beanspruchungs- und Erholungswirkung beeinflussen. Weitere Faktoren, wie z. B. die Arbeits- und Pausenumgebung, können einen sowohl positiven als auch negativen Einfluss darauf haben, wie belastend und beanspruchend die Arbeit wirkt, wie groß entsprechend der Erholungsbedarf ist und wie hoch die Erholungswirkung von Pausen ausfällt. Neben diesen sachlichen Belastungsfaktoren sind weiterhin die individuellen menschlichen Leistungsfaktoren (Leistungsfähigkeit und Leistungsbereitschaft) zu berücksichtigen, da diese die Beanspruchungs- und Erholungswirkung von Arbeits- und Pausenabschnitten bestimmen.

ABB. 47: Einfluss kontextspezifischer sachlicher und individueller menschlicher Leistungsvoraussetzungen auf die Wechselwirkungen zwischen Beanspruchung, Erholung und Leistung

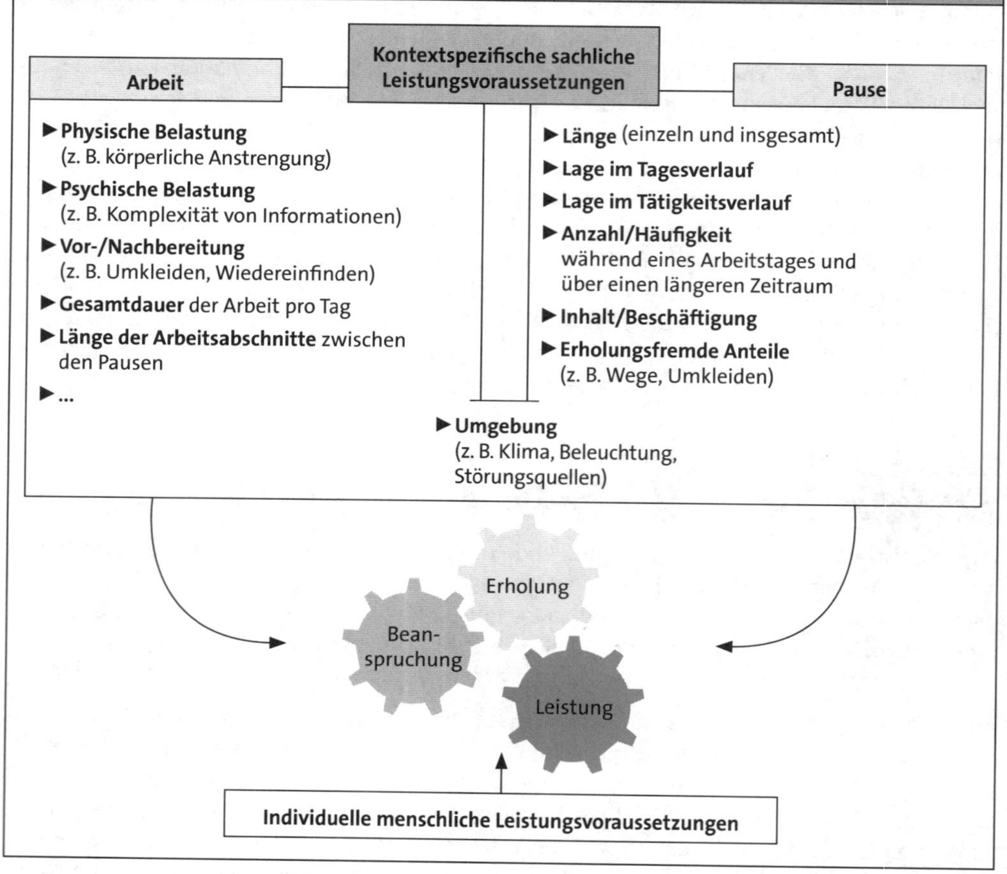

Einige der sachlichen Belastungsfaktoren werden nun näher erläutert. Hierzu zählen beispielsweise **Umgebungseinflüsse** wie Lärm oder das Klima. Dieselbe Tätigkeit ist unterschiedlich belastend, je nachdem, ob sie z. B. in beheizten Räumen oder im Freien bei Kälte durchgeführt wird. Hieraus kann sich sowohl die Notwendigkeit ergeben, häufiger Pausen durchzuführen, um die höhere Beanspruchung zu kompensieren, als auch längere Pausen zu veranschlagen, um beispielsweise ausreichend Zeit für eine Temperaturanpassung des Körpers oder den Abbau der Lärmbelastung zu gewährleisten. Auch die Erholungswirkung der Pausen ist umgebungsabhängig, d. h. wenn z. B. laute, kalte oder durch viele Störungsquellen gekennzeichnete Pausenbedingungen vorherrschen, so wird sich die/der Mitarbeiter/in ggf. weniger schnell und intensiv erholen.

Besondere Relevanz bei der Planung der Pausenlänge besitzen auch **Vor- und Nachbereitungszeiten** (Rüstzeiten). Hiermit sind Zeiten gemeint, welche notwendig sind, um überhaupt mit der Arbeit beginnen bzw. in die Pause eintreten zu können. Wenn beispielsweise bei Beginn und zum Ende eines Arbeitsabschnittes ein Umkleiden oder hygienische Maßnahmen notwendig sind (z. B. Wechsel von Kittel und Stiefeln sowie Desinfektion in der Fleischbeschau), bieten sich eher wenige lange als mehrere kurze Pausen an. Werden Maßnahmen, die zum Übergang in die Pause notwendig sind, in einem Betrieb zur Pausenzeit gezählt[65], dann kann hier auch von **erholungsfremden Anteilen** der Pause gesprochen werden. Ebenso verhält es sich mit Wegen zu Pausen- und Kantinenräumen, die nicht primär der Erholung dienen. Dass viele Kurzpausen darüber hinaus auch störend wirken können und die Produktivität verringern, zeigt sich bei der Betrachtung von primär geistigen Tätigkeiten, da hier nach Arbeitsunterbrechungen immer auch ein mehr oder weniger aufwendiges Wiedereinfinden in die Aufgabe (geistige Rüstzeit) notwendig ist.

Unter Effizienzgesichtspunkten ist es zwar nicht möglich, jeden einzelnen Kontext (Mitarbeiter/in, Arbeitsaufgabe etc.) laufend zu analysieren und die Pausen entsprechend zu gestalten, dennoch wird nun deutlich, dass pauschale Aussagen zur Pausenlänge nicht möglich sind. Unternehmen sollten Rahmenbedingungen der Pausengestaltung festlegen, die sowohl den betrieblichen Erfordernissen als auch der individuellen Belastung und Beanspruchung angemessen sind. **Kollektive**, an den Betrieb und ggf. Arbeitsbereiche angepasste **Vorgaben** sind daher sinnvoll, sollten jedoch den Mitarbeiter/innen das im jeweiligen Kontext mögliche Maß an **Zeitsouveränität und Gestaltungsautonomie** ermöglichen. Von einer gänzlich durch die Mitarbeiter/innen bestimmte Pausengestaltung wird abgeraten, da Erholungsphasen sonst ggf. erst bei (zu) hohem Ermüdungsgrad oder gar nicht eingelegt werden (*Rudow* 2014, S. 278).

Des Weiteren beschäftigt sich die Forschung seit den 1990er Jahren auch intensiver mit der inhaltlichen Gestaltung von Pausen (*Rudow* 2014, S. 274). Hierbei ist zwischen **aktiver und passiver Pausengestaltung** zu unterscheiden. „Passive Pausen beinhalten Tätigkeiten ohne (z. B. ausruhen, schlafen) bzw. mit geringem Anforderungsniveau (z. B. Musik hören). Aktive Pausen können motorischer (z. B. leichte körperliche Ausgleichsübungen) oder kognitiver Art (z. B. Lösen von Kreuzworträtseln) sein“ (*Wegge et al.* 2014, S. 669). Bei welchen Tätigkeiten sich welche Arten von Pauseninhalten eignen, ist nicht eindeutig wissenschaftlich geklärt, es ist prinzipiell aber davon auszugehen, dass mit steigender körperlicher Belastung durch die Tätigkeit ein höherer Anteil passiver gegenüber aktiver Pauseninhalte zweckmäßiger ist, bei primär geistigen und körperlich leichten/mäßigen Arbeiten jedoch aktive Pausen zu einem besseren Ausgleich führen (*Rudow* 2014, S. 274 ff.; *Wegge et al.* 2014, S. 669 f.). *Wegge et al.* (2014, S. 670) fügen hinzu, dass die positiven Effekte von passiven Pausen („Abschalten“) Erholungskompetenzen der/s Mitarbeiterin/s voraussetzen, dies bei aktiven Pausen jedoch keine Voraussetzung sei.

8.4 Arbeitspolitische Aspekte der Arbeitszeitgestaltung

8.4.1 Dispositionsspielräume und Interessenskonflikte

Wie in Kap. 8.1.1 und 8.1.2 erläutert, verfügen Akteure bei der Gestaltung flexibler Arbeitszeitsysteme über **unterschiedliche Interessen und Dispositionsspielräume**. Dabei muss eine permanente Veränderbarkeit der Arbeitszeit durch Arbeitgeber (Direktion) oder Arbeitnehmer/in (Selbstbestimmung) beziehungsweise durch beide Seiten möglich sein. So klar, wie diese Defini-

65 Zwar zählt das Umkleiden (inkl. zugehöriger Wege) von durch den Arbeitgeber vorgeschriebener Kleidung gem. BAG zur vergütungspflichtigen Arbeitszeit, sofern das Umkleiden im Betrieb stattfinden muss (*Hahn* 2014, S. 16), dennoch zeigen sich hier in der Praxis immer wieder Konflikte zwischen Arbeitgebern und Arbeitnehmer/innen.

tion scheint, gestalten sich die Verfügungsrechte der einzelnen Akteure in der Praxis jedoch nicht. Eine erste Annäherung zur Differenzierung bietet die Unterteilung nach unterschiedlichen Arbeitszeitmodellen. Abb. 48 zeigt, dass sich Arbeitszeitmodelle darin unterscheiden, welchem Akteur die **Steuerung** primär unterliegt und welchen **Flexibilitäts- bzw. Gestaltungsspielraum** sie per se ermöglichen.

ABB. 48: Flexible Arbeitszeitsysteme in Abhängigkeit von Steuerungswirkung und Flexibilitätsgrad (nach *Oechsler/Paul* 2015, S. 255)

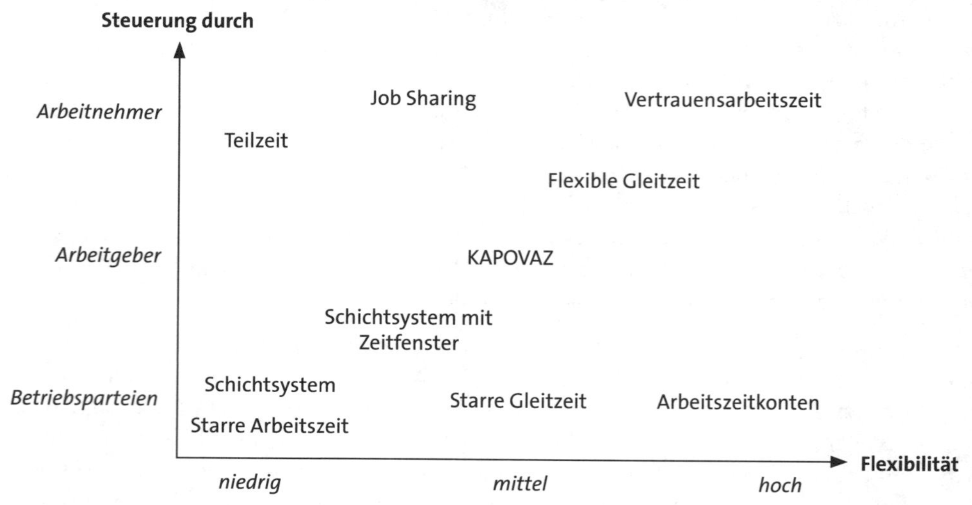

Zu den flexiblen Arbeitszeitmodellen, welche primär durch den Arbeitgeber sowie die Betriebsparteien (Arbeitgeber und Betriebsrat) gesteuert werden, gehören insbes. Schichtarbeit, KAPOVAZ, starre Gleitzeit sowie Arbeitszeitkonten. Stärkere Steuerung durch die Arbeitnehmer/innen liegt insbes. beim Job-Sharing, der flexiblen Gleitzeit und der Vertrauensarbeitszeit vor. Unterteilt nach dem Flexibilisierungspotenzial der Modelle zeigen sich insbes. Vertrauensarbeitszeit, flexible Gleitzeit und KAPOVAZ als besonders flexibel, wobei der Flexibilitätsgrad bei Schichtarbeit, Teilzeitarbeit und starrer Gleitzeit besonders gering ausfällt.

Selbstverständlich können sich die Interessen der Akteure überschneiden, sodass trotz unterschiedlicher Steuerungsmöglichkeiten und Flexibilitätspotenziale **Synergieeffekte** eintreten. Eine flexiblere und autonomere Zeiteinteilung durch die Mitarbeiter/innen führt beispielsweise häufig zu einer höheren Zufriedenheit, geringeren Fehlzeiten und einer verbesserten Leistung, was entsprechend auch den betrieblichen Interessen zu Gute kommt (*Kolb* 2010, S. 335). Freiräume bei der Gestaltung der Lage der Arbeitszeit (z. B. Gleitzeit, Vertrauensarbeitszeit) bieten zudem die Möglichkeit, die Arbeit sowohl an dem Arbeitsanfall im Unternehmen zu orientieren, als auch Freiräume für private Termine der Mitarbeiter/innen zu schaffen. Das Job-Sharing ermöglicht es Mitarbeiter/innen, in Vollzeit zu besetzende Führungspositionen in Teilzeit wahrzunehmen und bietet dem Unternehmen gleichzeitig sich fachlich ergänzendes Personal und eine fast durchgehende Besetzung von Positionen aufgrund möglicher Vertretungen im Urlaubs- oder Krankheitsfall.

Wie die Praxis zeigt, bieten jedoch sowohl die Steuerbarkeit (Dispositionsspielräume) als auch die Flexibilität (insbes. Gestaltungsautonomie) häufig **Konfliktpotenziale** zwischen Arbeitgeber, Betriebsrat und Mitarbeiter/innen. Um diese Konfliktpotenziale zu analysieren, muss zunächst einmal festgehalten werden, dass es sich in der Abb. 48 um idealtypische Dispositionsspielräume handelt. Es kommt trotz der möglichen Flexibilisierungsvorteile auf beiden Seiten (vgl. Kap. 8.1.1) nicht zwangsläufig zu win-win-Situationen. In der Praxis entscheidet dann die **„Dispositionsmacht"** (*Berthel/Becker* 2013, S. 551) der Akteure darüber, welche Interessen im Konfliktfall zum Tragen kommen. Die betrieblichen Flexibilisierungserfordernisse haben im Zweifelsfall stärkeres Gewicht als die Individualisierungsbedarfe der Mitarbeiter/innen (*Scholz* 2014a, S. 732). Die Dispositionsmacht der Unternehmen ist bei der Arbeitszeitgestaltung, wie z. B. auch bei der Personalentwicklung (vgl. Kap. 11.4.2), im Regelfall höher als die der Mitarbeiter/innen. „Das eigentliche Problem besteht darin, dass viele Beschäftigte die Kontrolle über ihre Arbeitszeit verlieren, wenn sie das Autonomieangebot des Unternehmens annehmen, da sie dies als Einzelne nicht anders als zu den Bedingungen des Unternehmens tun können" (*Lehndorff* 2005, S. 210). Dies zeigt sich beispielsweise beim Umgang mit **Gleitzeit und Arbeitszeitkonten**. Studien belegen, dass Schwankungen der Lage der Arbeitszeit in den überwiegenden Fällen aus betrieblichen Gründen initiiert werden und nur ein geringer Teil durch private Flexibilisierungsbedürfnisse der Mitarbeiter/innen bedingt ist (*ebenda*, S. 207). Auch führen die Praktiken im Umgang mit Arbeitszeitkonten dazu, dass Zeitguthaben am Ende von Ansammlungsfristen nicht unbedingt durch Freizeit ausgeglichen, sondern teils ausbezahlt, weitergeschoben oder auf Langzeitkonten transferiert wird, in vielen Fällen sogar verfällt (*ebenda*, S. 207 f.). In der gelebten Unternehmenskultur lässt sich in einigen Unternehmen auch beobachten, dass weder Zeitschulden noch zu geringes Zeitguthaben geduldet werden, d. h. eine hohe Anzahl von Überstunden als unausgesprochene Verhaltensvorschrift gilt. Wie in Kap. 8.3.1 in Bezug auf die Vertrauensarbeit beschrieben, leben solche Unternehmen eher eine Zeit- (bzw. Anwesenheits-) als eine Leistungskultur und können mit autonomieorientierten Formen der Arbeitszeitgestaltung nicht adäquat umgehen. Mehrarbeit und fehlender kurz- bis mittelfristiger Zeitausgleich sind dann die Folge. Die Arbeitszeitflexibilisierung führt hier somit häufig zu einer höheren Gesamtarbeitszeit. Als Konsequenz lässt sich konstatieren, dass „häufig Arbeitszeitverlängerung drin [ist], wo Flexibilisierung draufsteht" (*ebenda*, S. 211). Ohne ins Detail zu gehen, sei hier nicht nur auf die Relevanz der Unternehmenskultur verwiesen, sondern auch auf die besondere Bedeutung von **kulturellen Merkmalen** auf Landesebene. Beispielsweise zeigen die Studien von *Hofstede* (u. a. *Hofstede et al.* 2010) verschiedene Kulturdimensionen, die Einfluss auf das Arbeitsverhalten in den jeweiligen Ländern haben. Merkmale einer dieser Dimensionen, der Maskulinität, sind bei Ländern mit einer hohen Ausprägung z. B. Wettbewerb, Anerkennung, Selbstbehauptung, Beförderung, sozialer Status und Einkommen, bei einer niedrigen Ausprägung Kooperation, Harmonie, Bescheidenheit, Lebensqualität und Work-Life-Balance (*Oechsler/Paul* 2015, S. 130). Man kann nun vermuten, dass stärker maskulin geprägte Gesellschaften (Deutschland liegt im oberen Mittelfeld) mit Gestaltungsfreiheiten und einer zeitlichen Balance zwischen Privat- und Berufsleben schlechter umgehen können, als feminin geprägte, da Leistung und Arbeitseinsatz vor allem auch über eher sichtbare Merkmale wie Anwesenheit definiert zu werden scheinen[66]. Auch das durch *Hörning et al.* (1990, S. 70, 72, 80, 88) beobachte negative Verhalten (u. a. Vorurteile, Neid, Misstrauen, Missgunst) von Kollegen/innen und Vor-

66 Siehe hierzu auch das Fallbeispiel „nichtadäquates Commitment schwedischer Manager" in *Festing et al.* (2011, S. 83).

gesetzten gegenüber Mitarbeiter/innen, die ihre Arbeitszeit im Rahmen der Teilzeitarbeit flexibel gestalten, könnte hiermit zusammenhängen. Insgesamt soll deutlich werden, dass Flexibilisierungen immer auch in einen übergeordneten betrieblichen und gesellschaftlichen Kulturzusammenhang eingebunden sind, welcher ebenfalls handlungsleitend wirkt.

In jedem Fall sollte festgelegt werden, wie groß die Dispositionsspielräume und die Macht der Akteure in einzelnen Gestaltungsfeldern der Arbeitszeit sind, um weitere Interessenskonflikte zu vermeiden und eine kurzfriste Anpassung der Arbeitszeit an wirtschaftliche, betriebliche und individuelle Erfordernisse zu ermöglichen (*Berthel/Becker* 2013, S. 551). Da dies nicht für jede Handlungssituation im Voraus möglich ist, gewinnt die Festlegung von Verhandlungs- und Mitbestimmungsschwellen für konkrete Situationen besondere Relevanz (vgl. Kap. 8.4.3).

Konfliktpotenziale ergeben sich auch zwischen den Mitarbeiter/innen. Beispielsweise erhöht die Arbeit in Gleitzeit den Bedarf an **Absprachen** mit Kolleg/innen und Vorgesetzten, damit eine minimale Besetzungsstärke garantiert wird und die interne wie externe Kommunikation ohne Störungen verlaufen. Die Interessen der einzelnen Mitarbeiter/innen müssen im Zweifelsfall gegeneinander abgewogen werden, was Stress und Ärger bedingen sowie negative Effekte auf das Bereichsklima mit sich bringen kann. Hier ist die Koordination durch die jeweiligen Führungskräfte besonders gefordert. *Peplinski* (2007, S. 253) verweist am Beispiel der Victoria Versicherung AG darauf, dass es bei allen Beteiligten insbes. sozialer Kompetenz bedarf.

Weitere Konfliktpotenziale ergeben sich durch eine mögliche **Ungleichbehandlung** von Mitarbeiter/innen (*Berthel/Becker* 2013, S. 557 f.). Da flexible Arbeitszeitsysteme nicht in jedem Bereich eines Unternehmens gleichermaßen einsetzbar sind (z. B. Verwaltung und Produktion, vgl. Kap. 8.1.1) oder auch bestimmte Mitarbeitergruppen per se ausgeschlossen werden (z. B. Führungskräfte, Auszubildende oder Leiharbeitnehmer/innen), kann es zum Gefühl der Benachteiligung bei Mitarbeiter/innen kommen, die trotz ihres Wunsches die Flexibilisierungssysteme ihres Unternehmens nicht wahrnehmen dürfen. Dies kann letztendlich zur Demotivation führen und Leistungsabfälle, (innere) Kündigungen oder Absentismus bedingen.

Der Interessenskonflikt betrifft aber ebenso auch die Unternehmen selbst. Zwar bieten Flexibilisierungen der Arbeitszeit zahlreiche Vorteile für den Betrieb (vgl. Kap. 8.1.1), jedoch muss stets abgewogen werden, inwieweit die damit einhergehenden Koordinations- und Verwaltungsaufwände verhältnismäßig sind. *Scholz* benennt hier wesentliche Flexibilisierungsfallen:

LITERATUR

Flexibilisierungsfallen (*Scholz* 2014a, S. 68)

- *„Ineffizienzfalle: Nicht jede zusätzliche Flexibilisierung ist produktiv, da eine zunehmende Flexibilisierung immer auch zu einem Effizienzverlust wegen abnehmender Standardisierung führt.*
- *Bürokratiefalle: Flexibilisierung muss verwaltet werden und neigt daher zur Bürokratie. Diese können sich Unternehmen gerade in einer Zeit der Diskussion um virtuelle Organisationen und grenzenlose Unternehmen kaum mehr leisten.*
- *Zielkonfliktfalle: Im Idealfall decken sich die Flexibilisierungsinteressen des Unternehmens mit den Individualisierungsinteressen des Mitarbeiters. Ein solcher Automatismus ist jedoch nicht zwingend. Vielmehr entwickelt sich gerade bei angespannter Wirtschaftslage ein Zielkonflikt, der durch den stärkeren Partner gewonnen wird.*

- *Reduktionismusfalle: Es besteht die Gefahr, sich bei der Suche nach Flexibilisierung zu einseitig auf isolierte Aktionsfelder zu begeben. Ein flexibles Arbeitszeitsystem wird daher ohne ein flexibles Führungssystem nicht realisierbar sein.*
- *Misfitfalle: Eine Flexibilisierung wird letztendlich nur dann erfolgreich sein, wenn innerhalb des Unternehmens Stimmigkeit zwischen System, Strategie und Kultur besteht."*

Ein Abwägen von Aufwand und Nutzen ist daher ebenso notwendig wie schwierig.

8.4.2 Umgang mit Zeitsouveränität und Gestaltungsautonomie

In den letzten Jahren kam es medienübergreifend im Zusammenhang mit der größeren Zeitsouveränität und Gestaltungsautonomie der Arbeitszeit auf Mitarbeiterebene zu umfänglicher Kritik. Neben einer **Ausnutzung der Flexibilität** durch die Unternehmen stand auch die Tendenz zur **Selbstausbeutung** durch die Mitarbeiter/innen im Fokus. *Lehndorff* (2005, S. 209 f.) konstatiert gerade für eine ergebnisorientierte Leistungssteuerung (z. B. Vertrauensarbeitszeit), dass hierdurch der Konkurrenz- und betriebliche Selbsterhaltungsdruck erhöht werde, wodurch es zu häufiger Mehrarbeit käme: „Die neuen Formen der Arbeitsorganisation bieten den Unternehmen nicht alleine bessere Möglichkeiten, bei Bedarf die Institutionen der Regulierung machtpolitisch zu *untergraben*, sondern sie legen zugleich den Beschäftigten nahe, diese Institution in eigener Initiative zu *unterlaufen*". Thematisiert werden in diesem Zusammenhang insbes. eine unausgeglichene **Work-Life- (bzw. Life-Domain-) Balance**[67] sowie geeignete betriebliche Maßnahmen zur Gegensteuerung. Wie es zu einer negativen Beeinflussung dieser Balance durch die Arbeitszeitgestaltung kommen kann, wie diese sich äußert und welche Maßnahmen hier ansetzen können, wird im Folgenden erläutert.

Als Einstieg in die Thematisierung der Herausforderungen einer arbeitszeitbedingten Life-Domain-Balance sollen zunächst einige Fragen aufgeworfen werden, die *Sikorski* (2016, S. 2) als Mitglied des geschäftsführenden Hauptvorstandes der Industriegewerkschaft Bergbau, Chemie, Energie anlässlich einer Tagung treffend benannte: „Unter dem Stichwort der Zeitsouveränität verhandelt die arbeitszeitpolitische Debatte die Rückgewinnung der Verfügungsgewalt von Zeit durch die Beschäftigten. Mit flexiblen Arbeitszeitgestaltungen kann diesen Autonomieansprüchen Rechnung getragen werden. Doch bedeutet Zeitautonomie auch tatsächliche Souveränität? Führen nicht eher verquere Formen von Leistungspolitik zu einer Minimierung jener Zeitsouveränität, welche die flexiblen Instrumente bieten sollten? Hilft uns die Ermöglichung von Heim- oder Telearbeit tatsächlich eine neue Work-Life-Balance herzustellen, wenn wir die gewonnene Zeit damit verbringen, Emails zu checken oder schnell noch dem Chef zu antworten? Um wessen Flexibilität handelt es sich dabei wirklich? Geht es um die Bedürfnisse der Beschäftigten oder nicht vielmehr um die des ‚Marktes'?"

Flexible Arbeits(zeit)systeme sollen zu einer besseren Vereinbarkeit von Privat- und Berufsleben sowie einer höhere Zeitsouveränität und Gestaltungsautonomie des Individuums führen (vgl.

67 Hier wird der begrifflichen Präzisierung der Work-Life-Balance durch die Life-Domain-Balance nach *Ulich/Wiese* (2011, S. 19 ff.) gefolgt. Anstatt die Bereiche Arbeit und Leben kategorisch voneinander zu trennen (Arbeit ist schließlich ein zentraler Bestandteil des Lebens und findet sich in vielfältigen Formen auch außerhalb der Erwerbstätigkeit), geht es um die Balance zwischen „Lebensbereichen".

Abb. 29). Der den Mitarbeiter/innen zugestandene höhere Dispositionsspielraum (vgl. Abb. 48) kann für diese jedoch erhebliche negative Effekte bewirken, sodass hier auch von den **Schattenseiten der Flexibilisierung** gesprochen wird. Die negativen Auswirkungen werden u. a. unter Themen wie der Entgrenzung, der ständigen Erreichbarkeit oder daraus resultierender Symptome wie Stress und Burnout diskutiert. **Entgrenzung** meint, dass die flexiblen Gestaltungsmöglichkeiten, wie insbes. die Gleitzeit oder auch die Vertrauensarbeitszeit, dazu führen können, dass die Grenzen zwischen Privat- und Berufsleben stärker verwischen und eine Planbarkeit des Privatlebens erschwert wird: „Die Beschäftigten haben wenig Einfluss auf ihre Arbeitszeitpläne, ihre Arbeitseinsätze sind häufig kurzfristig, entrhythmisiert und wenig planbar. Dies führt zu einer Zerstückelung des familialen Alltags. Familienleben muss gleichsam auf Knopfdruck und verdichtet stattfinden, wenn gerade Zeit dafür ist" (*Jurczyk* 2008, S. 3). Die von der Arbeitszeit abgeleitete Planung der Privatzeit birgt die Gefahr „einer vollständig erwerbsgerichteten Durchgestaltung des Lebensalltags" (*Wieland/Krajewski* 2002, S. 22). Neben dieser zeitlichen Entgrenzung kommt es ebenso zu einer räumlichen Entgrenzung (*Jurczyk* 2008, S. 3), welche bedingt ist durch mobile Arbeit „von unterwegs", Arbeit in Home Office und vor allem auch die Nutzung mobiler Endgeräte (Smartphone etc.). Diese räumliche Entgrenzung führt einerseits zu einer **ständigen Erreichbarkeit** auch nach Arbeitsende und andererseits zur permanenten Möglichkeit, außerhalb der betrieblichen Arbeitsstätte und vor allem auch während der Privatzeit zu arbeiten. Studien[68] zeigen, dass viele Mitarbeiter/innen von diesen Optionen Gebrauch machen, jedoch häufiger freiwillig als durch Arbeitgeber, Kunden oder Kollegen/innen gefordert (*Pangert/Schüpbach* 2013, S. 12). Sie versuchen hierdurch z. B. ein hohes Arbeitsaufkommen zu bewältigen, gegenüber den Vorgesetzten positiv durch überdurchschnittliche/s Engagement und Leistung aufzufallen oder sich in der Arbeit selbst zu verwirklichen. *Pangert/Schüpbach* (2013, S. 4) fanden in ihren Analysen heraus, dass die „arbeitsbezogene erweiterte Erreichbarkeit zu Beeinträchtigungen im Privatleben von Beschäftigten führt. Des Weiteren zeigen die bestehenden Befunde, dass Beschäftigte mit hoher arbeitsbezogener erweiterter Erreichbarkeit mit höherer Wahrscheinlichkeit arbeitsbedingte Befindensbeeinträchtigungen aufweisen als Beschäftigte mit geringer arbeitsbezogener erweiterter Erreichbarkeit". Zu den arbeitsbedingten Beeinträchtigungen zählen insbes. Stress, Burnout, Nicht-Abschalten und Schuldgefühle (*ebenda*, S. 24). Beeinträchtigungen im Privatleben der Beschäftigten ergeben sich vor allem aus der zeitlichen und räumlichen Entgrenzung zwischen Erwerbs- und Privatleben. Probleme und Konflikte zeigen sich beispielsweise in Form der erschwerten (und teils überfordernden) Koordination synchronisierter Freizeit mit Familie und Freunden oder auch einer geringeren Beteiligung am öffentlichen Leben (Gefahr von sozialer Verarmung und Vereinsamung) (*Wieland/Krajewski* 2002, S. 23). Durch diese Belastungen ist auch mit einer (kurzzeitigen oder permanenten) Leistungsminderung zu rechnen (vgl. Kap. 8.2.3).

Die genannten Schattenseiten der Flexibilisierung bedürfen zum einen betrieblicher Orientierungs- und Regulierungsmechanismen, zum anderen Bewältigungsstrategien und -kompetenzen auf Seiten der Mitarbeiter/innen. *Ulich* (2011, S. 619) fordert daher eine **geregelte Autonomie**, d. h. „Formen individuell oder kollektiv regulierter Zeitautonomie, die weder zur Selbstausbeutung verführen noch die nicht erwerbsbezogenen Lebenstätigkeiten systematisch benachteiligen". Auf betrieblicher Ebene wären z. B. Leit- und Richtlinien sowie Maßnahmen zur

68 Vgl. z. B. *BKK-Bundesverband* 2010, *DGB-Index Gute Arbeit GmbH* 2012, *Zok/Dammasch* 2012, *BITKOM* 2013 und *DAK-Gesundheit* 2013.

Kommunikation nach Dienstende angebracht. Beispiele hierfür liefern jüngst einige Konzerne: „BMW rechnet Dienstmails in der Freizeit aufs Stundenkonto. Volkswagen knipst den Mailserver abends aus. Daimler löscht Korrespondenz, die im Urlaub eintrifft" (*Kaufmann* 2014, o. S.). Neben der Erstellung von Richt- und Leitlinien (vgl. Kap. 8.4.3) ist es notwendig, dass die Problematik zum Handlungsthema gemacht wird, klare Botschaften zum Umgang mit diesem auf (Geschäfts-)Führungsebene gesetzt werden, eine Kommunikation über das Thema auf Unternehmens-, Abteilungs-, Team- und Individualebene stattfindet und Führungskräfte als Promotoren, Vorbilder, Kontrollinstanzen und Unterstützer agieren (*Strobel* 2013, S. 27).

Bewältigungsstrategien auf Mitarbeiterebene setzen vor allem bei einer Entwicklung von **sozialen und personalen Kompetenzen** an (vgl. Kap. 11.2.2), wie z. B. Ambiguitätstoleranz, Selbstmanagement oder Stressbewältigung. Diese müssen von den Unternehmen gefördert werden (beispielsweise im Rahmen von Personalentwicklungsmaßnahmen) und von den Mitarbeiter/innen als Handlungsfelder wahrgenommen, angenommen und umgesetzt werden. Daneben steigen durch die Arbeitszeitflexibilisierung die Anforderungen an die Intensität und die Art der Personalführung. Es sind daher auch **erweiterte Kompetenzen der Personalführung** notwendig, etwa um individuelle Entgrenzungstendenzen der einzelnen Mitarbeiter/innen zu erkennen, in Kommunikation über diese zu treten und Gegenmaßnahmen zu ergreifen. Führungskräfte müssen lernen, stärker ergebnis- und leistungsorientiert zu führen und dies auch bei räumlicher und zeitlicher Distanz. Insbes. das Führen ohne Zeiterfassung (Vertrauensarbeitszeit) oder auch die Abstimmung von unterschiedlichen Anwesenheiten (Gleitzeit) erfordert andere Methoden der Koordination, Kontrolle und Motivation. Führungskräfte müssen sich hierbei von einer kontrollierenden zu einer mitgestaltenden, d. h. koordinierenden, strukturierenden und vermittelnden Instanz entwickeln (*Schilling/Latniak* 2006, S. 118, 121). „Dies setzt ein Vertrauensverhältnis voraus, für dessen Herausbildung und Pflege die Führungskraft Verantwortung trägt" (*Hoff* 2014, S. 737). Ebenso wie bei den Mitarbeiter/innen müssen sich auch die Führungskräfte die veränderte Rolle sowie die damit verbundenen Kompetenzen aneignen und hierbei durch Personalentwicklungsmaßnahmen unterstützt werden. Auf organisationaler Ebene bedarf es darüber hinaus einer kulturellen bzw. mentalen Veränderung der Erwartungs- und Bewertungsschemata (Zeit- zu Leistungs- und Vertrauenskultur), was sowohl innerbetrieblich als auch gesellschaftlich nur prozessual erfolgen kann.

8.4.3 Regulierung und Politisierung des Arbeitszeitkonfliktes

Flexibilisierungserfordernisse können durch die übergreifende gesetzliche Ebene nicht erschöpfend reguliert werden, da die Bedarfe der Akteure heterogen sind und eine Anpassung an dynamische Veränderungen möglich sein muss. Daher kommt **dezentralen Aushandlungen der Akteursinteressen** auf tarifvertraglicher und betrieblicher Ebene eine besondere Bedeutung zu (*Lehndorff* 2005, S. 205 f.). Neben dem Verhältnis von betrieblicher Gestaltungsfreiheit und übergeordneten tarifvertraglichen Mindeststandards ist vor allem auch der Umgang mit der Flexibilisierung der Arbeitszeit auf betrieblicher Ebene zu überdenken, da – wie in Kap. 8.4.2 aufgezeigt – die Herausforderungen der Arbeitszeitgestaltung nicht primär auf kollektiver Regulierungs-, sondern vor allem auf der individuellen Handlungsebene liegen.

LITERATUR

Flexibilität als sozialer Entwicklungsprozess (*Schilling/Latniak* **2006, S. 102 f.**)

„Nicht alleine die Existenz eines flexiblen Arbeitszeitmodells generiert Flexibilitätsgewinne für Unternehmen und Beschäftigte, sondern erst die kontinuierliche Anpassung an die variierenden betrieblichen Bedingungen führt dazu, dass die positiven Effekte realisiert werden können. [...] Flexibilität, verstanden als Eigenschaft der gesamten Organisation und nicht nur als Anforderung an die Beschäftigten, lässt sich nicht durch die einmalige Verabschiedung von Arbeitszeitregelungen herstellen, sondern muss in einem sozialen Entwicklungsprozess im Unternehmen erarbeitet werden."

Zunächst einmal zeigen sich kontroverse Auffassungen über das **Verhältnis von tarifvertraglicher Regulierung und betrieblicher Gestaltung**. Von einigen Seiten wird sogar die tarifvertragliche Regulierung der Arbeitszeit in Frage gestellt, da den spezifischen betrieblichen Charakteristika und sich daraus ergebenden Anforderungen zu wenig Rechnung getragen würde und Betriebe größere Gestaltungsfreiheiten bräuchten (*Schilling/Latniak* 2006, S. 99). Vereinheitlichungen auf Branchenebene wären starr und somit ein „Flexibilitätshindernis" (*Lehndorff* 2006, S. 157; *Schilling/Latniak* 2006, S. 99). *Lehndorff* (2005, S. 205) verweist in diesem Zusammenhang darauf, dass die Flexibilisierungserfordernisse häufig auch als Argument dafür verwendet würden, um von tarifvertraglichen Mindestarbeitsbedingungen abweichen zu können, was jedoch der Grundidee der Tarifverträge, nämlich der Stabilität und Sicherheit für alle Beteiligten, entgegenstehen würde. Flexibilität setzt Stabilität voraus, d. h. über- und innerbetriebliche Regelungsmechanismen zur Orientierung der Handlungen und zum Umgang mit Grenz- und Konfliktsituationen (*Schilling/Latniak* 2006, S. 124). Dabei sollten die Mindeststandards auf tarifvertraglicher Ebene eher als Unterstützung für die betriebliche Aushandlung betrachtet werden, anstatt als Einschränkung, denn immerhin wird so vermieden, dass auf betrieblicher Ebene jedes Detail zeit- und ressourcenintensiv verhandelt werden muss (*ebenda*, S. 100, 125). Eine einzelbetriebliche Regulierung und Aushandlung der Arbeitszeit kann insbes. auch kleine und mittlere Unternehmen (KMU) inhaltlich wie prozessual überfordern, da das notwendige personelle und strukturelle Grundgerüst (z. B. Betriebsrat und andere Formen der Beschäftigtenvertretung mit ausreichender Macht) oftmals nur eingeschränkt vorhanden ist und ggf. erst konstituiert werden muss (*ebenda*, S. 100 ff.): „Ohne eine prozessual verankerte Balance zwischen den Machtressourcen der Beteiligten, wie dies durch rechtliche Regulierung und die Standards der Tarifverträge derzeit gegeben ist, würde sich vermutlich ‚der Stärkere' durchsetzen". Eine kollektive Absicherung individueller Rechte durch präzise Betriebsvereinbarungen[69] und Tarifverträge ist notwendig, um (mögliche) Missstände zu beheben (*Lehndorff* 2005, S. 211 ff.). Hierbei muss es um eine Begrenzung der Arbeitszeiten und eine höhere Flexibilität der Arbeitszeit nach unten gehen, d. h. den Beschäftigten müssen mehr individuelle Handlungsmöglichkeiten („Haltegriffe")[70] geboten werden (*ebenda*, S. 214 f.).

69 Für Beispiele von Arbeitszeitregelungen im Rahmen von Betriebsvereinbarungen vgl. z. B. *Böker* (2007), *Hamm* (2008), *Hänecke/Grzech-Sukalo* (2012).

70 *Lehndorff* (2006, S. 181) ergänzt: „[...] denn die Beschäftigten müssen selber nach ihnen greifen, und kein wohlmeinender Betriebsrat kann ihnen das abnehmen".

Regeln und Normen ersetzen die Notwendigkeit der **situationsadäquaten Aushandlung von Arbeitszeitregeln auf betrieblicher Ebene** nicht, sondern sind lediglich Bedingung für diese. Es bedarf, wie die Praxis zeigt, geeigneter Methoden des Umgangs mit kritischen Fällen. Deshalb sind neben kollektivvertraglich vereinbarten Rechten und Verfahrensnormen (vgl. Betriebsvereinbarung zur Gleitzeit in Kap. 8.3.1) auch Handlungssituationen zu benennen, in denen die Betriebsparteien miteinander in Verhandlung treten müssen („Mitbestimmungsschwellen"), z. B. bei Schwierigkeiten des Überstundenabbaus zum Ende eines Ausgleichszeitraums (*Lehndorff* 2005, S. 214 f.). Der Betriebsrat sollte sich i. S. e. „partizipationsorientierten Interessensmanagers" sowohl als Mitgestalter der Rechte und Normen verstehen als auch in Handlungssituationen die individuellen Interessen der Mitarbeiter/innen aufnehmen und partizipativ mit den betrieblichen Akteuren eine Vermittlung über diese initiieren (*Haipeter* 2006, S. 208, 215 ff.). Dabei ist es wichtig, dass die Betriebsräte nicht zu sehr in die Rolle einer „Arbeitszeitpolizei" fallen, da sie dann Gefahr laufen, die Interessen und Mündigkeit der Mitarbeiter/innen und entsprechend auch deren Flexibilitätsspielräume und Gestaltungsautonomie zu untergraben (*Lehndorff* 2005, S. 210). Zudem kann der Betriebsrat nicht in allen Belangen der Arbeitszeitgestaltung mitbestimmen; so ist in § 87 BetrVG die Mitbestimmung bei der Festlegung der regelmäßigen Dauer der Arbeitszeit nicht vorgesehen.

Als Grundvoraussetzung für einen problemorientierten Umgang mit der Arbeitszeitregulierung bezeichnet *Lehndorff* (2005, S. 218) daher die **Politisierung des Arbeitszeitkonfliktes** im Unternehmen: „Scheinbar persönliche Arbeitszeitprobleme werden erst dann bearbeitbar, wenn die Organisationsprobleme transparent gemacht werden, aus denen sie erwachsen. Wenn Arbeit in der vereinbarten Zeit nicht zu schaffen ist, muss Regulierung dabei helfen, den Druck in die Organisation zurück zu leiten, anstatt ihn auf die einzelnen Beschäftigten abzuleiten". Und auch hier können die Tarifverträge unterstützen, indem sie Leitlinien für Betriebsvereinbarungen mit entsprechenden Regeln, Verfahrensnormen, Handlungssituationen und Verhandlungselementen beinhalten, auf welche die Unternehmen, die Beschäftigtenvertretungen und die Beschäftigten selbst zurückgreifen können (*Lehndorff* 2006, S. 182).

MERKE

Dennoch soll erneut betont werden: Neben der Rolle gesetzlicher, tarifrechtlicher und betrieblicher Regulierungssysteme müssen auf allen Ebenen Kompetenzen zum Umgang mit der Zeitsouveränität und Gestaltungsautonomie entwickelt werden und es bedarf einer unternehmenskulturellen Sensibilisierung und Verankerung der Handlungsthemen (vgl. vorheriges Kapitel). Zudem spielt die Beteiligung und Information der Mitarbeiter/innen eine wesentliche Rolle, um den Erfolg von Maßnahmen zur Arbeitszeitflexibilisierung sicherzustellen.

Dies wird im Folgenden anhand der partizipativen Gestaltung von Arbeitszeitmodellen näher beleuchtet.

8.4.4 Partizipative Gestaltung von Arbeitszeitmodellen

Bei der konkreten (Um-)Gestaltung der Arbeitszeit in einem Unternehmen spielt die **Beteiligung der Mitarbeiter/innen** eine zentrale Rolle, da diese den Erfolg und Misserfolg der Umsetzung maßgeblich beeinflussen. Immerhin sind es die Mitarbeiter/innen, die durch die ihnen zugesprochene größere Gestaltungsautonomie und Zeitsouveränität die betrieblichen und individuellen Interessen tagtäglich austarieren müssen. Dabei fanden *Schilling/Latniak* (2006, S. 110 f.) in Untersuchungen von KMU heraus, dass sich mit sinkender Betriebsgröße auch die Einbeziehung der Beschäftigten reduzierte bzw. eine Beteiligung erst nach Erstellung einer ersten Arbeitszeitlösung initiiert wurde, was in der Umsetzungsphase jedoch zu Konflikten (u. a. Skepsis und Verweigerung der Beschäftigten) führte. „Pointiert könnte man sagen, dass die Zeit, die mit dem Ziel, zu einer schnellen Lösung zu gelangen, in der Entwicklungsphase ‚eingespart' wurde, in der Umsetzungsphase zu Barrieren führte, deren Abbau dann umso mehr Zeit benötigte" (*ebenda*, S. 111). Es bedarf daher einer Beteiligung der Beschäftigten während der Initiierungs-, Planung- und Umsetzungsphase.

Wesentliche Grundpfeiler der **Information und Kommunikation** sollten hierbei das Bekanntmachen, das Begründen, das Erklären und das Beteiligen sein (vgl. Abb. 49). Diese Grundpfeiler sind in Abb. 50 weiter in Einzelschritte zu unterschiedlichen Projektphasen aufgeschlüsselt, welche bei der Einführung neuer bzw. der Veränderung von bisherigen Arbeitszeitmodellen durchlaufen werden sollten. Dabei werden die Mitarbeiter/innen sowohl bei der Analyse des Ist-Zustandes, während der Ausarbeitung und Abwägung von Handlungsalternativen, als auch in der Umsetzung (z. B. im Rahmen einer Testphase) beteiligt (*Knauth/Hornberger* 1997, S. 74 f.). Dies bedeutet selbstverständlich nicht, dass primär die Mitarbeiter/innen über die Ausgestaltung der Arbeitszeitsysteme bestimmen sollten, da betriebliche Interessen in jedem Fall gewahrt werden müssen. Dennoch zeigen sich in der Praxis sowohl Nachteile einer zu stark vom Betrieb vorgegebenen Arbeitszeitgestaltung wie auch Vorteile einer mitbestimmten Vorgehensweise. Auch für den Fall, dass zwar betriebliche Erfordernisse eine Umstrukturierung notwendig machen, es auf Seiten der Mitarbeiter/innen jedoch zu Nachteilen kommen könnte, ist ein partizipatives Verfahren sinnvoll, um eine größtmögliche Akzeptanz der Veränderungen zu gewährleisten. Beispielsweise sollten die Notwendigkeit der Änderungen besprochen sowie Alternativen gemeinsam abgewogen werden, aber auch geeignete Kompensationsmechanismen (z. B. zusätzliche Freizeitblöcke oder Zulagen) eruiert werden. Als Positivbeispiele mit besonderem Augenmerk auf die Vereinbarung und Durchführung einer Testphase sind hier Untersuchungen durch das Institut für Angewandte Arbeitswissenschaft (IFAA) in den Betrieben ThyssenKrupp Rasselstein GmbH und Phoenix Contact GmbH & Co. KG zu nennen (u. a. IFAA 2014; *Jaeger/Lennings* 2015, S. 166 ff.).

ABB. 49: **Grundpfeiler der Information und Kommunikation bei der Veränderung und Einführung von neuen Arbeitssystemen** (nach *Brinkmann/Heidack* 1987 und *Frey et al.* 1996 zit. in *Knauth/Hornberger* 1997, S. 75)

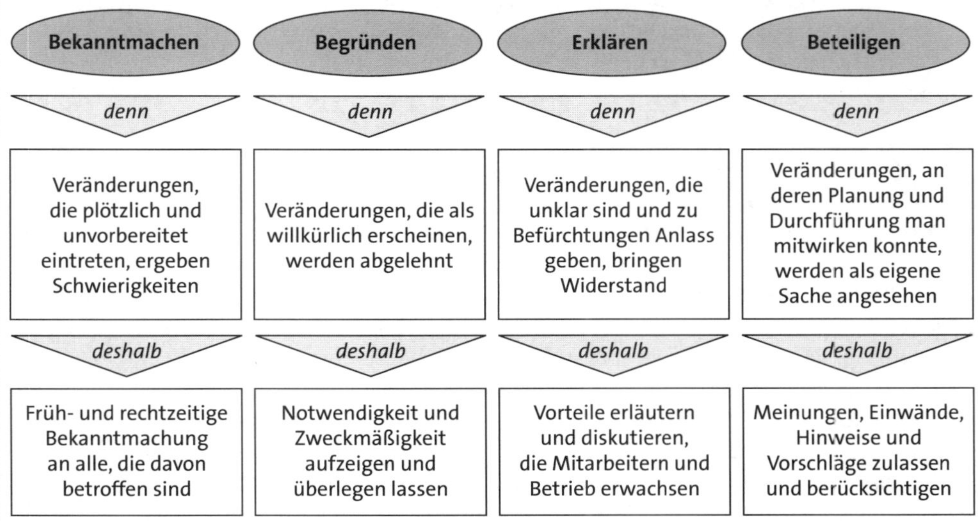

ABB. 50: **Systematisches Vorgehen bei der Einführung eines neuen Arbeitszeitmodells** (nach *Knauth/Hornberger* 1994 zit. in dies. 1997, S. 74)

Projekt-phasen	Einzelschritte
Planung	1. Zukünftigen Bedarf ermitteln 2. Ziele und Rahmenbedingungen festlegen 3. Projektteam einsetzen (mit Betriebsrat/Personalrat)
Analyse	4. Auswahl einer Test- und Kontrollgruppe 5. Einbeziehen von Vertretern der betroffenen Mitarbeiter/innen und der entsprechenden Betriebsleitung in das Projektteam 6. Information aller betroffenen Mitarbeiter/innen 7. Analyse der Ist-Situation und erste Fragebogenerhebung bei betroffenen Mitarbeiter/innen und bei Kontrollgruppen
Aus-arbeitung	8. Ausarbeitung und Bewertung von alternativen Arbeitszeitmodellen – wenn möglich in Workshops mit betroffenen Mitarbeiter/innen und bei Kontrollgruppen – sowie Vorauswahl von zwei bis drei Alternativen 9. Abstimmung aller betroffenen Mitarbeiter/innen, welches Arbeitszeitmodell probeweise eingeführt werden soll
Test	10. Probelauf über einen vereinbarten Zeitraum (6–12 Monate) 11. Diskussionsrunden 12. Zweite Fragebogenerhebung bei betroffenen Mitarbeiter/innen und bei Kontrollgruppen

Realisation	13. Je nach Abstimmungsergebnissen: a) Beibehaltung des neuen Arbeitszeitmodells b) Verbesserung des Arbeitszeitmodells c) Rückkehr zum alten Arbeitszeitmodell bei mehrheitlicher Ablehnung bzw. Suche einer neuen Alternative 14. Betriebsvereinbarung 15. Endgültige Einführung

Veränderungen gehen jedoch nicht zwangsläufig nur von den Unternehmen aus. Auch die Beschäftigten tragen ihre **Bedarfe und Wünsche** an das Unternehmen heran, um eine lebensphasengerechtere Gestaltung ihrer Arbeit zu bewirken, z. B. in Zeiten der Kinderbetreuung oder bei der Planung längerer Auszeiten (Sabbatical). Einzelne Mitarbeiter/innen haben es oftmals schwer, eine individuell passende Lösung zu erwirken, wenn diese im Unternehmen bzw. ihrem Arbeitsbereich bisher nicht vorgesehen ist und betriebliche Gründe einer Individuallösung scheinbar entgegenstehen. Jedoch sollten auch in vermeintlich starr zu regelnden Arbeitsbereichen (vgl. Kap. 8.1) Flexibilisierungspotenziale ausgeschöpft werden, um den Mitarbeiter/innen eine Vereinbarkeit von beruflichen und privaten Interessen zu ermöglichen. Zum einen stärkt dies die Bindung der Mitarbeiter/innen an den Betrieb und sichert somit den Personalbestand, zum anderen ist auch mit einer höheren Motivation, Zufriedenheit und entsprechenden Arbeitsleistung zu rechnen. Eine fehlende Berücksichtigung der Interessen kann wiederum genau ins Gegenteil ausschlagen und die Produktivität einzelner Mitarbeiter/innen und Arbeitsbereiche gefährden. Dabei zeigen sich selbst in der Schichtarbeit der Produktion Möglichkeiten der Flexibilisierung, z. B. durch die Einführung von Arbeitszeittauschbörsen oder kleineren Gleitzeitfenstern, in welchen Mitarbeiter/innen weitestgehend selbstorganisiert die Schichtübergabe regeln (u. a. *Grzech-Sukalo/Hänecke* 2010, S. 15; *Berthel/Becker* 2013, S. 554). Zudem zeigen aktuelle Rechtsprechungen (z. B. ArbG Bonn, 18. 07. 2012, Az. 2 Ca 645/12 EU und Landesarbeitsgericht [LAG] Köln, 10. 01. 2013, Az. 7 Sa 766/12), dass es auch einem Betrieb im Drei-Schicht-System zumutbar ist, einzelne Mitarbeiter/innen in Teilzeit zu beschäftigen. Grundlage hierfür ist § 8 Abs. 4 TzBfG: „Der Arbeitgeber hat der Verringerung der Arbeitszeit zuzustimmen und ihre Verteilung entsprechend den Wünschen des Arbeitnehmers festzulegen, soweit betriebliche Gründe nicht entgegenstehen [...]".

9. Personalführung

(von Thomas Breisig)

Neben dem großen Thema Arbeitszeit sind auch die „Führung“ und der „Führungsstil“ im Unternehmen immer wieder Themen, die in der Belegschaft und zwischen Management und Betriebsrat heiß und kontrovers diskutiert werden. Auch in der Management- und Betriebswirtschaftslehre werden der „richtigen“ Führung oft wahre Wunderwirkungen zugeschrieben (vgl. schon darauf kritisch Bezug nehmend *Kubicek* 1983). Insofern beschäftigen wir uns im Folgenden mit dem oft geradezu mythologisierten Phänomen der betrieblichen Personalführung (*Weibler* 2012; *Steyrer* 2015).

9.1 Führung und Führungsstile

Rund um den Begriff der „Führung“ besteht eine geradezu babylonische Verwirrung (vgl. schon *Wunderer/Grunwald* 1980, S. 53). Er wird in der Betriebswirtschaftslehre regelrecht universell verwendet. Allerdings existieren hier vielfältige Überschneidungen mit anderen personalwirtschaftlichen bzw. allgemeineren ökonomischen Begrifflichkeiten wie Organisation, Motivation oder Management.

Aber nicht nur die Betriebswirtschaftslehre, sondern nahezu alle sozialwissenschaftlichen Disziplinen befassen sich zudem mit Problemen der Führung (z. B. die Psychologie, die Soziologie, die Verwaltungswissenschaft). Zur begrifflichen Uneindeutigkeit trägt ferner bei, dass Führung gleichermaßen ein Prozess, das Resultat eines Prozesses sowie eine Bezeichnung für eine Gruppe an der Spitze einer Organisation sein kann. Außerdem ist der Führungsbegriff alles andere als wertneutral, sondern hochgradig normativ geladen und kulturgebunden.

Um eine Verstrickung in diesem Bedeutungsgeflecht zu vermeiden, soll der Führungsbegriff hier im engeren Sinne von „Personal“-Führung verstanden werden.

9.1.1 Zum Begriff der Personalführung

Etymologisch ist „Führen“ das Bewirkungszeitwort zu „fahren“, also „fahren machen“ i. S. v. fortbewegen. Im Rahmen der Führung strebt der Geführte also auf ein vom Führenden gewiesenes Ziel zu. Führung ist nicht nur Aktionsverursachung, sondern immer auch Bewegungssteuerung. Konstitutiv für Führung nach ihrer etymologischen Bedeutung sind daher von der/dem Führenden gesetzte Bahnen, ein Richtung-Geben, ein Hinsteuern auf Ziele, die sie/er in eigener Initiative oder im Auftrag dritter Instanzen setzt.

Dem klassischen Begriffsinhalt entsprechend kann man von (betrieblicher) Personalführung i. S. d. folgenden **Merkmale** sprechen:[71]

- Die Personalführung spielt sich ab in einem formalen Über- bzw. Unterstellungsverhältnis zwischen einer/einem Vorgesetzten (oder Führungskraft) und einem oder mehrerer Mitarbeiter/innen.

71 Vgl. zum Folgenden *Schreyögg* (1977); *Türk* (1984, S. 65).

- Sie erfolgt in einer direkten sozialen Beziehung, sozusagen von Angesicht zu Angesicht.
- Der/dem Vorgesetzten obliegt dabei die Aufgabe der zielgerichteten Einflussnahme auf die unterstellten Mitarbeiter/innen (im Auftrag des Arbeitgebers oder Unternehmers).
- Im Wege dieser Beeinflussung (z. B. über Anordnungen, aber auch durch „Überzeugung" oder die bewusste Beteiligung der Mitarbeiter/innen) soll das Verhalten der Beschäftigten möglichst so gesteuert und koordiniert werden, dass die Ziele des Unternehmens oder des Bereichs/der Abteilung bestmöglich erreicht werden.
- Die Mitarbeiter/innen haben sich mit dem Arbeitsvertrag verpflichtet, den aufgabenbezogenen Anordnungen des Arbeitgebers (der/des Vorgesetzten) Folge zu leisten.
- Die/der Vorgesetzte kann sich aufgrund des „Direktionsrechts" zur Durchsetzung seiner Beeinflussungsmaßnahmen im Wege der Personalführung auf Sanktionsandrohungen oder ggf. auch deren Realisierung stützen (z. B. Abmahnungen, evtl. bis hin zur Kündigung). Derartige formale Einflussgrundlagen in der Beziehung zur Führungskraft hat die/der Mitarbeiter/in nicht – daher kann man von einer „asymmetrischen" Verteilung der Einflusschancen sprechen.
- Neben „negativen" Steuerungsmitteln wie Sanktionen kann die Führungskraft auch über den Einsatz von Belohnungen zur Stimulierung von erwünschten Verhaltensweisen zurückgreifen (z. B. Gehaltszulage nach Leistung).

Kurz und knapp kann man sagen: Personalführung läuft hinaus auf zielgerichtetes Einflusshandeln der Vorgesetzten gegenüber ihren unmittelbar unterstellten Mitarbeiter/innen in einer direkten sozialen Beziehung.

Zu den zentralen **Führungsaktivitäten** gehören etwa das Erteilen von Anweisungen, aber auch das Konsultieren der Mitarbeiter/innen vor einer anstehenden Entscheidung, ferner das Informieren über wichtige Sachverhalte, die die/der Beschäftigte zur Bewältigung der Arbeitsaufgabe benötigt, das Motivieren, das Koordinieren sowie das Kontrollieren (vgl. auch *Schanz* 1993, S. 550 ff.).

Führung kann sich in einer „dyadischen" Beziehung (zwischen Mitarbeiter/in und Führungskraft), aber auch zwischen Führungskraft und einer Gruppe von Unterstellten vollziehen.

Die Praxis eines so verstandenen Beeinflussungsprozesses hängt von den folgenden vier Grunddimensionen ab:

- Persönlichkeit des Beeinflussenden (seine „Führungs"-Fähigkeiten, Einstellungen, „Menschenbild", Bedürfnisse usw.),
- Persönlichkeit des Beeinflussten (der Mitarbeiterin/des Mitarbeiters),
- Struktur- (und Kultur-) Eigenschaften des sozialen Systems, in dem der Beeinflussungsversuch abläuft (z. B. flache Hierarchien, organisatorische Einheiten mit hoher Teilautonomie),
- unmittelbare Situation (z. B. Art der Aufgabe, Qualifikation der Mitarbeiterin/des Mitarbeiters, wirtschaftliche Situation des Unternehmens usw.).

Personalführung hat aufgrund der aufgezeigten Merkmale viel mit Macht zu tun (vgl. schon ausführlich zur Rolle von „Macht" in arbeitspolitischen Prozessen Kap. 3.3.2.4). Die/der Führende kann sich im Einzelnen auf die folgenden **„Machtquellen"** stützen (*Steyrer* 2015, S. 24 ff.):

ABB. 51:	Machtquellen der Führungskraft
(1) Positionsmacht	Weisungs- und Sanktionsbefugnisse
in enger Verbindung mit	
a) „coercive power“	Macht durch Sanktionierungen
b) „reward power“	Macht durch Belohnung
(2) Fachautorität („expert power“)	Kenntnisse, Fähigkeiten
(3) Persönlichkeitsautorität („referent power“)	Ausstrahlung, Einfühlungsvermögen usw.

9.1.2 Begriff und Arten von Führungsstilen

In Bezug auf die Praxis der Personalführung im Unternehmen wird häufig die Frage nach dem Führungsstil gestellt. Der Stilbegriff stellt darauf ab, dass das Personalführungshandeln in einer bestimmten Art und Weise geprägt sein soll. Von den Führungskräften wird in der Praxis die Umsetzung eines bestimmten Führungsstils verlangt, von dem sich die Unternehmensleitung am ehesten die Erreichung der anvisierten Ziele verspricht. Nach *Schreyögg* (1977, S. 27) kann man unter einem Führungsstil eine „relativ stabile, generelle und interindividuell vergleichbare Konfiguration von (Personal-)Führungsakten“ verstehen.[72]

In der Fachliteratur sowie in der Unternehmenspraxis finden sich zahlreiche Bezeichnungen oder Umschreibungen für bestimmte Ausprägungsformen von Führungsstilen. Am häufigsten ist sicherlich die Unterscheidung zwischen einem autoritären (oder autokratischen) und einem kooperativen (oder demokratischen) Führungsstil vorzufinden. Die folgende Übersicht soll die wesentlichen Unterschiede zwischen autoritärer und kooperativer Führung anhand verschiedener Dimensionen verdeutlichen:

ABB. 52:	Unterscheidungsmerkmale autoritärer und kooperativer Führungsstile	
	Autoritärer Führungsstil	**Kooperativer Führungsstil**
Rollenverständnis der Führungskraft	„Chef“, Vorgesetzter	Partner der Mitarbeiter
Menschenbild	Mensch gilt als antriebslos und anleitungsbedürftig	Mensch gilt als kreativ und kompetent
Vorrangig in Anspruch genommene Machtgrundlage	Position in der Hierarchie	Sachautorität, Expertentum, Qualifikation
Technik der Zielfestlegung	Zielvorgabe	Zielvereinbarung
Aufgabenzuweisung	Durch Anordnung	Durch gemeinsame Besprechung
Entscheidung	Allein durch den Vorgesetzten	Nach intensiver Konsultation
Kontrolle	Engmaschige, misstrauensorientierte Überwachung	Ergebniskontrolle zu feststehenden Zeitpunkten, ansonsten Selbstkontrolle

72 Einen kompakten Überblick bisheriger wissenschaftlicher Ansätze und Befunde zu Führungsstilen gibt *Steyrer* (2015, S. 40 ff.).

Information	Großer Wissensvorsprung beim Vorgesetzten, formale Kommunikation entlang der Dienstwege	Kein Wissensmonopol der Führungskraft, reger Informationsfluss in alle Richtungen
Klima, Sozialverhalten	Große Distanz zwischen Führungskraft und Geführten, emotionale Kühle	Geringe Distanz zwischen Führungskraft und Geführten, Vertrauen und Achtung

Wichtige Kennzeichen des autoritären Führungsstils sind demnach die alleinige Entscheidungskompetenz der/des Vorgesetzten i.V.m. Gehrorsamserwartung, häufige und umfassende Kontrollen, Leistungssicherung durch Sanktionsandrohung und Kommunikation hauptsächlich in Form von Anordnungen und Vollzugsmeldungen entlang der Dienstwege.

Demgegenüber läuft der kooperative Stil auf ein Zurückschrauben (aber nicht Einebnen!) der Positionsautorität der Führungskraft hinaus. Es wird konsultativ geführt; den Mitarbeiter/innen wird Wertschätzung entgegengebracht. Die Einflussnahme der Führungskraft konzentriert sich auf Formen, die im Prinzip den Geführten auch zur Verfügung stehen. Im Idealfall soll nicht die Position in der Hierarchie, sondern das bessere Argument den Ausschlag geben. Gleichwohl ist die Hierarchie vorhanden; sie befindet sich quasi im „stand-by"-Modus.

In Literatur und Praxis wird nunmehr seit mindestens 20 Jahren die Forderung nach einer Abkehr vom autokratischen Führungsstil erhoben. Dabei gilt die kooperative Variante nicht nur als die „humanere" sondern auch als die effizientere. Der **Vorteil** der kooperativen Führung wird vor allem in den folgenden Aspekten gesehen:

ABB. 53: Vor und Nachteile kooperativer Führung

Vorteile	Nachteile
► Erhöhung der Leistungsbereitschaft oder Motivation der Mitarbeiter/innen, ► Anregung von Mitverantwortung, Mitdenken und Kreativität der Beschäftigten, ► Erhöhung der Qualität von Entscheidungen aufgrund der breiteren in sie einfließenden Wissensbasis, ► Erhöhung der Akzeptanz von Entscheidungen aufgrund der Beteiligung der Mitarbeiter/innen, ► höhere Identifikation der Mitarbeiter/innen mit dem Unternehmen und seinen Zielen, ► Verminderung von Unzufriedenheit und internen Reibungen, ► Verminderung von Fluktuation und Abwesenheitszeiten, ► Neutralisierung oder zumindest Reduzierung von Leistungshemmnissen der hierarchischen Struktur.	► Kooperative Führung und die damit einhergehenden Beteiligungsprozesse erfordern ggf. ein hohes Zeitbudget, weil Debatten bisweilen „ausufern" und eine Konsens- und Kompromissfindung viel Zeit in Anspruch nehmen kann, ► Voraussetzung ist eine entsprechende Bereitschaft der Mitarbeiter/innen, sich einzubringen, ► ggf. sind qualifikatorische Voraussetzungen seitens der Beschäftigten zu schaffen (Personalentwicklung), was mit Kosten verbunden ist und ► eine gewisse Tendenz zur „Unterminierung" des hierarchischen Prinzips und der Position der Vorgesetzten.

Neuere amerikanische Studien zeigen (erneut) ungünstige Auswirkungen autokratischer Führung auf das Leistungsverhalten sowie auf das Einbringen von Verbesserungsvorschlägen (*Schuh et al.* 2013; angeführt bei *Steyrer* 2015, S. 41 f.). Negative Effekte sind besonders bei motivierten und engagierten Beschäftigten zu beobachten, sofern die Führungskraft autokratische Führung mit abwertendem Verhalten ihnen gegenüber verbindet.

9.1.3 Führung und Führungsstile in der Praxis

So weit, so gut. In der „Theorie" ist die ökonomische wie auch moralische Überlegenheit des kooperativen Stils schnell hergeleitet und einsichtig. Aber wie sieht die Praxis aus? Aufgrund des klassischen Aufbaus der Unternehmen als hierarchisch-bürokratische Gebilde (im Großbetrieb) und/oder der Tendenz der Unternehmensleitungen in kleineren und mittleren Familienbetrieben, die „Geschicke" in den untergeordneten Bereichen nicht aus der Hand geben zu wollen, ist die überkommene und gängige Führungspraxis trotz der genannten Vorteile nicht immer vom Geist der kooperativen Führung beseelt. Die vom Management „optimierten" Abläufe und das hierarchische System, mittels dessen in einheitlicher Leitung der an der Spitze der Organisation gebildete Wille umgesetzt werden soll, ziehen folgerichtig eine stark asymmetrisch geprägte, im Prinzip auf den Mechanismen von Befehl und Gehorsam beruhende Personalführung nach sich.

Auch wenn spätestens seit den 1970er Jahren die negativen Folgewirkungen (auch ökonomischer Art) einer Personalführung „nach Gutsherrenart" bekannt sind und die Forderung nach einem Übergang zu kooperativer Führung erhoben wird, dürfte nach wie vor in nicht wenigen Unternehmen die autoritäre Führung vorherrschend sein – wenn auch selten durchgängig in allen Bereichen und bei allen Führungskräften. In Organisationen mit einer solch ausgeprägten „Misstrauenskultur" beruht die Führung neben dem schon erwähnten Muster von Befehl und Gehorsam auf ausgefeilten Kontrollen und kaum Spielräume zulassenden Vorgaben. Das typische deutsche Management wird entsprechend in der kritischen praxisorientierten Literatur als autokratisch und seine Privilegien und Pfründe zäh verteidigend beschrieben. Der Unternehmer *Tikart* (1994, S. 694) kritisiert, dass viele Industrielle auf der politischen Ebene stets eine stärkere Deregulierung einfordern, bei ihrem eigenen Unternehmen jedoch diesen womöglich viel dringlicheren Deregulierungsbedarf gerne übersehen.

Sicherlich ist teilweise ein Problembewusstsein vorhanden, und es mangelt auch nicht an Versuchen von Unternehmensleitungen, autoritäre Führungsstrukturen zurückzudrängen. Aber dies erweist sich häufig als viel leichter proklamiert als auch umgesetzt. Das Problem ist sehr vielschichtig. Loyalitäten der Mitarbeiter/innen richten sich eher auf die Vorgesetzten als auf die Organisation. „Stallgeruch" und die Absolvierung einer „Ochsentour" scheinen bei Beförderungen immer noch weit wichtiger zu sein als das Vorhandensein von Sach- und besonders von Führungs- und Sozialkompetenzen. Kritik „von unten" ist oft nur in papiernen Führungsgrundsätzen erwünscht. Dies führt in der Konsequenz dazu, dass gerade die höherrangigen Führungskräfte „von lauter Spiegeln umgeben" sind und oft so auch den Kontakt zur Realität verlieren (*Schnitzler* 1995).

Viele Führungskräfte machen zudem aktiv gegen Aufweichungsversuche der bestehenden Strukturen mobil, da sie – aus ihrer Sicht durchaus zu Recht – auf der mikropolitischen Ebene

Privilegien- und Statusverluste befürchten. Das Spektrum der Gegenmaßnahmen reicht von subtilen Machtdemonstrationen bis hin zur offenen Opposition gegenüber den „Modernisierern". Informationen werden aufgesogen und auch denen vorenthalten, die sie eigentlich für ihre Arbeit benötigen.

Die Asymmetrie zwischen „Führern" und „Geführten" ist verbunden mit Misstrauen, emotionaler Distanz, mangelndem Zutrauen in die Fähigkeiten der „Untergebenen" und auch oft genug mit einem Klima der Einschüchterung und Angst. Jede Regung von unten gilt als problembehaftet. Anregungen und erst recht konkrete Verbesserungsvorschläge der Beschäftigten interpretieren Vorgesetzte vielfach als Kritik an ihrer Arbeit, als Angriff auf ihre Person und als Aushöhlung der Hierarchie. Mitdenken und das sich Einbringen von Mitarbeiter/innen wird bereits im Keim erstickt. Schon aufgrund der Angst, den Unmut der/des Vorgesetzten zu spüren zu bekommen, verzichten die Mitarbeiter/innen lieber auf Anregungen und Verbesserungsvorschläge und ziehen sich in die viel beschriebene „innere Kündigung" zurück (vgl. dazu *Krystek et al.* 1995).

9.1.4 Arbeitspolitische Aspekte der Personalführung und der Führungsstile

„Ein guter Arbeiter tut, was man ihm sagt – und widerspricht nicht seinen Vorgesetzten!"

Diese berühmte, quasi programmatische Erklärung *Taylors* (1912), dem konzeptionellen Wegbereiter der typisch industriellen Produktion von Gütern und Dienstleistungen (vgl. Kap. 7.2), vor nunmehr über 100 Jahren hat ihren Niederschlag in einer deutlichen Tendenz zu autoritären Führungsformen und -stilen in den klassischen Managementkonzepten gefunden. Die vom Management „optimierten" Abläufe und das hierarchische System mit einheitlicher, straffer Leitung führt tendenziell zu zu autokratischen, anordnungsorientierten Stilen der Personalführung, was oben bereits dargelegt wurde (vgl. Kap. 9.1.3).

Außerdem wird manchmal übersehen, dass dem Rechtsmechanismus des arbeitgeberseitigen „Direktions"-Rechts, welches für das Vertragskonstrukt des Dauerschuldverhältnisses zwischen Arbeitgeber und Beschäftigten im Rahmen des arbeitsvertraglichen Transformationsproblems konzeptionell prägend ist (vgl. Kap. 2.2.2 und 9.1.1), ja im Grunde eine gewollte klare Rollenverteilung und Asymmetrie zugrunde liegt:

„Das Direktionsrecht des Arbeitgebers ist das Recht, [...] gegenüber dem Arbeitnehmer verhaltenslenkende Anordnungen zu treffen, die sich auf die Tätigkeit selbst oder auf damit zusammenhängende Verhaltensweisen beziehen. Einer Zustimmung des Arbeitnehmers bedarf es hierfür nicht" (*Birk* 1974, o. S.).

Insoweit kann man auch, in Umkehrung der berühmten Wendung von der „normativen Kraft des Faktischen" nach *Jellinek*, von einer gewissen faktischen Kraft des Normativen ausgehen. Die rechtliche Basis des Arbeitsverhältnisses verleiht der Führungskraft keinerlei Kompetenz- sondern einen schlichten Positionsvorsprung. Ungeachtet jedweder Diskussion um den (kooperativen) Führungsstil manifestiert sich dieser Positionsvorsprung immer wieder in Erwartungen, die an die Führungskräfte gestellt werden. Weil die Anforderungen an Führungskräfte multidimensional sind, stehen auf einer übergeordneten Ebene oft Wunsch-Attribute wie „Macher-Fähigkeiten" oder „Durchsetzungsstärke" im Vordergrund. Diese adressieren wohl eher an einen autokratisch geprägten „Leader"-Typus, nicht so sehr an einen „supportive leader", wie er vielen Partizipanten der Führungsstil-Debatte vorschwebt (vgl. für viele *Hüther* 2009). Gerade in höheren Hierarchieregionen und besonders an der Unternehmensspitze gelten in der Wirtschaftspresse, bei Analyst/innen usw. eher „harte Hunde" oder auch beinharte Sanierer als angesagt – früher, heute und sicher auch in Zukunft. Der Führungs-„Stil" steht dann nicht so sehr im Vordergrund.

Gleichwohl kann man nach den weiter oben angeführten Überlegungen die Auswirkungen der Personalführung auf die Arbeitnehmer/innen in die folgende einfache Formel kleiden: Wird nach dem Konzept des kooperativen Stils geführt, kommt dies sehr weit den Bedürfnissen und Interessen der Mitarbeiter/innen entgegen. Kooperative Führung ist aber aus den gezeigten Gründen kein Selbstläufer. Und unter autokratischer Führung wird der persönlichen Entfaltung der Beschäftigten und ihrem Wohlbefinden am Arbeitsplatz ein schwer zu knackender Riegel vorgeschoben.

Die vorteilhaften Wirkungen kooperativer Führung liegen auf der Hand: Die Mitarbeiter/innen werden in Entscheidungen einbezogen und können ihren Sachverstand und ihre Initiative und Fähigkeiten in das Geschehen einbringen. Nach allen Erfahrungen wird diese Form der Einbindung als sehr positiv und aufbauend erlebt. Man empfindet sich weniger als kleines Rädchen einer anonymen Maschinerie, sondern fühlt sich mit seiner Persönlichkeit, aber auch mit seiner Kompetenz und allen sonstigen Fähigkeiten geachtet. Nur so kann sich das einstellen, was gemeinhin unter Motivation zur Arbeit und Identifikation mit dem Unternehmen bezeichnet wird. Gleiches gilt analog für das zuletzt viel beachtete „commitment" der Mitarbeiter/innen (*Felfe* 2008). Das nützt zwar in erster Linie dem Unternehmen, aber ohne Frage auch den Mitarbeitern/innen. Freiräume und der Verzicht auf ständige Kontrollen reduzieren ungute und auch ungesunde Empfindungen wie Angst, Leistungs- und Versagensdruck.

Darüber hinaus ist ein freundlicher Umgang, ein gutes Klima in der Beziehung zwischen Führungskraft und Mitarbeiter/in von allerhöchstem Stellenwert für das Wohlbefinden am Arbeitsplatz.

Umgekehrt gilt: Bei einer stark autoritär-hierarchisch geprägten Personalführung ist das Befinden am Arbeitsplatz ganz massiv beeinträchtigt (vgl. *Ulich/Wülser* 2010, S. 277 ff. m. w. N.). Das hängt damit zusammen, dass alltäglicher Leidensdruck und Angst zu gesundheitsschädlichem Stress und mittelfristig zu ernsthaften Erkrankungen führen können. Es ist allgemein bekannt und mit einer Reihe von Untersuchungen untermauert, dass autoritäre Führung nicht nur zu höheren Krankenständen, sondern auch zu Demotivation führt und viele Arbeitnehmer/innen dazu treibt, das Unternehmen zu verlassen (Fluktuation). Bekannt ist auch ein offenkundiger Zusammenhang zwischen der autoritären Führung und „Widerstands"-Formen der Arbeitnehmer/innen, die über Informationszurückhaltung, „unmotiviertem" Umgang mit Kund/innen, Verweigerung, Desinteresse bis hin zu bewussten Sabotageakten reichen (vgl. dazu Kap. 2.2.2).

Allerdings will ich abschließend darauf hinweisen, dass bei solchen Einschätzungen über die arbeitspolitischen Implikationen bedacht werden muss, dass im konkreten Einzelfall auch die Person der Geführten, d. h. ihre Erwartungen, Einstellungen, Werte usw. (siehe oben), eine wichtige Einflussgröße sind. In der Tat gibt es Mitarbeiter/innen, die von ihrem Typ und von ihren Bedürfnissen her mit einer autokratischen Führung weniger ein Problem haben: Man nimmt seine Anweisungen entgegen, befolgt diese, lässt sich auch mal anschreien, wenn etwas schief läuft; aber man „hat auch seine Ruhe". Man braucht sich keine großen Gedanken machen, trägt weniger Verantwortung, tut halt „seinen Job" und verlegt ansonsten den Lebensmittelpunkt in Freizeit und Familie.

Auch die kooperative Führung hat in Abhängigkeit von der konkreten Handhabung ihre Tücken:

- An dem hierarchischen Abhängigkeitsverhältnis ändert die kooperative Führung nichts; im Konfliktfall gilt das Wort der/des Vorgesetzten. Gerade in solchen Konfliktfällen kann dann das freundliche Gesicht der Führung schnell wieder umschlagen in überkommene autoritäre Praktiken und Positionen.
- In diesem Sinne gibt es auch keinerlei rechtlich einklagbaren Anspruch auf kooperative Führung. Das Direktionsrecht des Arbeitgebers ist durchaus so angelegt, dass es einer autokratischen Lesart des Führens mittels begründungsloser Anordnungen und auf der Basis rein formaler Befugnisse des Vorgesetzten entspricht, ja vielleicht sogar darauf angelegt ist (siehe oben).
- Wenn das Management kooperative Führung befürwortet, dann tut es das i. d. R. nicht, um irgendwelchen Idealen der Demokratisierung und Humanisierung der Arbeitswelt Rechnung zu tragen, sondern um eine effektivere und vor allem intensivere Ausnutzung dessen zu bewirken, was man heutzutage als „Humanressourcen" bezeichnet. Auf Deutsch: Die Fähigkeiten, Fertigkeiten, Energien und die Kreativität der Mitarbeiter/innen soll besser eingebracht und „abgeschöpft" werden. Insofern liegen der kooperativen Führung durchaus betriebswirtschaftliche Überlegungen mit dem Primärziel der Produktivitätssteigerung zugrunde. Kooperative Führung kann insofern auch mit Arbeits- und Leistungsintensivierung einhergehen.

Solche Überlegungen können aber angesichts der stark negativen Auswirkungen klassisch-hierarchischer Führungsformen auf die Arbeitnehmer/innen nicht ernsthaft dazu führen, dass an der hohen Übereinstimmung der Interessen bei kooperativer Führung gezweifelt wird. Eine Sozialverfassung nach Art des „humanzentrierten" Typus (vgl. Kap. 3.3.2.5) ist in hohem Maße geprägt von einer Vertrauenskultur, in deren Aufbau die Akteure „investieren" (vgl. zum Konstrukt „Vertrauen" *Weibler* 2001, S. 189 ff.). Unter autokratischer Führung wird dies unter den heute geltenden Wertesystemen kaum möglich sein.

Wie oben bereits erwähnt, gibt es Mitarbeiter/innen, die kein Problem mit dem autoritären Führungsstil haben. In den meisten Fällen lässt sich dieser Umstand auf eine „instrumentelle" Arbeitseinstellung zurückführen, die es immer gegeben hat und immer geben wird. Allerdings handelt es sich hierbei gerade in der heutigen Zeit um eine deutliche Minderheit. Zudem entspricht diese Mentalität nicht dem Typus von Beschäftigten, die das „moderne Management" im internationalen Wettbewerb benötigt. Mitarbeiter/innen mit einer solchen Denk- und Arbeitsweise riskieren daher, eher der nächsten Rationalisierungswelle zum Opfer zu fallen.

Der Betriebsrat hat, jedenfalls vom rechtlichen Standpunkt aus betrachtet, im Bereich der Personalführung weniger Möglichkeiten als in manch anderem Handlungsfeld. Die Personalführung ist nämlich rechtlich aufs Engste mit dem Direktionsrecht verknüpft, welches bekanntlich dem Arbeitgeber zusteht (vgl. Kap. 3.2.2.2).

Das unternehmerische Direktionsrecht beinhaltet das mit der Unterschrift der Arbeitnehmerin/des Arbeitnehmers unter den Arbeitsvertrag verbriefte Recht des Arbeitgebers, innerhalb des vertraglich abgesteckten Rahmens verhaltenslenkende Anordnungen treffen zu dürfen, ohne dass es hierzu formal einer Zustimmung der Beschäftigten bedarf (vgl. oben). Damit ist die Zuweisung von Aufgaben, die Koordination von Aktivitäten oder das Erteilen von Anordnungen unmittelbar Ausfluss dieses unternehmerischen Direktionsrechts. All dies sind Kernbereiche der Personalführung, sodass der Betriebsrat hier kaum eine rechtliche Eingriffsmöglichkeit hat. Ein straff-autoritäres Führungs„regime" ist vom Direktionsrecht gedeckt und insoweit „mitbestimmungsfrei legal." Etwas anderes könnte höchstens dann gelten, wenn bestimmte Grenzen überschritten werden (z. B. Verletzung der Persönlichkeit, Anwendung von Gewalt) oder dem Arbeitgeber eine unzureichende Beachtung seiner Fürsorgepflichten nachgewiesen werden könnte. Auch dann gibt es keine Mitbestimmung in der Personalführung; der Betriebsrat hätte aber das Recht (und die Pflicht), auf die Unterlassung hinzuwirken.

Allerdings bedeutet dies keineswegs einen Automatismus im Sinne autoritärer Führungsstile und strikter Hierarchiebetonung. Das „Direktions"recht steht keineswegs einer offenen und kooperativen Form der Personalführung entgegen. Aber es gibt eben keinen Anspruch darauf. In diesem Sinne ist jedoch auf eine interessante Rechtsnorm hinzuweisen, deren Bezug zur Personalführung schon in ihrer Bezeichnung deutlich wird, denn der § 75 BetrVG regelt die „Grundsätze für die Behandlung der Betriebsangehörigen":

MERKE

Grundsätze zur Behandlung der Betriebsangehörigen nach § 75 BetrVG

„(1) Arbeitgeber und Betriebsrat haben darüber zu wachen, dass alle im Betrieb tätigen Personen nach den Grundsätzen von Recht und Billigkeit behandelt werden, insbesondere, dass jede unterschiedliche Behandlung von Personen wegen ihrer Abstammung, Religion, Nationalität, Herkunft, politischen oder gewerkschaftlichen Betätigung oder Einstellung oder wegen ihres Geschlechts oder ihrer sexuellen Identität unterbleibt. Sie haben darauf zu achten, dass Arbeitnehmer nicht wegen Überschreitung bestimmter Altersstufen benachteiligt werden.

(2) Arbeitgeber und Betriebsrat haben die freie Entfaltung der Persönlichkeit der im Betrieb beschäftigten Arbeitnehmer zu schützen und zu fördern. Sie haben die Selbständigkeit und Eigeninitiative der Arbeitnehmer und Arbeitsgruppen zu fördern."

Diese Norm bedeutet für die hier in Rede stehenden Zusammenhänge insbesondere, dass durch die Art und Weise der Personalführung das allgemeine Persönlichkeitsrecht und die Würde des Menschen (vgl. auch Art. 1 und 2 des Grundgesetzes sowie § 823 Abs. 1 BGB) nicht verletzt werden dürfen. Der Arbeitgeber (und damit auch die/der Vorgesetzte) wird veranlasst, die Mitarbeiter/innen nach den „Grundsätzen von Recht und Billigkeit" zu behandeln. Auch werden Arbeitgeber und Betriebsrat ausdrücklich darauf verpflichtet, „darüber zu wachen", dass diese Grundsätze eingehalten werden. Verstöße gegen diese Prinzipien sind entsprechend zu verhindern. Die Beachtung des Grundsatzes der Billigkeit kommt insbesondere in solchen Rechtsverhältnissen (und damit im Arbeitsverhältnis) zum Tragen, „wenn einem Vertragspartner das Recht zur einseitigen Leistungsbestimmung ‚nach billigem Ermessen' zusteht (vgl. §§ 315 ff. BGB)" (*Fitting et al.* 2002, RN 22 zu § 75).

Da das arbeitgeberseitige Direktionsrecht eindeutig ein Anwendungsbereich dieses Billigkeitsgrundsatzes ist, wird der Arbeitgeber mit dem § 75 Abs. 1 BetrVG dazu verpflichtet, sein Weisungsrecht nur in einer sachgerechten und allgemeinen Umgangsformen entsprechenden Art und Weise wahrzunehmen. Ferner stellt Abs. 1 klar, dass der Arbeitgeber im Rahmen der Personalführung niemanden wegen Abstammung, Religion, Nationalität, Herkunft, politischer oder gewerkschaftlicher Aktivität, ferner wegen des Geschlechts oder der sexuellen Identität diskriminieren darf.

Nach § 75 Abs. 2 BetrVG haben Arbeitgeber und Betriebsrat die „freie Entfaltung der Persönlichkeit" der Arbeitnehmer/innen „zu schützen und zu fördern".

Nach § 75 Abs. 2 Satz 2 BetrVG haben Arbeitgeber und Betriebsrat zudem die Selbständigkeit und Eigeninitiative der Arbeitnehmer/innen und Arbeitsgruppen zu fördern. Nach dieser 2001 neu in das Gesetz aufgenommenen Leitlinie sind die Betriebsparteien ausdrücklich dazu aufgefordert, den Mitarbeiter/innen „Raum für kreative, selbst gestaltete und eigenverantwortliche Arbeit" einzuräumen, soweit dies die arbeitsvertragliche Aufgabenerfüllung und das Zusammenleben im Betrieb zulassen (vgl. *Fitting et al.* 2002, RN 93 zu § 75). Auch diese Rechtsnorm weist einen ganz offenkundigen Bezug zu einer kooperativen Variante der Personalführung auf, da solche Ansprüche im Rahmen eines autoritären Führungsstils nicht zu realisieren sind. In der Praxis dürfte es jedoch einige Schwierigkeiten bereiten, z. B. unter Bezugnahme auf diese Bestimmung ein spezielles Führungsverhalten vom Arbeitgeber bzw. der Führungskraft „einklagbar" zu verlangen. Zwar handelt es sich bei § 75 BetrVG nicht um einen „unverbindlichen Programmsatz", sondern er hat „materielle Bedeutung" und bindet die beiden Parteien, also auch den Arbeitgeber (*Fitting et al.* 2002, RN 3 zu § 75). Dennoch dürfte die Belegführung aufgrund der Unbestimmtheit der Rechtsbegriffe im konkreten Fall schwierig werden.

Immerhin kann der Betriebsrat bei offenkundigen Verstößen des Arbeitgebers gegen diese Rechtsnorm „Feststellungs-, Unterlassungs- und Beseitigungsansprüche, ggf. im Wege der einstweiligen Verfügung, geltend machen" (*ebenda*, RN 99 zu § 75).

Dennoch ist der § 75 BetrVG die einzig klar erkennbare Rechtsnorm, um Einfluss seitens des Betriebsrats auf die Personalführung geltend zu machen. Sie beinhaltet jedoch keinerlei Mitbestimmungsrecht, sondern enthält bestenfalls eine Handhabe bei eklatanten arbeitgeberseitigen Verstößen gegen die dort angesprochen Grundsätze in der Behandlung aller oder einzelner Mitarbeiter/innen.

Aus dem umfassenden Katalog der Mitbestimmungsrechte des § 87 Abs. 1 BetrVG kommt allenfalls die Ziffer 1 in Betracht, wonach der Betriebsrat bei „Fragen der Ordnung des Betriebs und des Verhaltens der Arbeitnehmer im Betrieb" mitzubestimmen hat. Diese Bestimmung greift jedoch nach der herrschenden Rechtsprechung dann nicht, wenn es um Maßnahmen und Regelungen geht, die unmittelbar die zu bewältigenden Aufgaben der Mitarbeiter/innen betreffen. Dann nämlich handelt es sich „bloß" um eine mitbestimmungsfreie Angelegenheit zur Konkretisierung des arbeitgeberseitigen Direktionsrechts. Es geht in diesem Fall nach der ständigen Rechtsprechung um das „Arbeitsverhalten" und nicht um das – mitbestimmungspflichtige – „Ordnungsverhalten" (vgl. *Fitting et al.* 2002, RN 64 f. zu § 87):

„Gegenstand der Mitbestimmung sei die Gestaltung der Ordnung des Betriebs durch die Schaffung allgemeingültiger verbindlicher Verhaltensregeln. [...]

Das Arbeitsverhalten betrifft dagegen Maßnahmen, mit denen die Arbeitspflicht unmittelbar konkretisiert wird. Das sind alle Weisungen, die die Arbeitnehmer bei der Erbringung der geschuldeten Arbeitsleistung selbst zu beachten haben. Sie sind mitbestimmungsfrei. Das gilt auch für generelle Anweisungen an alle Arbeitnehmer [...]."

Beispiele für mitbestimmungspflichtige Verhaltensregeln sind etwa bestimmte Kontrollpraktiken (z. B. Einführung von Stechuhren, Anwesenheitslisten), Einführung und Nutzung von Werksausweisen, Parkplatzregelungen, Kleiderordnungen, Rauchverbote und ähnliches. Demnach umfasst die Mitbestimmung nach dieser Norm allenfalls solche indirekten Verhaltensregelungen. Der Kern des Direktionsrechts und damit die Ausübung des zentralen Inhalts der Personalführung (das „Arbeitsverhalten") bleibt mitbestimmungsfrei.

Das BAG hat im Übrigen in einem Urteil von 1984 (BAG 23.10.84, AP Nr. 8 zu § 87) die Mitbestimmungspflichtigkeit von Führungsgrundsätzen nach § 87 Abs. 1 Nr. 1 und nach § 94 Abs. 2 BetrVG (Allgemeine Beurteilungsgrundsätze) verneint.

Von den (begrenzten) rechtlichen Einflussmöglichkeiten unbedingt zu trennen sind jedoch die politischen Chancen, die ein aufmerksamer und aktiver Betriebsrat zur Beeinflussung der betrieblichen Personalführung wahrnehmen kann. Auch der Arbeitgeber muss nach allem Ermessen ein starkes Interesse an der Zurückdrängung hierarchisch-autoritärer Führungsformen haben. Dies wird alleine schon dadurch belegt, dass schriftlich fixierte Führungsgrundsätze, in denen von den Vorgesetzten auf jeder Hierarchiestufe kooperative Führungsstile mit Beteiligung der Mitarbeiter, Gewährung von Handlungsspielräumen, Delegation von Kompetenzen usw. verlangt werden, in großem Stil seit mindestens 30 Jahren in deutschen Unternehmen verbreitet sind (vgl. *Breisig* 1987).

Insofern liegt ein breites Spektrum gemeinsamer Interessen vor. Wenn der Betriebsrat in Wahrnehmung seiner allgemeinen Aufgaben (oder auch auf konkrete Beschwerden hin) Missstände in der Personalführung nachhaltig moniert und auf eine Verbesserung drängt, hat es der Arbeitgeber zumindest schwer, dem nicht zu entsprechen.

9.2 Führen durch Ziele und Zielvereinbarungen

Nicht zuletzt aufgrund der Erfahrungen mit der schwierigen Umsetzbarkeit der Forderung nach einem kooperativen Führungsstil, die ohne strukturelle Unterstützung abstrakt bleibt und daher oft – wie soeben gezeigt – ins Leere stößt, ist in der letzten Zeit ein zwar altbekanntes, bislang aber weitgehend auf die Führungskräfteebenen beschränktes Führungsprinzip reaktiviert und zum – mehr oder weniger – universellen Handlungs- und Orientierungsmuster erhoben worden: das Führen mit Zielen und Zielvereinbarungen. Nicht zuletzt wegen der immensen Praxisbedeutung, die diesem Instrumentarium inzwischen zukommt, soll es im Folgenden ausführlich behandelt werden (vgl. z. B. *Schau* 1998; *Tondorf* 1998; *Bungard/Kohnke* 2000; *Breisig* 2013; *Mollbach* 2014)

9.2.1 Zielvereinbarungen als Managementinstrument

Bei Zielvereinbarungen treffen Vorgesetzte mit ihren Mitarbeiter/innen oder ganzen Teams Abmachungen über (von den einzelnen Beschäftigten bzw. Gruppen) anzustrebende Ziele (vgl. ausführlich *Mollbach* 2014, S. 103 ff.). Zielorientierte Führungs- und/oder Entlohnungskonzepte sind für den Bereich höherrangiger Führungskräfte bereits seit längerem bekannt, z. B. bis zur Ebene Hauptabteilungsleiter oder Abteilungsleiter. Auch soziologische Untersuchungen unter hochqualifizierten Angestellten ergaben, dass in diesen Beschäftigtengruppen spätestens seit

Beginn der 1980er Jahre Zielvereinbarungssysteme und daran gekoppelte Vergütungskomponenten weit verbreitet sind (vgl. *Baethge et al.* 1995). Ebenso werden sie seit vielen Jahren oder gar Jahrzehnten bei Positionen an der Schnittstelle Unternehmen/Markt (z. B. Verkaufsförderung, Außendienst) eingesetzt. Jüngeren Datums ist nunmehr ein gewisser Trend, Zielvereinbarungen auch für die Beschäftigten auf mittleren und unteren Ebenen einzuführen, sie also zu einem alle Ebenen und Bereiche umfassenden, flächendeckenden Führungs- und Steuerungsverfahren zu erheben.

„Führungstheoretisch" gedacht könnte man sie als Form der indirekten Führung (*Jung* 2011, S. 424 f.) oder als Führungssubstitut (*Kerr/Jermier* 1978) bezeichnen. Die Lenkungswirkung wird verstärkt auf organisatorische Regelungen (Zielsysteme, Zielhierarchien) i. V. m. einer Stärkung einer Selbststeuerung der Mitarbeiter/innen (*Weibler* 2012, S. 390 ff.; *Furtner/Baldegger* 2013) übertragen.

Damit gehören Zielvereinbarungen auf dem lukrativen „Markt" neuer Führungs- und Managementkonzepte mit deutlich wachsender Tendenz zu den am höchsten gehandelten und mit großen Erwartungen verbundenen Instrumenten. Unternehmen aller Größenklassen und Branchen wie auch neuerdings Behörden und andere Organisationen aus dem öffentlichen Sektor versprechen sich davon einen ebenso effizienten wie flexiblen Steuerungsmechanismus der Unternehmensaktivitäten, der noch dazu beteiligungsorientierte Komponenten enthält und insofern den Bedürfnissen und Interessen der Beschäftigten entgegen kommen kann.

Die gestiegene Attraktivität von Zielvereinbarungen lässt sich durch folgende Erwartungen der Initiator/innen erklären:

- Durch Ziele und Zielvereinbarungen lassen sich Unternehmen und andere Organisationen besser und flexibler steuern als durch klassische Führungsinstrumente (z. B. hierarchische Anweisungen und starre Programme oder Richtlinien). Die Beweglichkeit i. S. d. ständigen Anpassungsfähigkeit an die sich ändernden Umwelt- und Rahmenbedingungen wird gestärkt.
- Miteinander verzahnte und vernetzte Zielvereinbarungen bis „hinunter" zur Basis der Hierarchie versprechen eine stringente Umsetzung der Unternehmensplanung i. S. d. Controlling-Idee.
- Durch Zielvereinbarung lassen sich die Beschäftigten stärker auf die Zielerreichung verpflichten. Die Mit-Beeinflussung der für sie maßgeblichen Zielgrößen gewährleistet die Übernahme von mehr Eigenverantwortung, Handlungsspielräume bei den Wegen zur Zielerreichung, die Reduzierung von Kontrollen sowie als Folge dieser Aspekte eine stärkere Motivation und Identifikation der Mitarbeiter/innen mit „ihren" Zielen/Aufgaben bzw. dem Unternehmen.
- Zielvereinbarung und Leistungsbeurteilung wachsen eng zusammen, was sich vornehmlich aus den Funktionsproblemen der bisherigen Verfahren der Personalbeurteilung mit ihren klobigen, pauschalen und beliebig auslegbaren Kriteriensystemen ergibt (vgl. ausführlich *Breisig* 2001a).
- Mit einer Verkopplung von Zielerreichungsgraden der einzelnen Mitarbeiter/innen oder Teams und Teilen des Entgelts lässt sich eine stärkere Leistungsorientierung in der Entlohnung umsetzen, die die Beschäftigten ebenfalls zu einer höheren Leistungsmotivation veranlasst.

- Zielvereinbarungen lassen sich als integraler Bestandteil in umfassendere moderne Managementkonzepte sowie in organisatorische Strategien der Dezentralisierung einfügen. Beispiele sind etwa Ansätze des Qualitätsmanagements (z. B. „Total Quality Management"), weil diese häufig auf die zahlenmäßige Erfassung qualitätsrelevanter Kriterien abheben. Aber auch andere Konzepte wie „Corporate Identity", „Kontinuierlicher Verbesserungsprozess" oder dergleichen können als Rahmen für die Einführung von Zielvereinbarungs-Systemen fungieren.

Zudem haben Zielvereinbarungen im Zusammenhang mit der Einführung von sog. „Balanced Scorecards" einen weiteren Bedeutungsschub erlangt (*Kaplan/Norton* 1996). Dabei handelt es sich um ein besonders für Dienstleistungsunternehmen interessantes Kennzahlen-Konzept. Diese Scorecards sollen eine konkrete Übersetzung der strategischen Ziele von Unternehmen oder Organisationseinheiten nach unten hin gewährleisten. Das Besondere ist, dass dabei eine ausgewogene („balanced") Mischung von Ergebnis-Kennzahlen, die sich in der Vergangenheit bewährt haben, und zukunftsorientierten Leistungsfaktoren (Innovations-, Entwicklungs-, Wachstumsziele) entwickelt werden soll (vgl. *Breisig et al.* 2004). Mittels Zielvereinbarungen werden diese Steuerungsgrößen auf den einzelnen Hierarchieebenen bereichsspezifisch festgelegt.

9.2.2 Begriffliche Basis

Ziele sind angestrebte Ergebnisse, die durch bewusst auf sie ausgerichtetes Handeln erreicht werden sollen. Sie beschreiben somit einen für die Zukunft, i. d. R. auch für einen genau angegebenen Zeitpunkt, erwünschten Soll-Zustand. Der Weg der Zielverfolgung ist für gewöhnlich nicht enthalten bzw. vorgeschrieben.

Der Begriff Zielvereinbarung ist alles andere als einheitlich. Er steht inzwischen für eine Vielzahl unterschiedlichster Anwendungsformen. Generell handelt es sich um eine spezifische Form der Festlegung von Zielen als zukunftsbezogene Steuerungsgrößen der Leistung und des Verhaltens der Mitarbeiter/innen, die sich maßgeblich von einer Zielvorgabe im Rahmen hierarchischer Beziehungen unterscheidet (zumindest unterscheiden sollte). Im Rahmen von Mitarbeitergesprächen werden zwischen der/dem Beschäftigten und der/dem Vorgesetzten gemeinsam Ziele für den Arbeitsbereich der Mitarbeiterin/des Mitarbeiters festgelegt. Diese können eingebunden sein in ein umfassendes, ebenenübergreifendes Zielsystem des Unternehmens. Bei anderen Formen kommen die Ziele weniger aus dem Bereich des Controllings bzw. der Unternehmensplanung, sondern sind von den jeweiligen Aufgaben der Mitarbeiter/innen abgeleitet (teilweise dokumentiert in Stellenbeschreibungen).

Die Zielvereinbarungen haben eine feste, den Beteiligten bekannte Laufzeit, und nach Ablauf dieser Periode werden durch einen Soll/Ist-Vergleich (vgl. unten) in einem weiteren Gespräch und möglichst auf der Basis spezifischer Daten die Zielerreichungsgrade ermittelt. Die Zielerreichungsgrade können – müssen aber nicht – als Entscheidungsgrundlage im Hinblick auf personelle Entscheidungen oder Teilnahme an Personalentwicklungs-Maßnahmen dienen. Nicht wenige dieser Systeme weisen auch einen expliziten Entgeltbezug auf, indem aus dem Zielerreichungsgrad eine variable Vergütungskomponente ermittelt wird.

9.2.3 „Management by objectives" als Hintergrund

Viele Zielvereinbarungs-Systeme sind konzeptionell auf die Anwendung des Führungsmodells „Management by objectives" (MBO) zurückzuführen, das im Deutschen zumeist mit „Führen durch Ziele" o. Ä. übersetzt wird.

Das MBO wurde in den 1950er und Anfang der 1960er Jahre in den USA von einer Vielzahl von Autoren entwickelt. Es stellt möglichst quantifizierte, also in Zahlen ausgedrückte Ziele als zentralen Steuerungsmechanismus der Unternehmensaktivitäten bzw. der Aktivitäten seiner Mitglieder heraus. Ein Unternehmen, das nach MBO führt, kennt neben einer Aufgaben- und Personenhierarchie auch eine Zielhierarchie. Ausgehend von der Unternehmensführung, die Rahmenziele und strategische Pläne festlegt, werden die Ziele kaskadenförmig auf die untergeordneten Organisationseinheiten (Sparten, Hauptabteilungen, Gruppen, einzelne Stellen) „heruntergebrochen". Die auf diesem Wege festgelegten Ziele nehmen nach unten hin an Detaillierung, Präzision und Operationalisierung zu. Sie sollen gegenüber den Zielen der Vorperiode eine Herausforderung enthalten, d. h. sie sollen in ihrem Anspruch über den bisher erreichten Stand hinausgehen.

ABB. 54: Zielhierarchie in MBO-Konzepten

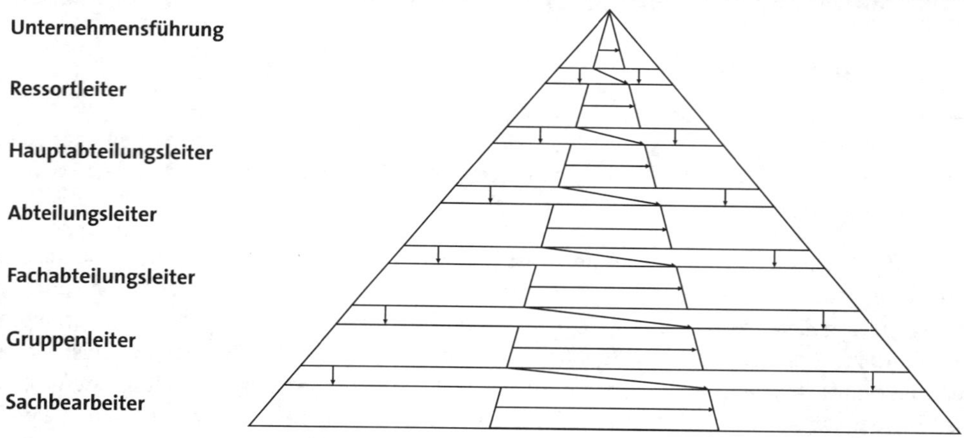

In Bezug auf die Frage der Beteiligung der Mitarbeiter/innen an der Festlegung ihrer Stellenziele lassen sich im MBO zwei verschiedene Ansätze ausmachen. Bei der Zielvorgabe legt die/der Vorgesetzte in alleiniger Kompetenz die Zielgrößen für die unterstellten Mitarbeiter/innen fest und gibt sie per Anordnung als verbindliche Richtschnur vor. Bei der Zielvereinbarung soll die Festlegung demgegenüber in einem kooperativen Prozess zwischen Führungskraft und Mitarbeiter/in erfolgen. Dieser Partizipation der Beschäftigten an der Zielfestlegung wird im MBO eine stark motivierende Wirkung zugeschrieben. Sie soll eine stärkere Realitätsnähe, aber auch eine höhere Identifikation der Beschäftigten mit den Zielen auslösen. Die Mitarbeiter/innen sollen sich selbst „in die Pflicht genommen" fühlen und gegenüber der fremdbestimmten Variante der Zielvorgabe ein stärkeres Verantwortungsbewusstsein für die Realisation der Ziele entwickeln.

Die Zielvereinbarung findet i. d. R. statt in einem jährlichen Gespräch zwischen Führungskraft und Mitarbeiter/in. Die dabei festgelegten Ziele gelten für eine feststehende Dauer (häufig ein

Jahr) und werden in einem einfachen Formular festgehalten. Zugleich wird geklärt, wie man die im Soll/Ist-Vergleich (vgl. unten) festgestellten Zielerreichungsgrade bewertet (z. B. anhand einer fünfstufigen Skala: Ziel weit verfehlt – annähernd erreicht – erreicht – übertroffen – weit übertroffen). Auch können evtl. unterschiedliche Gewichtungen vorgenommen werden.

Die Mitarbeiter/innen werden nach Ablauf einer entsprechenden Periode (meist ein Jahr) anhand eines „Soll/Ist-Vergleichs" bewertet. In einem Beurteilungsgespräch versucht man den Grad der Zielerreichung festzustellen und zu diskutieren. Da aufgrund nicht vorhersehbarer Einflüsse das Zielniveau beeinträchtigt werden kann, ist im Rahmen des Gesprächs zudem eine Abweichungsanalyse vorzunehmen. Auf der Basis der Beurteilungsergebnisse sollen schließlich Folgemaßnahmen (z. B. Personalentwicklung) und die neuen Ziele für die kommende Periode festgelegt werden.

9.2.4 Zieltheorie der Arbeitsmotivation

Das MBO ist ein Ansatz, der aus der Sphäre der Unternehmensberatungen erwachsen ist und insoweit eher pragmatisch-umsetzungsorientierten Ansprüchen genügt. MBO lässt sich jedoch seinerseits auf eine verhaltenswissenschaftliche Basis zurückführen, die in der Fachliteratur als die Zieltheorie der Arbeitsmotivation bzw. als die Goal-Setting-Theorie bezeichnet wird. Als prominentester Vertreter gilt der Amerikaner *Locke* (vgl. z. B. *Locke* 1968; *Locke/Latham* 1990).

Aus dieser Perspektive betrachtet gelten Ziele als die zentralen Determinanten und Regulatoren menschlichen Handelns. Ziele entfalten ihre Steuerungsfunktion durch Aufmerksamkeitslenkung, Anstrengungsmobilisierung und Erhöhung der Ausdauer. Zudem begünstigen sie die Herausbildung geeigneter Handlungsstrategien. Von Zielen geht ferner eine gewisse Sogwirkung („traction") aus, die dazu führt, dass die Betreffenden bestrebt sind, jede Störung bzw. Unterbrechung im Hinblick auf die Zielerreichung abzuwehren.

Die Vertreter der Goal-Setting-Theorie haben vor allem mithilfe von Experimenten versucht, die konkreten Bedingungen für eine möglichst hohe Motivationswirkung von Zielen herauszufinden. Die wichtigsten Rahmenbedingungen und Zusammenhänge sind dabei die Folgenden:

► **Schwierigkeitsgrad**

Schwierige Ziele führen zu besseren Leistungen als leichte. Insofern wird gefolgert, dass die Ziele eine Herausforderung und entsprechend anspruchsvoll formuliert sein sollten.

► **Exaktheit der Zielbestimmung**

Spezifische, klare Ziele bringen bessere Resultate als vage Vorgaben. So gilt die Vorgabe „Gebe dein Bestes!" oder „Steigere die Produktivität!" als uneffektiv und damit wenig sinnvoll. Spezifische Ziele sind in diesem Sinne z. B. die „Senkung der Reklamationsquote um 20 % im nächsten Jahr" oder „Umsatzsteigerung von 7 % in den kommenden sechs Monaten". Als Folgeproblem dieser Norm ergibt sich jedoch, dass viele Bereiche aufgrund der Natur ihrer Aufgabenstellung (z. B. eine Personalabteilung, ein Sekretariat) einer Ziel-Spezifizierung kaum oder nur über fragwürdige Umwege zugänglich sind. Auch lassen sich ökonomische Größen recht gut in klare Ziele umsetzen, nicht jedoch soziale Ziele wie die Humanisierung von Arbeitsbedingungen, die Erhöhung der Arbeitszufriedenheit, die Verbesserung des Betriebsklimas oder die Steigerung der Kundenzufriedenheit.

► **Zielakzeptanz und -Commitment**

Die Zielakzeptanz bezieht sich auf den Grad, zu dem ein/e Mitarbeiter/in ein Ziel verinnerlicht, es sozusagen als ihr/sein eigenes ansieht. Mit einer hohen Zielbindung wächst die Leistung, was eher für eine Zielvereinbarung als für eine Zielvorgabe spricht. Ziel-Commitment bezieht sich auf das Ausmaß, mit dem ein/e Mitarbeiter/in ein persönliches Interesse an der Zielerreichung hat. Entsprechend ist zu erwarten, dass leistungsbezogene Entlohnung die Zielbindung stärkt.

► **Feedback**

Ziele wirken besonders dann leistungssteigernd, wenn sie mit – möglichst kontinuierlichen – Rückmeldungen über die erzielten bzw. aktuellen Ergebnisse kombiniert werden.

9.2.5 Anforderungen an zu vereinbarende Ziele

Aufgrund der Befunde der Goal-Setting-Theorie und praktischer Erfahrungen werden vielfältige Anforderungen an die festzulegenden bzw. zu vereinbarenden Ziele formuliert. Als am besten geeignet werden selbstredend quantitative Ziele (im weitesten Sinne auf Kennzahlen-Basis) erachtet. Diese seien hinlänglich klar und nach Ablauf der Periode überprüfbar. Da dies aber nicht immer möglich ist, werden auch andere, „weichere" Forderungen erhoben. So sollen die Ziele klar und verständlich, auf einen eingegrenzten und ebenso klaren Zeitraum bezogen und von den betreffenden Individuen auch beeinflussbar sein. Zudem sollen sich die Beteiligten (Vorgesetzte/r und Mitarbeiter/in) auf Überprüfungskriterien oder Indikatoren verständigen, jedenfalls sofern es sich nicht um quantifizierte und in ihrem Erreichungsgrad klar messbare Zielgrößen handelt.

Bekannt geworden ist inzwischen die sog. SMART-Regel. Danach sollen Ziele im Einzelnen sein:

ABB. 55:	Anforderungen an Zielvereinbarungen nach der SMART-Regel
S –	chriftlich fixiert, präzise und klar
M –	essbar, d. h. in Zahlen ausdrückbar, nachvollziehbar und überprüfbar
A –	nspruchsvoll, d. h. eine Herausforderung darstellend, aber dennoch
R –	ealistisch und erreichbar
T –	erminiert, d. h. auf einen konkreten, festen Zeitraum bezogen

Ein weiterer bedeutsamer Punkt ist, dass sich die Beteiligten auf eine überschaubare Zahl von Zielen (z. B. drei bis fünf) verständigen. Weniger ist mehr, damit die anzustrebenden Ziele im Blickfeld bleiben und die ihnen zugedachte Funktion der Aufmerksamkeitslenkung und Anstrengungsmobilisierung überhaupt erfüllt werden kann.

9.2.6 Vorteile und Umsetzungsprobleme

Zielvereinbarungssysteme weisen aus Sicht der Unternehmen viele potenzielle Vorteile auf, die ihren aktuellen Bedeutungszuwachs verständlich machen. Zielvereinbarungen versprechen eine höhere Planbarkeit und Koordinierung der Unternehmensaktivitäten besonders in großen Unternehmen. Sie ermöglichen eine kontrollierbare Verteilung der einzelnen Ziele auf die diversen Ebenen, Organisationseinheiten, Teams und ggf. auch Mitarbeiter/innen.

Auch zentrale personalpolitische Funktionen werden von diesem Instrument angesprochen. Durch die klare und für alle Beteiligten sichtbare Festlegung von Zielen wird Transparenz geschaffen. Die Mitarbeiter/innen erhalten konkretes Feedback und können Einflüsse auf die Festlegung der für sie maßgeblichen Steuerungsgrößen ausüben. Durch die Orientierung an Zielen als Steuerungsmechanismus und eine Konzentration der Beurteilung auf einen Soll/Ist-Vergleich am Ende einer feststehenden Periode tut sich das Management oft leichter damit, den Beschäftigten „zwischendurch" mehr Raum für selbständiges und selbstverantwortliches Agieren inklusive einer Selbstkontrolle zuzugestehen.

Jedoch gibt es auch bei den Zielvereinbarungssystemen eine Reihe von Anwendungsproblemen, die bei der Gestaltung solcher Verfahren zu bedenken sind (vgl. *Breisig* 2013, S. 82 ff.; *Braun* 2004, S. 96 ff.).

Im Vorfeld besteht das Problem, dass bei vielen Arbeitsplätzen die Festlegung operationaler und klarer Ziele (anstelle einer vagen Umschreibung von Tätigkeitsinhalten) bereits Schwierigkeiten bereitet. Der ursprüngliche MBO-Ansatz ist zwingend mit der Forderung verbunden, möglichst exakte, ja nur rein quantitative Ziele als „messbare" und in ihrer Erreichung kontrollierbare Steuerungsgrößen zuzulassen. Eine zwanghafte Befolgung dieser Voraussetzungen schränkt den Anwendungsbereich in der Tat empfindlich ein. Jedwede Form von komplexeren und/oder unbestimmten Aufgabeninhalten fällt dann heraus oder wird auf gekünsteltem Wege über Hintertüren in eine zahlenmäßige Ausdrucksform zu pressen versucht. Beispiel: Nach einem sehr groben und methodisch fragwürdigen Raster wird eine kleine Anzahl von Kund/innen befragt. Mithilfe der Ergebnisse soll sodann das Ziel Kundenzufriedenheit „gemessen" werden.

Gerade die in der Dienstleistungsgesellschaft für Fragen nach der Qualität und Kundenorientierung ausschlaggebenden Verhaltensweisen der Mitarbeiter/innen wie fachkundige und findige Beratung, ein freundlicher Umgang mit einer unzufriedenen Kundin am Telefon, das Einbringen von Kenntnissen und Ideen zur Produktinnovation usw. entziehen sich weitgehend der Messbarkeit. Zwar lassen sich „auf Biegen und Brechen" willkürliche zahlenmäßige Größen ins Spiel bringen (z. B. Reklamationsquoten, Ergebnisse von Zufriedenheitsbefragungen, Anzahl von Verbesserungsvorschlägen etc.). Allerdings stellen diese kein objektives Abbild der dahinter stehenden Leistungen der Mitarbeiter/innen.

Ein weiteres Problem besteht darin, dass es zu langfristig folgenschweren Fehlsteuerungen kommen kann. Je nachdem, welche Ziele genau vereinbart werden, wird die Aufmerksamkeit oft auf kurzfristige und gut erfassbare Größen konzentriert (z. B. Umsatz). Dies wirkt sich unter Umständen zulasten der mehr qualitativ-langfristigen Ziele aus, wie z. B. Kundenberatung, Stabilisierung der Kundenbindung, Teamfähigkeit, Kooperationsbereitschaft oder Innovationsverhalten. Es besteht Grund zu der Annahme, dass die nicht quantifizierbaren Bereiche des Leistungsverhaltens (Führungs- und Sozialverhalten, Innovation usw.) außen vor bleiben.

Eine weitere Schwierigkeit spiegelt sich in der Frage nach der Beeinflussbarkeit der Ziele durch die Mitarbeiter/innen. Im Prinzip wird unterstellt, dass allein die Beschäftigten mit ihrem Leistungsverhalten für das Erreichen oder Nicht-Erreichen der Ziele verantwortlich sind. In vielen realen Aufgabenzusammenhängen sind jedoch diverse Situationsbedingungen aus einem komplexen Geflecht marktlicher, konjunktureller, preislicher, produktbezogener, führungsmäßiger oder sonstiger Faktoren ebenso für eine gute oder schlechte Leistung verantwortlich. Insofern ist es problematisch, quantitative Ziele bzw. deren Erreichungsgrad als „objektiver" Indikator der Leistung der Mitarbeiter/innen auszugeben. Wird dieser Zusammenhang jedoch einzig durch das Verfahren systematisch unterstellt, so fühlen sich die Mitarbeiter/innen im Falle von nicht durch sie zu verantwortende Abweichungen ungerecht behandelt – vor allem dann, wenn sich dieser Umstand in der Vergütung niederschlägt.

9.2.7 Arbeitspolitische Aspekte von Zielvereinbarungen

Wie oben schon kurz angedeutet, kommen Zielvereinbarungssysteme zentralen Interessenlagen der Beschäftigten entgegen. Schon in einem älteren Aufsatz charakterisiert *Knebel* (1984, S. 187) die möglichen (nicht zwingenden!) Chancen von Zielvereinbarungen für die betroffenen Beschäftigten wie folgt:

„Zielvereinbarung als Führungsmodell findet [...] Zustimmung, weil es eine Antwort geben kann auf die immens angestiegenen Selbstentfaltungs- und Selbstverwirklichungsinteressen vieler Mitarbeiter. Diesem Bestreben kommt dieses Management-Konzept am weitesten entgegen, weil das Erreichen eines auch vom Mitarbeiter gewollten Ergebnisses im Blickpunkt des Interesses steht, wodurch der einzelne Mitarbeiter oder das Team aus der direkten und häufig als bevormundend empfundenen Abhängigkeit zum Vorgesetzten teilweise entlassen wird. Hiermit wird also dem Wunsch nach Entfaltung eigener Initiative und einer gewissen Selbständigkeit im Handeln und Entscheiden Rechnung getragen."

Unter der Voraussetzung, dass eine „echte" Zielvereinbarung stattfindet und diese Ziele von den Betroffenen akzeptiert werden, können bislang verborgene Potenziale an Motivation, Identifikation, Eigeninitiative und Verantwortungsbereitschaft seitens der Mitarbeiter/innen erschlossen werden. Die Mitarbeiter/innen verinnerlichen „ihre" Ziele; damit kann das viel beschworene, aber selten wirklich erreichte unternehmerische Denken und Handeln der Beschäftigten („Mitunternehmertum") nachhaltig gestärkt werden (vgl. dazu Kap. 3.4.3).

Zudem ist eine authentische Zielvereinbarung ein stark beteiligungsorientiertes Instrument, ermöglicht es doch den Betroffenen, eigenständig Einfluss zu nehmen auf die für sie maßgeblichen Leistungs- und Arbeitsbedingungen. Gegenüber den Vorgesetzten erhalten sie eine gewisse – natürlich je nach Situationsbedingungen stark unterschiedlich ausgeprägte – Verhandlungsmacht. In einer bestimmten Hinsicht kann Zielvereinbarung auch zur Stärkung der Arbeitsplatzebene im Sinne umfassender Mitbestimmungs-Konzepte beitragen. Wie *Tondorf* (1998) zu Recht betont, ist es nicht möglich, spezifische, arbeitsplatzbezogene Ziele wie auch die Leistungsmaßstäbe durch den Betriebs- bzw. Personalrat „zentral" zu regeln. Damit sind die Mitarbeiter/innen verstärkt gefordert, in dem zentral abgesteckten Rahmen ihre Sichtweisen und Positionen zu behaupten. Besonders am Anfang mag diese viele überfordern; es ist aber zugleich eine Entwicklungschance, in einem mittelfristigen Prozess zu lernen, sich selbst stärker im eigenen Arbeitsbereich einzubringen und zu artikulieren. Die Mitbestimmung auf Betriebsebene erhält über solche Ansätze einen stabileren Unterbau auf der Arbeitsplatz- bzw. Arbeitsbereichsebene, auf der die Betroffenen selbst als Akteur „in eigener Sache" in Erscheinung treten.

Die Beschäftigten können ferner die an sie gerichteten Erwartungen gut erkennen, erhalten konkretes Feedback und Orientierung. Sie wissen, wo sie bei ihrer Arbeit Schwerpunkte setzen müssen. Zudem können sie bei festgelegten Zielen Autonomiespielräume und Selbstbestimmungspotenziale bei den Wegen der Zielerreichung beanspruchen. Zudem kommt es den Mitarbeiter/innen und Vorgesetzten vielfach durchaus gelegen, sich einmal im Rahmen eines Zielvereinbarungsgesprächs in Ruhe verständigen und Sichtweisen austauschen zu können. Dieser prinzipiell mit allen Zielvereinbarungs-Modellen verbundene Kommunikationszweck ist grundsätzlich als Chance zu begreifen, jedenfalls sofern der dialogische Charakter des Gesprächs von den Beteiligten, d. h. insbes. von den Vorgesetzten, befolgt wird. Wissenschaftliche Untersuchungen belegen darüber hinaus, dass viele Arbeitnehmer/innen ein Bedürfnis nach Anerkennung ihrer Leistungen und nach dem Aufzeigen beruflicher Entwicklungsmöglichkeiten haben (*Baethge et al.* 1995). Das kann zu Klarheit und Transparenz beitragen und sollte insoweit als berechtigtes Interesse betrachtet werden.

Jedoch ist mit Blick auf die Praxis gegenüber einer allzu großen „Partizipationseuphorie" im Zusammenhang mit diesem Instrumentarium Skepsis angebracht. Eines der häufig auftretenden Defizite der Ziel-„Vereinbarung" besteht nämlich in einer unzureichenden Beteiligung der Mitarbeiter/innen an der Zielfestlegung. Eine Zielhierarchie kann im Prinzip nur durch eine Vorgabe der Ziele von oben nach unten umgesetzt werden. Und genau dies geschieht häufig: es findet bestenfalls eine Kommunikation über vorgegebene Ziele, nicht aber eine wirkliche Partizipation der Mitarbeiter/innen statt. Eine authentische Zielvereinbarung verlangt aber nach einer realen Chance der Mitarbeiter/innen, von den für sie über die Zielhierarchie vorbestimmten Zielen abweichende andere Ziele durchzusetzen, sofern es dafür gute Gründe gibt. Entscheidend ist an diesem Punkt die Existenz eines fairen und beide Perspektiven einbeziehenden Konfliktlösungsverfahrens, sofern sich Vorgesetzte/r und Mitarbeiter/in nicht einigen können. Ein solches Muster ist inzwischen auch in einigen Betriebs- und Tarifvereinbarungen umgesetzt, allerdings bei Weitem noch nicht die Regel.

Im Unterschied zu dem mitbestimmungspolitisch schwierigen Feld der Personalführung und der Führungsstile haben die Betriebsräte bei Zielvereinbarungen jedoch größere rechtliche Durchsetzungsmöglichkeiten, um den Interessen der Belegschaft bei der konkreten Verfahrensgestaltung Nachdruck zu verleihen. Zwar ist zunächst die Festlegung von Aufgaben und Zielen für das Unternehmen bzw. die Organisationseinheiten und die Beschäftigten eine sog. wirtschaftliche Angelegenheit, die dem arbeitgeberseitigen Direktionsrecht unterliegt und damit der Mitbestimmung des Betriebsrats entzogen ist. Auf der anderen Seite steht jedoch außer Frage, dass durch Zielvereinbarungen zwangsläufig mitbestimmungspflichtige Bereiche tangiert werden, sodass es auch für den Arbeitgeber ein Gebot der Klugheit ist, von vorneherein ein einvernehmliches Konzept mit dem Betriebsrat zusammen zu entwickeln und in einer Betriebsvereinbarung zu regeln. Je nach den konkreten Vorstellungen des Arbeitgebers werden nämlich die folgenden Mitbestimmungsrechte des Betriebsrats berührt:

Nach § 87 Abs. 1 Nr. 1 BetrVG hat der Betriebsrat mitzubestimmen über „Fragen der Ordnung des Betriebes und des Verhaltens der Arbeitnehmer im Betrieb". Es muss anhand des konkreten Arbeitgeber-Vorschlags geprüft werden, ob diese Norm greift. Dies kann der Fall sein, wenn der Arbeitgeber mit dem Projekt Ziele wie die „Verbesserung der Zusammenarbeit" oder ähnliches verfolgt bzw. wenn Gegenstand der Zielvereinbarungen auch Verhaltensaspekte der Mitarbeiter/innen sein sollen.

Nach § 87 Abs. 1 Nr. 6 BetrVG hat der Betriebsrat mitzuentscheiden bei der Einführung und Anwendung von technischen Einrichtungen, die dazu bestimmt sind, das Verhalten und die Leistung der Beschäftigten zu überwachen. Da Zielvereinbarungen oft mit IT-technisch fundierten Controlling-Systemen in Zusammenhang stehen, die Rückschlüsse auf individuelle Verhaltensweisen und Leistungsgrößen zulassen, ist der Bezug zu dieser Norm unter (diesen) Umständen gegeben. Dies gilt ebenso, wenn der Arbeitgeber personenbezogene Beurteilungsdaten aus einem Soll/Ist-Vergleich in ein IT-System einspeisen will. Dabei ist völlig unerheblich, ob die Daten von einer technischen Einrichtung erhoben oder aus einem Beurteilungsbogen in das IT-System übertragen werden und damit einer IT-mäßigen Auswertung zugeführt werden können.

Gemäß § 87 Abs. 1 Nr. 10 und 11 BetrVG hat der Betriebsrat dann mitzubestimmen, wenn Zielvereinbarungs-Konzepte auch eine Entlohnungskomponente enthalten. Dies gilt aber nur, sofern die entsprechenden Entlohnungsgrundsätze nicht (abschließend) in einem Tarifvertrag geregelt sind. Der Arbeitgeber kann z. B. die Vergabe einer Leistungszulage vom Erzielen bestimmter Zielerreichungsgrade, die im Soll/Ist-Vergleich festgestellt worden sind, abhängig machen. Dann greift zumindest die Norm nach Nr. 10, wonach der Betriebsrat ein Mitbestimmungsrecht bei der Festlegung von Grundsätzen und Struktur der Zulagenermittlung besitzt. Dieses Recht bezieht sich auf die Ausgestaltung der gesamten Verfahrenskomponenten inklusive der Kriterien, nach denen die Zulagenhöhe differenziert ist.

Wie oben schon angedeutet, haben eine Reihe von Interessenvertretungen bereits im Rahmen von Betriebs- oder Tarifvereinbarungen Regelungen verabschiedet, wonach z. B. Ziele, Arbeitspensen usw. für die einzelnen Mitarbeiter/innen reklamierbar sind und eine paritätische Kommission und – bei deren Nichteinigung – die betriebsverfassungsrechtliche Einigungsstelle den Konflikt behandelt (vgl. dazu *Breisig* 2001b).

10. Personalbeurteilung

(von Thomas Breisig)

Eine zunehmende Bedeutung kommt im Rahmen der Gestaltung des Personaleinsatzes und in durchaus engem Zusammenhang mit der Personalführung den formalisierten Verfahren der Personalbeurteilung zu. Dies haben z. B. auch die Ansätze zum HRM-Konzept gezeigt, in denen die Personalbeurteilung ausdrücklich eine zentrale Rolle im Bezugsrahmen einnimmt (vgl. Kap. 3.4.2). Der Hintergrund ist recht einfach: Wenn es stimmt, dass der arbeitende Mensch zunehmend als „Ressource" betrachtet wird, in die (z. B. durch Personalentwicklung) investiert werden soll, will sich der Arbeitgeber auch ein fundiertes Bild von den Personen, von ihren Fähigkeiten, Qualifikationen und Potenzialen, und vielleicht auch von ihrer Persönlichkeit machen.

Beurteilungsverfahren weisen eine weit zurückreichende Historie auf. Ihr Einsatz hängt mit der Entstehung größerer Bürokratien in Staat, Heer, Kirche und Wirtschaft zusammen. Man kannte sie bereits in den Verwaltungsbürokratien des alten chinesischen Reiches im 3. Jh. n. Chr., den straff geleiteten kirchlichen Orden oder den stehenden Heeren nach Überwindung der Feudalzeit.[73] Selbstverständlich hat dieses Instrument auch in kapitalistischen Wirtschaftsunternehmen schnell seinen Platz gefunden. Als Vorreiter gelten – wie so oft – amerikanische Betriebe (vgl. dazu *Pilhofer* 1982), die aber rasch in Europa ihre Nachahmer fanden.

Die klassischen Verfahren der Personalbeurteilung hatten bzw. haben von inhaltlichen Details abgesehen, eine stark formalisierte auf vergleichende Datengewinnung und damit auf die „Verplanung" und Kontrolle der Mitarbeiter/innen ausgelegte Grundausrichtung. Entsprechend wurde/wird sie als quantifizierendes, der Vergabe von Schulnoten nicht unähnliches und auf die Generierung „harter" Planungsdaten ausgerichtetes Instrument gestaltet und eingesetzt. Insofern ist es nicht verkehrt, sie im erweiterten Sinne dem Bereich der Personalplanung zuzuordnen.

Dieser traditionelle, einer Kontroll- und Planungsphilosophie entsprechende Zuschnitt der Personalbeurteilung ist seit einiger Zeit im Begriff, sich grundlegend zu verändern – längst nicht in allen Bereichen und Unternehmen und erst recht nicht flächendeckend, aber inzwischen unübersehbar (vgl. z. B. *Rübling* 1988; *Kolb* 1996; *Laufer* 2008; *Nicolai* 2009, S. 236 ff.). Das persönliche Gespräch zwischen Mitarbeiter/in und Vorgesetzter/m wird zum Zwecke der Kommunikationsförderung und Verbesserung der Zusammenarbeit in den Vordergrund gestellt. Häufig sollen auch, in Kombination mit dem gerade erörterten Konzept der Zielvereinbarungen, Aufgaben und/oder Ziele für die anstehende Periode festgelegt bzw. vereinbart und Personalentwicklungsbedarfe besprochen werden. Die „harten", an der Datengewinnung und Mitarbeiter/innen-Kontrolle ausgerichteten Ziele der klassischen Personalbeurteilung verlieren demgegenüber an Stellenwert.

10.1 Begriff und Arten der Personalbeurteilung

Es soll hier im Folgenden von Personalbeurteilung gesprochen werden, wenn die nachstehenden Definitionsmerkmale vorliegen:

73 Vgl. zu einem knappen historischen Exkurs *Lattmann* (1975, S. 17 ff.).

- Es finden regelmäßig in gewissen Abständen Bewertungen von Mitarbeiter/innen statt.
- Es gibt hierfür ein standardisiertes Verfahren (z. B. durch Ausfüllen eines Beurteilungsbogens).
- Es wird die Leistung und/oder das Verhalten und/oder die Persönlichkeit der Beschäftigten bewertet.

Von dieser Definition sind längst nicht alle Beurteilungsverfahren erfasst, die es im betrieblichen Alltag gibt (vgl. im Überblick *Jöns/Bungard* 2005). So werden etwa in vielen Unternehmen Assessment Center-Verfahren zur Einschätzung des Entwicklungspotenzials ambitionierter Mitarbeiter/innen (vgl. Kap. 6.4) eingesetzt, was allerdings im Normalfall nicht regelmäßig durchgeführt wird. Auch psychologische Eignungstests, graphologische Gutachten und dergleichen, die in Zusammenhang mit Fragen der Personalauswahl Anwendung finden, sind nicht von dieser Festlegung abgedeckt. Es geht hier „nur" um den Typus der konventionellen (Regel-)Beurteilung von bereits im Unternehmen tätigen Mitarbeiter/innen, wobei es jedoch keine definitorische Voraussetzung ist, dass nur nach klassischen Methoden (Einstufungsverfahren, vgl. unten) beurteilt wird.

Ein Unterscheidungskriterium ist der **Gegenstand der Beurteilung**. Demnach könnte man Persönlichkeits-, Verhaltens- und Leistungsbeurteilung unterscheiden. Eine gewisse Sonderrolle spielt bei der gegenstandsbezogenen Differenzierung zudem die Befähigungs- oder Potenzialbeurteilung.

Da es heute verpönt ist, die menschliche Persönlichkeit offen zum Gegenstand von Beurteilungsverfahren zu erheben und da auch Verhaltensaspekte in der Praxis häufig unter dem Begriff der Leistungsbeurteilung erfasst werden, bleibt de facto oft nur eine Abgrenzung von **Leistungs- und Befähigungsbeurteilung** übrig (so z. B. im öffentlichen Dienst). Dabei bezieht sich die Leistungsbeurteilung auf die in der Vergangenheit erbrachten Arbeitsergebnisse und zudem i. d. R. auf als relevant erachtete Verhaltens- und ggf. auch Persönlichkeitsaspekte. In einer retrospektiven Betrachtung wird das komplexe Konstrukt „Leistung" zumeist mit ergebnis-, verhaltens- und persönlichkeitsbezogenen Facetten zu erfassen versucht. Bei der Befähigungs- oder Potenzialbeurteilung geht es eher um eine zukunftsorientierte Betrachtung der Eignung von Mitarbeiter/innen für andere, i. d. R. hierarchiehöhere Stellen.

Neben der gegenstandsbezogenen Differenzierung werden Beurteilungsverfahren auch nach Anlässen unterschieden, wobei man Regelbeurteilungen von Bedarfsbeurteilungen abgrenzen kann:

- **Regelbeurteilungen**, auch periodische Beurteilungen genannt, finden in regelmäßigen Zeitabständen statt. Dabei kann jedoch die Größe der Abstände, der Turnus, von Unternehmen zu Unternehmen erheblich variieren.
- **Bedarfsbeurteilungen** erfolgen demgegenüber zu besonderen Anlässen, entweder in Ergänzung zur Regelbeurteilung oder als einzige Beurteilungsform (z. B. anlässlich des Endes der Probezeit, eines Vorgesetztenwechsels oder der Bewerbung auf eine andere Stelle).

Ein weiteres Abgrenzungskriterium von Beurteilungsverfahren sind die Akteure, genauer gesagt die Person der zu Beurteilenden. Neben der regulären Personal-Beurteilung durch die unmittelbaren Vorgesetzten lassen sich so Vorgesetzten-, Gleichgestellten- und Selbstbeurteilungen unterscheiden:

- Bei **Vorgesetztenbeurteilungen** „von unten" werden gegenüber der herkömmlichen Personalbeurteilung die Rollen vertauscht. Die Führungskräfte werden – oft auf freiwilliger Basis – von den ihnen unterstellten Mitarbeiter/innen beurteilt. Diese mehr als „Feedback" für die Vorgesetzten gedachte Form kann durchaus ein wirksames Beteiligungsinstrument in der Hand der Beschäftigten sein, ist aber in seiner Anwendung sehr voraussetzungsvoll (vgl. z. B. *Hofmann et al.* 1995).
- **Gleichgestelltenbeurteilungen** (amerikanisch: „peer ratings" oder „peer nominations") sind in den USA aus militärischen und akademischen Institutionen und vereinzelt auch aus der Wirtschaft bekannt. Die Kolleg/innen (daher z.T. auch der Begriff „Kollegen-Beurteilung") sind wegen der umfassenden Informationsgrundlage eigentlich besonders gut als Beurteilende geeignet. Gleichwohl ist die Beurteilung unter Kolleg/innen wegen der fehlenden formalen Distanz oft problematisch. Aufgrund des persönlichen Verhältnisses neigen die Beurteilenden häufig zu über Gebühr milden Bewertungen; jedoch können auch im Gegenteil besondere Rivalitätsbeziehungen oder Konkurrenzempfindungen auf die Ergebnisse durchschlagen. Wegen dieser und anderer – auch moralischer – Probleme ist die Gleichgestelltenbeurteilung in Deutschland höchst selten.
- Auch **Selbstbeurteilungen** finden inzwischen ihre Förderer, obwohl diese wegen der völligen Identität von Beurteiler/innen und Beurteilten in noch stärkerem Ausmaß das Problem fehlender Distanz aufweisen (menschliche Neigung zur Selbstüberschätzung, um das Selbstwertgefühl aufrecht zu erhalten). Immerhin werden sie zunehmend als Ergänzung der Fremdbeurteilung (i. d. R. durch die/den Vorgesetzte/n) in die Diskussion eingebracht, sind aber offenbar als völlig eigenständiges Instrument nach wie vor kaum verbreitet.

Die dargestellten Varianten jenseits der regulären Personalbeurteilung werden aufgrund der zu vernachlässigenden praktischen Bedeutung hier nicht weiter behandelt. Wir wenden uns im Folgenden der herkömmlichen, i. d. R. merkmalsgestützten Beurteilung der Mitarbeiter/innen durch ihre Führungskräfte zu.

10.2 Beurteilungsmethoden

Unabhängig vom eben dargestellten Typus von Beurteilungen sind verschiedene methodische Ansätze der Vornahme der Beurteilung zu unterscheiden:

Die am wenigsten standardisierte Form ist die **freie Beurteilung** (auch: freie Beschreibung, Eindrucksschilderung o. ä. genannt). Mit Hilfe weniger Vorgaben oder sogar vollkommen in freien Worten beschreiben die Beurteilenden ihre Einschätzungen und Eindrücke von den betreffenden Mitarbeiter/innen bezüglich der jeweils relevanten Merkmale oder hinsichtlich einer Gesamtbewertung. Diese Variante wird in der Literatur i. d. R. nicht weiter behandelt, weil sie keine Vergleichbarkeit ermöglichet, der Subjektivität und Willkür Tür und Tor öffnet und in hohem Maße von Ausdrucksvermögen und Differenzierungsfähigkeit der Vorgesetzten abhängig ist.

Das Gegenstück der freien Beschreibung sind die **stark standardisierten merkmalsorientierten Einstufungsverfahren**. Hierbei werden die Mitarbeiter/innen nach einem zumeist einheitlichen Raster von Merkmalen oder Kriterien und anhand einer vorgegebenen mehrstufigen Skala beurteilt. Dieser Typus ist die gängige Methodik, die den klassischen in der Praxis angewandten Beurteilungsverfahren zugrunde liegt. Sie werden weiter unten ausführlich dargestellt und einer kritischen Betrachtung unterzogen.

Bei den Rangordnungsverfahren („Rankings“) werden die betroffenen Mitarbeiter/innen ähnlich einer „Hitliste“ in eine Rangfolge gebracht. Dabei müssen verschiedene Möglichkeiten auseinander gehalten werden. Bei der einfachen summarischen Rangordnung werden die Beschäftigten nach einem Gesamturteil bewertet und in eine Reihe vom besten bis zum schlechtesten Mitarbeiter eingeordnet. Dieses Vorgehen ist auch differenziert für einzelne Kriterien möglich. Beim sog. Paarvergleich werden die einzelnen Mitarbeiter/innen mit allen anderen Mitgliedern der zu beurteilenden Arbeitsgruppe verglichen, wobei die Beurteilenden jeweils festlegen müssen, welche von den beiden gerade betrachteten Personen „besser“ ist. In einem zweiten Schritt wird ermittelt, wie oft jede einzelne Person den Paarvergleich „gewonnen“ hat, sodass aus dieser Methode letztlich eine Gesamt-Rangordnung resultiert.

Beim **Verfahren der erzwungenen Verteilung** müssen die Beurteilenden die Mitarbeiter/innen in eine vorgegebene Stufeneinteilung einordnen (z. B. 10 % sehr gut und sehr schlecht, 20 % gut und schlecht und 40 % mittel). Diesem Ansatz liegt oft eine Orientierung an der Leitlinie einer angenommenen Normalverteilung der Leistungen zugrunde.

Bei den **Kennzeichnungs- und Auswahlverfahren** werden den Beurteilenden Zustands- oder Verhaltensbeschreibungen vorgegeben, wobei eingeschätzt werden soll, ob die Einzelaussagen (z. B. „Ermutigt seine Mitarbeiter/innen zur Initiative“) zutreffen oder nicht.

Bei den **zielorientierten Verfahren** schließlich stehen zuvor festgelegte oder vereinbarte, oft quantifizierte Ziele im Vordergrund (vgl. auch Kap. 9.2 zur Zielvereinbarung). Diese werden individuell (z.T. auch gruppenweise) definiert; die Mitarbeiter/innen werden nach Ablauf einer Periode nach dem Zielerreichungsgrad beurteilt. Die Zielorientierung ist eine der wichtigsten Innovationen im Beurteilungswesen der letzten Zeit.

Die hier dargestellten Methodiken sind Idealtypen. In der Praxis liegen zumeist Mischsysteme vor, wenngleich doch i. d. R. eine Strukturvariante, insbesondere das Konzept der merkmalsorientierten Einstufung, dominiert. Gleichwohl enthalten viele reale Verfahren z. B. auch ergänzende freie Beschreibungen, werden mit einer Zielfestlegungskomponente verbunden oder enthalten de facto ein Ranking, indem die einzelnen Beurteilungsresultate zu einem Gesamturteil zusammengerechnet werden. Einzig die Kennzeichnungs- und Auswahlverfahren spielen in der Praxis der Personalbeurteilung keine große Rolle.

10.3 Merkmalsorientierte Einstufungsverfahren

Nach vorliegenden Untersuchungen spielt der Typus hochstandardisierter, merkmalsorientierter Einstufungsverfahren im Beurteilungswesen deutscher Unternehmen und darüber hinaus in Behörden und vielen weiteren Institutionen eine herausragende, dominante Rolle, zumindest was die bisherige Praxis angeht (vgl. z. B. *Breisig* 2001a; 2005). Das Prinzip der merkmalsorientierten Einstufungsverfahren ist es, über ein Set vorgegebener Kriterien beurteilungsrelevante Feststellungen und Beobachtungen der/des Vorgesetzten anhand einer mehrstufigen, dem Schulnotensystem nicht unähnlichen Skala zu bewerten und diese Bewertungen in einem entsprechenden Raster schriftlich, etwa per Ankreuzen der vorgegebenen Merkmalsausprägungen oder durch

Zuordnen einer Wertungszahl, festzuhalten. Ein derartiges Konzept wird an dem folgenden Beispiel deutlich:

ABB. 56: Anwendungsbeispiel merkmalsorientierter Einstufungsverfahren

Beurteilungsmerkmale	Ausprägungsstufen				Bemerkung
	Die Anforderungen werden				Besondere Befähigung, Erfahrung, Eignung
	übertroffen	in vollem Umfang erfüllt	überwiegend erfüllt	nicht ausreichend erfüllt	
I. Arbeitsqualität	☐ 16	☐ 12	☐ 8	☐ 4	
II. Arbeitsquantität	☐ 16	☐ 12	☐ 8	☐ 4	
III. Fachkenntnisse	☐ 16	☐ 12	☐ 8	☐ 4	
IV. Wirtschaftl. Denken und Handeln	☐ 16	☐ 12	☐ 8	☐ 4	
V. Zusammenarbeit	☐ 16	☐ 12	☐ 8	☐ 4	
VI. Soziales Verhalten	☐ 16	☐ 12	☐ 8	☐ 4	
Zutreffendes bitte ankreuzen ☐					

Das Spektrum der verwendeten Kriterien ist sehr weit. Die in Beurteilungsverfahren verwendeten Kriterien lassen sich in folgende unterschiedlichen Gruppen einteilen:

ABB. 57: Kriterien in Beurteilungsverfahren

Kriterium	Beispiel
Leistung bzw, Arbeitsergebnisse	Arbeitsmenge, -leistung, -ergebnisse, Grad der Zielerreichung; Arbeitsgüte, -qualität, -ausführung
Qualifikation	berufliche Kenntnisse, Fachwissen, Fähigkeiten, Fertigkeiten
Arbeitsverhalten	Kooperation, Verhalten gegenüber Vorgesetzten, Einsatzbereitschaft, Verantwortungsbereitschaft, Anwendung der Kenntnisse, Organisation, Anpassungsbereitschaft bei Neuerungen, Fortbildungsbereitschaft, Verhalten gegenüber Kund/innen
Führungsverhalten	Menschenführung, Mitarbeiterorientierung, Delegation, Förderung, Motivationsfähigkeit, Zielsetzung
Persönlichkeit	Initiative, Belastbarkeit, Auffassungsgabe, Ausdrucksvermögen, Entschlusskraft, Zuverlässigkeit, Auftreten, geistiges Format
Künftige Entwicklungs- und Einsatzmöglichkeiten (Potenzial-, Befähigungs-, Eignungsbeurteilung)	Weitere Verwendbarkeit, Eignung für höhere Positionen, Entwicklungsfähigkeit

Nicht nur die Art, auch die Zahl der Kriterien variiert erheblich. Während die Unternehmen teilweise bestrebt sind, die Anzahl der Kriterien möglichst klein zu halten, stößt man andererseits auf Anwendungsbeispiele von 20 und mehr Beurteilungsdimensionen.

Eine wichtige Voraussetzung für das Funktionieren merkmalsorientierter Einstufungsverfahren ist, dass die verschiedenen Beurteilenden hinter den z.T. doch sehr vagen und unbestimmten Kriterien einen zumindest annähernd einheitlichen Sachverhalt erkennen. Merkmale wie „Zuverlässigkeit", „Auffassungsgabe", „Initiative" oder „Umgang mit Betriebsmitteln" sprechen eben nur begrenzt für sich. Daher wird in den meisten Beurteilungsverfahren der Versuch unternommen, die einzelnen Kriterien durch genauere Definitionen zu operationalisieren.

Das zweite Kernelement der Einstufungsverfahren ist neben den Kriterien die Vorgabe einer **Skala**, anhand derer die Bewertung der einzelnen Dimensionen vorgenommen werden soll. Dabei gibt es verschiedene Formen: Bei der verbalen Skalenverankerung werden die einzelnen Stufen mit Worten (meist mit Adjektiven) umschrieben, während sie bei der numerischen Form der Skalenverankerung mit Zahlenwerten gekennzeichnet werden. Bekannt sind auch Mischformen, die mit beiden Prinzipien arbeiten (verbal-numerische Skalenverankerung), wie etwa bei den Schulnoten. Schließlich und endlich findet sich in der Praxis nicht selten die Skalenform, bei der jeweils die Pole der niedrigsten bzw. höchsten Ausprägung verbal umschrieben werden, während die Zwischenausprägungen nur anhand von Zahlenwerten markiert sind. Sofern bei der Skalierung mit Worten gearbeitet wird, werden i. d. R. bestimmte Grundtatbestände eingeführt, wie etwa die Bezugnahme auf Anforderungen an die/den Mitarbeiter/in in dem jeweiligen Merkmal oder auf einen durchschnittlichen Ausprägungszustand. Die einzelnen Stufen werden dann durch Hinzufügen von Attributen zu dem Bezugspunkt gekennzeichnet (z. B. „übertrifft die Anforderungen" oder „entspricht dem Durchschnitt").

Ein wichtiger Gestaltungsaspekt ist letztlich die sog. Skalenlänge, d. h. die Frage, wie viele Ausprägungsstufen die Skala insgesamt hat. Inhaltsanalytische Auswertungen von Beurteilungsverfahren haben ergeben, dass die Zahl der in Skalierungen verwendeten Stufen von 3 bis 20 (!) variiert. Die allermeisten Verfahren dürften zwischen 4 und 7 Stufen aufweisen.

Eine Reihe von bekannten Einstufungsverfahren beschränkt sich auf die differenzierte Bewertung der einzelnen Merkmale anhand der vorgegebenen Skala – von weiteren Komponenten, die der jeweilige Beurteilungsbogen fordert, einmal abgesehen. Viele versuchen jedoch, über die Einzelbeurteilungen hinaus zu einem summarischen Ergebnis, zu einem meist sog. **Gesamturteil** zu kommen. Bisweilen wird dieses Gesamturteil als Maßeinheit betrachtet, mit deren Hilfe Leistungsvergleiche und Personalentscheidungen durchgeführt werden können. Die einfachste Form der rechnerischen Ermittlung eines Gesamturteils ist sicherlich die bloße Addition der Einzelbewertungen zu einer Gesamtpunktzahl. Dabei kann jedes Einzelkriterium gleichermaßen in die Rechnung eingehen oder je nach zugemessener Bedeutung unterschiedlich gewichtet sein. Auch Durchschnittswertbildungen können den gleichen Zweck erfüllen.

10.4 Ziele der Personalbeurteilung

Selbstverständlich ist der Einsatz der Personalbeurteilung kein Selbstzweck, es handelt sich um ein Instrument, das für vielfältige personalpolitische Aufgabenfelder genutzt werden kann. Nachfolgend wird ein Überblick der denkbar mit Personalbeurteilung verknüpften Ziele i. S. e. Maximalkatalogs präsentiert. Das bedeutet keineswegs, dass Unternehmen immer das gesamte Spektrum dieser Zielgrößen im Auge haben, wenn sie ein Personalbeurteilungs-Verfahren praktizieren (vgl. *Breisig* 2001a, S. 50 ff. und die dort angegebene Literatur).

► **Entgeltpolitik, leistungsbezogene Entlohnung**

Zunächst kann die Beurteilung zu lohn- und leistungspolitischen Zielen verwendet werden. Sie soll, falls dieses Ziel Grundlage ist, für ein höheres Maß an Entlohnungsgerechtigkeit sorgen. Während die reguläre Entlohnung zumindest im tariflichen Bereich über die stellenbezogene Arbeitsbewertung und daraus resultierende Eingruppierungsregelungen bewerkstelligt wird, kann die Beurteilung darüber hinaus zur Verteilung individueller (Leistungs-)Zulagen herangezogen werden. Damit wird der Anspruch auf eine größere Entgeltgerechtigkeit erhoben: Über die personenunabhängige Differenzierung nach Eingruppierungen hinaus ermögliche die Beurteilung auch bei gleicher Eingruppierung die Berücksichtigung interindividueller Leistungsunterschiede. Neben Gerechtigkeitskalkülen würden damit auch Leistungsanreize gesetzt.

► **Personalplanung/Personaleinsatz**

Beurteilungsdaten können ferner zur „Bestandsaufnahme“ des Mitarbeiter/innen-Potenzials (Potenzialermittlung, Personal-„Inventur“) dienen und Planungsdaten für die Beschaffungs-, Einsatz-, Nachwuchs-, Karriere- und Freisetzungsplanung liefern. Dazu benötigt das Unternehmen möglichst treffende Informationen über aktuelle und künftige Leistungen, Fähigkeiten und Potenziale der Beschäftigten. In vielen Anwendungsfällen geht es schwerpunktmäßig um den Personaleinsatz. Aus der Konfrontation von stellenbezogenen Anforderungsprofilen mit personenbezogenen Beurteilungsprofilen erhofft man sich die Ableitung sachgerechter Zuordnungen.

► **Fundierung von Personalentscheidungen**

Auf personenbezogener Ebene kann es in engem Zusammenhang mit der Einsatzplanungs-Funktion auch um die Begründung von konkreten Personalentscheidungen gehen, indem Beurteilungsresultate als teilweise oder alleinige Grundlage von Beförderungen, Versetzungen, Übernahmen z. B. nach Probe- oder Ausbildungszeit oder sogar von Kündigungen verwendet werden. In diesem Sinne werden zum einen Informationen über die Anforderungen des jeweils in Rede stehenden Arbeitsplatzes benötigt, zum anderen Daten über Leistung, Fähigkeiten und Fertigkeiten der in Betracht kommenden Mitarbeiter/innen. Der Rest ist eine Sache der „rationalen Zuordnung“.

► **Überprüfung personeller Maßnahmen**

Nach dieser „Logik“ können Beurteilungen dann auch dazu verwendet werden, vormals getroffene personelle Einzelmaßnahmen, aber auch andere Maßnahmen wie Entwicklungsaktivitäten, arbeitsorganisatorische Veränderungen oder die Wirkung von Anreiz- und Verstärkungssystemen hinsichtlich ihres Erfolgs einzuschätzen. Im Wege der Personalbeurteilung ist dann u. a. zu prüfen, inwieweit die mit Entscheidungen verbundenen Prognosen zutreffen oder nicht.

► **Zeugniserstellung**

Etwas stiefmütterlich wird in der Fachliteratur ein weiteres potenzielles Ziel der Personalbeurteilung behandelt: die Zeugniserstellung. Bekanntlich ist der Arbeitgeber verpflichtet, den Arbeitnehmer/innen nach Verlassen des Unternehmens ein „wahrheitsgetreues" Arbeitszeugnis auszustellen (vgl. Kap. 6.3.2). Die Daten der Personalbeurteilung können insofern als Informationsgrundlage für das Zeugnis fungieren. Voraussetzung ist, dass sie entsprechend lange in der Personalakte aufbewahrt bzw. gespeichert werden.

► **Planung, Auswahl und Gestaltung von Maßnahmen der Personalentwicklung**

Der Beurteilungsvorgang kann ferner der Analyse des individuellen Qualifizierungsbedarfs des Beurteilten, ggf. sogar des beurteilenden Vorgesetzten selbst dienen. Dort, wo Schwächen festgestellt werden, sollen entsprechende Maßnahmen zu ihrer Beseitigung oder Reduzierung ansetzen (z. B. Aufgabenerweiterung, Verhaltenstrainings, Weiterbildungsmaßnahmen). Auf übergeordneter Ebene können dann die einzelnen Beurteilungsergebnisse für die kollektive Personalentwicklungsplanung nutzbar gemacht werden.

► **Personalführung und Kommunikation**

Beurteilungsverfahren werden immer stärker als Führungs- und Kommunikationsinstrument genutzt. Hierbei finden die folgenden Aspekte Beachtung: die individuelle Förderung und Beratung von Mitarbeiter/innen, die Rückkopplung („Feedback") der Sichtweise der/des Vorgesetzten bezüglich Leistung und Verhalten der Unterstellten, speziell die Anerkennung und Bestätigung gezeigter guter Leistungen (Motivation), die Verbesserung der Kommunikation oder allgemein des Vorgesetzten-Mitarbeiter-Verhältnisses i. S. e. vertrauensvollen Kooperation, die Diskussion von Eignungsschwerpunkten, Entwicklungswünschen und -möglichkeiten sowie die Anregung von Lernprozessen.

Selbstverständlich wird mit den praktizierten Verfahren meist nur ein Teil dieser aus Sicht der Personalleiter/innen verlockenden Möglichkeiten verfolgt. Dennoch ist auffällig, dass viele dieser Praktiker/innen offenbar der Meinung sind, dass eine möglichst große Zielvielfalt den Gebrauchswert des Verfahrens erhöht. Ein häufig vorzufindendes Kalkül lautet in etwa: „Wenn schon so viel Arbeitskapazität und Geld in die Personalbeurteilung investiert werden muss, dann soll auch möglichst viel damit erreicht werden!" Personalbeurteilungs-Verfahren werden von Praktikern/innen gerne als „eierlegende Wollmilchsau" (*Neuberger* 1980) oder „multifunktionale Wunderwaffe" (*Gerpott* 1992) betrachtet.

Hierin liegt jedoch ein gravierendes Problem des Beurteilungswesens begründet. Sowohl die Erfahrung als auch grundsätzliche Überlegungen zeigen nämlich, dass statt Zielvielfalt eine Zielbeschränkung angezeigt ist.

Die oben dargestellten potenziellen Ziele lassen sich in zwei Gruppen einteilen, zwischen denen sich in der Beurteilungspraxis erhebliche Widersprüche auftun:

► **„Harte" personalpolitische Ziele** (wie Entgeltdifferenzierung, Personaleinsatz und Fundierung von Entscheidungen) verlangen nach einer „Richterrolle" der/des Vorgesetzten und nach einer analytisch scharfen Unterscheidung von Leistung und Verhalten der einzelnen Mitarbeiter/innen.

► **„Weiche" personalpolitische Ziele** (wie Personalentwicklung, Förderung, Motivation der Beschäftigten und Verbesserung und Pflege der Kooperation und Kommunikation) erfordern demgegenüber Offenheit und Wohlwollen beider Beteiligten und vor allem eine „Fördererrolle" der beurteilenden Führungskraft.

Es ist daher problematisch, sowohl „harte" als auch „weiche" Ziele mit ein und demselben Verfahren erreichen zu wollen. Um zur Förderung und Motivation der Beschäftigten beizutragen, ist es wichtig, die Beurteilung zu einer möglichst angstfreien Situation zu machen. Erst dann wird die/der Mitarbeiter/in willens sein, offen über seine Schwächen zu sprechen und über die Möglichkeiten, diese zu überwinden. Nur dann wird sie/er das Gespräch als aufbauend erleben und den Eindruck gewinnen, dass bei ihren/seinen individuellen Wünschen angesetzt wird. Ist die Beurteilung aber gleichzeitig an Lohnfragen oder an Entscheidungen über Beförderung bzw. Nicht-Beförderung gekoppelt, kann sich eine angstfreie Atmosphäre erst gar nicht entfalten. Die/der Beurteilte befindet sich zwangsläufig in Verteidigungs- und Abwehrstellung. Fehler wird sie/er weder sich selbst, geschweige denn der Führungskraft eingestehen; die Kritik der/des Vorgesetzten wird als Angriff erlebt, der Feindseligkeit und Misstrauen weckt anstatt Konstruktivität und Diskussionsbereitschaft zu fördern. Einem „Urteil" wird mit Angst und Misstrauen entgegengesehen.

Kurzum: Es besteht ein großes Konfliktpotenzial zwischen den Zweckgruppen Motivation, Führung und Förderung auf der einen Seite und den Zweckgruppen Entlohnung und Begründung von Personalentscheidungen auf der anderen Seite. Mit Blick auf diese Tatsache sollte man sich in letzter Konsequenz entweder für ein für „harte" oder aber für „weiche" Ziele geeignetes Verfahren entscheiden und von einer Vermischung dieser Komplexe absehen.

10.5 Wie objektiv können Beurteilungen sein?

Die konventionellen Beurteilungskonzepte, insbesondere die merkmalsorientierten Einstufungsverfahren, sind in starkem Maße am Leitbild der Objektivität ausgerichtet. Jahrzehntelang haben sich die „Macher" in den Personalabteilungen mehr oder minder geschlossen dem Glauben verschrieben, man könne zu einigermaßen „wahren" Beurteilungen gelangen, wenn man die Beurteilungsprozesse und -kriterien nur möglichst weitgehend analytisch zergliedert, Zahlenwerte in Skalen einsetzt und mit diesen Werten Rechnungen anstellt (z. B. Ermittlung von Gesamt- oder Durchschnittswerten). An diesem Leitbild sind erhebliche Zweifel anzumelden. Es gibt eine stattliche Zahl von Argumenten, warum Beurteilungen stets von der Subjektivität der Bewertenden geprägt sind und die vielfach herbeigesehnte Objektivität eine Fiktion bleiben wird. Diese Gründe können hier aus Platzgründen nur angedeutet werden (vgl. ausführlich *Breisig* 2001a, S. 145 ff.; ferner *Neuberger* 1980; *Becker* 2009):

- Wahrnehmungspsychologisch gesehen gibt es gar keine „objektive Realität", die sich in Beurteilungen umsetzen ließe. Schon die vorgelagerten Wahrnehmungen und Beobachtungen werden von einem hochsubjektiven „Filter" im Kopf des Menschen gesteuert.
- Häufig werden inkompatible, konfliktträchtige Ziele mit ein und demselben Verfahren verfolgt, die die Beteiligten in nicht zu bewältigende Rollenkonflikte stürzen (vgl. oben, Kap. 10.4).
- Die verbreiteten generalisierten Merkmalskataloge haben nicht den Charakter von objektiven Leistungsindikatoren. Sie durchlaufen in der Konstruktionsphase einen von den Vorstellungen und ggf. auch Verhandlungsergebnissen der Entwickler/innen geprägten Abstraktions- und Auswahlprozess, der im Ergebnis oft zu einem vagen und unbestimmten Raster führt, dessen Elemente von den Beurteiler/innen nahezu beliebig interpretierbar sind.
- Viele Kriterien sind nicht beobachtbar und in sich widersprüchlich konstruiert.

- Auch die Skalierung, die die Beurteilungen der Vorgesetzten in Zahlenwerten erfassbar machen soll, ist willkürlich und nicht nach wissenschaftlich klar belegten Konstruktionsregeln zu begründen. Die Interpretation der einzelnen Skalenausprägungen hängt in hohem Maße von dem je individuellen Maßstabs- und Bezugssystem der/des Vorgesetzten ab.
- Da sowohl die Kriterien als auch die Skalenausprägungen in starkem Maße von den individuellen Deutungen der jeweils beurteilenden Person abhängen, sind die Bewertungen verschiedener Personen kaum miteinander zu vergleichen.
- Die Aufaddierung von skalierten Einzelbewertungen zu einem Gesamtwert ist methodisch ebenso unzulässig wie die Bildung von Mittelwerten (vgl. *Neuberger* 1980).
- Die Gaußsche Normalverteilung oder andere Verteilungsvorgaben können für die Beurteilung keinerlei gesetzmäßige Gültigkeit beanspruchen.
- Jegliche Wahrnehmung und Beurteilung ist durch eine Vielzahl von verzerrenden Effekten geprägt, die oft in der Terminologie von Beobachtungs- bzw. Beurteilungs„fehlern" den Vorgesetzten als Moment der Unzulänglichkeit angelastet werden. In Wirklichkeit sind solche Tendenzen unvermeidlich und können auch durch noch so intensives Training bestenfalls ein wenig abgemildert werden (z. B. der sog. Halo-Effekt).
- Während solche Effekte zumeist unbewusst verlaufen, werden Beurteilungsergebnisse auch von einer Vielzahl bewusster Strategien und Kalküle der Vorgesetzten geprägt. Es ist nur natürlich, dass sie keine seelenlosen „Datenregistrierer" sind, sondern sich aufgrund ihrer eigenen Interessenlage genau überlegen, was sie mit bestimmten Beurteilungen bewirken (wollen).
- Die vermeintlich den einzelnen Mitarbeiter/innen zurechenbaren Leistungs- und Verhaltensaspekte werden in Wirklichkeit auch von Situationseinflüssen mitgeprägt, die von den beurteilenden Vorgesetzten oft nicht sauber herausgefiltert werden können.
- Die einmal in Personalakten abgelegten bzw. in elektronischen Dateien gespeicherten Zahlenwerte beginnen häufig ein „Eigenleben". Sie werden im Laufe der Zeit völlig von ihrem dubiosen Entstehungszusammenhang abgekoppelt und haften den Beschäftigten für ganze Berufslaufbahnen wie ein Etikett an.

Die Erwartung, man könne die Personalbeurteilung auch nur annähernd „verobjektivieren", ist aufgrund all dieser Kritikpunkte nicht nur trügerisch. Nach meiner Auffassung ist es im Ansatz verfehlt, ein Beurteilungsverfahren an einem naturwissenschaftlich-technischen Ideal, an den Leitbildern von objektiver Erfassung und gerechter Bewertung auszurichten.

Folgt nun aus dieser Kritik an der klassischen Beurteilung, dass Beurteilungsverfahren überflüssig und nutzlos sind? – Keineswegs! Es bedarf nur anderer Erwartungen und Anforderungen, die man an die Gestaltung eines Beurteilungsverfahrens richtet. Die elementarste Forderung an ein anderes Verständnis von Beurteilung geht einher mit einer „Rehabilitierung der Subjektivität". Sie lässt sich zum einen weder zurückdrängen noch kanalisieren – sie ist eine unumstößliche Macht, wenn es um Beurteilungsfragen geht. Zum anderen ist sie aber auch kein Übel, welches es auszumerzen gilt. Die menschliche Subjektivität macht erst als „Schmierstoff" der Mikropolitik (vgl. Kap. 3.3.1) zielgerichtetes und flexibles Arbeiten und Kooperieren möglich. Von daher muss es bei der Gestaltung und Praktizierung von Beurteilungsverfahren um eine „verstehende Integration" der Subjektivität in das Instrument und seine Anwendung gehen (vgl. dazu *Grieger/Bartölke* 1992).

Im Mittelpunkt stehen bei diesem Verständnis von Personalbeurteilung Probleme und Verbesserungsmöglichkeiten der Zusammenarbeit sowie der individuellen Selbsterfahrung über Stärken und Schwächen inklusive Ansätze ihrer Förderung bzw. Reduzierung (über Personalentwicklung). Der Strukturierungsgrad ist wesentlich geringer, weil dialogische Prozesse im Mittelpunkt der Beurteilung stehen. Die Beteiligten tauschen ihre (gegenseitigen) Sichtweisen aus, klären Positionen, Erwartungen und Forderungen ab. Denkbar sind auch Verhandlungsprozesse mit mehr oder weniger bindenden Festlegungen für die kommende Beurteilungsperiode. Die Resultate verbleiben im Wesentlichen bei den Beteiligten; interindividuelle Vergleiche finden nicht statt. Das bedeutet zugleich nicht, dass es auf eine methodisch besonders ausgeklügelte Beurteilung ankommt. Sie muss nur gewährleisten, dass fruchtbare kommunikative Austauschprozesse in Gang kommen. Das Motto einer so verstandenen Beurteilung heißt nicht: „So bist du!", sondern vielmehr: „So sehe ich dich!"

10.6 Arbeitspolitische Aspekte der Personalbeurteilung

In den vorausgegangenen Ausführungen ist deutlich geworden, dass es die Personalbeurteilung par excellence nicht gibt, sondern dass die Verfahren sehr unterschiedlich gestaltet und verschiedenen Zwecken verschrieben sind. Aufgrund dessen können auch nur recht allgemeine Äußerungen über die möglichen Bezüge zu den Interessen der Akteure getätigt werden.

Eine generelle Quelle von Problemen der Personalbeurteilung erwächst alleine schon aus dem nachfolgenden Zwiespalt: Beurteilungssysteme werden „zentral" z. B. von Experten/innen aus dem Personalwesen und nach geltender Rechtslage in Kooperation mit Betriebsräten konzipiert. Die praktische Durchführung jedoch obliegt den Vorgesetzten und Mitarbeiter/innen vor Ort. Die Betroffenen werden bestenfalls durch bescheidene Beteiligungsformen (z. B. vorgeschaltete Mitarbeiterbefragung oder Workshops mit Führungskräften) in die Verfahrensentwicklung einbezogen; aber selbst das scheint eher die Ausnahme als die Regel zu sein. Angesichts dieser Konstellation verwundert es nicht, dass nach vielfach geäußerten Erfahrungen die realen Beurteilungsprozesse oft ganz anders ablaufen als von den Initiator/innen geplant.

So werden beispielsweise Beurteilungen ganz oder teilweise gar nicht durchgeführt, die Gespräche unterlassen oder in Form von zweiminütigen „Urteilseröffnungen" abgehakt, Gesprächsvorbereitungen vernachlässigt, Störungen in Kauf genommen, Terminabsprachen kommen nicht zustande, vereinbarte Termine werden nicht eingehalten, Kopien von ausgefüllten Beurteilungsbögen geistern herum, die Beurteilung wird zu ganz anderen als zu den vorgesehenen Zwecken benutzt usw.

Die Ursachen dafür sind vielfältig. So wird das Beurteilen von Menschen mit eigenen Sichtweisen und Interessen vorgenommen, die selbstverständlich in die konkreten Verhaltensweisen einfließen. Ebenso sträubt man sich häufig gegen den Zwang, ein von anderen festgelegtes, also fremdbestimmtes Verfahren anwenden zu müssen. Nicht selten besteht auch auf der Seite der Vorgesetzten ein immenses Akzeptanzproblem, obwohl sie sich in der stärkeren Position befinden.

Die Gründe und Ansatzpunkte der Akzeptanzproblematik sind ausgesprochen vielschichtig und individuell sehr verschieden, sodass sie hier gar nicht in ihrer ganzen Breite erfasst werden können. Einerseits liegen sie in einer Reihe von potenziellen Risiken der Personalbeurteilung aus

Sicht der einzelnen Mitarbeiter/innen begründet, die weiter unten erörtert werden. Zum anderen sind Akzeptanzdefizite oft auf das mit der Personalbeurteilung verbundene hohe Maß an emotionaler Betroffenheit der Beteiligten zurückzuführen, das bei der Konzeption und Einführung der Verfahren i. d. R. zu wenig berücksichtigt wird.

Zwar trifft es zu, dass Beurteilungen sich als Disziplinierungsinstrument in der Hand der Vorgesetzten eignen, welches sie für die Geltendmachung ihrer Interessen gegenüber den Mitarbeiter/innen ins Spiel bringen können. Dennoch darf nicht außer Acht gelassen werden, dass der Beurteilungsprozess auch für die vermeintlich am längeren Hebel sitzenden Vorgesetzten eine psychisch unangenehme, problembeladene Situation sein kann. Von den Beurteiler/innen wird verlangt, ihre Einschätzung der Untergebenen in einem offiziellen, von den normalen alltäglichen Arbeitsbeziehungen abgehobenen Akt unter Verwendung vereinheitlichter Formulare und anhand vorgegebener Beurteilungsmerkmale, sichtbar zumindest für die/den Beurteilte/n und die Personalabteilung zu dokumentieren – ein sozialer Prozess, der in hohem Maße mit Unsicherheit, Ängsten und Konflikten behaftet ist.

Hinzu kommt, dass sich die Beurteiler/innen häufig nicht kompetent genug fühlen, um sachgerechte Urteile zu treffen. Das liegt einerseits an zu geringen Beobachtungsgelegenheiten, zum anderen aber auch an mangelnder Schulung und Einweisung in das jeweilige Verfahren. Die üblichen Zeitprobleme verschärfen all diese Schwierigkeiten. Eine Vornahme von Beurteilungen wird zwar oft als elementare Führungsaufgabe bezeichnet, der dafür notwendige Zeitaufwand in den Budgets aber kaum berücksichtigt. In der Regel sind die Vorgesetzten voll mit dem Tagesgeschäft ausgelastet, was mitunter dazu führt, dass die Wahrnehmung der Beurteilungsaufgabe in die ohnehin knappe Freizeit der Führungskräfte verlagert wird.

Ängste und Vorbehalte belasten natürlich auch auf Seiten der zu beurteilenden Mitarbeiter/innen den Beurteilungsprozess. Da z. T. existenzielle Entscheidungen von Beurteilungsergebnissen abhängen oder doch zumindest in der Wahrnehmung der Betroffenen abhängen können, wird die Beurteilung an sich oftmals als Bedrohung und Angstauslöser erlebt. Das positive Selbstbild, die Identität, das Image bei den Kolleg/innen wird in Gefahr gesehen.

Auch wird die Tatsache des Beurteilt-Werdens von einigen Menschen per se als persönlichkeitsverletzende Anmaßung betrachtet. Das gilt zumal aufgrund der reduktionistischen Wirkung von Beurteilungsmethoden. Standardisierte Verfahren gewährleisten wohl kaum eine erschöpfende Erfassung komplizierter Leistungserstellungsprozesse. Auch werden im Prinzip jegliche Missstände und Defizite den Menschen angelastet, obwohl möglicherweise auch Situationsfaktoren dafür (mit-)verantwortlich zeichnen können.

Ängste und Vorbehalte der betroffenen Mitarbeiter/innen tauchen auf, weil sie i. V. m. der Beurteilung Risiken sehen und antizipieren. Diese Gefahren hängen damit zusammen, dass Personalbeurteilungsverfahren (auch) ein Instrument zur unternehmerischen Leistungs- und Herrschaftssicherung sind bzw. sein können. Schon allein der Verlaufsweg der Beurteilung, von oben nach unten entlang der betrieblichen Hierarchie, weist auf ihren Herrschaftscharakter hin. Dieser ist umso größer, je mehr existenzielle Entscheidungen von der Beurteilung abhängen. Ungünstige Beurteilungen werden dokumentiert und bedrohen die betroffenen Beschäftigten u. U. in ihrer betrieblichen Existenz bzw. behindern ihr berufliches Fortkommen.

Spricht man über die Risiken der Personalbeurteilung, so muss schließlich auch daran erinnert werden, dass sich hinter den proklamierten Zielen wie Motivation, Personalführung und

-förderung usw. letztlich das unternehmerische Interesse an mehr Leistung der Beschäftigten verbirgt. Es ist durchaus denkbar, dass durch die Anwendung der Personalbeurteilung das „gesunde Wettbewerbsdenken" der/des Einzelnen gefördert und damit der Konkurrenzdruck zwischen den Arbeitnehmer/innen erhöht wird. Denkt man diesen Gedanken konsequent weiter, so kann dies sogar zulasten der Solidarität am Arbeitsplatz gehen. Man rackert sich ab, um unter den Besten zu sein, bemüht sich („buhlt") um die Gunst des Vorgesetzten – vor allem im unmittelbaren Vorfeld der Beurteilung. Die „Radfahrer" haben Hochkonjunktur. Diese Gefahr erscheint besonders groß bei den Ranking-Verfahren, bei denen die Beschäftigten in eine Rangliste gebracht werden. Auch bei der Ermittlung einer formal leicht vergleichbaren Gesamtpunktzahl bei jedem Beurteilten können sich entsolidarisierende Effekte leicht einstellen.

Dennoch lassen sich gewichtige Argumente für die Personalbeurteilung auch vor dem Hintergrund der Interessenlage der Beschäftigten ins Feld führen. Wenn die Anwendung von Beurteilungsverfahren tatsächlich zu mehr Leistungsgerechtigkeit, Weiterbildung, Anerkennung guter Leistungen, Motivation, Verbesserung des Vorgesetzten-Untergebenen-Verhältnisses und individueller Beratung und Förderung führt, lässt sich dem aus Sicht der Arbeitnehmer/innen und ihrer Interessenvertretung auch viel Positives abgewinnen. Tatsache ist auch, dass viele Arbeitnehmer/innen konkrete Erwartungen an die Personalbeurteilung i. S. e. Leistungs-Feedbacks richten. Diese Erwartungen stehen in Zusammenhang mit den Anforderungen des § 82 Abs. 2 BetrVG, wonach sogar „der Arbeitnehmer [...] verlangen (kann), [...] dass mit ihm die Beurteilung seiner Leistungen sowie die Möglichkeiten seiner beruflichen Entwicklung im Betrieb erörtert werden".

Der Betriebsrat hat bei der Einführung und Veränderung von Personalbeurteilungs-Systemen eine relativ starke Position – und zwar völlig unabhängig von den Zielen und Verfahrensvarianten. Neben dem Recht auf vollständige Information gibt es ein Bündel von Mitbestimmungs- und sonstigen Rechten, die in diesen Fragen je nach spezifischer Ausrichtung genutzt werden können.

Die wichtigste Rechtsnorm ist dabei ohne Frage der § 94 Abs. 2 BetrVG, wonach die „Aufstellung allgemeiner Beurteilungsgrundsätze" der Zustimmung des Betriebsrats bedarf. Kommt darüber eine Einigung mit dem Arbeitgeber nicht zustande, entscheidet die Einigungsstelle. Nach herrschender juristischer Meinung sind unter allgemeinen Beurteilungsgrundsätzen i. S. d. § 94 Abs. 2 alle Regeln, Richtlinien oder Systeme zur fachlichen oder persönlichen Bewertung neu einzustellender Bewerber oder bereits beschäftigter Mitarbeiter zu sehen. Allgemeine Grundsätze sollen eine einheitliche Handhabung gewährleisten. Beurteilungsgegenstand müssen nicht zwingend Leistungs- und Verhaltensmerkmale sein; auch Beurteilungen zur Erfassung der Eignung von Beschäftigten (Potenzialbeurteilungen) unterliegen dieser Rechtsnorm.

Nach § 94 Abs. 2 BetrVG hat der Betriebsrat u. a. mitzubestimmen über:

- das grundsätzliche Verfahren bzw. die Konzeption (einschließlich des Beurteilungsbogens),
- die einzelnen Beurteilungskriterien inklusive evtl. Gewichtungen sowie ihre Definitionen,
- die Beurteilungs- und Bewertungsmethoden und -maßstäbe (z. B. Verwendung von Skalen, Festlegung der Skalenlänge),
- Verfahrensfragen (z. B. Festlegung von Beurteiler und zu Beurteilenden, zeitlicher Abstand der Regelbeurteilungen, andere Beurteilungsanlässe),

- Fragen der Durchführung und Gestaltung des Beurteilungsgesprächs,
- Fragen der Auswertung der Beurteilung,
- die Aufbewahrung der Beurteilungsunterlagen (z. B. Dauer der Ablage bzw. Speicherung in der Personalakte),
- Rechte der betroffenen Mitarbeiter/innen (z. B. Einspruchs- und Beschwerdemöglichkeiten),
- Konfliktlösungsmechanismen bei Streitigkeiten über konkrete Beurteilungen (z. B. paritätischer Ausschuss).

11. Personalentwicklung

(von Mareike Michel und Thomas Breisig)

Neben der Personalführung und der Personalbeurteilung liegt ein weiteres wichtiges Handlungsfeld des Personalwesens heutzutage in der qualifikatorischen Entwicklung der Mitarbeiter/innen. Das „Human Resource Management" wurde bereits als aktuelle und inzwischen verbreitete Konzeption zur Fundierung des Fachgebiets präsentiert (vgl. Kap. 3.4). Die ständige Weiterentwicklung der Fähigkeiten und Fertigkeiten der Mitarbeiter/innen in Abhängigkeit vom Wandel der Aufgaben und Anforderungen spielt darin eine elementare Rolle. Im personalökonomischen Spektrum wird ähnliches Gedankengut aufgrund der Humankapitaltheorie von *Becker* vertreten (vgl. Kap. 3.2.2.1).

Auch in der Managementliteratur und der Wirtschaftspraxis wird schon seit geraumer Zeit auf den erheblichen Stellenwert der Personalentwicklung (PE) für den Erfolg der Unternehmen auf hart umkämpften Märkten hingewiesen. Im Einzelnen werden dabei vor allem die folgenden Standpunkte vertreten:

- Der PE-Bedarf ist – aus betriebs- und aus volkswirtschaftlichen Gründen – erheblich im Wachstum begriffen, nicht zuletzt auch aufgrund der gestiegenen Komplexität und Dynamik von Strukturen, Technologien und Verfahren sowie dem Fachkräftemangel.
- Für die/den einzelne/n Mitarbeiter/in ist eine ständige Weiterentwicklung unabdingbar, um im Beruf bzw. im Erwerbsleben nicht den Anschluss zu verlieren und die eigene Beschäftigungsfähigkeit zu sichern („Lebenslanges Lernen" und „Employability").
- Die Werteverschiebungen (vgl. Kap. 4.2), insbes. das Streben nach Selbstverwirklichung und die Sinnsuche in der Arbeit, erhalten i. S. d. individuellen Entwicklungsbedürfnisse besondere Relevanz.
- Die Unternehmen müssen die Aufwendungen für PE als Investition begreifen.
- Erforderlich ist ferner eine strategisch-systematische Perspektive von PE sowie eine entsprechend proaktive bzw. antizipative Planung.
- PE steht in enger Beziehung zur Anwendung neuer Technologien.
- Ebenso betrifft sie in erheblichem Maße die Personalführung, die Vorgesetzten-Mitarbeiter-Beziehung (vgl. Kap. 9).
- PE ist inzwischen weit mehr als fachlich-technische Qualifizierung, der Stellenwert überfachlicher Qualifikationen steigt in allen Bereichen und Ebenen (z. B. sozial-kommunikative und methodische Kompetenzen).

LITERATUR

Relevanz und Veränderung der Personalentwicklung

Die Relevanz des früher häufig vernachlässigten Managementbereichs der PE wird heute in der Unternehmenspraxis als besonders hoch eingestuft. Laut einer Studie von *Kienbaum* (2008, S. 6) schätzen zwei Drittel der 161 befragten Unternehmen in Deutschland, Österreich und der Schweiz den Stellenwert der PE als eher hoch bzw. hoch ein, ein Drittel als mittel und nur 6 % als eher gering bzw. gering.

11.1 Ziele und Facetten der Personalentwicklung

Die Bezeichnung „Personalentwicklung“ hat zwar inzwischen zweifelsohne die Begriffsführerschaft auf dem Gebiet der Aktivitäten zur betrieblich-beruflichen Qualifizierung inne, dennoch ist sie (noch) nicht konkurrenzlos. Eine Vielzahl an Begrifflichkeiten und Konzepten beschäftigt sich mit der betrieblichen Bildung. So finden sich in der Forschung als auch der Unternehmenspraxis weitere Bezeichnungen wie z. B. Mitarbeiterentwicklung, Mitarbeiterförderung, Management Development oder auch Mitarbeiterqualifizierung (*Kolb* 2010, S. 458). Unter PE müssen generell Maßnahmen verstanden werden, die durch zielgerichtete Lernprozesse der Erzeugung bzw. Vertiefung von Kenntnissen, Fertigkeiten und Fähigkeiten der Mitarbeiter/innen dienen[74]. Zu den klassischen Bildungsbereichen in Unternehmen zählen die Berufsausbildung sowie fachliche und führungsbezogene Fort- und Weiterbildungen[75] (*ebenda*, S. 457). Die Engführung auf die Fort- und Weiterbildung **(Bildung)** verkennt jedoch, dass es sich bei der PE um einen vielschichtigen und auf mehreren instrumentellen Ebenen ansetzenden Prozess handelt. Dieses Verständnis genügt nur einer kurz- bis mittelfristigen Perspektive, da es sich lediglich auf die für die Ausübung einer spezifischen Aufgabe bzw. Stelle notwendigen Kenntnisse, Fertigkeiten und Fähigkeiten beschränkt. Mittel- bis langfristigen individuellen Entwicklungsbedürfnissen und betrieblichen Entwicklungsbedarfen wird dieser Ansatz nicht genügend gerecht.

PE dreht sich um die Umformung, Veränderung, vorzugsweise Vergrößerung des Arbeitsvermögens in einem sehr weiten Sinne und unter betrieblicher Verwertungsabsicht. Es geht nicht direkt um Arbeitsleistung, sondern um **Potenzial**, um Arbeitsvermögen, d. h. um eine vorbereitende Investition in Arbeitsleistung. Auch die mittel- bis längerfristige Karriereentwicklung (inkl. Nachfolgemanagement) der Mitarbeiter/innen ist zu berücksichtigen. Dieses erweiterte Verständnis von PE bindet neben der für die Ausübung einer Stelle notwendigen Bildung also auch die **Förderung** der Mitarbeiter/innen ein (*Becker* 2013, S. 3 f.; *Stock-Homburg* 2013, S. 204). Dies bedeutet ebenso, dass eine ganzheitliche strategische PE nicht lediglich reaktiv ausgerichtet ist (Nachqualifizierung an Stellenerfordernisse), sondern auch **proaktiv und antizipativ** zukünftige Entwicklungsbedarfe berücksichtigt (*Becker* 2011, S. 36; *Stock-Homburg* 2013, S. 204). Die Kosten-Nutzen-Bilanz („return on investment“) der investiven Aufwendungen für die mittel- bis langfristige Förderung ist zum Zeitpunkt der Maßnahme entsprechend negativ bzw. noch unsicher.

MERKE

Zusammenfassend kann PE nach *Stock-Homburg* (2013, S. 204 f.) daher definiert werden als „Maßnahmen zur Vermittlung von Qualifikationen [und Kompetenzen, Anm. M. M.], welche die aktuellen und zukünftigen Leistungen von Führungskräften und Mitarbeitern [mit Bezug auf die Erfüllung einer bestimmten Tätigkeit, Anm. M. M.] steigern (Bildung), sowie Maßnahmen, welche die berufliche Entwicklung von Führungskräften und Mitarbeitern [insbes. im Hinblick auf die Karriereentwicklung, Anm. M. M.] unterstützen (Förderung)“.

74 Vgl. zu vielen der Überlegungen in diesem Unterkapitel auch *Neuberger* (1991).

75 „Als Fortbildung werden zeitlich kurze Maßnahmen zur Erhaltung, Anpassung oder Vertiefung der beruflichen Qualifikationen bezeichnet. Als Weiterbildung werden länger andauernde Maßnahmen bezeichnet, die die Fortsetzung des organisierten Lernens nach Abschluss einer ersten Bildungsphase zum Ziel hat“ (*Oechsler/Paul* 2015, S. 443).

Dass sowohl Maßnahmen der Bildung als auch Förderung als Ansatzpunkte der PE zu verstehen sind, belegt die Studie von *Kienbaum* (2008, S. 6). Bei der Frage, welche Themen und Prozesse die befragten Unternehmen unter PE verstehen, zeigt sich folgendes Bild: „Weiterbildung (76 %), Fach- und Führungskräfteentwicklung (57 %) sowie Nachfolgemanagement (47 %) sind hierbei die am häufigsten genannten Stichworte. Organisationsentwicklung / Change Management (37 %), Performance Management / MbO-Prozesse (35 %), Ausbildung (29 %) und Nachwuchsförderung (21 %) werden von über 20 Prozent der Unternehmen zum Verständnis von Personalentwicklung genannt. [...] Des Weiteren wird das Thema Kulturmanagement an Bedeutung gewinnen".

PE ist nicht deckungsgleich mit allen Prozessen organisationalen Lernens. Mitarbeiter/innen erweitern unausweichlich ihr Arbeitsvermögen, indem sie handeln bzw. arbeiten, z. B. durch Einübung von Handlungsweisen oder -abfolgen, durch Beobachtung einer Kollegin oder eines Kollegen usw. PE stellt allenfalls in dem Sinne auf derartige Formen **„impliziten"** Lernens ab, als auf Aspekte wie lernförderliche Arbeitsgestaltung bewusst und gezielt Einfluss genommen wird in Form von entsprechend ausfallenden (Gestaltungs-)Entscheidungen (z. B. Einführung von Gruppenarbeit). Man sollte den PE-Begriff begrenzen auf bewusst **organisierte Lernprozesse**, die sozusagen auf Veranlassung und Kosten eines Betriebs durchgeführt werden. Dabei muss nicht immer das Management Urheber und Ausgangspunkt sein. Vielmehr muss ein Zusammenhang mit Betrieb, Erwerbsarbeit und/oder Beruf bestehen.

Mit dem Aspekt der betrieblichen Verwertbarkeit eng verbunden ist die **Zielgerichtetheit** von PE. Es geht – zumindest dem Anspruch nach – darum, die (in einem durchaus weit gemeinten Sinne) arbeitsbezogenen Qualifikationen und Kompetenzen absichtsvoll zu verändern, zu verbessern, anzupassen usw. Hierbei verfolgen die Unternehmen und die Mitarbeiter/innen teils unterschiedliche Interessen (vgl. Abb. 58). Auch wenn vielfach suggeriert wird, dass sich die betrieblichen und individuellen PE-Ziele mühelos miteinander in Einklang bringen lassen, so gilt doch: Für den Einsatz von PE ist konstitutiv, dass die betrieblichen Ziele aufgrund der Verwertungsbezogenheit (zunächst) im Vordergrund stehen. Das schließt aber nicht aus, dass diese mit individuellen Zielen zumindest teilweise übereinstimmen oder dass im Zuge von Mitbestimmungsprozessen auch andere Ziele durchgesetzt werden können.

ABB. 58: Ziele und Herausforderungen der Personalentwicklung (in Anlehnung an *Stock-Homburg* 2013, S. 205, 209 f.)

	Unternehmen	Mitarbeiter/innen
Ziele und Chancen	► Steigern der Effizienz und der Effektivität ► Sichern des Bestandes in qualitativer und quantitativer Hinsicht ► Erhöhen der Anpassungsfähigkeit hinsichtlich neuer Anforderungen ► Erhöhen der Flexibilität im Personaleinsatz ► Steigern der Attraktivität als Arbeitgeber auf dem Arbeitsmarkt ► Steigern des Commitments, der Motivation und der Arbeitszufriedenheit, was zu höherer Arbeitsleistung und stärkerer Bindung führen kann ► ...	► Steigern der Motivation und der Arbeitszufriedenheit ► Gewährleisten von Möglichkeiten zur Verbesserung persönlicher und fachlicher Qualifikationen und Kompetenzen ► Schaffen von Möglichkeiten zur Selbstverwirklichung (z. B. durch Übernahme größerer Verantwortung und neuer/erweiterter Aufgaben) ► Stabilisieren und Erhalten des eigenen Arbeitsplatzes ► Steigern der individuellen Mobilität auf dem internen und externen Arbeitsmarkt ► Verbessern der Karriere- und Aufstiegsmöglichkeiten innerhalb und außerhalb des Unternehmens ► ...
Herausforderungen und Risiken	► Interessenkonflikte zwischen Mitarbeiter/innen und Unternehmen ► Schwere Quantifizierbarkeit des Erfolgs von Personalentwicklungsmaßnahmen ► Erhöhen der Fluktuation aufgrund (durch Entwicklungsmaßnahmen) gestiegener Chancen der Mitarbeiter/innen auf dem externen Arbeitsmarkt ► Demotivieren von nicht in Entwicklungsmaßnahmen involvierten Mitarbeiter/innen ► Demotivieren und Unterfordern überqualifizierter Mitarbeiter/innen bei Fehlen von Aufgaben, in denen die erworbenen Qualifikationen und Kompetenzen eingesetzt werden können ► Rechtzeitige Entwicklung, um aktuelle und zukünftige geschäftliche Anforderungen erfüllen zu können ► Mangelnde Führungsqualitäten ► Unterschiedliche Leistungsfähigkeiten und -bereitschaften (vgl. Kap. 8.2.3.1) ► ...	

Bei der PE geht es nicht nur um Aktivitäten, die an den einzelnen Beschäftigten bzw. deren Qualifikationen und Kompetenzen ansetzen. Im Zuge neuer Management-Konzepte stehen immer mehr **kollektive Lernprozesse** im Mittelpunkt des Interesses, nämlich solche Qualifizierungsansätze, die an Arbeitsgruppen (Teamentwicklung) bzw. an ganzen Betrieben oder Bereichen (Organisationsentwicklung) ansetzen. Das Erlernen „teamgerechter" Sensibilitäten und Verhaltensflexibilitäten, die Entwicklung kollektiver Problemlösungsfähigkeiten oder schlicht die Aufarbeitung aktueller Kooperations- oder sonstiger Probleme stehen im Mittelpunkt teamorientiert-interpersonaler PE-Aktivitäten. Gruppenzentriertes Lernen oder auch die organisatorische Verankerung teamorientiert-lernförderlicher Institutionen wie Qualitätszirkel oder (teilautonome) Arbeitsgruppen stehen sinnbildlich für die wachsende Bedeutung dieser PE-Dimension (vgl. *Breisig* 1997).

Auch auf den Einschluss von **Organisationsentwicklung** (OE) in den PE-Begriff wird in der Literatur verschiedentlich eingegangen (vgl. z. B. *Becker* 1993, S. 17). OE betont die Prozesshaftigkeit größerer organisationaler Wandlungen, wobei dieser Prozess fundamental auf Lernvorgängen der betroffenen Beschäftigten und ihrer direkten Mitwirkung beruht.

Wenn hier PE als Umformung des Arbeitsvermögens interpretiert wird, so ist klar, dass dieses Arbeitsvermögen zunächst „nur" eine latente Größe ist, nicht jedoch gleichbedeutend mit realer/m Arbeitsleistung bzw. -verhalten. Die konkrete Arbeitsleistung muss vielmehr im Bedarfsfalle aktualisiert und aktiviert werden. Selbst die umfangreichsten Qualifikationen und Kompetenzen nützen einem Unternehmen nichts, wenn ihre Träger/innen sie – wenn es darauf ankommt – nicht einbringen, etwa weil sie frustriert und demotiviert sind oder sich nicht mit dem Unternehmen und seinen Zielen identifizieren.

Schon immer war PE aus diesem simplen Grunde darauf angewiesen, nicht nur die „nackte" Fachqualifikation oder Methodenkompetenz zu vermitteln, sondern darüber hinaus bestimmte, unternehmensseitig erwünschte normative Orientierungen, Werte und Einstellungen zu transportieren und ihren Adressaten zum Zwecke der Verinnerlichung nahe zu bringen. Schon in der Berufsausbildung wurde traditionell großer Wert darauf gelegt, mit dem Erwerb von berufsfachlichen Kenntnissen und Erfahrungen auch die Übernahme von bestimmten Einstellungen und Wertigkeiten durch die Auszubildenden anzustreben. Für die Weiterbildung und den gesamten Bereich der PE gilt nichts anderes. Es soll gewährleistet werden, dass die Beschäftigten die vom Unternehmen geforderten Qualifikationen und Kompetenzen nicht nur „vorrätig halten", sondern sie im Bedarfsfalle auch innerlich motiviert einbringen und aktivieren. Dieser mitunter sog. **„heimliche Lehrplan"** soll die Situationswahrnehmungen und -interpretationen der Beschäftigten beeinflussen, damit diese die vom Unternehmen geforderten Leistungsbeiträge und Verhaltensweisen kognitiv (also im Bewusstsein) und emotional (also auf der Gefühlsebene) akzeptieren und aus innerer Überzeugung anstreben. Die Menschen sollen, um es salopp zu sagen, gut und gerne tun **wollen**, was sie tun **sollen**. Ihr Selbstwertgefühl soll sich über ihre fachliche und sonstige Kompetenz und deren Einbringung in die betrieblichen Kooperationszusammenhänge definieren. Erst wenn diese bewusstseinsbezogenen und emotionalen Voraussetzungen vorhanden sind bzw. geschaffen wurden, stehen die Chancen gut, dass aus den Kompetenzen und Qualifikationen auch reale Arbeitsleistungen und Verhaltensweisen resultieren. Aus den genannten Gründen wird PE heute häufig in einem Atemzug mit dem Konzept der **Unternehmenskultur** genannt: PE soll eine Schlüsselfunktion in der Vermittlung eines vom Management weitgehend „kreierten" Systems von Normen, Werten und Sinndeutungen einnehmen, das an die Mitarbeiter/innen weiterzugeben ist.

Eine zentrale Frage, die im Zusammenhang mit PE zu stellen ist, wird zudem durch das Schlagwort **„Make or Buy"** verdeutlicht. Die Entwicklung von Mitarbeiter/innen („Make") ist zeit- und kostenaufwendig und vom Betrieb nur bedingt beeinflussbar, d. h., ob und inwieweit die vermittelten Kenntnisse, Fertigkeiten und Fähigkeiten von den Mitarbeiter/innen angenommen und in der Praxis angewendet werden (können), unterliegt einem gewissen Risiko. „Kurzfristig ist es in der Regel immer billiger, sich das Know-how auf dem Arbeitsmarkt ‚einzukaufen' (buy); d. h. einen Mitarbeiter einzustellen, der bereits die entsprechenden Kenntnisse besitzt" (*Kolb* 2010, S. 459). Da sich Unternehmen jedoch mit intern wie extern kontinuierlich ändernden Umwelten auseinandersetzen müssen (Dynamik) und zukünftige Entwicklungen und Qualifikationsbedarfe nicht vollkommen sicher vorhergesagt werden können (Unsicherheiten), bietet die Einstellung einer/s passenden Mitarbeiterin/s nur eine kurz- bis maximal mittelfristige Lösung zur Deckung des qualitativen Personalbedarfs. Das „Einkaufen" von externen Mitarbeiter/innen wird somit ständig notwendig sein, zumal eine quantitative Überdeckung des Personalbestandes entstehen würde, welche die Freisetzung oder fehlende Auslastung von solchen Mitarbeiter/innen, die die Qualifikationserfordernisse nicht (mehr) erfüllen, bedeuten würde. Ein solches Vorgehen ist insbes. in Deutschland arbeitsrechtlich schwierig (Kündigungsschutz) und darüber hinaus sozial bedenklich (vgl. Kap. 13). In den USA findet sich aufgrund der größeren arbeitsrechtlichen Spielräume sowie der ohnehin hohen Fluktuation auf dem Arbeitsmarkt eine solche Vorgehensweise wesentlich häufiger als in Deutschland (*ebenda*). Darüber hinaus stößt man in Deutschland auf weitere Probleme: „Entweder, es gibt keine Bewerber, die die erforderlichen Qualifikationen aufweisen oder sie sind so teuer – weil heftig umworben –, dass sie das Gehaltsgefüge stören" (*ebenda*). Die Strategie des „Entwickelns" („Make") ist ein Ansatz, welcher der Deckung des qualitativen und quantitativen Personalbedarfs vor dem Hintergrund dynamischer und unsicherer Umweltbedingungen strategisch und langfristig begegnet und sich dabei an der übergeordneten Unternehmensstrategie orientiert. Aufgrund der Umfelddynamik und des Führungs- und Fachkräftemangels setzen Unternehmen daher vermehrt auf die Bindung und Entwicklung ihrer bereits beschäftigten Mitarbeiter/innen (*Stock-Homburg* 2013, S. 202).

11.2 Entwicklungsinhalte

11.2.1 Veränderung der Anforderungen an die Mitarbeiter/innen

Ausgangspunkt für die PE sind – wenngleich auch individuelle Bedürfnisse zu berücksichtigen sind (vgl. Kap. 11.3.1) – die betrieblichen Bedarfe. Jedoch ist es auf allgemeiner Ebene beinahe unmöglich, etwas Konkretes über betriebliche und erst recht überbetriebliche Bedarfe zu sagen (vgl. *SOFI* 1990, S. 214 ff.). Die Konkretisierung von Qualifikations- und Kompetenzanforderungen ist schon rein sprachlich ein Problem (vgl. Kap. 11.2.2), was an der großen Abstraktheit der Begriffe liegt. In der klassischen PE-Literatur wird im Zusammenhang mit der Festlegung von Anforderungen häufig von **Kenntnissen, Fertigkeiten und Fähigkeiten** gesprochen (vgl. Abb. 59).

ABB. 59:	Kenntnisse, Fertigkeiten, Fähigkeiten
Kenntnisse (Wissen)	Kenntnisse beziehen sich auf das gesamte theoretische und praktische Wissen, über welches eine Person verfügen muss, um den aktuellen oder zukünftigen Anforderungen eines Berufes bzw. Aufgabenfeldes gerecht zu werden und die damit verbundenen Tätigkeiten ausführen zu können (*Mentzel* 2012, S. 172 f.). Mit Hilfe von auf Erkenntnis beruhendem (kognitivem) Lernen eignen sich Personen Informationen an und speichern sie im Gedächtnis ab (*Conradi* 1983, S. 8; *Bröckermann* 2012, S. 38).
Fertigkeiten (Können)	Fertigkeiten beziehen sich auf die (meist sensomotorische, aber auch kognitive) praktische Anwendung der Kenntnisse in einer konkreten Handlungssituation und werden durch Übung und Erfahrung (psychomotorisches Lernen) erworben bzw. entwickelt (*Erpenbeck/von Rosenstiel* 2007, S. XXXV; *Bröckermann* 2012, S. 38; *Mentzel* 2012, S. 174).

Fähigkeiten	Fähigkeiten bezeichnen – im Gegensatz zu den Fertigkeiten – angeborene und z.T. durch äußere (insbes. sozio-kulturelle) Einflüsse geprägte körperliche, geistige und motorische Voraussetzungen, die den Tätigkeits- und Handlungsvollzug steuern und nur bedingt veränderbar sind, durch Übung und Training jedoch (abhängig von ihrer Stabilität) beeinflusst werden können (*Conradi* 1983, S. 8; *Erpenbeck/von Rosenstiel* 2007, S. XXXVI; *Mentzel* 2012, S. 173). Fähigkeiten beeinflussen i. S. e. „Befähigung" maßgeblich, wie Kenntnisse und Fertigkeiten eingesetzt werden.

In der PE-Literatur besteht dahingehend Einigkeit, dass sich die Bedarfe angesichts erweiterter Anforderungen an die Mitarbeiter/innen allgemein und/oder einzelne Zielgruppen (z. B. Führungskräfte, Mitglieder von Arbeitsgruppen) erheblich verändert und ausgeweitet haben. Dies beginnt schon bei vielen Beschäftigten in der industriellen Produktion, deren Anforderungsprofil bereits vor Jahren entgegen dem tayloristischen Zuschnitt wie folgt definiert wurde und wird (vgl. *Sonntag* 1986, S. 302): „Die dispositiven, planerischen und programmgestaltenden Vorbereitungen des Arbeitsprozesses gewinnen an Bedeutung. [...] Die Anforderungen an das vorausschauende und planende Denken erhöhen sich. Insbesondere bei Störsituationen sind Denkleistungen wie das ‚Auswählen und Bewerten von Alternativen', schlussfolgerndes Denken und ‚gedankliches Problemhandeln' erforderlich. Erhöhte Anforderungen an die Kooperations- und Kommunikationsbereitschaft der Mitarbeiter untereinander und zu vor- und nachgelagerten Bereichen ergeben sich aufgrund der Größe und Komplexität der Anlagen, verschiedene und räumlich getrennte Aggregate und Bediengeräte sowie insbesondere bei länger andauernden Betriebsmittelstörungen und größeren Rückständen."

Die Entwicklung in den gewerblichen Bereichen wurde hier nur aus dem Grunde hervorgehoben, weil der Wandel zu „polyvalenten" Qualifikations- und Kompetenzanforderungen dort besonders markant erscheint. Dass es eine analoge Tendenz in der Verwaltungs- und Dienstleistungsarbeit gibt, liegt auf der Hand und ist vielfach belegt (vgl. z. B. *Heisig/Littek* 1992).

Die generelle Abkehr von tayloristischen Formen der Arbeitsorganisation (vgl. Kap. 7) hat – neben anderen Entwicklungen – weitreichende Auswirkungen auf die Qualifikations- und Kompetenzanforderungen an die „nur" ausführend tätigen Beschäftigten. Durch die Reintegration von planenden und kontrollierenden Aufgabenelementen wird, wie *Sperling* (1994, S. 32 f.) zu Recht feststellt, das **Management nämlich zur „Alltagsaufgabe von Nicht-Managern"**: „Indem durch diese Organisations-Innovationen die Arbeitenden als ‚Nicht-Manager' an Entscheidungs- und Gestaltungsprozessen beteiligt werden, nehmen sie spezifische Managementaufgaben wahr, wie Aufgaben des Personalmanagements [...], des Weiterbildungsmanagements oder Aufgaben des Produktionsmanagements bei der Feinabstimmung der Auftragsbearbeitung oder der Optimierung von Ablauforganisation."

Diese Entwicklung zieht entsprechende Qualifikations- und Kompetenzbedarfe bei den Beschäftigten nach sich. Salopp ausgedrückt: Die Facharbeiterin in der (teilautonomen) Arbeitsgruppe oder der „Rundum-Sachbearbeiter" aus dem Dienstleistungsbereich müssen dann auch wie Manager qualifiziert sein oder werden, sofern diese modernen Konzepte funktionieren sollen. PE darf also unter betriebswirtschaftlichen Gesichtspunkten nicht – wie früher weit verbreitet – ein Privileg der Führungskräfte (und anzulernender Auszubildender) sein, sondern muss prinzipiell die **Entwicklung aller Mitarbeiter/innen(-gruppen)** umfassen.

Mit der Arbeitsanreicherung für die unteren Ebenen vollzieht sich ein Abbau von Führungskräftestellen. Im Zuge des „Lean Management" werden ganze Hierarchieebenen abgebaut, woraus seinerseits wieder erhebliche Impulse für die (Weiter-)Qualifizierung der verbleibenden („echten") Führungskräfte resultieren. Ihr Zuständigkeitsbereich ist bei einer Verflachung der Hierarchien nämlich tendenziell größer, was mit einem Verantwortungszuwachs und einem breiteren Qualifizierungserfordernis einhergeht. Außerdem müssen die Führungskräfte auf die dezentralen Strukturen und die Arbeitsanreicherung in den ihnen unterstellten Bereichen eingestellt werden. Sie müssen, jetzt nicht mehr „zum Spaß", kooperative Führungsformen und das Management über ein Setzen von Rahmenbedingungen erlernen unter Verzicht auf ständige Ansprüche des Hineinregierens und Kontrollierens.

So klar es ist, dass sich die Anforderungen an die Mitarbeiter/innen allgemein und an die Führungskräfte geändert haben bzw. dass sie erheblich gestiegen sind: Es gibt in der PE-Literatur kein allgemein akzeptiertes Konzept, nach welchem die Art und Richtung der Anforderungen systematisch erfasst und inhaltlich hinreichend beschrieben werden können. Immer schon haben in der PE **berufsfachliche bzw. technische Qualifikationen** die zentrale Rolle gespielt. Änderungen in den fachlichen Anforderungen waren zunächst überhaupt erst der Impulsgeber dafür, dass eine PE-Funktion, sei es als eigenständiger Bereich oder als Teilfunktion des Personalwesens, entstehen konnte. Wie der Name schon vermuten lässt, sind fachliche Qualifikationen (z.T. in etwa synonym auch funktionale oder prozessgebundene Qualifikationen genannt) auf die formal-technisch-handwerklichen Erfordernisse eines Arbeitsplatzes oder eines ganzen Berufsbildes gemünzt. Eine Versicherungsvertreterin muss ihr Produkt in allen Facetten kennen, um Kunden/innen kompetent beraten zu können; ein Maschinenschlosser benötigt ausgeprägte mechanische Kenntnisse, um seiner Tätigkeit überhaupt so nachgehen zu können, wie es fachlich von ihm erwartet wird.

In der einfachsten Form besagen die Veränderungs-Thesen, dass derartige fachliche Anforderungen alleine heute nicht mehr ausreichen, erst recht nicht für Führungskräfte, aber auch nicht für Facharbeiter/innen in der Produktion oder Sachbearbeiter/innen im Dienstleistungsbereich. Dies liegt neben der gestiegenen Komplexität und Dynamik von Strukturen, Technologien und Verfahren auch an der Halbwertszeit des Wissens. Es sind insbes. das EDV-Wissen (ein Jahr) und das Technologiewissen (drei Jahre), die relativ schnell veralten, gefolgt von beruflichem Fachwissen (fünf Jahre) und dem beständigeren Hochschul- (zehn Jahre) und Schulwissen (zwanzig Jahre) (vgl. u.a. *Stock-Homburg* 2013, S. 202 f.). Mitarbeiter/innen benötigen daher **überfachliche Fähigkeiten** zum Erwerb und der Anwendung von neuen Kenntnissen und Fertigkeiten. Das bedeutet natürlich keineswegs, dass fachliche Anforderungen inzwischen unwichtig oder auch nur weniger wichtig geworden sind – im Gegenteil. Beispielsweise müssen Facharbeiter/innen in einer Arbeitsgruppe immer komplexere Produktionsanlagen beherrschen. Sie benötigen – das belegen z.B. die flankierenden Qualifizierungskonzepte bei der Einführung von Gruppenarbeit in der industriellen Produktion – vertiefte Kenntnisse und Erfahrungen in Elektropneumatik, Hydraulik, Steuerungstechnik, spanabhebenden und Verformungs-Verfahren usw. (vgl. z.B. *Latniak/Pekruhl* 1995, S. 247).

Veränderung bedeutet insofern, dass bestimmte Qualifikations- und insbes. Kompetenzanforderungen dazu kommen oder relevanter werden. Nur tut man sich bis zum heutigen Tage schwer damit, diese über das Fachliche hinausgehenden Erfordernisse angemessen zu beschreiben und konzeptionell zu fassen. Sie werden mit Begriffen zu beschreiben versucht wie fachübergreifende, prozessungebundene, extrafunktionale, Querschnitts- oder Schlüssel-Qualifikationen, nicht zuletzt auch mit dem Begriff der Kompetenz. Bevor eine Definition und Abgrenzung der Begriffe

Qualifikation und Kompetenz erfolgt, sollen die bisher skizzierten Veränderungen der Anforderungen an Mitarbeiter/innen durch den Ansatz der Schlüsselqualifikationen (bzw. -kompetenzen) pointiert werden.

Einen frühen Ansatz mit geradezu treffend-prognostischem Charakter zur Erfassung der immer wichtiger werdenden übergreifenden Qualifikationen enthalten die „Thesen zur Schulung für eine moderne Gesellschaft" vom Arbeitsmarktforscher *Dieter Mertens*. Er fordert für die berufliche Bildung die Vermittlung solcher Lerninhalte, „denen übergeordnete Bedeutung für die Bewältigung zukünftiger Anforderungen an den Menschen zugesprochen wird" (Mertens 1974, S. 40). Für die übergeordneten Bildungsziele oder -elemente verwendet er den Begriff **Schlüsselqualifikationen**, der ihm „zur Beschreibung ihrer Schlüsselrolle für die Erarbeitung von Verstehens-, Verarbeitens- und Verhaltensmustern gut geeignet erscheint". Er definiert Schlüsselqualifikationen als „solche Kenntnisse, Fähigkeiten und Fertigkeiten, welche nicht unmittelbaren und begrenzten Bezug zu bestimmten, disparaten praktischen Tätigkeiten erbringen, sondern vielmehr

a) die Eignung für eine große Zahl von Positionen und Funktionen als alternative Optionen zum gleichen Zeitpunkt, und

b) die Eignung für die Bewältigung einer Sequenz von (meist unvorhersehbaren) Änderungen von Anforderungen im Laufe des Lebens".

Die heutzutage geläufige Definition der Bildungskommission NRW (1995, S. XVI, 32) eignet sich dabei als Ergänzung zu den Ausführungen *Mertens'*: „Schlüsselqualifikationen sind erwerbbare allgemeine Fähigkeiten, Einstellungen, Strategien und Wissenselemente, die bei der Lösung von Problemen und beim Erwerb neuer Kompetenzen in möglichst vielen Inhaltsbereichen von Nutzen sind, so dass eine Handlungsfähigkeit entsteht, die es ermöglicht, sowohl individuellen Bedürfnissen als auch gesellschaftlichen Anforderungen gerecht zu werden. [...] Sie sind nicht auf direktem Weg zu erwerben, z. B. in Form eines eigenen fachlichen Lehrangebots; sie müssen vielmehr in Verbindung mit fachlichem und überfachlichem Lernen aufgebaut werden."

Mertens (1974) unterscheidet insgesamt vier verschiedene Arten von Schlüsselqualifikationen:

1. Basisqualifikationen

Darunter versteht er vorhandene oder erworbene Denkstrukturen, die es ermöglichen, vom Allgemeinen auf das Spezielle zu schließen (Logisches-analytisches-kritisches-dispositives-konzeptionelles-kontextuelles Denken bzw. Vorgehen).

2. Horizontalqualifikationen

Sie „sollen eine möglichst effiziente Nutzung der Informationshorizonte der Gesellschaft für den einzelnen gewährleisten [...]" (*ebenda*, S. 41). Es geht im Prinzip um die „Informiertheit über Informationen", d. h. um Qualifikationen bezüglich des Wesens, der Gewinnung, des Verstehens und der Verarbeitung von Informationen.

3. Breitenelemente

Hierbei handelt es sich um solche „speziellen Kenntnisse und Fähigkeiten, die über breite Felder der Tätigkeitslandschaft nachweislich als praktische Anforderung am Arbeitsplatz auftreten" (*ebenda*, S. 42). Beispiele: Kulturtechniken, Kenntnisse in der Messtechnik, in der Maschinenwartung, im Arbeitsschutz (alle in diversen Berufen von Nutzen).

4. Vintage-Faktoren

Diese haben in der Erwachsenenbildung die Funktion der „Aufhebung intergenerativer Bildungsdifferenzen" (*ebenda*, S. 43), d. h., es geht um die Angleichung des Bildungsniveaus der verschiedenen Generationen. Paradebeispiele sind die englische Sprache und das Erlernen von Programmiertechniken.

Der Ansatz von *Mertens* hat in der Folgezeit viele, z. T. sicher auch berechtigte Kritik erfahren. Aus heutiger Sicht erscheinen diese stark an den fachlichen und methodischen Kompetenzen ausgerichteten Kategorien kaum noch geeignet (jedenfalls nicht alle), um die aktuelle Anforderungsverschiebung, insbes. auf Ebene der personalen und sozial-kommunikativen Kompetenzen, erfassen zu können. *Mertens'* Verdienst ist aber unbestritten, dass er zu einem relativ frühen Zeitpunkt den Blick von Wissenschaft und Praxis auf die konzeptionelle Identifizierung und Erfassung der Qualifikationselemente gerichtet hat, die über das rein Fachliche hinausgehen und von generell zunehmender Bedeutung in der modernen Arbeitswelt sind.

In der Zwischenzeit tummelt sich neben den Schlüsselqualifikationen in der Fachliteratur zu PE ein ganzes Sammelsurium anderer Begrifflichkeiten zur Umschreibung jener überfachlichen Kompetenzen. Neben unterschiedlichsten Bezeichnungen stößt man auf wechselnde Definitionen, sodass sich den Betrachter/innen der Szenerie ein verwirrendes Bild bietet, welches im folgenden Kapitel präzisiert wird.

11.2.2 Qualifikationen und Kompetenzen

Aufbauend auf den vorherigen Ausführungen sollen nun die **Inhalte der PE** („Was wird entwickelt?") näher bestimmt werden. Die Vielzahl an Ansätzen zur Beschreibung der Inhalte erschwert die Antwort auf diese Frage. Dominierend ist der Begriff der Qualifikation, welcher in weitere, sich teils begrifflich unterscheidende Inhaltsbereiche (u. a. Kenntnisse, Fähigkeiten, Fertigkeiten) aufgeschlüsselt wird. Oftmals werden als weiterer zentraler Entwicklungsinhalt neben den Qualifikationen die Kompetenzen (als überfachliche/extrafunktionale Fähigkeiten) benannt, einige Autoren wiederum halten diese Unterscheidung für wenig zielführend (u. a. *Becker* 2013, S. 5 ff.), da eine inhaltliche Differenzierung kaum möglich und der Kompetenzbegriff zu diffus sei. Um ein einheitliches Begriffsverständnis für die in diesem Kapitel folgenden Ausführungen zu gewährleisten, werden die nachfolgenden Definitionen und Bedeutungen genutzt. Dabei greifen die hier zur Unterscheidung verwendeten Begriffe der Qualifikation und Kompetenz selbstverständlich insbes. in der Praxis, d. h. der konkreten Handlung, ineinander.

Unter **Qualifikation** wird nach *Hegelheimer* (1977, S. 334) „die Gesamtheit aller Kenntnisse, Fähigkeiten und Fertigkeiten verstanden, über die eine Person [...] als Voraussetzung für die Ausübung einer beruflichen Tätigkeit [...] (statischer Qualifikationsbegriff) [und] für eine ausreichende Breite in der beruflichen Einsetzbarkeit [...] (dynamischer Qualifikationsbegriff), [verfügt oder verfügen muss]". Qualifikationen sind somit funktional, d. h. auf die fachlich-technischen Anforderungen bezogen, die zur Ausübung von Arbeitsaufgaben notwendig sind. Im

Sinne des dynamischen Verständnisses sind dann auch eine Orientierung an breiteren tätigkeitsbezogenen Anforderungen und eine antizipative Ausrichtung der PE notwendig.

Kompetenzen bezeichnen Fähigkeiten, die es in offenen, unüberschaubaren, komplexen, dynamischen und teils chaotischen Situationen ermöglichen, sinnvoll und erfolgreich selbstorganisiert zu agieren (*Erpenbeck/von Rosenstiel* 2007, S. XI; *Bröckermann* 2012, S. 38) und hierbei Erfahrungen, Wissen und Qualifikationen wirksam einzusetzen (*Europäische Kommission* 2001, S. 34). Damit handelt es sich bei Kompetenzen um Selbstorganisationsfähigkeiten (*Heyse/Erpenbeck* 2009, S. XII) mit extrafunktionalem Charakter, d. h. sie sind überfachlich in verschiedenen Arbeitsbereichen und Handlungssituationen anwendbar. Kompetenzen schließen Fertigkeiten, Wissen und Qualifikationen ein, da es um deren wirksamen Einsatz geht, lassen sich jedoch nicht auf diese reduzieren (*Erpenbeck/von Rosenstiel* 2007, S. XII).

Die daraus resultierenden Eigenschaften und Unterschiede zwischen Qualifikationen und Kompetenzen werden durch die Gegenüberstellung in Abb. 60 deutlich.

MERKE

Dennoch bleibt zu berücksichtigen, dass Qualifikationen und Kompetenzen keine Alternativen oder Gegensätze darstellen, sondern ineinander greifen und einander bedingen. Personen können in konkreten Handlungssituationen nur dann erfolgreich agieren, wenn sie über die notwendigen Kenntnisse und Fertigkeiten sowie die Fähigkeiten zur Ausübung der jeweiligen Tätigkeit verfügen und diese auch selbstorganisiert in ungeübten und unbekannten Situationen einsetzen können. PE richtet sich daher im Rahmen der Bildung und Förderung auf die Entwicklung von Qualifikationen „und" Kompetenzen.

ABB. 60: Qualifikation und Kompetenz im Vergleich (in Anlehnung an *Arnold* 2010a, S. 172 f.; *Arnold* 2010b, S. 251 f.)

Qualifikation	Kompetenz
Objektorientiert und verwertungsbezogen: Auf Kenntnisse, Fertigkeiten und Fähigkeiten beschränkt, die unmittelbar auf die Erfüllung konkreter Nachfragen bzw. Anforderungen gerichtet sind, dadurch an Sachverhalten orientiert	**Subjektbezogen und ganzheitlich:** Beinhalten nicht nur inhaltliches bzw. fachliches Wissen und Können, sondern auch außerfachliche bzw. überfachliche Fähigkeiten sowie die Vermittlung von Werten, Einstellungen und Verhaltensweisen; richten sich hierbei auf die individuelle Befähigung von konkreten Personen und beziehen sich dabei auf die Person als Ganzes
Fremdorganisiert: Auf die Erfüllung vorgegebener Zwecke gerichtet	**Selbstorganisiert:** Zielen auf die Selbstorganisationsfähigkeit von Personen ab
Vermittel-, lern- und prüfbar: Vermittlung verwertbarer Kenntnisse und Fertigkeiten, die auf die Elemente solcher individueller Fähigkeiten bezogen sind, die geprüft und (rechtsförmig) zertifiziert werden können	**Erfahrungsgestützt und förderbar:** Können bedingt vermittelt und erlernt werden, entwickeln und erweitern sich aber vor allem durch Erfahrungen und selbstgesteuertes Lernen sowie (direkte und indirekte) fördernde Unterstützung, daher nur eingeschränkt prüf-/zertifizierbar, auch da Kompetenzen die Vielfalt der prinzipiell unbegrenzten Handlungsdispositionen umfassen

Der Kompetenzbegriff soll nun mit Bezug auf verschiedene **Kompetenzklassen** nach *Erpenbeck/von Rosenstiel* (2007, S. XXIV)[76] näher aufgeschlüsselt werden, um die hinter den Kompetenzen liegenden Fähigkeiten zu verdeutlichen:

- **Aktivitäts- und umsetzungsorientierte Kompetenzen**

sind die ganz grundlegenden Dispositionen, „aktiv und gesamtheitlich selbstorganisiert zu handeln und dieses Handeln auf die Umsetzung von Absichten, Vorhaben und Plänen zu richten – entweder für sich selbst oder auch für andere und mit anderen, im Team, im Unternehmen, in der Organisation. Diese Dispositionen erfassen damit das Vermögen, die eigenen Emotionen, Motivationen, Fähigkeiten und Erfahrungen und alle anderen Kompetenzen [...] in die eigenen Willensantriebe zu integrieren und Handlungen erfolgreich zu realisieren".

- **Fachlich-methodische Kompetenzen**

umfassen Dispositionen „einer Person, bei der Lösung von sachlich-gegenständlichen Problemen geistig und physisch selbstorganisiert zu handeln, d. h. mit fachlichen und instrumentellen Kenntnissen, Fertigkeiten und Fähigkeiten kreativ Probleme zu lösen, Wissen sinnorientiert einzuordnen und zu bewerten; das schließt Dispositionen ein, Tätigkeiten, Aufgaben und Lösungen methodisch selbstorganisiert zu gestalten, sowie die Methoden selbst kreativ weiterzuentwickeln".

- **Personale Kompetenzen**

bezeichnen die Dispositionen einer Person, „reflexiv selbstorganisiert zu handeln, d. h. sich selbst einzuschätzen, produktive Einstellungen, Werthaltungen, Motive und Selbstbilder zu entwickeln, eigene Begabungen, Motivationen, Leistungsvorsätze zu entfalten und sich im Rahmen der Arbeit und außerhalb kreativ zu entwickeln und zu lernen".

- **Sozial-kommunikative Kompetenzen**

meinen die Fähigkeit, „kommunikativ und kooperativ selbstorganisiert zu handeln, d. h. sich mit anderen kreativ auseinander- und zusammenzusetzen, sich gruppen- und beziehungsorientiert zu verhalten, und neue Pläne, Aufgaben und Ziele zu entwickeln".

Die **sozial-kommunikativen Kompetenzen** gehören dabei zu den unspezifischsten Begriffen des Kompetenzansatzes. Viele sprechen von Sozialkompetenzen und reden dabei völlig aneinander vorbei. Dieser Ausdruck ist hochgradig präzisierungsbedürftig. Einige Autor/innen verwenden ihn als eine Art Sammelbegriff für alle überfachlichen Qualifikationen, so wie andere das mit *Mertens'* Terminus der Schlüsselqualifikationen tun (vgl. dazu die Definitions-Sammlung bei *Hoets* 1993, S. 117 ff.). Andere begreifen ihn viel enger. Sozial-kommunikative Kompetenz hat entscheidend mit Kommunikation, konstruktiver Kooperation, Beteiligung und Zusammenarbeit in der Gruppe zu tun. Sie erfordert von den Mitarbeiter/innen die Fähigkeit und Bereitschaft, sich gegenseitig zu helfen und zu akzeptieren, zu kommunizieren, in Teams zusammenzuarbeiten, die anderen Mitarbeiter/innen in ihrem Anders-Sein anzunehmen und zu verstehen, Meinungsverschiedenheiten auszuhalten und konstruktiv Konflikte auszutragen und lösen zu können. Aus einer teilweise etwas anderen Warte müssen insbes. die Führungskräfte im Rahmen ihrer Personalführungs-Funktion Sozialkompetenzen aufweisen: Sie müssen die oben angeführten Fähigkeiten nicht nur in ihrer eigenen Arbeit beherrschen, sondern sie in erster Linie bei den

76 *von Rosenstiel/Erpenbeck* (2008, S. XXIII) weisen darauf hin, dass diese Kompetenzklassen häufig auch als Schlüsselkompetenzen bezeichnet werden.

ihnen unterstellten Mitarbeiter/innen zulassen und fördern – eine Eigenschaft, die vielen „gestandenen“ Vorgesetzten nach aller Erfahrung erhebliche Schwierigkeiten bereitet.

Die **methodischen Fähigkeiten** der fachlich-methodischen Kompetenzdimension sind eine für die „einfachen“ Mitarbeiter/innen des Produktionsbereichs ziemlich neue Anforderung, waren sie doch in tayloristischen Systemen (jedenfalls offiziell) die unumschränkte Domäne der Spezialisten/innen aus den indirekten Bereichen und der Führungskräfte. Gemeint sind Fähigkeiten, auftauchende Probleme zu durchdringen und einer Lösung zuzuführen, ferner Kenntnisse von Planungs- und Entscheidungsverfahren sowie das Beherrschen spezieller Arbeitstechniken und Methoden (z. B. zur Problemanalyse, zur Moderation, zur Entwicklung von Lösungsmöglichkeiten). Die Notwendigkeit der Stärkung von Methodenkompetenzen erwächst aus der gestiegenen Flexibilität der Arbeitsplätze, der Häufigkeit unvorhergesehener Sondersituationen (z. B. Störungen im Produktionsablauf, Eil- und Spezialaufträge, organisatorische Pannen) sowie der Einbeziehung kreativer Funktionen in das Aufgabenspektrum.

Darüber hinaus finden sich weitere Aufschlüsselungen der Kompetenzdimensionen, welche jedoch teilweise in diesen impliziert sind. Einige wesentliche dieser Erweiterungen bzw. Konkretisierungen sollen beispielhaft aufgezeigt werden, um ein Bild von der Vielschichtigkeit der beruflichen Kompetenzanforderungen zu erhalten. Weitere spezifische Kompetenzen und deren Zuordnung zu den zuvor benannten vier Kompetenzklassen führen *Heyse/Erpenbeck* (2009, S. XIII) in ihrem Kompetenzatlas auf.

Bei den **intellektuellen (oder analytischen) Fähigkeiten**, welche insbes. auf der Ebene der fachlich-methodischen und personalen Kompetenz ansetzen, handelt es sich um das analytisch-reflexive Denken, das strukturierte Vorgehen, ganzheitlich-vernetztes Denken usw., also im Prinzip um die von *Mertens* so bezeichneten „Basisqualifikationen“. Es geht darum, „den ganzheitlichen Charakter systemhaft verketteter Produktionsprozesse erkennen und sich darin bewegen [zu] können“ sowie „technologische und betriebswirtschaftliche Gesamtzusammenhänge einschätzen und Interdependenzen bewerten und übergreifende Zusammenhänge verstehen [zu] können“ (*Novak* 1993, S. 408).

Im Zusammenhang mit den aktivitäts- und umsetzungsbezogenen sowie personalen Kompetenzen ist die **Innovationsfähigkeit** von besonderer Relevanz. Es kommt heute entscheidend darauf an, den gesamten Schatz an kreativem Potenzial und intellektuellem Know-how im Unternehmen für innovative Problemlösungen zu aktivieren. Daher bestehen zentrale Anforderungen darin, die Produktionsabläufe zu verbessern, Störungen und Störungsquellen ausfindig zu machen und möglichst zu beseitigen; ferner die dazu gehörende Bereitschaft, sich an Entscheidungsprozessen zu beteiligen, die im Alltag angeeigneten Kenntnisse über Schwachstellen im Produktionsablauf einzubringen, mit kritischer Aufmerksamkeit die Umwelt zu beobachten und eigene Ideen für Verbesserungsmöglichkeiten zu entwickeln. In einem erweiterten Sinne lässt sich darunter auch die Bereitschaft verstehen, sich mit der Technik zu arrangieren, sie zu akzeptieren und nicht durch offene oder latente Widerstände ihre effektive Nutzung zu gefährden.

Ebenso an Relevanz gestiegen ist das zunehmende Erfordernis des **unternehmerischen Denkens und Handelns** in betriebswirtschaftlichen Kategorien, auch in den „niedrigen“ Sphären der Hierarchie[77]. Die unternehmerische Fähigkeit lässt sich in etwa bei den aktivitäts- und umsetzungs-

77 Vgl. schon die Ausführungen über Mitarbeiter/innen als „Intrapreneure“ in Kap. 3.4.3.

bezogenen sowie fachlich-methodischen Kompetenzen ansiedeln. Die Mitarbeiter/innen sollen z. B. verfügen über:

- Ergebnis- und Zielorientierung,
- Zeit-Kosten-Qualitäts-Orientierung,
- Leistungsorientierung sowie
- Kalkulations-, Dispositions- und Entscheidungsfähigkeit.

In diesem Zusammenhang spielt die Kundenorientierung eine besondere Rolle. Die Beschäftigten müssen den unmittelbaren kommunikativen Umgang mit Kunden/innen wahrnehmen und pflegen, sei es, dass sie ihrerseits Informationen benötigen oder Auskünfte z. B. über den Bearbeitungsstand eines Auftrages geben müssen. Die Kund/innen können dabei sowohl Externe als auch Interne wie z. B. andere Teams sein (internes Kunden-Lieferanten-Verhältnis).

Schließlich ist die **Bereitschaft und Fähigkeit zum Lernen und zur Eigenverantwortung** als Teil der personalen und fachlich-methodischen Kompetenz angesichts der weiterhin zu erwartenden Veränderungsdynamik in allen Arbeits- und Lebensbereichen eine wichtige Kompetenzanforderung. Die Mitarbeiter/innen sollen bereit und in der Lage sein, ihre Qualifizierungsbedarfe zu erkennen, Qualifizierungsprozesse selbst zu initiieren und mitzugestalten sowie geeignete Maßnahmen auszuwählen. Diesen Aspekt, den bereits *Mertens* (1974) mit seinen „Horizontalqualifikationen" zumindest z. T. im Auge hatte, kann man in seiner Bedeutung nicht schwer genug gewichten. In dem Maße, wie einmal erlernte Berufsqualifikationen oder auch andere Kenntnisse, Fertigkeiten und Fähigkeiten für einen immer kleineren Zeitraum Gültigkeit und Bestand beanspruchen können, sind die Unternehmen auf die permanente Lern- sowie Veränderungsfähigkeit und -bereitschaft ihrer Beschäftigten angewiesen.

11.2.3 Exkurs: Entwicklungsfähigkeit und -bereitschaft

Wie später im Rahmen der Bedarfsermittlung näher beschrieben wird (Kap. 11.3.1), muss herausgestellt werden, welche Qualifikationen und Kompetenzen ein Unternehmen von seinen Mitarbeiter/innen in spezifischen Stellen- bzw. Aufgabenbereichen benötigt und durch Personenanalysen sowie die persönliche Einschätzung des/r Mitarbeiters/in abgleichen, inwiefern Deckungslücken bestehen. PE bedeutet dabei eine Entwicklung und gewisse Veränderung von Individuen, ist also immer auch abhängig vom Subjekt (personale Gebundenheit des Faktors Arbeit, vgl. Kap. 2.2.1; Leistungsdeterminanten, vgl. Kap. 8.2.3.1). Daher darf nicht angenommen werden, dass sich jede/r Mitarbeiter/in beliebig an die Erfordernisse von Stellen oder Karriereplänen anpassen ließe („Können") oder sich an diese anpassen will („Wollen"). Die individuellen Faktoren des **„Könnens"** *und* **„Wollens"** sind neben den auf eine/n Mitarbeiter/in von außen einwirkenden Einflüssen des **„Sollens"** und (sozialen) **„Dürfens"** zu berücksichtigen (*Mudra* 2004, S. 212; *Becker* 2013, S. 10; *Berthel/Becker* 2013, S. 80 ff.). Die Frage des „Könnens" setzt grundlegend bei der Leistungsfähigkeit, die des „Wollens" bei der Leistungsbereitschaft an (vgl. Kap. 8.2.3.1). „Die Handlung selbst, der Nachweis, dass einer Person die Kombination von Wollen, Können und Dürfen tatsächlich gelingt, zeigt sich erst in der Handlung (Performanz) [...] die tatsächliche Leistungserbringung, die Arbeitshandlung" (*Becker* 2013, S. 10).

Auf interne motivationale Faktoren (z. B. Anspruchsniveau, Neigung), die im Rahmen der Leistungsbereitschaft in Abb. 37 angerissen wurden und das „Wollen" beeinflussen, soll an dieser

Stelle nicht näher eingegangen werden. Hingegen soll kurz aus eigenschaftstheoretischer Perspektive veranschaulicht werden, wie anpassbar bzw. veränderbar Qualifikationen und Kompetenzen sind **(Entwicklungsfähigkeit)** (vgl. auch *Sonntag* 2006, S. 23 f.). Es muss sich gefragt werden, „[...] welche Fähigkeiten durch Lernen und Üben mit welchem Aufwand und in welchem Zeitraum *veränderbar* sind und welche wir als weitgehend *stabil* annehmen müssen" (*Schuler* 1996, S. 32). Zu den ersten, primär kognitiven Fähigkeiten, zählen Kenntnisse und Fertigkeiten, die im Rahmen von Ausbildungen und Trainings weiterentwickelt und sogar verändert werden können (*ebenda*). Zu den zweiten, primär nicht-kognitiven Fähigkeiten, die eine höhere zeitliche und transsituative Stabilität aufweisen, d. h. sich über die Zeit hinweg und in verschiedenen Situationen nicht wesentlich ändern („typisches Verhalten"), zählen die Persönlichkeitsfaktoren (insbes. Aggression, Extraversion und Neurozentrismus)[78] (*Schuler* 1996, S. 32; *Sonntag* 2006, S. 24; *Simon* 2010, S. 13; *Asendorpf* 2015, S. 145). Die Stabilität von Persönlichkeitseigenschaften ist sowohl durch die biologischen Voraussetzungen einer Person (durch Struktur und Funktion des Gehirns, insbes. zentralnervöse Vorgänge) als auch durch den jahrelangen Austausch mit ihrer sozio-kulturellen Umwelt (z. B. Überzeugungen, Normen, Wertvorstellungen, vorgelebtes Verhalten, Schlüsselerlebnisse) bedingt (u. a. *Simon* 2010, S. 10 ff.; *Asendorpf* 2015, S. 149 ff.). Zwar bezieht sich diese Abgrenzung vornehmlich auf die grundlegenden Persönlichkeitseigenschaften, dennoch bieten sich hier ebenso Ansatzpunkte zur Differenzierung von den damit zusammenhängenden Qualifikationen und Kompetenzen, da die Fähigkeit und Bereitschaft zu ihrer (Weiter-)Entwicklung von den jeweiligen Persönlichkeitsmerkmalen stark beeinflusst werden.

Qualifikationen lassen sich grob zu den **primär kognitiven Fähigkeiten** zählen, aktivitäts-umsetzungsbezogene, sozial-kommunikative und personale Kompetenzen eher zu den **nicht-kognitiven**, die Fach- und Methodenkompetenzen liegen in etwa zwischen den beiden. Als Beispiel können hier Merkmale unterschieden werden, die zu interkultureller Kompetenz befähigen: So sind die interkulturelle Sensibilität (Aufnehmen und Hineinversetzen) und die interkulturelle Kommunikationsfähigkeit (Selbstwahrnehmung und Umgang) schwer bzw. begrenzt erlernbar, interkulturelles Perzeptionsvermögen (Wahrnehmung, Einordnung und Bedeutungszuschreibung) und interkulturelles Wissen (Kultur-/Sprachkenntnisse) hingegen stärker erlernbar (*Scholz* 2014a, S. 333 f.). Die größere Stabilität der nicht-kognitiven Fähigkeiten muss bei der Planung der PE berücksichtigt werden, um sowohl die Effektivität und Effizienz von Maßnahmen (gemessen an Aufwand und Zeitraum sowie Ergebnis) zu gewährleisten, aber auch die individuelle Passung der geplanten Entwicklungen und Veränderungen einschätzen zu können.

Die sog. **Führungskompetenzen** sind ein populäres Beispiel für die Frage, ob und inwieweit Fähigkeiten veränderbar sind. Entwicklungsmaßnahmen und -programme zur Führungskräfteentwicklung finden sich zwar in den meisten Unternehmen, die PE praktizieren. Die wissenschaftlichen Debatten gehen aber – mit teils sehr unterschiedlichen Ansätzen, Argumenten und Ergebnissen – vor allem der grundlegenden Frage der Erlernbarkeit von Führungskompetenzen nach. Hierbei unterscheiden sich insbes. eigenschaftsorientierte (z. B. *Stogdill* 1974), verhaltensorientierte (z. B. *Halpin/Winer* 1957) und situative Führungstheorien (z. B. *Fiedler* 1967). Die Eigenschaftstheoretiker gehen davon aus, dass bestimmte Eigenschaften, die gute Führung (Führungskompetenzen) bedingen, angeboren bzw. stabil sind, wohingegen die Verhaltenstheoreti-

78 Vgl. hierzu auch das Fünf-Faktoren-Modell der Persönlichkeit (u. a. *Goldberg* 1990).

ker eine gewisse Erlernbarkeit (im Rahmen von Führungsstilen) konstatieren und die Vertreter situativer Ansätze je nach Situation unterschiedliche Kompetenzen bzw. Ausprägungen von Persönlichkeitseigenschaften auschlaggebend für eine erfolgreiche Führung halten und daher Führungserfolg durch die Beeinflussung von Situationen fokussieren (*Berthel/Becker* 2013, S. 191; *Stock-Homburg* 2013, S. 458 f., 483 f., 493 ff.; *von Rosenstiel/Kaschube* 2014, S. 690 ff.). Schließlich bleibt zu berücksichtigen, dass unabhängig von der Möglichkeit, Führungskompetenzen erlernen zu können, nicht jede/r Mitarbeiter/in (i. S. d. oben angesprochenen **individuellen Passung**) mit der Führungsrolle und den damit geforderten Kompetenzen und Verhaltensweisen „glücklich" wird, wenn diese stark von den Ausprägungen der eigenen Persönlichkeit und dem individuellen routinierten Verhalten und Handeln (Praktiken) abweichen.

11.3 Prozess der Personalentwicklung

PE ist schließlich als ein **System** zu verstehen, auch wenn man in der Praxis manchmal einen gegenteiligen Eindruck bekommt. Zwar gehört „System" mit Sicherheit zu den schwer zu definierenden und vieldeutigen Begriffen. In einem sehr allgemeinen Verständnis kann man aber darunter ein geordnetes Gefüge von verschiedenen Elementen verstehen, zwischen denen eine innere Ordnung, eine Beziehung besteht oder zumindest hergestellt werden kann. Auf die PE bezogen heißt das, dass es sich – dem Anspruch nach, nicht unbedingt i. S. d. Status quo in jedem Unternehmen – um einen Komplex zusammengehörender und aufeinander bezogener Elemente handelt, wobei durch die innere Ordnung die Zielorientierung und Planmäßigkeit des Gesamtkomplexes gewährleistet sein soll. PE umfasst das Gesamtgefüge von Bedarfserhebung und -prognose, Konzeptentwicklung und Qualifizierungsplanung im weitesten Sinne, Auswahl und Entwicklung des dafür zuständigen Personals („Train the trainer"), Organisation und Durchführung der Maßnahmen (bzw. ihre Delegation an geeignete Stellen/Personen) und die Kontrolle ihrer pädagogischen und ökonomischen Effizienz. Entsprechend der Abb. 61 umfasst der **Prozess** der PE daher das Vorfeld (Bedarfsanalyse und Planung), das Lernfeld (Qualifizierung) und das Funktionsfeld (Transfer ins Arbeitsverhalten) sowie damit zusammenhängend das Transfermanagement (Transfervorsteuerung und Transfersicherung) und die Evaluation (Konzept-, Input-, Prozess- und Output-Evaluation) (*Berthel/Becker* 2013, S. 525).

ABB. 61: Prozess der Personalentwicklung (nach *Berthel/Becker* 2013, S. 433, 525)

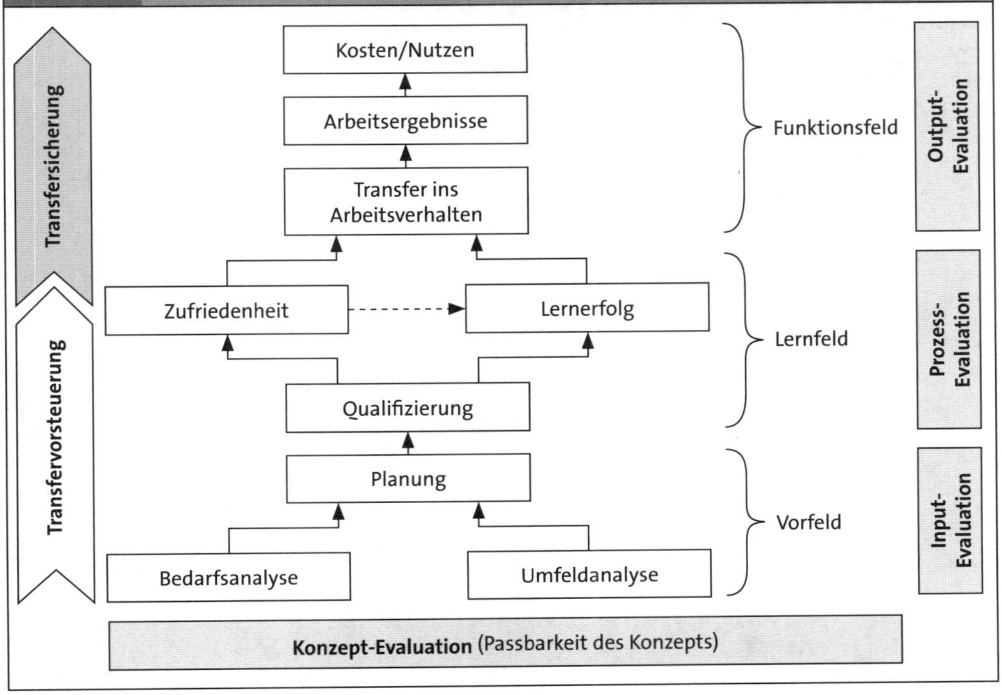

11.3.1 Vorfeld: Bedarfs- und Umfeldanalyse

Ausgangspunkt der PE ist immer die **Bedarfsermittlung**, also die Gegenüberstellung von aktuell vorhandenen (IST-Zustand) und aktuell bzw. zukünftig benötigten und erwünschten (Soll-Zustand) Qualifikationen und Kompetenzen der Mitarbeiter/innen. „Ziel der Bedarfsanalyse ist es, Defizite an Bildung, Förderung und Organisationsentwicklung sowohl auf strategischer als auch auf operativer und individueller Ebene zu analysieren" (*Becker* 2013, S. 825; vgl. Abb. 62).

ABB. 62: Betriebliche und individuelle Bedarfe als Ausgangspunkte der Personalentwicklung (in Anlehnung an *Kolb* 2010, S. 461)

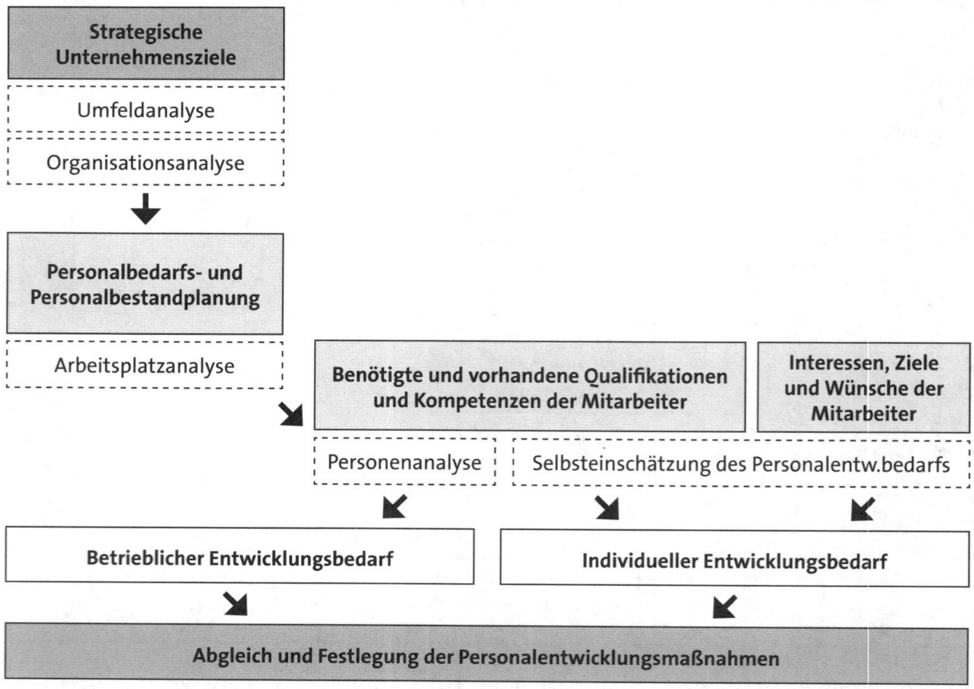

Der PE-Bedarf setzt zunächst im Rahmen einer **Organisationsanalyse** grundlegend an den strategischen Zielen sowie den Kulturmerkmalen und der Philosophie des Unternehmens an[79] (*Sonntag* 2006, S. 26). Darauf aufbauend ist „eine detaillierte qualitative, auf die Zukunft gerichtete **Personalbedarfsplanung** und auf die Gegenwart bezogene **Personalbestandsplanung** [notwendig], mit deren Hilfe, aufbauend auf prognostizierten Veränderungen der betrieblichen Struktur und deren Umfeld, zukünftige Aufgaben und Anforderungen im Tätigkeitsfeld der Mitarbeiter analysiert werden" (*Berthel/Becker* 2013, S. 435, Hervorhebung M. M.; vgl. Kap. 5.3). Hierfür bedarf es einer **Arbeitsplatzanalyse**, d. h. Kenntnissen der Aufgaben-, Arbeitsplatz- und Rollenanforderungen und der damit verbundenen Qualifikationen und Kompetenzen sowie Kenntnisse über mögliche Veränderungen der Stellenanforderungen (*Sonntag* 2006, S. 26; *Berthel/Becker* 2013, S. 436 f.). Ergebnis der Arbeitsplatzanalyse ist ein detailliertes **Anforderungsprofil**, in welchem die benötigten Qualifikationen und Kompetenzen zur Erfüllung der Anforderungen festgehalten sind. Im Abgleich hierzu wird Wissen über die vorhandenen Qualifikationen und Kompetenzen sowie die Entwicklungspotenziale der Mitarbeiter/innen benötigt, es muss also eine **Personenanalyse** (Personalbeurteilung, vgl. Kap. 10) stattfinden (*Sonntag* 2006, S. 26; *Scholz* 2014a, S. 577). Für diese Analyse können die in Kapitel 6 und 10 benannten Verfah-

79 Die Studie von *Kienbaum* (2008, S. 6) zeigt, dass etwa zwei Drittel der Unternehmen die Ziele und Inhalte der PE an der Unternehmensstrategie ausrichten, wobei 60 % der Unternehmen diese Ziele und Inhalte bereits in der übergeordneten Personalmanagementstrategie verankert haben und ca. 50 % über eine eigene PE-Strategie verfügen.

ren, wie z. B. Assessment Center, Arbeitsproben, Dokumentenanalysen und Testmethoden, genutzt werden. Unternehmen müssen jedoch auch berücksichtigen, dass ihre Mitarbeiter/innen Individuen mit eigenen Interessen sind (*Kolb* 2010, S. 460). Sie müssen daher auch ein Bild davon haben, inwieweit die/der jeweilige Mitarbeiter/in bereit und in der Lage ist, sich entsprechend weiterzuentwickeln. Hierfür sind insbes. Kenntnisse über die Lebensphasen, die Karriereplanung, die Ziele und Wünsche der Mitarbeiter/innen sowie deren persönliche Einschätzung der eigenen Qualifikationen und Kompetenzen notwendig **(Selbsteinschätzung des Personalentwicklungsbedarfs)**. Aus dem Abgleich des aus diesen Analysen entstehenden betrieblichen (bzw. organisationalen) und individuellen PE-Bedarfs werden gemeinsam mit der/dem Mitarbeiter/in Maßnahmen besprochen, geplant und umgesetzt.

LITERATUR

Ermittlung des PE-Bedarfs in der Praxis

Die Cranet-Studie (*Kabst et al.* 2009, S. 28) kommt zu dem Ergebnis, dass in 74 % der befragten Unternehmen eine systematische Ermittlung des PE-Bedarfs vorgenommen wird. Dabei werden hauptsächlich Vorschläge der direkten Vorgesetzten (99 %) und der Mitarbeiter/innen selbst (95 %) als Methoden der Bedarfsermittlung genutzt, gefolgt von einer konkreten Ableitung aus der Leistungsbeurteilung (86 %), Prognosen über zukünftige Entwicklungen (75 %), der Ableitung aus den Unternehmenszielen (73 %) und dem Fortschreiben aus der Vergangenheit (62 %). Lediglich 19 % nutzen analytische Verfahren. Zusammengefasst zeigt sich, dass die Analyse des individuellen PE-Bedarfs in der Praxis einen hohen Stellenwert hat, was insbes. bezogen auf die Einbeziehung der Bedürfnisse der Mitarbeiter/innen als positiv zu werten ist, jedoch das Risiko eines zu einseitigen Bildes mit sich bringt, zumal ein PE-Bedürfnis nicht mit einem PE-Bedarf gleichzusetzen ist.

Die Rolle der Mitarbeiter/innen kann sich dabei abhängig von den kulturellen und strukturellen Gegebenheiten im Unternehmen unterschiedlich darstellen. Werden die PE-Bedarfe und -Maßnahmen primär vom Unternehmen, d. h. den Vorgesetzen und der Personalabteilung geplant und initiiert, agieren die Mitarbeiter/innen in einer eher **passiven Rolle** (*Stock-Homburg* 2013, S. 211). Der betriebliche PE-Bedarf des Unternehmens dominiert hierbei den individuellen PE-Bedarf der/s Mitarbeiterin/s. Dadurch wird sichergestellt, dass die Maßnahmen am tatsächlichen Bedarf des Unternehmens ansetzen und betrieblich verwertbar sind. Es besteht die Gefahr, dass die geringe bzw. nachgelagerte Einbeziehung der Mitarbeiterinteressen zu einer fehlenden Motivation für die Teilnahme an der PE-Maßnahme führt und somit Defizite im Lernerfolg und Transfer entstehen. Die Aufgaben, für welche die PE-Maßnahme die/den Mitarbeiter/in qualifizieren soll, können zudem konträr zu den Entwicklungszielen und -wünschen der Mitarbeiter/innen laufen. Sieht sich die/der Mitarbeiter/in zukünftig in einer anderen Position, ist eine Qualifizierung für die derzeitige Position redundant.

Die **aktive Rolle** der Mitarbeiter/innen kennzeichnet wiederum das andere Extrem, d. h. die Identifikation des PE-Bedarfs und die Initiierung von PE-Maßnahmen geht primär eigenverantwortlich von den Mitarbeiter/innen und ihrer persönlichen Einschätzung aus (*Stock-Homburg* 2013, S. 211). Oftmals bieten Unternehmen hierbei ein umfängliches PE-Angebot (z. B. in Form von Print- und Online-Katalogen) an, aus welchem sich die Mitarbeiter/innen Maßnahmen in Absprache mit ihren Vorgesetzten aussuchen dürfen (sog. „Bauchladenprinzip"). Hierbei ist eine allgemeine Steigerung der Mitarbeitermotivation und -zufriedenheit zu erwarten. Diese kann zu einem größeren Lernerfolg und einem besseren Transfer führen und eine Steigerung der allgemeinen Arbeitsleistung bzw. -produktivität bewirken. Auch können durch die aktive Rolle Potenziale der Mitarbeiter/innen aufgedeckt und entwickelt werden, welche die Vorgesetzten und die Personalabteilung nicht erkannt haben, sodass die/der Mitarbeiter/in durch die Qualifizierung flexibler im Betrieb eingesetzt werden kann bzw. eine eignungs- und neigungsgerechte Aufgabenzuweisung erfolgt. Insgesamt können auch die Bindungschancen der/des Mitarbeiterin/s steigen. Bei der aktiven Rolle besteht jedoch vor allem die Gefahr, dass die Qualifizierung an den Bedarfen des Unternehmens vorbeiläuft, d. h. Mitarbeiter/innen sich z. B. für Positionen qualifizieren, die im Unternehmen nicht vorhanden oder vakant sind. Dies kann zur Demotivation der/s jeweiligen Mitarbeiterin/s führen, da die gewonnen Qualifikationen und Kompetenzen nicht eingesetzt werden können, entsprechend auch kein Transfer möglich ist. Andersherum können sich Mitarbeiter/innen in ihrer Position gefährdet fühlen, wenn Kollegen/innen sich in Richtung deren Position qualifizieren. Zudem bedingt die gestiegene Attraktivität auf dem externen Arbeitsmarkt das Risiko der Fluktuation.

MERKE

Insgesamt ist trotz der Prinzipien der Zielgerichtetheit und betrieblichen Verwertbarkeit eine **Kombination aus beiden Ansätzen** sinnvoll, da so die Vorteile umfänglich ausgeschöpft und die Risiken einer einseitigen Ausrichtung weitestgehend vermieden werden können. Das heißt zum einen, dass der PE-Bedarf sowohl die betriebliche als auch die individuelle Bedarfsermittlung umfassen sollte, zum anderen, dass neben betrieblich verwertbaren Maßnahmen auch in begrenztem Maße solche ermöglicht werden sollten, die primär bei den individuellen Bedarfen der Mitarbeiter/innen ansetzen, da hier indirekte Vorteile (z. B. höhere Motivation und entsprechend Arbeitsleistung und Bindung) zu erwarten sind. In der Praxis finden sich Ansätze, bei denen Mitarbeiter/innen z. B. neben der regulär für sie vorgesehenen und mit ihnen vereinbarten Qualifizierung eine bestimmte Anzahl an PE-Maßnahmen pro Jahr aus einem Katalog frei wählen können.

Neben der Bedarfsanalyse spielt die **Analyse des externen und internen Umfeldes** des Unternehmens eine wichtige, wenn auch oft vernachlässigte Rolle. Neben der Analyse inner- und außerbetrieblicher Bedarfe soll diese herausstellen, zu welchem Zeitpunkt die Umsetzung einer Maßnahme sinnvoll ist (*Berthel/Becker* 2013, S. 434). Beispielsweise haben bevorstehende Gesetzesreformen, technologische Veränderungen, die Entwicklung der Finanz- und Absatzmärkte oder auch Änderungen der betrieblichen Strukturen und Strategien einen Einfluss darauf, über welche Qualifikationen und Kompetenzen Mitarbeiter/innen verfügen müssen, um ihre (aktuellen und zukünftigen) Aufgaben bestmöglich zu erfüllen. Auch muss herausgestellt werden, welche Lernkultur und Transferbedingungen vorherrschen (z. B. Relevanz des E-Learning, Umgang mit Veränderungen, Führungsstile/-kompetenzen etc.) (*ebenda*). Die Analyse des passenden Zeitpunktes soll zudem aufzeigen, wann die in der Qualifizierung vermittelten Inhalte in der Praxis benötigt werden und welche individuellen Planungen seitens der Mitarbeiter/innen bestehen: „Ein Fremdsprachenkurs unmittelbar vor einem Urlaub, vor einer intensiven (deutschsprachigen) Projektaufgabe [oder] ein Jahr vor einer Aufgabe, die die Fremdsprache fördert, ist schlecht platziert" (*ebenda*, S. 447).

Auf Grundlage der Bedarfs- und Umfeldanalyse wird die Qualifizierung (Einzelmaßnahmen oder auch gesamte Entwicklungsprogramme) im Rahmen der **Planungsphase** konzipiert. Hierbei sind u. a. die Lerninhalte, die Transfermaßnahmen, die Zielgruppe/-person, die konkreten Qualifizierungsmaßnahmen, interne oder auch externe Träger dieser sowie die Evaluationsmaßnahmen festzulegen (*ebenda*, S. 434).

11.3.2 Lernfeld: Maßnahmen

Die eigentliche Qualifizierung, d. h. die Vermittlung von Lerninhalten und die Erweiterung des „Arbeitsvermögens", findet im Lernfeld statt (*Berthel/Becker* 2013, S. 434). Hierbei werden unterschiedliche Maßnahmen und Methoden eingesetzt, um sowohl die Qualifikationen als auch die Kompetenzen der Mitarbeiter/innen zu festigen und zu erweitern.

Voraussetzung dafür, dass man überhaupt von einer PE-Maßnahme sprechen kann, ist die Erkennbarkeit eines offiziellen und systematischen Instrumental-Charakters der betrachteten Aktivitäten. Einer beiläufigen und weitgehend ungeplanten Einarbeitung wird man diesen Status beispielsweise nicht zuschreiben können.

Kriterien zur Auswahl von Maßnahmen sollten insbes. die folgenden Punkte sein (*Drumm* 2008, S. 348 f.):

- der maximale Abbau von Deckungslücken oder Teilen davon,
- die Transparenz von verfügbaren Entwicklungsmaßnahmen mit Bezug auf die Entwicklungsziele, -inhalte, -methoden und den Vermittlungserfolg,
- die Minimierung der Kosten,
- der Zeitbedarf,
- die Erfüllung der Entwicklungsziele der Mitarbeiter/innen, soweit diese Teil des Entwicklungsbedarfs sind,
- die Tragbarkeit des gesamten Entwicklungsaufwandes durch den Betrieb und
- der Träger der Maßnahme und dessen Ruf.

In der Theorie und Praxis der PE sind eine Vielzahl an Maßnahmen zur Bildung und Förderung der Mitarbeiter/innen bekannt. Eine PE „von der Stange" kann es nicht geben, da der Erfolg von Maßnahmen immer auch von deren **Passung zum Betrieb und zur jeweiligen Zielgruppe und Situation** abhängt. Neben einer adäquaten Umfeld- und Bedarfsanalyse können die Unterschiede und die Eignung von Maßnahmen vor allem dadurch herausgestellt werden, dass die jeweiligen Ebenen analysiert werden, auf denen sie ansetzen. Hierbei lassen sich übergeordnet zumindest drei wesentliche Ebenen zur Systematisierung von PE-Maßnahmen zugrunde legen (vgl. Abb. 63): Die Phase im betrieblichen und/oder beruflichen Lebenszyklus (vgl. Kap. 4.2.3), die räumliche, zeitliche und inhaltliche Nähe zum Arbeitsplatz sowie die Lern- und Interaktionsform.

ABB. 63: Systematisierung von Personalentwicklungsmaßnahmen nach drei Ebenen (in Anlehnung an *Graf* 2001, S. 27 ff.; *Stock-Homburg* 2013, S. 207 ff., 228 ff.)

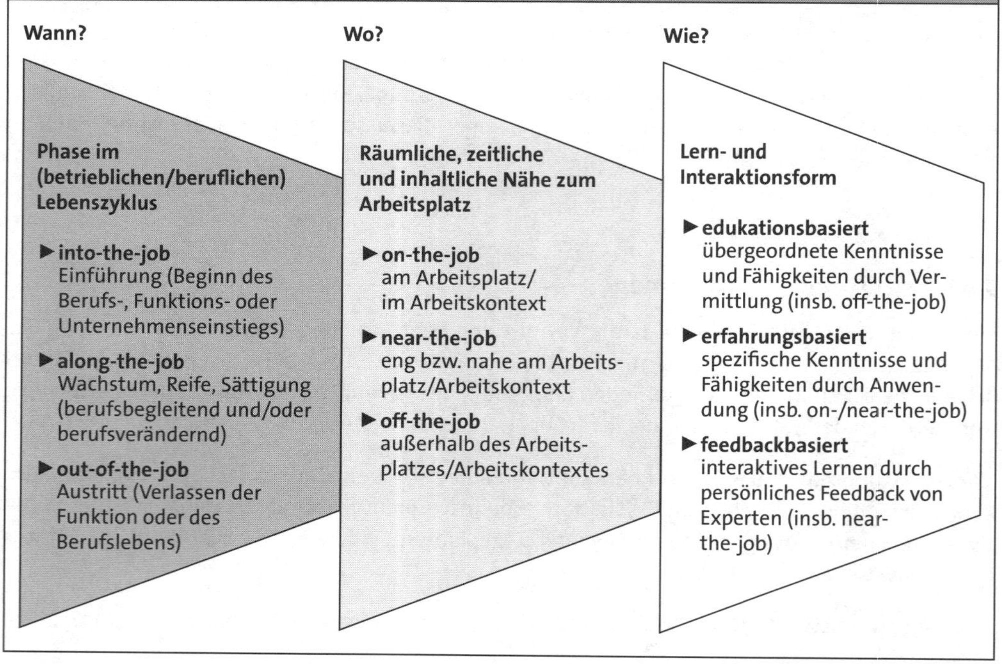

Dabei lassen sich PE-Maßnahmen durch **alle drei Ebenen** beschreiben bzw. diesen zuordnen – die Zuordnung zu nur einer Kategorie wäre weder für jede Maßnahme möglich noch in jedem Fall sinnvoll (*Mudra* 2014, S. 214). Beispielsweise kann eine Maßnahme, die zur Einführung („into-the-job") stattfindet, arbeitsplatzbezogen als auch nahe/außerhalb des Arbeitsplatzes/-kontextes stattfinden und sowohl edukationsbasiert, erfahrungsbasiert als auch feedbackbasiert ansetzen. Dies wird anhand folgender Beispiele für „into-the-job"-Maßnahmen deutlich:

- Hospitation: „on-the-job", insbes. erfahrungsbasiert,
- Lernstatt: „near-the-job", insbes. erfahrungsbasiert,
- Seminar/Vortrag: „off-the-job", insbes. edukationsbasiert,
- Mentoring: „near-the-job", insbes. feedbackbasiert.

Ebenso eignen sich die genannten Maßnahmen auch in anderen Lebensphasen „along-the-job".

Abb. 64 zeigt für einige wesentliche PE-Einzelmaßnahmen die Zuordnung auf den Ebenen „räumliche, zeitliche, inhaltliche Nähe zum Arbeitsplatz" sowie „Lern- und Interaktionsform".

ABB. 64: Beispiele für Einzelmaßnahmen der Personalentwicklung und deren Systematisierung

PE-Einzelmaßnahmen	Räumliche, zeitliche und inhaltliche Nähe zum Arbeitsplatz	Lern- und Interaktionsform
(klassische) Kurse, Lehrgänge, Seminare, Vorträge	off-the-job	edukationsbasiert
Outdoor-Training (insbes. zur Teamentwicklung)	off-the-job	edukationsbasiert

PE-Einzelmaßnahmen	Räumliche, zeitliche und inhaltliche Nähe zum Arbeitsplatz	Lern- und Interaktionsform
Workshops, Planspiele, Rollenspiele, Fallstudien, Verhaltenstrainings	off- und z.T. near-the-job	edukations- und z.T. erfahrungsbasiert
Qualifikationsfördernde Arbeitsstrukturierung wie Job Rotation / Enlargement / Enrichment	near-the-job	erfahrungsbasiert
Lernstatt	near-the-job	erfahrungsbasiert
Qualitätszirkel	near-the-job	erfahrungsbasiert
Projektarbeit / Projektgruppe	near-the-job	erfahrungsbasiert
Beratung, Coaching, Mentoring	near-the-job	feedbackbasiert
Entwicklungs- und Lernarbeitsplatz	near-the-job	erfahrungs- und feedbackbasiert
Einsatz in Assistenten-, Stellvertreter- oder Nachfolgestellen	on-the-job	erfahrungsbasiert
Hospitation	on-the-job	erfahrungsbasiert

Zudem findet sich in der Praxis oft eine Kombination von mehreren Einzelmaßnahmen, insbes. bei größeren sowie mittel- bis längerfristig angelegten **Programmen**, wie z. B. der Berufsausbildung oder auch Trainee- und Führungskräftenachwuchs-Programmen.

11.3.2.1 Räumliche, zeitliche und inhaltliche Nähe zum Arbeitsplatz

Die klassische Differenzierung von PE-Maßnahmen erfolgt nach deren **räumlicher, zeitlicher und inhaltlicher Nähe zum Arbeitsplatz**. Die einzelnen, hier näher betrachteten Kategorien der Systematik lauten „on-", „near-" und „off-the-job" (vgl. *Conradi* 1983, S. 22 ff.). Die klassische Betrachtungsweise von PE ist vielfach verengt, indem sie auf offizielle, klar zu identifizierende Maßnahmen der Aus- und Weiterbildung von Mitarbeiter/innen beschränkt bleibt (z. B. Kurse, Seminare), die überwiegend (vielleicht mit Ausnahme einiger Ausbildungsaktivitäten) fern der konkreten Arbeitsplätze und ohne unmittelbare Einbindung in reale Arbeitsvollzüge durchgeführt werden („off-the-job"). Das Lernfeld entspricht somit nicht dem Funktionsfeld. Gerade diese traditionellen Lehr- und Lernformen sind aber, wie inzwischen allgemein bekannt und akzeptiert, mit großen Mängeln behaftet, die ihre Effektivität in Frage stellen (z. B. geringe Teilnehmerorientierung, problematische Übertragung gewonnener Erkenntnisse in der „back home"-Situation). Die Grundaufgabe der PE, die Qualifikationen und Kompetenzen der Beschäftigten den (sich ständig wandelnden und wachsenden) Anforderungen anzupassen, kann angesichts der Dynamik des heutigen Geschehens so nicht mehr erfüllt werden.

Da es zentral um die möglichst problemangemessene Entwicklung des Arbeitsvermögens der Mitarbeiter/innen geht, empfiehlt es sich für ein erweitertes Verständnis oder Konzept von PE, bei der Präsentation und Diskussion der Maßnahmen unmittelbar an den Positionen bzw. Arbeitsplätzen, also den "Jobs" anzusetzen („on-" und „near-the-job"). Das Lernfeld entspricht hier im weitesten Sinne auch dem Funktionsfeld. PE-Maßnahmen können dann danach unterschieden werden, in welcher Weise sie sich auf eine Position beziehen, d. h. in welcher zeitlichen, inhaltlichen und räumlichen Nähe bzw. Entfernung zum Arbeitsplatz sie stattfinden. *Kolb* (2010, S. 493) weist jedoch darauf hin, dass es nicht nur darum geht, wo die Maßnahme räumlich stattfindet, da auch am Arbeitsplatz durchgeführte Online-Schulungen oder Seminare bei einer fehlenden inhaltlichen Nähe zum Arbeitsplatz eher einen „off-the-job"-Charakter aufweisen. Hingegen können auch bei räumlich vom Arbeitsplatz entfernten Maßnahmen „on-the-job"-Orientierungen vorhanden sein, bspw. wenn Situationen der Arbeitsaufgabe in Seminaren außerhalb des Arbeitsplatzes trainiert werden. Die Übergänge zwischen den Formen sind fließend und eine klare Unterscheidung ist nicht immer eindeutig möglich (*ebenda*, S. 494). Dies ist insbes. bei Programmen der Fall, da diese aus mehreren Einzelmaßnahmen bestehen.

Je nach Bezug zum Arbeitsplatz weisen die Maßnahmen die im Folgenden skizzierten unterschiedlichen Vor- und Nachteile auf.

PE „on-the-job"

PE-Maßnahmen „on-the-job" ermöglichen eine Qualifizierung während des Prozesses der Arbeitstätigkeit selbst, jedenfalls soweit sie als solche auch absichtsvoll geplant und vorgesehen sind. Demnach wird bei dieser Form der PE „echtes Tätig-Sein" i. S. d. Einbringung des Arbeitsvermögens mit gezieltem Lernen in Verbindung gebracht. Am „Lernort Arbeitsplatz" fallen Realsituation und Lernsituation zusammen, wodurch den Mitarbeiter/innen ein hohes Maß an Eigenaktivität und handlungsorientiertem Lernen ermöglicht wird. Lernen erfolgt sozusagen in der Ernstsituation und nicht davon losgelöst mit „Exklusivitäts-Charakter". Während der Lernort Arbeitsplatz in der Frühzeit der Industrialisierung durch Anlernen und die Lehre fast eine Monopolstellung hatte, ist er in der Folgezeit insbes. durch den Aufstieg seminar- und kursförmiger Weiterbildung zurückgedrängt worden. Einzig in der dualen Berufsausbildung sowie in diversen Formen der Anlernausbildung und Unterweisung am Arbeitsplatz ist er lebendig geblieben.

Das Lernen am Arbeitsplatz hat jedoch eine beachtliche Renaissance erlebt (*Meyer-Menk* 2002). Parallel zur wachsenden Kritik an der klassischen Weiterbildung in Seminarform ist die Bedeutung von „on-the-job"-Maßnahmen im Rahmen moderner PE-Konzepte erheblich gewachsen. Ihnen wird ein höheres Maß an Praxisbezogenheit und Problembezug sowie die Möglichkeit des Eingehens auf die Belange des Einzelnen zugutegehalten. Auch löst sich das sog. Transferproblem sozusagen von selbst. Die Wirkungen des eigenen Handelns werden von den Lernenden unmittelbar erlebt und erfahren und können in weitere Handlungs- und Lernschritte eingespeist werden. Kritisch betrachtet wird jedoch die teils unsystematische und zu wenig wissensbasierte Lernsituation sowie die zu starke Spezifität und somit eingeschränkte Übertragbarkeit (*Berthel/Becker* 2013, S. 500).

PE „near-the-job"

Nach *Conradi* (1983, S. 72) sind PE-Maßnahmen „near-the-job" solche, „die eine Weiterqualifizierung der Mitarbeiter dadurch erreichen, dass

- im Unterschied zu Personalentwicklung on-the-job der Lernprozess nicht während der unmittelbaren Arbeitstätigkeit und nicht am Arbeitsplatz stattfindet, gleichwohl aber konkrete Probleme der Arbeitstätigkeit, darüber hinaus des Arbeitsumfelds zum Gegenstand von Lernprozessen gemacht werden,
- im Unterschied zu Personalentwicklung off-the-job eine große räumliche, zeitliche und inhaltliche Nähe zur Arbeitstätigkeit besteht".

Aufgrund der Verortung zwischen „on-the-job“- und „off-the-job“-Maßnahmen kann dieser Typus des organisierten Lernens die Vorteile beider Formen miteinander vereinen. Der Lernprozess kann durch die Abkopplung von der unmittelbaren Arbeit besser systematisiert werden und ist einer didaktischen Reflexion und Gestaltung eher zugänglich. Andererseits wird der Problem- und Arbeitsplatzbezug der Lerninhalte aufrechterhalten und die Transfermöglichkeit des Gelernten positiv beeinflusst. Häufig zählen neben den eigentlichen Qualifizierungsprozessen auch konkrete Problemlösungen und Verbesserungsmöglichkeiten am Arbeitsplatz oder im Arbeitsbereich zu den materiellen Ergebnissen von „near-the-job“-Maßnahmen. Entsprechend unterschiedlich können die Zielschwerpunkte bei den konkreten betrieblichen Maßnahmen gestaltet sein. Während etwa bei der klassischen Lernstatt die Qualifizierungsziele deutlich im Vordergrund stehen und Problemlösungen eher als nützliches Beiwerk „mitgenommen“ werden, ist das Verhältnis beim typischen Qualitätszirkel japanischer Prägung eher umgekehrt: Es kommt auf die Abschöpfung und Aktivierung der Ideen und Kenntnisse der Mitarbeiter/innen an, wobei die Qualifizierungswirkungen die – durchaus erwünschten, aber eben nicht vordergründigen – Nebeneffekte sind.

PE „off-the-job“

Mit der PE „off-the-job“ ist der klassische Bereich der arbeitsplatzfernen Weiterbildung in Kursen, Lehrgängen, Seminaren usw. angesprochen. Diese Maßnahmen können sowohl unternehmensintern als auch extern durchgeführt werden. Obwohl sich in der Praxis eine gewisse Hinwendung zu der „on-the-job“-Ebene vollzieht, sind die klassischen Formen deswegen nicht bedeutungslos geworden. Noch immer gehören sie zweifelsohne zu den am häufigsten angewandten Qualifizierungsmaßnahmen.

Der Vorteil von „off-the-job“-Maßnahmen besteht grundsätzlich darin, dass die Teilnehmenden sich unbelastet von der Arbeitsaufgabe ihrer Qualifizierung zuwenden können. Die Maßnahmen können didaktisch-methodisch auf die Lernerfordernisse abgestimmt werden, was bei „on-the-job“-Maßnahmen häufig nur eingeschränkt möglich ist. Spiegelbildlich zu den Vorteilen der arbeitsplatzbezogenen oder -nahen Qualifizierungsinstrumente besteht das Problem der intern oder extern durchgeführten Lehrgänge, Kurse usw. zumeist in dem (zu) hohen Grad an Allgemeinheit der Lehrinhalte und infolgedessen in ihrer (zu) geringen Problemspezifität. Auch der Transfer, die spätere Übertragung und Anwendung des Angeeigneten am Arbeitsplatz, bereitet oft Schwierigkeiten.

11.3.2.2 Lern- und Interaktionsform

Eine weitere grundlegende Form der Differenzierung von PE-Maßnahmen, welche die vorangegangene Ebene der räumlichen, zeitlichen und inhaltlichen Nähe zum Arbeitsplatz konkretisiert, wird durch die Unterscheidung nach **Lern- und Interaktionsformen** vorgenommen (edukations-, erfahrungs-, feedbackbasiert). „Edukationsbasierte Methoden [...] vermitteln übergeordnete Kenntnisse und Fähigkeiten. [...] Erfahrungsbasierte Methoden konzentrieren darauf, Wissen zu vermitteln bzw. Tätigkeiten in unmittelbarer Nähe des Arbeitsplatzes einzuüben. [...] Der Schwerpunkt feedbackbasierter Methoden liegt auf dem interaktiven Lernen durch persönliches Feedback von Personen, die in dem relevanten Gebiet einen besonderen Erfahrungs- bzw. Wissenshintergrund aufweisen“ (*Stock-Homburg* 2013, S. 228). Edukationsbasierte Methoden sind aufgrund des Vermittlungscharakters vor allem „off-the-job“ angesiedelt, erfahrungsbasierte durch den Anwendungs- und Aufgabenbezug „on-“ oder „near-the-job“, feedbackbasierte Methoden aufgrund der direkten Begleitung/Unterstützung und interaktiven Gestaltung primär „near-the-job“ (teils auch als „parallel-to-the-job“ bezeichnet). Beispiele für Maßnahmen der verschiedenen Lern- und Interaktionsformen sind in Abb. 64 aufgeführt.

11.3.2.3 Phase im betrieblichen und beruflichen Lebenszyklus

Die Phasen im **betrieblichen und/oder beruflichen Lebenszyklus** kennzeichnen den Entwicklungszeitpunkt einer/s Mitarbeiterin/s (*Mudra* 2004, S. 213 f.; vgl. Kap. 4.2.3). Um den Einstieg in den Beruf, die Funktion und/oder das Unternehmen zu begleiten („into-the-job“), in der Phase des Wachstums, der Reife und der Sättigung Leistungssteigerungen zu forcieren und Leistungsabfällen vorzubeugen („along-the-job“) und den Austritt aus der Funktion oder dem Berufsleben zu unterstützen („out-of-the-job“), bieten sich basierend auf den Ausführungen in Kap. 4.2.3 verschiedene Maßnahmen der PE an. Diese setzen sowohl auf der Ebene der Bildung als auch der Förderung an und beziehen sich somit sowohl auf konkret leistungsbezogene Merkmale in Bezug auf eine spezifische Stelle als auch übergreifende karrierebezogene Entwicklungspotenziale auf Ebene der Förderung (*Graf* 2001, S. 29; vgl. Abb. 65).

ABB. 65: **Personalentwicklungsmaßnahmen nach der Phase im betrieblichen und beruflichen Lebenszyklus** (in Anlehnung an *Graf* 2001, S. 27, 29; *Mudra* 2004, S. 216 ff.; *Stock-Homburg* 2013, S. 208)

PE-Ansatz	Phase im betrieblichen und beruflichen Lebenszyklus	PE-Maßnahmen
into-the-job	Einführung: (Zielgruppe: Berufsanfänger/innen, Berufs- und Firmenwechsler/innen sowie innerbetriebliche oder auch konzerninterne Stellenwechsler/innen)	z. B. ► Praktikum ► Berufsausbildung ► Anlernausbildung ► Trainee-Programm ► Einführungsprogramme ► Einarbeitungspläne ► Unterstützung durch den Mentor ► Hospitation
along-the-job	Wachstum	z. B. ► Karriereplanung ► Job Rotation ► Management Development Programme ► Projektarbeit (.z. B. Action Learning) ► Auslandseinsatz
	Reife	z. B. ► Arbeitsstrukturierung über u. a. Job Rotation und Job Enlargement ► Laufbahnberatung ► Umschulung ► Mitarbeit in Projekten, Gremien und Qualitätszirkeln ► Einsatz als Supervisor, Lehrer, Berater, Coach, Mentor ► Interne Stellenwechsel (vertikal, horizontal oder radial)

out-of-the-job	Sättigung Ausstieg	z. B. ► Interner Stellenwechsel, insbes. Downward Movement (Übernahme einer Funktion mit weniger Verantwortung bzw. niedrigerem hierarchischem Niveau) ► Outplacement-Beratung ► Vorbereitungsprogramme auf die Pensionierung ► Gleitender/flexibler Übergang in die Pensionierung

Es sind insbes. die „into-the-job"-Maßnahmen, bei denen die Kosten-Nutzen-Bilanz für den Arbeitgeber sehr ungünstig ausfällt. Schwerpunkt dieser Maßnahmen ist das Erlernen der bzw. die Vorbereitung auf die Arbeitstätigkeit, für die ein/e Mitarbeiter/in eingestellt worden ist. Dabei geht es im Einzelnen um

- den erstmaligen systematischen Erwerb beruflicher Kompetenzen und Fertigkeiten (insbes. im Rahmen der Berufsausbildung) und/oder
- die Einführung und Eingliederung neuer Mitglieder in das Unternehmen und/oder
- die Einarbeitung am Arbeitsplatz.

Die investiven Aufwendungen sind in der Sozialisationsphase sehr hoch, der „return on investment" vorläufig bescheiden. Erst in späteren Phasen der Tätigkeit besteht die begründete Hoffnung auf Aktivierung der in der betrieblich/beruflichen Sozialisation angelegten Humankapital-Investitionen.

11.3.2.4 Exkurs: E-Learning

Durch die Nutzung der Potenziale der neuen Informations- und Kommunikationstechniken hat auch die IT-gestützte Durchführung von PE-Maßnahmen im Rahmen des sog. **„E-Learning"** besondere Bedeutung erlangt. E-Learning ist ein Sammelbegriff für alle möglichen Formen des technologiegestützten Lernens, das durch diese Techniken ermöglicht oder unterstützt wird (vgl. für viele *Beißner/Kursawe* 2000 und *Dittler* 2011). Die lernförderlichen Eigenschaften neuer Informations- und Kommunikationstechniken lassen sich wie folgt zusammenfassen:

- Mehrdimensionalität: textliche, akustische und visuelle Informationen,
- Interaktivität: Nutzer/innen können durch aktives Handeln einbezogen werden,
- Kommunikation und Kooperation über Netze,
- Multifunktionalität: die Techniken können mehrere Zwecke gleichzeitig bedienen.

In der Regel werden zwei Typen von E-Learning unterschieden: das **Computer based training (CBT)** und das **Web based training (WBT)**. Beim CBT handelt es sich um ein vornehmlich über CD, DVD oder andere Speichermedien angebotenes Lernprogramm. Die Mitarbeiter/innen lernen zumeist im Selbststudium, sie interagieren nur mit der Lernsoftware des Computers bzw. anderer mobiler Endgeräte (Notebooks, Mobiltelefone etc.). WBT bezeichnet demgegenüber die internetgestützte Form des E-Learning. Dabei werden den Mitarbeiter/innen die Lernstoffe über das Netz („online") angeboten. Dieser E-Learning-Typ kann auch mit einer tutoriellen Unterstützung stattfinden, d. h. die Lernenden stehen im Kontakt mit einer/einem für sie zuständigen Tutor/in, die/der ihnen Fragen beantwortet, Lernaufgaben betreut oder beratend zur Verfügung steht. Ein WBT kann zudem von einzelnen Lernenden, aber auch von Lerngruppen in Anspruch genommen werden. Oftmals werden auch begleitend Lernforen oder „Chats" angeboten, sodass die Lernenden nicht nur im Dialog mit dem Computer bzw. mobilen Endgerät (und ggf. der/dem Tutor/in) stehen, sondern auch miteinander in Kontakt treten können. Beispiele hierfür sind „Virtual Classrooms“ oder „Webinare“ (*Kolb* 2010, S. 500).

Teils werden Maßnahmen des E-Learning dem „on-the-job“-Training zugeordnet, da sie direkt vom Computer am Arbeitsplatz aus wahrgenommen werden können (*Kolb* 2010, S. 500). Dabei kann das E-Learning ein breites Spektrum an möglichen Lern- und Interaktionsformen sowie Inhalten umfassen, von Online-Seminaren und -Vorträgen (edukationsbasiert) bis hin zur Einübung von arbeitsbezogener Software unter Möglichkeit der aktiven Kommunikation mit Trainer/innen und anderen Anwender/innen (erfahrungs- und feedbackbasiert). Besteht der einzige Bezug zum Arbeitsplatz bzw. -kontext jedoch nur darin, dass räumlich gesehen die Maßnahme am Arbeitsplatz stattfindet, ein anderer zeitlicher und inhaltlicher Bezug aber nicht gegeben ist, handelt es sich weiterhin eher um „off-the-job“-Maßnahmen (*ebenda*). Zudem können die Störfaktoren am Arbeitsplatz (z. B. Telefonanrufe) den Lernprozess behindern, sodass sich in vielen Fällen das E-Learning in ungestörter Lernumgebung („off-the-job“) besser eignet (*ebenda*).

Die Vorteile des E-Learning liegen auf der Hand. Viele Unternehmen verbinden mit dieser Lernform die Hoffnung, den Spagat zwischen enger werdenden Budgets bei zunehmenden PE-Bedarfen bewerkstelligen zu können (vgl. z. B. Gesamtmetall 2002):

- Durch E-Learning soll verstärkt das Lernen am Arbeitsplatz ermöglicht werden, wobei man sich von der räumlichen Verknüpfung von Lern- und Arbeitsphasen einen erheblichen Flexibilitätsgewinn erhofft. Die Lernenden sollen ihr eigenes Tempo und einen eigenen Rhythmus finden. Zeiten mit schwacher Arbeitsauslastung können dann bevorzugt zu Lernzwecken genutzt werden. Dies wird dadurch gefördert, dass der PC zugleich Arbeits- und Lernmittel ist.
- Durch das WBT wird sogar das als effektiver geltende Lernen in der Gruppe ermöglicht.
- E-Learning kann eine Erweiterung der Zielgruppen bewirken, für die es bislang kaum ein geeignetes Angebot gab. Dies gilt vor allem für kleinere und mittlere Unternehmen, in denen PE bislang nur eine eher untergeordnete Rolle gespielt hat.
- Vor allem werden im E-Learning große Einsparpotenziale gesehen. So wird u. a. eine Substituierbarkeit, zumindest Reduktion der Dozent/innen ins Auge gefasst, ferner eine Verringerung von Ausfallzeiten am Arbeitsplatz durch Teilnahme an Präsenzseminaren sowie der Wegfall von Reisekosten.
- Je nach Art der Software verlangt E-Learning von den Lernenden, eine aktive Rolle einzunehmen. Sie sollen nun nicht mehr als bloße „Konsumenten“ von Informationen auftreten, sondern vielmehr als aktive Gestalter, die Lernschritte, -zeiten und -umgebung selbst (mit-)gestalten können.

Es mehren sich aber auch Stimmen, die, gemessen an den ursprünglichen Erwartungen, zu einem ernüchternden Zwischenfazit über die Erfolge des E-Learning kommen (*Heidemann* 2003, S. 56). Zu den Problemen dieser Lernform gehört u. a.:

- die immer noch sehr hohen Entwicklungskosten, vor allem für gute, stark interaktiv ausgerichtete und die Lernenden pro-aktiv einbindenden Programme,
- ebenfalls hohe Kosten für die Pflege und Anpassung der Systeme,
- z. T. schnelles Veralten von Hard- und Software,

- Sicherheitsprobleme und das Gefühl bei vielen Lernenden, dass ihr Lernverhalten nunmehr minutiös kontrolliert wird,
- rasch entstehender Druck auf die Mitarbeiter/innen, die Lernsequenzen bevorzugt von zu Hause aus zu absolvieren,
- nicht selten auch ein rapides Nachlassen der Lernmotivation, wenn der Neuigkeitseffekt verbraucht ist (relativ hohe Abbrecherquote).

Große Zweifel sind auch laut geworden im Hinblick auf die „Vermittelbarkeit" sozial-kommunikativer Kompetenzen mittels E-Learning. Zwar unterstützen die modernen Systeme die Etablierung von direkten Kontakten zwischen Lernenden untereinander oder zu einer/m Tutor/in; gleichwohl scheint sich dabei zu zeigen, dass diese Formen „sozio-technischer" Kommunikation erhebliche Defizite gegenüber einem natürlichen Dialog aufweisen und mithin diesen nicht wirklich ersetzen können.

Die geringe Bedeutung der Nutzung IT-gestützter PE wird durch die Studie von *Kienbaum* (2008, S. 18, 39) bestätigt: „Am häufigsten durch ein IT-Tool unterstützt wird Bildungsmanagement (35 %) gefolgt von Performance Management (30 %), Kompetenzmanagement (20 %) und Nachfolgemanagement (13 %)" und nur bei 12 % sind die PE-Instrumente in einem IT-System miteinander verknüpft.

E-Learning hat somit große und sicher auch noch ausbaubare Potenziale, durchaus auch als sinnvolle Ergänzung der „face-to-face"-Kommunikation im Rahmen nicht-technischer Lernprozesse. Aber es hat auch seine Grenzen und Probleme, sowohl was die Kosten als auch was die Lernwirkungen angeht. „Es empfiehlt sich daher, E-Learning als Weiterbildungsmethode immer dann einzusetzen, wenn kognitive Inhalte in standardisierter Form in kurzer Zeit einer großen Anzahl an Personen zugänglich gemacht werden sollen; das ist beispielsweise beim Nachweis von Grundkenntnissen des Datenschutzes oder bei Unterweisungen zum AGG [Allgemeines Gleichbehandlungsgesetz] der Fall, die häufig von vielen oder gar von allen Mitarbeitern eines Unternehmens nachgewiesen werden müssen" (*Kolb* 2010, S. 501).

Aufgrund der Grenzen des E-Learning-Ansatzes hat das Konzept des sog. **„Blended Learning"** verstärkt Beachtung gefunden. Danach kommt es nicht darauf an, die konventionellen Präsenzveranstaltungen durch CBT und/oder WBT zu ersetzen, sondern beides in einer sinnvollen, aufeinander abgestimmten Mischung (daher der Begriffsteil „Blended") zum Einsatz zu bringen.

11.3.3 Funktionsfeld: Transfer

PE erfüllt keinen Selbstzweck, sondern soll in erster Linie positiv zur betrieblichen Leistungserstellung beitragen, und dies ist nur dann der Fall, wenn die zu lernenden bzw. gelernten Qualifikationen und erworbenen Kompetenzen in der Praxis von den Mitarbeiter/innen erfolgreich angewendet werden (*Berthel/Becker* 2013, S. 433). Auch wenn die PE im Funktionsfeld ihren vorläufigen Abschluss findet (*ebenda*, S. 434), so ist drunter nicht zu verstehen, dass PE mit dem Ende einer Qualifizierungsmaßnahme abgeschlossen ist. Ob bzw. inwieweit die Analysen im Vorfeld und das Lernen im Lernfeld erfolgreich waren, zeigt sich erst anhand des **Transfers des Gelernten in den Arbeitskontext** (Funktionsfeld). „Transfer erfolgt dann, wenn in einem Zusammenhang [...] ein Lernprozess stattgefunden hat und der Lerner in einem zweiten, veränderten Zusammenhang [...] mit einer Aufgaben- und Problemstellung konfrontiert wird, auf die eine

Anwendung des Gelernten sinnvoll oder hilfreich ist" (*Bergmann/Sonntag* 2006, S. 357) und – so muss ergänzt werden – ihm/ihr diese gelingt. Das Transfermanagement bezieht sich hierbei vor allem auf Maßnahmen der Bildung, da diese sich stärker auf die Erfüllung einer konkreten, aktuellen Tätigkeit beziehen als Maßnahmen der Förderung, welche einen längerfristigen Bezug haben. Auch spielt die Messung des Transfers bei Maßnahmen, die nicht primär der betrieblichen Verwertung dienen (vgl. Kap. 11.3.1), sondern generell die Motivation, Zufriedenheit und allgemeine Arbeitsleistung steigern sollen, eher eine untergeordnete Rolle.

MERKE

Damit eine erfolgreiche Anwendung des Gelernten bei der Aufgabenerfüllung möglich ist, bedarf es eines **systematischen Transfermanagements**. Das Transfermanagement setzt dabei auf allen Ebenen des PE-Prozesses an, d. h. es beginnt bereits bei der Planung (treffender Zeitpunkt, richtig analysierter Bedarf, passende Lernblöcke etc.) als Transfervorsteuerung und setzt mit Beginn der PE-Maßnahme (Qualifizierung) durch die Transfersicherung an (*Becker* 2013, S. 837 ff.; *Berthel/Becker* 2013, S. 434; vgl. Abb. 61). Träger der Transfersicherung sind vor allem die Führungskräfte als „Personalentwickler vor Ort", in dem sie die Mitarbeiter/innen planend, gestaltend, fördernd und motivierend im Prozess der PE unterstützen und das Arbeitsumfeld einen wesentlichen Transferfaktor darstellt (*Becker* 2013, S. 838).

Grundsteine für die Art und den Umfang der Umsetzung des Gelernten werden bereits während dem Vorfeld, d. h. der Analyse der Bedarfe und der Planung der Maßnahme gelegt. Auf dieser Ebene setzt die **Transfervorsteuerung** an. Anhand einer gemeinsamen Zielvereinbarung, bei welcher neben dem betrieblichen auch der individuelle PE-Bedarf berücksichtigt werden sollte, werden der Anlass bzw. Grund für die Qualifizierung sowie die Ziele dieser besprochen (*Becker* 2011, S. 356 ff.). Darauf aufbauend macht ein Vorbereitungsgespräch Sinn, bei welchem die Erwartungen aller Seiten, d. h. des Unternehmens, der/des Mitarbeiterin/s und auch der jeweiligen Führungskraft besprochen werden (*ebenda*).

Im Lern- und Funktionsfeld wird den Mitarbeiter/innen Wissen zur Anwendung des Gelernten im Funktionsfeld vermittelt sowie auf den Umgang mit Veränderungen im Team und gegenüber Vorgesetzten vorbereitet. Diese **Transfersicherung** setzt sich aus verschiedenen Elementen zusammen, bei denen sowohl die/der Mitarbeiter/in als auch die jeweilige Führungskraft einzubeziehen sind (*ebenda*). Hierzu gehören insbes. ein Nachbereitungsgespräch zur Klärung der Konsequenzen der neu gewonnenen Qualifikationen und Kompetenzen, die Transferunterstützung sowie Follow-up-Veranstaltungen und -Gespräche, um die Umsetzung des Gelernten zu analysieren und zu kontrollieren, aber auch Motivation und Hilfestellungen für eine Weiterführung bzw. Verbesserung zu bieten (*ebenda*).

ABB. 66: Phasen und Maßnahmen des Transfermanagements (in Anlehnung an *Becker* 2013, S. 839)

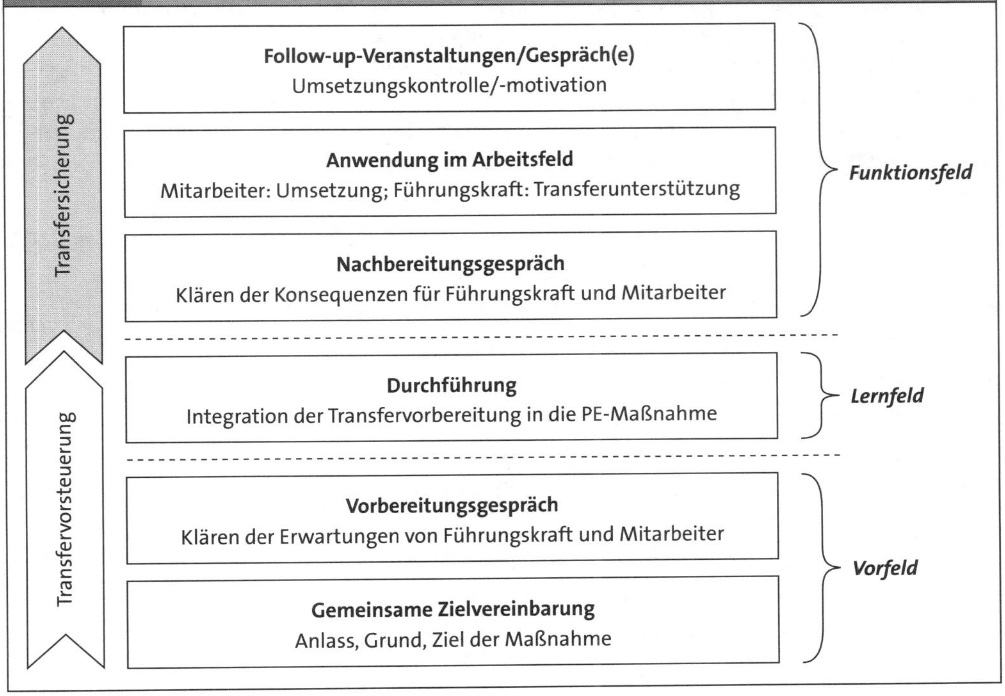

Die Studie von *Kienbaum* (2008, S. 42) kommt bei der Frage, welche Transferstrategie von den Unternehmen angewandt wird, zu folgendem Ergebnis: 18 % führen Mitarbeitergespräche vor, zwischen oder nach dem Training, 17 % nutzen Leistungsabfragen und Bildungscontrollingmaßnahmen, 16 % setzen auf die Förderung des Erfahrungsaustauschs durch u. a. Netzwerkbildung, ebenfalls 16 % vereinbaren Lern- und Transferziele, 14 % unterstützen den Transfer durch die Einbindung der Führungskräfte vor und nach einer PE-Maßnahme und 12 % versuchen den Transfer über Follow-up-Veranstaltungen zu sichern. Weitere benannte Transferstrategien sind Transfercoaching, Feedbackverfahren, Einbindung der Teilnehmer/innen, Zufriedenheitsabfrage, Modulare sowie Inhouse-Trainings, Transferpläne und Erinnerungshilfen. Insgesamt kann hieraus abgeleitet werden, dass ein systematisches Transfermanagement nur in wenigen Unternehmen angewandt wird. Ähnliches zeigt auch die Studie von *Becker et al.* (2009, S. 203), nach der 20 % der Unternehmen die Transferproblematik als ungelöst bezeichnen und 45 % angeben, dass der Transfer den Mitarbeiter/innen selbst obliegen würde.

Der Anwendung des Gelernten bei der Aufgabenerfüllung **(positiver Transfer)** wird von Unternehmen bei der Planung, Durchführung und Nachbereitung von PE-Maßnahmen oftmals zu wenig Aufmerksamkeit geschenkt. Entsprechend findet häufig kein bzw. ein ungenügender Transfer statt. Die Studie von *Kienbaum* (2008, S. 42) kommt zu folgendem Ergebnis: „Unmittelbar nach einem Training wird 45 % des Gelernten auch im Berufsalltag angewandt. Sechs Monate nach dem Training sind es 31 % und ein Jahr nach dem Training noch 22 %.“ Häufig ist sogar ein **Null-Transfer** zu beobachten, d. h. es findet kein Transfer des Gelernten statt (*Berthel/Becker* 2013, S. 533). Nicht zu vernachlässigen ist auch die Gefahr des **negativen Transfers**, „bei dem neu erworbenes Know-how hinderlich für andere Aufgaben ist, da Handlungsprogramme gewechselt werden müssen und ein so verursachter Korrekturaufwand – zumindest zeitlich befristet – entsteht" (*ebenda*). Dies ist bspw. dann zu erwarten, wenn die/der Mitarbeiter/in für den Umgang mit einem EDV-Programm qualifiziert wurde, welches (zumindest in der spezifischen Form aus der Qualifizierung) nicht oder noch nicht am Arbeitsplatz vorzufinden ist. Die Umstellung erfordert dann Zeit und kann zudem demotivieren, was wiederum zu einem allgemeinen Leistungsabfall führen kann. Diverse Gründe können einen Null- bzw. Negativ-Transfer bedingen.

Die **wesentlichen Transferhemmnisse** lassen sich wie folgt zusammenfassen (*Kienbaum* 2008, S. 43; *Becker* 2013, S. 839 f.; *Berthel/Becker* 2013, S. 535):

- fehlende Fähigkeit und/oder Motivation zur Umsetzung auf persönlicher Ebene,
- Zurückfallen in alte Gewohnheiten im Berufsalltag,
- geringe Spezifität der Trainings,
- ungenügende Abdeckung des PE-Bedarfs,
- unpassende PE-Maßnahme und/oder Durchführung dieser,
- fehlender Praxisbezug und insbes. fehlende Übereinstimmung mit tatsächlichem Bedarf und Arbeitskontext,
- Zeitabstand zwischen Maßnahme und Anwendungsmöglichkeit,
- fehlende/s Transferkonzept/-maßnahmen,
- fehlende Anwendungsmöglichkeiten,
- fehlende Evaluation insbes. Erfolgskontrolle,
- Zeitmangel für die Umsetzung,
- fehlende Reflexion und Begleitung bei der Umsetzung (Transfersicherung),
- fehlende Follow-up-Veranstaltungen,
- innovationsfeindliches Klima im Betrieb,
- transferhemmendes Verhalten der Führungskräfte oder fehlende Unterstützung.

In diesen Bereichen bieten sich entsprechend Ansatzpunkte zur Verbesserung des Transfers. Dabei ist prinzipiell eine starke räumliche, zeitliche und inhaltliche Nähe zum Arbeitsplatz („on"- bzw. „near-the-job") transferfördernd, da das Lernfeld hier (zumindest weitestgehend) dem Funktionsfeld entspricht.

11.3.4 Evaluation

PE-Maßnahmen sollten bei der Problemlösung sowohl größtmögliche **Effektivität** (Wirksamkeit/Ergebnis, d. h. Transfer), aber auch **Effizienz** (zur Zielerreichung eingesetzte Mittel und Wege) gewährleisten. Daher ist es notwendig, die Maßnahmen zu evaluieren und damit einen Abgleich der Ziele einer Qualifizierung mit dem tatsächlichen Ergebnis zu ermöglichen (Legitimationsfunktion), Ursachen für Abweichungen zu analysieren, sodass zukünftige Maßnahmen effektiver und auch effizienter geplant werden können (Steuerungsfunktion) und alle Beteiligten sowie die gesamte Organisation zum Lernen zu befähigen (Lernfunktion) (*Berthel/Becker* 2013, S. 522). Um diese Funktionen erfüllen zu können, müssen **Evaluationen auf allen Ebenen** des

PE-Prozesses ansetzen, d. h. beim Input im Vorfeld, dem Prozess im Lernfeld, dem Output im Funktionsfeld sowie übergeordnet auf Ebene des Gesamtkonzeptes (*ebenda*, S. 524 ff.). Der Output-Evaluation wird hierbei meist eine besondere Bedeutung beigemessen. Sie setzt entsprechend des Modells von *Kirkpatrick/Kirkpatrick* (2006, S. 21 ff.) auf vier aufeinander aufbauenden Ebenen an:

- **Reaktionsebene:**

Die Teilnehmer/innen der PE-Maßnahme beurteilen die vermittelten Inhalte, die Kompetenz der/s Trainerin/s sowie die Lernmethoden, -medien, Räumlichkeiten und den Zeiteinsatz. Meist erfolgt diese Messung der subjektiven Zufriedenheit durch einen Fragebogen („Happy Sheets") direkt am Ende oder nach der Teilnahme an einer PE-Maßnahme.

- **Lernebene:**

Es ist zu ermitteln, inwieweit die vermittelten Lerninhalte von den Teilnehmer/innen verstanden und übernommen wurden. Der Lernerfolg wird bspw. durch Tests oder auch durch den Vergleich mit Kontrollgruppen ermittelt.

- **Verhaltensebene:**

Inwieweit das Gelernte von den Teilnehmer/innen in konkretes Arbeitsverhalten überführt wird (Transfer), also eine Verhaltensänderung stattfindet, kann zumindest ansatzweise und mit einem zeitlichen Abstand zur PE-Maßnahme durch den Abgleich mit Kontrollgruppen, Beobachtungen sowie Befragungen Dritter zum Verhalten der/s Teilnehmerin/s als auch der Person selbst erfolgen.

- **Ergebnisebene:**

Abschließend ist aus dem Ergebnis der vorangegangenen Ebenen das über die/den einzelne/n Mitarbeiter/in hinausgehende Ergebnis im Verhältnis zum Nutzen (Effektivität) und Aufwand (Effizienz) zu evaluieren. Dies kann – wenngleich aufgrund der schwierigen Zurechenbarkeit zu einzelnen Maßnahmen nur eingeschränkt – vor allem auf quantitativer Ebene (ökonomische Kennzahlen wie Produktivität, Umsatz, Qualität, Kosten) stattfinden.

Die Evaluation sollte auf jeder dieser Ebenen ansetzen, damit ein umfängliches und möglichst konkretes Bild entsteht. Bei einer isolierten Betrachtung einzelner Ebenen würden deren methodische Nachteile zur Einschränkung der Güte der Ergebnisse führen. Neben der begrenzten Aussagekraft der Einschätzungen durch die Teilnehmer/innen selbst, deren Führungskräfte oder andere Personen, decken die einzelnen Ebenen nur spezifische Erfolgskriterien ab. Erst in der **Summe der Betrachtung aller Ebenen** ist eine adäquate Bewertung möglich, auf Basis derer Nachqualifizierungen oder zukünftige Maßnahmen geplant werden können. Besonders schwierig verhält es sich mit der Befragung auf der Reaktionsebene. Häufig bestehen Evaluationen der PE lediglich darin, den Output auf der Reaktionsebene zu erfassen, was jedoch insbes. die Analyse des Transfers ausschließt. Zudem kann das Meinungsbild der Teilnehmer/innen von situativen, positiv wie negativ empfundenen Effekten (z. B. Sympathie gegenüber den anderen Teilnehmer/innen oder den Trainer/innen, Annehmlichkeiten während der Maßnahme, Dauer der Maßnahme und persönliche Bedürfnisse) geprägt werden. Dass die subjektive Bewertung auf der Reaktionsebene dennoch in der Unternehmenspraxis die größte Rolle spielt, zeigt der Cranet-Ergebnisbericht (*Kabst et al.* 2009, S. 29), wonach von 97 % der befragten Unternehmen Teilnehmerbewertungen direkt nach einer Schulung genutzt werden, um den Erfolg dieser zu bemessen, gefolgt von informellem Feedback durch die Mitarbeiter/innen (81 %) sowie deren Vorgesetzen

(80 %). Erst an vierter Stelle wird mit 75 % die Erreichung der Ziele, die im Bildungs- und Trainingsplan fixiert wurden, benannt. Von knapp der der Hälfte (46 %) wird sogar die Gesamtzahl der Schulungstage (pro Mitarbeiter und Jahr) als Messgröße für den Erfolg von PE-Maßnahmen herangezogen, wobei die Aussagekraft dieser rein quantitativen Größe zu hinterfragen ist, da für die Bewertung einer PE-Maßnahme entscheidend ist, ob diese an tatsächlichen Bedarfen ansetzt und einen Transfer bewirkt, denn immerhin erfüllt PE keinen Selbstzweck. Geringere Relevanz haben leistungsbezogene Evaluationen des Transfers, d. h. die Erfassung der Arbeitsleistung vor und einige Monate nach der Schulung (20 %) sowie vor und direkt nach der Schulung (14 %). Insgesamt zeigte diese Studie zudem, dass (nur) 61 % der Unternehmen eine systematische Überprüfung des Erfolgs von PE-Maßnahmen vornehmen.

Herausforderungen und Probleme der Evaluation, die letztendlich auch häufig zu einer fehlenden Nutzung dieser wichtigen Ergebniskontrolle oder zu unzureichenden bzw. unzuverlässigen Ergebnissen führen, sind insbes. die folgenden (*Hehl* 1991, S. 100 f.; *Berthel/Becker* 2013, S. 520, 530 f.):

- Schwierigkeit der Messung des ökonomischen Erfolgs,
- hohe Kosten der Evaluation und personelle, sachliche sowie zeitliche Aufwände für diese überschreiten den eigentlichen Nutzen,
- Zurechnung von Erfolgen zu einer Maßnahme ist schwierig, insbes. bei Kompetenz- und Verhaltenstrainings,
- Unklarheit über den richtigen Zeitpunkt der Output-Evaluation, weil die Anwendung erworbener Qualifikationen und Kompetenzen oft zeitversetzt erfolgt, da die Voraussetzungen hierfür erst später vorliegen und Lernvorgänge prozessual erfolgen,
- Einfluss anderer Effekte (z. B. organisationsstrukturelle, persönliche Veränderungen) verzerrt Messergebnisse,
- Maßnahmen führen bei Mitarbeiter/innen aufgrund unterschiedlicher Grundvoraussetzungen und Umgebungseinflüsse zu individuell unterschiedlichen Ergebnissen bzw. Erfolgen.

11.4 Arbeitspolitische Aspekte der Personalentwicklung

Man muss kein Prophet sein um zu prognostizieren, dass der Bereich der PE bzw. der Qualifizierung gerade mit Blick auf die Zukunft der Arbeitsbeziehungen eine hohe Dynamik aufweist und der Stellenwert dieser Sphäre weiter zunehmen wird (vgl. *Dehnbostel et al.* 2002). Einige sprechen von der „Schicksalhaftigkeit“ der PE

- für das Unternehmen, um durch das „Humankapital“ Wettbewerbsvorteile in einer globalisierten Wirtschaft zu erlangen, und
- für die Arbeitnehmer/innen, um in einer Welt ständiger Veränderungen, die auch auf die beruflichen Anforderungen durchschlagen, ihren „Wert“ am Arbeitsmarkt zu halten und sich gegen das offenbar immer höher werdende Risiko der Arbeitslosigkeit abzusichern (Beschäftigungsfähigkeit bzw. „Employability“).

In völligem Kontrast zu diesem Stellenwert wird in der personalwirtschaftlichen Fachliteratur die arbeitspolitische Bedeutung der PE völlig missachtet oder allenfalls als randständige Größe einbezogen. Daher gehen wir im Folgenden etwas ausführlicher auf die damit zusammenhängenden Fragen ein.

11.4.1 Akteure

Viele Menschen und Gruppen haben mit PE oder – um den betriebsverfassungsrechtlichen Begriff zu benutzen – mit **Berufsbildung** zu tun: Mitarbeiter/innen werden qualifiziert („Objekte" der PE), Trainer/innen führen interne oder externe Maßnahmen durch, die Bundesagentur für Arbeit (ehemals Arbeitsamt) entscheidet über eine Finanzierungsbeteiligung von Umschulungsmaßnahmen usw.

Aufgrund der wirtschaftlichen Zielsetzung von PE ist sie in erster Linie eine zentrale Managementaufgabe. Es muss sich nicht im engen Sinne um eine „Chefsache" handeln; ihre Planung und Gestaltung findet aber in jedem Fall unter maßgeblichem Einfluss einer Instanz statt, die von der obersten Unternehmensführung mit der Wahrnehmung dieser Aufgabe ausdrücklich betraut worden ist und sich ihr gegenüber dafür verantworten muss. Häufig wird diese Instanz eine **Personalabteilung** oder sogar eine eigene **Personalentwicklungs-Abteilung** sein.

Es ist anzunehmen, dass der Anspruch einer systematischen Planung der PE von der Existenz einer für PE alleine oder neben anderen Aufgaben zuständigen Stelle oder Abteilung positiv beeinflusst wird. Zum Vorhandensein einer solchen Instanz liegen zumindest eine Reihe älterer wissenschaftlicher Erkenntnisse vor (vgl. zusammenfassend *Fiedler* 1994, S. 28 ff.), deren Kernergebnisse sich zu folgenden Tendenzaussagen (natürlich nicht in jedem Einzelfall) zusammenfassen lassen:

- Erst ab einer Größenschwelle von 500 bis 1.000 Beschäftigten ist die Existenz eines eigenständigen „Bildungswesens" oder einer dafür zuständigen Stelle zu erwarten.
- Ansonsten gehört PE zum Aufgabenbereich des regulären Personal-Bereichs, falls ein solcher überhaupt existiert.
- Ist ein eigenständiges Bildungswesen vorhanden, so ist dessen Leiter/in eine Hierarchieebene unterhalb der/des Personalleiterin/s angesiedelt.
- In kleineren Unternehmen wird die PE von der Geschäftsführung selbst bzw. von einzelnen Führungskräften wie Betriebsleitern oder kaufmännischen Leitern in die Hand genommen.

Selbst bei einer starken Personal- bzw. Bildungsabteilung hängt jedoch das reale PE-Geschehen maßgeblich von den Vorgesetzten in den Fachabteilungen und Bereichen ab. Eine Vielzahl von Fallstudien und Einzelbefunden belegt das immer wieder. So ergab eine Untersuchung über Weiterbildung in der chemischen Industrie: „Der Vorgesetzte (Meister, Abteilungsleiter) entscheidet in aller Regel darüber,

- wer zu welchen Bedingungen an welchen Weiterbildungsmaßnahmen teilnehmen kann, d. h.: wer überhaupt für Fortbildungskurse freigestellt wird, wer auf Betriebskosten teilnehmen darf bzw. zu welchen Anteilen gegebenenfalls Arbeits- und Freistunden verrechnet werden;
- inwiefern sich erhöhte Qualifikation in beruflichem Vorwärtskommen niederschlägt, inwiefern und wie konkret sich die berufliche Fortbildung also für den Absolventen ‚auszahlt';
- in vielen Betrieben liegt es zudem auch in der Entscheidungshoheit der Vorgesetzten, in welchem Umfang die Belegschaftsmitglieder überhaupt über berufliche Weiterbildungsmöglichkeiten im Betrieb informiert werden" (*Kühnlein/Paul-Kohlhoff* 1991, S. 156 f.).

Damit spielen die Vorgesetzten in jedem Fall eine Schlüsselrolle bei den realen PE-Aktivitäten, unabhängig davon, ob nun ein systematisches PE-Konzept existiert oder nicht.

Schließlich sind natürlich die **Beschäftigten** selbst in hohem Maße von Qualifizierungsfragen „betroffen“. PE bedeutet für sie nicht nur eine reale Chance zur persönlichen Weiterentwicklung (vgl. Kap. 3.3.2.2). Vielmehr ist eine den Anforderungsveränderungen in der betrieblichen Praxis folgende oder vorausgehende (Weiter-)Qualifizierung ausschlaggebend für ihren beruflichen Werdegang und angesichts des massiven Zusammenhangs zum Risiko der Arbeitslosigkeit von geradezu schicksalhafter Bedeutung.

11.4.2 Interessen

In der betriebswirtschaftlichen PE-Literatur wird allzu häufig so getan, als seien die Ziele (Interessen) von Unternehmen und Mitarbeiter/innen (vgl. Kap. 11.1) ohne großes Federlesen gleichberechtigt und mühelos miteinander in Einklang zu bringen. Konflikte, Widersprüche und Probleme werden nicht gerne thematisiert. Wohl aber werden in der Literatur Versuche unternommen, die Grundsatz-Ziele des Unternehmens sowie der Mitarbeiter/innen an PE genauer zu charakterisieren und gegenüberzustellen.

Für das Unternehmen ist PE kein Selbstzweck; sie steht in engem Bezug zu den übergeordneten Unternehmenszielen. *Conradi* (1983, S. 4 ff.) bspw. sieht diese Beziehung wie folgt: „Zweck der Unternehmung ist die Versorgung der Gesellschaft mit Gütern und Dienstleistungen, Ziel zunächst der Fortbestand des Unternehmens, um die Zweckerfüllung zu garantieren; der Fortbestand des Unternehmens wiederum hängt (in privatwirtschaftlich organisierten Wirtschaftssystemen) vom Gewinn ab, den es (langfristig) zu erzielen gilt. Mit Hilfe sinnvoller Aufgabenfestlegung, Einsatz von Mitarbeitern und Technologie sowie adäquater Strukturierung der Beziehungen dieser Elemente soll die Zielerreichung und Zweckerfüllung garantiert werden. Personalentwicklung kann direkt oder indirekt zur Zielerreichung des Unternehmens beitragen:

1. direkt: dies betrifft die Anpassung und Erweiterung der Qualifikationen der Mitarbeiter, um so heute und in der Zukunft die Leistungsfähigkeit der Mitarbeiter aufrechtzuerhalten und zu verbessern [...]
2. indirekt: dies betrifft die Wirkung von Personalentwicklungsmaßnahmen auf Motivation und Einstellung der Mitarbeiter.“

Und für die Beschäftigten sieht er in hoch verallgemeinerter Perspektive die folgenden Interessen an PE (Conradi 1983, S. 8): „PE-Maßnahmen können dazu beitragen, dass

- Mitarbeiter schneller und besser mit ihren Aufgaben zurechtkommen (Anpassung der Qualifikationen) und damit die Gefahr der Überforderung (mit den möglichen Konsequenzen physischer und psychischer Krankheit) geringer wird und eher Selbstbestätigung und Zufriedenheit sich einstellen,
- Mitarbeitern beruflicher Aufstieg leichter möglich ist (Erweiterung der Qualifikationen) und damit zusätzliche Befriedigungsmöglichkeiten durch die Arbeit gegeben sind (finanziell, höheres Ansehen, interessantere Aufgaben etc.).

Neben diesen Funktionen kann PE auch dazu in Anspruch genommen werden, Qualifikationen der Mitarbeiter zu entwickeln, die nicht unmittelbar dem Unternehmen zugute kommen. Begründet werden kann dies damit, dass

- eine zu starke Fixierung auf betrieblich verwertbare Qualifikationen den Mitarbeitern Nachteile bei zukünftigen Tätigkeiten in anderen Unternehmen mit sich bringt (geringe Flexibilität),
- die Entwicklung andersartiger beruflicher oder sonstiger Qualifikationen nur sehr schwach außerhalb des Betriebs zu realisieren ist, einfach deshalb, weil der zeitliche Anteil betrieblicher Arbeit wenig Raum für andere Weiterbildungsaktivitäten lässt."

Aus Sicht der Mitarbeiter/innen geht es also im Wesentlichen darum, ihr allgemeines Qualifikationsniveau zu erhöhen oder zumindest zu erhalten. Es sollte sich um eine möglichst breite berufliche und nicht nur betriebsspezifische Qualifizierung handeln, die am Arbeitsmarkt zu verwerten ist.

Insofern mangelt es der betriebswirtschaftlichen Literatur nicht an der Anerkennung der Legitimität eigenständiger PE-Ziele der Arbeitnehmer/innen. Ihr interessenpolitisches Problem besteht vielmehr in der Unterstellung, PE diene gleichermaßen (und gleichrangig?) der ökonomischen Effizienz des Unternehmens wie auch den persönlichen Zielen der Beschäftigten. Deren Austarierung und Angleichung wird kaum problematisiert.

Dabei ist bei genauem Hinsehen rasch zu erkennen, dass wenigstens einige der genannten Einzelziele (z. B. größere Unabhängigkeit vom externen Arbeitsmarkt für das Unternehmen und Erhöhung der beruflichen Mobilität auf den Arbeitsmärkten für die Beschäftigten) in einem konfliktären Verhältnis zueinander stehen. Zudem bleiben in den abstrakten und inhaltsleeren Harmonieunterstellungen die Zielbeziehungen wie auch die ungleichen Durchsetzungschancen unausgesprochen.

Die vordergründige Interessenübereinstimmung verflüchtigt sich insoweit bei näherer Betrachtung wenigstens teilweise. Das Management wird als Initiator bestrebt sein, die PE-Maßnahme für die Unternehmensziele zu funktionalisieren, zumal diese Aktivitäten für gewöhnlich sehr kostenintensiv sind. Und in diesem Anwendungszusammenhang wird es zu Konflikten kommen, denn das Management hat höchstens ein begrenztes Interesse an „emanzipatorischen" PE-Zielen oder dem Abbau ungleicher Bildungs- und Erwerbschancen benachteiligter Belegschaftsgruppen.

Damit ist PE nicht unbedingt gegen die Interessen der Mitarbeiter/innen gerichtet. Sie haben jedoch in der betrieblichen Qualifizierungsplanung eher den Rang einer **Nebenbedingung**: Sofern aus funktionalen Gründen auf sie eingegangen werden muss und/oder ökonomische und Belegschafts- bzw. individuelle/gruppenspezifische Ziele mit bestimmten Maßnahmen oder Aktivitäten zugleich bedient werden können, werden sie auch berücksichtigt (vgl. Kap. 11.3.1). Im Konfliktfall stehen aber zweifellos die Unternehmensziele im Vordergrund.

11.4.3 Mitbestimmungsrechtliche Regelungen

Die nicht unproblematische Interessensituation in dem für die berufliche Laufbahn und das soziale Schicksal der Arbeitnehmer/innen wichtigen Feld der PE und Qualifizierung wirft in einem weiteren Schritt die Frage nach den **rechtlichen Einflussmöglichkeiten** der Arbeitnehmer/innen und ihrer Interessenvertretung auf. Diese Frage ist aber nicht ganz so leicht zu beantworten, denn es sind vielfältige Regelungsebenen wie auch -gegenstände berührt.

Die berufliche Qualifizierung ist rechtlich nicht ausführlich geregelt, jedoch kein gänzlich regelungsfreier Raum. Die betriebliche Berufs**aus**bildung ist durch das **Berufsbildungsgesetz** (BBiG) sowie die einzelnen Ausbildungsordnungen relativ umfassend normiert. Für die sonstige berufliche Bildung (z. B. Weiterbildung) gibt es jedoch nicht viele Vorschriften. Es fehlt ein allgemeingültiger, flächendeckender, einheitlicher Rahmen, in dem zentrale Fragen wie Ansprüche, Freistellung, Zugangsmöglichkeiten, Inhalte, Zertifizierung, Anerkennung, Finanzierung usw. geregelt sind.

Eine zur Beeinflussung der betrieblichen PE-Aktivitäten tragfähige Rechtsgrundlage ist unter dem Terminus der **„betrieblichen Berufsbildung"** im BetrVG zu finden. Diesbezüglich werden insbes. in den §§ 96-98 BetrVG Informations-, Beratungs- und Mitbestimmungsrechte des Betriebsrats geregelt, auf die im Folgenden kurz eingegangen wird (vgl. die folgende Abbildung).

ABB. 67: Mitbestimmungsrechte des Betriebsrats (BR) (nach *Oechsler/Paul* 2015, S. 497)

BetrVG	Recht des BR	Ausgestaltung
§ 96 Abs. 1	► Initiativrecht ► Beratungsrecht	► BR kann verlangen, dass der AG den Berufsbildungsbedarf ermittelt ► und mit dem BR die daraus entstehenden Fragen und Folgen berät
§ 96 Abs. 1	► Vorschlagsrecht	► BR kann nach der Beratung Vorschläge zur Umsetzung machen
§ 97 Abs. 1	► Beratungsrecht	► über die Errichtung und Ausstattung betrieblicher Einrichtungen zur Berufsbildung, ► über die Einführung betrieblicher Bildungsmaßnahmen und über die Teilnahme an außerbetrieblichen Bildungsmaßnahmen
§ 97 Abs. 2	► Mitbestimmungsrecht	► plant oder führt der AG Maßnahmen durch, die Anforderungen an die Mitarbeiter/innen grundlegend ändern, so hat der BR bei der Einführung von Bildungsmaßnahmen mitzubestimmen. Kommt keine Einigung zustande, entscheidet die Einigungsstelle.
§ 98 Abs. 1	► Mitbestimmungsrecht	► bei der Durchführung von Maßnahmen der betrieblichen Bildung
§ 98 Abs. 2	► Widerspruchsrecht	► bei der Beauftragung von Personen, die der AG zur Durchführung von Bildungsmaßnahmen beauftragt (bspw. Ausbilder, externe Anbieter)
§ 98 Abs. 3 und 4	► Mitbestimmungsrecht	► BR kann Mitarbeiter/innen vorschlagen, die auch an Bildungsmaßnahmen teilnehmen sollen, bei Nichteinigung entscheidet die Einigungsstelle.

In § 96 BetrVG heißt es:

„(1) Arbeitgeber und Betriebsrat haben im Rahmen der betrieblichen Personalplanung und in Zusammenarbeit mit den für die Berufsbildung und den für die Förderung der Berufsbildung zuständigen Stellen die Berufsbildung der Arbeitnehmer zu fördern. Der Arbeitgeber hat auf Verlangen des Betriebsrats den Berufsbildungsbedarf zu ermitteln und mit ihm Fragen der Berufsbildung der Arbeitnehmer des Betriebs zu beraten. Hierzu kann der Betriebsrat Vorschläge machen.

(2) Arbeitgeber und Betriebsrat haben darauf zu achten, dass unter Berücksichtigung der betrieblichen Notwendigkeiten den Arbeitnehmern die Teilnahme an betrieblichen oder außerbetrieblichen Maßnahmen der Berufsbildung ermöglicht wird. Sie haben dabei auch die Belange älterer Arbeitnehmer, Teilzeitbeschäftigter und von Arbeitnehmern mit Familienpflichten zu berücksichtigen."

Nach § 96 werden Arbeitgeber und Betriebsrat auf die Förderung der Berufsbildung der Arbeitnehmer/innen verpflichtet. Der Arbeitgeber hat mit dem Betriebsrat auf dessen Verlangen Fragen der Berufsbildung zu beraten (d. h., dass hier die Initiative des Betriebsrats erforderlich ist). Dieses Beratungsrecht besteht unabhängig davon, ob es im Betrieb überhaupt eine Personalplanung gibt.

Im Zuge der Novellierung im Jahr 2001 hat der Gesetzgeber durch eine Erweiterung des Abs. 1 dem Betriebsrat auch erstmals das Recht eingeräumt, vom Arbeitgeber die Ermittlung des Berufsbildungsbedarfs zu verlangen. Diese bleibt Sache des Arbeitgebers, der Betriebsrat kann dazu aber Vorschläge machen (z. B. über die Vorgehensweise, das Verfahren usw.).

Der Betriebsrat kann des Weiteren Vorschläge zur Berufsbildung machen (z. B. Einführung von Qualifizierungsmaßnahmen, Anwendung bestimmter Methoden oder Techniken usw.), er hat jedoch kein Initiativrecht (vgl. aber weiter unten § 97 Abs. 2 BetrVG). Die Kompetenz für Planung und Konzeption der beruflichen Förderung liegt beim Arbeitgeber.

Die Beratungspflicht des Arbeitgebers bezüglich der Einführung von Berufsbildungsmaßnahmen wird zunächst in § 97 Abs. 1 BetrVG konkretisiert: „Der Arbeitgeber hat mit dem Betriebsrat über die Errichtung und Ausstattung betrieblicher Einrichtungen zur Berufsbildung, die Einführung betrieblicher Berufsbildungsmaßnahmen und die Teilnahme an außerbetrieblichen Berufsbildungsmaßnahmen zu beraten."

Der 2001 völlig neu hinzugefügte § 97 Abs. 2 BetrVG hat folgenden Wortlaut: „Hat der Arbeitgeber Maßnahmen geplant oder durchgeführt, die dazu führen, dass sich die Tätigkeit der betroffenen Arbeitnehmer ändert und ihre beruflichen Kenntnisse und Fähigkeiten zur Erfüllung ihrer Aufgaben nicht mehr ausreichen, so hat der Betriebsrat bei der Einführung von Maßnahmen der betrieblichen Berufsbildung mitzubestimmen. Kommt eine Einigung nicht zustande, so entscheidet die Einigungsstelle. Der Spruch der Einigungsstelle ersetzt die Einigung zwischen Arbeitgeber und Betriebsrat."

Abs. 2 des § 97 BetrVG umfasst ein zuvor so nicht existierendes Recht des Betriebsrats, unter bestimmten Bedingungen auch die – bislang gänzlich mitbestimmungsfreie – **Einführung** von Maßnahmen der Berufsbildung zu verlangen. Voraussetzung ist, dass der Arbeitgeber „Maßnahmen" durchgeführt hat oder dies plant, die dazu führen, dass die bisherigen Fähigkeiten und Kenntnisse der Mitarbeiter/innen zur Aufgabenbewältigung nicht mehr ausreichen. Solche Maßnahmen können insbes. die Einrichtung neuer technischer Anlagen, Arbeitsabläufe oder Arbeitsverfahren, aber ggf. auch Veränderungen der Organisation, der Arbeitsgestaltung, die Einführung neuer Produkte, veränderte gesetzliche Grundlagen und vieles mehr sein. Der tiefere Sinn dieser Veränderung ist darin zu sehen, dass dem Betriebsrat ein Instrument an die Hand gegeben werden soll, um der Gefahr des Arbeitsplatzverlusts infolge technisch-organisatorischer Veränderungen auch proaktiv begegnen zu können (nicht nur durch das Widerspruchsrecht nach § 102 Abs. 3 Nr. 4 BetrVG, wenn es schon zu einer Kündigung gekommen ist).

Das Gesetz enthält keine weiteren Vorgaben, wann es sich um tätigkeitsändernde Maßnahmen handelt, die dieses Mitbestimmungs- bzw. Initiativrecht des Betriebsrats auslösen. In einschlägigen Kommentaren wird lediglich darauf hingewiesen, dass die Situation aufgrund der Gesetzesbegründung **weit** auszulegen ist. Aber man muss kein Prophet sein, um die Behauptung aufzustellen, dass an diesem Punkt heftige Streitigkeiten zwischen Arbeitgeber und Interessenvertretung vorprogrammiert sind in der Interpretation, wann Veränderungen zu der Situation führen, dass die bisherigen Kenntnisse und Fähigkeiten der Mitarbeiter/innen nicht mehr ausreichen.

Der § 98 BetrVG, der im Rahmen der Novellierung des Jahres 2001 nicht geändert wurde, spricht dem Betriebsrat bei der **Durchführung** von Maßnahmen der betrieblichen Berufsbildung ein uneingeschränktes Mitbestimmungsrecht zu, das im Konfliktfall über die Einigungsstelle durchgesetzt werden kann. Die Norm hat in den wichtigsten Auszügen den folgenden Wortlaut:

„(1) Der Betriebsrat hat bei der Durchführung von Maßnahmen der betrieblichen Berufsbildung mitzubestimmen.

(2) Der Betriebsrat kann der Bestellung einer mit der Durchführung der betrieblichen Berufsbildung beauftragten Person widersprechen oder ihre Abberufung verlangen, wenn diese die persönliche oder fachliche, insbes. die berufs- und arbeitspädagogische Eignung i. S. d. Berufsbildungsgesetzes nicht besitzt oder ihre Aufgaben vernachlässigt.

(3) Führt der Arbeitgeber betriebliche Maßnahmen der Berufsbildung durch oder stellt er für außerbetriebliche Maßnahmen der Berufsbildung Arbeitnehmer frei oder trägt er die durch die Teilnahme von Arbeitnehmern an solchen Maßnahmen entstehenden Kosten ganz oder teilweise, so kann der Betriebsrat Vorschläge für die Teilnahme von Arbeitnehmern oder Gruppen von Arbeitnehmern des Betriebs an diesen Maßnahmen der beruflichen Bildung machen.

(4) Kommt im Falle des Absatzes 1 oder über die nach Absatz 3 vom Betriebsrat vorgeschlagenen Teilnehmer eine Einigung nicht zustande, so entscheidet die Einigungsstelle. Der Spruch der Einigungsstelle ersetzt die Einigung zwischen Arbeitgeber und Betriebsrat.

(5) [...]

(6) Die Absätze 1 bis 5 gelten entsprechend, wenn der Arbeitgeber sonstige Bildungsmaßnahmen im Betrieb durchführt."

Unmissverständlich wird dem Betriebsrat hier ein **echtes Mitbestimmungsrecht** für den Fall zuerkannt, dass der Arbeitgeber von seinem Recht auf Einführung von Maßnahmen der betrieblichen Berufsbildung positiv Gebrauch macht. Wie so oft gibt es jedoch keine Einigkeit über die inhaltliche Konkretisierung dieses Mitbestimmungsrechts. Von entscheidender Bedeutung ist, **wann** überhaupt von einer Maßnahme der betrieblichen Berufsbildung gesprochen werden kann (vgl. unten). Aber auch die Reichweite ist strittig. Nach der wohl vorherrschenden Meinung ist die Durchführung ein weiter Begriff, der alle Folgeentscheidungen nach der Einführung umfasst. Demnach erstreckt sich das Mitbestimmungsrecht auf Ort, Zeit, Inhalt und Methoden der Maßnahmen. Das heißt, der Betriebsrat bestimmt z. B. mit über:

- Inhalt und Umfang der zu vermittelnden Kenntnisse und Fertigkeiten,
- Inhalte der Maßnahmen,
- zeitliche Dauer und Lage der Maßnahmen,

- Lehr- und Lernmittel,
- Vorbereitung, Planung, Auswertung, Testverfahren,
- Lehr- und Lernmethoden,
- Medieneinsatz.

Restriktive Auslegungen gehen davon aus, dass die Zweckbestimmung sowie inhaltliche Fragen, sofern sie Einfluss auf die Dauer haben, nicht der Mitbestimmung unterliegen. Dieser Position wird entgegengehalten, dass der Arbeitgeber ja jederzeit die Einführung einer Maßnahme zurücknehmen und mit dieser Möglichkeit gegenüber dem Betriebsrat bei Verhandlungen seiner Position Nachdruck verleihen kann. Die Rechtsprechung des Bundesarbeitsgerichts (BAG) stützt eher die weite Auslegung (vgl. z. B. BAG, AP, Nr. 2 zu § 98 BetrVG).

Jedoch besteht das Mitbestimmungsrecht nur in dem Umfang, wie dem Arbeitgeber selbst ein Gestaltungsspielraum verbleibt. Anders ausgedrückt: Gesetzliche und evtl. tarifvertragliche Grenzen beschränken das Einflusspotenzial des Betriebsrats (wie auch des Arbeitgebers), was insbes. in der Berufsausbildung der Fall ist (Berufsbildungsgesetz, Ausbildungsordnungen).

Ferner muss der Arbeitgeber Träger oder Veranstalter der Maßnahme sein (**betriebliche** Berufsbildung), was angenommen wird, sofern er einen beherrschenden Einfluss auf Inhalt und Organisation hat. Es kommt aber nicht grundsätzlich darauf an, ob es sich um eine innerbetriebliche oder außerbetriebliche PE-Maßnahme handelt. Entscheidend ist die Trägerschaft; eine betriebliche Trägerschaft ist z. B. nicht gegeben bei Kongressen oder Fachmessen oder bei überbetrieblichen Institutionen wie Volkshochschulen, Gewerkschaften, Bildungswerken o. Ä. Jedoch besteht bei solchen Veranstaltungen ein Mitbestimmungsrecht des Betriebsrats bei der Auswahl der Teilnehmer/innen nach § 98 Abs. 3 BetrVG.

Schließlich muss es sich um **Maßnahmen** handeln, d. h. um Veranstaltungen jedweder Art, die der gezielten, intentionalen Vermittlung von Kenntnissen, Fertigkeiten und Fähigkeiten verschrieben sind und auf die Erzielung von Lernergebnissen abstellen.

Der Betriebsrat kann ferner gem. Abs. 2 die Bestellung einer mit der Durchführung der betrieblichen Berufsbildung **beauftragten Person** beeinflussen. Das betrifft nicht nur die Ausbilder/innen i. S. d. Berufsbildungsgesetzes (BBiG), sondern überhaupt alle Personen, die mit der Durchführung einer Maßnahme der betrieblichen Berufsbildung beauftragt werden. Jedoch kann der Betriebsrat nicht nach Belieben der Bestellung entsprechender Personen widersprechen. Der Wortlaut der Norm verlangt als Voraussetzung, dass die betreffenden Personen die persönliche und fachliche, insbes. die berufs- und arbeitspädagogische Eignung i. S. d. BBiG (§§ 28, 29 und 30) vermissen lassen oder ihre Aufgaben vernachlässigen.

Von großer Bedeutung für den Einfluss des Betriebsrats auf Maßnahmen der PE bzw. der betrieblichen Berufsbildung ist ferner der § 98 Abs. 3 und 4. Danach hat er bei der **Auswahl der Arbeitnehmer/innen**, die an Berufsbildungsmaßnahmen teilnehmen sollen, ein Mitbestimmungsrecht. Durch diese Norm soll vor allem die Chancengleichheit der Arbeitnehmer/innen bezüglich des Erhalts ihres Arbeitsplatzes und ihrer beruflichen Entwicklung gesichert werden. Das Mitbestimmungsrecht ist dabei an eigene Vorschläge gebunden, die sich auf einzelne Beschäftigte oder bestimmte (z. B. ansonsten benachteiligte) Gruppen von Arbeitnehmer/innen beziehen können.

Nach der herrschenden Meinung obliegt es jedoch dem Arbeitgeber, fachliche Zulassungsvoraussetzungen aufzustellen und die Zahl der Arbeitnehmer/innen festzulegen, die an Maßnahmen teilnehmen. Der Betriebsrat hat demnach in diesen Angelegenheiten nur ein Beratungsrecht nach § 97 BetrVG.

Die Normen des § 98 Abs. 3 und 4 sehen das sog. „positive Konsensprinzip" zwischen Arbeitgeber und Betriebsrat vor; erforderlich ist die positive Zustimmung des Betriebsrats zu allen Teilnehmer/innen.

Werden mehr Teilnehmer/innen vorgeschlagen als der Arbeitgeber Plätze vorgesehen hat, müssen Arbeitgeber und Betriebsrat alle Aspiranten/innen in eine Auswahl einbeziehen, die nach einem Urteil des BAG von 1987 nach einheitlichen Kriterien zu erfolgen hat (vgl. BAG, AP Nr. 4 zu § 98 BetrVG). Kommt eine Einigung nicht zustande, entscheidet die Einigungsstelle auf der Basis der vom Arbeitgeber definierten Zahl der Plätze sowie ggf. der Teilnahmeanforderungen.

Nach § 98 Abs. 6 hat der Betriebsrat selbst bei der Durchführung von **„sonstigen Bildungsmaßnahmen"** im Betrieb, die nicht der unmittelbaren Berufsbildung dienen, ein echtes Mitbestimmungsrecht. Darunter sind nach allgemeinem Verständnis Veranstaltungen zu fassen, die Lernprozesse durch theoretische Einsichten vermitteln und vollziehen und/oder der Vermittlung staatsbürgerlicher und kultureller Kenntnisse dienen. In der Praxis sind dies z. B. Kurse über Erste Hilfe und Unfallverhütung, sozialkundliche Themen, Sprachkurse, Lehrgänge über Arbeitssicherheit, Wirtschaftskunde, Arbeits- und Sozialrecht. Keine sonstigen Bildungsmaßnahmen sind demgegenüber ausgesprochene Freizeitbeschäftigungen und Unterhaltungseinrichtungen, wie z. B. ein betrieblicher Schachclub, ein Sportverein oder ein Werksorchester.

Damit haben die Betriebsräte rechtlich gesehen beträchtliche Einflussmöglichkeiten, um sich als Akteur im Bereich der PE in das Geschehen einzuschalten. Aber werden sie deswegen dem „Akteurs-Attribut" auch gerecht? Nach allen vorliegenden Erkenntnissen behandeln die allermeisten Betriebsräte diesen Bereich nämlich ausgesprochen zurückhaltend (vgl. dazu auch mit möglichen Gründen dafür *Maase et al.* 1975; *Kühnlein/Paul-Kohlhoff* 1991; *Bahnmüller et al.* 1993). In der Fachliteratur werden vereinzelt Überlegungen angestellt, woran die tendenzielle Zurückhaltung liegen mag:

► **Zeitliche Überforderung der Betriebsräte**

Die Betriebsräte sind bei knappen personellen und zeitlichen Kapazitäten in vielen Betrieben im unermüdlichen Dauereinsatz, sodass sie in ihrer Arbeit Schwerpunkte setzen müssen. Häufig fällt die Beteiligung an Qualifizierungsentscheidungen diesem Zwang zur Prioritätensetzung zum Opfer.

► **Fachliche Probleme**

Betriebsräte schätzen sich häufig selbst als zu wenig fachlich qualifiziert ein, um ihre Mitwirkungsmöglichkeiten im Bereich der PE gezielt zu nutzen.

► **Kaum entsprechende Erwartungen aus der Belegschaft**

Nach vorliegenden Untersuchungen erwarten die Mitarbeiter/innen kaum eine direkte Beteiligung ihrer Interessenvertretung an PE-Entscheidungen. Beschwerden oder Anregungen aus der Belegschaft kommen offenbar nur selten vor (*Bahnmüller et al.* 1993, S. 117).

► **Abhängigkeit des Geschehens von den Vorgesetzten**

Hinzu kommt der Aspekt der oft zu beobachtenden Abhängigkeit des PE-Geschehens von den jeweiligen Vorgesetzten: Sie befinden zumeist darüber, wer zu welchen Bedingungen an Veranstaltungen teilnehmen darf und ob und inwieweit sich höhere Qualifikationen im weiteren Werdegang auswirken.

Unter derlei personenabhängigen, ungeregelten und unüberschaubaren Verhältnissen bieten sich weniger Angriffsflächen für betriebsratsseitige Eingriffe als bei zentralem Zuschnitt. Nicht einmal der evtl. Ansprechpartner des Betriebsrats (z. B. die Bildungsabteilung) verfügt ggf. über eine ausreichende Informationsgrundlage. So lang es kein systematisches PE-Konzept und keine halbwegs zentrale Qualifizierungsplanung auf betrieblicher Ebene gibt, fehlt auch ein Anknüpfungspunkt für eine evtl. Reklamation von Mitbestimmungsansprüchen.

11.4.4 Tarifvertragliche Regelungen

Aufgrund der hohen allgemeinen Bedeutung von Qualifizierungsfragen für die berufliche Situation der Beschäftigten haben etwa seit den 1980er Jahren auch mehrere **Gewerkschaften** auf tariflicher Ebene Initiativen zur Regelung von Qualifizierungsfragen entfaltet (vgl. *Bispinck* 1992; *Bahnmüller et al.* 1993)[80]. Sie stoßen dabei jedoch nicht auf ungeteilte Gegenliebe bei den Arbeitgeberverbänden und einzelnen Firmen, obwohl auch diese immer wieder die Notwendigkeit von verstärkten Anstrengungen in diesem Bereich betonen. Als treibende Motive dieser gewerkschaftlichen Bestrebungen werden einerseits die unzureichende Qualität und Systematik in der betrieblichen bzw. beruflichen Qualifizierung in der Praxis und andererseits die politische Abstinenz des Gesetzgebers i. S. d. Schaffung eines übergeordneten Rahmens angeführt. Darüber hinaus wird in einer tarifvertraglichen Regelung auch ein Weg gesehen, um die Betriebsräte in die Lage zu versetzen, ihre betriebsverfassungsrechtlichen Beteiligungsrechte bei Fragen der betrieblichen Berufsbildung stärker als bisher zu nutzen.

Die Gewerkschaften selbst können derartige tarifvertragliche Regelungen natürlich nicht im Betrieb umsetzen; hierzu benötigen sie die Hilfe der Betriebsräte. Außerdem sind die Regelungen aufgrund ihres überbetrieblich-branchenbezogenen Charakters zwangsläufig allgemein gehalten. Sie bedürfen der Konkretisierung auf betrieblicher Ebene. Die meisten der in aktuelleren Erhebungen befragten Betriebsräte sehen denn auch in einer tarifvertraglichen Normierung eine Unterstützung ihrer Arbeit. Man erhofft sich davon eine Ausweitung des Angebots, eine Aktivierung systematischer Bildungsplanungen und eine stärkere Integration bildungsferner Belegschaftsgruppen. Der Abschluss überbetrieblicher Vertragswerke könnte ferner die beschriebenen Probleme betriebsrätlicher Zeit- und Kompetenzdefizite in Berufsbildungsfragen abmildern. Zudem könnte auf diesem Wege für neue Impulse in den häufig weniger bildungsaktiven Klein- und Mittelbetrieben gesorgt werden. Jedoch sind gewerkschaftliche Forderungen nach Abschluss von Qualifizierungs-Tarifverträgen lange, zum größten Teil bis heute am Widerstand der Arbeitgeber(-verbände) gescheitert.

80 Vgl. als aktuelles Beispiel den Tarifvertrag zur Qualifizierung aus der Metall- und Elektroindustrie aus dem Jahr 2015 (unter: http://www.bw.igm.de/tarife/tarifvertrag.html?id=13654; abgerufen am 13. 04. 2016).

12. Entlohnung

(von Thomas Breisig)

Fragen der Entlohnung (synonym: Entgelt, Vergütung) gehören selbstredend zu den klassischen Handlungsfeldern des Personalwesens. Betriebswirtschaftlich ist die Zahlung von Entgelt gleichbedeutend mit Kosten bzw. Aufwendungen, die eine Verpflichtung zu weiteren Zahlungen (die oft sog. Personalnebenkosten) auslösen. Somit handelt es sich beim Entgelt um eine Inputgröße, die arbeitgeberseitig eingesetzt werden muss, um eine Leistungserbringung von den Beschäftigten zu erhalten.

Darüber hinaus ist es aber auch ein **betriebliches Ordnungsinstrument**, weil über die Differenzierung der Vergütung (z. B. nach betrieblichem Rang, Qualifikation, Leistung) das Verhalten und der Einsatz der Mitarbeiter/innen gesteuert werden kann (vgl. z. B. *Pornschlegel/Birkwald* 1994, S. 224). Insofern greift die bloße Betrachtung des Entgelts als arbeitsvertragliche Verpflichtung des Arbeitgebers und/oder als Regulierungsgröße am Arbeitsmarkt in betriebswirtschaftlicher Perspektive viel zu kurz.

Die Auffassung von *Nicklisch* (1938), der das Entgelt als eine Vorauszahlung desjenigen Ertragsanteils interpretiert hat, der dem „Produktionsfaktor Arbeit" gerechterweise zusteht, hat sich in der Betriebswirtschaftslehre nicht durchgesetzt. Denn dies würde bedeuten, dass bei entsprechender Ertragslage zu viel ausgezahlte Vergütung zurückverlangt werden müsste. Entgelt ist als fester Kosten- bzw. Aufwandsblock Bestandteil des unternehmerischen Risikos. Ansätze der Ertrags- oder Gewinnbeteiligung sind daher sinnvollerweise nicht als Entgeltbestandteil – jedenfalls im engeren Sinne – zu bezeichnen.

12.1 Allgemeine Grundlagen

Im Rahmen der Aufarbeitung allgemeiner Grundlagen des Handlungsfeldes Entlohnung geht es zunächst um die wichtigsten Begriffe und um generelle Anforderungen und Erwartungen, die bei der Gestaltung von Entgeltsystemen gemeinhin eine zentrale Rolle spielen.

12.1.1 Begriffliche Basis

Unter dem Begriff der Entlohnung (dem Entgelt, der Vergütung) versteht man die Zahlungen, die die Arbeitnehmer/innen für ihre Arbeitsleistung vom Arbeitgeber erhalten (vgl. für viele *Nicolai* 2009, S. 154). Bei Entgelt oder Entlohnung handelt es sich um den allgemeinen Begriff für diese Leistungen des Arbeitgebers. Der **Lohn** ist traditionell die spezifische Entgeltform für die Berufsgruppe der Arbeiter/innen (die gewerblich Beschäftigten). Demgegenüber ist das **Gehalt** ein nach Zeitabschnitten (i. d. R. auf den Monat bezogen) bemessenes Entgelt speziell für Angestellte. Teilweise hat sich diese Differenzierung heute jedoch überholt. Zum Beispiel im Bereich der qualifizierten Facharbeit werden an die Arbeiter/innen inzwischen Anforderungen etwa in puncto Fachkompetenzen, Methodenkompetenzen und soziale Qualifikationen gestellt (vgl. oben unter „Personalentwicklung"), die denen von Angestellten in nichts nachstehen. Aus diesem Grunde wird in der tariflichen Praxis immer mehr ein einheitliches Entgelt für Arbeiter/innen und Angestellte eingeführt (vgl. für die Metall- und Elektroindustrie *Bahnmüller/Schmidt* 2009).

Entlohnungsmodell oder -system ist das jeweils im Betrieb zur Anwendung kommende Gesamt-Konzept zur Vergütung der Arbeitsleistung der Arbeitnehmer/innen. Dabei ist oft zwischen verschiedenen Gruppen (Gewerbliche – Angestellte; tariflich Bezahlte – Außertarifliche) zu differenzieren.

Die Zahlung von Entgelt für geleistete Arbeit ist die Grundverpflichtung, die der Arbeitgeber mit dem Abschluss des Arbeitsvertrags gegenüber der/dem Arbeitnehmer/in eingeht. Das Entgelt ist damit rechtlich gesehen die Gegenleistung zur Arbeit; betriebswirtschaftlich handelt es sich um Kosten bzw. Aufwendungen (vgl. schon oben).

Volkswirtschaftlich gesehen ist das Entgelt der Preis für die „Ware" Arbeitskraft, der deren Angebot und Nachfrage am Arbeitsmarkt zum Ausgleich bringt. Jedoch sind Löhne und Gehälter jedenfalls bei uns kaum noch als Marktpreise zu verstehen, da sie durch vielfältige tarifliche und rechtliche Regulierungen überformt sind. Dies lässt sich historisch darauf zurückführen, dass es am Arbeitsmarkt schon im sich entfaltenden Kapitalismus des 19. Jahrhunderts ein Marktversagen gegeben hat, weil die Machtungleichgewichte zwischen den Anbietern (arbeitende Massen) und Nachfragern von Arbeitskraft (kapitalbesitzende Unternehmer) zu einer Abwärtsspirale von Lohnsenkungen und zu einer Verelendung der abhängig Beschäftigten und ihrer Familien geführt hat. Die Reaktion war die Formierung der abhängig Beschäftigten zu Gewerkschaften und die Regelung von Entgeltfragen im Rahmen kollektiver Abmachungen (Tarifverträge).

12.1.2 Das Problem des „gerechten Lohns"

Hinsichtlich der konkreten Gestaltung des Entgelts steht häufig der Begriff der (Lohn-)**Gerechtigkeit** im Vordergrund. Das Entgelt muss in seiner Struktur und Höhe von den Betroffenen als gerecht empfunden werden, damit sich Arbeitszufriedenheit und die erhofften Verhaltenswirkungen der Vergütung (Motivationsfunktion) einstellen können. Gefordert wird in diesem Zusammenhang – mit einem sogleich erklärten Fremdwort – eine **Äquivalenz von Lohn und Leistung**, d. h. Vergütung und Leistung sollen sich in ihrer von den Betroffenen empfundenen Wertigkeit weitestgehend entsprechen. Doch eine derartige Forderung lässt sich weitaus leichter erheben als einlösen.

Somit stellt sich die Frage, was in diesem Zusammenhang unter Leistung zu verstehen ist. Mindestens zwei Interpretationen von Leistung müssen differenziert werden:

- der **Leistungsvollzug**, der sich vor allem durch den Schwierigkeits- und Anforderungsgrad der jeweils zu verrichtenden Arbeit bestimmt, und
- das **Leistungsergebnis**.

Mit dem Vollzug ist somit der **Anforderungsgrad** der Aufgabe angesprochen, und zwar unabhängig von den jeweils für diese Aufgaben eingesetzten Personen. An dieser Dimension setzt die sog. Lohnsatzdifferenzierung an, die sogleich näher erläutert wird. Das Leistungsergebnis wird demgegenüber hochgradig von der **individuellen Art und Intensität** der Arbeitsverrichtung bestimmt und ist damit personenabhängig. Zumindest im Falle leistungsbezogener Entgeltformen ist bei dieser Dimension die Lohn**form**differenzierung betroffen, die ebenfalls unten näher behandelt wird.

12.1.3 Die Anreizwirkung des Entgelts

In einem Atemzug mit der Entgeltgerechtigkeit wird oft die Anreizwirkung als grundlegendes Prinzip bei der Gestaltung betrieblicher Entgeltsysteme genannt, vor allem in der betriebswirtschaftlichen Literatur (vgl. für viele *Scherm/Süß* 2010, S. 118 ff.). Mit dem Abschluss des Arbeitsvertrags verpflichtet sich die/der Arbeitnehmer/in „nur" dazu, dem Arbeitgeber ihre/seine Arbeitskraft im Rahmen der abgesteckten Bereiche zur Verfügung zu stellen und sich seinem Weisungsrecht zu unterwerfen. Damit bleibt die Gegenleistung, die die/der Beschäftigte für die Entgeltzahlung zu leisten hat, weitgehend unspezifisch. Die Tatsache also, ob eine hohe, eine mittlere oder gar eine niedrige Leistungsabgabe an den Tag gelegt wird, verbleibt in beträchtlichem Ausmaß in der Verfügungsgewalt der/des Beschäftigten (*Breisig* 2014, S. 50 f.).

Aus dieser Tatsache wird in betriebswirtschaftlichen Arbeiten regelmäßig ein **Anreizproblem** hergeleitet (vgl. auch personalökonomische Perspektiven wie *Backes-Gellner et al.* 2001, S. 293 ff.; *Sadowski* 2002, S. 92 ff.): Zur Stimulierung der ökonomisch erwünschten hohen Leistungsabgabe müssen spezielle Motivationsinstrumente eingesetzt werden, die in ihrem Umfang und Inhalt sehr vielgestaltig sein können (vgl. z. B. *Schanz* 1991b). Neben immateriellen Anreizen (z. B. angenehme Umgebung, anspruchsvolle Arbeitsinhalte) wird dabei auch der Gestaltung des Entgeltsystems eine wichtige Rolle beigemessen: Durch eine „leistungsstimulierende" Ausgestaltung soll die Entlohnung für eine entsprechende Steuerung des Arbeitsverhaltens i. S. e. möglichst hohen, ergebnisorientierten Leistungsabgabe der Beschäftigten sorgen.

Diese Anreizwirkung des Lohns kommt schon indirekt bei den Klassikern der Entgelttheorie – wie z. B. bei *Kosiol* (1962) – im **Äquivalenzprinzip** von Lohn und Leistung zum Ausdruck, indem eindringlich gefordert wird, dass der Lohn keinesfalls unter den Wert der Leistung fallen darf:

LITERATUR

Anreizwirkung des Lohns (nach *Kosiol* 1962, S. 29 f.)

„Es besteht zwar kein Zweifel, dass die Löhne, da sie als Kosten in die Kalkulation und als Aufwand in die Erfolgsrechnung eingehen, möglichst niedrig sein müssen. Diese Tendenz zur Minderung der Löhne findet aber ihre untere Grenze in der restlosen Anschmiegung derselben an die Leistung. Während dieses theoretische Minimum der Lohnhöhe unter allen Umständen zu erstreben ist, ist andererseits zu vermeiden, dass der Lohn unter den Wert der Leistung sinkt. Zwar sind vom betriebswirtschaftlichen Standpunkt aus hierfür keinerlei soziale Gesichtspunkte der Gerechtigkeit maßgebend. Vielmehr fallen mit dieser Inkongruenz von Lohn und Leistung die psychologischen und auch die physiologischen Grundlagen für eine brauchbare Arbeitsleistung fort und damit auf die Dauer die Möglichkeit eines wirtschaftlichen Erfolges der Unternehmung. Es erweist sich eben durchaus als unökonomisch, den Aufwand unter jene Minimalgrenze herunterzudrücken, da sie in der Natur des wirtschaftlichen Tauschvorganges ‚Arbeit gegen Entgelt' begründet liegt. Eine solche unnatürliche Zerstörung eines sachlichen Gleichgewichts muss auf die Dauer jede gesunde Entwicklung der Unternehmung unterbinden. Unterzahlung einer Leistung würde einfach den Versuch bedeuten, mit ungenügenden, auf lange Sicht nicht ausreichenden Mitteln einen Erfolg zu erzielen. Eine derartige ‚Überrentabilität' steht einer Unrentabilität ökonomisch durchaus gleich."

Kosiol macht hier deutlich, dass bei der Entlohnung immer auch die Funktion der Leistungsmotivation der Mitarbeiter/innen zu beachten ist, was im Rahmen der aktuellen Diskussion um leistungsorientierte Vergütung wieder verstärkt in den Mittelpunkt der Betrachtung gerückt ist. Wird der Lohn unter die Schwelle des empfundenen Wertes der Leistung gedrückt, droht er seine Anreizwirkung zu verlieren. Der Arbeitgeber erwartet nämlich nicht nur, dass die Beschäftigten rein äußerlich ihre Arbeitsleistung und Qualifikation zur Verfügung stellen; er ist auch an einem möglichst hohen Arbeitsergebnis interessiert.

LITERATUR

Entgelt und Arbeitsergebnis (nach *Pornschlegel/Birkwald* 1994, S. 261).

„Es liegt daher für den Arbeitgeber nahe, die Entgeltzahlung nicht nur an die Anwesenheit des Arbeitnehmers, sondern auch an Arbeitsergebnisse zu binden. Durch die Bindung der Verdiensthöhe an ein Arbeitsergebnis soll der Arbeitnehmer angereizt werden."

Die **Anreizwirkung** hängt dabei von folgenden drei Faktoren ab (ebenda):

- Die Beschäftigten müssen ihrerseits ein Interesse an dem Mehrverdienst haben.
- Die Mitarbeiter/innen sind in der Lage, die Arbeitsergebnisse zu beeinflussen bzw. sie durch aktives Zutun zu variieren.
- Es besteht eine festgelegte und transparente Beziehung zwischen der Höhe des Ergebnisses und dem Mehrverdienst.

Ist nur eine dieser Voraussetzungen nicht gegeben, so verliert der Anreiz ganz seine Wirkung oder wird zumindest erheblich reduziert.

12.1.4 Tarifliche Regelungen des Entgelts

In der BRD sind die Entgeltsätze, -formen und -höhen zu einem beträchtlichen Teil in Tarifverträgen geregelt. § 1 des Tarifvertragsgesetzes (TVG) enthält folgende Definition des Tarifvertrags:

HINWEIS

§ 1 TVG

„Der Tarifvertrag regelt die Rechte und Pflichten der Tarifvertragsparteien und enthält Rechtsnormen, die den Inhalt, den Abschluss und die Beendigung von Arbeitsverhältnissen sowie betriebliche und betriebsverfassungsrechtliche Fragen ordnen können."

Tarifverträge sind meist räumlich auf einen bestimmten Tarifbezirk und eine Branche beschränkt. In den Mantel-Tarifverträgen werden die Rechte und Pflichten der Parteien sowie die Mindestbedingungen für die Arbeitsbeziehungen insbes. bezüglich der Entlohnung, der Arbeitszeit und des Urlaubs festgelegt. So enthält, um ein Beispiel anzuführen, der geltende Mantel-Tarifvertrag für das Versicherungsgewerbe u. a. folgende entgeltbezogene Regelungen:

- Arbeitsentgelt (richtet sich nach Art der Tätigkeit; Bemessungszeit monatlich),
- Gehaltsgruppenmerkmale und Eingruppierung,
- Relevanz der Berufsjahre (Berufsjahresstaffel),
- diverse Zulagen (Tätigkeits-, Verantwortungs-, Sozialzulagen).

Die konkreten Vergütungshöhen werden in kürzeren Zeitabschnitten verhandelt als die Rahmenbedingungen. Sie sind jeweils den geltenden Lohn-, Gehalts- oder Entgelttarifverträgen zu entnehmen.

Die Bedeutung der oft sog. „Flächentarifverträge" für die Regulierung des Entgelts hängt in hohem Maße von der Frage der **Tarifbindung** der Betriebe ab. Die Tarifbindung der Betriebe setzt ihre Mitgliedschaft in dem vertragsschließenden Verband voraus (direkte Erfassung). Allerdings sieht das Tarifvertragsgesetz auch die Möglichkeit vor, dass Tarifverträge für „allgemeinverbindlich" erklärt werden können. Sie gelten dann für alle Betriebe der jeweiligen Branche, ungeachtet von Verbandsmitgliedschaften (indirekte Erfassung). Zudem können auch nicht tarifgebundene Unternehmen sich nach einem Tarifvertrag richten; entsprechende Bindungen werden über den Einzelarbeitsvertrag erzielt.

Nimmt man es juristisch sehr genau, so gilt die Bindungswirkung auch für die Arbeitnehmer/innen: Tarifgebunden sind die Mitarbeiter/innen, die Mitglied in der Gewerkschaft sind, die das Abkommen ausgehandelt hat. Da andernfalls aber massenhafte Gewerkschaftseintritte zu erwarten wären, verzichten die Arbeitgeber in der Praxis aus wohlverstandenem Eigeninteresse auf eine Schlechterstellung der Nicht-Gewerkschaftsmitglieder.

Betriebliche Entlohnungssysteme sind also in vielen Fällen maßgeblich von überbetrieblich ausgehandelten tarifvertraglichen Gegebenheiten abhängig. Gleichwohl sind sie – auch im Falle der Tarifbindung – nicht von Tarifvereinbarungen abschließend determiniert:

- Auch im tarifgebundenen Betrieb gibt es „außertariflich" bezahlte Beschäftigte (meist sog. AT-Angestellte), deren Vergütungsniveau aufgrund einzelvertraglicher Vereinbarungen über das höchste Tarifentgelt hinausgeht. Sie erfüllen Aufgaben, deren Anforderungen oberhalb der Gehaltsgruppenbeschreibungen der Tarifverträge liegen (*Eyer* 1995, S. 3; *Breisig* 2010).
- Empirische Untersuchungen zeigen regelmäßig, dass auch die tarifgebundenen Unternehmen ihre Beschäftigten über Tarif entlohnen.

Bekanntlich markieren Tarifverträge „nur" Mindestentgelte, d. h., die tarifgebundenen Unternehmen dürfen die Tariflöhne nicht unterschreiten. Die folgenden Beweggründe veranlassen jedoch eine Vielzahl von Unternehmen, auch **übertarifliche Vergütungselemente** an die Belegschaften bzw. an einzelne Gruppen auszuschütten (vgl. *Eyer* 1995, S. 12 f.):

- **Differenzierung auf zwischenbetrieblicher Ebene:** Flächentarifverträge können nicht alle betrieblichen Bedingungen einbeziehen. Gerade prosperierende oder auf „enge" Arbeitsmarktsegmente angewiesene Unternehmen nutzen Differenzierungsspielräume durch übertarifliche Bezahlung.
- **Differenzierung auf innerbetrieblicher Ebene:** Diverse Unternehmen streben danach, zwischen Gruppen von Mitarbeiter/innen stärker zu differenzieren, als es die überbetrieblichen und generalisierenden Tarifverträge vorsehen (z. B. zu Gunsten von Mitarbeiter/innen mit direktem Kundenkontakt).

- **Konjunkturelle Motive:** Besonders in Zeiten guter konjunktureller Entwicklung muss übertariflich bezahlt werden, um Mitarbeiter/innen anzuwerben bzw. im Unternehmen zu halten.
- **Motivation:** Durch die unmittelbare Verknüpfung von Entgelthöhen und Leistung und Erfolg sollen die Beschäftigten motiviert, ihre Identifikation mit dem Unternehmen und ihrer Aufgabe gesteigert werden.

Aufgrund des Charakters von Tarifnormen als Mindestbedingung hat also der Arbeitgeber Spielräume „nach oben", von denen auch durchaus Gebrauch gemacht wird. Dennoch ist hier festzuhalten, dass der Gesetzgeber das Verhältnis zwischen der tariflichen und betrieblichen Ebene klar durch den sog. **Tarifvorrang** geregelt hat. Die Kompetenz der Betriebsparteien in Entlohnungsfragen greift nur, soweit eine gesetzliche oder tarifliche Regelung nicht besteht.

Bekanntlich ist in vielen Branchen und Bereichen eine offene und schleichende **Erosion** der überbetrieblichen Tarifverträge zu verzeichnen. In der Diskussion um arbeitsmarktpolitische Strategien und um den „Standort Deutschland" wird häufig fundamentale Kritik an dem gewachsenen Tarifvertrags-System vorgebracht. Es handele sich dabei um ein starres „Korsett", habe Deutschland zu einem „Hochlohnland" sondergleichen gemacht und behindere seine internationale Konkurrenzfähigkeit.

Neben der massiven Kritik in öffentlichen Debatten zeugen konkrete Aktivitäten wie Verbandsaustritte („Tarifflucht") oder Wechsel ganzer Unternehmen oder Betriebsteile in Branchen mit „billigeren" Tarifverträgen davon, dass das Tarifvertrags-System unter enormem Anpassungsdruck steht. Neu gegründete Unternehmen treten den Verbänden erst gar nicht bei. Einige Arbeitgeberverbände haben darauf mit einer Aufspaltung der Mitgliedschaft reagiert: Es bestehen Wahlmöglichkeiten zwischen einer Mitgliedschaft mit und ohne Tarifbindung.

Auch im politischen Raum wird die Forderung nach der Aufhebung des Tarifvorrangs vehement vorgebracht. Dies würde bedeuten, dass auf betrieblicher Ebene auch von den Tarifverträgen (nach unten) abweichende Regelungen, etwa in Krisensituationen, getroffen werden könnten. (Dies lassen bei genauerem Hinsehen jedoch auch heute schon viele Tarifverträge zu). Dadurch soll mehr Anpassungsfähigkeit geschaffen und – laut einer oft vorgebrachten Kritik – die „Macht der Tarifkartelle", die zugunsten der Arbeitsplatzbesitzer und auf Kosten der Arbeitslosen wirke, gebrochen werden.

Die Debatte um die Zukunft des Tarifsystems ist weiter im Gange, und es ist noch nicht abzusehen, wie sie ausgehen wird. Man muss kein Prophet sein, um in jedem Falle eine stärkere Flexibilisierung und Dezentralisierung der Strukturen vorherzusagen.

12.2 Lohnsatz- und Lohnformdifferenzierung

Lohngerechtigkeit soll, wie oben gezeigt, vor allem durch die Lohnsatz- und die Lohnformdifferenzierung erreicht werden. Diese beiden Aspekte werden im Folgenden näher erläutert.

12.2.1 Lohnsatzdifferenzierung: Arbeitsbewertung und Eingruppierung

Das tarifliche Entgelt richtet sich bei uns weitestgehend nach den Anforderungen des Arbeitsplatzes. Es schließt sich die Frage an, wie man zu dem „gerechten" Entgelt auf der Basis dieser Anforderungen findet. Dabei müssen zwei Analyse-Ebenen angeführt werden:

1. Im Rahmen der **Arbeitsanalyse** werden die Arbeitsplätze möglichst genau erfasst und untersucht. Hilfsmittel können Stellenbeschreibungen, die Ergebnisse von Befragungen von Mitarbeiter/innen oder Vorgesetzten, Selbstaufschreibungen, Beobachtungen und vieles andere sein. Arbeitsanalysen können mehr psychologisch-personenbezogen oder mehr arbeitswissenschaftlich-technisch ausgerichtet sein.
2. Sind die einzelnen Arbeitsplätze exakt untersucht worden, erfolgt im Rahmen der **Arbeitsbewertung** die Ermittlung der einzelnen Wertigkeiten der Stellen, um zu einer Entgeltdifferenzierung zu gelangen, die den unterschiedlichen Anforderungen Rechnung trägt.

Auf der Grundlage der Ergebnisse der Arbeitsanalyse werden bei der Arbeitsbewertung Tätigkeitsmerkmale aufgelistet, die dann bewertet werden. Dies kann entweder **analytisch** oder **summarisch** erfolgen. Bei der summarischen Arbeitsbewertung wird eine globale, ganzheitliche Bewertung der Arbeitsplätze im Hinblick auf ihre Anforderungen vorgenommen. Für die analytische Arbeitsbewertung ist indes typisch, dass die Anforderungen in Dimensionen oder Kriterien aufgespalten werden, die dann einzeln und nacheinander bewertet werden.

Die meisten Methoden der analytischen Arbeitsbewertung orientieren sich an den Kriterien des sog. „Genfer Schemas", das schon 1950 auf einer internationalen Tagung von Arbeitswissenschaftler/innen in Genf entwickelt wurde:

ABB. 68:	Kriterien des „Genfer Schemas" zur Arbeitsbewertung
1. Geistige Anforderungen	► Fachkenntnisse ► Ausbildung ► Erfahrung ► Denkfähigkeit
2. Körperliche Anforderungen	► Geschicklichkeit ► Muskelbelastung ► Belastung der Sinne und Nerven
3. Verantwortung	► Betriebsmittel und Produkte ► Sicherheit und Gesundheit ► Arbeitsablauf
4. Arbeitsbedingungen	► Temperatur ► Nässe ► Schmutz ► Gase ► Lärm ► Beleuchtung ► Licht ► Unfallgefahr

Dieser Katalog wird in der Praxis nicht nur sehr unterschiedlich gehandhabt und mit vielfältigen Untergliederungen versehen, er ist auch im Laufe der Zeit erheblichen Veränderungen und Variationen ausgesetzt gewesen. Auch leuchtet rasch ein, dass sich die Bedeutung der Kategorien durch technisch-organisatorische Veränderungen stark gewandelt hat. So spielen z. B. körperliche Anforderungen und Arbeitsbedingungen heute längst nicht mehr eine so große Rolle wie in den 1950er Jahren. Dafür sind neue Anforderungen (z. B. soziale und methodische Kompetenzen) hinzugekommen (vgl. Kap. 11.2).

Zahl und Art der Anforderungsmerkmale sowie die Methodik ihrer Erfassung (vgl. dazu *Scherm/Süß* 2010, S. 123 ff.) werden von den beteiligten Parteien (das können z. B. Tarifparteien, aber auch Betriebsrat und Arbeitgeber auf betrieblicher Ebene sein) per Vereinbarung bestimmt und unterschiedlich – je nach Arbeitsplatz – gewichtet. Zum Beispiel haben bei der/dem Kundenberater/in einer Bank Merkmale wie Kommunikation oder Risikobewusstsein ein deutlich größeres Gewicht als andere. Schließlich werden die einzelnen bewerteten und gewichteten Merkmale für einen Arbeitsplatz zu dessen sog. **Arbeitswert** addiert, der die Wertigkeit der Stelle im Hinblick auf die zugrunde liegenden Anforderungen repräsentiert.

Unabhängig davon, ob analytisch oder summarisch bewertet wird, gilt: Die konkrete Zuordnung der Arbeitnehmer/innen zu einer Entgeltgruppe nach der von ihnen auszuführenden Arbeitsaufgabe wird als **Eingruppierung** bezeichnet. Basis dafür sind i. d. R. die den Tarifverträgen zu entnehmenden Entgeltgruppenmerkmale oder Richtbeispiele. Die folgende Abbildung enthält ein Beispiel für ein solches Gehaltsgruppensystem aus dem Versicherungsbereich (lt. Mantel-Tarifvertrag des Versicherungsgewerbes):

ABB. 69: Gehaltsgruppenmerkmale und Eingruppierung nach § 4 des Manteltarifvertrags für das Versicherungsgewerbe

„Die Gehälter der Angestellten richten sich nach folgenden Gehaltsgruppenmerkmalen:

I. Tätigkeiten, die nur eine kurze Einweisung erfordern.

II. Tätigkeiten, die Kenntnisse oder Fertigkeiten voraussetzen, wie sie im Allgemeinen durch eine planmäßige Einarbeitung erworben werden.

III. Tätigkeiten, die Fachkenntnisse voraussetzen, wie sie im Allgemeinen durch eine abgeschlossene Berufsausbildung oder durch einschlägige Erfahrung erworben werden.

IV. Tätigkeiten, die vertiefte Fachkenntnisse voraussetzen, wie sie im Allgemeinen durch zusätzliche Berufserfahrung nach einer abgeschlossenen Berufsausbildung zum Versicherungskaufmann oder einer ihrer Art entsprechenden Berufsausbildung oder durch die Aneignung entsprechender Kenntnisse für den jeweiligen Tätigkeitsbereich erworben werden.

V. Tätigkeiten, die gründliche oder vielseitige Fachkenntnisse voraussetzen, wie sie durch mehrjährige einschlägige Erfahrungen erworben werden, oder Tätigkeiten, die umfassende theoretische Kenntnisse erfordern.

VI. Tätigkeiten, die besonders gründliche oder besonders vielseitige Fachkenntnisse erfordern oder Tätigkeiten, die den Anforderungen der Gehaltsgruppe V entsprechen und mit besonderer Entscheidungsbefugnis verbunden sind. Dem gleichzusetzen sind Tätigkeiten, die gründliche und vielseitige Fachkenntnisse erfordern.

VII. Tätigkeiten, die hohe Anforderungen an das fachliche Können stellen und mit erweiterter Fach- oder Führungsverantwortung verbunden sind.

VIII. Tätigkeiten, die in den Anforderungen an das fachliche Können und in der Fach- oder Führungsverantwortung über diejenigen der Gehaltsgruppe VII hinausgehen.

Richtlinien für die Anwendung der Gehaltsgruppeneinteilung sind im Anhang zum Manteltarifvertrag enthalten."

12.2.2 Lohnformdifferenzierung: die klassischen Entlohnungsformen

Außer von Fragen der Arbeitsbewertung und Eingruppierung sind die betrieblichen Entlohnungskonzepte noch von einer weiteren Größe entscheidend geprägt, nämlich von den Entgeltgrundformen. Unter Entgeltgrundformen (sehr gebräuchlich ist auch der Begriff „Entlohnungsgrundsätze") sind dabei die übergeordneten, allgemeinen Strukturprinzipien zu verstehen, nach denen die Entlohnung in einem Betrieb oder einem Bereich (Abteilung) erfolgt (*Ehlscheid et al.* 1997, S. 231).

Die Festlegung der Lohnsatzdifferenzierung im Rahmen der Arbeitsbewertung wird nämlich deswegen als nicht ausreichend angesehen, weil darin nur die diversen Anforderungen der Stelle, nicht aber die persönlichen Leistungen der Stelleninhaber/innen eingefangen werden:

LITERATUR

Individuelle Arbeitsleistung (nach *Martens* 1958, S. 27 f.)

„Die individuellen Leistungen der einzelnen Betriebsangehörigen sind jedoch bei gleicher Arbeitsschwierigkeit häufig verschieden. Das Äquivalenzprinzip verlangt deshalb, dass die unterschiedlichen Leistungen von verschiedenen Werktätigen bei gleicher Arbeitsschwierigkeit entsprechend unterschiedlich entlohnt werden. Außerdem ändert sich häufig die Arbeitsleistung eines Betriebsmitgliedes innerhalb einer bestimmten Zeit in qualitativer und quantitativer Hinsicht. Diese persönlichen Leistungsunterschiede bei gleich schwierigen Arbeiten können mithilfe bestimmter Lohnformen berücksichtigt werden."

Allerdings ist ein solcher unmittelbarer Leistungsbezug in einer Reihe von Tätigkeitsformen nicht ohne weiteres herstellbar, sodass nur in zwei der drei Grundformen eine Differenzierung nach Leistung unmittelbar zum Tragen kommt.

12.2.2.1 Akkordlohn

Der Akkord ist die althergebrachte Form des Leistungsentgelts und diesem Status entsprechend in Tarifverträgen und Betriebsvereinbarungen ausführlich ausgearbeitet (vgl. *Bahnmüller* 2001a, S. 34; *Breisig* 2003, S. 509 ff.). Bei dieser Form wird nicht (nur) die Dauer der Arbeitszeit, sondern die erzielte (Mengen-)Leistung vergütet. Er kommt de facto nur in der industriellen Produktion – im gewerblichen Bereich – vor. Anwendungen im Dienstleistungs- bzw. Angestelltenbereich sind ausgesprochen selten. Dies gilt ebenso für den öffentlichen Dienst, in dem dafür auch der Begriff **Gedingelohn** gebräuchlich ist (*Tondorf* 1997, S. 57 f.).

Aufgrund der weiter unten zu erörternden Veränderungen in der Arbeitswelt ist der Akkord in der Praxis eindeutig auf dem absteigenden Ast, jedoch entgegen so mancher Meinung weit davon entfernt, schon die Stufe der Bedeutungslosigkeit erreicht zu haben.

Akkord ist vor allem bei relativ einfachen, überwiegend auf Mengenleistung ausgerichteten Tätigkeiten vorzufinden. So regeln z. B. in der Metallindustrie viele Tarifverträge, dass Fließbandarbeit nicht im Zeitlohn, also entweder im Prämienlohn oder eben im Akkord, zu vergüten ist. Ein Beispiel sind die folgenden Normen aus dem (nicht mehr in Kraft befindlichen) Lohnrahmentarifvertrag II Nordwürttemberg-Nordbaden:

HINWEIS

Leistungslohn bei Fließbandarbeit laut tariflicher Regelung

„6.1 Fließ-, Fließband- und Taktarbeit ist eine zwangsläufig gesteuerte Folge von Arbeitsgängen, die ein Werkstück durchläuft und die von einem oder mehreren Menschen ausgeführt werden müssen. Die Arbeitssysteme und Arbeitsinhalte sind räumlich und zeitlich aufeinander abgestimmt. Von der vorgeschriebenen Arbeitsmethode und dem vorgeschriebenen Arbeitstempo kann nicht abgewichen werden.

6.2 Der Entlohnungsgrundsatz für Arbeitnehmer nach Ziffer 6.1 ist unter Berücksichtigung der betrieblichen Gegebenheiten mit dem Betriebsrat zu vereinbaren. Arbeit nach Ziffer 6.1 darf jedoch nicht im Entlohnungsgrundsatz Zeitlohn vergeben werden."

Üblicherweise werden von der Arbeitsvorbereitung nach „REFA-Methoden" Vorgabezeiten (z. B. für das Fertigen von Werkstücken) ermittelt (sog. „Zeitakkord"). Diese Vorgabezeiten markieren die für eine bestimmte Tätigkeit anzusetzende **Normalleistung**. Der spezielle Anreiz liegt darin, diese Vorgaben zu unterschreiten und damit die Mengenleistung zu erhöhen. Dies führt dann zu einer Erhöhung des Akkordverdienstes. Geld- oder Stückakkorde, bei denen die Beschäftigten für jedes fertige Stück einen festen Betrag erhalten, sind kaum noch vorzufinden.

Akkordlöhne können auftragsweise oder periodenweise ermittelt werden. Bei der auftragsweisen Form wird ein bestimmter Auftrag (z. B. die Montage von 10 Getrieben) an eine Zeitvorgabe gekoppelt (z. B. 300 Minuten). Der Akkordrichtsatz (Stundenlohn bei Normalleistung) beträgt dann z. B. laut Tarifvertrag 7 €. Erfüllt die/der Akkordarbeiter/in die Normalleistung, bekommt sie/er einen Lohn genau entsprechend dem Akkordrichtsatz, also in dem Beispiel 7 €. Unterschreitet sie/er aber die Auftragszeit, ergibt sich ein entsprechend höherer Akkordlohn.

Vermutlich verbreiteter ist jedoch die kontinuierliche Akkordarbeit mit periodenweiser Abrechnung. Nehmen wir an, dass die Vorgabezeit für ein kontinuierlich zu fertigendes Werkstück 2 Minuten beträgt. Diese heißt auch Zeit je Einheit und taucht auf den Akkordscheinen häufig mit der Abkürzung TE (= 2 Minuten) auf. Werden nun pro Stunde 30 Teile gefertigt, können 60 Minuten abgerechnet werden. Der Lohn wird dann genau dem Akkordrichtsatz der Entgeltgruppe der Arbeiterin/des Arbeiters laut Tarifvertrag (z. B. 7 €/Stunde) entsprechen. Arbeitet die/der Akkordarbeiter/in jedoch schneller als dies bei einer Normalleistung generell zugrunde gelegt wird, kann sie/er einen entsprechend höheren Verdienst erzielen. Werden z. B. 33 Teile in der Stunde gefertigt, können auf dem Akkordschein 66 Minuten abgerechnet werden, bei 45 Teilen sind es 90 Minuten. Bei 66 Minuten verdient die Person dann in der Stunde 110 % des Akkordrichtsatzes (also 7,70 €), bei 90 Minuten sogar 150 % (also 10,50 €).

In der Praxis ist es nun häufig so, dass die Akkordarbeiter/innen sozusagen rückwärts rechnen. Wollen sie einen Verdienstgrad von 150 % des Akkordrichtsatzes erreichen, wissen sie, dass sie 45 Stück in der Stunde schaffen müssen. Entsprechend wird bei der monatlichen Abrechnung vorgegangen: Sie/er gibt so viele Minuten von ihren/seinen Akkordscheinen an, dass auf den Monat bezogen dieser gewünschte Verdienstgrad erzielt wird. Es kommt auch häufig vor, dass Scheine auf Reserve gehalten werden. Bekanntlich vermeiden es die Akkordarbeiter/innen, „zu hohe“ Minutenzahlen abzurechnen, da sie dann befürchten müssen, dass die Vorgabezeiten neu (d. h. auf einem niedrigeren Niveau) ermittelt werden.

Bei Qualitätsdefiziten, die der Arbeit der jeweiligen Mitarbeiterin/des Mitarbeiters eindeutig zugerechnet werden können, werden die entsprechenden Werkstücke in Abzug gebracht. Hat das Defizit andere Gründe (z. B. Materialqualität), so wird der volle Akkordlohn ausgezahlt. In der Praxis bereitet es jedoch häufig Probleme, die wirkliche Ursache von Qualitätsmängeln zu ermitteln und zuzurechnen.

Möglich ist auch ein **Gruppenakkord**, bei dem der Mehrverdienst gleichmäßig auf alle Mitglieder eines Teams verteilt wird. Ein Gruppenakkord wird vor allem dort praktiziert, wo – etwa im Unterschied zu einem vergangenen Zustand – die Arbeitsleistung inzwischen auch maßgeblich von der Kooperation mit den Kolleg/innen bzw. anderen Gruppenmitgliedern abhängt. Dabei wird i. d. R. ein Gruppenergebnis als gemeinsam erreichter Zeitgrad errechnet.

Die Anwendbarkeit der Akkordentlohnung hängt von bestimmten Bedingungen ab. Die Arbeitsaufgabe muss von der Mengenleistung geprägt und leicht ermittelbar (quantifizierbar) sein. Entsprechend ist es nötig, dass die Leistung direkt von den Arbeitenden beeinflusst werden kann. Die Rahmenbedingungen sollten weitgehend konstant und möglichst frei von Störungen sein.

12.2.2.2 Prämienlohn

Neben dem Akkord zählt in den gewerblichen Bereichen der Industrie die Prämienvergütung zu den klassischen Leistungsentgelten. Sie ist aber aufgrund ihrer erheblich größeren Gestaltungsvariabilität mit den Auswirkungen der neuen Produktions- und Managementkonzepte viel besser in Einklang zu bringen. „Der Einzelakkord hat bei Gruppenarbeit praktisch ausgedient“ (*Becker/Eyer* 2001, S. 221). Aufgrund des komplexeren Leistungsbegriffs (z. B. bei Gruppenarbeit) müssen auch die für die Arbeitsaufgabe wichtigen Funktionen wie eigenständige Materialversorgung, Zuständigkeit für den kontinuierlichen Verbesserungsprozess, Planung der Maschinenbelegung, Reparaturen und Wartungsarbeiten usw. im Entlohnungskonzept eingefangen werden. Daher verwundert es nicht, dass der Prämienlohn im produzierenden Gewerbe spiegelbildlich zu dem Bedeutungsverlust des Akkords beständig an Verbreitung gewinnt (vgl. *Bahnmüller* 2001b, S. 431).

Der Prämienlohn hat gegenüber dem Akkord den Vorteil, dass er wesentlich variabler und flexibler gestaltet werden kann. Der Akkord honoriert nur die Menge bzw. Unterschreitung von Vorgabezeiten; Prämien können hingegen für die unterschiedlichsten Anlässe gezahlt werden, etwa Materialersparnis, Produktqualität, die Einhaltung von Terminen oder die Erreichung einer definierten Standardleistung.

Im Unterschied zum Entlohnungsgrundsatz Akkord wird der Prämienlohn in den Fällen praktiziert, in denen die Arbeit in hohem Maße technisch vorgegeben ist, die Arbeitenden wohl aber gewisse, von ihnen aktiv beeinflussbare Handlungsspielräume etwa in puncto Qualität oder Maschinennutzungszeit haben. Prämienlöhne haben vielfach den Akkord dort abgelöst, wo die Beeinflussbarkeit der Leistung durch die Arbeitenden nicht mehr gegeben war und/oder Steuerungsfunktionen an numerisch gesteuerten Werkzeugmaschinen zugenommen haben (*Eyer* 1995, S. 9).

Auch die Zielsetzungen sind vielgestaltiger als beim Akkord. Neben dem Setzen von Leistungsanreizen geht es je nach konkreter Ausprägung auch um spezifischere Zwecke wie Qualitätserhöhung, das Stimulieren von Verbesserungsvorschlägen, die Steigerung der Flexibilität und der Qualifizierung der Beschäftigten oder die Förderung der Zusammenarbeit, insbes. im Kontext von Gruppenarbeitskonzepten. Entsprechend vielgestaltig sind die Bemessungsgrundlagen für diesen Leistungslohn. Prämien können z. B. gezahlt werden für

- das Einhalten oder Überschreiten von Qualitätsstandards (z. B. Anteil fehlerhafter Stücke),
- das Erreichen einer bestimmten Produktivität,
- Mengenleistungen (z. B. für abgerechnete Minuten, gefertigte Stückzahl pro Schicht), die sich dann nur wenig vom Akkord unterscheiden,
- Nutzungszeiten von Betriebsmitteln (Maschinennutzungsgrade),
- Ersparnisleistungen (z. B. Material- oder Energieverbrauch),
- Stoffausbeutungsquoten,
- das Erreichen von Ziel- oder Terminvorgaben bzw. ein vereinbartes Arbeitspensum („Standardlohn"),
- Durchlaufzeiten,
- Senkung der Kapitalbindung,
- Reduzierung von Stückkosten,
- Reduzierung von Gemeinkostenstunden,
- Verkürzung der Zeit für Inbetriebnahme neuer Maschinen und Anlagen,
- Erhöhung des Anteils produktiver Stunden zu Anwesenheitsstunden

und vieles andere mehr.

Je nach vorher definierter quantitativer und/oder qualitativer Mehrleistung über die Soll-Leistung hinaus wird ein Bonus (eine Prämie) zum Grundentgelt gezahlt. Das heißt, dass als Zuschlag zum Grundentgelt eine Prämie ausgeschüttet wird, die in ihrer Höhe fest oder variabel sein kann.

Hinsichtlich des Verlaufs des Prämienlohns gibt es verschiedene Varianten:

ABB. 70:	Varianten des Prämienlohnverlaufs
Proportionale Anreizprämie	(ähnlich wie Akkord, jedoch nach oben begrenzt) Für die Bezugsleistung von 100 % werden 100 % des Tariflohns gezahlt. Eine Leistungssteigerung führt zu einer proportionalen Lohnerhöhung (Verhältnis 1:1) bis zur Prämienobergrenze (z. B. von 140 %).
Unterproportionale Prämie	Die Prämienlohnlinie verläuft linear, aber unterproportional. Eine Leistungssteigerung von z. B. 10 % führt nur zu einer Lohnerhöhung von 5 % (gegenüber dem Akkord bedeutet dies eine erhebliche Verschlechterung).
Degressive Prämie	Eine Leistungssteigerung führt zunächst zu hohen, dann aber zu ständig geringer werdenden Lohnsteigerungen (insgesamt unterproportional, d. h. schlechter als der Akkordlohn).
Progressive Prämie	Eine Leistungssteigerung führt zunächst zu geringen, dann aber zu immer höheren Lohnsteigerungen. Erst bei 150 % ergibt sich eine proportionale Zuordnung.
Gestaffelte Prämie	Leistungssteigerungen führen in Stufen oder Sprüngen zu Lohnsteigerungen.

12.2.2.3 Zeitlohn bzw. Gehalt

Im Zeitlohn (für Gewerbliche) und im Entlohnungsgrundsatz Gehalt (für Angestellte) erhalten die Mitarbeiter/innen für die Arbeitszeit, während der sie dem Unternehmen zur Verfügung stehen, ein festes, also nicht nach unterschiedlicher Leistungsintensität variierendes Entgelt. In diesem Sinne regelt z. B. das Lohnrahmenabkommen für die Metallindustrie Nordrhein-Westfalen: „Zeitlohnarbeit liegt vor, wenn – außer den allgemeinen betrieblichen Arbeitsvorschriften und allgemeinen Planungsgrößen – keine Bestimmungsgrößen vorgegeben werden."

Bemessungsgrundlage ist also die Zeit, und es wird für eine Zeiteinheit (z. B. Monat) ein bestimmter Entgeltsatz gezahlt. Dieser Typ ist besonders dann angezeigt, wenn die quantitative Arbeitsleistung von den Arbeitnehmer/innen nicht direkt beeinflusst werden kann und/oder der Leistungsbeitrag des einzelnen nicht zuverlässig zu messen ist und/oder Anforderungen wie Genauigkeit, höchste Qualität, Sorgfalt, Gewissenhaftigkeit und dergleichen die Tätigkeit dominieren. Einer Qualitätsgefährdung des Produkts wird im Zeitlohn entgeltpolitisch entgegengewirkt. Ein Vorteil ist auch ohne Frage der ungleich geringere Aufwand bei der Entgeltberechnung.

Den Arbeitnehmer/innen gewährt der Zeitlohn einen gesicherten und regelmäßigen Verdienst als Gegenleistung für die vereinbarte Arbeitszeit. Leistungsschwankungen oder Arbeitsunterbrechungen haben keine finanziellen Verluste zur Folge. Andererseits wird eine erhöhte Leistungsabgabe im Zeitlohn nicht abgegolten. Diese Form enthält zunächst keinen Anreiz für eine quantitative Mehrleistung. In der klassischen betriebswirtschaftlichen Lohntheorie ist der Zeitlohn eine Art „Sündenfall" und eine Restkategorie für solche Tätigkeiten, in denen sich der Anspruch der Lohnformdifferenzierung nach Einbeziehung der persönlichen Leistung aufgrund der Natur der Aufgabe und mangels Existenz einer klaren Bemessungsgrundlage nicht einlösen lässt: „Wenn der individuelle Leistungsgrad mengenmäßig nicht exakt erfassbar ist (z. B. bei Forschungs- oder Reparaturarbeiten), können die persönlichen Leistungsschwankungen nicht mithilfe einer besonderen Lohnform berücksichtigt werden" (*Martens* 1958, S. 28).

Dabei wird aber heute oft vergessen, dass schon die Klassiker eine leistungsbezogene Ergänzungskomponente für den Zeitlohnbereich eingefordert haben, um dem Grundprinzip der Äquivalenz von Lohn und Leistung mehr Nachdruck zu verleihen:

„In solchen Fällen besteht die Möglichkeit, der individuellen Leistung zusätzlich im Lohnsatz Rechnung zu tragen, indem auf dem Wege über eine Leistungsbewertung der nach Maßgabe der Arbeitsschwierigkeit festgelegte Lohnsatz entsprechend verändert wird. Es muss hier ein Zeitlohn angewandt werden, dessen Lohnsatz sowohl hinsichtlich der allgemeinen Arbeitsschwierigkeit als auch in Bezug auf den persönlichen Arbeitseinsatz der effektiven Leistung entspricht. Dabei ist allerdings zu beachten, dass die Ergebnisse der Arbeitsbewertung nicht ‚verwässert' werden; der persönliche Leistungsanteil des Lohnsatzes soll von dem Schwierigkeitsanteil jederzeit trennbar sein" (*Martens* 1958, S. 28). Und: „Die langfristige Beibehaltung der einmal festgelegten Lohnsätze ohne Leistungsüberprüfung schwächt den Lohnanreiz" (*ebenda*, S. 71).

Da es in aller Regel zwischen den Menschen an einem gleich eingruppierten Arbeitsplatz oft erhebliche Leistungsunterschiede gibt, sollen diese auch eingefangen und im Entgeltsystem berücksichtigt werden. Andernfalls wird befürchtet, dass die Leistungsstärkeren demotiviert würden und sich in anderen Unternehmen nach lukrativeren Beschäftigungsmöglichkeiten umsähen. Und die „Minderleister" würden sich unter diesen Bedingungen nur bestätigt fühlen und ihre „Leistungszurückhaltung" auch künftig an den Tag legen. Die leistungspolitische Konsequenz könne daher nur lauten: „Leistungsgerechtes Entgelt heißt demzufolge, die objektiv vorhandenen Unterschiede in der (Arbeits-)Leistung der Mitarbeiter offenzulegen, zu vergleichen und zu bewerten sowie schließlich eine unmittelbare Beziehung zwischen dem festgestellten Leistungsniveau und dem individuellen Einkommen des Mitarbeiters herzustellen" (*Zander* 1990, S. 134).

Das heißt konkret: Auch im Zeitlohn- bzw. Gehaltsbereich soll es z. B. per personenbezogener Leistungsbeurteilung eine individuell differenzierende Entlohnungskomponente geben (vgl. schon Kap. 10.4). Entsprechend haben sich die „Klassiker" auch gegen die Sichtweise gewehrt, der Zeitlohn habe mit der individuellen Leistung nichts zu tun:

„Vielmehr stellt auch der Zeitlohn [...] den Gegenwert für eine Leistung, d. h. einen Leistungslohn dar" (*Kosiol* 1962, S. 55).

12.3 Leistungsbezug in der Vergütung

Allerdings ist die schon immer geforderte oder vorgesehene personenbezogene Differenzierung im Zeitlohn- bzw. Gehaltsbereich in der Praxis weit hinter den „theoretischen" Ansprüchen zurückgeblieben. Sie wurde allenfalls in Teilbereichen realisiert, vorzugsweise in Form von Beurteilungssystemen, die aber wegen der hohen Subjektivität der Vorgesetzten-„Urteile" auch massiv in der Kritik stehen und weit davon entfernt sind, den Anspruch einer sachgerechten individuellen Leistungserfassung einzulösen (vgl. Kap. 10.5).

In der letzten Zeit hat jedoch in der Debatte um „moderne" Zuschnitte der Entgeltsysteme die Forderung nach einem zunehmenden und möglichst flächendeckenden Leistungs- und/oder Erfolgsbezug immer mehr Raum eingenommen.

In der aktuellen Debatte um eine Neuausrichtung der Vergütungssysteme wird vor allem von der Arbeitgeberseite eine deutliche Stärkung des individuellen (oder zumindest teambezogenen) Leistungsbezugs gefordert. Dabei lautet eine oft gehörte Formel: „Leistung muss sich wieder lohnen." oder auch „Wir brauchen mehr markt(wirtschafts)konforme Steuerungsprinzipien auch im Kleinen."

Die bestehenden Entgeltsysteme werden als Beitrag zur „Verrentung der Leistungspolitik" abqualifiziert (vgl. *Bahnmüller* 2001a, S. 141). Konsequenz ist eine regelrechte Welle der Einführung neuer oder der Veränderung bestehender Entgeltsysteme mit einer Leistungs- und/oder Erfolgskomponente in den letzten Jahren. Inzwischen liegen sogar im Dienstleistungsbereich diverse Flächen-Tarifverträge zur Regelung einer leistungsorientierten Vergütung vor (z. B. schon seit Dezember 2002 im privaten Bankengewerbe). Weitere werden ohne Frage folgen. Dies soll aber erst der Auftakt gewesen sein. Vorgesehen ist, dass die zukünftigen (z. T. auch schon die gegenwärtigen) Entlohnungssysteme nicht mehr nur nach rein stellenbezogenen Prinzipien ausgerichtet sind, sondern sich aus den folgenden drei Komponenten zusammensetzen:

- Grundentgelt (anforderungsabhängig),
- Leistungsentgelt (kollektiv oder individuell),
- Zusatzentgelte (z. B. erfolgsabhängig).

Als ein Beispiel sei lediglich das vor einiger Zeit eingeführte Entgeltsystem von Mercedes-Benz für den gewerblichen Bereich kurz beschrieben.

Zwar wird an einem anforderungsorientierten Grundentgelt, das über Arbeitsbewertungsmethoden ermittelt wird, festgehalten. Darüber hinaus werden aber drei weitere Vergütungskomponenten mit Leistungsbezug eingeführt: eine individuelle Prämie (0-2 % vom Grundentgelt), eine Gruppenprämie, die von der/dem Vorgesetzten für die „innere Organisation" der Gruppe gewährt wird (0-1 %) sowie eine kennzahlen- bzw. zielvereinbarungsbezogene Gruppenprämie für das Erreichen oder Überschreiten zuvor festgelegter Zielgrößen (0-5 %). Dieses Konzept wurde in einer „Betriebsvereinbarung zur Gestaltung neuer Leistungs- und Entlohnungsbedingungen für die gewerblichen Mitarbeiter in der Mercedes-Benz AG" verankert, mit der insbes. die folgenden vier Ziele verfolgt werden:

- Entkopplung der Zeitwirtschaft von der Entlohnung,
- Neudefinition der allgemeinen Arbeitsaufgaben der Mitarbeiter/innen,
- Einführung neuer Leistungsstandards,
- Beteiligung der Mitarbeiter/innen bei der Leistungsfestsetzung.

Es gibt wohl kaum eine Begrifflichkeit, die wir beinahe täglich im Sprachgebrauch und besonders in der Arbeitswelt benutzen, die letztendlich aber so **unspezifisch** ist wie der Leistungsbegriff. Sicherlich haben sich schon die verschiedensten wissenschaftlichen Disziplinen mit Leistung beschäftigt und sich in – allerdings jeweils sehr fachspezifischen – Definitionen versucht. In diesem Zusammenhang lassen sich die folgenden Beispiele aufführen:

- In der Physik ist Leistung die Arbeit in einer bestimmten Zeit (Arbeit = Kraft x Weg).
- Die Rechtswissenschaft versteht unter Leistung die Handlung (oder Unterlassung) einer Vertragspartei, zu der sie verpflichtet ist.
- In der Betriebswirtschaftslehre wird manchmal unter Leistung die Menge und der Wert der in einem Betrieb erzeugten Wirtschaftsgüter und Dienstleistungen verstanden.
- Die Arbeitswissenschaft sieht die Leistung in mess- oder zählbaren Arbeitsresultaten (Menge, Qualität).

Auch im Arbeitsalltag hat jeder eine andere Vorstellung von Leistung. Keiner kann genau sagen, was sie letzten Endes ausmacht (vgl. zu dieser Problematik ausführlich *Breisig* 2014, S. 47 ff.; vgl. ferner zu Fragen der Leistung und deren Voraussetzungen Kap. 8.2.3). Fragt man zehn Beteiligte danach, bekommt man ebenso viele Antworten.

Da die Leistung als „Input", als eine Art Anstrengung einer Arbeit verrichtenden Person, ohnehin kaum zu erfassen ist, orientiert man sich i. d. R. an Ergebnissen oder Erfolgen („Output"). Es gibt (einige wenige) Arbeitsaufgaben, bei denen der Output relativ gut zu erfassen ist (z. B. das „Hochziehen" von Mauern am Bau). Bei anderen stößt man aber auf extreme Schwierigkeiten (z. B. Tätigkeiten beim Empfang von Kund/innen, viele Sachbearbeitungsbereiche). Die Problematik liegt z. B. darin begründet,

- dass die Leistung aus vielen unterschiedlichen Einzelelementen besteht,
- dass sich die erwarteten Ergebnisse nicht in einfacher und eindeutiger Form beschreiben lassen,
- dass sich die Leistungserwartungen je nach Situation und ihrer Entwicklung sehr unterschiedlich gestalten („dynamischer" Natur sind),

- dass sich der Prozess der Leistungserstellung oft über einen langen Zeitraum (Monate, Jahre) hinzieht, bis Ergebnisse vorliegen,
- dass „die geleistete Arbeitsmenge nicht einfach gezählt, gemessen oder gewogen werden kann" (*Zander* 1990, S. 135 f.).

Genau aus diesen Gründen wurde/wird in der Industrie zwischen Leistungs- und Zeitlohnsektoren differenziert. Die hohe Popularität der Forderung nach „mehr" Leistungsorientierung in den Bezügen kann nun nicht darüber hinwegtäuschen, dass sich an den Gründen für diese Differenzierung nichts geändert hat – im Gegenteil: Eindeutig „leistungslohnfähige" Bereiche der industriellen Produktion gehen wegen des Aufgabenwandels eher zurück. Die traditionelle Leistungslohn„logik" (Produktion von Menge (Stückzahlen) = Leistung) kann im Zusammenhang mit neuen Führungs- und Managementkonzepten ohnehin nicht der Weisheit letzter Schluss sein. Leistung ist wesentlich mehr. Gerade im Dienstleistungsbereich und auch mittlerweile in weiten Bereichen der industriellen Produktion stehen die kaum zu erfassenden geistigen, qualifikatorischen und kreativen Leistungen im Mittelpunkt.

„Erwartet werden Störungsfrüherkennung und -beseitigung, Problemlösung, ständige Verbesserungsprozesse, Zusammenarbeit auch über Abteilungsgrenzen hinweg, Qualität, Kundenorientierung usw." (*Klein-Schneider* 1999, S. 21).

Vor dem Hintergrund der soeben geschilderten Problematik lassen sich in einigen Bereichen **Erfolge** relativ gut messen. Individuelle Erfolge können z. B. Verkaufsumsätze, Gewinnung von Neukunden/innen oder Ähnliches sein. Diese Größen sind jedoch nicht wirklich identisch mit der Leistung der Mitarbeiter/innen. Sie sind allenfalls ein indirekter Indikator, der neben der Leistung auch noch von vielen anderen Faktoren beeinflusst wird.

Bei den aktuell diskutierten und praktizierten Modellen wird dennoch immer häufiger auf eine Einbeziehung betriebswirtschaftlicher und erfolgsorientierter Kennzahlen gesetzt und damit die „Leistung" in letzter Konsequenz vom Ende der betrieblichen Prozesskette her definiert: „Leistung ist, was der Markt als solche anerkennt, also das marktbewertete Ergebnis des betrieblichen Arbeitsprozesses [...]" (*Bahnmüller* 2001b, S. 430). *Bahnmüller* spricht deshalb von einer **Finalisierung** des Leistungsbegriffs, was im Ergebnis dazu führt, dass „begrifflich wie praktisch der Unterschied zwischen leistungs- und ertragsorientierter Entlohnung" verschwimmt (*ebenda*).

Auf einem höheren Aggregationsniveau (z. B. bereichs-, abteilungs-, unternehmensbezogen) liefert das Rechnungswesen bzw. das Controlling eine stattliche Anzahl von Kennzahlen, die als Erfolgsindikatoren herangezogen werden können. Aber wie man es auch dreht und wendet:

„Wenn Leistung auch in Störungsbeseitigung, in Hilfe und Qualifizierung für andere, in guter, Abteilungsgrenzen überschreitender Zusammenarbeit und in eigener Weiterqualifizierung zum Ausdruck kommt, wird sie mit einzelnen Messgrößen nicht angemessen erfasst" (*Klein-Schneider* 1999, S. 31).

Die Leistung einer Arbeitnehmerin/eines Arbeitnehmers, worin auch immer sie bestehen mag, hängt in der betrieblichen Wirklichkeit ab von einer kaum überschaubaren **Vielzahl von Faktoren**, so z. B. von

- Qualifikation, Fertigkeiten, Fähigkeiten,
- Motivation, Leistungsbereitschaft,

- Stimmungen, Launen,
- Gesundheitszustand,
- Betriebsorganisation, Arbeitsorganisation,
- „Zuarbeit" aus anderen Bereichen, Zusammenarbeit mit Kollegen,
- eingesetzte Technik, Arbeitsmethoden,
- Produkten des Unternehmens usw.

All dies führt letztlich zu der Einsicht, dass Leistung etwas kaum Greifbares ist und dass es sich selbst bei ihrer oft behaupteten „Objektivität" (z. B. durch Heranziehen von Indikatoren) um reine Fiktion handelt. Selbst die „Kennzahlen" aus dem Rechnungswesen können – das weiß jeder, der sich je damit beschäftigt hat – so oder so „gestaltet" werden.

Was Leistung ist und was nicht, unterliegt also keiner klaren Gesetzmäßigkeit, erst recht keiner mathematischen Formel. Bei genauerem Hinsehen entpuppt sie sich vielmehr als eine Frage von Sichtweisen, vielleicht auch von Konventionen und von (vorläufigen) Ergebnissen gesellschaftspolitischer Auseinandersetzungen. Damit ist Leistung weder etwas eindeutig Feststellbares noch etwas statistisch klar Messbares. Sie gerät häufig geradewegs zur beliebig ausfüllbaren Leerformel, was z. B. an dem folgenden Zitat von *Polzer* (1995, S. 149) deutlich wird, wenn er sagt: „Leistung [...] ist somit das, was zu einem bestimmten Zeitpunkt, in einem bestimmten Betrieb als Leistung definiert wird."

Genau das ist der Punkt: Die menschliche Arbeitsleistung ist derart facettenreich, dass letzten Endes **Bewertungen** darüber entscheiden, was als Leistung betrachtet wird. Diese Bewertungen stammen aus einer Vielzahl von Quellen und sind entsprechend konfliktträchtig. Vor allem die Perspektiven der Arbeitgeber und der Beschäftigten sowie ihrer Verbände bzw. Interessenvertretungen haben hier einen hohen Stellenwert. Aber auch von gesellschaftlichen Normen, Betrachtungen zum Leistungsprinzip oder anderen Werten kann ein großer Einfluss ausgehen.

Ohne dass auch nur annähernd eine Lösung für die aufgezeigten Probleme in Sicht wäre, „boomen" in der Praxis leistungs- bzw. erfolgsorientierte Vergütungskonzepte. Dabei kommen sie in ausgesprochen vielfältigen Formen daher. In einigen Branchen gibt es gewisse Ähnlichkeiten zwischen den praktizierten Systemen (z. B. im Handel), in anderen hat praktisch jedes einzelne Unternehmen einen eigenen Ansatzpunkt entwickelt.

Traditionelle leistungsorientierte Entlohnungssysteme in der Industrie sind der schon behandelte Akkordlohn und diverse Spielarten des Prämienlohnes, wobei Prämienkonzepte auch in marktnahen Angestelltenbereichen (etwa im Außendienst) beheimatet sind. Ein weiterer Typus, der sowohl im Zeitlohn bei Arbeiter/innen als auch bei Angestellten vorkommt und in einigen Branchen (insbes. Metallindustrie) tarifvertraglich geregelt ist, ist die Gewährung einer Leistungszulage auf der Basis von Beurteilungssystemen (vgl. dazu ausführlich Kap. 10.3 ff.). Eine zunehmend populäre Form ist die Ausschüttung von Jahressonderzahlungen bei guter Ertragslage in Abhängigkeit von leistungsbezogenen Kriterien. Besonders aktuell sind ferner Zielvereinbarungs-Modelle, bezogen auf Gruppen oder/und Individuen (vgl. Kap. 9.2). Auch werden – vorzugsweise bei den sog. Außertariflichen (AT-)Mitarbeiter/innen – Verfahren eingesetzt, bei denen bereits eine Leistungskomponente in die Grundgehälter im Rahmen von Gehaltsbandbreiten integriert wird (*Breisig* 2010, S. 60 ff.).

Von – teilweise in differenzierter Form – tarifvertraglich geregelten Systemen abgesehen handelt es sich bei den meisten der real vorfindbaren Systeme überwiegend um Kombinationspakete, die sich aus ganz unterschiedlichen Ausprägungskonstellationen verschiedener Grundelemente von Entgeltmodellen ergeben. Offensichtlich macht die Praxis massiv von den Gestaltungsspielräumen Gebrauch, um die Systeme den betrieblichen Gegebenheiten wie auch den Zielen und Vorstellungen der Akteure anzupassen. Deswegen ist es schwer, mit Blick auf eben diese Praxis empirisch relevante „Reinformen" herauszustellen. So wird z. B. der Mechanismus „Zielvereinbarung" zur Festlegung der Leistungskriterien und Bezugsgrößen oft verbunden mit der Ausschüttung von Jahresprämien oder -tantiemen (als Einmalzahlung) oder mit Prämienlohn-Konzepten zur entgeltwirksamen Festlegung von Steuerungsgrößen für teilautonome Teams.

12.4 Arbeitspolitische Aspekte der Entlohnung

Fragen der Gestaltung des Verhältnisses von Leistung und Lohn haben von jeher die betrieblichen und außerbetrieblichen Auseinandersetzungen zwischen Arbeitgebern und Arbeitnehmer/innen entscheidend geprägt. Schließlich ist das Entgelt im Beschäftigungsverhältnis die zentrale Gegenleistung, die der Arbeitgeber den Beschäftigten für den Einsatz ihres Arbeitsvermögens schuldet. Betriebswirtschaftlich handelt es sich dabei um Kosten; für die Arbeitnehmer/innen ist dieses Einkommen zumeist die einzige, zumindest die zentrale Quelle für die Bestreitung ihres Lebensunterhalts und dem ihrer Familie. Nur wenigen Beschäftigten stehen weitere Einkünfte, z. B. aus Vermietung, aus Renten, Kapitalbesitz und anderem zur Verfügung, sodass für sie das Entgelt einen zentralen Stellenwert einnimmt (*Pornschlegel/Birkwald* 1994, S. 222).

Diese Konstellation erklärt bereits die hohe Konfliktbereitschaft und -intensität im Zusammenhang mit der Gestaltung von Löhnen und Gehältern. Die Geschichte der Entstehung und des Aufstiegs gewerkschaftlicher und anderer kollektiver Interessenvertretungen der Arbeitnehmer/innen dreht sich entscheidend um die Bemühungen, in der Frage der Verteilung der Erträge aus betrieblicher Tätigkeit die Situation für die unterprivilegierten Beschäftigten zu verbessern.

Dabei waren/sind die Lohnhöhe und die konkreten Gestaltungsformen der Vergütungsmodelle ein wesentlicher Aspekt, aber nicht der einzige. Ein anderer Punkt ist die zweite Komponente der Formel „Lohn gegen Leistung": Welche Arbeitsintensität in welcher Zeit steht der Lohnhöhe gegenüber? Zieht man ins Kalkül, dass die Arbeitenden nicht nur ein Interesse an hoher Entlohnung, sondern auch an einer Begrenzung ihrer Arbeitsverausgabung haben (wegen des Bedürfnisses nach Freizeit und des Erfüllens anderer Rollen, aber auch wegen des langfristigen Erhalts ihrer Arbeitskraft; vgl. Kap. 3.3.2.2), so eröffnet sich hier ein weiteres spannungsgeladenes Konfliktfeld.

Die intensive tarifliche Regulierung der Entgeltbedingungen legt von diesem zentralen Stellenwert des Konflikts um Lohn und Leistung Zeugnis ab (vgl. schon oben Kap. 12.1.4). In unserem Rechtssystem zeigt sich dies auch in dem politisch immer wieder umstrittenen **Tarifvorrang**: § 77 Abs. 3 BetrVG regelt bislang eindeutig:

„Arbeitsentgelte und sonstige Arbeitsbedingungen, die durch Tarifvertrag geregelt sind oder üblicherweise geregelt werden, können nicht Gegenstand einer Betriebsvereinbarung sein. Dies gilt nicht, wenn ein Tarifvertrag den Abschluss ergänzender Betriebsvereinbarungen ausdrücklich zulässt."[81]

Enthalten die Tarifverträge abschließende Vorschriften zu Entlohnungsfragen, haben weder der Betriebsrat noch der Arbeitgeber Handlungsspielräume – es sei denn, ausschließlich zugunsten der Mitarbeiter/innen (sog. „arbeitsrechtliches Günstigkeitsprinzip"). Der Tarifvorrang ist verfassungsrechtlich garantiert, sowohl gegenüber dem Gesetzgeber als auch gegenüber tarifwidrigen betrieblichen bzw. einzelvertraglichen Regelungen. Nur wenn der Sachverhalt im Tarifvertrag nicht geregelt ist oder wenn dieser eine sog. Öffnungsklausel enthält, die den Betriebsparteien die konkrete Ausgestaltung und betriebliche Anpassung entsprechender Bestimmungen überantwortet, kann der Betriebsrat – ggf. in dem tariflich vorgegebenen Rahmen – seine **Mitbestimmungsrechte** bei Entlohnungsgrundsätzen nutzen.

Solange aber ein tariflicher Bezug nicht existiert (z. B. beim Angebot des Arbeitgebers, eine „übertarifliche" Leistungs- oder Erfolgszulage auszuschütten), stellt sich die Frage nach den Mitbestimmungsrechten der Betriebsräte bei Entgeltfragen.

Gemäß § 87 Abs. 1 Nr. 10 BetrVG bestimmt der Betriebsrat bei Fragen der betrieblichen Lohngestaltung, insbes. bei der Aufstellung von Entlohnungsgrundsätzen und der Einführung von neuen Entlohnungsmethoden sowie deren Änderung mit. Dabei spielt es keine Rolle, ob der Arbeitgeber das in Rede stehende Vergütungselement aufgrund entgeltpolitischer Entscheidungen freiwillig gewährt. Diese Norm gibt dem Betriebsrat ein umfassendes Mitbestimmungsrecht in wichtigen Fragen der betrieblichen Lohngestaltung.

Unter dem Begriff „betriebliche Lohngestaltung" ist das Festlegen der kollektiven, abstrakten Regelungen zu verstehen, nach denen die Entlohnung vorgenommen werden soll. Der Arbeitgeber kann z. B. die Vergabe einer übertariflichen Leistungszulage vom Erzielen bestimmter Zielerreichungsgrade, die im Soll/Ist-Vergleich festgestellt worden sind (vgl. Kap. 9.2), abhängig machen. Dann greift zumindest die Norm nach Nr. 10, wonach der Betriebsrat ein Mitbestimmungsrecht bei der Festlegung von Grundsätzen und Struktur der Zulagenermittlung besitzt. Dieses Recht bezieht sich auf die Ausgestaltung der gesamten Verfahrenskomponenten inklusive der Kriterien, nach denen die Zulagenhöhe differenziert ist. Somit hat der Betriebsrat eine starke Stellung bei allen Struktur-Regelungen, also z. B. bei der Struktur des Lohnes und dessen Vollziehungsformen sowie bei den Grundlagen der Lohnfindung (Angemessenheit, Transparenz). Demnach bestimmt der Betriebsrat bei (leistungsbezogenen) Vergütungskonzepten z. B. die folgenden Sachverhalte mit:

- Festlegung des Entlohnungsgrundsatzes (Zeit-, Akkord- oder Prämienlohn),
- Festlegung des Verhältnisses vom Grundgehalt zur Zulage (Bonus, Provision usw.),
- Bemessungsgrundlagen (die Kriterien, nach denen die Leistung erfasst werden soll),
- Bezugsleistungen, evtl. Planzahlen, Mindestleistungen und dergleichen,
- anzuwendende Techniken zur Ermittlung der Leistungsgrößen,
- evtl. Gewichtungsfaktoren,
- Progressionsstufen der Vergütung (lineare, progressive oder degressive Steigerung),

81 Vgl. dazu auch das System der Industriellen Beziehungen als Rahmenbedingung des Personalwesens (Kap. 4.3.1).

- Anteil der leistungsbezogenen Vergütung an der Gesamtentlohnung,
- Festlegung des Zeitpunktes, an dem die Vergütungsansprüche entstehen und die Auszahlungen erfolgen,
- Festlegung der zu provisionierenden Produkte (bei Provisionen).

Die **Grenzen der Mitbestimmung** nach § 87 Abs. 1 Nr. 10 sind in den folgenden Punkten zu sehen:

- Die Mitbestimmung, jedenfalls nach § 87 Abs. 1 Nr. 10, umfasst nicht die Entgelthöhe und den Umfang der einzusetzenden Mittel (den oft so bezeichneten „Dotierungsrahmen"). So soll z. B. die (Investitions-)Entscheidung darüber, ob und wie viel der Arbeitgeber als Zulage über Tarif an die Arbeitnehmer/innen ausschüttet, allein seinem Direktionsrecht unterliegen.
- Mitbestimmungsfrei ist nach der Rechtsprechung des BAG auch der Zweck eines einzuführenden betrieblichen Entlohnungsmodells. Daher kann der Betriebsrat z. B. nicht verlangen, dass der Arbeitgeber anstatt einer Prämienvergütung nunmehr Zulagen aufgrund einer Leistungsbeurteilung zahlt. Die Freiheit des Arbeitgebers findet aber wiederum ihre Grenze in der Mitbestimmung der konkreten Kriterien eines evtl. Leistungsbezugs sowie im arbeitsrechtlichen Gleichbehandlungsgrundsatz.
- Ebenfalls ist laut BAG vom Arbeitgeber autonom zu entscheiden, welche Gruppe, welcher Personenkreis oder welche Abteilungen/Bereiche in ein Entlohnungsmodell einzubeziehen sind. Jedoch gilt auch in diesem Zusammenhang der Gleichbehandlungsgrundsatz (keine willkürliche, nicht sachlich begründbare Auswahl). So darf sich nach einem BAG-Urteil die Bezahlung in Abhängigkeit von der Gruppenzugehörigkeit (Arbeiter/innen – Angestellte) unterscheiden, sofern dies nicht z. B. durch Unterschiede in den Anforderungen gerechtfertigt ist (vgl. *Tondorf/Mache* 1994, S. 96). Es ist auch untersagt, Teilzeit-Beschäftigte zu benachteiligen.
- Der Betriebsrat hat kein Initiativrecht; er kann die Einführung eines leistungsorientierten Vergütungskonzepts nicht gegen den Willen des Arbeitgebers erzwingen.
- Der Betriebsrat hat keine Mitbestimmung bei der individuellen Lohngestaltung.

Das Mitbestimmungsrecht nach § 87 Abs. 1 Nr. 10 BetrVG, das z. B. für die Entscheidung greift, in welcher Entlohnungsform (z. B. Zeitlohn, Leistungslohn) bezahlt werden soll, wird nach der Nr. 11 des § 87 Abs. 1 um die Mitbestimmung bei der „Festsetzung der Akkord- und Prämiensätze und vergleichbarer leistungsbezogener Entgelte, einschließlich der Geldfaktoren" erweitert. Zur Begründung dieser Erweiterung erläutert *Schaub* (1995, S. 93):

„Die Festsetzung der Leistungslohnsätze birgt die Gefahr in sich, dass die Leistungssätze zu hoch angesetzt werden und damit der Arbeitnehmer benachteiligt wird. Sie bergen aber auch die Gefahr in sich, dass der Arbeitnehmer zu einer zu hohen Arbeitsleistung angereizt wird und damit die Gesundheit schädigt. Aus diesem Grund ist das Mitbestimmungsrecht des Betriebsrats erweitert."

Demnach bestimmt der Betriebsrat bei Geltung des § 87 Abs. 1 Nr. 11 BetrVG also auch bei den Regelungen mit, die die Vergütungshöhe festlegen. Konkret ist dies der Akkordrichtsatz oder der Prämienausgangslohn (*Schaub* 1995, S. 93). Voraussetzung ist jedoch, dass es sich um einen Akkord- oder Prämienlohn bzw. „vergleichbare" leistungsbezogene Vergütungsformen handelt.

Nach der Rechtsprechung des BAG lauten die Voraussetzungen für das Greifen dieser Bestimmung wie folgt:

- Eine Leistung muss gemessen (nicht: beurteilt) und mit einer Bezugsleistung („Normalleistung") verglichen werden.
- Und: die Höhe der Vergütung der einzelnen Arbeitnehmer/innen oder Gruppen richtet sich nach dem Verhältnis der gemessenen Leistung der Beschäftigten zu dieser Bezugsleistung.

Aufgrund dieser Rechtslage sind viele Konflikte, die das Arbeitsentgelt betreffen, aus der unmittelbaren Beziehung Mitarbeiter/in – Arbeitgeber (bzw. Vorgesetzte/r) im Laufe der historischen Entwicklung auf höhere Ebene (Betrieb, Branche) verlagert worden. Dies hat zum einen damit zu tun, dass die Durchsetzungschancen im Hinblick auf die Einkommensinteressen für die Arbeitnehmer/innen auf der Ebene kollektiver Handlungen ungleich höher sind. Dies betrifft insbes. die tarifliche Sphäre, der (noch) das Privileg der Regulierung der Entgelthöhen (als Mindestlöhne) vorbehalten ist.

Aber auch betriebswirtschaftlich gesehen gibt es bedeutende Gründe für diese Entkoppelung von Lohnverhandlungen und Einzelbetrieben bzw. Arbeitsplätzen. Dadurch werden, jedenfalls auf nationaler Ebene, relativ einheitliche Wettbewerbsbedingungen bei den Arbeitskosten herbeigeführt. Außerdem dürften die Transaktionskosten (vgl. dazu Kap. 3.2.2.2) erheblich geringer sein als bei Lösungen, bei denen die entsprechenden Verträge auf betrieblicher, erst recht auf Bereichs- oder gar Einzelarbeitsplatzebene ausgehandelt werden. Die Möglichkeit von „Häuserkämpfen" um die Entlohnungs- und Arbeitszeitbedingungen würde auch aus Arbeitgebersicht ein schwer kalkulierbares Risiko ausmachen, das die Planungs- und Kalkulationsgrundlagen in Frage stellen könnte.

Trotz dieser starken überbetrieblich-kollektiven Regulierung wäre aber die Sichtweise irrig, in Entlohnungsfragen gäbe es nicht auch massive mikropolitische Auseinandersetzungen auf Arbeitsplatzebene. Zwar werden Entlohnungsregelungen und zugehörige Verfahren zunächst von der Organisation zur Steuerung und Kontrolle des Verhaltens von Mitarbeiter/innen eingesetzt. Da sie aber nie lückenlos und umfassend funktionieren, haben genauso die Individuen die Möglichkeit, sich ihrer zur Durchsetzung ihrer Interessen zu bedienen. Dabei können sie etwa einen Entlohnungsgrundsatz oder ein Verfahren „richtliniengetreu" anwenden, so lange es ihnen nutzt. Genauso gut können sie es aber unterlaufen, ja konterkarieren. Gerade im klassischen Leistungslohn hat sich immer schon gezeigt: „Wer Herr des Verfahrens wird, macht andere von sich abhängig" (*Neuberger* 1997b, S. 498)

Instrumente wie Entlohnungsverfahren formen menschliches Handeln im Betrieb; dazu werden sie gestaltet und eingesetzt. Allerdings wird die Realität völlig verkannt, wenn davon ausgegangen wird, dass sie dann auch automatisch richtliniengetreu funktionieren. Genauso wie die Vorgesetzten ein solches Verfahren für sich (z. B. zur Machtdemonstration) nutzen können, können dies die Mitarbeiter/innen und/oder die Betriebsräte auch für ihre Zwecke.[82] Insofern werden rund um die Praxis von Vergütungssystemen in der Literatur immer wieder mikropolitische Aktivitäten beschrieben – teils auch jenseits der offiziellen Strukturen und „gegen" Vorgesetzte, teils sogar gegen eigene Kolleg/innen (vgl. etwa *Holz et al.* 2015).

82 In der gewerkschaftlichen Literatur wird beispielsweise über die Praxis tarifvertraglicher Leistungsbeurteilungssysteme berichtet: „Einige Betriebsräte haben es (...) durch geschicktes Taktieren und Jonglieren mit dem Punktesystem geschafft, die Leistungszulagen schrittweise in die Höhe zu schaukeln" (*Ehlscheid et al.* 1997, S. 246).

So hat auch der „echte" Leistungslohn im Zuge seiner praktischen Entwicklung entgegen dem ihm unterstellten Motto „Akkord ist Mord" immer mehr seinen Stachel verloren, weil sich die Arbeiter/innen durch geschickte Arrangements seiner bedienten, um einen Höherverdienst zu erzielen, ohne dabei die Arbeitsintensität ins Unermessliche zu steigern. Die Gruppen entwickeln im Arbeitsvollzug Normen, die sie gegenüber „Abweichlern" mit Sanktionen durchsetzen. Damit soll sichergestellt werden, dass kein äußerer Anlass für eine Revision der Vorgabezeiten und eine Verschärfung der Leistungsbedingungen gegeben wird (vgl. z. B. *Pornschlegel/Birkwald* 1994, S. 262).

Für *Eckardstein* (1995, S. 29) zeigen diese gängigen Unterlaufungsversuche (und -praktiken) der Beschäftigten in vielen Fällen sogar, „dass offensichtlich ihr Erfindungsreichtum im Umgang mit dem jeweiligen Entlohnungssystem mehr stimuliert wird als die vom Betrieb erwartete Leistung." Dass solche Unterlaufungstaktiken aber keineswegs auf den industriellen Bereich beschränkt, sondern allgegenwärtig sind, zeigt beispielsweise *Sprenger* (1993, S. 100 f.) für den Außendienst:

„Rechnungen werden auf Absprache am 31. geschrieben und am 1. wieder storniert. Gerade zum Geschäftsjahresende wird von allen ‚hereingeholt', was hereingeholt werden kann, um in den Genuss des Bonus zu kommen. Unter Druck läuft der Außendienstler zu ‚guten Freunden' und drückt ihnen noch einige Produkte aus lauter Freundschaft aufs Auge. Die Folgen werden dann im nächsten Geschäftsjahr ausgebadet: Auftragsflaute, Rückläufe, Gutschriften. Oder man ‚spart' fürs nächste Jahr auf, wenn man keine Chance hat, in die Bonusränge der ‚Top-Ten' zu kommen. Oder aber man hütet sich, zuviel zu verkaufen, da dies einen ungünstigen Einfluss auf die anstehenden Bonusverhandlungen für das Folgejahr hat. Das Bonussystem verhindert den Umsatz!"

Zum Teil mit „harten Bandagen" ausgetragene Konflikte und Auseinandersetzungen um Entlohnungsfragen sind somit auf allen Ebenen der Arbeitsbeziehungen präsent. Trotz aller manchmal zu hörender Zweifel, in der „saturierten Gesellschaft" spielten materielle Aspekte (z. B. gegenüber der Erkämpfung größerer Chancen zur „Selbstverwirklichung") nur noch eine untergeordnete Rolle, kann somit die arbeitspolitische Bedeutung dieses Handlungsfeldes gar nicht hoch genug eingeschätzt werden.

13. Personalabbau

(von Thomas Breisig)

Mit dem Begriff des Personalabbaus (synonym oder ähnlich Personalfreisetzung, -freistellung, -reduzierung) wird auf den Vorgang der Verminderung einer vorhandenen Personaldecke abgestellt, deren Notwendigkeit sich – idealtypischerweise – aus der Personalbedarfsplanung ergeben hat (vgl. Kap. 5.3.1). Damit ist zugleich das letzte der in diesem Lehrbuch zu thematisierenden personalpolitischen Handlungsfelder angesprochen, bei dem es darum geht, Arbeitskräfte wieder an die „Umwelt" des Unternehmens abzugeben. Dieser Vorgang kann im einzelnen Fall mit einem simplen Erreichen der Altersgrenze begründet sein (in diesem Fall trifft aufgrund des Bezugs zu konkreten Personen eher der Begriff der Freisetzung oder Freistellung zu als der des Abbaus). Er kann aber auch mit größer angelegten Aktivitäten des Unternehmens zur Reduzierung der Mitabeiterkapazität aus wirtschaftlichen Erwägungen zusammenhängen.

Die Neigung zum Personalabbau ist, wie empirische Studien zeigen (z. B. *Marr/Steiner* 2003; *Knoche* 2004), im Zusammenhang mit dem Aufstieg der Ideologie des „shareholder value" gestiegen. Mit rigorosen Abbaumaßnahmen lässt sich – oft deutlich stärker als bei Absatzsteigerungen – das Kapitalvermögen der Anteilseigner/innen auch kurzfristig erhöhen, was Manager/innen gerade in der Zeit kurz nach der Jahrtausendwende nicht selten zu einem regelrechten Raubbau an den Belegschaften veranlasste. So stiegen z. B. im Jahr 2004 die Gewinne der 30 Dax-Unternehmen gegenüber dem Vorjahr um das Doppelte, wobei gleichzeitig 35.000 Stellen in Deutschland abgebaut wurden (*Stephan et al.* 2006). Gleichwohl zeigte die Finanzkrise um 2008 erneut die hohe Bedeutung einer stabilen, humankapitalorientierten Beschäftigungspolitik (vgl. unten).

Aber dessen ungeachtet gilt ganz allgemein: Selbst bei sorgfältigster Planung (insbes. Personalplanung) ist kein Unternehmen vor Situationen gefeit, in denen es mit einer Überdeckung an Personal in quantitativer, qualitativer, lokaler und/oder zeitlicher Hinsicht konfrontiert ist. Als zentrale Ursachen kommen insbes. Konjunkturschwankungen, aber auch Umstrukturierungen, Rationalisierungsmaßnahmen oder auch Vorgänge wie die Verlegung von Teilen der Produktion in Billiglohnländer in Betracht.

Personalabbau ist in vielerlei Hinsicht heikel. Insbesondere bei Entlassungen geht es auch um ethische und soziale Fragen eingedenk der Tatsache, dass mit diesem Vorgang berufliche und damit menschliche Schicksale verknüpft sein können. Aber auch aus rein ökonomischer Sicht besteht die Gefahr, dass „Humankapital", in das z. B. im Rahmen der Personalentwicklung über viele Jahre hinweg investiert wurde, nunmehr aus dem Verfügungsbereich des Unternehmens ausgeklammert wird und damit womöglich wichtige Potenziale ungenutzt bleiben.

13.1 Betriebliche Beschäftigungspolitiken in Deutschland

Der Umgang mit dem Problem des Personalabbaus wird maßgeblich von den betrieblichen Beschäftigungspolitiken geprägt. Gerade in den klassischen Großunternehmen (etwa in der Automobil- oder der Chemieindustrie) sind diese Beschäftigungspolitiken in Deutschland (und wohl mehr noch in Japan) charakterisiert durch eine starke Konzentration auf die Potenziale des internen Arbeitsmarktes (vgl. Kap. 3.2.2.3). Dadurch folgt der Stand der Beschäftigung nicht oder nur begrenzt dem Verlauf von Produktion bzw. Konjunktur. Erkennbar ist in diesem „japanischen Modell" (*Martin* 2004, Sp. 521) eine Neigung zum „Horten" von Arbeitskräften bei negativer Konjunkturentwicklung.

Demgegenüber kann z. B. in vielen Unternehmen in den USA ein konsequenterer Zusammenhang zwischen Beschäftigungsstand und der Konjunkturentwicklung festgestellt werden. Im Aufschwung wird „geheuert", im Abschwung wieder „gefeuert". Dies gilt auch in den USA als gesellschaftlich weitgehend anerkanntes – zumindest nicht verteufeltes – Prinzip, während der Personalabbau durch Kündigung in Deutschland nicht so recht in das stärker von Kooperation und Konsens geprägte Muster der Arbeitsbeziehungen passt. Freisetzung ist hier vielmehr eine Art Fremdkörper im System. Dies zeigte sich mustergültig in der Zeit nach der Finanzkrise 2008, in der die deutsche Wirtschaft keinen großen Anstieg der Arbeitslosigkeit zu verkraften hatte (vgl. *Stein/Aricò* 2010 m. w. N.).

Insoweit wird beschäftigungspolitisch häufig anders reagiert, als in den mikroökonomischen Gesetzmäßigkeiten von Angebot und Nachfrage vorgesehen. Dies sichert nicht nur die Kooperation, sondern hält auch das in den entsprechenden Mitarbeiter/innen gebundene „Humankapital" im Unternehmen. Wie wichtig die „weiche" Beschäftigungspolitik für die deutsche Praxis ist, zeigt sich auch an den folgenden sieben Grundregeln (Empfehlungen) des Rationalisierungskuratoriums der Wirtschaft (RKW) zur Personalplanung bzw. -abbauplanung:

LITERATUR

Empfehlungen des RKW zur Personal- und Personalabbauplanung (nach *RKW* 1990)

1. Alle Unternehmensplanungen schließen gleichzeitig und gleichrangig ihre personalpolitischen Konsequenzen ein. Der Sicherung von Arbeitsplätzen ist ein entsprechender Wert im Rahmen der Gesamtplanung zuzumessen.
2. Personalabbaumaßnahmen werden gleichzeitig in die übrigen Teile der Personalplanung eingebunden (Bedarfsplanung, Beschaffungsplanung, Entwicklungsplanung, Einsatzplanung, Kostenplanung).
3. Alle wesentlichen internen Daten und Informationen werden gewonnen, aufbereitet, ständig fortgeschrieben und exakt analysiert.
4. Alle Betroffenen und Beteiligten (Betriebsrat, Arbeitsverwaltung, Tarif- und Sozialpartner, Öffentlichkeit) werden rechtzeitig und umfassend informiert.
5. Bevor konkret geplant und Maßnahmen getroffen werden, wird sorgfältig abgewogen: rechtliche, faktische Zwänge; Anlass, Ausmaß und Dauer der „negativen" Personaländerung; Fristen der Maßnahme, Kosten, Durchführbarkeit und Zumutbarkeit.
6. Alle vorbeugenden Maßnahmen, die Entlassungen verhindern helfen, werden forciert. Bevor Entlassungen beschlossen werden, sind die Folgelasten zu bedenken (z. B. Entlassungskosten, Wiedereinstellkosten, Einarbeitungskosten, Wirkungen auf die Belegschaftsstruktur, das Firmenimage, den Arbeitsmarkt etc.).
7. Bei allen Planungsschritten werden die gesetzlichen, tariflichen, besonders aber die arbeits- und betriebsverfassungsrechtlichen Rahmenbedingungen beachtet.

Selbstverständlich muss auch ein Unternehmen, das aus Gründen der Beschäftigungspolitik möglichst auf Entlassungen verzichtet, des Öfteren Personalanpassungen vornehmen. Die Gründe – wie z. B. Rationalisierungsdruck zur Aufrechterhaltung der Wettbewerbsfähigkeit oder Konjunkturflaute – treffen natürlich auch solche Unternehmen, deren Personalpolitik auf längerfristige, vertrauensorientierte Beschäftigungsverhältnisse und die Prinzipien interner Arbeitsmärkte baut. Die Kunst liegt also darin, durch geeignete Maßnahmen Personalkapazität zu reduzieren, ohne zu dem problematischen und „systemwidrigen" Instrument der Kündigung zu greifen. Die Reduzierung einer Personalüberdeckung kann nämlich – jedenfalls bis zu einem gewissen Grade – auch durch interne Maßnahmen erzielt werden.

Aus den genannten Gründen sprechen viele soziale und ökonomische Erwägungen dafür, Kündigungen zu vermeiden. Insofern stellt sich die Frage, wie anhand von „vorbeugenden Maßnahmen" z. B. auf Absatzrückgänge reagiert werden kann, ohne einen Teil der Belegschaft zu entlassen. Die nachfolgende Übersicht vermittelt einen Eindruck von der Vielfalt solcher Möglichkeiten:

ABB. 71:	„Sanfte" Maßnahmen zur Reduktion von Personalkapazität
1. Beibehaltung der bisherigen Kapazität durch ...	► Produktion „auf Lager" ► Rückzug von Fremdaufträgen ► Vorziehen von Reparaturen ► Produktdiversifikation (Einstieg in neue Varianten oder ganz neue Handlungsfelder)
2. Intensitätsmäßige Anpassung durch ...	► „Streckung" von Arbeiten ► ggf. sogar Inkaufnahme vorübergehender Reduktion der Produktivität
3. Zeitliche Anpassung (kurzfristig) durch ...	► Reduktion oder Abbau von Mehrarbeit und Sonderschichten ► Kurzarbeit ► Teilzeitarbeit oder andere Formen der Arbeitszeitverkürzung ► Terminierung von Urlaubsansprüchen
4. Qualitative Anpassung durch ...	► Weiterbildung ► Umschulung ► Versetzung (z. B. in andere Betriebsteile)
5. Kostensenkung ...	► „Bündnisse für Arbeit"

Durch unternehmenspolitische Maßnahmen wie die Produktdiversifikation, das Produzieren auf Lager in Erwartung einer Verbesserung der Absatzlage oder auch durch das Ergreifen zusätzlicher Marketingaktivitäten kann versucht werden, die Ursachen für die Personalüberdeckung zu beseitigen und auf diese Weise der Notwendigkeit von Personalabbaumaßnahmen zu entkommen.

Eine ergiebige Quelle für Anpassungsmaßnahmen sind ferner zeitliche „Stellschrauben". So können beispielsweise relativ leicht Überstunden und/oder Sonderschichten abgebaut werden. Ferner können die Mitarbeiter/innen zu einer (dauerhaften oder vorläufigen) Reduktion ihrer Arbeitszeit veranlasst oder Anreize für einen verstärkten Übergang zu Teilzeitarbeit gegeben werden. Ein bekannt gewordenes Beispiel dafür ist die „Vier-Tage-Woche" bei Volkswagen in den 1990er Jahren, mit der in einer (vorübergehenden) Krise Entlassungen vermieden werden konnten (o.V. 2006).

Unter „Kurzarbeit“ versteht man die vorübergehende Reduktion der regelmäßigen betriebsüblichen Arbeitszeit für Betriebsbereiche oder den ganzen Betrieb verbunden mit einer Absenkung der Löhne und Gehälter (vgl. *Schaub/Schindele* 2005 sowie schon Kap. 8.3.1). Unter bestimmten Voraussetzungen zahlt die Agentur für Arbeit (Arbeitsamt) den Betroffenen zur teilweisen Kompensation von Einkommensminderungen ein Kurzarbeitergeld, sofern zu erwarten ist, dass mit dieser Maßnahme Arbeitsplätze erhalten werden können. Dabei kann sogar für eine bestimmte Zeit gar nicht gearbeitet werden („Kurzarbeit Null“).

Auch Urlaubsregelungen bieten Möglichkeiten zur Steuerung von Personalkapazität, etwa indem Urlaubsansprüche vorgezogen oder – sofern bekannt – von vorneherein in auslastungsarmen Zeiträumen angesetzt werden. Qualitative Anpassungsmaßnahmen wie Weiterbildung oder Umschulung können ggf. ermöglichen, einen Mehrbedarf in einem Bereich des Unternehmens durch die Qualifizierung von Mitarbeiter/innen, die in anderen Bereichen „überflüssig“ werden, zu erfüllen. Zudem können die dafür notwendigen Qualifizierungsmaßnahmen gezielt in auslastungsschwache Zeiten gelegt werden.

In den letzten Jahren sind auch verstärkt Konzepte zur Kostensenkung in der akuten oder bevorstehenden Krise populär geworden, die zumeist mit der Formel **„Bündnisse für Arbeit“** umschrieben werden (vgl. z. B. *Heidemann* 1999; *Seifert* 2000; *Kirsch/Büttner* 2002). Darunter versteht man das Eingehen spezifischer und zumeist zeitlich befristeter Abkommen zwischen Arbeitgeber und Interessenvertretung der Beschäftigten mit dem Ziel, in einer konkreten und belegbaren Krisensituation Arbeitskosten zu senken, um damit die betriebliche Wettbewerbssituation ohne bzw. mit begrenztem Personalabbau zu verbessern. Der Arbeitgeber gibt dabei zumeist Beschäftigungszusagen, wofür man ihm im Gegenzug befristet zusätzliche Möglichkeiten zur Senkung der Personalkosten und/oder zur Flexibilisierung der Arbeitszeiten einräumt (zu den z. T. komplexen rechtlichen Implikationen vgl. *Ehlers* 2007).

Im tarifgebundenen Betrieb finden solche Verhandlungen zwischen Arbeitgeber und den zuständigen Gewerkschaftsvertreter/innen statt; ansonsten treffen Management und Betriebsrat entsprechende Vereinbarungen.

Wesentliche Inhalte solcher Abkommen sind typischerweise:

ABB. 72: Typische Vertragsinhalte bei „Bündnissen für Arbeit“

Arbeitgeberseitige Zusagen	Arbeitnehmerseitige Zusagen
► Verzicht auf betriebsbedingte Kündigungen ► Standorterhaltung ► Investitionszusagen ► Sicherung von Ausbildungsplätzen ► Reduktion der Managergehälter	► Verlängerung der Arbeitszeit ► Verminderung der Vergütung ► Reduktion von Urlaubsansprüchen ► Einschränkung bei Sozialleistungen ► Regelungen zu Vorruhestand, Versetzungen, Beurlaubungen usw.

Mit diesen – wie gesagt zeitlich befristeten – Maßnahmen sollen Arbeitskosten gesenkt, aber auch durch Flexibilisierung des Personaleinsatzes die Dispositionsmöglichkeiten des Managements in der Krise erhöht werden.

13.2 Techniken des Personalabbaus

Erst wenn die Überdeckung durch Reaktionen dieser Art nicht wirksam ausgeglichen werden kann, muss auf Maßnahmen des Personalabbaus zurückgegriffen werden. Aber selbst dann haben zunächst die „weichen", indirekten Abbaumaßnahmen Priorität. (Diese werden oft als „sozialverträglich" bezeichnet; vgl. schon Kap. 5.3.3.)

13.2.1 Indirekter Personalabbau

Von großer praktischer Bedeutung ist die Nutzung der natürlichen Fluktuation (arbeitnehmerseitige Kündigung, Erreichen des Rentenalters) i.V.m. einem Einstellungsstopp, was unmittelbar zu einer Reduktion der Personalkapazität führt. Das nicht Wiederbesetzen freiwerdender Stellen eignet sich jedoch kaum als kurzfristige Maßnahme. Vielmehr setzt sie eine solide Personalplanung und eine frühzeitige Information über den Zustand der Personalüberdeckung voraus.

Seit vielen Jahren ist es zudem gängige Praxis, aufgrund verschiedener, mehrfach veränderter Rechtsgrundlagen durch Maßnahmen der Reduktion der Lebensarbeitszeit (z.B. Vorruhestand, Altersteilzeit) Personalüberhänge zu reduzieren. Für Arbeitnehmer/innen ist dies dann akzeptabel, wenn die finanziellen Einbußen bis zum Erreichen des Rentenalters relativ gering sind. Allerdings nähren die bekannten Probleme der Sozialversicherungssysteme Zweifel, ob diese lange Zeit „ergiebige" Quelle eines „sozialverträglichen" Personalabbaus auch in Zukunft Bestand haben wird.

Etwa seit den 1980er Jahren sind in diesem Zusammenhang weitere wichtige Instrumente aufgetaucht, die kurz angesprochen werden sollen.

► **Management buy-out**

Beim sog. „Management buy-out" werden von Stilllegung bedrohte Unternehmen oder Teile davon zu einem niedrigen Preis von den Führungskräften gekauft und weitergeführt (vgl. *Weitnauer* 2013). Dabei ist jedoch oft fraglich, ob die ehemaligen Angestellten das schaffen, was vorher auch nicht gelungen ist: die Sanierung. Als problematisch gestalten sich bei den Management buyouts oft die Eigenkapital-Ausstattung und die Finanzierungsmöglichkeiten.

► **Beschäftigungspläne und Beschäftigungsgesellschaften**

Beschäftigungspläne und Beschäftigungsgesellschaften sind ein weiterer Versuch, durch geeignete Anpassungsmaßnahmen in Krisensituationen soziale Härten zu vermeiden. Bei Beschäftigungsplänen verbleiben die davon betroffenen Mitarbeiter/innen im Unternehmen. Einzusetzende Gelder für einen Sozialplan (vgl. unten) sowie zusätzliche Mittel, die von der Arbeitsagentur bereitgestellt werden, werden zur Weiterbeschäftigung i.V.m. einer Umschulung oder Höherqualifizierung genutzt. Durch den Verbleib im Unternehmen sollen die Mitarbeiter/innen zur Weiterqualifizierung motiviert werden.

Bei Beschäftigungsgesellschaften (auch: Qualifizierungsgesellschaften, Transfergesellschaften) fällt das Merkmal des Verbleibs der betreffenden Mitarbeiter/innen im Unternehmen weg. Es wird ein rechtlich selbständiger neuer Betrieb gegründet, der als eine Art „Auffanggesellschaft" fungiert.

Wenn derartige indirekte Abbaumaßnahmen – etwa in einer akuten Krisensituation – nicht mehr ausreichen, sind „harte“ Maßnahmen wie Kündigungen oder gar Massenentlassungen angezeigt.

13.2.2 Direkter Personalabbau

Kündigungen sind in Deutschland stark normativ belastet und aufgrund der sozialen Schicksalhaftigkeit der Betroffenen gesellschaftlich unerwünscht. Aber auch durch rechtliche Aspekte werden Arbeitgebern Entlassungen hierzulande erheblich erschwert.

Einfacher ist der direkte Personalabbau bei **befristeten Beschäftigungsverhältnissen**. Eine Befristung ist zum einen möglich bei speziellen Arbeitsverhältnissen, bei denen es einen sachlichen Grund für eine Befristung gibt (z. B. Schwangerschaftsvertretung, wissenschaftliche Mitarbeiter/innen in einem Forschungsprojekt). Zum anderen existiert sie seit einigen Jahren als arbeitsmarktpolitische Maßnahme auf der Rechtsgrundlage des Beschäftigungsförderungsgesetzes, um den Arbeitgebern eine risikolosere Einstellung von (z. B. arbeitslosen) Mitarbeiter/innen zu ermöglichen. Befristete Arbeitsverträge bedürfen keiner Kündigung, sie enden mit dem Zeitablauf. Insofern greift auch kein Kündigungsschutz. Direkter Personalabbau kann dann erfolgen, indem z. B. befristete Arbeitsverhältnisse nicht erneuert werden.

Eine weitere Möglichkeit besteht im Abschluss von **Aufhebungsverträgen**. Dabei verständigen sich die Arbeitsvertragsparteien darauf, „im beiderseitigen Einvernehmen“ das Arbeitsverhältnis zu beenden. Um Arbeitnehmer/innen zu dieser Willenserklärung zu bewegen, werden nicht selten Abfindungen angeboten. Wenn dem Arbeitgeber diese „Motivation“ zur Unterschrift eines Aufhebungsvertrags gelingt, hat er erhebliche Vorteile, da er den Kündigungsschutz und die Einschaltung des Betriebsrats umgehen kann.

13.2.3 Kündigung als „ultima ratio“

Schließlich ist ein Arbeitsverhältnis auch – sozusagen als letztes Mittel („ultima ratio“) – durch arbeitgeberseitige Kündigung zu beenden. Die Kündigung (Entlassung) ist eine einseitige empfangsbedürftige Willenserklärung einer Arbeitsvertragspartei (hier: des Arbeitgebers), das Beschäftigungsverhältnis aufzulösen.

Rein rechtlich unterscheidet man zwischen der ordentlichen und der außerordentlichen Kündigung:

► **Außerordentliche Kündigung**

Die außerordentliche Form hat im Zusammenhang mit geplanten Personalabbaumaßnahmen keine Bedeutung. Sie ist einzelfallbezogen und erfolgt fristlos oder unter Vorgabe einer Auslauffrist. Sie setzt prinzipiell die Existenz eines „wichtigen Grundes“ voraus. Das heißt, die/der Arbeitnehmer/in hat sich eine schwerwiegende Verletzung ihrer/seiner arbeitsvertraglichen Pflichten zuschulden kommen lassen, die dem Arbeitgeber die Weiterführung des Arbeitsverhältnisses als nicht mehr zumutbar erscheinen lässt. Als „anerkannte“ wichtige Gründe gelten

z. B. jeweils schwere Fälle von Betrug, Diebstahl oder Beleidigungen sowie Tätlichkeiten. Kein wichtiger Grund zur Rechtfertigung einer außerordentlichen Kündigung sind etwa mangelnde Arbeitsleistung oder Familienstreitigkeiten.

► **Ordentliche Kündigung**

Bei der ordentlichen Kündigung ist demgegenüber eine Kündigungsfrist einzuhalten, die früher für Arbeiter/innen und Angestellte unterschiedlich war. Nach einem Urteil des Bundesverfassungsgerichtes sind diese Fristen vom Gesetzgeber angeglichen worden. Die Grundfrist beträgt nunmehr vier Wochen zum 15. eines Monats oder zum Monatsende. Bei längerer Betriebszugehörigkeit (ab zwei Jahre) erweitert sich diese Fristenregelung nach einem gestaffelten Modell, z. B. auf zwei Monate zum Ende eines Kalendermonats ab einer fünfjährigen Beschäftigungsdauer.

Für ordentliche Kündigungen hat das **„Kündigungsschutzgesetz"** eine große Bedeutung. Dieses Gesetz, das mehrfach verändert wurde, gilt, sofern der Betrieb mehr als zehn Beschäftigte hat und das betreffende Arbeitsverhältnis mindestens seit sechs Monaten besteht (seit 1. 1. 2004). Dabei werden nur die Beschäftigten voll eingerechnet, die üblicherweise mehr als 30 Stunden in der Woche arbeiten. Teilzeitbeschäftigte werden anteilig gezählt. Das Gesetz soll eine Begrenzung der Kündigungsfreiheit des Arbeitgebers bewirken und damit dem Schutz der Arbeitnehmer/innen dienen.

Nach dem Kündigungsschutzgesetz ist eine Kündigung nur dann zulässig, wenn sie nicht sozial ungerechtfertigt ist. Um nicht sozial ungerechtfertigt zu sein, muss die Kündigung auf personenbedingten, verhaltensbedingten oder betriebsbedingten Gründen beruhen:

1. **Verhaltensbedingte Kündigung**

Bei einer verhaltensbedingten Kündigung liegt ein vertragswidriges Verhalten der Arbeitnehmerin/des Arbeitnehmers vor; dabei ist jedoch die Schwelle zur außerordentlichen Kündigung noch nicht erreicht. Gründe können fortgesetzte mangelnde Leistung, ein Vertrauensbruch oder mehrmalige Störungen der betrieblichen Ordnung sein. In den allermeisten Fällen ist eine vorherige Abmahnung mit der Androhung von rechtlichen Konsequenzen im Wiederholungsfalle erforderlich.

2. **Personenbedingte Kündigung**

Eine personenbedingte Kündigung ist dann gerechtfertigt, wenn der Zweck des Arbeitsverhältnisses nicht mehr erfüllt werden kann, etwa weil die/der Beschäftigte die Fähigkeit zur Erbringung der Arbeitsleistung verloren hat (z. B. durch Krankheit, die zu einer unzumutbaren Belastung des Arbeitgebers führt, nicht erteilte Arbeitserlaubnis, Inhaftierung).

3. **Betriebsbedingte Kündigung**

Wichtig im Zusammenhang mit wirtschaftlichen Fragen ist die sog. betriebsbedingte Kündigung. Der Arbeitgeber soll durch sie in der Lage sein, den Personalbestand dem tatsächlichen Personalbedarf anzupassen (z. B. bei Konjunktureinbrüchen). Dabei gilt aber das „ultima ratio"-Prinzip. Dem Arbeitgeber wird die Prüfung auferlegt, ob im Rahmen der betriebswirtschaftlichen Gegebenheiten eine Weiterbeschäftigung im Unternehmen oder durch vorübergehende Einführung von Kurzarbeit möglich ist.

Auch wenn diese Voraussetzungen erfüllt sind, kann der Arbeitgeber die Arbeitnehmer/innen nicht nach Belieben freisetzen. Wenn entlassen werden soll, hat eine sog. **„Sozialauswahl"** nach sachgerechten Kriterien zu erfolgen. Demnach muss der Arbeitgeber (auch nach ständiger Rechtsprechung des BAG) wie folgt vorgehen:

1. Prüfen, ob aus dringenden Gründen überhaupt zu kündigen ist.
2. Wenn ja, Auswahl der zu kündigenden Arbeitnehmer/innen.
   a) Festlegung des Kreises nach „sozialen" Kriterien.
   b) Innerhalb des Kreises Bildung einer Rangfolge.
   c) Aussonderung der Arbeitnehmer/innen aus der Rangfolge, die „aus übergeordneten Gesichtspunkten" weiterbeschäftigt werden sollen.

Die der Sozialauswahl zugrunde zu legenden Kriterien sind das Lebensalter, die Dauer der Betriebszugehörigkeit, Unterhaltspflichten der Mitarbeiter/innen sowie evtl. Schwerbehinderungen. Das Erfordernis der Sozialauswahl ist dann eingeschränkt, wenn betriebstechnische, wirtschaftliche oder sonstige berechtigte Erfordernisse aus betrieblicher Sicht die Weiterbeschäftigung eines oder mehrerer Arbeitnehmer/innen bedingen.

13.3 Arbeitspolitische Aspekte des Personalabbaus

Dass das Handlungsfeld der Reduzierung von Personalkapazität zu den umstrittensten, ja zu den am meisten umkämpften Politikbereichen im Personalwesen überhaupt gehört, dürfte sich von selbst verstehen. Angesichts zwar gesunkener, aber immer noch hoher Arbeitslosigkeit (z. B. von Älteren) trifft insbes. die Kündigung (etwa infolge einer Betriebsschließung) die Arbeitnehmer/innen i. d. R. extrem hart. In diesem Falle sind nahezu alle elementaren Arbeitnehmerinteressen (vgl. Kap. 3.3.2.2) negativ tangiert, sodass die Konfliktbereitschaft enorm hoch ist. Bei hoher Arbeitslosigkeit i. V. m. hohem Lebensalter und geringer Qualifikation sind die Wiedereinstellungschancen oft minimal. Insofern ist es nicht verwunderlich, dass selbst vor „wilden Streiks" mit allen damit verbundenen rechtlichen Risiken nicht halt gemacht wird (so z. B. geschehen im Herbst 2004 bei Opel in Bochum aufgrund der rigorosen Abbaupläne von „General Motors").

Da auch der Arbeitgeber, wie bereits dargelegt, ein hohes ökonomisches Interesse am „Horten" von Arbeitskräften und einer „stabilen" Unternehmenskultur hat, gibt es im Falle des Abbaus von Personalkapazitäten durchaus Konsens- bzw. Kompromissmöglichkeiten, so lange auf betriebsbedingte Kündigungen verzichtet wird. Da hat auch manche/r Interessenvertreter/in auf Arbeitnehmerseite kein Problem damit, solche Abbaukonzepte als „sozialverträglich" zu bezeichnen, obwohl sie das in einer globaleren Betrachtung nicht sind.

Um das „ultima ratio"-Prinzip bei Kündigungen auch in der Betriebsverfassung zu verankern, hat der Gesetzgeber für diesen Fall dem **Betriebsrat** Mitwirkungsrechte zuerkannt. Außer wenn es sich um sog. „Leitende Angestellte" handelt (die quasi Arbeitgeberfunktionen innehaben), muss der Betriebsrat vor jeder Kündigung unter Mitteilung der Gründe angehört werden (§ 102 BetrVG). Andernfalls ist sie unwirksam. Hat der Betriebsrat begründete Bedenken, muss er fristgemäß (bei ordentlicher Kündigung binnen einer Woche, bei außerordentlicher Kündigung binnen drei Tagen) und schriftlich widersprechen, ansonstengilt die Zustimmung als erteilt.

Jedoch kann der Betriebsrat trotz der Zustimmungspflichtigkeit dem Antrag des Arbeitgebers nicht aus beliebigen Erwägungen widersprechen. Die Gründe für den **Widerspruch** sind im Gesetz abschließend geregelt:

1. Soziale Gesichtspunkte sind nicht (ausreichend) berücksichtigt (Verstoß im Rahmen der Sozialauswahl),
2. Verstoß gegen bestehende Auswahlrichtlinien,
3. die Arbeitnehmerin/der Arbeitnehmer kann an einem anderem Arbeitsplatz weiterbeschäftigt werden (Verstoß gegen das „ultima ratio"-Prinzip),
4. die Weiterbeschäftigung ist nach zumutbarer Umschulung oder Fortbildung möglich,
5. die Weiterbeschäftigung ist unter veränderten Vertragsbedingungen möglich und der Arbeitnehmer ist einverstanden.

Auch bei einem Widerspruch des Betriebsrats kann der Arbeitgeber kündigen (außer bei Mandatsträger/innen). Die/der Arbeitnehmer/in hat aber in diesem Fall Anspruch auf Weiterbeschäftigung zu den bisherigen Bedingungen, wenn sie/er binnen drei Wochen eine sog. **Kündigungsschutzklage** erhebt. Der Arbeitgeber kann – unter bestimmten Bedingungen – vor dem Arbeitsgericht eine einstweilige Verfügung gegen die Weiterbeschäftigungspflicht erwirken (z. B. wenn die Weiterbeschäftigung eine ökonomisch unzumutbare Belastung wäre).

In Unternehmen mit mehr als 20 Arbeitnehmer/innen erfolgt zudem eine Beteiligung des Betriebsrats bei gewissen Personalabbaumaßnahmen im Rahmen der Vorschriften der **§§ 111 ff. BetrVG**. Ein teilweiser (und erst recht vollständiger) Belegschaftsabbau gilt häufig als sog. „Betriebsänderung" i. S. d. § 111. Nach der Rechtsprechungs-Linie des Bundesarbeitsgerichts müssen mindestens 5 % der Belegschaft von der Maßnahme betroffen sein. Der Betriebsrat hat in diesem Fall umfassende Informations- und Beratungsrechte, insbes. im Hinblick auf zu erwartende Nachteile für das Personal.

Zwar kann der Betriebsrat aufgrund der fehlenden Mitbestimmung die Betriebsänderung (in diesem Fall den Personalabbau) nicht verhindern. Er kann aber, notfalls unter Einschaltung der Einigungsstelle, die Erstellung eines sog. „Sozialplans" erzwingen (§ 112 BetrVG). Dies gilt jedoch nicht bei Neugründungen in den ersten vier Jahren (§ 112a BetrVG). Der Sozialplan soll für die betroffenen Beschäftigten die Folgen des Personalabbaus abmildern, ggf. sogar für einen Ausgleich (z. B. durch Qualifizierung) sorgen. Dabei sind aber die ökonomischen Möglichkeiten des Betriebs einzubeziehen.

Gängige Inhalte eines Sozialplans gehen aus der folgenden Auflistung hervor:

MERKE

Häufige Inhalte von Sozialplänen

- Abfindungszahlungen,
- Gewährung oder Abgeltung von Urlaubsansprüchen,
- Freistellung zur Suche eines neuen Arbeitsplatzes,
- Übernahme von Kosten der Arbeitsplatzsuche,

- Übernahme von Umzugskosten,
- Verlängerung von Mietverträgen für werkseigene Wohnungen,
- Weitergewährung betrieblicher Darlehen,
- Erhaltung von Anwartschaften auf betriebliche Altersversorgung,
- Übernahme zukünftiger Verdienstminderungen,
- Wiedereinstellungsklausel für einen bestimmten Zeitraum.

Da die erzwingbaren Sozialpläne für die Unternehmen kostenträchtig sind, wird durch ihre Existenz und Bedeutung der Druck auf die Vermeidung von Entlassungen und die Bevorzugung der aufgezeigten indirekten Methoden der Reduktion von Personalüberhängen erheblich verstärkt. Kritiker sehen indes gerade darin eine beschäftigungspolitische Bremse, weil die Sozialpläne im Verein mit dem vergleichsweise strengen Kündigungsschutz geradezu einen Anreiz für den Verzicht auf mögliche Neueinstellungen darstellten.

14. Schlussbetrachtung

(von Mareike Michel und Thomas Breisig)

Was schreibt man am Ende eines Lehrbuchs, das aus einer betont arbeitspolitischen Perspektive den Versuch unternommen hat, die Grundlagen des Personalwesens und die verschiedenen Handlungsfelder zu beleuchten? Oft wagt man am Ende einen Ausblick: Wie wird die weitere Entwicklung sein? Aber wer kann das schon zuverlässig prognostizieren?

Viele Überlegungen, die ja auch immer wieder „zelebriert" werden, sprechen dafür, dass die „Humanressourcen" zukünftig für die Wettbewerbssituation der Unternehmen in der globalen Ökonomie noch wichtiger werden. Und auf nationaler Ebene spricht die Herausforderung der Bewältigung der Folgen des demographischen Wandels auch für eine Aufwertung. Kann man den Verheißungen, die ja auch in der Tendenz für die Arbeitnehmer/innen eine günstige Entwicklung bedeuten würden, wirklich glauben?

Wer sehenden Auges durch die Unternehmen geht, stellt schon jetzt oft genug fest, dass die Personal-Praxis – entgegen den gängigen anderslautenden Bekundungen – diesem behaupteten Stellenwert nur selten gerecht wird. Die Personalabteilung gehört zumeist nicht unbedingt zu „den Mächtigen" in der jeweiligen Organisation.

Die Situation ist ambivalent. Die gestiegene Relevanz und Sensibilität für Themen des nachhaltigen Managements haben sicherlich auch zu einer verstärkten Auseinandersetzung mit Fragen der Zukunftsfähigkeit von Wirtschaft und Arbeit, dem (notwendigen) Wandel der Arbeitswelt, Anforderungen an eine Work-Life-Balance oder auch die soziale Verantwortung gegenüber Mitarbeiter/innen (insbes. auch in ausländischen Produktionsbetrieben) geführt. Darüber hinaus ist eine zunehmende Berücksichtigung und Ausdifferenzierung personalwirtschaftlicher Funktionen in den Unternehmen zu beobachten (z. B. eigene Abteilungen für Diversity Management, Kulturmanagement, betriebliches Gesundheitsmanagement oder Candidate Experience Management). Auf der anderen Seite zeigen sich Entwicklungen, die weniger einem „Human Resource Management" als einer Produktionsfaktorenorientierung klassischer Lesart entsprechen. Zu nennen ist hier die gestiegene Relevanz der Zeitarbeit, regelrecht ausbeuterischer Werkvertragskonstrukte und befristeter Arbeitsverhältnisse. Gerade an diesen Phänomenen zeigt sich immer wieder: Aller Bekundungen über den arbeitenden Menschen als wettbewerbsrelevanter Leistungsträger zum Trotz bleibt die Kostenfaktor-Seite von höchster – eben „arbeitspolitischer" – Relevanz.

LITERATURVERZEICHNIS

A

Aaron, Benjamin (Hrsg.) (1971): Labor courts and grievance settlement in Western Europe, Berkeley et al.

Alewell, Dorothea (1996): Zum Verhältnis von Arbeitsökonomik und Verhaltenswissenschaften, in: Die Betriebswirtschaft, Jg. 56, Nr. 5, S. 667-683.

Alewell, Dorothea/Hackert, Björn (1998): Betriebliche Personalpolitik im Lichte des Transaktionskostenansatzes – Überlegungen zum Erklärungspotential einer vertragstheoretischen Perspektive, in: Martin, Albert/Nienhüser, Werne (Hrsg): S. 31-52.

Alewell, Dorothea/Hauff, Sven (2008): Outsourcing von Personalfunktionen und die Konsequenzen für die betriebliche Mitbestimmung, in: WSI-Mitteilungen, Jg. 61, Nr. 9, S. 492-499.

Apelojg, Benjamin (2010): Emotionen in der Personalauswahl. Wie der Umgang mit den eigenen Gefühlen Entscheidungen beeinflusst, München/Mering.

Argyris, Chris (1957): Personality and organization, New York.

Armbruster, Daniel/Kieser, Alfred (2003): Jeder Mitarbeiter ein Unternehmer!? Wie Intrapreneurshipprogramme Mitarbeiter zwar nicht zu echten Unternehmern machen, aber doch zu höheren Leistungen anspornen können, in: Zeitschrift für Personalforschung, Jg. 17, Nr. 2, S. 151-175.

Arnold, Rolf (2010a): Kompetenz, in: Arnold, Rolf/Nolda, Sigrid/Nuissl, Ekkehard (Hrsg.): Wörterbuch Erwachsenenbildung, 2. Aufl., Stuttgart, S. 172-173.

Arnold, Rolf (2010b): Qualifikation, in: Arnold, Rolf/Nolda, Sigrid/Nuissl, Ekkehard (Hrsg.): Wörterbuch Erwachsenenbildung, 2. Aufl., Stuttgart, S. 251-252.

Arthur, Jeffrey B. (1992): The link between business strategy and industrial relations systems in American steel minimills, in: Industrial and Labor Relations Review, Jg. 45, Nr. 3, S. 488-506.

Asendorpf, Jens B. (2015): Persönlichkeitspsychologie für Bachelor, 3. Aufl., Berlin/Heidelberg.

Axelrod, Robert K. (1984): The evolution of cooperation, New York.

B

Backes-Gellner, Uschi (1993): Personalwirtschaftslehre – eine ökonomische Disziplin?! Diskussionsbeitrag zur Personalwirtschaftslehre im deutschsprachigen Raum, in: Zeitschrift für Personalforschung, Jg. 7, Nr. 4, S. 513-529.

Backes-Gellner, Uschi/Kräkel, Matthias/Sadowski, Dieter/Mure, Johannes (Hrsg.) (2001): Entlohnung, Arbeitsorganisation und personalpolitische Regulierung, München/Mering.

Backes-Gellner, Uschi/Lazear, Edward P./Wolff, Birgitta (2001): Personalökonomik. Fortgeschrittene Anwendungen für das Management, Stuttgart.

Backes-Gellner, Uschi/Schmidtke, Corinna (2004): Institutionenökonomische Ansätze des Personalmanagements, in: Gaugler et al., Sp. 918-928.

Baethge, Martin (2001): Die Zukunft der Erwerbsarbeit unter den Bedingungen von Dienstleistungsökonomie und Dienstleistungsgewerkschaft. Thesen zum außerordentlichen Gewerkschaftstag der IG Medien am 17. bis 18.03.2001; online unter www.einblick.dgb.de/hintergrund/2001/06/text01/?portal_skin=Printable (letzter Abruf am 06.02.2007).

Baethge, Martin/Denkinger, Joachim/Kadritzke, Ulf (1995): Das Führungskräfte-Dilemma. Manager und industrielle Experten zwischen Unternehmen und Lebenswelt, Frankfurt/New York.

Bahnmüller, Reinhard (2001a): Stabilität und Wandel der Entlohnungsformen. Entgeltsysteme und Entgeltpolitik in der Metallindustrie, in der Textil- und Bekleidungsindustrie und im Bankgewerbe, München/Mering.

Bahnmüller, Reinhard (2001b): Stabilität und Wandel in der Leistungsentlohnung, in: WSI-Mitteilungen, Jg. 54, Nr. 7, S. 426-433.

Bahnmüller, Reinhard/Bispinck, Reinhard/Schmidt, Werner (1993): Betriebliche Weiterbildung und Tarifvertrag. Eine Studie über Probleme qualitativer Tarifpolitik in der Metallindustrie, München/Mering.

Bahnmüller, Reinhard/Schmidt, Werner (2009): Riskante Modernisierung des Tarifsystems. Die Reform der Entgeltrahmenabkommen am Beispiel der Metall- und Elektroindustrie Baden-Württembergs, Berlin.

Baldamus, Wilhelm (1960): Der gerechte Lohn. Eine industriesoziologische Analyse, Berlin.

Bartscher, Thomas/Stöckl, Juliane/Träger, Thomas (2012): Personalmanagement. Grundlagen, Handlungsfelder, Praxis, München.

Bea, Franz Xaver/Göbel, Elisabeth (2010): Organisation. 4. Aufl., Stuttgart.

Beck, Ulrich (1986): Risikogesellschaft – Auf dem Weg in eine andere Moderne, Frankfurt a. M.

Becker, Fred G. (2009): Grundlagen betrieblicher Leistungsbeurteilungen, 5. Aufl., Stuttgart.

Becker, Gary S. (1976): The economic approach to human behavior, Chicago.

Becker, Klaus-Detlev/Eyer, Eckhard (2001): Grundlagen der Entgeltgestaltung bei Gruppenarbeit, in: Eyer, Eckhard (Hrsg.): Praxishandbuch Entgeltsysteme, Düsseldorf, S. 203-231.

Becker, Manfred (1993): Personalentwicklung. Die personalwirtschaftliche Herausforderung der Zukunft, Bad Homburg vor der Höhe.

Becker, Manfred (1999): Personalentwicklung: Bildung, Förderung und Organisationsentwicklung in Theorie und Praxis, 2. Aufl., Stuttgart.

Becker, Manfred (2011): Systematische Personalentwicklung. Planung, Steuerung und Kontrolle im Funktionszyklus, 2. Aufl., Stuttgart.

Becker, Manfred (2013): Personalentwicklung. Bildung, Förderung und Organisationsentwicklung in Theorie und Praxis, 6. Aufl., Stuttgart.

Becker, Manfred/Beck, Anja/Herz, Andrea (2009): Wandel aktiv bewältigen! Empirische Befunde und Gestaltungshinweise zur reifegradorientierten Unternehmensführung und Personalentwicklung, München/Mering.

Beer, Michael/Spector, Bert/Lawrence, Paul R./Mills, D. Quinn/Walton, Richard E. (1985): Human resource management: A general manager's perspective. Text and cases, New York/London.

Beermann, Beate (2005): Leitfaden zur Einführung und Gestaltung von Nacht- und Schichtarbeit, Bundesanstalt für Arbeitsschutz und Arbeitsmedizin (Hrsg.), Dortmund.

Begin, James P./Beal, Edwin F. (1989): The practice of collective bargaining, 8. Aufl., Homewood (Ill.).

Behrend, Christoph (Hrsg.) (2002): Chancen für Erwerbsarbeit im Alter. Betriebliche Personalpolitik und ältere Erwerbstätige, Opladen.

Beißner, Karl-Heinz/Kursawe, Peter (2000): Multimedia in der betriebswirtschaftlichen Weiterbildung, Heidelberg.

Berger, Michael (1993): Rechtliche Aspekte des Assessment Center Verfahrens, Baden-Baden.

Bergmann, Bärbel/Sonntag, Karlheinz (2006): Transfer: Die Umsetzung und Generalisierung erworbener Kompetenzen in den Arbeitsalltag, in: Sonntag, Karlheinz (Hrsg.): Personalentwicklung in Organisationen, 3. Aufl., Göttingen, S. 355-388.

Berthel, Jürgen (1997): Personal-Management. Grundzüge für Konzeptionen betrieblicher Personalarbeit, 5. Aufl., Stuttgart.

Berthel, Jürgen/Becker, Fred G. (2013): Personalmanagement. Grundzüge für Konzeptionen betrieblicher Personalarbeit, 10. Aufl., Stuttgart.

Biemann, Torsten/Weckmüller, Heiko (2013): Generation Y. Viel Lärm um fast nichts, in: PERSONALquaterly Jg. 65, Nr. 1, S. 46-49.

Bihl, Gerhard (1995): Werteorientierte Personalarbeit: Strategie und Umsetzung in einem neuen Automobilwerk, München.

Bildungskommission NRW (1995): Zukunft der Bildung – Schule der Zukunft. Denkschrift der Kommission, Neuwied.

Birbaumer, Niels/Schmidt, Robert F. (2010): Schlaf-Wach-Rhythmus und Aufmerksamkeit, in: Schmidt, Robert F./Lang, Florian/Heckmann, Manfred (Hrsg.): Physiologie des Menschen. Mit Pathophysiologie, 31. Aufl., Heidelberg, S. 181-200.

Birk, Rolf (1974): Das Direktionsrecht, in: Arbeitsrecht-Blattei, D-Blatt Direktionsrecht I, W. Oehmann (Hrsg.), Wiesbaden, o. S.

Bisani, Fritz (1976): Personalwesen: Grundlagen. Organisation. Planung, Opladen.

Bispinck, Reinhard (1992): Qualifikation und Qualifizierung in Tarifverträgen, in: WSI-Mitteilungen, Jg. 45, Nr. 6, S. 329-338.

BITKOM (2013): Arbeit 3.0. Arbeiten in der digitalen Welt, Berlin.

BKK Bundesverband (2010): BKK Faktenspiegel Arbeit und Schlaf, Essen.

Bleicher, Knut (1982): Vor dem Ende der Misstrauensorganisation? In: Office Management, Jg. 4, S. 400-404.

Bleicher, Knut (1995): Betriebswirtschaftslehre – Disziplinäre Lehre vom Wirtschaften in und zwischen Betrieben oder interdisziplinäre Wissenschaft vom Management?, in: Wunderer, S. 91-119.

Böhle, Fritz (1985): Betriebliche Informationspolitik und Interessenvertretung, in: Soziale Welt, Jg. 36, Nr. 2, S. 242-260.

Böker, Karl-Hermann (2007): Flexible Arbeitszeit – Langzeitkonten. Betriebs- und Dienstvereinbarungen. Analyse und Handlungsempfehlungen, Frankfurt a. M.

Bopp-Schmehl, Annemarie (1977): Konflikt und Demokratie. Eine Auseinandersetzung mit Kompromiss- und Gleichgewichtsvorstellungen moderner Politiktheorien, Frankfurt a. M.

Bosch, Gerhard/Kohl, Heribert (1995): Das System der Personalplanung im Rahmen der Unternehmensplanung, in: Bosch et al., S. 23-56.

Bosch, Gerhard/Kohl, Heribert/Schneider, Wolfgang (Hrsg.) (1995): Handbuch Personalplanung. Ein praktischer Ratgeber, Köln.

Bosetzky, Heinrich/Heinrich, Peter (1980): Mensch und Organisation, Köln.

Boulding, Kenneth E. (1962): Conflict and defense, New York.

Bourdieu, Pierre (1983): Ökonomisches Kapital, kulturelles Kapital, soziales Kapital, in: Kreckel, Reinhard (Hrsg.): Soziale Ungleichheiten. Göttingen, S. 183-198.

Boutellier, Urs (2010): Sport- und Arbeitsphysiologie, in: Schmidt, Robert F./Lang, Florian/Heckmann, Manfred (Hrsg.): Physiologie des Menschen. Mit Pathophysiologie, 31. Aufl., Heidelberg, S. 854-876.

Bouwen, René/Salipante, Paul F. (1990): Behavioural analysis of grievances: Episodes, actions and outcomes, in: Employee Relations, Jg. 12, Nr. 4, S. 27-32.

Braun, Günther E. (1979): Das liberalistische Modell als konzeptioneller Bezugsrahmen für Konfliktanalyse und Konflikthandhabung, in: Dlugos, S. 89-114.

Braun, Tobias (2004): Jenseits der Zielsteuerung. Eine kritische Untersuchung zielbasierter Instrumente der Unternehmenssteuerung, Köln.

Braverman, Harry (1977): Die Arbeit im modernen Produktionsprozess, Frankfurt a. M./New York.

Breisig, Thomas (1987): Führungsmodelle und Führungsgrundsätze – Verändertes unternehmerisches Selbstverständnis oder Instrument der Rationalisierung? Spardorf.

Breisig, Thomas (1988): Sozialtechniken und Maschinisierung, in: Kißler, Leo (Hrsg.): Computer und Beteiligung. Beiträge aus der empirischen Partizipationsforschung, Opladen, S. 65-93.

Breisig, Thomas (1997): Gruppenarbeit und ihre Regelung durch Betriebsvereinbarungen, Köln.

Breisig, Thomas (2001a): Personalbeurteilung – Mitarbeitergespräch – Zielvereinbarungen. Grundlagen, Gestaltungsmöglichkeiten und Umsetzung in Betriebs- und Dienstvereinbarungen, 2. Aufl., Frankfurt a. M.

Breisig, Thomas (2001b): Entlohnen und Führen mit Zielvereinbarungen. Orientierungs- und Gestaltungshilfen für Betriebs- und Personalräte sowie für Personalverantwortliche, 2. Aufl., Frankfurt a. M.

Breisig, Thomas (2003): Entgelt nach Leistung und Erfolg. Grundlagen moderner Entlohnungssysteme, Frankfurt a. M.

Breisig, Thomas (2005): Personalbeurteilung. Mitarbeitergespräche und Zielvereinbarungen regeln und gestalten, 3. Aufl., Frankfurt a. M.

Breisig, Thomas (2010): AT-Angestellte. Betriebs- und Dienstvereinbarungen, Hans-Böckler-Stiftung (Hrsg.), Frankfurt a. M.

Breisig, Thomas (2013): Zielvereinbarungen im Fokus von Betriebs- und Personalräten, 4. Aufl., Frankfurt a. M.

Breisig, Thomas (2014): Betriebliche Leistungssteuerung, Frankfurt a. M.

Breisig, Thomas/Hardes, Heinz-Dieter/Metz, Thomas/Scherer, Dietmar/Stengelhofen, Theo (Hrsg.) (1993): Handwörterbuch Arbeitsbeziehungen in der EG, Wiesbaden.

Breisig, Thomas/König, Susanne/Rehling, Mette/Wengelowski, Peter (2004): Balanced Scorecard, Frankfurt a. M.

Breisig, Thomas/König, Susanne/Wengelowski, Peter (2001): Arbeitnehmer im Mitarbeitergespräch. Grundlagen und Tipps für den Erfolg, Frankfurt a. M.

Breisig, Thomas/Schulze, Herbert (1998): Das mitbestimmte Assessment Center, Baden-Baden.

Bröckermann, Reiner (2012): Personalwirtschaft. Lehr- und Übungsbuch für Human Resource Management, Stuttgart.

Brödner, Peter (1986): Fabrik 2000. Alternative Entwicklungspfade in die Zukunft der Fabrik, Berlin.

Buck, Hartmut/Kistler, Ernst/Mendius, Hans Gerhard (2002): Demographischer Wandel in der Arbeitswelt – Chancen für eine innovative Arbeitsgestaltung, Stuttgart.

Buckesfeld, Yvonne (2012): Employer Branding. Strategie für die Steigerung der Arbeitgeberattraktivität in KMU, 2. Aufl., Hamburg.

Bühner, Rolf (1994): Personalmanagement, Landsberg/Lech.

Bundesanstalt für Arbeitsschutz und Arbeitsmedizin (Hrsg.) (2008): Positive Gestaltungsbeispiele der softwaregestützten Arbeitszeitgestaltung, Dortmund.

Bungard, Walter/Kohnke, Oliver (Hrsg.) (2000): Zielvereinbarungen erfolgreich umsetzen, Wiesbaden.

Burawoy, Michael (1979): Manufacturing consent, Chicago.

Burawoy, Michael (1985): The politics of production, London.

Burns, Tom (1961): Micropolitics: Mechanism of institutional change, in: Administrative Science Quarterly, Jg. 6, Nr. 3, S. 257-281.

C

Coleman, James S. (1990): Foundations of Social Theory. Cambridge/London.

Conradi, Walter (1983): Personalentwicklung, Stuttgart.

Coser, Lewis Alfred (1965): Theorie sozialer Konflikte, 1. Aufl., Neuwied.

Coser, Lewis Alfred (1972): Theorie sozialer Konflikte, 2. Aufl., Neuwied.

Crozier, Michel/Friedberg, Erhard (1979): Macht und Organisation. Die Zwänge kollektiven Handelns, Königstein/Taunus.

D

Dabrowski, Hartmut/Marstedt, Gerd/Mergner, Ulrich (1989): Mehr als Monotonie und Zeitdruck. Soziale Konstitution und Verarbeitung von psychischen Belastungen im Betrieb, Wiesbaden.

Dahrendorf, Ralf (1972): Konflikt und Freiheit. Auf dem Weg zur Dienstklassengesellschaft, München.

DAK-Gesundheit (2013): DAK-Gesundheitsreport 2013. Update psychische Erkrankungen – Sind wir heute anders krank?, Hamburg.

Däubler, Wolfgang (1976): Das Arbeitsrecht 1. Von der Kinderarbeit zur Betriebsverfassung, Reinbek.

Dehnbostel, Peter/Elsholz, Uwe/Meister, Jörg/Meyer-Menk, Julia (Hrsg.) (2002): Vernetzte Kompetenzentwicklung. Alternative Positionen zur Weiterbildung, Berlin.

Delfmann, Werner (1989): Pläne, Gestaltungsvarianten der, in: Szyperski, Sp. 1370-1380.

Deller, Jürgen/Kern, Stefanie/Hausmann, Esther/Diederichs, Yvonne (2008): Personalmanagement im demografischen Wandel. Ein Handbuch für den Veränderungsprozess, Heidelberg.

Deters, Jürgen (1992): Verhaltenswissenschaftliche Ursprünge in der Betriebswirtschaftslehre, in: Staehle, Wolfgang H./Conrad, Peter (Hrsg.): Managementforschung 2, Berlin et al., S. 39 -110.

Deutschmann, Christoph (2002): Postindustrielle Industriesoziologie. Theoretische Grundlagen, Arbeitsverhältnisse und soziale Identitäten, Weinheim/München.

Dewey, John (1930): Human nature and conduct, New York.

DGB-Index Gute Arbeit GmbH (2012): Arbeitshetze – Arbeitsintensivierung – Entgrenzung. So beurteilen die Beschäftigten die Lage, Berlin.

Dilger, Alexander (2011): Personalökonomik. Stärken, Schwächen und ihr Platz in der Personalwirtschaftslehre, Diskussionspapier 5/2011 des Instituts für Organisationsökonomik, Münster; online unter www.wiwi.uni-muenster.de/io/forschen/downloads/DP-IO_05 (letzter Abruf am 12.11.2015).

Dittler, Ullrich (2011): E-Learning: Einsatzkonzepte und Erfolgsfaktoren des Lernens mit interaktiven Medien, 3. Aufl., München.

Dlugos, Günter (Hrsg.) (1979): Unternehmensbezogene Konfliktforschung. Methodologische und forschungsprogrammatische Grundfragen, Stuttgart.

Doeringer, Peter B./Piore, Michael J. (1971): Internal labor markets, Lexington.

Dombois, Rainer (1980): Informelle Norm und Interessenvertretung, in: Leviathan, Jg. 8, Nr. 3, S. 375-405.

Dries, Nicky/Pepermans, Roland/Kerpel, Evelien de (2008): Exploring four Generations' Beliefs about Career: Is „Satisfied„ the new „Successful"?, in: Journal of Managerial Psychology, Jg. 23, Nr. 8, S. 907-928.

Drumm, Hans Jürgen (1989): Individualisierung der Personalwirtschaft, Bern/Stuttgart.

Drumm, Hans Jürgen (1992): Personalplanung, in: Gaugler/Weber, Sp. 1758-1769.

Drumm, Hans Jürgen (1993): Personalwirtschaft – Auf dem Weg zu einer theoretisch-empirischen Personalwirtschaftslehre, in: Hauschildt, Jürgen/Grün, Oskar (Hrsg.): Ergebnisse empirisch-betriebswirtschaftlicher Forschung. Zu einer Realtheorie der Unternehmung, Stuttgart, S. 673-712.

Drumm, Hans Jürgen (2000): Personalwirtschaftslehre, 4. Aufl., Berlin et al.

Drumm, Hans Jürgen (2008): Personalwirtschaft, 6. Aufl., Berlin et al.

E

Ebert, Daniel (2006): Dispensation von Humanressourcen. Eine flexibilitätsorientierte Betrachtung, in: Ringlstetter, Max J. (Hrsg.): Schriften zur Unternehmensentwicklung, Wiesbaden.

Eberwein, Wilhelm (1992): Zur Geschichte und Soziologie der deutschen Betriebsverfassung, in: WSI-Mitteilungen, Jg. 45, Nr. 8, S. 497-504.

Eberwein, Wilhelm/Tholen, Jochen (1990): Managermentalität. Industrielle Unternehmensleitung als Beruf und Politik, Frankfurt a. M.

Eckardstein, Dudo von (1995): Zur Modernisierung betrieblicher Entlohnungssysteme in industriellen Unternehmen – Zugleich eine Einführung in dieses Buch, in: Eckardstein, Dudo von/Janes, Alfred (Hrsg.) (1995): Neue Wege der Lohnfindung für die Industrie, Wien, S. 15-39.

Eckardstein, Dudo von (1997): Wie Manager und Betriebsräte bei der Entwicklung und Einführung betrieblicher Entlohnungssysteme miteinander umgehen, in: Zeitschrift für Personalforschung, Jg. 11, Nr. 2, S. 114-127.

Eckardstein, Dudo von/Schnellinger, Franz (1978): Betriebliche Personalpolitik, 3. Aufl., München.

Edwards, Richard (1979): Contested terrain, New York.

Eggenhofer-Rehart, Petra/Heinrich, Monika/Latzke, Markus/Schmidt, Angelika (2015): Gruppen in Organisationen: Im Spannungsfeld von Stabilität und Dynamik, in: Mayrhofer, Wolfgang/Furtmüller, Gerhard/Kasper, Helmut (Hrsg.): Personalmanagement – Führung – Organisation, 5. Aufl., Wien, S. 111-146.

Eggert, Thomas/Lüerßen, Hartmut (2008): Business Process. Outsourcing von Personalaufgaben, Köln.

Ehlers, Merve (2007): Personalkostenabbau durch betriebliche Bündnisse für Arbeit, Frankfurt a. M. et al.

Ehlscheid, Christoph/Meine, Hartmut/Vogt, Walter (1997): „Wieviel Geld für wieviel Leistung? „Entlohnungsgrundsätze und Leistungsbedingungen, in: Lang et al., S. 228-311.

Eichhorn, Heinz-Josef/Hickler, Helmut/Steinmann, Rolf (1995): Handbuch Betriebsvereinbarung, Köln.

Erd, Rainer (1978): Verrechtlichung industrieller Konflikte, Frankfurt a. M.

Erpenbeck, John/von Rosenstiel, Lutz von (Hrsg.) (2007): Handbuch Kompetenzmessung. Erkennen, verstehen und bewerten von Kompetenzen in der betrieblichen, pädagogischen und psychologischen Praxis, 2. Aufl., Stuttgart.

Esser, Axel/Wolmerath, Martin (2001): Mobbing. Der Ratgeber für Betroffene und ihre Interessenvertretung, 4. Aufl., Frankfurt a. M.

Europäische Kommission (2001): Einen europäischen Raum des lebenslangen Lernens schaffen, 1. Mitteilung der Kommission vom 21. November 2001, Brüssel.

European Foundation for the Improvement of Living and Working Conditions (2015): Developments in collectively agreed working time 2014; online unter www.eurofound.europa.eu/sites/default/files/ef_comparative_analytical_report/field_ef_documents/ef1539en.pdf (letzter Abruf am 24.02.2016).

Eyer, Eckhard (1995): Entgelt und Entgeltsysteme: Aufbau, Philosophie, Tendenzen, in: Hromadka, Wolfgang (Hrsg.): Die Mitarbeitervergütung. Entgeltsysteme der Zukunft, Stuttgart, S. 1-23.

F

Fachhochschule des Mittelstands (Hrsg.) (2010): Mit werteorientierter Personalarbeit die Wertschöpfung steigern. Beiträge zur Fachtagung am 05. November 2009 an der Fachhochschule des Mittelstands (FHM), Bielefeld; online unter www.fh-mittelstand.de/fileadmin/pdf/CeKom/7.Publikation/Publikation_Werteorientierte_Personalarbeit.pdf (letzter Abruf am 31.03.2016).

Felfe, Jörg (2008): Mitarbeiterbindung, Göttingen et al.

Felger, Susanne/Paul-Kohlhoff, Angela (2004): Human Resource Management. Konzepte, Praxis und Folgen für die Mitbestimmung, edition der Hans-Böckler-Stiftung 102, Düsseldorf.

Festing, Marion/Dowling, Peter J./Weber, Wolfgang/Engle, Allen D. (2011): Internationales Personalmanagement, 3. Aufl., Wiesbaden.

Fiedler, Fred Edward (1967): A Theory of Leadership Effectiveness, New York.

Fiedler, Michael (1994): Dezentrale Organisation und marktorientierte Steuerung der Personalentwicklung, Bergisch-Gladbach/Köln.

Fischer, Ulrich/Reihsner, Rolf (2002): Personalplanung, Frankfurt a. M.

Fitting, Karl/Auffarth, Fritz/Kaiser, Heinrich/Heither, Friedrich/Engels, Gerd (2002): Betriebsverfassungsgesetz. Handkommentar, 21. Aufl., München.

Flanagan, Robert J./Kahn, Lawrence M./Smith, Robert S./Ehrenberg, Ronald G. (1989): Economics of the employment relationship, Glenview/London.

Föhr, Silvia/Lenz, Hansrudi (1992): Unternehmenskultur und ökonomische Theorie, in: Staehle, Wolfgang H./Conrad, Peter (Hrsg.): Managementforschung 2, Wiesbaden, S. 111-162.

Fombrun, Charles J./Tichy, Noel M./Devenna, Mary A. (Hrsg.) (1984): Strategic human resource management, New York.

Fox, Alan (1974): Beyond contract: Work, power and trust relations, London.

Franz, Wolfgang (1994): Arbeitsmarktökonomik, 2. Aufl., Berlin et al.

Freudenberg, Wolfram (1969): Konflikt und Harmonie. Zu den Möglichkeiten dynamischer Stabilität in modernen Gesellschaften, Diss., Frankfurt a. M.

Friedberg, Erhard (1988): Zur Politologie von Organisationen, in: Küpper, Willi/Ortmann, Günther (Hrsg.): Mikropolitik, Opladen, S. 39-52.

Friedrichs, Hans/Pauckstadt, Friedrich-Wilhelm (1982): Arbeitshandbuch Betriebsvereinbarungen, Landsberg/Lech.

Fröhlich, Werner/Holländer, Karoline (2004): Personalbeschaffung und -akquisition, in: Gaugler et al., Sp. 1403-1419.

Fürstenberg, Friedrich (1958): Der Betriebsrat – Strukturanalyse einer Grenzsituation, in: Kölner Zeitschrift für Soziologie, Jg. 10, Nr. 3, S. 418-429.

Furtmüller, Gerhard/Zdravkovic, Diana (2015): Personalauswahl, in: Mayrhofer, Wolfgang/Furtmüller, Gerhard/Kasper, Helmut (Hrsg.): Personalmanagement – Führung – Organisation, 5. Aufl., Wien, S. 285-319.

Furtner, Marco/Baldegger, Urs (2013): Self-Leadership und Führung. Theorien, Modelle und praktische Umsetzung, Wiesbaden.

G

Gärtner, Johannes/Kundi, Michael/Wahl, Sabine/Siglär, Ruth/Boonstra-Hörwein, Karin/Herber, Gregor/Carlberg, Ingmar/Janke, Michael/Voss, Jürgen/Conrad, Hanspeter (2008): Handbuch Schichtpläne. Planungstechnik, Entwicklung, Ergonomie, Umfeld, 2. Aufl., Zürich.

Gaugler, Eduard (1989): Personalplanung, in: Szyperski (Hrsg.), Sp. 1350-1362.

Gaugler, Eduard/Oechsler, Walter/Weber, Wolfgang (Hrsg.) (2004): Handwörterbuch des Personalwesens, 3. Aufl., Stuttgart.

Gaugler, Eduard/Weber, Wolfgang (Hrsg.) (1992): Handwörterbuch des Personalwesens, 2. Aufl., Stuttgart.

Gennen, Klaus (1990): Das Assessment-Center-Verfahren. Grundsatzfragen zu den Beteiligungsrechten der Betriebsverfassungsorgane in personellen Angelegenheiten anhand eines neuen Personalauswahlverfahrens, in: Zeitschrift für Arbeitsrecht, Jg. 21, Nr. 3, S. 495-532.

Gerpott, Torsten J. (1992): Gleichgestelltenbeurteilung: Eine Erweiterung traditioneller Personalbeurteilungsansätze im Unternehmen, in: Selbach/Pullig, S. 211-254.

Gerpott, Torsten J. (2004): Technologischer Wandel im Personalmanagement, in: Gaugler et al., Sp. 1882-1893.

Gerum, Elmar (1978): Überlegungen zur Rechtfertigung einzelwirtschaftlicher Institutionen, in: Steinmann, Horst (Hrsg.): Betriebswirtschaftslehre als normative Handlungswissenschaft, Wiesbaden, S. 103-142.

Gesamtmetall (Hrsg.) (2002): E-Learning – Zukunft des Lernens. Anwendungsmöglichkeiten elektronischer Lernprogramme in der M+E-Industrie, Köln.

Gilliland, Stephen W. (1995): Fairness from the applicant's perspective: Reactions to employee selection procedures, in: International Journal of Selection and Assessment, Jg. 3, Nr. 1, S. 11-19.

Gloor, Armin (1993): Die AC-Methode. Führungskräfte beurteilen und fördern, Zürich.

Goldberg, Lewis R. (1990): An alternative „description of personality": The Big-Five factor structure, in: Journal of Personality and Social Psychology, Jg. 59, Nr. 6, S. 1216-1229.

Graf, Anita (2001): Lebenszyklusorientierte Personalentwicklung. Ein Ansatz für die Erhaltung und Förderung von Leistungsfähigkeit und -bereitschaft während des gesamten betrieblichen Lebenszyklus, in: io management, Jg. 70, Nr. 3, S. 24-31.

Graf, Otto (1922): Über lohnendste Arbeitspausen bei geistiger Arbeit, in: Psychologische Arbeiten, Jg. 7, S. 548-611.

Grandjean, Étienne (1987): Ergonomics in Computerized Offices, London.

Grieger, Jürgen/Bartölke, Klaus (1992): Beurteilungen als Systembestandteil wirtschaftlicher Organisationen, in: Selbach/Pullig, S. 67-105.

Groth, Karsten (2013): Psychische Belastung und Beanspruchung, in: Baur, Xaver (Hrsg.): Arbeitsmedizin, Berlin/Heidelberg, S. 71-78.

Grzech-Sukalo, Hiltraud/Hänecke, Kerstin (2010): Flexible Schichtsysteme, Düsseldorf.

Guest, David (1990): Human Resource Management and the American dream, in: Journal of Management Studies, Jg. 27, Nr. 4, S. 377-397.

Gutenberg, Erich (1963): Grundlagen der Betriebswirtschaftslehre. Erster Band: Die Produktion, 8./9. Aufl., Berlin et al.

H

Hahn, Claudia (2014): Flexible Arbeitszeit, 2. Aufl., München.

Haipeter, Thomas (2006): Betriebsräte unter Handlungsdruck. Interessenvertretungspolitik im Zeichen der flexiblen Arbeitszeitregulierung, in: Lehndorff, Steffen (Hrsg.): Das Politische in der Arbeitspolitik. Ansatzpunkte für eine nachhaltige Arbeits- und Arbeitszeitgestaltung, Berlin, S. 195-225.

Halpin, Andrew W./Winer, Ben James (1957): A Factorial Study of the Leader Behavior Descriptions, in: Stogdill, Ralph Melvin/Coons, Alvin E. (Hrsg.): Leader Behavior: It's Description and Measurement, Columbus, S. 39-51.

Hamm, Ingo (2008): Flexible Arbeitszeit – Kontenmodelle. Betriebs- und Dienstvereinbarungen. Analyse und Handlungsempfehlungen, Frankfurt a. M.

Hänecke, Kerstin/Grzech-Sukalo, Hiltraud (2012): Kontinuierliche Schichtsysteme. Betriebs- und Dienstvereinbarungen. Analyse und Handlungsempfehlungen, Frankfurt a. M.

Hänecke, Kerstin/Tiedemann, Silke/Nachreiner, Friedhelm/Grzech-Sukalo, Hiltraud (1998): Accident risk as a function of hour at work and time of day as determined from accident data and exposure models for the German working population, in: Scand J Work Environ Health, Jg. 24, Beilage Nr. 3, S. 43-48.

Hanglberger, Dominik (2011): Arbeitszeiten außerhalb der Normalarbeitszeit nehmen weiter zu. Eine Analyse zu Arbeitszeitarrangements und Arbeitszufriedenheit, in: Informationsdienst Soziale Indikatoren, Nr. 46, S. 12-16.

Hardes, Heinz-Dieter (1989): Zur Bedeutung längerfristiger Arbeitsbeziehungen und betriebsinterner Teilarbeitsmärkte. Vertragstheoretische Überlegungen und arbeitsmarktpolitische Implikationen, in: Mitteilungen aus der Arbeitsmarkt- und Berufsforschung, Jg. 22, Nr. 4, S. 540-552.

Hassel, Anke/Kluge, Norbert (1999): Die quantitative Entwicklung der Mitbestimmung in Deutschland, in: Gewerkschaftliche Monatshefte, Jg. 50, Nr. 3, S. 167-176.

Haubrock, Alexander/Ölschlegel-Haubrock, Sonja (2009): Personalmanagement, 2. Aufl., Stuttgart.

Hegelheimer, Armin (1977): Qualifikationsforschung, in: Bundesinstitut für Berufsbildungsforschung/Rosenthal, Hans-Joachim (Hrsg.): Schlüsselwörter zur Berufsbildung, Weinheim, S. 333-341.

Hehl, Gerhard (1991): Personalentwicklung. Neue Ziele und Strategien, in: Feix, Wilfried E. (Hrsg.): Personal 2000. Visionen und Strategien erfolgreicher Personalarbeit, Frankfurt a. M., S. 76-109.

Heidemann, Winfried (1999): Betriebs- und Dienstvereinbarungen – Beschäftigungssicherung. Analyse und Handlungsempfehlungen, edition der Hans-Böckler-Stiftung 8, Düsseldorf.

Heidemann, Winfried (2003): Das Humankapital als strategische Ressource, in: Die Mitbestimmung, Nr. 6, S. 56-59.

Heisig, Ulrich/Littek, Wolfgang (1992): Entwicklungslinien von Angestelltenarbeit in Deutschland, in: Littek, Wolfgang/Heisig, Ulrich/Gondek, Hans-Dieter (Hrsg.): Organisation von Dienstleistungsarbeit, Berlin, S. 219-261.

Herzberg, Frederick (1968): One more time: How do you motivate employees? In: Harvard Business Review, Jg. 46, Nr. 1, S. 53-62.

Hesse, Gero (2012): Social Media, in: Beck, Christoph (Hrsg.): Personalmarketing 2.0. Vom Employer Branding zum Recruiting, 2. Aufl, Köln, S. 245-271.

Hesse, Jürgen/Schrader, Hans Christian (2012): Assessment Center für Hochschulabsolventen. Ihr erster Schritt auf der Karriereleiter, Berlin.

Heyse, Volker/Erpenbeck, John (2009): Kompetenztraining. Informations- und Trainingsprogramme, 2. Aufl., Stuttgart.

Hildebrandt, Eckart (Hrsg.) (1991): Betriebliche Sozialverfassung unter Veränderungsdruck. Konzepte, Varianten, Entwicklungstendenzen, Berlin.

Hildebrandt, Eckart/Seltz, Rüdiger (1989): Wandel betrieblicher Sozialverfassung durch systemische Kontrolle? Die Einführung computergestützter Produktionsplanungs- und -steuerungssysteme im bundesdeutschen Maschinenbau, Berlin.

Hillebrecht, Steffen (2014): Führung von Personaldienstleistungsunternehmen, 2. Aufl., Wiesbaden.

Hillmann, Karl-Heinz (1981): Umweltkrise und Wertewandel, Frankfurt a. M./Bern.

Hipp, Lena/Stuth, Stefan (2013): Management und Teilzeit? Eine empirische Analyse zur Verbreitung von Teilzeitarbeit unter Managerinnen und Managern in Europa, in: KZfSS Kölner Zeitschrift für Soziologie und Sozialpsychologie, Jg. 65, Nr. 1, S. 101-128.

Hirsch-Kreinsen, Hartmut (2014): Wandel von Produktionsarbeit – „Industrie 4.0„, in: WSI-Mitteilungen, Jg. 67, Nr. 6, S. 421-429.

Hirschman, Albert O. (1970): Exit, voice, and loyalty. Responses to decline in firms, organizations, and states, Cambridge (Mass.)/London.

Hoets, Anne (1993): Förderung sozialer Kompetenzen als Aufgabe der Personalentwicklung – Instrument der Anpassung, insbesondere von Frauen?, in: Zeitschrift für Personalforschung, Jg. 7, Nr. 1, S. 115-133.

Hoff, Andreas (2014): Flexible betriebliche Arbeitszeitsysteme – Herausforderungen für Führungskräfte, in: Rosenstiel, Lutz von/Domsch, Michel E. (Hrsg.): Führung von Mitarbeitern. Handbuch für erfolgreiches Personalmanagement, 7. Aufl., Stuttgart, S. 726-736.

Hoff, Andreas (2015): Gestaltung betrieblicher Arbeitszeitsysteme. Ein Überblick für die Praxis, Wiesbaden.

Hofmann, Karsten/Köhler, Friedhelm/Steinhoff, Viktoria (Hrsg.) (1995): Vorgesetztenbeurteilung in der Praxis. Konzepte, Analysen, Erfahrungen, Weinheim.

Hofstede, Geert/Hofstede, Gert J./Minkov, Michael (2010): Cultures and organizations. Software of the mind. Intercultural cooperation and its importance for survival, 3. Aufl., New York et al.

Hohn, Hans-Willy (1988): Von der Einheitsgewerkschaft zum Betriebssyndikalismus, Berlin.

Holtbrügge, Dirk (2015): Personalmanagement, 6. Aufl., Berlin/Heidelberg.

Holtgrewe, Ursula (2006): Flexible Menschen in flexiblen Organisationen. Bedingungen und Möglichkeiten kreativen und innovativen Handelns, Berlin.

Holz, Torben/Carstensen, Malte/Röbisch, Josephine/Braune, Johanna (2015): Leistungsorientierte Vergütung aus mikropolitischer Sicht: Eine Studie über den Einsatz von Taktiken unter Vertriebsmitarbeitern, in: Mucha, Anna/Endemann, Aleksandra/Rastetter, Daniela (Hrsg.): Mikropolitik am Arbeitsplatz, München/Mering, S. 94-112.

Hornberg, W./Metz, Th. (1993): Arbeitsmarkttheorien, in: Breisig et al., S. 53-61.

Hörning, Karl H./Gerhard, Anette/Michailow, Matthias (1990): Zeitpioniere: Flexible Arbeitszeiten – Neuer Lebensstil, Frankfurt a. M.

Huber, Andreas (2010): Personalmanagement, München.

Hueck, Alfred/Nipperdey, Hans Carl (1970): Lehrbuch des Arbeitsrechts, zweiter Band, 7. Aufl., Berlin/Frankfurt a. M.

Huke, Kristina/Löw, Hans-Peter (2011): AGG: Hinweise für die betriebliche Praxis. Fallen im Einstellungsprozess, in: Arbeit und Arbeitsrecht, Jg. 66, Nr. 3, S. 136-140.

Huke, Kristina/Löw, Hans-Peter (2012): Aktuelle Rechtsprechung zum AGG: Diskriminierung bei Bewerbungen, in: Arbeit und Arbeitsrecht, Sonderausgabe, S. 4-7.

Hunold, Wolf (1993): Aktuelle Rechtsprobleme der Personalauswahl, in: Der Betrieb, Jg. 46, Nr. 4, S. 224-229.

Hüther, Gerlad (2009): Wie gehirngerechte Führung funktioniert, in: managerSeminare, Nr. 130, S. 30-34.

I

ICR (Institute for Competitive Recruitment) (2014): Recruiting Report 2014. Quo Vadis Recruitment; online unter www.competitiverecruiting.de/resources/RR+2014+QVR+Ergebniskurzreport+final.pdf (letzter Abruf am 15.12.2015).

Inglehart, Ronald (1977): The silent revolution: Changing values and political styles among western publics, Princeton.

Institut Arbeit und Qualifikation (IAQ) (2015a): Durchschnittliche Arbeitszeit der beschäftigten Arbeitnehmer und ihre Komponenten 1970-2014; online unter www.sozialpolitik-aktuell.de/tl_files/sozialpolitik-aktuell/_Politikfelder/Arbeitsmarkt/Datensammlung/PDF-Dateien/tabIV2.pdf (letzter Abruf am 16.02.2016).

Institut Arbeit und Qualifikation (IAQ) (2015b): Bruttoinlandsprodukt, Arbeitsproduktivität, Erwerbstätige, Arbeitsvolumen und Arbeitszeit 1991-2014; online unter www.sozialpolitik-aktuell.de/tl_files/sozialpolitik-aktuell/_Politikfelder/Arbeitsmarkt/Datensammlung/PDF-Dateien/abbIV66.pdf (letzter Abruf am 16.02.2016).

Institut für Angewandte Arbeitswissenschaft (IFAA) (2014): Schichtarbeit arbeitswissenschaftlich gestaltet entlastet Mitarbeiter und stärkt Unternehmen; online unter www.youtube.com/watch?v=VNxer2TMK08 (letzter Abruf am 02.03.2016).

J

Jaeger, Corinna/Lennings, Frank (2015): Handlungsfeld „Arbeitszeit gestalten„, in: IFAA (Hrsg.): Leistungsfähigkeit im Betrieb. Kompendium für den Betriebspraktiker zur Bewältigung des demographischen Wandels, Berlin/Heidelberg, S. 133-218.

Jedzig, Joachim (1996): Mitbestimmung bei Einführung von Verfahren zur Potentialanalyse von Arbeitnehmern, in: Der Betrieb, Jg. 49, Nr. 26, S. 1337-1342.

Jöns, Ingela (Hrsg.) (2016): Erfolgreiche Gruppenarbeit. Konzepte, Instrumente, Erfahrungen, 2. Aufl., Wiesbaden.

Jöns, Ingela/Bungard, Walter (Hrsg.) (2005): Feedbackinstrumente im Unternehmen. Grundlagen, Gestaltungshinweise, Erfahrungsberichte, Wiesbaden.

Jung, Hans (2011): Personalwirtschaft, 9. Aufl., München.

Jurczyk, Karin (2008): Vereinbarkeit von Beruf und Familie heute – mehr Risiken als Chancen?, in: impu!se – Newsletter zur Gesundheitsförderung, Jg. 60, Nr. 6, S. 3-4.

K

Kabst, Rüdiger/Wehner, Marius C./Meifert, Matthias/Kötter, Paul M. (2009): Personalmanagement im internationalen Vergleich. The Cranfield Project on International Strategic Human Resource Management, Ergebnisbericht der siebten Erhebung, Gießen.

Kamp, Lothar/Breisig, Thomas (2002): Mitbestimmung bei Gruppenarbeit. Die novellierte Betriebsverfassung, Band 4, Hans-Böckler-Stiftung (Hrsg.), Düsseldorf.

Kaplan, Robert S./Norton, David P. (1996): The Balanced Scorecard: Translating strategy into action, Boston.

Kaufmann, Matthias (2014): Erreichbarkeit nach Dienstschluss. Deutsche Konzerne kämpfen gegen den Handy-Wahn, in: spiegelonline, 17.02.2014; online unter www.spiegel.de/karriere/berufsleben/erreichbar-nach-dienstschluss-massnahmen-der-konzerne-a-954029.html (letzter Abruf am 07.03.2016).

Keller, Berndt (1991): Einführung in die Arbeitspolitik. Arbeitsbeziehungen und Arbeitsmarkt in sozialwissenschaftlicher Perspektive, München/Wien.

Keller-Pfrunder, Andrea (1995): Individualisierung der Personalwirtschaft, in: Die Unternehmung, Jg. 49, Nr. 4, S. 259-272.

Kern, Horst/Schumann, Michael (1970): Industriearbeit und Arbeiterbewusstsein, 2 Bände, Frankfurt a. M.

Kern, Horst/Schumann, Michael (1984): Das Ende der Arbeitsteilung? Rationalisierung in der industriellen Produktion, München.

Kerr, Steven/Jermier, John M. (1978): Substitutes for leadership: Their meaning and measurement, in: Organizational Behavior and Human Performance, Jg. 22, Nr. 3, S. 375-403.

Kesselring, Sven/Vogl, Gerlinde (2010): Betriebliche Mobilitätsregime. Die sozialen Kosten mobiler Arbeit, Berlin.

Kienbaum (2008): Personalentwicklung. Studie; online unter www.acht-etappen.de/stuff/Kienbaum-Studie-2008-Personaltwicklung.pdf (letzter Abruf am 06.04.2016).

Kienbaum Communications GmbH & Co. KG (2015): MultiGen2020. Studienbericht, Köln.

Kieser, Alfred (1997): Disziplinierung durch Selektion. Ein kurzer Abriß der langen Geschichte der Personalauswahl, in: Klimecki, Rüdiger/Remer, Andreas (Hrsg.): Personal als Strategie. Mit flexiblen und lernbereiten Human-Ressourcen Kernkompetenzen aufbauen, Frankfurt a. M., S. 85-120.

Kieser, Alfred/Kubicek, Herbert (1978): Organisationstheorien I, Stuttgart.

Kieser, Alfred/Walgenbach, Peter (2003): Organisation, 4. Aufl., Stuttgart.

Kieser, Alfred/Walgenbach, Peter (2007): Organisation, 5. Aufl., Stuttgart.

Kiper, Manuel (2011): Umgang mit Nichtraucherschutz im Betrieb, Hans-Böckler-Stiftung (Hrsg.), Düsseldorf.

Kirkpatrick, Donald L./Kirkpatrick, James D. (2006): Evaluating Training Programs: The Four Levels, 3. Aufl., San Francisco.

Kirsch, Renate/Büttner, Jürgen (2002): Bündnisse für Arbeit im Betrieb: Betriebsvereinbarungen zur Beschäftigungssicherung in der Praxis, Düsseldorf.

Kirschten, Ute (2014): Work-Life-Balance. Herausforderungen – Konzepte – Praktische Erfahrungen, Renningen.

Klages, Helmut (1985): Wertorientierungen im Wandel. Rückblick, Gegenwartsanalyse, Prognosen, 2. Aufl., Frankfurt a. M./New York.

Klebe, Thomas/Neugebauer, Julia (2014): Crowdsourcing: Für eine handvoll Dollar oder Workers of the crowd unite?, in: Arbeit und Recht, Jg. 62, Nr. 1, S. 4-7.

Kleebaur, Carolina (2007): Personalauswahl zwischen Anspruch und Wirklichkeit. Wissenschaftliche Personaldiagnostik vs. erfahrungsbasiert-intuitive Urteilsfindung, München/Mering.

Klein-Schneider, Hartmut (1999): Betriebs- und Dienstvereinbarungen – Leistungs- und erfolgsorientiertes Entgelt. Analyse und Handlungsempfehlungen, edition der Hans-Böckler-Stiftung 14, Düsseldorf.

Klimecki, Rüdiger G./Gmür, Markus (2001): Personalmanagement, 2. Aufl., Stuttgart.

Kluckhohn, Clyde (1951): Values and value-orientations in the theory of action, in: Parsons, Talcott/Shils, Edward A. (Hrsg.): Towards a general theory of action, Cambridge (Mass.), S. 388-433.

Knauth, Peter (1983): Physiologische Arbeitskurve und biologische Rhythmik, in: Rohmert, Walter/Rutenfranz, Joseph (Hrsg.): Praktische Arbeitsphysiologie, 3. Aufl., Stuttgart/New York, S. 118-128.

Knauth, Peter/Hornberger, Sonia (1997): Schichtarbeit und Nachtarbeit, 4. Aufl., München.

Knauth, Peter/Rutenfranz, Joseph (1987): Arbeitszeitgestaltung, in: Kleinbeck, Uwe/Rutenfranz, Joseph (Hrsg.): Enzyklopädie der Psychologie, Band 1: Arbeitspsychologie, Göttingen, S. 532-576.

Knebel, Heinz (1984): Leistungsvergütung auf der Grundlage von Zielvereinbarungen: Wunsch und Wirklichkeit, in: Personal, Jg. 36, Nr. 5, S. 187-190.

Knoche, Mainhard (2004): Kapital oder Ballast? Personalpolitik in wirtschaftlichen Schwächephasen, in: ifo-Schnelldienst, Jg. 57, Nr. 16, S. 12-20.

Knuth, Matthias (1982): Betriebsverfassungsgesetz und betriebliche Normsetzung: Zwischenbilanz einer Reform, in: Nutzinger, Hans G. (Hrsg.): Mitbestimmung und Arbeiterselbstverwaltung Praxis und Programmatik, Frankfurt a. M./New York, S. 345-374.

Kochan, Thomas A./Katz, Harry C./McKersie, Robert B. (1986): The transformation of American industrial relations, New York.

Kock, Klaus (1994): Zur Soziologie des betriebsinternen Arbeitsmarkts, München/Mering.

Köhler, Christoph/Weingärtner, Simon (2013): Arbeitsmarktsegmentation, in: Hirsch-Kreinsen, Hartmut/Minssen, Heiner (Hrsg.): LAIS – Lexikon der Arbeits- und Industriesoziologie, Berlin, S. 71-78.

Kolb, Meinulf (1996): Mitarbeiterbeurteilung im Trend, in: Personal, Jg. 48, Nr. 9, S. 472-477.

Kolb, Meinulf (2010): Personalmanagement. Grundlagen und Praxis des Human Resource Managements, 2. Aufl., Wiesbaden.

Kompa, Ain (1989): Personalbeschaffung und Personalauswahl, 2. Aufl., Stuttgart.

König, Susanne (2003): Personalauswahl, Frankfurt a. M.

König, Susanne (2004): Human Resource Management, Personalauswahl und Theorien industrieller Beziehungen. Interaktionskulturen aus einer Negotiated Order-Perspektive, Diss., Oldenburg.

Königswieser, Roswita (1987): Konflikthandhabung, in: Kieser, Alfred (Hrsg.): Handwörterbuch der Führung, Stuttgart, Sp. 1240-1246.

Kosiol, Erich (1962): Leistungsgerechte Entlohnung, 2. Aufl., Wiesbaden.

Kossbiel, Hugo (1992): Personaleinsatz und Personaleinsatzplanung, in: Gaugler/Weber, Sp. 1654-1666.

Kotthoff, Hermann (1981): Betriebsräte und betriebliche Herrschaft. Eine Typologie partizipativer Handlungsformen und Deutungsmuster von Betriebsräten und Unternehmensleitungen, Frankfurt a. M.

Kotthoff, Hermann (1985): Betriebliche Interessenvertretung durch Mitbestimmung des Betriebsrats, in: Endruweit, Günter/Gaugler, Eduard/Staehle, Wolfgang H./Wilpert, Bernhard (Hrsg.): Handbuch der Arbeitsbeziehungen, Berlin/New York, S. 65-87.

Kotthoff, Hermann (1994): Betriebsräte und Bürgerstatus. Wandel und Kontinuität betrieblicher Mitbestimmung, München/Mering.

Krell, Gertraude (1994): Vergemeinschaftende Personalpolitik, München/Mering.

Krell, Gertraude (Hrsg.) (2001): Chancengleichheit durch Personalpolitik, Wiesbaden.

Krell, Gertraude/Ortmann, Günther (1984): Personal, Personalwirtschaft, Beschäftigungskrise, in: Staehle, Wolfgang H./Stoll, Edgar (Hrsg.): Betriebswirtschaftslehre und ökonomische Krise, Wiesbaden, S. 321-338.

Krüger, Wilfried (1972): Grundlagen, Probleme und Instrumente der Konflikthandhabung in der Unternehmung, Berlin.

Krystek, Ulrich/Becherer, Doris/Deichelmann, Karl-Heinz (1995): Innere Kündigung. Ursachen, Wirkungen und Lösungsansätze auf Basis einer empirischen Untersuchung, 2. Aufl., München/Mering.

Kuark, Julia K./Locher, Hans Ulrich (1999): Jobsharing – Topsharing. Führung ist nicht teilbar oder doch?, in: Magazin der Universität Zürich, Nr. 3/Bulletin der ETH Zürich, Nr. 275, S. 46-47.

Kubicek, Herbert (1983): Führungsgrundsätze. Lösungen von gestern für die Probleme von morgen?, in: Zeitschrift Führung + Organisation, Jg. 53, Nr. 2/3, S. 81-88 und S. 182-188.

Kuda, Eva/Strauß, Jürgen (Hrsg.) (2002): Arbeitnehmer als Unternehmer?, Hamburg.

Kuhlmann, Martin (2013): Arbeitspolitik, in: Hirsch-Kreinsen, Hartmut/Minssen, Heiner (Hrsg.): LAIS – Lexikon der Arbeits- und Industriesoziologie, Berlin, S. 89-95.

Kuhn, James W. (1961): Bargaining in grievance settlement. The power of industrial work groups, New York/London.

Kühnlein, Gertrud/Paul-Kohlhoff, Angela (1991): Bildungschancen im Betrieb. Untersuchungen zur Weiterbildung in der chemischen Industrie, Berlin.

Kulka, Helmut (1980): Arbeitswissenschaften für Ingenieure, 4. Aufl., Leipzig.

Küpper, Willi/Felsch, Anke (2000): Organisation, Macht und Ökonomie. Mikropolitik und die Konstitution organisationaler Handlungssysteme, Wiesbaden.

Küpper, Willi/Ortmann, Günther (Hrsg.) (1992): Mikropolitik. Rationalität, Macht und Spiele in Organisationen, Wiesbaden.

L

Landau, Kurt/Pressel, Gerhard (2004): Medizinisches Lexikon der beruflichen Belastungen und Gefährdungen. Definitionen, Vorkommen, Arbeitsschutz, Stuttgart.

Lang, Klaus/Meine, Hartmut/Ohl, Kay (Hrsg.) (1997): Arbeit – Entgelt – Leistung. Handbuch Tarifarbeit im Betrieb, 2. Aufl., Köln.

Laske, Stephan/Weiskopf, Richard (1996): Personalauswahl – Was wird denn da gespielt? Ein Plädoyer für einen Perspektivenwechsel, in: Zeitschrift für Personalforschung, Jg. 10, Nr. 4, S. 295-330.

Latniak, Erich/Pekruhl, Ulrich (1995): Personalentwicklung, in: Bosch et al., S. 211-273.

Lattmann, Charles (1975): Leistungsbeurteilung als Führungsmittel, Bern/Stuttgart.

Laufer, Hartmut (2008): Personalbeurteilung im Unternehmen. Von der Bewerberauswahl bis zum Arbeitszeugnis, Offenbach.

Lawrence, Paul R./Lorsch, Jay W. (1967): Organization and environment, Boston.

Lay, Gunter (2013): Gruppenarbeit, in: Hirsch-Kreinsen, Hartmut/Minssen, Heiner (Hrsg.): LAIS – Lexikon der Arbeits- und Industriesoziologie, Berlin, S. 245-250.

Legge, Karen (1995): Human Resource Management. Rhetorics and realities, Houndmills et al.

Lehmann, Gunther (1962): Praktische Arbeitsphysiologie, 2. Aufl., Stuttgart.

Lehndorff, Steffen (2005): Arbeitszeitregulierung unter Druck. Über die schwierige Suche nach einem neuen Flexibilitätskompromiss, in: Kronauer, Martin/Linne, Gudrun (Hrsg.): Flexicurity. Die Suche nach Sicherheit in der Flexibilität, Berlin, S. 205-220.

Lehndorff, Steffen (2006): Sicherheit anbieten, Vielfalt ermöglichen. Über Krise und Reform der Arbeitszeitregulierung, in: ders. (Hrsg.): Das Politische in der Arbeitspolitik. Ansatzpunkte für eine nachhaltige Arbeits- und Arbeitszeitgestaltung, Berlin, S. 157-194.

Lemmer, Ruth (2010): Mit der Initiativbewerbung zum Erfolg, in: Zeit Online, 22.9.2010; online unter www.zeit.de/karriere/bewerbung/2010-09/jobsuche-initiativbewerbung (letzter Abruf am 03.03.2016).

Ley, Thomas/Meyhöfer, Frank (2014): Theorien sozialer Konflikte. Eine Einführung, Hamburg.

Linnenkohl, Karl/Rauschenberg, Hans-Jürgen/Gressierer, Christine/Schütz, Regina (2001): Arbeitszeitflexibilisierung. Die Unternehmen und ihre Modelle, 4. Aufl., Heidelberg.

Locke, Edwin A. (1968): Toward a theory of task motivation and incentives, in: Organizational Behavior and Human Performance, Jg. 2, Nr. 3, S. 157-189.

Locke, Edwin A./Latham, Gary P. (1990): A theory of goal setting and task performance, Englewood Cliffs.

Luczak, Holger (1993): Arbeitswissenschaft, Berlin/Heidelberg.

Luhmann, Niklas (1964): Funktionen und Folgen formaler Organisation, Berlin.

M

Maase, Mira/Sengenberger, Werner/Weltz, Friedrich (1975): Weiterbildung – Aktionsfeld für den Betriebsrat? Eine Studie über Arbeitnehmerinteressen und betriebliche Personalpolitik, Frankfurt a. M.

Mag, Wolfgang (1998): Einführung in die betriebliche Personalplanung, 2. Aufl., München.

Manske, Fred (1987): Ende oder Wandel des Taylorismus?, in: Soziale Welt, Jg. 38, Nr. 2, S. 166-180.

Manske, Fred (1991): Kontrolle, Rationalisierung und Arbeit. Kontinuität durch Wandel: Die Ersetzbarkeit des Taylorismus durch moderne Kontrolltechniken, Berlin.

March, James G./Simon, Herbert A. (1976): Organisation und Individuum. Menschliches Verhalten in Organisationen, Wiesbaden.

Marr, Rainer (1986): Technologie und Personalmanagement. Der Technische Wandel als Herausforderung an die Personalwirtschaft, in: Die Unternehmung, Jg. 40, Nr. 2, S. 103-117.

Marr, Rainer/Steiner, Karin (2003): Personalabbau in deutschen Unternehmen: Empirische Ergebnisse zu Ursachen, Instrumenten und Folgewirkungen, Wiesbaden.

Marr, Rainer/Stitzel, Michael (1979): Personalwirtschaft. Ein konfliktorientierter Ansatz, München.

Martens, Helmut (1958): Grundlagen und Formen der Entlohnung, Berlin.

Martin, Albert (2003): Organizational Behaviour – Verhalten in Organisationen, Stuttgart.

Martin, Albert (2004): Beschäftigungsmanagement, in: Gaugler et al., Sp. 518-531.

Martin, Albert/Nienhüser, Werner (Hrsg.) (1998): Personalpolitik. Wissenschaftliche Erklärung der Personalpraxis, München/Mering.

Martin, Hans (1994): Grundlagen der menschengerechten Arbeitsgestaltung. Handbuch für die betriebliche Praxis, Köln.

Maschke, Manuela/Werner, Nils (2015): Arbeiten 4.0: Diskurs und Praxis in Betriebsvereinbarungen, Mitbestimmungsförderung der Hans-Böckler Stiftung, Report Nr. 14, Düsseldorf.

Meckling, William H. (1976): Values and the choice of the model in the social sciences, in: Schweizerische Zeitschrift für Volkswirtschaft und Statistik, Jg. 112, Nr. 4, S. 545-560.

Mehlmann, Joana M./Roenneberg, Till (2014): Licht und die circadiane Uhr des Menschen, in: Völker, Stephan/Schumacher, Heike (Hrsg.): 8. Symposium Licht und Gesundheit, eine Sondertagung der TU Berlin gemeinsam mit DAfP und LiTG; 19. und 20. März 2014, Berlin, S. 143-154.

Meiser, Michael/Wagner, Dieter/Zander, Ernst (1991): Personal und neue Technologien. Organisatorische Auswirkungen und personalwirtschaftliche Konsequenzen, München/Wien.

Meissner, Frank/Stockfisch, Christina (2012): Arbeitszeiten in verschiedenen Lebensphasen gestalten, DGB Bundesvorstand Projekt „Vereinbarkeit von Familie und Beruf gestalten!„ (Hrsg.), Berlin.

Mentzel, Wolfgang (2012): Personalentwicklung. Wie Sie Ihre Mitarbeiter fördern und weiterbilden, 4. Aufl., München.

Mertens, Dieter (1974): Schlüsselqualifikationen. Thesen zur Schulung für eine moderne Gesellschaft, in: Mitteilungen aus der Arbeitsmarkt- und Berufsforschung, Jg. 7, Nr. 1, S. 36-43.

Metz, Thomas (1993): Theorien der Arbeitsbeziehungen: Arbeitspolitik, in: Breisig et al., S. 550-553.

Metz, Thomas (1995): Status, Funktion und Organisation der Personalabteilung. Ansätze zu einer institutionellen Theorie des Personalwesens, München/Mering.

Meyer-Menk, Julia (2002): Verbindungen von Arbeiten und Lernen in vernetzten Lernortstrukturen – eine Chance für die Kompetenzentwicklung von Arbeitnehmern und Arbeitnehmerinnen!?, in: Dehnbostel et al., S. 135-149.

Miles, Raymond E. (1975): Theories of management, New York et al.

Minssen, Heiner (1990): Kontrolle und Konsens. Anmerkungen zu einem vernachlässigten Thema der Industriesoziologie, in: Soziale Welt, Jg. 41, Nr. 3, S. 365-382.

Minssen, Heiner (1991): Soziale Muster von Rationalisierung – Umrisse eines Konzepts, in: ders. (Hrsg.): Rationalisierung in der betrieblichen Arena, Berlin, S. 49-61.

Minssen, Heiner (2013a): Mikropolitik, in: Hirsch-Kreinsen, Hartmut/Minssen, Heiner (Hrsg.): LAIS – Lexikon der Arbeits- und Industriesoziologie, Berlin, S. 334-340.

Minssen, Heiner (2013b): Transformation von Arbeitskraft, in: Hirsch-Kreinsen, Hartmut/Minssen, Heiner (Hrsg.): LAIS – Lexikon der Arbeits- und Industriesoziologie, Berlin, S. 461-466.

Mintzberg, Henry (1979): The structuring of organizations. A synthesis of the research, Englewood Cliffs.

Mintzberg, Henry (1990): Strategy formation: Schools of thought, in: Frederickson, J. W. (Hrsg.): Perspectives on strategic management, New York, S. 105-235.

Mohr, Annegret (1977): Personalplanung und Betriebsverfassungsgesetz. Beteiligungsmöglichkeiten des Betriebsrats, Köln.

Mollbach, Achim (2014): „Führen mit Zielvereinbarungen„ als Verfahren. Funktionen, Gestaltung und Wirkungen, Edewecht.

Morschhäuser, Martina/Ochs, Peter/Huber, Achim (2003): Erfolgreich mit älteren Arbeitnehmern. Strategien und Beispiele für die betriebliche Praxis, Gütersloh.

Mudra, Peter (2004): Personalentwicklung. Integrative Gestaltung betrieblicher Lern- und Veränderungsprozesse, München.

Müller-Jentsch, Walther (1986): Soziologie der Industriellen Beziehungen, Frankfurt a. M./New York.

Müller-Jentsch, Walther (1997): Soziologie der Industriellen Beziehungen. Eine Einführung, 2. Aufl., Frankfurt a. M./New York.

Müller-Jentsch, Walther (2013): Industrielle Beziehungen, in: Hirsch-Kreinsen, Hartmut/Minssen, Heiner (Hrsg.): LAIS – Lexikon der Arbeits- und Industriesoziologie, Berlin, S. 273-280.

Münnich, Sascha (2011): Interessen und Ideen: Soziologische Kritik einer problematischen Unterscheidung, in: Zeitschrift für Soziologie, Jg. 40, Nr. 5, S. 371-387.

N

Nachreiner, Friedhelm (o. J.): Dauer und Verteilung der Arbeitszeit, Empfehlungen, Initiative neue Qualität der Arbeit, online unter inqa.gawo-ev.de/cms/index.php?page=empfehlungen-2 (letzter Abruf am 18.11.2014).

Naschold, Frieder (1985): Arbeitspolitik, in: Jürgens, Ulrich/Naschold, Frieder (Hrsg.): Arbeitspolitik, Opladen, S. 11-57.

Neef, Klaus (1993): Lean production und Betriebsänderung, in: Betriebs-Berater, Jg. 7, Beilage Nr. 15, S. 7-14.

Nerdinger, Friedemann W. (2002): Grundlagen des Verhaltens in Organisationen, Stuttgart.

Neuberger, Oswald (1980): Rituelle (Selbst-) Täuschung. Kritik der irrationalen Praxis der Personalbeurteilung, in: Die Betriebswirtschaft, Jg. 40, Nr. 1, S. 27-43.

Neuberger, Oswald (1990a): Der Mensch ist Mittelpunkt. Der Mensch ist Mittel. Punkt. – Acht Thesen zum Personalwesen, in: Personalführung, Jg. 23, Nr. 1, S. 3-10.

Neuberger, Oswald (1990b): Führen und geführt werden, 3. Aufl. (von „Führung"), Stuttgart.

Neuberger, Oswald (1991): Personalentwicklung, Stuttgart.

Neuberger, Oswald (1995): Mikropolitik: Der tägliche Aufbau und Einsatz von Macht in Organisationen, Stuttgart.

Neuberger, Oswald (1997a): Personalwesen 1. Grundlagen, Entwicklung, Organisation, Arbeitszeit, Fehlzeiten, Stuttgart.

Neuberger, Oswald (1997b): Individualisierung und Organisierung. Die wechselseitige Erzeugung von Individuum und Organisation durch Verfahren, in: Ortmann, Günther/Sydow, Jörg/Türk, Klaus (Hrsg.): Theorien der Organisation, Opladen, S. 487-522.

Neuberger, Oswald (1999): Mobbing. Übel mitspielen in Organisationen, 3. Aufl., München/Mering.

Nicklisch, Heinrich (1938): Ertragsverteilungsprozess, in: ders. (Hrsg.): Handwörterbuch der Betriebswirtschaft, 1. Band, 2. Aufl., Stuttgart, Sp. 1605-1611.

Nicolai, Christiana (2009): Personalmanagement, 2. Aufl., Stuttgart.

Niedenhoff, Horst-Udo (1994): Die Kosten der Anwendung des BetrVG, Köln.

Nienhüser, Werner (2004): Politikorientierte Ansätze des Personalmanagements, in: Gaugler et al., Sp. 1671-1685.

Noelle-Neumann, Elisabeth (1978): Werden wir alle Proletarier? Wertewandel in unserer Gesellschaft, Zürich.

Novak, Hermann (1993): Gruppenarbeit: Ein neuer Maßstab für Organisationsentwicklung und berufliche Bildung?, in: Binkelmann, Peter/Braczyk, Hans-Joachim/Seltz, Rüdiger (Hrsg.): Entwicklung der Gruppenarbeit in Deutschland. Stand und Perspektiven, Frankfurt a. M./New York, S. 403-413.

O

Obermann, Christoph (1992): Assessment Center. Entwicklung – Durchführung – Trends, Wiesbaden.

Oberthür, Nathalie/Seitz, Stefan (2014): Betriebsvereinbarungen, 2. Aufl., München.

Odiorne, George S. (1984): Strategic management of human resources. A portfolio approach, San Francisco et al.

Oechsler, Walter A. (1979): Konfliktmanagement, Wiesbaden.

Oechsler, Walter A. (1990): Auswirkungen neuer Technologien auf das Personalmanagement, in: WISU, Jg. 19, Nr. 4, S. 234-239.

Oechsler, Walter A. (2000): Personal und Arbeit. Grundlagen des Human Resource Management und der Arbeitgeber-Arbeitnehmer-Beziehungen, 7. Aufl., München/Wien.

Oechsler, Walter A. (2004): Arbeitgeber-Arbeitnehmer-Beziehungen, Systeme der, in: Gaugler et al., Sp. 45-62.

Oechsler, Walter A. (2006): Personal und Arbeit, 8. Aufl., München/Wien.

Oechsler, Walter/Paul, Christopher (2015): Personal und Arbeit. Einführung in das Personalmanagement, 10. Aufl., Berlin et al.

Oertel, Jutta (2007): Generationenmanagement in Unternehmen, Wiesbaden.

Opaschowski, Horst W. (2013): Deutschland 2030. Wie wir in Zukunft leben, Gütersloh.

Ortmann, Günther (1988): Macht, Spiel, Konsens, in: Ortmann, Günther/Küpper, Willi (Hrsg.): Mikropolitik. Rationalität, Macht und Spiele in Organisationen, Opladen, S. 13-26.

Ortmann, Günther/Windeler, Arnold/Becker, Albrecht/Schulz, Hans Joachim (1990): Computer und Macht in Organisationen. Mikropolitische Analysen, Opladen.

o.V. (1995): Tatort Arbeitsplatz – Explosive Mischung, in: Wirtschaftswoche, Nr. 7, S. 74-79.

o.V. (2006): Der Weg für VW ist noch weit, in: Handelsblatt online; online unter www.handelsblatt.com/unternehmen/industrie/abschied-von-der-vier-tage-woche-bei-vw-der-weg-fuer-vw-ist-noch-weit/2713034.html (letzter Abruf am 28.03.2016).

P

Pangert, Barbara/Schüpbach, Heinz (2013): Die Auswirkungen arbeitsbezogener erweiterter Erreichbarkeit auf Life-Domain-Balance und Gesundheit, Bundesanstalt für Arbeitsschutz und Arbeitsmedizin (Hrsg.), Dortmund.

Paulus, Jochen (1997): Weniger als zehn Minuten, in: Wirtschaftswoche, Nr. 47, S. 140-142.

Peplinski, Katrin (2007): Arbeitszeitflexibilisierung – Das Fundament jeglicher Work-Life Balance Maßnahmen, in: Esslinger, Adelheid Susanne/Schobert, Deniz B. (Hrsg.): Erfolgreiche Umsetzung von Work-Life Balance in Organisationen. Strategien, Konzepte, Maßnahmen, Wiesbaden, S. 245-268.

Pfeiffer, Sabine (2013): Arbeit und Technik, in: Hirsch-Kreinsen, Hartmut/Minssen, Heiner (Hrsg.): LAIS – Lexikon der Arbeits- und Industriesoziologie, Berlin, S. 48-53.

Pfriem, Reinhard (2004): Heranführung an die Betriebswirtschaftslehre, Marburg.

Pilhofer, Gerhard (1982): Praxis der Leistungsbeurteilung in den USA. Die Evolution eines personalwirtschaftlichen Instruments, Krefeld.

Pinchot, Gifford (1985): Intrapreneuring. Why you don't have to leave the corporation to become an entrepreneur, New York.

Polzer, Manfred (1995): Einführung neuer Entgeltsysteme – der Kompromiss über die Leistung!, in: Eckardstein/Janes, S. 148-170.

Pornschlegel, Hans/Birkwald, Reimar (1994): Mitbestimmen im Betrieb bei Lohn und Leistung, Band 1: Grundlagen, Problem- und Handlungsfelder, Köln.

Potthoff, Erich (1966): Personalwesen, in: Handbuch der Wirtschaftswissenschaften, Band 1: Betriebswirtschaft, 2. Aufl., Köln/Opladen, S. 81-110.

Potthoff, Erich (1974): Betriebliches Personalwesen, Berlin/New York.

Preißing, Dagmar (Hrsg.) (2014): Erfolgreiches Personalmanagement im demografischen Wandel, 2. Aufl., München.

Pries, Ludger (1991): Die betriebliche Produktion von Wirklichkeit im Arbeitsleben, in: Zeitschrift für Soziologie, Jg. 20, Nr. 4, S. 257-274.

Probst, Gilbert/Gibbert, Michael/Raub, Steffen (2004): Wissensmanagement, in: Gaugler et al., Sp. 2028-2043.

Projektgruppe im WSI (1974): Grundelemente einer Arbeitsorientierten Einzelwirtschaftslehre. Ein Beitrag zur politischen Ökonomie der Unternehmung, WSI-Studie Nr. 23, Köln.

Purcell, John/Sisson, Keith (1983): Strategies and practice in the management of industrial relations, in: Bain, George Sayers (Hrsg.): Industrial relations in Britain, Oxford, S. 95-120.

R

Ramm, Thilo (1971): Labor courts and grievance settlement in West Germany, in: Aaron, Benjamin (Hrsg.): Labor courts and grievance settlement in Western Europe, Berkeley et al., S. 81-157.

Rastetter, Daniela (1996): Personalmarketing, Bewerberauswahl und Arbeitsplatzsuche, Stuttgart.

Reber, Gerhard (2004): Verhaltenstheoretische Ansätze des Personalmanagements, in: Gaugler et al., Sp. 1968-1979.

Regnet, Erika (2014): Der Weg in die Zukunft – Anforderungen an die Führungskraft, in: von Rosenstiel, Lutz/Regnet, Erika/Domsch, Michel E. (Hrsg.): Führung von Mitarbeitern. Handbuch für erfolgreiches Personalmanagement, 7. Aufl., Stuttgart, S. 29-45.

Rehder, Britta (2006): Legitimitätsdefizite des Co-Managements. Betriebliche Bündnisse für Arbeit als Konfliktfeld zwischen Arbeitnehmern und betrieblicher Interessenvertretung, in: Zeitschrift für Soziologie, Jg. 35, Nr. 3, S. 227-242.

Rehm, Florian (2014): Web 2.0 im Bereich der Personalbeschaffung, München/Mering.

Ridder, Hans-Gerd (1994): Strategisches Personalmanagement – Antwort auf ökonomische Krisen?, in: Scholz, Christian/Oberschulte, H. (Hrsg.): Personalwirtschaft in Abhängigkeit von der Konjunktur, München, S. 31-53.

Ridder, Hans-Gerd (1996): Personalwirtschaftslehre als ökonomische Theorie, in: Weber, S. 317-339.

Rieckmann, Heijo (1990): Die neue Rolle des Personalwesens? Sieben Thesen und ein Fazit, in: Personalführung, Jg. 23, Nr. 1, S. 12-17.

Ritter, André (2010): E-Recruiting. Eine moderne Form der Personalbeschaffung, München.

RKW (Rationalisierungskuratorium der Deutschen Wirtschaft) (1990): RKW-Handbuch Personalplanung, 2. Aufl., Neuwied/Frankfurt a. M.

Robbins, Stephen P. (2003): Organizational behavior, 10. Aufl., Upper Saddle River, N. J.

Roenneberg, Till/Kuehnle, Tim/Pramstaller, Peter P./Ricken, Jan/Havel, Miriam/Guth, Angelika/Merrow, Martha (2004): A marker for the end of adolescence, in: Current Biology, Jg. 14, Nr. 24, S. R1038-R1039.

Rohmert, Walter/Rutenfranz, Joseph (1975): Arbeitswissenschaftliche Beurteilung der Belastung und Beanspruchung an unterschiedlichen industriellen Arbeitsplätzen, Bonn.

Rosenbaum, Wolf (1982): Die Wirkungen des Arbeitsrechts auf die Beziehungen zwischen Arbeitnehmern und Arbeitgebern im Betrieb, in: Leviathan, Jg. 10, Nr. 3, S. 392-423.

Roy, Donald F. (1954): Efficiency and the fix, in: American Journal of Sociology, Jg. 60, Nr. 3, S. 255-265.

Roy, Donald F. (1959): „Banana time„. Job satisfaction and informal interaction, in: Human Organization, Jg. 18, Nr. 4, S. 158-168.

Rübling, Gerhard (1988): Verfahren und Funktionen der Leistungsbeurteilung in Unternehmen, Konstanz.

Rüdiger, Hugo (2004): Gesundheitliche Probleme bei Nacht- und Schichtarbeit sowie beim Jetlag, in: Internist, Jg. 45, Nr. 9, S. 1021-2015.

Rudow, Bernd (2014): Die gesunde Arbeit. Psychische Belastungen, Arbeitsgestaltung und Arbeitsorganisation, 3. Aufl., München.

Rump, Jutta/Eilers, Silke (2013): Lebensphasenorientierte Personalpolitik – alle Potenziale ausschöpfen, in: Papmehl, André/Tümmer, Hans J. (Hrsg.): Die Arbeitswelt im 21. Jahrhundert. Herausforderungen, Perspektiven, Lösungsansätze, Wiesbaden, S. 137-148.

Ruppenthal, Silvia/Lück, Detlev (2009): Jeder fünfte Erwerbstätige ist aus beruflichen Gründen mobil, in: ISI-Informationsdienst Soziale Indikatoren, Nr. 42, S. 1-5.

Rutenfranz, Joseph/Knauth, Peter/Nachreiner, Friedhelm (1993): Arbeitszeitgestaltung, in: Schmidtke, Heinz (Hrsg.): Ergonomie, 3. Aufl., München/Wien, S. 574-599.

S

Sadowski, Dieter (1980): Berufliche Bildung und betriebliches Bildungsbudget: Zur ökonomischen Theorie der Personalbeschaffungs- und Bildungsplanung im Unternehmen, Stuttgart.

Sadowski, Dieter (1985): Betriebsverfassung und Betriebssyndikalismus: Zur gegenwärtigen Bedeutung klassischer Funktionsprobleme von Betriebsdemokratien in Deutschland, in: Jahrbuch für neue politische Ökonomie, Nr. 4, S. 234-249.

Sadowski, Dieter (1988): Währt ehrlich am längsten? Personalpolitik zwischen Arbeitsrecht und Unternehmenskultur, in: Budäus, Dietrich/Gerum, Elmar/Zimmermann, Gebhard (Hrsg.): Betriebswirtschaftslehre und Theorie der Verfügungsrechte, Wiesbaden, S. 219-238.

Sadowski, Dieter (1989): Beschäftigungspolitik aus der Sicht der Unternehmen, in: Scherf, Harald (Hrsg.): Beschäftigungsprobleme hochentwickelter Volkswirtschaften. Jahrestagung des Vereins für Socialpolitik – Gesellschaft für Wirtschafts- und Sozialwissenschaften in Berlin 1987, Berlin, S. 75-92.

Sadowski, Dieter (1991): Humankapital und Organisationskapital – Zwei Grundkategorien einer ökonomischen Theorie der Personalpolitik im Unternehmen, in: Ordelheide, Dieter/Rudolph, Bernd/Büsselmann, Elke (Hrsg.): Betriebswirtschaftslehre und Ökonomische Theorie, Stuttgart, S. 127-141.

Sadowski, Dieter (2002): Personalökonomie und Arbeitspolitik, Stuttgart.

Salipante, Paul F./Bouwen, René (1990): Behavioural analysis of grievances: Conflict sources, complexity and transformation, in: Employee Relations, Jg. 12, Nr. 3, S. 17-22.

Sandner, Karl/Meyer, Renate (2004): Macht, in: Gaugler et al., Sp. 1133-1141.

Sarges, Werner (2001): Die AC-Methode. Herkunft, Kritik und Weiterentwicklungen, in: ders. (Hrsg.): Weiterentwicklung der AC-Methode, 2. Aufl., Göttingen, S. VII-XXXII.

Schanz, Günther (1979): Konflikt in Wirtschaftsorganisationen: Methodische und theoretische Perspektiven, in: Dlugos, S. 69-87.

Schanz, Günther (1991a) (Hrsg.): Handbuch Anreizsysteme, Stuttgart.

Schanz, Günther (1991b): Motivationale Grundlagen der Gestaltung von Anreizsystemen, in: Schanz (1991a), S. 3-30.

Schanz, Günther (1993): Personalwirtschaftslehre, 2. Aufl., München.

Schanz, Günther (1997): Wissenschaftsprogramme der Betriebswirtschaftslehre, in: Bea, Franz Xaver/Dichtl, Erwin/Schweitzer, Marcell (Hrsg.): Allgemeine Betriebswirtschaftslehre. Band 1: Grundfragen, Stuttgart, S. 81-198.

Schardt, Lothar P. (1985): Gewerkschaftliche Handlungsmöglichkeiten zur Durchsetzung der Mischarbeitsforderung, in: DGB, Abt. Angestellte (Hrsg.): Mischarbeit und Mitbestimmung, Düsseldorf, S. 68-82.

Schau, Martin (1998): Corporate Identity durch die Einbeziehung von Zielvereinbarungen im Rahmen der Personalentwicklung, Frankfurt a. M.

Schaub, Günter (1995): Mitbestimmung beim Entgelt, in: Hromadka, Wolfgang (Hrsg.): Die Mitarbeitervergütung. Entgeltsysteme der Zukunft, Stuttgart, S. 85-98.

Schaub, Günter/Schindele, Friedrich (2005): Kurzarbeit – Massenentlassung – Sozialplan, München.

Schein, Edgar H. (1978): Career Dynamics: Matching Individual and Organizational Needs, Reading, Mass.

Scherm, Ewald (2004): Arbeitsmarktforschung, in: Gaugler et al., Sp. 299-309.

Scherm, Ewald/Süß, Stefan (2010): Personalmanagement, 2. Aufl., München.

Schilling, Gabi/Latniak, Erich (2006): Betriebliche Grenzen der „Vertrieblichung". Erfahrungen bei der Einführung flexibler Arbeitszeitmodelle in kleinen und mittleren Unternehmen, in: Lehndorff, Steffen (Hrsg.): Das Politische in der Arbeitspolitik. Ansatzpunkte für eine nachhaltige Arbeits- und Arbeitszeitgestaltung, Berlin, S. 99-126.

Schimank, Uwe (1981): Identitätsbehauptung in Arbeitsorganisationen – Individualität in der Formalstruktur, Frankfurt a. M./New York.

Schimank, Uwe (1986): Technik, Subjektivität und Kontrolle in formalen Organisationen, in: Seltz, Rüdiger/Mill, Ulrich/Hildebrandt, Eckart (Hrsg.): Organisation als soziales System, Berlin, S. 71-91.

Schlick, Christopher M./Bruder, Ralph/Luczak, Holger (2010): Arbeitswissenschaft, 3. Aufl., Berlin/Heidelberg.

Schmalenbach, Eugen (1911/12): Die Privatwirtschaftslehre als Kunstlehre, in: Zeitschrift für handelswissenschaftliche Forschung, Jg. 6, S. 304-316; neu abgedruckt in: Zeitschrift für betriebswirtschaftliche Forschung, Jg. 22, Nr. 8+9, S. 490-498.

Schmidt, Gert (1986): Einverständnishandeln ein Konzept zur „handlungsnahen" Untersuchung betrieblicher Entscheidungsprozesse, in: Seltz, Rüdiger/Mill, Ulrich/Hildebrandt, Eckart (Hrsg.): Organisation als soziales System, Berlin, S. 57-68.

Schmidtke, Heinz (1993): Der Leistungsbegriff in der Ergonomie, in: ders. (Hrsg): Ergonomie, 3. Aufl., München/Wien, S. 110-116.

Schmidtke, Heinz/Bubb, Heiner (1993): Das Belastungs-Beanspruchungs-Konzept, in: Schmidtke, Heinz (Hrsg.): Ergonomie, 3. Aufl., München/Wien, S. 116-120.

Schmitt, Irmhild Lisa/Werth, Klaudia (1998): Personalauswahl in Unternehmen. Zu einer Theorie der Auswahlpraxis, München/Mering.

Schneider, Dieter (1987): Allgemeine Betriebswirtschaftslehre, 3. Aufl., München/Wien.

Schnitzler, Leo (1995): Manchmal erschreckend, in: Wirtschaftswoche, Nr. 5, S. 64.

Scholl, Wolfgang (1998): Personalpolitik als Ergebnis politischer Entscheidungsprozesse, in: Martin/Nienhüser, S. 195-236.

Scholz, Christian (1994): Personalmanagement, 4. Aufl., München.

Scholz, Christian (2000): Personalmanagement, 5. Aufl., München.

Scholz, Christian (2004): Virtualisierung der Personalarbeit, in: Gaugler et al., Sp. 1979-1988.

Scholz, Christian (2014a): Personalmanagement. Informationsorientierte und verhaltenstheoretische Grundlagen, 6. Aufl., München.

Scholz, Christian (2014b): Grundzüge des Personalmanagements, 2. Aufl., München.

Schönpflug, Wolfgang (1987): Beanspruchung und Belastung bei der Arbeit – Konzepte und Theorien, in: Kleinbeck, Uwe/Rutenfranz, Joseph (Hrsg.): Enzyklopädie der Psychologie, Band 1: Arbeitspsychologie, Göttingen, S. 130-184.

Schreyögg, Georg (1977): Führung, Führungsverhalten, Führungsstil – Versuch einer Begriffsklärung, in: Nieder, Peter (Hrsg.): Führungsverhalten im Unternehmen, München, S. 22-33.

Schreyögg, Georg (1985): Der Organisation-Umwelt-Zusammenhang in neueren organisationstheoretischen Ansätzen, in: Lüder, Klaus (Hrsg.): Betriebswirtschaftliche Organisationstheorie und öffentliche Verwaltung, Speyer, S. 51-85.

Schreyögg, Georg/Noss, Christian (1994): Hat sich das Organisieren überlebt?, in: Die Unternehmung, Jg. 48, Nr. 1, S. 17-34.

Schreyögg, Georg/Oechsler, Walter A./Wächter, Hartmut (1995): Managing in a European context: Human resources, corporate culture, industrial relations. Texts and cases, Wiesbaden.

Schröder, Klaus Theo (1978): Soziale Verantwortung in der Führung der Unternehmung, Berlin.

Schuh, Sebastian C./Zhang, Xin-an/Tian, Peng (2013): For the good or the bad? Interactive effects of transformational leadership with moral and authoritarian leadership behaviors, in: Journal of Business Ethics, Jg. 116, Nr. 3, S. 629-640.

Schuler, Heinz (1995): Auswahl von Mitarbeitern, in: von Rosenstiel, Lutz (Hrsg.): Führung von Mitarbeitern, 3. Aufl., Stuttgart, S. 123-148.

Schuler, Heinz (1996): Psychologische Personalauswahl. Einführung in die Berufseignungsdiagnostik, Göttingen et al.

Schuler, Heinz (2000): Psychologische Personalauswahl: Einführung in die Berufseignungsdiagnostik, 3. Aufl., Göttingen et al.

Schuler, Heinz (2007): Spielwiese für Laien? Weshalb das Assessment-Center seinem Ruf nicht mehr gerecht wird, in: Wirtschaftspsychologie aktuell, Jg. 6, Nr. 2, S. 27-30.

Schuler, Heinz/Hell, Benedikt/Trapmann, Sabrina/Schaar, Hagen/Boramir, Ilkay (2007): Die Nutzung psychologischer Verfahren der externen Personalauswahl in deutschen Unternehmen. Ein Vergleich über 20 Jahre, in: Zeitschrift für Personalpsychologie, Jg. 6, Nr. 2, S. 60-70.

Seifert, Hartmut (2000): Betriebliche Bündnisse für Arbeit – Ein neuer Beschäftigungspolitischer Ansatz, in: WSI-Mitteilungen, Jg. 53, Nr. 7, S. 437-443.

Selbach, Ralf/Pullig, Karl-Klaus (Hrsg.) (1992): Handbuch Mitarbeiterbeurteilung, Wiesbaden.

Semlinger, Klaus (1989): Vorausschauende Personalwirtschaft – betriebliche Verbreitung und infrastrukturelle Ausstattung, in: Mitteilungen aus der Arbeitsmarkt und Berufsforschung, Jg. 22, Nr. 3, S. 336-347.

Sennett, Richard (2006): Der flexible Mensch. Die Kultur des neuen Kapitalismus, 2. Aufl., Berlin.

Sikorski, Ralf (2016): Arbeitszeit 4.0. (Arbeits)Zeit neu denken, 2. Forum Arbeitszeitpolitik; online unter www.igbce-bws.de/ice/incoming/www.igbce-bws.de/extarticle/preview_asset_1/BWS_Folder2.ForumArbeitspolitik_web.pdf (letzter Abruf am 25.02.2016).

Simon, Walter (2010): Persönlichkeitsmodelle und Persönlichkeitstests. 15 Persönlichkeitsmodelle für Personalauswahl, Persönlichkeitsentwicklung, Training und Coaching, 2. Aufl., Offen-bach.

SOFI (Soziologisches Forschungsinstitut Göttingen) (1990): Betriebliche Weiterbildung – Forschungsstand und Forschungsperspektiven, Teil II: Aus Sicht von Arbeitnehmern, Bundesminister für Bildung und Wissenschaft (Hrsg.), Bonn, S. 195-539.

Sonntag, Karlheinz (1986): Auswirkungen neuer Produktionstechniken auf die Personalentwicklung, in: Personalwirtschaft, Jg. 13, Nr. 8, S. 301-310.

Sonntag, Karlheinz (2006): Personalentwicklung – ein Feld psychologischer Forschung und Gestaltung, in: ders. (Hrsg.): Personalentwicklung in Organisationen, 3. Aufl., Göttingen, S. 17-38.

Sperling, Hans Joachim (1994): Innovative Arbeitsorganisation und intelligentes Partizipationsmanagement, Marburg.

Spitzley, Helmut (1980): Wissenschaftliche Betriebsführung, REFA Methodenlehre und Neuorientierung der Arbeitswissenschaft, Köln.

Sprenger, Reinhard K. (1993): Mythos Motivation. Wege aus einer Sackgasse, 5. Aufl., Frankfurt a. M./New York.

Springer, Roland (1999): Rückkehr zum Taylorismus? Arbeitspolitik in der Automobilindustrie am Scheideweg, Frankfurt a. M./New York.

Staehle, Wolfgang H. (1988): Human Resource Management (HRM) – Eine neue Managementrichtung in den USA?, in: Zeitschrift für Betriebswirtschaft, Jg. 58, Nr. 5+6, S. 576-586.

Staehle, Wolfgang H. (1989): Human Resource Management und Unternehmensstrategie, in: Mitteilungen aus der Arbeitsmarkt- und Berufsforschung, Jg. 22, Nr. 3, S. 388-396.

Staehle, Wolfgang H. (1994): Management. Eine verhaltenswissenschaftliche Perspektive, 7. Aufl., München.

Statistisches Bundesamt (2015): Wöchentliche Arbeitszeit; online unter www.destatis.de/DE/ZahlenFakten/Indikatoren/QualitaetArbeit/Dimension3/3_1_WoechentlicheArbeitszeit.html (letzter Abruf am 16.02.2016).

Stein, Ulrike/Aricò, Fabio (2010): Beschäftigungspolitische Krisenreaktionen in Deutschland, Italien und dem Vereinigten Königreich, in: WSI-Mitteilungen, Jg. 63, Nr. 11, S. 569-576.

Steinmann, Horst (1978): Die Betriebswirtschaftslehre als normative Handlungswissenschaft, in: ders. (Hrsg.): Betriebswirtschaftslehre als normative Handlungswissenschaft. Zur Bedeutung der Konstruktiven Wissenschaftstheorie für die Betriebswirtschaftslehre, Wiesbaden, S. 73-102.

Steinmann, Horst/Heinrich, Michael/Schreyögg, Georg (1976): Theorie und Praxis selbststeuernder Arbeitsgruppen, Köln.

Stengel, Martin (1999): Wertewandel, in: von Rosenstiel, Lutz/Regnet, Erika/Domsch, Michel E. (Hrsg.): Führung von Mitarbeitern. Handbuch für erfolgreiches Personalmanagement, 4. Aufl., S. 833-857.

Stephan, Gesine/Struck, Olaf/Köhler, Christoph (2006): Warum eine Studie zum Thema „Arbeit und Gerechtigkeit"?, in: Struck, Olaf/Stephan, Gesine/Köhler, Christoph/Krause, Alexandra/Pfeifer, Christian/Sohr, Tatjana (Hrsg): Arbeit und Gerechtigkeit: Entlassungen und Lohnkürzungen im Urteil der Bevölkerung, Wiesbaden, S. 11-16.

Steyrer, Johannes (2015): Theorie der Führung, in: Mayrhofer, Wolfgang/Furtmüller, Gerhard/Kasper, Helmut (Hrsg.): Personalmanagement – Führung – Organisation, Wien, S.17-69.

Stitzel, Michael (2004): Werte und Wertewandel, in: Gaugler et al., S. 1989-1998.

Stock-Homburg, Ruth (2013): Personalmanagement. Theorien – Konzepte – Instrumente, 3. Aufl., Wiesbaden.

Stogdill, Ralph Melvin (1974): Handbook of Leadership: A Survey of Theory and Research, New York.

Storey, John (1995): Human resource management: Still marching on, or marching out?, in: ders. (Hrsg.): Human Resource Management. A critical text, London/New York, S. 3-32.

Stotz, Waldemar/Wedel-Klein, Anne (2013): Employer Branding. Mit Strategie zum bevorzugten Arbeitgeber, 2. Aufl., München

Strauss, Anselm L. (1978): Negotiations. Varieties, contexts, processes and social order, San Francisco.

Strauss, Anselm/Schatzman, Leonard/Ehrlich, Danuta/Bucher, Rue/ Sabshin, Melvin (1983): The hospital and its negotiated order, in: Zartman, I. William (Hrsg.): The 50% solution, New Haven/London, S. 98-117.

Strobel, Hannes (2013): Auswirkungen von ständiger Erreichbarkeit und Präventionsmöglichkeiten Teil 1: Überblick über den Stand der Wissenschaft und Empfehlungen für einen guten Umgang in der Praxis. iga.Bericht 23, Essen.

Strutz, Hans (1989): Handbuch Personalmarketing, Wiesbaden.

Süß, Stefan (2004): Weitere 10 Jahre später: Verhaltenswissenschaften und Ökonomik. Eine Chance für die Personalwirtschaftslehre, in: Zeitschrift für Personalforschung, Jg. 18, Nr. 2, S. 222-242.

Sydow, Jörg (1992): Strategische Netzwerke. Evolution und Organisation, Wiesbaden.

Szyperski, Norbert (Hrsg.) (1989): Handwörterbuch der Planung, Stuttgart.

T

Taylor, Frederick Winslow (1912): Die Grundsätze wissenschaftlicher Betriebsführung, München/Berlin.

Thews, Gerhard/Vaupel, Peter (2005): Vegetative Physiologie, 5. Aufl., Heidelberg.

Thomas, R. Roosevelt (2001): Management of Diversity, Wiesbaden.

Thompson, Paul/Smith, Chris (Hrsg.) (2010): Working life. Renewing labour process analysis, Basingstoke.

Thomson, Andrew W. J./Murray, Victor V. (1976): Grievance procedures, Westmead/Farnborough.

Tichy, Noel M./Fombrun, Charles J./Devanna, Mary Anne (1982): Strategic Human Resource Management, in: Sloan Management Review, Jg. 23, Nr. 2, S. 47-60.

Tikart, Johannes (1994): Wohin steuert die Unternehmenspolitik?, in: Gewerkschaftliche Monatshefte, Nr. 11, S. 685-698.

Titscher, Stefan/Königswieser, Roswita (1987): Konflikte als Führungsproblem, in: Kieser, Alfred/Reber, Gerhard/Wunderer, Rolf (Hrsg.): Handwörterbuch der Führung, Stuttgart, Sp. 1233-1240.

Tondorf, Karin (1994): Modernisierung der industriellen Entlohnung. Neue Modelle der Entgeltgestaltung und Perspektiven gewerkschaftlicher Tarifreform, Berlin.

Tondorf, Karin (1997): Leistung und Entgelt im öffentlichen Dienst. Rechtliche Grundlagen und Handlungsmöglichkeiten, Köln.

Tondorf, Karin (1998): Erfolg vereinbaren?, in: Die Mitbestimmung, Jg. 44, Nr. 5, S. 61-62.

Tondorf, Karin/Jochmann-Döll, Andrea (2011): Diskriminierungsfreie Betriebs- und Dienstvereinbarungen zum Thema Stellenausschreibung und Personalauswahlverfahren, Archiv betrieblicher Vereinbarungen der Hans-Böckler-Stiftung (Hrsg.), Düsseldorf.

Tondorf, Karin/Mache, Wolf (1994): Betriebliche Leistungsvergütung in Büro und Verwaltung, in: Arbeitsrecht im Betrieb, Jg. 15, Nr. 2, S. 88-115.

Trinczek, Rainer (1989): Betriebliche Mitbestimmung als soziale Interaktion. Ein Beitrag zur Analyse innerbetrieblicher industrieller Beziehungen, in: Zeitschrift für Soziologie, Jg. 18, Nr. 6, S. 444-456.

Türk, Klaus (1984): Personalführung – soziologisch betrachtet, in: Harvard manager, Jg. 6, Nr. 3, S. 63-71.

Türk, Klaus (1990): Neuere Organisationssoziologie. Ein Studienskript, vervielfältigtes Manuskript, Trier.

U

Ubber, Thomas (2007): Personalrekrutierung im Lichte des AGG, in: Personalwirtschaft, Jg. 34, Nr. 11, S. 48-50.

Ulich, Eberhard (2011): Arbeitspsychologie, 7. Aufl., Stuttgart.

Ulich, Eberhard/Wiese, Bettina S. (2011): Life Domain Balance. Konzepte zur Verbesserung der Lebensqualität, Wiesbaden.

Ulich, Eberhard/Wülser, Marc (2010): Gesundheitsmanagement in Unternehmen. Arbeitspsychologische Perspektiven, 4. Aufl., Wiesbaden.

V

von Rosenstiel, Lutz (2000): Grundlagen der Organisationspsychologie, 4. Aufl., Stuttgart.

von Rosenstiel, Lutz/Comelli, Gerhard (2003): Führung zwischen Stabilität und Wandel, München.

von Rosenstiel, Lutz/Kaschube, Jürgen (2014): Führung, in: Schuler, Heinz/Kanning, Uwe-Peter (Hrsg.): Lehrbuch der Personalpsychologie, 3. Aufl., S. 677-724.

von Rosenstiel, Lutz/Weinkamm, Max (1980): Humanisierung der Arbeitswelt – Vergessene Verpflichtung?, 2. Aufl., Stuttgart.

W

Wächter, Hartmut (1970): Planung im Personalbereich, in: Betriebswirtschaftliche Forschung und Praxis, Jg. 22, S. 287-303.

Wächter, Hartmut (1974): Grundlagen der langfristigen Personalplanung, Herne/Berlin.

Wächter, Hartmut (1979): Einführung in das Personalwesen. Darstellung, Kontrollfragen und Lösungen, Herne/Berlin.

Wächter, Hartmut (1983): Mitbestimmung. Politische Forderung und betriebliche Reaktion, München.

Wächter, Hartmut (1992a): Vom Personalwesen zum Strategic Human Resource Management. Ein Zustandsbericht anhand der neueren Literatur, in: Staehle, Wolfgang H./Conrad, Peter (Hrsg.): Managementforschung, Berlin/New York, S. 313-340.

Wächter, Hartmut (1992b): Träger der Personalarbeit, in: Gaugler/Weber, Sp. 2202-2209.

Wächter, Hartmut (2003): Personalforschung im Kommen! Eindrücke von der Züricher Tagung des Verbandes der Hochschullehrer für Betriebswirtschaft e.V., in: Zeitschrift für Personalforschung, Jg. 17, Nr. 3, S. 354-356.

Wächter, Hartmut/Stengelhofen, Theo (1992): Human resource management in a unified Germany, in: Employee Relations, Jg. 14, Nr. 4, S. 21-37.

Walgenbach, Peter (1998): Personalpolitik aus der Perspektive des Institutionalistischen Ansatzes, in: Martin/Nienhüser, S. 267-290.

Walton, Richard E./Susman, Gerald I. (1987): Personalmanagement in der Fabrik der Zukunft, in: Harvard Manager, Jg. 9, Nr. 4, S. 60-68.

Wank, Rolf (2004): Arbeitszeugnis, in: Gaugler et al., Sp. 454-461.

Weber, Wolfgang (1992): Personalwesen, in: Gaugler/Weber, Sp. 1826-1836.

Weber, Wolfgang (2004): Theoretische Fundierung des Personalmanagements, in: Gaugler et al., Sp. 1909-1919.

Weber, Wolfgang (Hrsg.) (1996): Grundlagen der Personalwirtschaft – Theorien und Konzepte, Wiesbaden.

Wegge, Jürgen/Wendsche, Johannes/Diestel, Stefan (2014): Arbeitsgestaltung, in: Schuler, Heinz/Moser, Klaus (Hrsg.): Lehrbuch Organisationspsychologie, 5. Aufl., Bern, S. 643-695.

Weibler, Jürgen (1996): Ökonomische vs. verhaltenswissenschaftliche Ausrichtung der Personalwirtschaftslehre – Eine notwendige Kontroverse?, in: Die Betriebswirtschaft, Jg. 56, Nr. 5, S. 649-665.

Weibler, Jürgen (2001): Personalführung, München.

Weibler, Jürgen (2012): Personalführung, 2. Aufl., München.

Weiss, Andrew (1991): Efficiency wages – Models of unemployment, layoffs and wage dispersion, Oxford.

Weitbrecht, Hansjörg (1998): Mitbestimmung, Human Resource Management und neue Beteiligungskonzepte. Expertise für das Projekt „Mitbestimmung und neue Unternehmenskulturen„ der Bertelsmann Stiftung und der Hans-Böckler-Stiftung, Gütersloh.

Weitnauer, Wolfgang (2013): Management Buy-out. Handbuch für Recht und Praxis, 2. Aufl., München.

Weitzel, Tim/Eckhardt, Andreas/Laumer, Sven/Maier, Christian/von Stetten, Alexander/Weinert, Christoph/Wirth, Jakob (2015): Bewerbungspraxis 2015. Eine empirische Studie mit 7.000 Stellensuchenden und Karriereinteressierten im Internet; online unter www.uni-bamberg.de/fileadmin/uni/fakultaeten/wiai_lehrstuehle/isdl/Bewerbungspraxis_2015.pdf (letzter Abruf am 04.03.2016).

Wenger, Ekkehard (1986): Freiwillig vereinbarte und erzwungene Kooperationsregeln – Eine Analyse ihrer Wirkungen, dargestellt am Beispiel von Beschäftigungsverhältnissen, Habil., TU München.

Wessmann, Peter K. (1987): Mitbestimmung durch Betriebsvereinbarungen, Köln.

Weuster, Arnold (2012): Personalauswahl 1, 3. Aufl., Wiesbaden.

Wiegran, Gabriele (1993): Transaktionskostenanalyse in der Personalwirtschaft, in: Zeitschrift Führung + Organisation, Jg. 62, Nr. 4, S. 264-267.

Wieland, Rainer/Krajewski, Jarek (2002): Psychische Belastung und Qualifizierung in neuen Arbeitsformen I: Zeitarbeit, in: Wuppertaler Psychologische Berichte, Heft 1.

Wimmer, Peter (2004): Personalbeschaffungsplanung, in: Gaugler et al., Sp. 1420-1431.

Wirtz, Anna (2010): Gesundheitliche und soziale Auswirkungen langer Arbeitszeiten, Bundesanstalt für Arbeitsschutz und Arbeitsmedizin (Hrsg.), Dortmund.

Wirtz, Anna/Nachreiner, Friedhelm/Beermann, Beate/Brenscheidt, Frank/Siefer, Anke (2009): Lange Arbeitszeiten und Gesundheit, Bundesanstalt für Arbeitsschutz und Arbeitsmedizin (Hrsg.), Dortmund.

Wöhe, Günther/Döring, Ulrich (2002): Einführung in die Allgemeine Betriebswirtschaftslehre, 23. Aufl., München.

Wolff, Brigitta/Lazear, Edward P. (2001): Einführung in die Personalökonomik, Stuttgart.

Womack, James P./Jones, Daniel T./Roos, Daniel (1990): The machine that changed the world, New York.

Womack, James P./Jones, Daniel T./Roos, Daniel (1991): Die zweite Revolution in der Automobilindustrie. Konsequenzen aus der weltweiten Studie des Massachusetts Institute of Technology, Frankfurt a. M./New York.

Wood, Stephen (1986): Neue Technologien, Arbeitsorganisation und Qualifikation: die britische Labour-Process-Debatte, in: Probleme des Klassenkampfs (Prokla), Jg. 16, Nr. 62, S. 74-104.

Wunderer, Rolf (2001): Führung und Zusammenarbeit. Eine unternehmerische Führungslehre, 4. Aufl., Neuwied/Kriftel.

Wunderer, Rolf (Hrsg.) (1995): Betriebswirtschaftslehre als Management und Führungslehre, Stuttgart.

Wunderer, Rolf/Grunwald, Wolfgang (1980): Führungslehre. Band I: Grundlagen der Führung, Berlin/New York.

Wunderer, Rolf/Kuhn, Thomas (Hrsg.) (1995): Innovatives Personalmanagement. Theorie und Praxis unternehmerischer Personalarbeit, Neuwied et al.

Wunderer, Rolf/Mittmann, Joachim (1983): 10 Jahre Personalwirtschaftslehren – von Ökonomie nur Spurenelemente, in: Die Betriebswirtschaft, Jg. 43, Nr. 4, S. 623-655.

Z

Zander, Ernst (1990): Handbuch der Gehaltsfestsetzung, 5. Aufl., München.

Zok, Klaus/Dammasch, Heiko (2012): Flexible Arbeitswelt: Ergebnisse einer Beschäftigtenbefragung, in: Badura, Bernhard/Ducki, Antje/Schröder, Helmut/Klose, Joachim/Meyer, Markus (Hrsg.): Fehlzeitenreport 2012. Gesundheit in der flexiblen Arbeitswelt: Chancen nutzen – Risiken minimieren, Berlin/Heidelberg, S. 39-52.

STICHWORTVERZEICHNIS

P

Q

R

S

T